KB139638

오브젝트
OBJECTS

**코드로 이해하는
객체지향 설계**

오브젝트

코드로 이해하는 객체지향 설계

지은이 조영호

펴낸이 박찬규   엮은이 이대엽   디자인 북누리   표지디자인 Arowa & Arowana

펴낸곳 위키북스   전화 031-955-3658, 3659   팩스 031-955-3660
주소 경기도 파주시 문발로 115, 311호 (파주출판도시, 세종출판벤처타운)

가격 38,000   페이지 656   책규격 188 x 240mm

1쇄 발행 2019년 06월 17일
2쇄 발행 2019년 07월 17일
3쇄 발행 2020년 02월 24일
ISBN 979-11-5839-140-9 (93500)

등록번호 제406-2006-000036호   등록일자 2006년 05월 19일
홈페이지 wikibook.co.kr   전자우편 wikibook@wikibook.co.kr

Copyright © 2019 by 조영호
All rights reserved.
First published in Korea in 2019 by WIKIBOOKS

이 책의 한국어판 저작권은 저작권자와 독점 계약한 위키북스에 있습니다.
신저작권법에 의해 한국 내에서 보호를 받는 저작물이므로 무단 전재와 복제를 금합니다.
이 책의 내용에 대한 추가 지원과 문의는 위키북스 출판사 홈페이지 wikibook.co.kr이나
이메일 wikibook@wikibook.co.kr을 이용해 주세요.

이 도서의 국립중앙도서관 출판시도서목록(CIP)은
서지정보유통지원시스템 홈페이지(http://seoji.nl.go.kr)와
국가자료공동목록시스템(http://www.nl.go.kr/kolisnet)에서 이용하실 수 있습니다.
CIP제어번호 CIP2019021461

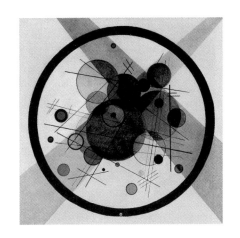

오브젝트

OBJECTS

코드로 이해하는
객체지향 설계

조영호 지음

위키북스

"이 책은 객체지향이란 무엇인가라는 원론적이면서도 다소 위험스러운 질문에 대한 제 나름의 대답을 말씀드리기 위해 쓰여졌습니다. 객체지향으로 향하는 첫걸음은 클래스가 아니라 객체를 바라보는 것에서부터 시작합니다. 객체지향으로 향하는 두 번째 걸음은 객체를 독립적인 존재가 아니라 기능을 구현하기 위해 협력하는 공동체의 존재로 바라보는 것입니다. 세 번째 걸음을 내디딜 수 있는지 여부는 협력에 참여하는 객체들에게 얼마나 적절한 역할과 책임을 부여할 수 있느냐에 달려 있습니다. 객체지향의 마지막 걸음은 앞에서 설명한 개념들을 여러분이 사용하는 프로그래밍 언어라는 틀에 흐트러짐 없이 담아낼 수 있는 기술을 익히는 것입니다."

위 글은 제 첫 번째 책인 《객체지향의 사실과 오해》의 서문 일부를 옮겨온 것입니다. 원론적이면서도 다소 위험스러웠다고 표현한 질문에 불완전하지만 제 나름의 답을 드리기 위해 노력한 결과물이 세상에 나온 지 어느덧 4년이라는 시간이 흘렀습니다. 많이 늦었지만 이제라도 질문에 대한 두 번째 대답을 드릴 수 있게 되어 다행이라는 생각이 듭니다.

첫 번째 책을 읽으셨다면 객체지향으로 향하는 첫 걸음과 두 번째 걸음에 대해 어느 정도 공감을 하시리라 생각합니다. 《객체지향의 사실과 오해》의 주제는 객체지향 패러다임의 핵심은 객체이며 객체는 독립적인 존재가 아니라 적절한 역할과 책임을 수행하며 협력하는 공동체의 일원이라는 사실을 설명하는 것입니다.

여러분의 손에 들려있는 이 책은 객체지향으로 향하는 세 번째와 네 번째 걸음에 초점을 맞추고 있습니다. 이 책을 읽고 나면 객체에게 적절한 역할과 책임을 부여하는 방법과 유연하면서도 요구사항에 적절한 협력을 설계하는 방법을 알게 될 것입니다. 나아가 프로그래밍 언어라는 도구를 이용해 객체지향의 개념과 원칙들을 오롯이 표현할 수 있는 방법을 익힐 수 있을 것입니다.

《객체지향의 사실과 오해》는 서문에서 밝힌 것처럼 이번 책을 이해하는 데 필요한 용어나 개념을 읽기 쉬운 이야기 형식으로 풀어 쓴 내용을 독립된 책으로 출간한 것입니다. 하지만 첫 번째 책이 출간된 후 기존에 집필하던 모든 원고를 버리고 바닥부터 완전히 새롭게 쓰기 시작하면서 가급적 첫 번째 책을 읽지 않더라도 두 번째 책의 내용을 이해할 수 있도록 신경 썼습니다. 따라서 첫 번째 책과 두 번째 책은 완전히 독립적인 책이며 첫 번째 책을 읽지 않더라도 이 책을 읽는 데 무리가 없을 것입니다.

이 책의 가장 큰 장점은 우리가 익히 들어왔던 다양한 개념과 원칙을 코드라는 개발자에게 가장 친숙한 도구를 이용해 설명하고 있다는 점입니다. 결합도와 응집도, 캡슐화처럼 익히 들어 친숙하지만 정의를 내리라고 하면 한참을 고민해야 했던 모호한 개념들을 코드를 통해 구체적이고 명확하게 표현하려고 노력했습니다. 따라서 은유와 질문을 통해 해답에 이르는 방법을 스스로 찾도록 요구했던 첫 번째 책과 달리 두 번째 책은 해답 자체를 비교적 직설적으로 제시하고 있습니다.

한 가지 염두에 둬야 할 점은 이 책에서 제시하는 방법이 객체지향을 구현하기 위한 유일한 방법은 아니라는 점입니다. 객체지향 애플리케이션을 설계할 수 있는 다양한 접근방법이 있으며 이 책은 그중에서 제가 오랜 시간 실무에 적용하고 실험하면서 유용하다고 생각하는 기법과 원칙들을 하나의 얼개로 통합한 것일 뿐입니다. 이 책을 목적지가 아니라 출발점으로 생각하기 바랍니다. 객체지향의 세계는 이 책이 들려주는 이야기보다 더 깊고 광활합니다. 이 책에서 멈추지 말고 무한한 가능성의 영역으로 나아가서 기존의 원칙들을 찢고, 부수고, 분해한 후 재조립하기 바랍니다.

이 책을 읽고 나서 많은 분들이 객체지향의 개념을 이해하겠지만 기술적인 제약이 강한 실무에서는 어떻게 적용해야 할지 조금은 막연하다는 의견을 주셨습니다. 어떤 경우에도 이 책에서 배운 캡슐화, 응집도, 결합도의 정의와 기법은 유효하며 역할, 책임, 협력을 중심으로 설계를 이끌어 나가는 원칙은 변하지 않습니다. 다만 이상과 현실 사이의 간극을 메꾸기 위해 설계를 약간 비트는 기법이 필요합니다. 안타깝게도 시간과 지면의 한계로 인해 관련된 내용을 담지 못했다는 점을 죄송하게 생각합니다. 언젠가 이 책에서 다루지 못했던 내용들을 추린 새로운 이야기로 만나 뵙도록 하겠습니다.

저와 함께하는 짧지만 즐거운 두 번째 여행에 동참하신 것을 환영합니다.

감사의 글

얼마 전부터 누군가 제게 취미가 뭐냐고 물어보면 으레 대답하는 말이 하나 생겼습니다. '책을 쓰는 거예요'. 반은 허세로, 반은 이해를 구하는 심정으로 하는 말이었지만 한 편으로는 지난한 시간이 흐르는 동안 결실을 맺지 못한 채 좌초할지도 모른다는 불안감과 죄책감에 취미라는 이름의 허울 좋은 구실을 내세우고 있는 것은 아닌지 고민하기도 했습니다.

책을 쓰겠다고 마음먹은 지 6년이 지나고 나서야 책을 쓸 수 있을 정도로 성장했다는, 지금 생각해보면 무모하고 건방진 생각을 할 수 있었습니다. 산만하게 흩어지던 문장들이 한 권의 책으로 갈무리될 때까지는 또다시 그로부터 4년이라는 시간이 지난 후였습니다. 그리고 첫 번째 책에서 희미한 윤곽으로 그려놓은 선들에 살을 붙이고 색감을 불어넣는 동안 다시 4년이라는 시간이 흘러가 버렸습니다. 언제나 그런 것처럼 뒤돌아 보면 책을 쓰며 느꼈던 답답함은 옅게 패인 상처처럼 시간이 지나면서 아물고 희미해지지만 그 시간을 버티게 해준 고마운 분들의 도움은 오히려 선명하고 강렬한 기억으로 남아 있습니다.

제일 먼저 네이버에 근무하던 시절에 만난 좋은 동료이자 이제는 소중한 조언자가 돼 주신 이동철 님과 김병모 님께 감사 말씀을 드리고 싶습니다. 두 분은 첫 번째 책을 쓰기 시작하던 시기부터 두 번째 책을 마무리하는 지금까지 8년이라는 긴 시간 동안 주기적으로 만나 책에 대해 꾸준하게 피드백을 주셨습니다. 하지만 두 분께 감사하는 이유는 단순히 피드백 때문이 아닙니다. 제가 하고 있는 작업이 가치 있고 많은 개발자들에게 도움을 줄 것이라고 끊임없이 용기를 북돋아 주셨습니다. 이동철 님과 김병모 님으로부터 받은 긍정의 피드백이 없었다면 아마 첫 번째 책과 두 번째 책 모두 빛을 보지 못한 채 제 방 구석에 뒹구는 습작으로만 남았을지도 모릅니다.

이일민 님께도 감사의 말씀을 전합니다. 이일민 님은 이 책을 위한 멋진 추천사를 써주셨고, 내용을 풍성하게 다듬을 수 있도록 가치 있는 조언을 아끼지 않으셨으며, 책을 검토하면서 미처 발견하지 못했던 내용상의 오류를 잡아 주셨습니다. 책을 읽으신 후에 책의 품질이 높다고 느껴지신다면 일부는 이일민 님의 도움 덕분이라고 생각해 주십시오.

지금은 타국에 있어 자주 보지 못하지만 25년이 넘는 기간 동안 좋은 선배로 많은 조언을 해주신 이병헌 님께도 감사하다는 말을 전하고 싶습니다. 이병헌 님은 제가 책을 쓰기 시작하던 시절 다듬어지지 않은 원고를 읽어 본 첫 번째 독자인 동시에 책으로 내도 괜찮을 것 같다는 피드백을 준 첫 번째 응원군이었습니다. 그 한마디 격려가 8년의 시간을 견디며 책을 쓰게 만든 힘이었다는 이야기를 들려주고 싶습니다.

책을 읽고 지속적으로 피드백을 해주신 김영한 님, 박소은 님께도 감사의 말씀을 전합니다. 김영한 님이 시니어의 입장에서 주신 다양한 의견 덕분에 어느 정도 경력이 있는 분들에게도 책이 유용하리라는 확신을 가질 수 있었습니다. 박소은 님은 주니어의 입장에서 난해한 부분을 짚어주셨고 그럼에도 연차가 적은 분들에게도 이 책이 도움이 되리라는 격려의 말씀을 아끼지 않으셨습니다. 책의 몇 안 되는 리뷰어로서 두 분께서 주신 피드백에 감사하고 있습니다.

어린 시절부터 함께해준 친구 송승훈에게도 고마움을 전합니다. 제 책에 관심을 가져준 사람 중 유일한 비개발자로 잘 모르는 분야인데도 항상 곁에서 용기를 준 고마운 친구입니다. 두 번째 책을 기다리는 친구에게 인쇄된 책을 선물할 생각을 하니 벌써 기분이 뿌듯해지네요.

책을 다듬는 동안 물심양면으로 애써주신 위키북스 박찬규 대표님과 이대엽 님께도 감사의 말씀을 드립니다. 회사 업무와 출간이라는 상충되는 일정 압박 속에서 책을 출간하게 된 데는 두 분의 인내와 노력이 있었기 때문이라고 생각합니다. 지면을 빌려서라도 그동안 전하지 못했던 감사의 말씀을 전합니다.

그 밖에도 여기에 싣지는 못하지만 이 책을 기다려 주시고 응원해 주신 많은 분께 감사의 말씀을 전합니다. 책이 언제 나오는지 여쭤봐 주시고 기대하고 있다는 말씀 하나하나가 제게 큰 힘이 됐다는 말씀을 드리고 싶습니다.

두 번째 책이 나올 수 있도록 끊임없는 격려와 사랑을 주신 부모님께도 감사드립니다. 내용과 무관하게 제 이름 석자가 적힌 첫 번째 책을 받아 들고 흐뭇해 하시던 부모님 얼굴이 두 번째 책을 계속 쓰게 만들었던 가장 큰 에너지였다는 점을 알고 계신지 모르겠습니다. 조문희, 김영숙, 두 분께 이 책을 바칩니다.

개발자는 커피를 주입 받아 코드로 바꾸는 기계라는 농담이 있다. 많은 양의 커피로 잠을 줄여가며 작업해야 복잡한 요구사항을 만족하는 코드를 겨우 만들 수 있을 만큼 개발자의 삶이 고단하다는 현실을 반영한 이야기다. 기능이 많아지면 작성해야 하는 코드의 양이 늘어나게 되고 이를 읽고 이해하는 것조차 어려워진다. 기능을 변경, 확장하거나 새로운 기능을 추가하는 것은 더욱 복잡한 작업이다. 자칫하면 기능을 변경하다 잘 동작하던 기존 코드에 버그를 심을 수도 있다는 두려움도 따른다. 커피가 점점 더 많이 필요해진다.

소프트웨어 개발의 역사가 시작된 이래로 등장한 거의 모든 프로그래밍 패러다임과 언어, 기술, 방법론은 소프트웨어 개발 중에 필연적으로 마주하게 되는 복잡함이라는 문제를 해결하려는 공통적인 목표를 공유한다. 개발자들은 복잡한 코드를 이해하기 쉬운 관점으로 바라볼 수 있는 방법이 있다면 이를 더 손쉽게 다룰 수 있다는 것을 알게 됐다. 시스템을 독립적인 기능을 담당하는, 재사용 가능한 프로시저의 구성으로 보는 방법이 그중 하나다. 이와 다르게 시스템을 객체의 구성으로 보는 방법이 있다. 객체에게 명령 대신 요청을 담은 메시지를 전달하면 객체는 이를 어떻게 처리할지 자율적으로 판단하고, 내부에 가지고 있는 데이터를 이용해 필요한 작업을 수행하는 방식이다. 책임과 권한을 가진 객체들이 서로 메시지를 주고받으며 협력해서 필요한 기능을 수행하도록 시스템을 개발하는 객체지향 프로그래밍(OOP)이다. 객체지향은 크고 복잡한 시스템을 효과적으로 분해하고 구성할 수 있고, 손쉽게 이해하고 효율적으로 다룰 수 있게 도와주는 방법으로 인정받아 많은 프로그래밍 언어에 적용돼 왔고 지금은 가장 인기 있는 프로그래밍 패러다임으로 자리 잡았다.

그렇다면 요즘 개발자들은 객체지향 프로그래밍을 이용해 복잡함의 문제를 효과적으로 다루고 있을까? 자바 엔터프라이즈 서버 기술을 이용해 개발해오던 로드 존슨(Rod Johnson)은 객체지향 언어를 사용하는 개발자들이 객체지향 원리나 설계에 그다지 관심을 가지지 않은 채로 서버 플랫폼이나 언어의 라이브러리 사용법만 익혀서 코드를 만드는 것을 보고 객체지향 원칙이 서버 플랫폼이나 자바 언어 자체보다 더 중요하다는 것을 강조하는 내용을 담은 책을 쓰게 된다. 그 책에서 애플리케이션을 구성하는 객체를 빈(bean)이라는 이름으로 다루는 방법을 소개했고, 이 기법을 적용한 예제 코드가 오픈소스로 발전해서 지금까지 널리 쓰이는 스프링 프레임워크가 됐다. 그 후로 스프링에 많은 기능이 추가되고 발전해 왔지만 그 근본은 여전히 객체지향 원칙에 충실하도록 애플리케이션을 구성하자는 데 있다. 개발자의 관심을 클래스라는 틀 안에서 절차를 기술하는 방식으로부터 실행 시점에 다른 객체와 동적으로 관계를 맺고 인터페이스를 통해 요청을 받아 처리하는 빈이라 불리는 객체와 그 관계로 옮기게 해준 것이 스프링이 성공한 비결이다.

그런데 최근에는 객체지향 언어에 애노테이션을 이용한 메타 프로그래밍, 설정보다는 관례를 우선하는 자동 구성, 함수형 프로그래밍 기법 등의 새로운 개발 기법이 등장해 인기를 끌고 있다. 개발자들이 그런 유행을 익히고 따르는 데 급급하다 보면 근본적인 프로그래밍 패러다임인 객체지향에 대한 관심이 다시 시들해지는 것 아닌가 하는 우려가 들기도 한다.

이런 때에 전작인 《객체지향의 사실과 오해》를 비롯해 많은 글과 강연으로 객체지향에 관한 지식과 경험을 공유해 온 조영호 님의 새 책 《오브젝트》는 너무나도 반갑다. 《오브젝트》는 객체지향 프로그래밍의 발전에 기여한 많은 선배 개발자들의 수고와 고민의 결과를 조영호 님의 실무 경험과 통찰로 녹여내어 실전에서 접할 수 있을 법한 구체적인 예제 코드에 담아 설명한다. 여러 경로를 통해 들어 친숙하지만 이를 어떻게 적용해야 할지 막막했던 객체지향 용어에 대한 명쾌한 설명도 있고, 객체지향에 이런 이야기도 있었는가 싶어 낯설지만 알고 나면 흥미롭고 유익한 이론도 자세히 다룬다. 이런 많은 이야기들이 객체지향이라는 이름 아래 이렇게 깔끔하게 정리되어 소개될 수 있다니 놀라울 따름이다. 객체지향 원리와 이론들이 일상에서 내가 작성하는 코드와 어떤 관련이 있는지 의문을 가졌다면 이 책을 통해 많은 해답을 찾을 수 있을 것이다.

유행하는 기술의 사용법을 공부하는 건 당장 일자리를 구하는 데 도움이 될 것이다. 반면 객체에 다시 관심을 가지는 것, 시스템을 자율적인 객체가 서로 협력해서 일을 하는 공동체라는 시각으로 바라보고 설계하고, 개발하는 방법을 학습하고 익히는 건 개발자로서 평생의 경력에 많은 유익함을 안겨 줄 것이다.

– 이일민(토비의 스프링 저자)

이 책은 객체, 클래스, 메서드와 같이 객체지향 프로그래밍에서 사용되는 다양한 용어에 익숙하고, 하나 이상의 객체지향 프로그래밍 언어를 능숙하게 다룰 수 있으며, 실무 프로젝트에서 충분한 프로그래밍 경험을 쌓은 분들을 대상으로 한다. 다시 한번 강조한다. 이 책은 객체지향 패러다임에 어느 정도 익숙하고, 프로그래밍 언어를 능숙하게 다룰 수 있으며, 실무 경험이 풍부한 독자들이 읽을 것이라고 생각하고 쓰여졌다.

이렇게 대상 독자의 특징을 장황하게 나열한 이유는 세 가지다.

첫째, 이 책은 객체지향 프로그래밍의 기본적인 이론이나 개념에 대한 설명을 생략하고 곧장 동작하는 코드부터 설명한다. 따라서 객체지향 패러다임에 대한 사전 지식이 없다면 책이 전달하려는 내용을 이해하기 어려울 확률이 높다.

둘째, 이 책의 목적은 객체지향 프로그램을 작성하는 방법을 설명하는 것이 아니라 좋은 설계란 무엇인가를 설명하는 것이다. 따라서 프로그래밍 언어의 문법이나 클래스의 작성 방법 등은 이미 익숙하다고 가정하고 처음부터 결합도와 응집도와 같은 설계 관련 용어를 설명하기 때문에 프로그래밍에 익숙하지 않은 사람에게는 책이 내용이 쉽게 이해되지 않을 것이다.

셋째, 이 책은 실무에서 객체지향 프로그래밍을 적용하는 시점에 직면할 수 있는 다양한 문제에 관해 설명한다. 따라서 실무 경험이 부족한 상태라면 아무리 코드를 예로 들어 설명한다고 하더라도 추상적인 이론의 나열로밖에 보이지 않을 것이다.

대부분의 예제가 자바로 작성돼 있기 때문에 자바에 능숙하다면 코드를 이해하는 데 무리가 없을 것이다. 하지만 자바에 익숙하더라도 실제로 프로그램을 작성하면서 설계와 품질 사이의 다양한 측면에 관해 고민해 본 경험이 없다면 이 책에서 이야기하는 대부분의 내용이 그저 단순한 이론의 나열로밖에 보이지 않을 확률이 높다. 반대로 자바를 주 언어로 사용하지 않더라도 고민의 깊이와 시간이 충분하다면 내용을 이해하는 데 큰 어려움이 없을 것이다.

결론적으로 이 책을 읽는 데 필요한 가장 중요한 준비물은 실무 프로그래밍 경험과 설계에 관해 고민한 시간이다.

이 책은 전체 15개의 장과 4개의 부록으로 구성돼 있다.

1장 '객체, 설계'에서는 티켓 판매 시스템이라는 간단한 도메인을 예로 들어 책의 전체적인 주제를 함축해서 전달한다. 1장에서 소개하는 용어와 개념들이 이해되지 않더라도 너무 걱정하지 않았으면 한다. 이어지는 장들을 읽다 보면 자연스럽게 1장에서 소개한 내용들이 익숙하게 느껴질 것이다.

2장 '객체지향 프로그래밍'에서는 책 전반에 걸쳐 반복적으로 참고하게 될 영화 예매 시스템의 도메인을 설명하고 객체지향적으로 작성한 코드를 소개한다. 2장을 읽고 나면 객체지향 프로그래밍에서 사용되는 다양한 요소와 개념도 함께 이해하게 될 것이다.

3장 '역할, 책임, 협력'에서는 2장에서 구현한 영화 예매 시스템을 역할, 책임, 협력의 관점에서 설명하며, 이 요소들을 이용해 시스템을 설계하는 책임 주도 설계 방법에 관해서도 소개한다. 사실 객체지향 설계의 핵심은 클래스나 상속이 아니라 역할, 책임, 협력이며, 이 세 요소가 조화를 이루고 균형을 맞추도록 설계를 이끄는 것이 중요하다. 처음에는 지루한 개념의 나열로 보일 수도 있지만 이 책을 관통하는 핵심 주제가 포함돼 있으므로 꼼꼼하게 읽어보기를 당부한다.

4장 '설계 품질과 트레이드오프'에서는 절차적 프로그래밍 방식으로 영화 예매 시스템을 다시 구현해 보고, 이렇게 구현된 코드의 품질이 나쁜 이유를 설명한다. 품질을 평가하기 위해 사용할 수 있는 척도인 캡슐화, 응집도, 결합도의 개념도 함께 소개한다.

5장 '책임 할당하기'에서는 GRASP라고 부르는 책임 할당 패턴을 설명한다. 2장에서 소개한 영화 예매 시스템의 설계를 책임 할당의 관점에서 설명하고 4장에서 구현한 절차적 프로그래밍 방식과 비교한다. 5장을 읽고 나면 책임을 중심으로 설계를 이끌어가는 것이 캡슐화, 응집도, 결합도의 관점에서 설계를 개선한다는 사실을 이해하게 될 것이다.

6장 '메시지와 인터페이스'에서는 훌륭한 퍼블릭 인터페이스를 작성하기 위해 따라야 하는 설계 원칙을 소개한다. 디미터 법칙, 묻지 말고 시켜라, 의도를 드러내는 인터페이스, 명령-쿼리 분리 원칙을 조합하면 직관적이고, 예측 가능하며, 유연한 퍼블릭 인터페이스를 창조할 수 있다는 사실을 알게 될 것이다.

7장 '객체 분해'에서는 추상화의 한 가지 방법인 분해의 역사를 다룬다. 프로시저 추상화와 데이터 추상화 사이의 갈등과 분쟁의 역사를 이해하면 기능 분해에서 시작해서 객체지향에 이르기까지 소프트웨어 패러다임의 변화를 자연스럽게 이해하게 될 것이다.

8장 '의존성 관리하기'에서는 의존성의 개념을 자세히 설명하고 결합도를 느슨하게 유지할 수 있는 다양한 설계 방법들을 설명한다. 의존성의 관리가 곧 변경의 관리이고 유연한 설계를 낳는 기반이라는 사실을 이해하게 될 것이다.

9장 '유연한 설계'에서는 8장에서 설명한 기법들을 원칙이라는 관점에서 정리한다. 이름을 가진 설계 원칙을 통해 기법들을 정리하는 것은 추상적인 개념과 장황한 메커니즘을 또렷하게 정리할 수 있게 도와줄뿐만 아니라 설계를 논의할 때 사용할 수 있는 공통의 어휘를 익힌다는 점에서도 가치가 있다.

10장 '상속과 코드 재사용'에서는 객체지향의 대표적인 재사용 기법인 상속에 관해 다룬다. 조금 놀랄 수도 있겠지만 10장의 주제는 코드 재사용을 위해 상속을 사용하지 말라는 것이다.

11장 '합성과 유연한 설계'에서는 코드를 재사용하기 위해 상속 대신 사용할 수 있는 기법인 합성을 소개한다. 상속이 구현에 대한 높은 결합도를 유발하는 데 반해 합성을 사용하면 퍼블릭 인터페이스에 대해 느슨한 결합도를 유지할 수 있기 때문에 설계를 유연하게 만들 수 있다는 사실을 설명한다. 추가로 객체의 행동을 유연하게 조합하기 위해 사용할 수 있는 기법인 믹스인에 대해서도 다룬다.

12장 '다형성'에서는 객체지향의 핵심 메커니즘 중 하나라고 불리는 다형성에 관해 다룬다. 다양한 형태의 다형성 중에서 서브타입 다형성을 중점적으로 살펴보고, 객체지향 시스템이 런타임에 메시지를 처리할 적절한 메서드를 찾기 위해 사용하는 동적 메서드 탐색 기법에 관해서도 자세히 설명한다.

13장 '서브클래싱과 서브타이핑'에서는 슈퍼타입과 서브타입의 개념을 설명하고 타입 계층을 만족시키기 위해 적용할 수 있는 설계 원칙을 설명한다. 13장을 읽고 나면 올바른 타입 계층을 구성하기 위해서는 클라이언트의 관점에서 슈퍼타입과 서브타입 사이에 행동이 호환되도록 만들어야 한다는 사실을 이해하게 될 것이다.

14장 '일관성 있는 협력'에서는 유사한 요구사항을 구현하기 위해 유사한 협력 패턴을 적용하면 시스템을 이해하기 쉽고 유연하게 만들 수 있다는 사실을 살펴본다. 14장의 키워드는 캡슐화이며 설계를 일관성 있게 만들기 위해 변경을 캡슐화할 수 있는 기법을 소개한다.

15장 '디자인 패턴과 프레임워크'에서는 설계를 재사용하는 디자인 패턴과 설계와 코드를 재사용하는 프레임워크에 관해 살펴본다. 15장에서는 예제에서 사용된 디자인 패턴을 소개하며, 프레임워크의 기반을 이루는 제어 역전 원칙에 관해서도 설명한다.

부록 A '계약에 의한 설계'에서는 객체들이 협력을 위해 따라야 하는 약속을 계약의 관점에서 설명한다. 사전조건, 사후조건, 불변식의 개념을 살펴보고 다형성 측면에서 슈퍼타입과 서브타입이 준수해야 하는 제약조건을 계약의 관점에서 설명하며 공변성, 반공변성, 무공변성의 개념도 함께 살펴본다.

부록 B '타입 계층의 구현'을 읽고 나면 상속이 아닌 다른 방법으로도 타입 계층을 구현할 수 있다는 사실을 알게 될 것이다.

부록 C '동적인 협력, 정적인 코드'에서는 정적인 코드가 동적인 협력을 이끄는 것이 아니라 동적인 협력을 기반으로 정적인 코드를 구성해야 한다는 사실을 설명한다. 이번 장은 객체지향 설계에 있어 정적인 개념과 관계가 중요하다고 생각하는 사람들에게는 신선한 관점을 제시할 것이다.

부록 D '참고문헌'에서는 책을 집필하면서 참고한 자료들을 소개한다. 한국어 번역서가 있는 경우에는 번역서 제목도 함께 실었다.

이 책에서 사용한 표기법은 다음과 같다.

코드 예제를 표기하거나 메서드, 클래스 이름 등의 코드와 관련된 식별자를 본문에 작성할 때는 다음과 같이 고정폭 글꼴을 사용한다.

> `DiscountCondition`은 자바의 인터페이스를 이용해 선언돼 있다. `isSatisfiedBy` 오퍼레이션은 인자로 전달된 `screening`이 할인이 가능한 경우 `true`를 반환하고 할인이 불가능한 경우에는 `false`를 반환한다.

중요한 용어를 제시할 때는 강조를 위해 굵은 글씨로 표기한다.

> **상속**은 객체지향에서 코드를 재사용하기 위해 널리 사용되는 기법이다.

용어나 사람 이름을 서술할 때 영문을 병기할 필요가 있는 경우에는 다음과 같이 괄호 안에 영문명을 기입한다. 용어가 처음 소개되거나 처음은 아니더라도 문맥상 함께 표기하는 것이 의미를 명확하게 전달한다고 판단될 경우에만 영문명을 병기한다.

> 객체지향 패러다임의 관점에서 핵심은 역할(role), 책임(responsibility), 협력(collaboration)이다.

책의 곳곳에는 내용을 보충하기 위해 다양한 자료로부터 인용한 글들이 포함돼 있다. 인용문은 다음과 같이 본문과 다른 색으로 표기해서 인용문이라는 사실을 쉽게 알 수 있게 했다. 인용문의 끝에는 [Wirfs-Brock03]과 같이 저자와 출간 연도를 조합해서 출처를 표기하고 있으며 출처에 대한 자세한 내용은 부록 D '참고문헌'에서 확인할 수 있다.

> 협력이란 어떤 객체가 다른 객체에게 무엇인가를 요청하는 것이다. 한 객체는 어떤 것이 필요할 때 다른 객체에게 전적으로 위임하거나 서로 협력한다. 즉, 두 객체가 상호작용을 통해 더 큰 책임을 수행하는 것이다. 객체 사이의 협력을 설계할 때는 객체를 서로 분리된 인스턴스가 아닌 협력하는 파트너로 인식해야 한다[Wirfs-Brock03].

본문의 내용을 보충하고 싶지만 본문에 들어갈 경우 흐름을 방해하는 경우에는 다음과 같이 본문에서 분리해서 별도의 박스 안에 표기했다.

HIGH COHESION 패턴

어떻게 복잡성을 관리할 수 있는 수준으로 유지할 것인가? 높은 응집도를 유지할 수 있게 책임을 할당하라.

낮은 결합도처럼 높은 응집도 역시 모든 설계 결정에서 염두에 둬야 할 원리다. 다시 말해 설계 결정을 평가할 때 적용할 수 있는 평가원리다. 현재의 책임 할당을 검토하고 있거나 여러 설계 대안 중 하나를 선택해야 한다면 높은 응집도를 유지할 수 있는 설계를 선택하라.

이 책에는 객체지향 프로그래밍의 원칙과 기법을 설명하기 위해 다양한 예제 코드를 소개한다. 대부분의 경우에는 코드만으로도 의도를 충분히 전달할 수 있지만 가끔씩은 중요한 개념을 함축적으로 표현할 수 있는 다이어그램으로 코드를 보완하는 것이 유용할 때가 있다. 이런 경우 코드를 설명하는 다이어그램을 함께 수록했으며, 다이어그램의 표기법으로는 UML(Unified Modeling Language)을 사용한다. 여기서 사용하는 대부분의 표기법은 UML 2.0에 기반하지만 설명을 용이하기 위해 비표준적인 표기법을 혼용한 경우도 있다.

가장 자주 사용되는 다이어그램은 클래스의 종류와 관계를 표현하는 클래스 다이어그램(Class Diagram)이다. 다음 페이지의 그림은 책에서 사용되는 클래스 다이어그램 표기법을 정리한 것이다.

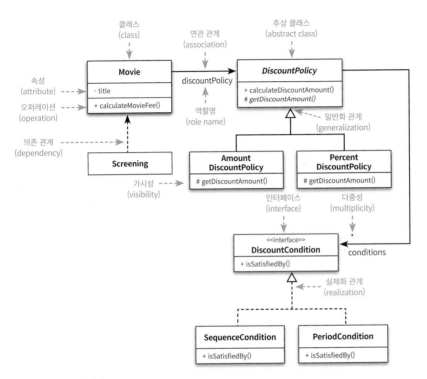

클래스 다이어그램 예제

클래스 다이어그램 다음으로 많이 사용되는 다이어그램은 커뮤니케이션 다이어그램(communication diagram)이다. 커뮤니케이션 다이어그램을 사용하면 다음 페이지의 그림처럼 객체 사이의 메시지 흐름을 직관적으로 표현할 수 있기 때문에 협력을 설계하거나 설명할 때 유용하게 사용할 수 있다.

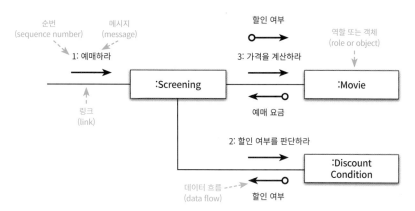

커뮤니케이션 다이어그램 예제

모듈이나 네임스페이스, 패키지를 표현해야 하는 경우에는 패키지 다이어그램(package diagram)을 사용한다. 패키지에 대한 상세한 정보를 제공할 필요가 있을 경우에는 다음 그림과 같이 패키지 안에 포함되는 클래스도 함께 표현한다.

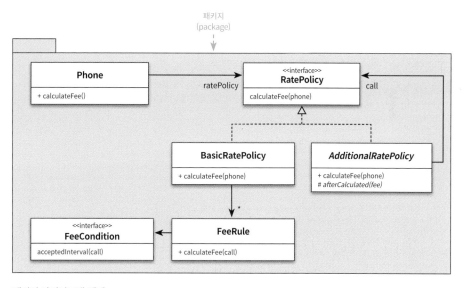

패키지 다이어그램 예제

예제 코드

책에는 많은 예제 코드가 수록돼 있으며 대부분의 개념이 코드를 중심으로 설명돼 있기 때문에 각 장을 읽으면서 예제 코드를 함께 보는 것이 중요하다. 대부분의 예제 코드는 자바로 작성돼 있으며 자바 8을 기반으로 한다. 기본 빌드 도구로는 메이븐(Maven)을 사용한다.

자바로 설명하기에 적합하지 않은 개념을 설명해야 하거나 다양한 언어를 비교하며 개념을 강조할 필요가 있는 경우에 한해 일부 예제는 자바가 아닌 루비, 스칼라, C++, C#, 자바스크립트 언어로 작성했다. 대부분의 경우에는 간단한 개념을 설명하기 위한 부분적인 코드를 소개하는 경우가 대부분이어서 직접 실행해 볼 필요는 없을 것이다. 하지만 실제로 예제 코드를 실행해보고 싶다면 다소 번거롭더라도 위 언어들로 작성된 예제를 실행하기 위해 해당 언어를 실행할 수 있는 별도의 IDE나 실행 환경으로 코드를 옮길 필요가 있다.

예제 코드는 위키북스 홈페이지(https://wikibook.co.kr/object/)나 필자의 깃허브 저장소(https://github.com/eternity-oop/object)에서 내려받을 수 있다. 예제를 내려받은 후 이클립스나 인텔리J IDEA에 임포트하면 실행해 볼 수 있다. 예제 코드와 관련해서 궁금한 점이 있거나 오류를 발견한 경우 위키북스 편집부나 필자에게 언제라도 연락해 주기 바란다.

02

객체지향 프로그래밍

05

책임 할당하기

06

메시지와 인터페이스

목차

09

유연한 설계

12

다형성

13

서브클래싱과 서브타이핑

프로그래밍 패러다임

01 패러다임의 시대

현대를 살아가는 우리는 다양한 패러다임의 홍수 속에 살고 있다. 새로운 사상이나 개념을 선전하기 위해 사용되는 '패러다임 전환'이라는 말을 예로 들지 않더라도 패러다임이라는 단어는 다양한 곳에서 우리의 눈과 귀를 사로잡고 있다. 이제 패러다임이라는 용어가 과장 광고 속의 감탄사처럼 진부하고 고리타분하게 느껴질 정도다.

그러나 여러분이 1962년 이전으로 돌아가 거리를 활보하는 사람들에게 패러다임이라는 단어에 관해 물어본다면 대부분의 사람들은 고개를 갸웃거릴 것이다. 20세기 중반을 살아가던 대부분의 사람들에게 패러다임은 낯설고 생소한 단어였기 때문이다. 심지어 그 당시에 패러다임이라는 단어를 알고 있었던 사람들조차 지금 우리가 사용하는 것과는 전혀 다른 의미로 사용하고 있었다.

패러다임(paradigm)이라는 말은 '모델(model)', '패턴(pattern)', 또는 '전형적인 예(example)'를 의미하는 그리스어인 '파라데이그마(paradeigma)'에서 유래했다. 과거에는 표준적인 모델을 따르거나 모방하는 상황을 가리키는 매우 제한적인 상황에서만 패러다임이라는 단어를 사용했다. 예를 들어, 라틴어를 배울 때 '사랑하다'라는 동사의 활용으로 '나는 사랑한다', '너는 사랑한다', '그는/그녀는/그것은 사랑한다'는 라틴어로 각각 amo, amas, amat로 표현한다. 다른 동사의 경우에도 이 모델, 패턴, 예를 그대로 적용할 수 있는데 '찬양하다'라는 뜻을 가진 동사의 활용으로 laudo, laudas, laudat를 얻을 수 있다. 이것이 바로 패러다임이다. 패러다임은 하나의 예를 복사하도록 허용한다. 원칙적으로 '사랑하다'와 '찬양하다' 둘 중 어떤 것이라도 동사 활용을 위한 패러다임이 될 수 있다.

현대인들은 패러다임이라는 단어를 전혀 다른 의미로 사용한다. 우리가 사용하는 패러다임은 '한 시대의 사회 전체가 공유하는 이론이나 방법, 문제의식 등의 체계'를 의미한다. 그렇다면 불과 50년이 조금 넘는 시간 동안 어떤 일들이 있었길래 패러다임이 과거와는 전혀 다른 의미로 바뀌게 된 것일까?

제2차 세계대전이 끝나고 냉전으로 인해 전 세계가 꽁꽁 얼어 붙어 있던 1940년대 미국의 학자들은 과학을 일종의 민주주의 이념을 실현할 수 있는 장으로 바라봤다. 이런 기류 속에서 당시 하버드대 총장으로 부임하고 있던 제임스 코넌트(James Conant)는 시민들이 과학지식을 직접 이해하고 평가할 수 있어야만 민주주의가 제대로 작동할 수 있다고 생각했다. 그는 인문계 학생들의 과학적 소양이 부족하다고 생각했고 이 문제를 해결하기 위해서는 과학사를 교육해야 한다고 판단했다.

이때 코넌트의 눈에 들어온 사람이 바로 하버드대에서 물리학 박사 학위를 준비하고 있던 토마스 쿤(Thomas Samuel Kuhn)이었다. 코넌트는 당시 촉망받는 인재였던 토마스 쿤을 과학사 교과목의 운영담당 조교로 추천했다. 수업을 준비하면서 과학사에 관심을 가지게 된 쿤은 물리학 학위를 준비하는 틈틈이 과학사와 철학을 공부하기 시작했다. 이후 UC 버클리로 자리를 옮겨 과학사 강의를 하게 된 쿤은 그동안 과학사를 공부하면서 느낀 자신의 생각을 책으로 정리하기 시작했다.

1962년 쿤은 마침내《과학혁명의 구조》[Kuhn12]라고 이름 지어진 한 권의 책을 세상에 내놓는다. 그리고 이 책은 과학사에 대한 기존 관점을 뿌리째 흔들었다.

쿤의 책이 출간되기 전까지 과학사에 대한 보편적인 시각은 발전의 누적 과정으로 바라보는 것이었다. 이 관점에 따르면 과학의 발전이란 이미 달성된 과학적 성취를 기반으로 새로운 발견을 누적시키거나 기존의 오류를 수정하면서 단계적으로 진보해 나가는 과정이다. 그러나 쿤은 과학의 발전이 진리를 향해 한 걸음씩 접근한다는 진보의 개념을 부정했다. 과학이 단순한 계단식 발전의 형태를 이루는 것이 아니라 새로운 발견이 기존의 과학적 견해를 붕괴시키는 혁명적인 과정을 거쳐 발전해왔다고 주장했다. 그리고 이를 '과학혁명'이라고 불렀다.

과학혁명이란 과거의 패러다임이 새로운 패러다임에 의해 대체됨으로써 정상과학의 방향과 성격이 변하는 것을 의미한다. 이를 패러다임 전환(Paradigm Shift)이라고 부른다. 우주를 바라보는 관점이 천동설에서 지동설로 변화한 사건은 패러다임 전환의 가장 대표적인 예다. 패러다임 전환은 소프트웨어 개발에 종사하는 대부분의 사람들에게 익숙한 용어다. 그리고 이 책에서 이야기하는 패러다임 전환이란 절차형 패러다임에서 객체지향 패러다임으로의 변화를 가리킨다.

쿤의 책이 학계에 몰고 온 충격은 어마어마한 것이었다. 책 출간 전에는 대부분의 사람들이 들어보지조차 못했던 패러다임이라는 용어가 이제는 일상용어로 널리 퍼진 것만 봐도 그 영향력이 어땠는지를 쉽게 짐작하고도 남을 것이다.

02 프로그래밍 패러다임

쿤의 책이 화려한 스포트라이트를 받고 등장한 이후로 패러다임이라는 단어는 모든 곳에서 사용되고 있다. 예상하겠지만 새로운 개념과 용어를 빠르게 수용하기로 정평이 나 있는 소프트웨어 개발 커뮤니티가 이 화려하고 반짝이는 개념을 눈여겨보지 않았을 리 만무하다.

프로그래밍 패러다임(programming paradigm)이라는 용어를 처음 사용한 사람은 1974년에 전산학의 노벨상이라 불리는 튜링상(Turing Award)을 수상한 로버트 플로이드(Robert W. Floyd)다. 튜링상을 수상한 사람은 관례적으로 "ACM 튜링상 강연(ACM Turing Award Lecture)"이라는 이름의 강의를 하게 되는데 로버트 플로이드의 강의 제목이 바로 《The Paradigms of Programming》[Floyd79]이었다.

> 토마스 쿤은 '과학혁명의 구조'에서 과거 수세기에 걸쳐 일어난 과학혁명을 주도적인 패러다임이 변경된 결과로 인해 발생한 것으로 설명했다. 쿤의 의견 중 일부는 우리 분야에도 적절한 것으로 보인다. … 사실, 프로그래밍 언어는 일반적으로 어떤 패러다임의 사용을 권장하고 다른 패러다임의 사용을 막는다[Floyd79].

쿤의 패러다임이 특정 시대의 어느 성숙한 과학자 공동체에 의해 수용된 방법들의 원천인 동시에 문제 영역이자, 문제 풀이의 표본이라고 한다면 프로그래밍 패러다임은 특정 시대의 어느 성숙한 개발자 공동체에 의해 수용된 프로그래밍 방법과 문제 해결 방법, 프로그래밍 스타일이라고 할 수 있다. 간단히 말해서 우리가 어떤 프로그래밍 패러다임을 사용하느냐에 따라 우리가 해결할 문제를 바라보는 방식과 프로그램을 작성하는 방법이 달라진다.

프로그래밍 패러다임이 중요한 이유는 무엇일까? 쿤이 패러다임이 중요하다고 생각했던 이유와 동일하다.

패러다임이라는 용어를 선택함으로써, 나는 법칙, 이론, 응용, 도구의 조작 등을 모두 포함한 실제 과학 활동의 몇몇 인정된 실례들이, 과학 연구의 특정한 정합적 전통을 형성하는 모델을 제공한다는 점을 시사하고자 한다. … 이런 패러다임에 대한 공부는 과학도가 훗날 과학 활동을 수행할 특정 과학자 공동체의 구성원이 될 수 있도록 준비시키는 것이다. 이런 공부를 통해서 과학도는 바로 그 확고한 모델로부터 그들 분야의 기초를 익혔던 사람들과 만나게 되므로, 이후에 계속되는 그의 활동에서 기본 개념에 대한 노골적인 의견 충돌이 빚어지는 일은 드물 것이다. 공유된 패러다임에 근거하여 연구하는 사람들은 과학 활동에 대한 동일한 규칙과 표준에 헌신하게 된다. 그러한 헌신과 그것이 만들어내는 분명한 합의는 정상과학, 즉 특정한 연구 전통의 출현과 지속에 필수 불가결한 요소가 된다[Kuhn12].

프로그래밍 패러다임은 개발자 공동체가 동일한 프로그래밍 스타일과 모델을 공유할 수 있게 함으로써 불필요한 부분에 대한 의견 충돌을 방지한다. 또한 프로그래밍 패러다임을 교육시킴으로써 동일한 규칙과 방법을 공유하는 개발자로 성장할 수 있도록 준비시킬 수 있다.

이것이 바로 이 책이 쓰여진 이유다. 이 책은 객체지향 패러다임에 관한 책이다. 다시 말해 이 책의 목적은 객체지향 패러다임이 제시하는 프로그래밍 패러다임을 설명하는 것이다. 이 책은 코드를 개발하는 우리가 객체지향 패러다임이라는 용어를 사용할 때 완벽하게 동일하지는 않더라도 어느 정도 유사한 그림을 머릿속에 그릴 수 있는 기반을 제공할 것이다. 또한 객체지향에 대한 다양한 오해를 제거함으로써 객체지향 프로그래밍을 하는 개발자들이 동일한 규칙과 표준에 따라 프로그램을 작성할 수 있게 할 것이다.

플로이드가 언급한 것처럼 각 프로그래밍 언어가 제공하는 특징과 프로그래밍 스타일은 해당 언어가 채택하는 프로그래밍 패러다임에 따라 달라진다. C 언어는 절차형 패러다임을 기반으로 하는 언어이며 자바(Java)는 객체지향 패러다임을 기반으로 하는 언어다. 함수형 패러다임을 수용한 가장 대표적인 언어는 리스프(LISP)이며 프롤로그(PROLOG)는 논리형 패러다임을 수용한 대표적인 언어다. 각 패러다임과 패러다임을 채용하는 언어는 특정한 종류의 문제를 해결하는 데 필요한 일련의 개념들을 지원한다.

이것이 프로그래밍 언어와 프로그래밍 패러다임을 분리해서 설명할 수 없는 이유다. 따라서 여러분의 손에 들려 있는 이 책은 객체지향 패러다임에 대해 설명하기 위해 최대한 많은 양의 코드를 제시할 것이다. 코드 없이 개념적으로 특정 프로그래밍 패러다임을 설명하는 것은 어떤 영 감도 주지 못한다. 개발자는 코드를 통해 패러다임을 이해하고 적용할 수 있는 기술을 습득해야만 한다.

한 가지 주의할 점은 프로그래밍 패러다임이 쿤의 패러다임 개념에 영향을 받았다고 해서 두 가지가 완 전히 동일하지는 않다는 것이다.

쿤은 상이한 두 가지 패러다임이 있을 때 두 패러다임은 함께 존재할 수 없다고 주장했다. 일례로 천동 설과 지동설 모두를 사실로 받아들일 수는 없다. 하지만 프로그래밍 패러다임으로 오면 이야기가 달라 진다. 절차형 패러다임에서 객체지향 패러다임으로 전환됐다고 해서 두 패러다임이 함께 존재할 수 없 는 것은 아니다. 오히려 서로 다른 패러다임이 하나의 언어 안에서 공존함으로써 서로의 장단점을 보완 하는 경향을 보인다. 대표적인 예로 절차형 패러다임과 객체지향 패러다임을 접목시킨 C++와 함수형 패러다임과 객체지향 패러다임을 접목시킨 스칼라(Scala)가 있다. 이처럼 하나 이상의 패러다임을 수용 하는 언어를 다중패러다임 언어(Multiparadigm Language)라고 부른다.

또한 쿤은 과거의 패러다임과 새로운 패러다임은 개념 자체 다르기 때문에 비교할 수 없다고 주장했다. 이것은 서로 다른 패러다임을 지지하는 과학자들은 세계를 다른 방식으로 조직해서 보기 때문에 같은 대상에 대해 서로 다른 것을 보기 때문이다. 하지만 이 역시 프로그래밍 패러다임의 영역에는 적용되지 않는데, 프로그래밍 패러다임이 바뀌었다고 해서 프로그래머가 바라보는 세상이 완전히 달라지는 것은 아니기 때문이다. 일례로 객체지향 패러다임은 절차형 패러다임의 단점을 보완했지만 절차형 패러다임 의 기반 위에서 구축됐다. 따라서 절차형 패러다임과 객체지향 패러다임을 비교하는 것은 가능하며 이 책 역시 설명을 위해 필요한 경우 두 가지 프로그래밍 패러다임을 서로 비교할 것이다.

개인적인 견해에 따르면 프로그래밍 패러다임은 과거의 패러다임을 폐기시키는 혁명적인 과정을 거치 지 않는 것으로 보인다. 오히려 과거에 있던 패러다임의 단점을 보완하는 발전적인 과정을 거치는 것으 로 보인다. 간단히 말해 프로그래밍 패러다임은 혁명적(revolutionary)이 아니라 발전적(evolutionary) 이다.

이런 사실은 비록 객체지향 패러다임을 주로 사용한다고 하더라도 다른 패러다임을 배우는 것이 도움 이 될 것이라는 사실을 암시한다. '은총알은 없다'는 프레디 브룩스의 말을 기억하라[Brooks95]. 객체 지향 패러다임은 은총알이 아니다. 객체지향이 적합하지 않은 상황에서는 언제라도 다른 패러다임을 적용할 수 있는 시야를 기르고 지식을 갈고 닦아야 한다.

객체, 설계

로버트 L. 글래스(Robert L. Glass)는《소프트웨어 크리에이티비티 2.0》[Glass06a]에서 '이론 대 실무'라는 흥미로운 주제에 관한 개인적인 견해를 밝히고 있다. 글래스가 그 글에서 우리에게 던진 질문을 한마디로 요약하면 다음과 같다. "이론이 먼저일까, 실무가 먼저일까?"

대부분의 사람들은 이론이 먼저 정립된 후에 실무가 그 뒤를 따라 발전한다고 생각한다. 글래스는 그 반대라고 주장한다. 글래스에 따르면 어떤 분야를 막론하고 이론을 정립할 수 없는 초기에는 실무가 먼저 급속한 발전을 이룬다고 한다. 실무가 어느 정도 발전하고 난 다음에야 비로소 실무의 실용성을 입증할 수 있는 이론이 서서히 그 모습을 갖춰가기 시작하고, 해당 분야가 충분히 성숙해지는 시점에 이르러서야 이론이 실무를 추월하게 된다는 것이다.

글래스의 결론을 한마디로 요약하면 이론보다 실무가 먼저라는 것이다. 따라서 어떤 분야든 초기 단계에서는 아무것도 없는 상태에서 이론을 정립하기보다는 실무를 관찰한 결과를 바탕으로 이론을 정립하는 것이 최선이다.

건축처럼 역사가 오래된 여느 다른 공학 분야에 비해 상대적으로 짧은 소프트웨어 분야의 역사를 감안했을 때 글래스가 우리에게 전하고자 하는 메시지는 분명하다. 소프트웨어 분야는 아직 걸음마 단계에 머물러 있기 때문에 이론보다 실무가 더 앞서 있으며 실무가 더 중요하다는 것이다.

소프트웨어 개발에서 실무가 이론보다 앞서 있는 대표적인 분야로 '소프트웨어 설계'와 '소프트웨어 유지보수'를 들 수 있다. 컴퓨터라는 도구가 세상에 출현한 이후 지금까지 셀 수 없을 정도로 많은 수의 소프트웨어가 설계되고 개발돼 왔다. 따라서 실무는 훌륭한 소프트웨어를 설계하기 위해 필요한 다양한 기법과 도구를 초기부터 성공적으로 적용하고 발전시켜 왔던 것이다.

반면에 이론은 어떤가? 훌륭한 설계에 관한 최초의 이론은 1970년대가 돼서야 비로소 세상에 모습을 드러냈다. 대부분의 설계 원칙과 개념 역시 이론에서 출발해서 실무에 스며들었다기보다는 실무에서 반복적으로 적용되던 기법들을 이론화한 것들이 대부분이다. 소프트웨어의 규모가 커지면 커질수록 소프트웨어 설계 분야에서 이론이 실무를 추월할 가능성은 희박해 보인다.

소프트웨어 유지보수의 경우에는 그 격차가 더 심하다. 실무에서는 다양한 규모의 소프트웨어를 성공적으로 유지보수하고 있지만 소프트웨어 유지보수와 관련된 효과적인 이론이 발표된 적은 거의 없다. 심지어 이론은 소프트웨어 유지보수에 전혀 관심이 없는 것처럼 보이기까지 한다. 소프트웨어 생명주기 동안 유지보수가 차지하는 비중을 감안해 볼 때 현재의 상황은 매우 실망스러운 수준이라고 할 수 있다. 결론적으로 소프트웨어 설계와 유지보수에 중점을 두려면 이론이 아닌 실무에 초점을 맞추는 것이 효과적이다.

이 책은 훌륭한 객체지향 프로그램을 설계하고 유지보수하는 데 필요한 원칙과 기법을 설명하기 위해 쓰여진 책이다. 일반적으로 이런 종류의 책들은 객체지향의 역사를 장황하게 설명하거나 기억하기조차 버거운 용어와 난해한 개념들을 줄줄이 나열하는 것으로 시작하곤 한다. 하지만 글래스의 이야기에서 알 수 있는 것처럼 설계나 유지보수를 이야기할 때 이론을 중심에 두는 것은 적절하지 않다. 설계 분야에서 실무는 이론을 압도한다. 설계에 관해 설명할 때 가장 유용한 도구는 이론으로 덕지덕지 치장된 개념과 용어가 아니라 '코드' 그 자체다.

이 책에서는 객체지향 패러다임을 설명하기 위해 추상적인 개념이나 이론을 앞세우지 않을 것이다. 가능하면 개발자인 우리가 가장 잘 이해할 수 있고 가장 능숙하게 다룰 수 있는 코드를 이용해 객체지향의 다양한 측면을 설명하려고 노력할 것이다.

추상적인 개념과 이론은 훌륭한 코드를 작성하는 데 필요한 도구일 뿐이다. 프로그래밍을 통해 개념과 이론을 배우는 것이 개념과 이론을 통해 프로그래밍을 배우는 것보다 더 훌륭한 학습 방법이라고 생각한다. 개념은 지루하고 이론은 따분하다. 개발자는 구체적인 코드를 만지며 손을 더럽힐 때 가장 많은 것을 얻어가는 존재다.

글래스의 주장을 믿는다는 증거로 이론과 개념은 잠시 뒤로 미루고 간단한 프로그램을 하나 살펴보는 것으로 시작하자.

01 티켓 판매 애플리케이션 구현하기

잠시 눈을 감고 연극이나 음악회를 공연할 수 있는 작은 소극장을 경영하고 있다고 상상해 보자. 소극장의 규모는 그리 크지 않고 시설도 조금 낡은 감이 있지만 실험적이면서도 재미있는 공연을 지속적으로 기획하고 발굴한 덕분에 조금씩 입소문을 타고 매출이 오르고 있는 상황이다.

여러분은 소극장의 홍보도 겸할 겸 관람객들의 발길이 이어지도록 작은 이벤트를 기획하기로 했다. 이벤트의 내용은 간단한데 추첨을 통해 선정된 관람객에게 공연을 무료로 관람할 수 있는 초대장을 발송하는 것이다.

이벤트는 성황리에 마감됐고 드디어 기다리던 공연 날이 밝았다. 소극장 앞은 손에 초대장을 쥐고 입장을 기다리는 이벤트 당첨자들과 표를 구매하려는 관람객으로 장사진을 이루고 있었다. 이제 소극장의 문을 열어 오랜 시간 공연을 기다려온 관람객들을 맞이하자.

한 가지 염두에 둬야 할 점이 있다. 당연한 이야기겠지만 이벤트에 당첨된 관람객과 그렇지 못한 관람객은 다른 방식으로 입장시켜야 한다는 것이다. 이벤트에 당첨된 관람객은 초대장을 티켓으로 교환한 후에 입장할 수 있다. 이벤트에 당첨되지 않은 관람객은 티켓을 구매해야만 입장할 수 있다. 따라서 관람객을 입장시키기 전에 이벤트 당첨 여부를 확인해야 하고 이벤트 당첨자가 아닌 경우에는 티켓을 판매한 후에 입장시켜야 한다.

먼저 이벤트 당첨자에게 발송되는 초대장을 구현하는 것으로 시작하자. 초대장이라는 개념을 구현한 Invitation은 공연을 관람할 수 있는 초대일자(when)를 인스턴스 변수로 포함하는 간단한 클래스다.

```java
public class Invitation {
  private LocalDateTime when;
}
```

공연을 관람하기 원하는 모든 사람들은 티켓을 소지하고 있어야만 한다. Ticket 클래스를 추가하자.

```java
public class Ticket {
  private Long fee;

  public Long getFee() {
    return fee;
  }
}
```

이벤트 당첨자는 티켓으로 교환할 초대장을 가지고 있을 것이다. 이벤트에 당첨되지 않은 관람객은 티켓을 구매할 수 있는 현금을 보유하고 있을 것이다. 따라서 관람객이 가지고 올 수 있는 소지품은 초대장, 현금, 티켓 세 가지뿐이다. 관람객은 소지품을 보관할 용도로 가방을 들고 올 수 있다고 가정하자.

이제 관람객이 소지품을 보관할 Bag 클래스를 추가하자. Bag 클래스는 초대장(invitation), 티켓 (ticket), 현금(amount)을 인스턴스 변수로 포함한다. 또한 초대장의 보유 여부를 판단하는 hasInvitation 메서드와 티켓의 소유 여부를 판단하는 hasTicket 메서드, 현금을 증가시키거나 감소시키는 plusAmount와 minusAmount 메서드, 초대장을 티켓으로 교환하는 setTicket 메서드를 구현하고 있다.

```java
public class Bag {
  private Long amount;
  private Invitation invitation;
  private Ticket ticket;

  public boolean hasInvitation() {
    return invitation != null;
  }

  public boolean hasTicket() {
    return ticket != null;
  }

  public void setTicket(Ticket ticket) {
    this.ticket = ticket;
  }

  public void minusAmount(Long amount) {
    this.amount -= amount;
  }

  public void plusAmount(Long amount) {
    this.amount += amount;
  }
}
```

이벤트에 당첨된 관람객의 가방 안에는 현금과 초대장이 들어있지만 이벤트에 당첨되지 않은 관람객의 가방 안에는 초대장이 들어있지 않을 것이다. 따라서 Bag 인스턴스의 상태는 현금과 초대장을 함께 보관하거나, 초대장 없이 현금만 보관하는 두 가지 중 하나일 것이다. Bag의 인스턴스를 생성하는 시점에 이 제약을 강제할 수 있도록 생성자를 추가하자.

```java
public class Bag {
  public Bag(long amount) {
    this(null, amount);
  }

  public Bag(Invitation invitation, long amount) {
    this.invitation = invitation;
    this.amount = amount;
  }
}
```

다음은 관람객이라는 개념을 구현하는 Audience 클래스를 만들 차례다. 관람객은 소지품을 보관하기 위해 가방을 소지할 수 있다.

```java
public class Audience {
  private Bag bag;

  public Audience(Bag bag) {
    this.bag = bag;
  }

  public Bag getBag() {
    return bag;
  }
}
```

관람객이 소극장에 입장하기 위해서는 매표소에서 초대장을 티켓으로 교환하거나 구매해야 한다. 따라서 매표소에는 관람객에게 판매할 티켓과 티켓의 판매 금액이 보관돼 있어야 한다. 매표소를 구현하기 위해 TicketOffice 클래스를 추가할 시간이다. TicketOffice는 판매하거나 교환해 줄 티켓의 목록(tickets)과 판매 금액(amount)을 인스턴스 변수로 포함한다. 티켓을 판매하는 getTicket 메서드는 편의를 위해 tickets 컬렉션에서 맨 첫 번째 위치에 저장된 Ticket을 반환하는 것으로 구현했다. 또한 판매 금액을 더하거나 차감하는 plusAmount와 minusAmount 메서드도 구현돼 있다.

```
public class TicketOffice {
  private Long amount;
  private List<Ticket> tickets = new ArrayList<>();

  public TicketOffice(Long amount, Ticket ... tickets) {
    this.amount = amount;
    this.tickets.addAll(Arrays.asList(tickets));
  }

  public Ticket getTicket() {
    return tickets.remove(0);
  }

  public void minusAmount(Long amount) {
    this.amount -= amount;
  }

  public void plusAmount(Long amount) {
    this.amount += amount;
  }
}
```

판매원은 매표소에서 초대장을 티켓으로 교환해 주거나 티켓을 판매하는 역할을 수행한다. 판매원을 구현한 TicketSeller 클래스는 자신이 일하는 매표소(ticketOffice)를 알고 있어야 한다.

```
public class TicketSeller {
  private TicketOffice ticketOffice;

  public TicketSeller(TicketOffice ticketOffice) {
    this.ticketOffice = ticketOffice;
  }

  public TicketOffice getTicketOffice() {
    return ticketOffice;
  }
}
```

모든 준비가 끝났다. 이제 지금까지 준비한 그림 1.1의 클래스들을 조합해서 관람객을 소극장에 입장시키는 로직을 완성하는 일만 남았다.

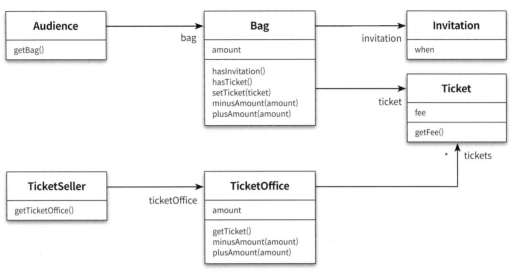

그림 1.1 애플리케이션의 핵심 클래스

소극장을 구현하는 클래스는 Theater다. Theater 클래스가 관람객을 맞이할 수 있도록 enter 메서드를
구현하자.

```java
public class Theater {
  private TicketSeller ticketSeller;

  public Theater(TicketSeller ticketSeller) {
    this.ticketSeller = ticketSeller;
  }

  public void enter(Audience audience) {
    if (audience.getBag().hasInvitation()) {
      Ticket ticket = ticketSeller.getTicketOffice().getTicket();
      audience.getBag().setTicket(ticket);
    } else {
      Ticket ticket = ticketSeller.getTicketOffice().getTicket();
      audience.getBag().minusAmount(ticket.getFee());
      ticketSeller.getTicketOffice().plusAmount(ticket.getFee());
      audience.getBag().setTicket(ticket);
    }
  }
}
```

소극장은 먼저 관람객의 가방 안에 초대장이 들어 있는지 확인한다. 만약 초대장이 들어 있다면 이벤트에 당첨된 관람객이므로 판매원에게서 받은 티켓을 관람객의 가방 안에 넣어준다. 가방 안에 초대장이 없다면 티켓을 판매해야 한다. 이 경우 소극장은 관람객의 가방에서 티켓 금액만큼을 차감한 후 매표소에 금액을 증가시킨다. 마지막으로 소극장은 관람객의 가방 안에 티켓을 넣어줌으로써 관람객의 입장 절차를 끝낸다.

어떤가? 작성된 프로그램의 로직은 간단하고 예상대로 동작한다. 하지만 안타깝게도 이 작은 프로그램은 몇 가지 문제점을 가지고 있다.

02 무엇이 문제인가

로버트 마틴(Robert C. Martin)은 《클린 소프트웨어: 애자일 원칙과 패턴, 그리고 실천 방법》[Martin 2002a]에서 소프트웨어 모듈이 가져야 하는 세 가지 기능에 관해 설명한다. 여기서 모듈이란 크기와 상관 없이 클래스나 패키지, 라이브러리와 같이 프로그램을 구성하는 임의의 요소를 의미한다.

> 모든 소프트웨어 모듈에는 세 가지 목적이 있다. 첫 번째 목적은 실행 중에 제대로 동작하는 것이다. 이것은 모듈의 존재 이유라고 할 수 있다. 두 번째 목적은 변경을 위해 존재하는 것이다. 대부분의 모듈은 생명주기 동안 변경되기 때문에 간단한 작업만으로도 변경이 가능해야 한다. 변경하기 어려운 모듈은 제대로 동작하더라도 개선해야 한다. 모듈의 세 번째 목적은 코드를 읽는 사람과 의사소통하는 것이다. 모듈은 특별한 훈련 없이도 개발자가 쉽게 읽고 이해할 수 있어야 한다. 읽는 사람과 의사소통할 수 없는 모듈은 개선해야 한다[Martin02].

마틴에 따르면 모든 모듈은 제대로 실행돼야 하고, 변경이 용이해야 하며, 이해하기 쉬워야 한다. 앞에서 작성한 프로그램은 관람객들을 입장시키는 데 필요한 기능을 오류 없이 정확하게 수행하고 있다. 따라서 제대로 동작해야 한다는 제약은 만족시킨다. 하지만 불행하게도 변경 용이성과 읽는 사람과의 의사소통이라는 목적은 만족시키지 못한다. 지금부터 그 이유를 살펴보자.

예상을 빗나가는 코드

마지막에 소개한 Theater 클래스의 enter 메서드가 수행하는 일을 말로 풀어보자.

> 소극장은 관람객의 가방을 열어 그 안에 초대장이 들어 있는지 살펴본다. 가방 안에 초대장이 들어 있으면 판매원은 매표소에 보관돼 있는 티켓을 관람객의 가방 안으로 옮긴다. 가방 안에 초대장이 들어 있지 않다면 관람객의 가방에서 티켓 금액만큼의 현금을 꺼내 매표소에 적립한 후에 매표소에 보관돼 있는 티켓을 관람객의 가방 안으로 옮긴다.

무엇이 문제인지 눈치챘는가? 문제는 관람객과 판매원이 소극장의 통제를 받는 수동적인 존재라는 점이다.

여러분이 관람객이라고 가정해보자. 관람객의 입장에서 문제는 소극장이라는 *제3자*가 초대장을 확인하기 위해 관람객의 가방을 마음대로 열어 본다는 데 있다. 만약 누군가가 여러분의 허락 없이 가방 안의 내용물을 마음대로 뒤적이고 돈을 가져간다면 어떻겠는가? 넋놓고 다른 사람이 여러분의 가방을 헤집어 놓는 것을 멍하니 바라만 볼 것인가?

여러분이 판매원이라고 하더라도 동일한 문제가 발생한다. 소극장이 여러분의 허락도 없이 매표소에 보관 중인 티켓과 현금에 마음대로 접근할 수 있기 때문이다. 더 큰 문제는 티켓을 꺼내 관람객의 가방에 집어넣고 관람객에게서 받은 돈을 매표소에 적립하는 일은 여러분이 아닌 소극장이 수행한다는 점이다. 여러분은 매표소 안에 가만히 앉아 티켓이 하나씩 사라지고 돈이 저절로 쌓이는 광경을 두 손 놓고 쳐다볼 수밖에 없는 것이다.

이해 가능한 코드란 그 동작이 우리의 예상에서 크게 벗어나지 않는 코드다. 안타깝게도 앞에서 살펴본 예제는 우리의 예상을 벗어난다. 현실에서는 관람객이 직접 자신의 가방에서 초대장을 꺼내 판매원에게 건넨다. 티켓을 구매하는 관람객은 가방 안에서 돈을 직접 꺼내 판매원에게 지불한다. 판매원은 매표소에 있는 티켓을 직접 꺼내 관람객에게 건네고 관람객에게서 직접 돈을 받아 매표소에 보관한다. 하지만 코드 안의 관람객, 판매원은 그렇게 하지 않는다. 현재의 코드는 우리의 상식과는 너무나도 다르게 동작하기 때문에 코드를 읽는 사람과 제대로 의사소통하지 못한다.

코드를 이해하기 어렵게 만드는 또 다른 이유가 있다. 이 코드를 이해하기 위해서는 여러 가지 세부적인 내용들을 한꺼번에 기억하고 있어야 한다는 점이다. 앞으로 돌아가 Theater의 enter 메서드를 다시 한 번 살펴보기 바란다. Theater의 enter 메서드를 이해하기 위해서는 Audience가 Bag을 가지고 있고, Bag 안에는 현금과 티켓이 들어 있으며 TicketSeller가 TicketOffice에서 티켓을 판매하고, TicketOffice

안에 돈과 티켓이 보관돼 있다는 모든 사실을 동시에 기억하고 있어야 한다. 이 코드는 하나의 클래스나 메서드에서 너무 많은 세부사항을 다루기 때문에 코드를 작성하는 사람뿐만 아니라 코드를 읽고 이해해야 하는 사람 모두에게 큰 부담을 준다.

하지만 가장 심각한 문제는 이것이 아니다. 그것은 Audience와 TicketSeller를 변경할 경우 Theater도 함께 변경해야 한다는 사실이다.

변경에 취약한 코드

그렇다. 더 큰 문제는 변경에 취약하다는 것이다. 이 코드는 관람객이 현금과 초대장을 보관하기 위해 항상 가방을 들고 다닌다고 가정한다. 또한 판매원이 매표소에서만 티켓을 판매한다고 가정한다. 관람객이 가방을 들고 있지 않다면 어떻게 해야 할까? 관람객이 현금이 아니라 신용카드를 이용해서 결제한다면 어떻게 해야 할까? 판매원이 매표소 밖에서 티켓을 판매해야 한다면 어떻게 해야 할까? 이런 가정이 깨지는 순간 모든 코드가 일시에 흔들리게 된다.

관람객이 가방을 들고 있다는 가정이 바뀌었다고 상상해보자. Audience 클래스에서 Bag을 제거해야 할 뿐만 아니라 Audience의 Bag에 직접 접근하는 Theater의 enter 메서드 역시 수정해야 한다. Theater는 관람객이 가방을 들고 있고 판매원이 매표소에서만 티켓을 판매한다는 지나치게 세부적인 사실에 의존해서 동작한다. 이러한 세부적인 사실 중 한 가지라도 바뀌면 해당 클래스뿐만 아니라 이 클래스에 의존하는 Theater도 함께 변경해야 한다. 이처럼 다른 클래스가 Audience의 내부에 대해 더 많이 알면 알수록 Audience를 변경하기 어려워진다.

이것은 객체 사이의 **의존성**(dependency)과 관련된 문제다. 문제는 의존성이 변경과 관련돼 있다는 점이다. 의존성은 변경에 대한 영향을 암시한다. 의존성이라는 말 속에는 어떤 객체가 변경될 때 그 객체에게 의존하는 다른 객체도 함께 변경될 수 있다는 사실이 내포돼 있다.

그렇다고 해서 객체 사이의 의존성을 완전히 없애는 것이 정답은 아니다. 객체지향 설계는 서로 의존하면서 협력하는 객체들의 공동체를 구축하는 것이다. 따라서 우리의 목표는 애플리케이션의 기능을 구현하는 데 필요한 최소한의 의존성만 유지하고 불필요한 의존성을 제거하는 것이다.

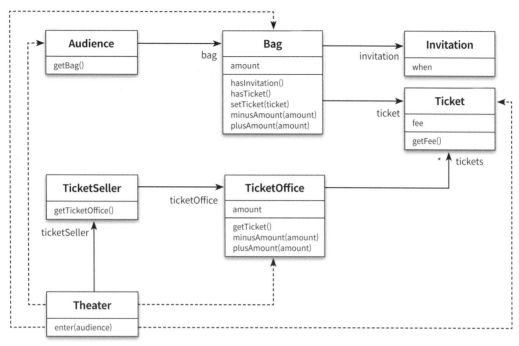

그림 1.2 너무 많은 클래스에 의존하는 Theater

객체 사이의 의존성이 과한 경우를 가리켜 **결합도(coupling)**가 높다고 말한다. 반대로 객체들이 합리적인 수준으로 의존할 경우에는 결합도가 낮다고 말한다. 결합도는 의존성과 관련돼 있기 때문에 결합도 역시 변경과 관련이 있다. 두 객체 사이의 결합도가 높으면 높을수록 함께 변경될 확률도 높아지기 때문에 변경하기 어려워진다. 따라서 설계의 목표는 객체 사이의 결합도를 낮춰 변경이 용이한 설계를 만드는 것이어야 한다.

03 설계 개선하기

예제 코드는 로버트 마틴이 이야기한 세 가지 목적 중 한 가지는 만족시키지만 다른 두 조건은 만족시키지 못한다. 이 코드는 기능은 제대로 수행하지만 이해하기 어렵고 변경하기가 쉽지 않다.

여기서 변경과 의사소통이라는 문제가 서로 엮여 있다는 점에 주목하라. 코드를 이해하기 어려운 이유는 Theater가 관람객의 가방과 판매원의 매표소에 직접 접근하기 때문이다. 이것은 관람객과 판매원이 자신의 일을 스스로 처리해야 한다는 우리의 직관을 벗어난다. 다시 말해서 의도를 정확하게 의사소통하지 못하기 때문에 코드가 이해하기 어려워진 것이다. Theater가 관람객의 가방과 판매원의 매표소에 직접 접근한다는 것은 Theater가 Audience와 TicketSeller에 결합된다는 것을 의미한다. 따라서 Audience와 TicketSeller를 변경할 때 Theater도 함께 변경해야 하기 때문에 전체적으로 코드를 변경하기도 어려워진다.

해결 방법은 간단하다. Theater가 Audience와 TicketSeller에 관해 너무 세세한 부분까지 알지 못하도록 정보를 차단하면 된다. 사실 관람객이 가방을 가지고 있다는 사실과 판매원이 매표소에서 티켓을 판매한다는 사실을 Theater가 알아야 할 필요가 없다. Theater가 원하는 것은 관람객이 소극장에 입장하는 것뿐이다. 따라서 관람객이 스스로 가방 안의 현금과 초대장을 처리하고 판매원이 스스로 매표소의 티켓과 판매 요금을 다루게 한다면 이 모든 문제를 한 번에 해결할 수 있을 것이다.

다시 말해서 관람객과 판매원을 **자율적인 존재**로 만들면 되는 것이다.

자율성을 높이자

설계를 변경하기 어려운 이유는 Theater가 Audience와 TicketSeller뿐만 아니라 Audience 소유의 Bag과 TicketSeller가 근무하는 TicketOffcie까지 마음대로 접근할 수 있기 때문이다. 해결 방법은 Audience와 TicketSeller가 직접 Bag과 TicketOffice를 처리하는 자율적인 존재가 되도록 설계를 변경하는 것이다.

첫 번째 단계는 Theater의 enter 메서드에서 TicketOffice에 접근하는 모든 코드를 TicketSeller 내부로 숨기는 것이다. TicketSeller에 sellTo 메서드를 추가하고 Theater에 있던 로직을 이 메서드로 옮기자.

```java
public class Theater {
  private TicketSeller ticketSeller;

  public Theater(TicketSeller ticketSeller) {
    this.ticketSeller = ticketSeller;
  }

  public void enter(Audience audience) {
    if (audience.getBag().hasInvitation()) {
      Ticket ticket = ticketSeller.getTicketOffice().getTicket();
      audience.getBag().setTicket(ticket);
    } else {
      Ticket ticket = ticketSeller.getTicketOffice().getTicket();
      audience.getBag().minusAmount(ticket.getFee());
```

```
      ticketSeller.getTicketOffice().plusAmount(ticket.getFee());
      audience.getBag().setTicket(ticket);
    }
  }
}

public class TicketSeller {
  private TicketOffice ticketOffice;

  public TicketSeller(TicketOffice ticketOffice) {
    this.ticketOffice = ticketOffice;
  }

  public TicketOffice getTicketOffice() {
    return ticketOffice;
  }

  public void sellTo(Audience audience) {

  }
}
```

그림 1.3 ticketOffice에 접근하는 코드를 ticketOffice를 포함하는 TicketSeller로 이동

다음은 sellTo 메서드를 추가한 후의 TicketSeller 클래스를 나타낸 것이다.

```
public class TicketSeller {
  private TicketOffice ticketOffice;

  public TicketSeller(TicketOffice ticketOffice) {
    this.ticketOffice = ticketOffice;
  }

  public void sellTo(Audience audience) {
    if (audience.getBag().hasInvitation()) {
      Ticket ticket = ticketOffice.getTicket();
      audience.getBag().setTicket(ticket);
    } else {
      Ticket ticket = ticketOffice.getTicket();
```

```
      audience.getBag().minusAmount(ticket.getFee());
      ticketOffice.plusAmount(ticket.getFee());
      audience.getBag().setTicket(ticket);
    }
  }
}
```

TicketSeller에서 getTicketOffice 메서드가 제거됐다는 사실에 주목하라. ticketOffice의 가시성이 private이고 접근 가능한 퍼블릭 메서드가 더 이상 존재하지 않기 때문에 외부에서는 ticketOffice에 직접 접근할 수 없다. 결과적으로 ticketOffice에 대한 접근은 오직 TicketSeller 안에만 존재하게 된다. 따라서 TicketSeller는 ticketOffice에서 티켓을 꺼내거나 판매 요금을 적립하는 일을 스스로 수행할 수밖에 없다.

이처럼 개념적이나 물리적으로 객체 내부의 세부적인 사항을 감추는 것을 **캡슐화**(encapsulation)라고 부른다. 캡슐화의 목적은 변경하기 쉬운 객체를 만드는 것이다. 캡슐화를 통해 객체 내부로의 접근을 제한하면 객체와 객체 사이의 결합도를 낮출 수 있기 때문에 설계를 좀 더 쉽게 변경할 수 있게 된다.

이제 Theater의 enter 메서드는 sellTo 메서드를 호출하는 간단한 코드로 바뀐다.

```
public class Theater {
  private TicketSeller ticketSeller;

  public Theater(TicketSeller ticketSeller) {
    this.ticketSeller = ticketSeller;
  }

  public void enter(Audience audience) {
    ticketSeller.sellTo(audience);
  }
}
```

수정된 Theater 클래스 어디서도 ticketOffice에 접근하지 않는다는 사실에 주목하라. Theater는 ticketOffice가 TicketSeller 내부에 존재한다는 사실을 알지 못한다. Theater는 단지 ticketSeller가 sellTo 메시지를 이해하고 응답할 수 있다는 사실만 알고 있을 뿐이다.

Theater는 오직 TicketSeller의 **인터페이스(interface)**에만 의존한다. TicketSeller가 내부에 TicketOffice 인스턴스를 포함하고 있다는 사실은 **구현(implementation)**의 영역에 속한다. 객체를 인터페이스와 구현으로 나누고 인터페이스만을 공개하는 것은 객체 사이의 결합도를 낮추고 변경하기 쉬운 코드를 작성하기 위해 따라야 하는 가장 기본적인 설계 원칙이다.

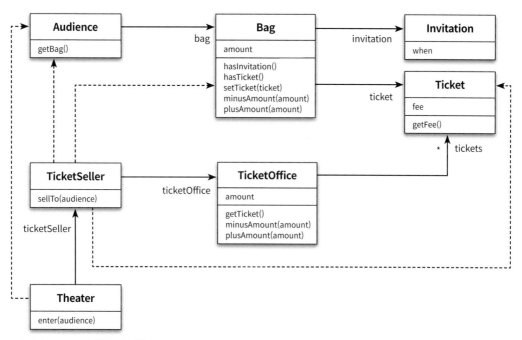

그림 1.4 Theater의 결합도를 낮춘 설계

그림 1.4는 수정 후의 클래스 사이의 의존성을 나타낸 것이다. Theater의 로직을 TicketSeller로 이동시킨 결과, Theater에서 TicketOffice로의 의존성이 제거됐다는 사실을 알 수 있다. TicketOffice와 협력하는 TicketSeller의 내부 구현이 성공적으로 캡슐화된 것이다.

TicketSeller 다음으로 Audience의 캡슐화를 개선하자. TicketSeller는 Audience의 getBag 메서드를 호출해서 Audience 내부의 Bag 인스턴스에 직접 접근한다. Bag 인스턴스에 접근하는 객체가 Theater에서 TicketSeller로 바뀌었을 뿐 Audience는 여전히 자율적인 존재가 아닌 것이다.

TicketSeller와 동일한 방법으로 Audience의 캡슐화를 개선할 수 있다. Bag에 접근하는 모든 로직을 Audience 내부로 감추기 위해 Audience에 buy 메서드를 추가하고 TicketSeller의 sellTo 메서드에서 getBag 메서드에 접근하는 부분을 buy 메서드로 옮기자.

```
public class TicketSeller {
  private TicketOffice ticketOffice;

  public TicketSeller(TicketOffice ticketOffice) {
    this.ticketOffice = ticketOffice;
  }

  public void sellTo(Audience audience) {
    if (audience.getBag().hasInvitation()) {
      Ticket ticket = ticketOffice.getTicket();
      audience.getBag().setTicket(ticket);
    } else {
      Ticket ticket = ticketOffice.getTicket();
      audience.getBag().minusAmount(ticket.getFee());
      ticketOffice.plusAmount(ticket.getFee());
      audience.getBag().setTicket(ticket);
    }
  }
}

public class Audience {
  private Bag bag;

  public Audience(Bag bag) {
    this.bag = bag;
  }

  public Bag getBag() {
    return bag;
  }

  public Long buy(Ticket ticket) {

  }
}
```

그림 1.5 bag에 접근하는 코드를 bag을 포함하는 Audience로 이동

buy 메서드는 인자로 전달된 Ticket을 Bag에 넣은 후 지불된 금액을 반환한다.

```java
public class Audience {
  private Bag bag;

  public Audience(Bag bag) {
    this.bag = bag;
  }

  public Long buy(Ticket ticket) {
    if (bag.hasInvitation()) {
      bag.setTicket(ticket);
      return 0L;
    } else {
      bag.setTicket(ticket);
      bag.minusAmount(ticket.getFee());
      return ticket.getFee();
    }
  }
}
```

변경된 코드에서 Audience는 자신의 가방 안에 초대장이 들어있는지를 스스로 확인한다. 외부의 제3자가 자신의 가방을 열어보도록 허용하지 않는다. Audience가 Bag을 직접 처리하기 때문에 외부에서는 더이상 Audience가 Bag을 소유하고 있다는 사실을 알 필요가 없다. 이제 Audience 클래스에서 getBag 메서드를 제거할 수 있고 결과적으로 Bag의 존재를 내부로 캡슐화할 수 있게 됐다.

이제 TicketSeller가 Audience의 인터페이스에만 의존하도록 수정하자. TicketSeller가 buy 메서드를 호출하도록 코드를 변경하면 된다.

```java
public class TicketSeller {
  private TicketOffice ticketOffice;

  public TicketSeller(TicketOffice ticketOffice) {
    this.ticketOffice = ticketOffice;
  }

  public void sellTo(Audience audience) {
    ticketOffice.plusAmount(audience.buy(ticketOffice.getTicket()));
  }
}
```

코드를 수정한 결과, TicketSeller와 Audience 사이의 결합도가 낮아졌다. 또한 내부 구현이 캡슐화됐으므로 Audience의 구현을 수정하더라도 TicketSeller에는 영향을 미치지 않는다.

모든 수정이 끝났다. 그림 1.6을 보자. 캡슐화를 개선한 후에 가장 크게 달라진 점은 Audience와 TicketSeller가 내부 구현을 외부에 노출하지 않고 자신의 문제를 스스로 책임지고 해결한다는 것이다. 다시 말해 자율적인 존재가 된 것이다.

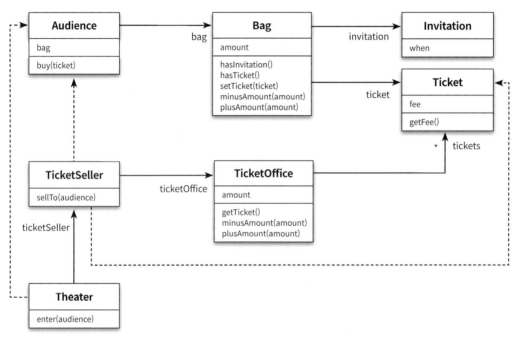

그림 1.6 자율적인 Audience와 TicketSeller로 구성된 설계

무엇이 개선됐는가

수정된 예제 역시 첫 번째 예제와 마찬가지로 관람객들을 입장시키는 데 필요한 기능을 오류 없이 수행한다. 따라서 동작을 수행해야 한다는 로버트 마틴의 첫 번째 목적을 만족시킨다. 그렇다면 변경 용이성과 의사소통은 어떨까?

수정된 Audience와 TicketSeller는 자신이 가지고 있는 소지품을 스스로 관리한다. 이것은 우리의 예상과도 정확하게 일치한다. 따라서 코드를 읽는 사람과의 의사소통이라는 관점에서 이 코드는 확실히 개선된 것으로 보인다.

더 중요한 점은 Audience나 TicketSeller의 내부 구현을 변경하더라도 Theater를 함께 변경할 필요가 없어졌다는 것이다. Audience가 가방이 아니라 작은 지갑을 소지하도록 코드를 변경하고 싶은가? Audience 내부만 변경하면 된다. TicketSeller가 매표소가 아니라 은행에 돈을 보관하도록 만들고 싶은가? TicketSeller 내부만 변경하면 된다. 두 경우 모두 변경은 Audience와 TicketSeller 내부만으로 제한된다. 따라서 수정된 코드는 변경 용이성의 측면에서도 확실히 개선됐다고 말할 수 있다.

어떻게 한 것인가

간단하다. 판매자가 티켓을 판매하기 위해 TicketOffice를 사용하는 모든 부분을 TicketSeller 내부로 옮기고, 관람객이 티켓을 구매하기 위해 Bag을 사용하는 모든 부분을 Audience 내부로 옮긴 것이다. 다시 말해 자기 자신의 문제를 스스로 해결하도록 코드를 변경한 것이다. 우리는 우리의 직관을 따랐고 그 결과로 코드는 변경이 용이하고 이해 가능하도록 수정됐다.

수정하기 전의 코드와 수정한 후의 코드를 다시 한번 비교해 보자. 수정하기 전에는 Theater가 Audience와 TicketSeller의 상세한 내부 구현까지 알고 있어야 했다. 따라서 Theater는 Audience와 TicketSeller에 강하게 결합돼 있었고, 그 결과 Audience와 TicketSeller의 사소한 변경에도 Theater가 영향을 받을 수밖에 없었다.

수정한 후의 Theater는 Audience나 TicketSeller의 내부에 직접 접근하지 않는다. Audience는 Bag 내부의 내용물을 확인하거나, 추가하거나, 제거하는 작업을 스스로 처리하며 외부의 누군가에게 자신의 가방을 열어보도록 허용하지 않는다.

TicketSeller 역시 매표소에 보관된 티켓을 직접 판매하도록 바뀌었다. 수정된 TicketSeller는 다른 누군가가 매표소 안을 마음대로 휘젓고 다니도록 허용하지 않는다.

우리는 객체의 자율성을 높이는 방향으로 설계를 개선했다. 그 결과, 이해하기 쉽고 유연한 설계를 얻을 수 있었다. 멋지지 않은가?

캡슐화와 응집도

핵심은 객체 내부의 상태를 캡슐화하고 객체 간에 오직 메시지를 통해서만 상호작용하도록 만드는 것이다. Theater는 TicketSeller의 내부에 대해서는 전혀 알지 못한다. 단지 TicketSeller가 sellTo 메시지를 이해하고 응답할 수 있다는 사실만 알고 있을 뿐이다. TicketSeller 역시 Audience의 내부에 대해서는 전혀 알지 못한다. 단지 Audience가 buy 메시지에 응답할 수 있고 자신이 원하는 결과를 반환할 것이라는 사실만 알고 있을 뿐이다.

밀접하게 연관된 작업만을 수행하고 연관성 없는 작업은 다른 객체에게 위임하는 객체를 가리켜 **응집도(cohesion)**가 높다고 말한다. 자신의 데이터를 스스로 처리하는 자율적인 객체를 만들면 결합도를 낮출 수 있을뿐더러 응집도를 높일 수 있다.

객체의 응집도를 높이기 위해서는 객체 스스로 자신의 데이터를 책임져야 한다. 자신이 소유하고 있지 않은 데이터를 이용해 작업을 처리하는 객체에게 어떻게 연관성 높은 작업들을 할당할 수 있겠는가? 객체는 자신의 데이터를 스스로 처리하는 자율적인 존재여야 한다. 그것이 객체의 응집도를 높이는 첫걸음이다. 외부의 간섭을 최대한 배제하고 메시지를 통해서만 협력하는 자율적인 객체들의 공동체를 만드는 것이 훌륭한 객체지향 설계를 얻을 수 있는 지름길인 것이다.

절차지향과 객체지향

수정하기 전의 코드에서는 Theater의 enter 메서드 안에서 Audience와 TicketSeller로부터 Bag과 TicketOffice를 가져와 관람객을 입장시키는 절차를 구현했다. Audience, TicketSeller, Bag, TicketOffice는 관람객을 입장시키는 데 필요한 정보를 제공하고 모든 처리는 Theater의 enter 메서드 안에 존재했었다는 점에 주목하라.

이 관점에서 Theater의 enter 메서드는 **프로세스(Process)**이며 Audience, TicketSeller, Bag, TicketOffice는 **데이터(Data)**다. 이처럼 프로세스와 데이터를 별도의 모듈에 위치시키는 방식을 **절차적 프로그래밍(Procedural Programming)**이라고 부른다.

사실 그림 1.2는 절차적 프로그래밍 방식으로 작성된 코드의 전형적인 의존성 구조를 보여준다. 프로세스를 담당하는 Theater가 TicketSeller, TicketOffice, Audience, Bag 모두에 의존하고 있음에 주목하라. 이것은 모든 처리가 하나의 클래스 안에 위치하고 나머지 클래스는 단지 데이터의 역할만 수행하기 때문이다.

앞에서 살펴본 것처럼 일반적으로 절차적 프로그래밍은 우리의 직관에 위배된다. 우리는 관람객과 판매원이 자신의 일을 스스로 처리할 것이라고 예상한다. 하지만 절차적 프로그래밍의 세계에서는 관람객과 판매원이 수동적인 존재일 뿐이다. 타인이 자신의 가방을 마음대로 헤집어 놓아도 아무런 불만을 가지지 않는 소극적인 존재다. 절차적 프로그래밍의 세상은 우리의 예상을 너무나도 쉽게 벗어나기 때문에 코드를 읽는 사람과 원활하게 의사소통하지 못한다.

더 큰 문제는 절차적 프로그래밍의 세상에서는 데이터의 변경으로 인한 영향을 지역적으로 고립시키기 어렵다는 것이다. Audience와 TicketSeller의 내부 구현을 변경하려면 Theater의 enter 메서드를 함께 변경해야 한다. 변경은 버그를 부르고 버그에 대한 두려움은 코드를 변경하기 어렵게 만든다. 따라서 절차적 프로그래밍의 세상은 변경하기 어려운 코드를 양산하는 경향이 있다.

그림 1.2는 절차적 프로그래밍이 변경에 취약한 이유를 잘 보여준다. 앞에서 의존성이 변경과 관련 있다고 했던 것을 기억하는가? 절차적 프로그래밍 방식을 따라 작성된 첫 번째 예제에서는 Theater가 TicketSeller, TicketOffice, Audience, Bag 모두에 의존하고 있다. 다시 말해 TicketSeller, TicketOffice, Audience, Bag 가운데 하나라도 변경될 경우 Theater도 함께 변경해야 한다.

변경하기 쉬운 설계는 한 번에 하나의 클래스만 변경할 수 있는 설계다. 절차적 프로그래밍은 프로세스가 필요한 모든 데이터에 의존해야 한다는 근본적인 문제점 때문에 변경에 취약할 수밖에 없다.

해결 방법은 자신의 데이터를 스스로 처리하도록 프로세스의 적절한 단계를 Audience와 TicketSeller로 이동시키는 것이다. 수정한 후의 코드에서는 데이터를 사용하는 프로세스가 데이터를 소유하고 있는 Audience와 TicketSeller 내부로 옮겨졌다. 이처럼 데이터와 프로세스가 동일한 모듈 내부에 위치하도록 프로그래밍하는 방식을 **객체지향 프로그래밍**(Object–Oriented Programming)이라고 부른다.

객체지향 프로그래밍 방식으로 구현된 구조를 표현하는 그림 1.6을 다시 살펴보자. Theater는 오직 TicketSeller에만 의존한다. 물론 TicketSeller 입장에서는 Audience에 대한 또 다른 의존성이 추가됐지만 적절한 트레이드오프의 결과로 볼 수 있다. 이 그림에서 의존성은 적절히 통제되고 있으며 하나의 변경으로 인한 여파가 여러 클래스로 전파되는 것을 효율적으로 억제한다.

훌륭한 객체지향 설계의 핵심은 캡슐화를 이용해 의존성을 적절히 관리함으로써 객체 사이의 결합도를 낮추는 것이다. 일반적으로 객체지향이 절차지향에 비해 변경에 좀 더 유연하다고 말하는 이유가 바로 이것이다. 예제 코드에서 살펴본 것처럼 객체지향 코드는 자신의 문제를 스스로 처리해야 한다는 우리의 예상을 만족시켜주기 때문에 이해하기 쉽고, 객체 내부의 변경이 객체 외부에 파급되지 않도록 제어할 수 있기 때문에 변경하기가 수월하다.

책임의 이동

두 방식 사이에 근본적인 차이를 만드는 것은 **책임의 이동**(shift of responsibility)[Shalloway01]이다. 여기서는 '책임'을 기능을 가리키는 객체지향 세계의 용어로 생각해도 무방하다.

두 방식의 차이점을 가장 쉽게 이해할 수 있는 방법은 기능을 처리하는 방법을 살펴보는 것이다. 그림 1.7은 절차적 프로그래밍 방식으로 작성된 처리 흐름을 표현한 것이다. 그림에서 알 수 있듯이 작업 흐름이 주로 Theater에 의해 제어된다는 사실을 알 수 있다. 객체지향 세계의 용어를 사용해서 표현하면 **책임이 Theater에 집중돼 있는 것**이다.

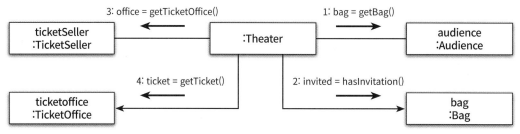

그림 1.7 책임이 중앙집중된 절차적 프로그래밍

그에 반해 그림 1.8의 객체지향 설계에서는 제어 흐름이 각 객체에 적절하게 분산돼 있음을 알 수 있다. 다시 말해 하나의 기능을 완성하는 데 필요한 책임이 여러 객체에 걸쳐 분산돼 있는 것이다.

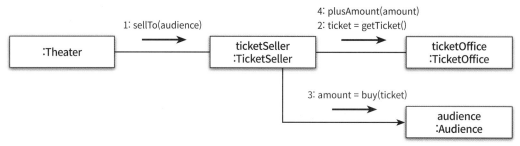

그림 1.8 책임이 분산된 객체지향 프로그래밍

변경 전의 절차적 설계에서는 Theater가 전체적인 작업을 도맡아 처리했다. 변경 후의 객체지향 설계에서는 각 객체가 자신이 맡은 일을 스스로 처리했다. 다시 말해 Theater에 몰려 있던 책임이 개별 객체로 이동한 것이다. 이것이 바로 **책임의 이동**이 의미하는 것이다.

객체지향 설계에서는 독재자가 존재하지 않고 각 객체에 책임이 적절하게 분배된다. 따라서 각 객체는 **자신을 스스로 책임**진다. 객체지향 애플리케이션은 스스로 책임을 수행하는 자율적인 객체들의 공동체를 구성함으로써 완성된다.

이런 관점에서 객체지향 프로그래밍을 흔히 데이터와 프로세스를 하나의 단위로 통합해 놓는 방식으로 표현하기도 한다. 비록 이 관점이 객체지향을 구현 관점에서만 바라본 지극히 편협한 시각인 것은 맞지만 객체지향에 갓 입문한 사람들에게 어느 정도 도움이 되는 실용적인 조언인 것 또한 사실이다.

여러분의 코드에서 데이터와 데이터를 사용하는 프로세스가 별도의 객체에 위치하고 있다면 절차적 프로그래밍 방식을 따르고 있을 확률이 높다. 데이터와 데이터를 사용하는 프로세스가 동일한 객체 안에 위치한다면 객체지향 프로그래밍 방식을 따르고 있을 확률이 높다.

이 책을 읽고 나면 객체지향 안에는 단순히 데이터와 프로세스를 하나의 객체 안으로 모으는 것 이상의 무엇이 있다는 점을 알게 될 것이다. 사실 객체지향 설계의 핵심은 적절한 객체에 적절한 책임을 할당하는 것이다. 객체는 다른 객체와의 협력이라는 문맥 안에서 특정한 역할을 수행하는 데 필요한 적절한 책임을 수행해야 한다. 따라서 객체가 어떤 데이터를 가지느냐보다는 객체에 어떤 책임을 할당할 것이냐에 초점을 맞춰야 한다.

변경 전의 코드에서는 모든 책임이 Theater에 몰려 있었기 때문에 Theater가 필요한 모든 객체에 의존해야 했다. 그 결과로 얻게 된 것은 변경에 취약한 설계다. 개선된 코드에서는 Theater와 Audience, TicketSeller에 적절히 책임이 분배됐다. 그 결과, 변경에 탄력적으로 대응할 수 있는 견고한 설계를 얻었다.

더 즐거운 일은 코드가 더 이해하기 쉬워졌다는 것이다. TicketSeller의 책임은 무엇인가? 티켓을 판매하는 것이다. Audience의 책임은 무엇인가? 티켓을 사는 것이다. Theater의 책임은 무엇인가? 관람객을 입장시키는 것이다. 적절한 객체에 적절한 책임을 할당하면 이해하기 쉬운 구조와 읽기 쉬운 코드를 얻게 된다.

설계를 어렵게 만드는 것은 **의존성**이라는 것을 기억하라. 해결 방법은 불필요한 의존성을 제거함으로써 객체 사이의 **결합도**를 낮추는 것이이다. 예제에서 결합도를 낮추기 위해 선택한 방법은 Theater가 몰라도 되는 세부사항을 Audience와 TicketSeller 내부로 감춰 **캡슐화**하는 것이다. 결과적으로 불필요한 세부사항을 객체 내부로 캡슐화하는 것은 객체의 **자율성**을 높이고 **응집도** 높은 객체들의 공동체를 창조할 수 있게 한다. 불필요한 세부사항을 캡슐화하는 자율적인 객체들이 낮은 결합도와 높은 응집도를 가지고 협력하도록 최소한의 의존성만을 남기는 것이 훌륭한 객체지향 설계다.

더 개선할 수 있다

현재의 설계는 이전의 설계보다는 분명히 좋아졌지만 아직도 개선의 여지가 있다. Audience 클래스를 보자.

```java
public class Audience {
  public Long buy(Ticket ticket) {
    if (bag.hasInvitation()) {
      bag.setTicket(ticket);
      return 0L;
    } else {
      bag.setTicket(ticket);
```

```
      bag.minusAmount(ticket.getFee());
      return ticket.getFee();
    }
  }
}
```

분명 Audience는 자율적인 존재다. Audience는 스스로 티켓을 구매하고 가방 안의 내용물을 직접 관리한다. 하지만 Bag은 어떤가? Bag은 과거의 Audience처럼 스스로 자기 자신을 책임지지 않고 Audience에 의해 끌려다니는 수동적인 존재다. 이전 예제를 통해 여러분이 객체지향에 조금이라도 눈을 떴다면 Bag에 문제가 있다는 사실을 이해할 수 있을 것이다.

Bag을 자율적인 존재로 바꿔보자. 방법은 이전과 동일하다. Bag의 내부 상태에 접근하는 모든 로직을 Bag 안으로 캡슐화해서 결합도를 낮추면 된다. Bag에 hold 메서드를 추가하자. 이제 Bag은 관련된 상태와 행위를 함께 가지는 응집도 높은 클래스가 됐다.

```java
public class Bag {
  private Long amount;
  private Ticket ticket;
  private Invitation invitation;

  public Long hold(Ticket ticket) {
    if (hasInvitation()) {
      setTicket(ticket);
      return 0L;
    } else {
      setTicket(ticket);
      minusAmount(ticket.getFee());
      return ticket.getFee();
    }
  }

  private void setTicket(Ticket ticket) {
    this.ticket = ticket;
  }

  private boolean hasInvitation() {
    return invitation != null;
```

```
  }

  private void minusAmount(Long amount) {
    this.amount -= amount;
  }
}
```

public 메서드였던 hasInvitation, minusAmount, setTicket 메서드들은 더 이상 외부에서 사용되지 않고 내부에서만 사용되기 때문에 가시성을 private으로 변경했다. 이 작은 메서드들을 제거하지 않고 그대로 유지한 이유는 코드의 중복을 제거하고 표현력을 높이기 위해서다. 이 책을 읽다 보면 이렇게 작은 메서드로 코드를 작게 분리하는 것이 얼마나 유용한지 실감하게 될 것이다.

Bag의 구현을 캡슐화시켰으니 이제 Audience를 Bag의 구현이 아닌 인터페이스에만 의존하도록 수정하자.

```
public class Audience {
  public Long buy(Ticket ticket) {
    return bag.hold(ticket);
  }
}
```

TicketSeller 역시 TicketOffice의 자율권을 침해한다. 아래 코드에서 알 수 있듯이 현재의 TicketSeller는 TicketOffice에 있는 Ticket을 마음대로 꺼내서는 자기 멋대로 Audience에게 팔고 Audience에게 받은 돈을 마음대로 TicketOffice에 넣어버린다.

```
public class TicketSeller {
  public void sellTo(Audience audience) {
    ticketOffice.plusAmount(audience.buy(ticketOffice.getTicket()));
  }
}
```

잃어버린 TicketOffice의 자율권을 찾아주자. TicketOffice에 sellTicketTo 메서드를 추가하고 TicketSeller의 sellTo 메서드의 내부 코드를 이 메서드로 옮기자. 이제 getTicket 메서드와 plusAmount 메서드는 TicketOffice 내부에서만 사용되기 때문에 가시성을 public에서 private으로 변경할 수 있다.

```java
public class TicketOffice {
  public void sellTicketTo(Audience audience) {
    plusAmount(audience.buy(getTicket()));
  }

  private Ticket getTicket() {
    return tickets.remove(0);
  }

  private void plusAmount(Long amount) {
    this.amount += amount;
  }
}
```

TicketSeller는 TicketOffice의 sellTicketTo 메서드를 호출함으로써 원하는 목적을 달성할 수 있다. 좋은 소식은 이제 TicketSeller가 TicketOffice의 구현이 아닌 인터페이스에만 의존하게 됐다는 점이다.

```java
public class TicketSeller {
    public void sellTo(Audience audience) {
        ticketOffice.sellTicketTo(audience);
    }
}
```

만족스러운가? 안타깝게도 이 변경은 처음에 생각했던 것만큼 만족스럽지 않다. 그 이유는 TicketOffice와 Audience 사이에 의존성이 추가됐기 때문이다. 변경 전에는 TicketOffice가 Audience에 대해 알지 못했었다는 사실을 기억하라. 변경 후에는 TicketOffice가 Audience에게 직접 티켓을 판매하기 때문에 Audience에 관해 알고 있어야 한다.

변경 전에는 존재하지 않았던 새로운 의존성이 추가된 것이다. 의존성의 추가는 높은 결합도를 의미하고, 높은 결합도는 변경하기 어려운 설계를 의미한다. TicketOffice의 자율성은 높였지만 전체 설계의 관점에서는 결합도가 상승했다. 어떻게 할 것인가?

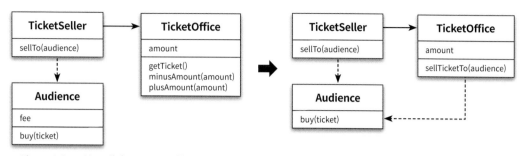

그림 1.9 TicketOffice에서 Audience로 향하는 의존성이 추가된다

현재로서는 Audience에 대한 결합도와 TicketOffice의 자율성 모두를 만족시키는 방법이 잘 떠오르지 않는다. 트레이드오프의 시점이 왔다. 어떤 것을 우선해야 하는가? 토론 끝에 개발팀은 TicketOffice의 자율성보다는 Audience에 대한 결합도를 낮추는 것이 더 중요하다는 결론에 도달했다.

이 작은 예제를 통해 여러분은 두 가지 사실을 알게 됐을 것이다. 첫째, 어떤 기능을 설계하는 방법은 한 가지 이상일 수 있다. 둘째, 동일한 기능을 한 가지 이상의 방법으로 설계할 수 있기 때문에 결국 설계는 트레이드오프의 산물이다. 어떤 경우에도 모든 사람들을 만족시킬 수 있는 설계를 만들 수는 없다.

설계는 균형의 예술이다. 훌륭한 설계는 적절한 트레이드오프의 결과물이라는 사실을 명심하라. 이러한 트레이드오프 과정이 설계를 어려우면서도 흥미진진한 작업으로 만드는 것이다.

그래, 거짓말이다!

앞에서 실생활의 관람객과 판매자가 스스로 자신의 일을 처리하기 때문에 코드에서의 Audience와 TicketSeller 역시 스스로 자신을 책임져야 했다고 말했던 것을 기억하는가? 이것은 우리가 세상을 바라보는 직관과도 일치한다. 따라서 이 직관에 따르는 코드는 이해하기가 더 쉬운 경향이 있다.

그러나 Theater는 어떤가? Bag은? TicketOffice는? 이들은 실세계에서는 자율적인 존재가 아니다. 소극장에 관람객이 입장하기 위해서는 누군가가 소극장의 문을 열고 입장을 허가해줘야 한다. 가방에서 돈을 꺼내는 것은 관람객이지 가방이 아니다. 판매원이 매표소에 없는데도 티켓이 저절로 관람객에게 전달되지는 않을 것이다. 그럼에도 우리는 이들을 관람객이나 판매원과 같은 생물처럼 다뤘다. 무생물 역시 스스로 행동하고 자기 자신을 책임지는 자율적인 존재로 취급한 것이다.

비록 현실에서는 수동적인 존재라고 하더라도 일단 객체지향의 세계에 들어오면 모든 것이 능동적이고 자율적인 존재로 바뀐다. 레베카 워프스브록(Rebecca Wirfs-Brock)은 이처럼 능동적이고 자율적인 존재로 소프트웨어 객체를 설계하는 원칙을 가리켜 **의인화**(anthropomorphism)라고 부른다.

객체는 무생물이거나 심지어는 실세계의 개념적인 개체로 모델링될 수도 있지만, 그들은 마치 우리가 현실 세계에서 에이전트로 행동하는 것처럼 그들의 시스템 안에서 에이전트처럼 행동한다. 객체가 현실 세계의 대상보다 더 *많이* 안다는 것이 모순처럼 보일 수도 있다. 결국, 인간이라는 에이전트 없이 현실의 전화는 서로에게 전화를 걸지 않으며 색은 스스로 칠하지 않는다. 일상적인 체계에서는 어떤 사건이 일어나기 위해 반드시 인간 에이전트가 필요한 반면 객체들은 그들 자신의 체계 안에서 [능동적이고 자율적인] 에이전트다.

의인화의 관점에서 소프트웨어를 생물로 생각하자. 모든 생물처럼 소프트웨어는 태어나고, 삶을 영위하고, 그리고 죽는다[Wirfs-Brock90].

앞에서는 실세계에서의 생물처럼 스스로 생각하고 행동하도록 소프트웨어 객체를 설계하는 것이 이해하기 쉬운 코드를 작성하는 것이라고 설명했다. 하지만 이제 말을 조금 바꿔야겠다. 훌륭한 객체지향 설계란 소프트웨어를 구성하는 모든 객체들이 자율적으로 행동하는 설계를 가리킨다. 그 대상이 비록 실세계에서는 생명이 없는 수동적인 존재라고 하더라도 객체지향의 세계로 넘어오는 순간 그들은 생명과 지능을 가진 싱싱한 존재로 다시 태어난다.

따라서 이해하기 쉽고 변경하기 쉬운 코드를 작성하고 싶다면 차라리 한 편의 애니메이션을 만든다고 생각하라. 다른 사람의 코드를 읽고 이해하는 동안에는 애니메이션을 보고 있다고 여러분의 뇌를 속여라. 그렇게 하면 코드 안에서 웃고, 떠들고, 화내는 가방 객체를 만나더라도 당황하지 않을 것이다.

너무 급하게 몰아친 것 같다. 잠시 숨을 고르고 설계에 대한 이야기를 간단히 언급하는 것으로 이번 장을 마무리하자.

04 객체지향 설계

설계가 왜 필요한가

개인적으로 가장 좋아하는 설계의 정의는 다음과 같다.

설계란 코드를 배치하는 것이다[Metz12].

어떤 사람들은 설계가 코드를 작성하는 것보다는 높은 차원의 창조적인 행위라고 생각하는 것 같다. 하지만 설계를 구현과 떨어트려서 이야기하는 것은 불가능하다. 설계는 코드를 작성하는 매 순간 코드를 어떻게 배치할 것인지를 결정하는 과정에서 나온다. 설계는 코드 작성의 일부이며 코드를 작성하지 않고서는 검증할 수 없다.

예제로 돌아가서 변경 전의 코드와 변경 후의 코드를 비교해보자. 두 코드를 실행한 결과는 같다. 두 코드 모두 소극장에 방문한 관람객들을 입장시키는 작업을 성공적으로 수행한다. 하지만 코드를 배치하는 방법은 완전히 다르다. 첫 번째 코드에서는 데이터와 프로세스를 나누어 별도의 클래스에 배치했지만 두 번째 코드에서는 필요한 데이터를 보유한 클래스 안에 프로세스를 함께 배치했다. 두 프로그램은 서로 다른 설계를 가진 것이다.

그렇다면 좋은 설계란 무엇인가? 우리가 짜는 프로그램은 두 가지 요구사항을 만족시켜야 한다. 우리는 오늘 완성해야 하는 기능을 구현하는 코드를 짜야 하는 동시에 내일 쉽게 변경할 수 있는 코드를 짜야 한다[Metz12]. 좋은 설계란 오늘 요구하는 기능을 온전히 수행하면서 내일의 변경을 매끄럽게 수용할 수 있는 설계다.

변경을 수용할 수 있는 설계가 중요한 이유는 요구사항이 항상 변경되기 때문이다[Shalloway01]. 개발을 시작하는 시점에 구현에 필요한 모든 요구사항을 수집하는 것은 불가능에 가깝다. 모든 요구사항을 수집할 수 있다고 가정하더라도 개발이 진행되는 동안 요구사항은 바뀔 수밖에 없다.

그리고 변경을 수용할 수 있는 설계가 중요한 또 다른 이유는 코드를 변경할 때 버그가 추가될 가능성이 높기 때문이다. 코드를 수정하지 않는다면 버그는 발생하지 않는다. 그렇다. 요구사항 변경은 필연적으로 코드 수정을 초래하고, 코드 수정은 버그가 발생할 가능성을 높인다. 버그의 가장 큰 문제점은 코드를 수정하려는 의지를 꺾는다는 것이다. 코드 수정을 회피하려는 가장 큰 원인은 두려움이다[Feathers04]. 그리고 그 두려움은 요구사항 변경으로 인해 버그를 추가할지도 모른다는 불확실성에 기인한다.

객체지향 설계

따라서 우리가 진정으로 원하는 것은 변경에 유연하게 대응할 수 있는 코드다. 객체지향 프로그래밍은 의존성을 효율적으로 통제할 수 있는 다양한 방법을 제공함으로써 요구사항 변경에 좀 더 수월하게 대응할 수 있는 가능성을 높여준다. 적어도 앞의 예제를 통해 코드 변경이라는 측면에서는 객체지향이 과거의 다른 방법보다 안정감을 준다는 사실에 공감했으면 좋겠다.

변경 가능한 코드란 이해하기 쉬운 코드다. 만약 여러분이 어떤 코드를 변경해야 하는데 그 코드를 이해할 수 없다면 어떻겠는가? 그 코드가 변경에 유연하다고 하더라도 아마 코드를 수정하겠다는 마음이 선뜻 들지는 않을 것이다.

객체지향 패러다임은 여러분이 세상을 바라보는 방식대로 코드를 작성할 수 있게 돕는다. 세상에 존재하는 모든 자율적인 존재처럼 객체 역시 자신의 데이터를 스스로 책임지는 자율적인 존재다. 객체지향은 여러분이 세상에 대해 예상하는 방식대로 객체가 행동하리라는 것을 보장함으로써 코드를 좀 더 쉽게 이해할 수 있게 한다.

그러나 단순히 데이터와 프로세스를 객체라는 덩어리 안으로 밀어 넣었다고 해서 변경하기 쉬운 설계를 얻을 수 있는 것은 아니다. 객체지향의 세계에서 애플리케이션은 객체들로 구성되며 애플리케이션의 기능은 객체들 간의 상호작용을 통해 구현된다. 그리고 객체들 사이의 상호작용은 객체 사이에 주고받는 메시지로 표현된다.

예제 코드에서 관람객을 입장시키는 일련의 과정들이 Audience, TicketSeller, Bag 인스턴스 간의 상호작용을 통해 구현됐다는 사실을 기억하자. 이 과정에서 TicketSeller는 Audience에 buy 메시지를 전송하고 TicketSeller는 Bag에 minusAmount 메시지를 전송한다.

이처럼 애플리케이션의 기능을 구현하기 위해 객체들이 협력하는 과정 속에서 객체들은 다른 객체에 의존하게 된다. TicketSeller가 Audience에 메시지를 전송하기 위해서는 Audience에 대해 알고 있어야 한다. 메시지를 전송하기 위한 이런 지식이 두 객체를 결합시키고 이 결합이 객체 사이의 **의존성**을 만든다.

훌륭한 객체지향 설계란 협력하는 객체 사이의 의존성을 적절하게 관리하는 설계다. 세상에 엮인 것이 많은 사람일수록 변하기 어려운 것처럼 객체가 실행되는 주변 환경에 강하게 결합될수록 변경하기 어려워진다. 객체 간의 의존성은 애플리케이션을 수정하기 어렵게 만드는 주범이다.

데이터와 프로세스를 하나의 덩어리로 모으는 것은 훌륭한 객체지향 설계로 가는 첫걸음일 뿐이다. 진정한 객체지향 설계로 나아가는 길은 협력하는 객체들 사이의 의존성을 적절하게 조절함으로써 변경에 용이한 설계를 만드는 것이다. 그리고 이 책을 읽다 보면 유연한 객체지향 설계에 이르는 길이 생각보다 어렵지 않다는 사실을 알게 될 것이다.

객체지향 프로그래밍

기술적인 글을 쓸 때 가장 어려운 부분은 적당한 수준의 난이도와 복잡도를 유지하면서도 이해하기 쉬운 예제를 선택하는 것이다. 특히 소프트웨어의 복잡성에 관해 다룰 때가 가장 난감한데, 예제가 너무 복잡하면 주제를 효과적으로 전달하기 어렵고 너무 간단하면 현실성이 떨어지기 때문이다. 따라서 어떤 책이든 난이도와 현실성 사이에서 어느 정도 균형을 맞출 수밖에 없다.

그런 관점에서 이 책 역시 일반적인 기술 서적이 가지는 한계를 빗어나시 못한다는 점을 미리 밝혀 두고자 한다. 비록 이번 장에서 다루는 프로그램이 객체지향 프로그래밍의 강력함을 느낄 수 있을 정도로 충분히 복잡하지는 않지만 매우 크고 복잡한 구조를 가진 시스템이라고 여러분 스스로에게 최면을 걸어주기 바란다.

이번 장의 목표는 이 책을 읽으면서 이해하게 될 다양한 주제들을 얕은 수준으로나마 가볍게 살펴보는 것이다. 따라서 이번 장을 읽기 위해 필요한 가장 중요한 준비물은 가벼운 마음가짐이다.

01 영화 예매 시스템

요구사항 살펴보기

이번 장에서 소개할 예제는 온라인 영화 예매 시스템이다. 사용자는 영화 예매 시스템을 이용해 쉽고 빠르게 보고 싶은 영화를 예매할 수 있다.

앞으로의 설명을 위해 '영화'와 '상영'이라는 용어를 구분할 필요가 있을 것 같다. '영화'는 영화에 대한 기본 정보를 표현한다. 제목, 상영시간, 가격 정보와 같이 영화가 가지고 있는 기본적인 정보를 가리킬 때는 '영화'라는 단어를 사용할 것이다. '상영'은 실제로 관객들이 영화를 관람하는 사건을 표현한다. 상영 일자, 시간, 순번 등을 가리키기 위해 '상영'이라는 용어를 사용할 것이다. 그림 2.1과 같이 하나의 영화는 하루 중 다양한 시간대에 걸쳐 한 번 이상 상영될 수 있다.

두 용어의 차이가 중요한 이유는 사용자가 실제로 예매하는 대상은 영화가 아니라 상영이기 때문이다. 사람들은 영화를 예매한다고 표현하지만 실제로는 특정 시간에 상영되는 영화를 관람할 수 있는 권리를 구매하기 위해 돈을 지불한다.

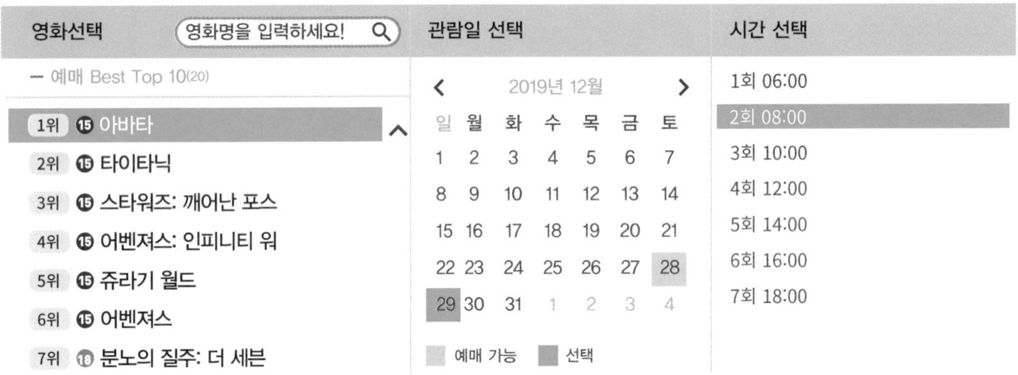

그림 2.1 하나의 영화는 여러 번 상영될 수 있다

특정한 조건을 만족하는 예매자는 요금을 할인받을 수 있다. 할인액을 결정하는 두 가지 규칙이 존재하는데, 하나는 **할인 조건**(discount condition)이라고 부르고 다른 하나는 **할인 정책**(discount policy)이라고 부른다.

'할인 조건'은 가격의 할인 여부를 결정하며 '순서 조건'과 '기간 조건'의 두 종류로 나눌 수 있다. 먼저 '순서 조건(sequence condition)'은 상영 순번을 이용해 할인 여부를 결정하는 규칙이다. 예를 들어, 순서 조건의 순번이 10인 경우 매일 10번째로 상영되는 영화를 예매한 사용자들에게 할인 혜택을 제공한다. '기간 조건(period condition)'은 영화 상영 시작 시간을 이용해 할인 여부를 결정한다. 기간 조건은 요일, 시작 시간, 종료 시간의 세 부분으로 구성되며 영화 시작 시간이 해당 기간 안에 포함될 경우 요금을 할인한다. 요일이 월요일, 시작 시간이 오전 10시, 종료 시간이 오후 1시인 기간 조건을 사용하면 매주 월요일 오전 10시부터 오후 1시 사이에 상영되는 모든 영화에 대해 할인 혜택을 적용할 수 있다.

'할인 정책'은 할인 요금을 결정한다. 할인 정책에는 '금액 할인 정책(amount discount policy)'과 '비율 할인 정책(percent discount policy)'이 있다. '금액 할인 정책'은 예매 요금에서 일정 금액을 할인해주는 방식이며 '비율 할인 정책'은 정가에서 일정 비율의 요금을 할인해 주는 방식이다. 어떤 영화의 가격이 9,000원이고 금액 할인 정책이 800원일 경우 일인당 예매 가격은 9,000원에서 800원을 뺀 8,200원이 된다. 이 경우에 금액 할인 정책이 아니라 10%의 비율 할인 정책이 적용돼 있다면 9,000원의 10%인 900원을 할인받을 수 있기 때문에 일인당 예매 가격은 8,100원이 된다.

영화별로 하나의 할인 정책만 할당할 수 있다. 물론 할인 정책을 지정하지 않는 것도 가능하다. 이와 달리 할인 조건은 다수의 할인 조건을 함께 지정할 수 있으며, 순서 조건과 기간 조건을 섞는 것도 가능하다.

표 2.1은 영화에 할인 정책과 할인 조건을 설정한 몇 가지 예를 정리한 것이다. 영화별로 하나의 할인 정책만 적용한 데 비해 할인 조건은 여러 개를 적용했음을 알 수 있다. 할인 조건의 경우에는 순번 조건과 기간 조건을 함께 혼합할 수 있으며 할인 정책은 아예 적용하지 않을 수 있다는 사실도 알 수 있다. 할인 정책을 적용하지 않은 경우에는 영화의 기본 가격이 판매 요금이 된다.

표 2.1 할인 정책과 할인 조건이 지정된 영화

영화	할인 정책	할인 조건
아바타 (가격: 10,000원)	금액 할인 정책 (힐인액: 800원)	순번 조건 조조 상영
		순번 조건 10회 상영
		기간 조건 월요일 10:00 ~ 12:00 사이 상영 시작
		기간 조건 목요일 18:00 ~ 21:00 사이 상영 시작
타이타닉 (가격: 11,000원)	비율 할인 정책 (할인율: 10%)	기간 조건 화요일 14:00 ~ 17:00 사이 상영 시작
		순번 조건 2회 상영
		기간 조건 목요일 10:00 ~ 14:00 사이 상영 시작
스타워즈:깨어난 포스 (가격: 10,000원)	없음	없음

할인을 적용하기 위해서는 할인 조건과 할인 정책을 함께 조합해서 사용한다. 먼저 사용자의 예매 정보가 할인 조건 중 하나라도 만족하는지 검사한다. 할인 조건을 만족할 경우 할인 정책을 이용해 할인 요금을 계산한다. 할인 정책은 적용돼 있지만 할인 조건을 만족하지 못하는 경우나 아예 할인 정책이 적용돼 있지 않은 경우에는 요금을 할인하지 않는다.

표 2.1에서 사용자가 가격이 10,000원인 '아바타'를 예매한다고 가정하자. 이 영화에는 800원의 금액 할인 정책이 적용돼 있다. 따라서 사용자의 예매 정보가 할인 조건을 만족할 경우 1인당 800원의 요금을 할인해줘야 한다. 아바타의 할인 조건은 두 개의 순번 조건(조조, 10번째)과 두 개의 기간 조건(월요일 10시에서 12시 사이에 시작, 목요일 18시에서 21시 사이에 시작)으로 구성돼 있다. 이 조건을 만족하는 영화를 예매할 경우 원래 가격인 10,000원에서 할인 요금인 800원만큼을 할인받을 수 있기 때문에 사용자는 9,200원에 영화를 예매할 수 있다. 할인 정책은 1인을 기준으로 책정되기 때문에 예약 인원이 두 명이라면 1,600원의 요금을 할인받을 수 있다.

사용자가 예매를 완료하면 시스템은 그림 2.2와 같은 예매 정보를 생성한다. 예매 정보에는 제목, 상영정보, 인원, 정가, 결제금액이 포함된다.

지금까지 영화 예매 시스템의 목적과 개념, 할인과 관련된 규칙을 살펴봤다. 이번 장의 목표는 지금까지 설명한 요구사항을 객체지향 프로그래밍 언어를 이용해 구현하는 것이다.

그림 2.2 요금을 할인받은 예매 정보

02 객체지향 프로그래밍을 향해

협력, 객체, 클래스

객체지향은 객체를 지향하는 것이다. 이 말이 당연하다고 생각된다면 잠시 눈을 감고 여러분이 어떤 방식으로 프로그래밍하고 있는지 떠올려 보자. 객체지향 프로그램을 작성할 때 가장 먼저 고려하는 것은 무엇인가? C++, 자바, 루비, C#과 같이 클래스 기반의 객체지향 언어에 익숙한 사람이라면 가장 먼저 어떤 **클래스(class)**가 필요한지 고민할 것이다. 대부분의 사람들은 클래스를 결정한 후에 클래스에 어떤 속성과 메서드가 필요한지 고민한다.

안타깝게도 이것은 객체지향의 본질과는 거리가 멀다. 객체지향은 말 그대로 객체를 지향하는 것이다.

진정한 객체지향 패러다임으로의 전환은 클래스가 아닌 객체에 초점을 맞출 때에만 얻을 수 있다. 이를 위해서는 프로그래밍하는 동안 다음의 두 가지에 집중해야 한다.

첫째, 어떤 클래스가 필요한지를 고민하기 전에 어떤 객체들이 필요한지 고민하라. 클래스는 공통적인 상태와 행동을 공유하는 객체들을 추상화한 것이다. 따라서 클래스의 윤곽을 잡기 위해서는 어떤 객체들이 어떤 상태와 행동을 가지는지를 먼저 결정해야 한다. 객체를 중심에 두는 접근 방법은 설계를 단순하고 깔끔하게 만든다.

둘째, 객체를 독립적인 존재가 아니라 기능을 구현하기 위해 협력하는 공동체의 일원으로 봐야 한다. 객체는 홀로 존재하는 것이 아니다. 다른 객체에게 도움을 주거나 의존하면서 살아가는 협력적인 존재다. 객체를 협력하는 공동체의 일원으로 바라보는 것은 설계를 유연하고 확장 가능하게 만든다. 객체지향적으로 생각하고 싶다면 객체를 고립된 존재로 바라보지 말고 협력에 참여하는 협력자로 바라보기 바란다. 객체들의 모양과 윤곽이 잡히면 공통된 특성과 상태를 가진 객체들을 타입으로 분류하고 이 타입을 기반으로 클래스를 구현하라. 훌륭한 협력이 훌륭한 객체를 낳고 훌륭한 객체가 훌륭한 클래스를 낳는다.

도메인의 구조를 따르는 프로그램 구조

이 시점에서 **도메인**(domain)이라는 용어를 살펴보는 것이 도움이 될 것이다. 소프트웨어는 사용자가 원하는 어떤 문제를 해결하기 위해 만들어진다. 영화 예매 시스템의 목적은 영화를 좀 더 쉽고 빠르게 예매하려는 사용자의 문제를 해결하는 것이다. 이처럼 문제를 해결하기 위해 사용자가 프로그램을 사용하는 분야를 **도메인**이라고 부른다.

객체지향 패러다임이 강력한 이유는 요구사항을 분석하는 초기 단계부터 프로그램을 구현하는 마지막 단계까지 객체라는 동일한 추상화 기법을 사용할 수 있기 때문이다. 요구사항과 프로그램을 객체라는 동일한 관점에서 바라볼 수 있기 때문에 도메인을 구성하는 개념들이 프로그램의 객체와 클래스로 매끄럽게 연결될 수 있다.

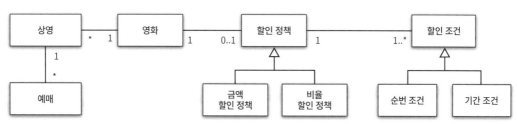

그림 2.3 영화 예매 도메인을 구성하는 타입들의 구조

그림 2.3은 영화 예매 도메인을 구성하는 개념과 관계를 표현한 것이다. 영화는 여러 번 상영될 수 있고 상영은 여러 번 예매될 수 있다는 것을 알 수 있다. 영화에는 할인 정책을 할당하지 않거나 할당하더라도 오직 하나만 할당할 수 있고 할인 정책이 존재하는 경우에는 하나 이상의 할인 조건이 반드시 존재한다는 것을 알 수 있다. 할인 정책의 종류로는 금액 할인 정책과 비율 할인 정책이 있고, 할인 조건의 종류로는 순번 조건과 기간 조건이 있다는 사실 역시 확인할 수 있다.

자바나 C# 같은 클래스 기반의 객체지향 언어에 익숙하다면 도메인 개념들을 구현하기 위해 클래스를 사용한다는 사실이 낯설지는 않을 것이다. 일반적으로 클래스의 이름은 대응되는 도메인 개념의 이름과 동일하거나 적어도 유사하게 지어야 한다. 클래스 사이의 관계도 최대한 도메인 개념 사이에 맺어진 관계와 유사하게 만들어서 프로그램의 구조를 이해하고 예상하기 쉽게 만들어야 한다.

이 원칙에 따라 영화라는 개념은 Movie 클래스로, 상영이라는 개념은 Screening 클래스로 구현한다. 할인 정책은 DiscountPolicy, 금액 할인 정책은 AmountDiscountPolicy, 비율 할인 정책은 PercentDiscountPolicy 클래스로 구현하고, 할인 조건은 DiscountCondition, 순번 조건은 SequenceCondition, 기간 조건은 PeriodCondition 클래스로 구현한다. 예상했겠지만 예매라는 개념은 Reservation이라고 이름 지어진 클래스로 구현한다. 도메인의 개념과 관계를 반영하도록 프로그램을 구조화해야 하기 때문에 그림 2.4와 같이 클래스의 구조는 도메인의 구조와 유사한 형태를 띠어야 한다.

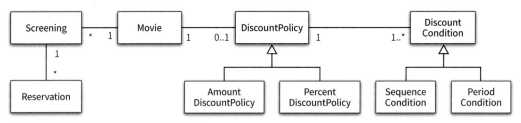

그림 2.4 도메인 개념의 구조를 따르는 클래스 구조

클래스 구현하기

도메인 개념들의 구조를 반영하는 적절한 클래스 구조를 만들었다고 가정하자. 이제 남은 일은 적절한 프로그래밍 언어를 이용해 이 구조를 구현하는 것이다. 여기서는 설명을 위해 설계 과정은 생략하고 최종 코드의 모습과 객체지향 프로그래밍과 관련된 중요한 개념을 살펴보기로 하자.

Screening 클래스는 사용자들이 예매하는 대상인 '상영'을 구현한다. Screening은 상영할 영화(movie), 순번(sequence), 상영 시작 시간(whenScreened)을 인스턴스 변수로 포함한다. Screening은 상영 시작 시간을 반환하는 getStartTime 메서드, 순번의 일치 여부를 검사하는 isSequence 메서드, 기본 요금을 반환하는 getMovieFee 메서드를 포함한다.

```java
public class Screening {
  private Movie movie;
  private int sequence;
  private LocalDateTime whenScreened;

  public Screening(Movie movie, int sequence, LocalDateTime whenScreened) {
    this.movie = movie;
    this.sequence = sequence;
    this.whenScreened = whenScreened;
  }

  public LocalDateTime getStartTime() {
    return whenScreened;
  }

  public boolean isSequence(int sequence) {
    return this.sequence == sequence;
  }

  public Money getMovieFee() {
    return movie.getFee();
  }
}
```

여기서 주목할 점은 인스턴스 변수의 가시성은 private이고 메서드의 가시성은 public이라는 것이다. 클래스를 구현하거나 다른 개발자에 의해 개발된 클래스를 사용할 때 가장 중요한 것은 클래스의 경계를 구분 짓는 것이다. 클래스는 내부와 외부로 구분되며 훌륭한 클래스를 설계하기 위한 핵심은 어떤 부분을 외부에 공개하고 어떤 부분을 감출지를 결정하는 것이다. Screening에서 알 수 있는 것처럼 외부에서는 객체의 속성에 직접 접근할 수 없도록 막고 적절한 public 메서드를 통해서만 내부 상태를 변경할 수 있게 해야 한다.

그렇다면 클래스의 내부와 외부를 구분해야 하는 이유는 무엇일까? 그 이유는 경계의 명확성이 객체의 자율성을 보장하기 때문이다. 그리고 더 중요한 이유로 프로그래머에게 구현의 자유를 제공하기 때문이다.

자율적인 객체

먼저 두 가지 중요한 사실을 알아야 한다. 첫 번째 사실은 객체가 **상태(state)**와 **행동(behavior)**을 함께 가지는 복합적인 존재라는 것이다. 두 번째 사실은 객체가 스스로 판단하고 행동하는 **자율적인 존재**라는 것이다. 두 가지 사실은 서로 깊이 연관돼 있다.

많은 사람들은 객체를 상태와 행동을 함께 포함하는 식별 가능한 단위로 정의한다. 객체지향 이전의 패러다임에서는 데이터와 기능이라는 독립적인 존재를 서로 엮어 프로그램을 구성했다. 이와 달리 객체지향은 객체라는 단위 안에 데이터와 기능을 한 덩어리로 묶음으로써 문제 영역의 아이디어를 적절하게 표현할 수 있게 했다. 이처럼 데이터와 기능을 객체 내부로 함께 묶는 것을 **캡슐화**라고 부른다.

대부분의 객체지향 프로그래밍 언어들은 상태와 행동을 캡슐화하는 것에서 한 걸음 더 나아가 외부에서의 접근을 통제할 수 있는 **접근 제어(access control)** 메커니즘도 함께 제공한다. 많은 프로그래밍 언어들은 접근 제어를 위해 public, protected, private과 같은 **접근 수정자(access modifier)**를 제공한다.

객체 내부에 대한 접근을 통제하는 이유는 객체를 자율적인 존재로 만들기 위해서다. 객체지향의 핵심은 스스로 상태를 관리하고, 판단하고, 행동하는 자율적인 객체들의 공동체를 구성하는 것이다. 객체가 자율적인 존재로 우뚝 서기 위해서는 외부의 간섭을 최소화해야 한다. 외부에서는 객체가 어떤 상태에 놓여 있는지, 어떤 생각을 하고 있는지 알아서는 안 되며, 결정에 직접적으로 개입하려고 해서도 안 된다. 객체에게 원하는 것을 요청하고는 객체가 스스로 최선의 방법을 결정할 수 있을 것이라는 점을 믿고 기다려야 한다.

캡슐화와 접근 제어는 객체를 두 부분으로 나눈다. 하나는 외부에서 접근 가능한 부분으로 이를 **퍼블릭 인터페이스(public interface)**라고 부른다. 다른 하나는 외부에서는 접근 불가능하고 오직 내부에서만 접근 가능한 부분으로 이를 **구현(implementation)**이라고 부른다. 뒤에서 살펴보겠지만 **인터페이스와 구현의 분리(separation of interface and implementation)** 원칙은 훌륭한 객체지향 프로그램을 만들기 위해 따라야 하는 핵심 원칙이다.

일반적으로 객체의 상태는 숨기고 행동만 외부에 공개해야 한다. 여러분이 사용하는 프로그래밍 언어가 public이나 private이라는 키워드를 제공한다면 클래스의 속성은 private으로 선언해서 감추고 외부에 제공해야 하는 일부 메서드만 public으로 선언해야 한다. 어떤 메서드들이 서브클래스나 내부에서만 접근 가능해야 한다면 가시성을 protected나 private으로 지정해야 한다. 이때 퍼블릭 인터페이스에는 public으로 지정된 메서드만 포함된다. 그 밖의 private 메서드나 protected 메서드, 속성은 구현에 포함된다.

프로그래머의 자유

프로그래머의 역할을 **클래스 작성자(class creator)**와 **클라이언트 프로그래머(client programmer)**로 구분하는 것이 유용하다[Eckel06]. 클래스 작성자는 새로운 데이터 타입을 프로그램에 추가하고, 클라이언트 프로그래머는 클래스 작성자가 추가한 데이터 타입을 사용한다.

클라이언트 프로그래머의 목표는 필요한 클래스들을 엮어서 애플리케이션을 빠르고 안정적으로 구축하는 것이다. 클래스 작성자는 클라이언트 프로그래머에게 필요한 부분만 공개하고 나머지는 꽁꽁 숨겨야 한다. 클라이언트 프로그래머가 숨겨 놓은 부분에 마음대로 접근할 수 없도록 방지함으로써 클라이언트 프로그래머에 대한 영향을 걱정하지 않고도 내부 구현을 마음대로 변경할 수 있다. 이를 **구현 은닉(implementation hiding)**이라고 부른다.

접근 제어 메커니즘은 프로그래밍 언어 차원에서 클래스의 내부와 외부를 명확하게 경계 지을 수 있게 하는 동시에 클래스 작성자가 내부 구현을 은닉할 수 있게 해준다. 또한 클라이언트 프로그래머가 실수로 숨겨진 부분에 접근하는 것을 막아준다. 클라이언트 프로그래머가 private 속성이나 메서드에 접근하려고 시도하면 컴파일러는 오류를 뱉어낼 것이다.

구현 은닉은 클래스 작성자와 클라이언트 프로그래머 모두에게 유용한 개념이다. 클라이언트 프로그래머는 내부의 구현은 무시한 채 인터페이스만 알고 있어도 클래스를 사용할 수 있기 때문에 머릿속에 담아둬야 하는 지식의 양을 줄일 수 있다. 클래스 작성자는 인터페이스를 바꾸지 않는 한 외부에 미치는 영향을 걱정하지 않고도 내부 구현을 마음대로 변경할 수 있다. 다시 말해 public 영역을 변경하지 않는다면 코드를 자유롭게 수정할 수 있다는 것이다.

객체의 외부와 내부를 구분하면 클라이언트 프로그래머가 알아야 할 지식의 양이 줄어들고 클래스 작성자가 자유롭게 구현을 변경할 수 있는 폭이 넓어진다. 따라서 클래스를 개발할 때마다 인터페이스와 구현을 깔끔하게 분리하기 위해 노력해야 한다.

설계가 필요한 이유는 변경을 관리하기 위해서라는 것을 기억하라. 객체지향 언어는 객체 사이의 의존성을 적절히 관리함으로써 변경에 대한 파급효과를 제어할 수 있는 다양한 방법을 제공한다. 객체의 변경을 관리할 수 있는 기법 중에서 가장 대표적인 것이 바로 접근 제어다. 여러분은 변경될 가능성이 있는 세부적인 구현 내용을 private 영역 안에 감춤으로써 변경으로 인한 혼란을 최소화할 수 있다.

협력하는 객체들의 공동체

이제 영화를 예매하는 기능을 구현하는 메서드를 살펴보자. Screening의 reserve 메서드는 영화를 예매한 후 예매 정보를 담고 있는 Reservation의 인스턴스를 생성해서 반환한다. 인자인 customer는 예매자에 대한 정보를 담고 있고 audienceCount는 인원수다.

```java
public class Screening {
  public Reservation reserve(Customer customer, int audienceCount) {
    return new Reservation(customer, this, calculateFee(audienceCount), audienceCount);
  }
}
```

Screening의 reserve 메서드를 보면 calculateFee라는 private 메서드를 호출해서 요금을 계산한 후 그 결과를 Reservation의 생성자에 전달하는 것을 알 수 있다. calculateFee 메서드는 요금을 계산하기 위해 다시 Movie의 calculateMovieFee 메서드를 호출한다. Movie의 calculateMovieFee 메서드의 반환 값은 1인당 예매 요금이다. 따라서 Screening은 전체 예매 요금을 구하기 위해 calculateMovieFee 메서드의 반환 값에 인원 수인 audienceCount를 곱한다.

```java
public class Screening {
  private Money calculateFee(int audienceCount) {
    return movie.calculateMovieFee(this).times(audienceCount);
  }
}
```

Money는 금액과 관련된 다양한 계산을 구현하는 간단한 클래스다.

```java
public class Money {
  public static final Money ZERO = Money.wons(0);

  private final BigDecimal amount;

  public static Money wons(long amount) {
    return new Money(BigDecimal.valueOf(amount));
  }
```

```java
public static Money wons(double amount) {
    return new Money(BigDecimal.valueOf(amount));
}

Money(BigDecimal amount) {
    this.amount = amount;
}

public Money plus(Money amount) {
    return new Money(this.amount.add(amount.amount));
}

public Money minus(Money amount) {
    return new Money(this.amount.subtract(amount.amount));
}

public Money times(double percent) {
    return new Money(this.amount.multiply(
        BigDecimal.valueOf(percent)));
}

public boolean isLessThan(Money other) {
    return amount.compareTo(other.amount) < 0;
}

public boolean isGreaterThanOrEqual(Money other) {
    return amount.compareTo(other.amount) >= 0;
}
}
```

1장에서는 금액을 구현하기 위해 Long 타입을 사용했던 것을 기억하라. Long 타입은 변수의 크기나 연산자의 종류와 관련된 구현 관점의 제약은 표현할 수 있지만 Money 타입처럼 저장하는 값이 금액과 관련돼 있다는 의미를 전달할 수는 없다. 또한 금액과 관련된 로직이 서로 다른 곳에 중복되어 구현되는 것을 막을 수 없다. 객체지향의 장점은 객체를 이용해 도메인의 의미를 풍부하게 표현할 수 있다는 것이다. 따라서 의미를 좀 더 명시적이고 분명하게 표현할 수 있다면 객체를 사용해서 해당 개념을 구현하라. 그 개념이 비록 하나의 인스턴스 변수만 포함하더라도 개념을 명시적으로 표현하는 것은 전체적인 설계의 명확성과 유연성을 높이는 첫걸음이다.

Reservation 클래스는 고객(customer), 상영 정보(screening), 예매 요금(fee), 인원 수(audienceCount)를 속성으로 포함한다.

```java
public class Reservation {
  private Customer customer;
  private Screening screening;
  private Money fee;
  private int audienceCount;

  public Reservation(Customer customer, Screening screening, Money fee, int audienceCount) {
    this.customer = customer;
    this.screening = screening;
    this.fee = fee;
    this.audienceCount = audienceCount;
  }
}
```

영화를 예매하기 위해 Screening, Movie, Reservation 인스턴스들은 서로의 메서드를 호출하며 상호작용한다. 이처럼 시스템의 어떤 기능을 구현하기 위해 객체들 사이에 이뤄지는 상호작용을 **협력(Collaboration)**이라고 부른다. 그림 2.5는 Screening, Movie, Reservation 인스턴스 사이의 협력을 그림으로 표현한 것이다.

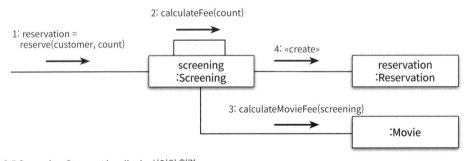

그림 2.5 Screening, Reservation, Movie 사이의 협력

객체지향 프로그램을 작성할 때는 먼저 협력의 관점에서 어떤 객체가 필요한지를 결정하고, 객체들의 공통 상태와 행위를 구현하기 위해 클래스를 작성한다. 따라서 협력에 대한 개념을 간략하게라도 살펴보는 것이 이후의 이야기를 이해하는 데 도움이 될 것이다.

협력에 관한 짧은 이야기

앞에서 설명한 것처럼 객체의 내부 상태는 외부에서 접근하지 못하도록 감춰야 한다. 대신 외부에 공개하는 퍼블릭 인터페이스를 통해 내부 상태에 접근할 수 있도록 허용한다. 객체는 다른 객체의 인터페이스에 공개된 행동을 수행하도록 **요청**(request)할 수 있다. 요청을 받은 객체는 자율적인 방법에 따라 요청을 처리한 후 **응답**(response)한다.

객체가 다른 객체와 상호작용할 수 있는 유일한 방법은 **메시지를 전송**(send a message)하는 것뿐이다. 다른 객체에게 요청이 도착할 때 해당 객체가 **메시지를 수신**(receive a message)했다고 이야기한다. 메시지를 수신한 객체는 스스로의 결정에 따라 자율적으로 메시지를 처리할 방법을 결정한다. 이처럼 수신된 메시지를 처리하기 위한 자신만의 방법을 **메서드**(method)라고 부른다.

메시지와 메서드를 구분하는 것은 매우 중요하다. 객체지향 패러다임이 유연하고, 확장 가능하며, 재사용 가능한 설계를 낳는다는 명성을 얻게 된 배경에는 메시지와 메서드를 명확하게 구분한 것도 단단히 한몫한다. 뒤에서 살펴보겠지만 메시지와 메서드의 구분에서부터 **다형성**(polymorphism)의 개념이 출발한다.

지금까지는 Screening이 Movie의 calculateMovieFee '메서드를 호출한다'고 말했지만 사실은 Screening이 Movie에게 calculateMovieFee '메시지를 전송한다'라고 말하는 것이 더 적절한 표현이다. 사실 Screening은 Movie 안에 calculateMovieFee 메서드가 존재하고 있는지조차 알지 못한다. 단지 Movie가 calculateMovieFee 메시지에 응답할 수 있다고 믿고 메시지를 전송할 뿐이다.

메시지를 수신한 Movie는 스스로 적절한 메서드를 선택한다. 사실 예제에서 사용한 자바 같은 정적 타입 언어에는 해당되지 않지만 루비(Ruby)나 스몰토크(Smalltalk) 같은 동적 타입 언어에서는 calculateMovieFee가 아닌 다른 시그니처를 가진 메서드를 통해서도 해당 메시지에 응답할 수 있다. 결국 메시지를 처리하는 방법을 결정하는 것은 Movie 스스로의 문제인 것이다. 이것이 객체가 메시지를 처리하는 방법을 자율적으로 결정할 수 있다고 말했던 이유다.

03 할인 요금 구하기

할인 요금 계산을 위한 협력 시작하기

계속해서 예매 요금을 계산하는 협력을 살펴보자. Movie는 제목(title)과 상영시간(runningTime), 기본 요금(fee), 할인 정책(discountPolicy)을 속성으로 가진다. 이 속성들의 값은 생성자를 통해 전달받는다.

```java
public class Movie {
  private String title;
  private Duration runningTime;
  private Money fee;
  private DiscountPolicy discountPolicy;

  public Movie(String title, Duration runningTime, Money fee, DiscountPolicy discountPolicy) {
    this.title = title;
    this.runningTime = runningTime;
    this.fee = fee;
    this.discountPolicy = discountPolicy;
  }

  public Money getFee() {
    return fee;
  }

  public Money calculateMovieFee(Screening screening) {
    return fee.minus(discountPolicy.calculateDiscountAmount(screening));
  }
}
```

calculateMovieFee 메서드는 discountPolicy에 calculateDiscountAmount 메시지를 전송해 할인 요금을 반환받는다. Movie는 기본요금인 fee에서 반환된 할인 요금을 차감한다.

이 메서드 안에는 한 가지 이상한 점이 있다. 어떤 할인 정책을 사용할 것인지 결정하는 코드가 어디에도 존재하지 않는다는 것이다. 도메인을 설명할 때 언급했던 것처럼 영화 예매 시스템에는 두 가지 종류의 할인 정책이 존재한다. 하나는 일정한 금액을 할인해 주는 금액 할인 정책이고 다른 하나는 일정한 비율에 따라 할인 요금을 결정하는 비율 할인 정책이다. 따라서 예매 요금을 계산하기 위해서는 현재 영화에 적용돼 있는 할인 정책의 종류를 판단할 수 있어야 한다. 하지만 코드 어디에도 할인 정책을 판단하는 코드는 존재하지 않는다. 단지 discountPolicy에게 메시지를 전송할 뿐이다.

이 코드가 어색하다면 여러분은 객체지향 패러다임에 익숙하지 않은 것이라고 봐도 무방하다. 이 코드에는 객체지향에서 중요하다고 여겨지는 두 가지 개념이 숨겨져 있다. 하나는 **상속(inheritance)**이고 다른 하나는 **다형성**이다. 그리고 그 기반에는 **추상화(abstraction)**라는 원리가 숨겨져 있다. 먼저 코드를 살펴본 후 개념들을 차례대로 살펴보자.

할인 정책과 할인 조건

할인 정책은 금액 할인 정책과 비율 할인 정책으로 구분된다. 두 가지 할인 정책을 각각 AmountDiscount Policy와 PercentDiscountPolicy라는 클래스로 구현할 것이다. 두 클래스는 대부분의 코드가 유사하고 할인 요금을 계산하는 방식만 조금 다르다. 따라서 두 클래스 사이의 중복 코드를 제거하기 위해 공통 코드를 보관할 장소가 필요하다.

여기서는 부모 클래스인 DiscountPolicy 안에 중복 코드를 두고 AmountDiscountPolicy와 PercentDiscount Policy가 이 클래스를 상속받게 할 것이다. 실제 애플리케이션에서는 DiscountPolicy의 인스턴스를 생성할 필요가 없기 때문에 **추상 클래스(abstract class)**로 구현했다.

```
public abstract class DiscountPolicy {
  private List<DiscountCondition> conditions = new ArrayList◇();

  public DiscountPolicy(DiscountCondition ... conditions) {
    this.conditions = Arrays.asList(conditions);
  }

  public Money calculateDiscountAmount(Screening screening) {
    for(DiscountCondition each : conditions) {
      if (each.isSatisfiedBy(screening)) {
        return getDiscountAmount(screening);
      }
    }

    return Money.ZERO;
  }

  abstract protected Money getDiscountAmount(Screening Screening);
}
```

DiscountPolicy는 DiscountCondition의 리스트인 conditions를 인스턴스 변수로 가지기 때문에 하나의 할인 정책은 여러 개의 할인 조건을 포함할 수 있다. calculateDiscountAmount 메서드는 전체 할인 조건에 대해 차례대로 DiscountCondition의 isSatisfiedBy 메서드를 호출한다. isSatisfiedBy 메서드는 인자로 전달된 Screening이 할인 조건을 만족시킬 경우에는 true를, 만족시키지 못할 경우에는 false를 반환한다.

할인 조건을 만족하는 DiscountCondition이 하나라도 존재하는 경우에는 **추상 메서드(abstract method)**인 getDiscountAmount 메서드를 호출해 할인 요금을 계산한다. 만족하는 할인 조건이 하나도 존재하지 않는다면 할인 요금으로 0원을 반환한다.

DiscountPolicy는 할인 여부와 요금 계산에 필요한 전체적인 흐름은 정의하지만 실제로 요금을 계산하는 부분은 추상 메서드인 getDiscountAmount 메서드에게 위임한다. 실제로는 DiscountPolicy를 상속받은 자식 클래스에서 오버라이딩한 메서드가 실행될 것이다. 이처럼 부모 클래스에 기본적인 알고리즘의 흐름을 구현하고 중간에 필요한 처리를 자식 클래스에게 위임하는 디자인 패턴을 **TEMPLATE METHOD 패턴**[GOF94]이라고 부른다.

DiscountCondition은 자바의 인터페이스를 이용해 선언돼 있다. isSatisfiedBy 오퍼레이션은 인자로 전달된 screening이 할인이 가능한 경우 true를 반환하고 할인이 불가능한 경우에는 false를 반환한다.

```
public interface DiscountCondition {
  boolean isSatisfiedBy(Screening screening);
}
```

영화 예매 시스템에는 순번 조건과 기간 조건의 두 가지 할인 조건이 존재한다. 두 가지 할인 조건은 각각 SequenceCondition과 PeriodCondition이라는 클래스로 구현할 것이다.

SequenceCondition은 할인 여부를 판단하기 위해 사용할 순번(sequence)을 인스턴스 변수로 포함한다. isSatisfiedBy 메서드는 파라미터로 전달된 Screening의 상영 순번과 일치할 경우 할인 가능한 것으로 판단해서 true를, 그렇지 않은 경우에는 false를 반환한다.

```
public class SequenceCondition implements DiscountCondition {
  private int sequence;

  public SequenceCondition(int sequence) {
    this.sequence = sequence;
  }

  public boolean isSatisfiedBy(Screening screening) {
    return screening.isSequence(sequence);
  }
}
```

PeriodCondition은 상영 시작 시간이 특정한 기간 안에 포함되는지 여부를 판단해 할인 여부를 결정한다. 조건에 사용할 요일(dayOfWeek)과 시작 시간(startTime), 종료 시간(endTime)을 인스턴스 변수로 포함한다. isSatisfiedBy 메서드는 인자로 전달된 Screening의 상영 요일이 dayOfWeek과 같고 상영 시작 시간이 startTime과 endTime 사이에 있을 경우에는 true를 반환하고, 그렇지 않은 경우에는 false를 반환한다.

```java
public class PeriodCondition implements DiscountCondition {
  private DayOfWeek dayOfWeek;
  private LocalTime startTime;
  private LocalTime endTime;

  public PeriodCondition(DayOfWeek dayOfWeek, LocalTime startTime, LocalTime endTime) {
    this.dayOfWeek = dayOfWeek;
    this.startTime = startTime;
    this.endTime = endTime;
  }

  public boolean isSatisfiedBy(Screening screening) {
    return screening.getStartTime().getDayOfWeek().equals(dayOfWeek) &&
      startTime.compareTo(screening.getStartTime().toLocalTime()) <= 0 &&
      endTime.compareTo(screening.getStartTime().toLocalTime()) >= 0;
  }
}
```

이제 할인 정책을 구현하자. AmountDiscountPolicy는 DiscountPolicy의 자식 클래스로서 할인 조건을 만족할 경우 일정한 금액을 할인해주는 금액 할인 정책을 구현한다. 이 클래스는 DiscountPolicy의 getDiscountAmount 메서드를 오버라이딩한다. 할인 요금은 인스턴스 변수인 discountAmount에 저장한다.

```java
public class AmountDiscountPolicy extends DiscountPolicy {
  private Money discountAmount;

  public AmountDiscountPolicy(Money discountAmount, DiscountCondition ... conditions) {
    super(conditions);
    this.discountAmount = discountAmount;
  }
```

```
  @Override
  protected Money getDiscountAmount(Screening screening) {
    return discountAmount;
  }
}
```

PercentDiscountPolicy 역시 DiscountPolicy의 자식 클래스로서 getDiscountAmount 메서드를 오버라이딩한다. AmountDiscountPolicy와 다른 점이라면 고정 금액이 아닌 일정 비율을 차감한다는 것이다. 할인 비율은 인스턴스 변수인 percent에 저장한다.

```
public class PercentDiscountPolicy extends DiscountPolicy {
  private double percent;

  public PercentDiscountPolicy(double percent, DiscountCondition ... conditions) {
    super(conditions);
    this.percent = percent;
  }

  @Override
  protected Money getDiscountAmount(Screening screening) {
    return screening.getMovieFee().times(percent);
  }
}
```

그림 2.6은 영화 가격 계산에 참여하는 모든 클래스 사이의 관계를 다이어그램으로 표현한 것이다.

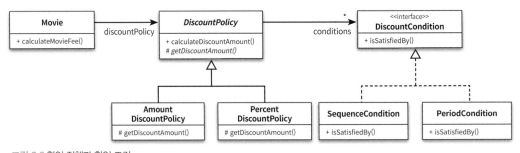

그림 2.6 할인 정책과 할인 조건

> ### 오버라이딩과 오버로딩
>
> 많은 사람들이 **오버라이딩**(overriding)과 **오버로딩**(overloading)의 개념을 혼동한다. 오버라이딩은 부모 클래스에 정의된 같은 이름, 같은 파라미터 목록을 가진 메서드를 자식 클래스에서 재정의하는 경우를 가리킨다. 자식 클래스의 메서드는 오버라이딩한 부모 클래스의 메서드를 가리기 때문에 외부에서는 부모 클래스의 메서드가 보이지 않는다.
>
> 오버로딩은 메서드의 이름은 같지만 제공되는 파라미터의 목록이 다르다. 오버로딩한 메서드는 원래의 메서드를 가리지 않기 때문에 이 메서드들은 사이 좋게 공존한다.
>
> 다음은 오버로딩의 예를 나타낸 것이다. Money 클래스에 구현된 두 개의 plus 메서드는 이름은 같지만 하나는 Money 타입의 파라미터를, 다른 하나는 long 타입의 파라미터를 받도록 정의돼 있다. 이 경우 두 메서드는 공존하며 외부에서는 두 개의 메서드 모두 호출할 수 있다. 따라서 이 경우에는 오버라이딩이라고 부르지 않고 오버로딩이라고 부른다.
>
> ```java
> public class Money {
>   public Money plus(Money amount) {
>     return new Money(this.amount.add(amount.amount));
>   }
>
>   public Money plus(long amount) {
>     return new Money(this.amount.add(BigDecimal.valueOf(amount)));
>   }
> }
> ```

할인 정책 구성하기

하나의 영화에 대해 단 하나의 할인 정책만 설정할 수 있지만 할인 조건의 경우에는 여러 개를 적용할 수 있다고 했던 것을 기억하는가? Movie와 DiscountPolicy의 생성자는 이런 제약을 강제한다. Movie의 생성자는 오직 하나의 DiscountPolicy 인스턴스만 받을 수 있도록 선언돼 있다.

```java
public class Movie {
  public Movie(String title, Duration runningTime, Money fee, DiscountPolicy discountPolicy) {
    ...
    this.discountPolicy = discountPolicy;
  }
}
```

반면 DiscountPolicy의 생성자는 여러 개의 DiscountCondition 인스턴스를 허용한다.

```
public abstract class DiscountPolicy {
  public DiscountPolicy(DiscountCondition ... conditions) {
    this.conditions = Arrays.asList(conditions);
  }
}
```

이처럼 생성자의 파라미터 목록을 이용해 초기화에 필요한 정보를 전달하도록 강제하면 올바른 상태를 가진 객체의 생성을 보장할 수 있다. 다음은 표 2.1의 '아바타'에 대한 할인 정책과 할인 조건을 설정한 것이다. 할인 정책으로 금액 할인 정책이 적용되고, 두 개의 순서 조건과 두 개의 기간 조건을 이용해 할인 여부를 판단한다는 것을 알 수 있다.

```
Movie avatar = new Movie("아바타",
    Duration.ofMinutes(120),
    Money.wons(10000),
    new AmountDiscountPolicy(Money.wons(800),
        new SequenceCondition(1),
        new SequenceCondition(10),
        new PeriodCondition(DayOfWeek.MONDAY, LocalTime.of(10, 0), LocalTime.of(11, 59)),
        new PeriodCondition(DayOfWeek.THURSDAY, LocalTime.of(10, 0), LocalTime.of(20, 59))));
```

표 2.1에서 '타이타닉'에 대한 할인 정책은 다음과 같이 설정할 수 있다. 10%의 비율 할인 정책이 적용되고 두 개의 기간 조건과 한 개의 순서 조건을 이용해 할인 여부를 판단한다는 것을 알 수 있다.

```
Movie titanic = new Movie("타이타닉",
    Duration.ofMinutes(180),
    Money.wons(11000),
    new PercentDiscountPolicy(0.1,
        new PeriodCondition(DayOfWeek.TUESDAY, LocalTime.of(14, 0), LocalTime.of(16, 59)),
        new SequenceCondition(2),
        new PeriodCondition(DayOfWeek.THURSDAY, LocalTime.of(10, 0), LocalTime.of(13, 59))));
```

04 상속과 다형성

이제 앞의 질문에 답해 보자. Movie 클래스 어디에서도 할인 정책이 금액 할인 정책인지, 비율 할인 정책인지를 판단하지 않는다. Movie 내부에 할인 정책을 결정하는 조건문이 없는데도 불구하고 어떻게 영화 요금을 계산할 때 할인 정책과 비율 할인 정책을 선택할 수 있을까? 이 질문에 답하기 위해서는 상속과 다형성에 대해 알아봐야 한다.

먼저 의존성의 개념을 살펴보고 상속과 다형성을 이용해 특정한 조건을 선택적으로 실행하는 방법을 알아보자.

컴파일 시간 의존성과 실행 시간 의존성

그림 2.7은 Movie와 DiscountPolicy 계층 사이의 관계를 클래스 다이어그램으로 표현한 것이다. Movie는 DiscountPolicy와 연결돼 있으며, AmountDiscountPolicy와 PercentDiscountPolicy는 추상 클래스인 DiscountPolicy를 상속받는다. 이처럼 어떤 클래스가 다른 클래스에 접근할 수 있는 경로를 가지거나 해당 클래스의 객체의 메서드를 호출할 경우 두 클래스 사이에 의존성이 존재한다고 말한다.

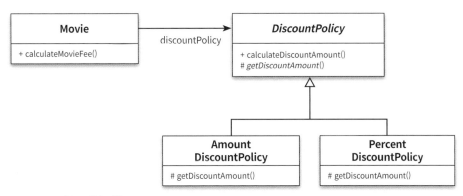

그림 2.7 DiscountPolicy 상속 계층

여기서 눈여겨봐야 할 부분은 Movie 클래스가 DiscountPolicy 클래스와 연결돼 있다는 것이다. 문제는 영화 요금을 계산하기 위해서는 추상 클래스인 DiscountPolicy가 아니라 AmountDiscountPolicy와 PercentDiscountPolicy 인스턴스가 필요하다는 것이다. 따라서 Movie의 인스턴스는 실행 시에 AmountDiscountPolicy나 PercentDiscountPolicy의 인스턴스에 의존해야 한다. 하지만 코드 수준에서 Movie 클래스는 이 두 클래스 중 어떤 것에도 의존하지 않는다. 오직 추상 클래스인 DiscountPolicy에만 의존하고 있다.

그렇다면 Movie의 인스턴스가 코드 작성 시점에는 그 존재조차 알지 못했던 AmountDiscountPolicy와 PercentDiscountPolicy의 인스턴스와 실행 시점에 협력 가능한 이유는 무엇일까? 의문을 풀기 위해서는 Movie의 인스턴스를 생성하는 코드를 살펴봐야 한다. Movie의 생성자에서 DiscountPolicy 타입의 객체를 인자로 받았던 것을 기억하는가? 만약 영화 요금을 계산하기 위해 금액 할인 정책을 적용하고 싶다면 Movie의 인스턴스를 생성할 때 인자로 AmountDiscountPolicy의 인스턴스를 전달하면 된다.

```
Movie avatar = new Movie("아바타",
    Duration.ofMinutes(120),
    Money.wons(10000),
    new AmountDiscountPolicy(Money.wons(800), ...));
```

이제 실행 시에 Movie의 인스턴스는 AmountDiscountPolicy 클래스의 인스턴스에 의존하게 될 것이다.

그림 2.8 실행 시에 Movie는 AmountDiscountPolicy에 의존한다

영화 요금을 계산하기 위해 비율 할인 정책을 적용하고 싶다면 AmountDiscountPolicy 대신 PercentDiscountPolicy의 인스턴스를 전달하면 된다.

```
Movie avatar = new Movie("아바타",
    Duration.ofMinutes(120),
    Money.wons(10000),
    new PercentDiscountPolicy(0.1, ...));
```

이 경우 Movie의 인스턴스는 PercentDiscountPolicy의 인스턴스에 의존하게 된다.

그림 2.9 실행 시에 Movie는 PercentDiscountPolicy에 의존한다

코드 상에서 Movie는 DiscountPolicy에 의존한다. 코드를 샅샅이 조사해 봐도 Movie가 AmountDiscountPolicy나 PercentDiscountPolicy에 의존하는 곳을 찾을 수는 없다. 그러나 실행 시점에는 Movie의 인스턴스는 AmountDiscountPolicy나 PercentDiscountPolicy의 인스턴스에 의존하게 된다.

여기서 이야기하고 싶은 것은 코드의 의존성과 실행 시점의 의존성이 서로 다를 수 있다는 것이다. 다시 말해 클래스 사이의 의존성과 객체 사이의 의존성은 동일하지 않을 수 있다. 그리고 유연하고, 쉽게 재사용할 수 있으며, 확장 가능한 객체지향 설계가 가지는 특징은 코드의 의존성과 실행 시점의 의존성이 다르다는 것이다.

한 가지 간과해서는 안 되는 사실은 코드의 의존성과 실행 시점의 의존성이 다르면 다를수록 코드를 이해하기 어려워진다는 것이다. 코드를 이해하기 위해서는 코드뿐만 아니라 객체를 생성하고 연결하는 부분을 찾아야 하기 때문이다. 반면 코드의 의존성과 실행 시점의 의존성이 다르면 다를수록 코드는 더 유연해지고 확장 가능해진다. 이와 같은 의존성의 양면성은 설계가 트레이드오프의 산물이라는 사실을 잘 보여준다.

현재 Movie의 인스턴스가 어떤 객체에 의존하고 있는지 어떻게 알 수 있는가? Movie 클래스의 코드만 살펴보는 것으로는 해답을 얻을 수 없다. Movie 클래스에서 찾을 수 있는 힌트는 단지 의존하고 있는 대상이 DiscountPolicy와 동일한 타입이라는 것뿐이다. 의존하고 있는 객체의 정확한 타입을 알기 위해서는 의존성을 연결하는 부분을 찾아봐야 한다. 이 경우에는 Movie 인스턴스를 생성하는 부분을 찾아 생성자에 전달되는 객체가 AmountDiscountPolicy의 인스턴스인지 PercentDiscountPolicy의 인스턴스인지를 확인한 후에만 의존성의 대상이 무엇인지를 알 수 있다.

설계가 유연해질수록 코드를 이해하고 디버깅하기는 점점 더 어려워진다는 사실을 기억하라. 반면 유연성을 억제하면 코드를 이해하고 디버깅하기는 쉬워지지만 재사용성과 확장 가능성은 낮아진다는 사실도 기억하라. 여러분이 훌륭한 객체지향 설계자로 성장하기 위해서는 항상 유연성과 가독성 사이에서 고민해야 한다. 무조건 유연한 설계도, 무조건 읽기 쉬운 코드도 정답이 아니다. 이것이 객체지향 설계가 어려우면서도 매력적인 이유다.

마지막 질문만 남았다. 코드 상에 존재하는 Movie 클래스에서 DiscountPolicy 클래스로의 의존성이 어떻게 실행 시점에는 AmountDiscountPolicy나 PercentDiscountPolicy 인스턴스에 대한 의존성으로 바뀔 수 있을까? 드디어 상속을 살펴볼 시간이 왔다.

차이에 의한 프로그래밍

클래스를 하나 추가하고 싶은데 그 클래스가 기존의 어떤 클래스와 매우 흡사하다고 가정해보자. 그 클래스의 코드를 가져와 약간만 추가하거나 수정해서 새로운 클래스를 만들 수 있다면 좋을 것이다. 더 좋은 방법은 그 클래스의 코드를 전혀 수정하지 않고도 재사용하는 것일 것이다. 이를 가능하게 해주는 방법이 바로 상속이다.

상속은 객체지향에서 코드를 재사용하기 위해 가장 널리 사용되는 방법이다. 상속을 이용하면 클래스 사이에 관계를 설정하는 것만으로 기존 클래스가 가지고 있는 모든 속성과 행동을 새로운 클래스에 포함시킬 수 있다. DiscountPolicy에 정의된 모든 속성과 메서드를 그대로 물려받는 AmountDiscountPolicy와 PercentDiscountPolicy 클래스는 상속의 강력함을 잘 보여주는 예라고 할 수 있다.

상속은 기존 클래스를 기반으로 새로운 클래스를 쉽고 빠르게 추가할 수 있는 간편한 방법을 제공한다. 또한 상속을 이용하면 부모 클래스의 구현은 공유하면서도 행동이 다른 자식 클래스를 쉽게 추가할 수 있다. AmountDiscountPolicy와 PercentDiscountPolicy의 경우 DiscountPolicy에서 정의한 추상 메서드인 getDiscountAmount 메서드를 오버라이딩해서 DiscountPolicy의 행동을 수정한다는 것을 알 수 있다.

이처럼 부모 클래스와 다른 부분만을 추가해서 새로운 클래스를 쉽고 빠르게 만드는 방법을 **차이에 의한 프로그래밍**(programming by difference)이라고 부른다.

자식 클래스와 부모 클래스

상속은 두 클래스 사이의 관계를 정의하는 방법이다. 상속 관계를 선언함으로써 한 클래스는 자동으로 다른 클래스가 제공하는 코드를 자신의 일부로 합칠 수 있다. 따라서 상속을 사용하면 코드 중복을 제거하고 여러 클래스 사이에서 동일한 코드를 공유할 수 있게 된다.

코드를 제공하는 클래스를 슈퍼클래스(superclass), 부모 클래스(parent class), 부모(parent), 직계 조상(immediate ancestor), 직접적인 조상(direct ancestor)이라고 부른다. 코드를 제공받는 클래스를 서브클래스(subclass), 자식 클래스(child class), 자식(child), 직계 자손(immediate descendant), 직접적인 자손(direct descendant)이라고 부른다.

상속 계층에서 특정 클래스보다 상위에 위치한 모든 클래스를 조상(ancestors)이라고 부르고, 특정 클래스보다 하위에 위치한 모든 클래스를 자손(descendants)이라고 부른다.

상속에 참여하는 두 클래스를 가리키는 가장 일반적인 용어는 슈퍼클래스(superclass)와 서브클래스(subclass)다. 하지만 C++의 창시자인 비야네 스트롭스트룹(Bjarne Stroustrup)은 슈퍼클래스와 서브 클래스라는 용어가 뜻이 모호하고 오해의 소지가 있다고 보고 C++에는 기반 클래스(base class)와 파생 클래스(derived class)라는 새로운 용어를 도입하기도 했다 [Riel96].

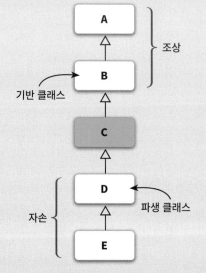

그림 2.10 기반 클래스와 파생 클래스, 조상과 자손

그림 2.10은 상속과 관련된 용어들 간의 관계를 그림으로 나타낸 것이다. 클래스 C를 기준으로 클래스 B는 클래스 C의 부모 클래스고 클래스 D는 클래스 C의 자식 클래스다. 클래스 A와 B를 클래스 C의 조상이라고 부르고 클래스 D와 E를 클래스 C의 자손이라고 부른다.

클래스 관계는 상대적이라는 점에 주목하라. 클래스 B는 클래스 C의 부모 클래스지만 클래스 A의 관점에서는 자식 클래스다. 따라서 어떤 클래스를 기준으로 하느냐에 따라 상속 관계에 참여하는 클래스의 역할이 달라진다.

상속과 인터페이스

상속이 가치 있는 이유는 부모 클래스가 제공하는 모든 인터페이스를 자식 클래스가 물려받을 수 있기 때문이다. 이것은 상속을 바라보는 일반적인 인식과는 거리가 있는데 대부분의 사람들은 상속의 목적이 메서드나 인스턴스 변수를 재사용하는 것이라고 생각하기 때문이다.

인터페이스는 객체가 이해할 수 있는 메시지의 목록을 정의한다는 것을 기억하라. 상속을 통해 자식 클래스는 자신의 인터페이스에 부모 클래스의 인터페이스를 포함하게 된다. 결과적으로 자식 클래스는 부모 클래스가 수신할 수 있는 모든 메시지를 수신할 수 있기 때문에 외부 객체는 자식 클래스를 부모 클래스와 동일한 타입으로 간주할 수 있다.

Movie의 calculateMovieFee 메서드를 다시 살펴보자.

```
public class Movie {
  public Money calculateMovieFee(Screening screening) {
    return fee.minus(discountPolicy.calculateDiscountAmount(screening));
  }
}
```

Movie가 DiscountPolicy의 인터페이스에 정의된 calculateDiscountAmount 메시지를 전송하고 있다. DiscountPolicy를 상속받는 AmountDiscountPolicy와 PercentDiscountPolicy의 인터페이스에도 이 오퍼레이션이 포함돼 있다는 사실에 주목하라. Movie 입장에서는 자신과 협력하는 객체가 어떤 클래스의 인스턴스인지가 중요한 것이 아니라 calculateDiscountAmount 메시지를 수신할 수 있다는 사실이 중요하다. 다시 말해 Movie는 협력 객체가 calculateDiscountAmount라는 메시지를 이해할 수만 있다면 그 객체가 어떤 클래스의 인스턴스인지는 상관하지 않는다는 것이다. 따라서 calculateDiscountAmount 메시지를 수신할 수 있는 AmountDiscountPolicy와 PercentDiscountPolicy 모두 DiscountPolicy를 대신해서 Movie와 협력할 수 있다.

정리하면 자식 클래스는 상속을 통해 부모 클래스의 인터페이스를 물려받기 때문에 부모 클래스 대신 사용될 수 있다. 컴파일러는 코드 상에서 부모 클래스가 나오는 모든 장소에서 자식 클래스를 사용하는 것을 허용한다.

Movie의 생성자에서 인자의 타입이 DiscountPolicy임에도 AmountDiscountPolicy와 PercentDiscountPolicy 의 인스턴스를 전달할 수 있는 이유가 바로 이 때문이다. 또한 DiscountPolicy 타입인 Movie의 인스턴스 변수인 discountPolicy에 인자로 전달된 AmountDiscountPolicy나 PercentDiscountPolicy의 인스턴스를 할 당할 수 있는 이유도 이 때문이다.

이처럼 자식 클래스가 부모 클래스를 대신하는 것을 **업캐스팅**(upcasting)이라고 부른다. 업캐스팅이 라고 부르는 이유는 일반적으로 그림 2.11처럼 클래스 다이어그램을 작성할 때 부모 클래스를 자식 클 래스의 위에 위치시키기 때문이다. 아래에 위치한 자식 클래스가 위에 위치한 부모 클래스로 자동적으 로 타입 캐스팅되는 것처럼 보이기 때문에 업캐스팅이라는 용어를 사용한다.

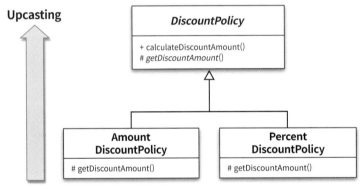

그림 2.11 자식 클래스가 부모 클래스의 타입으로 변환되는 업캐스팅

다형성

다시 한번 강조하지만 메시지와 메서드는 다른 개념이다. Movie는 DiscountPolicy의 인스턴스에 게 calculateDiscountAmount 메시지를 전송한다. 그렇다면 실행되는 메서드는 무엇인가? Movie와 상 호작용하기 위해 연결된 객체의 클래스가 무엇인가에 따라 달라진다. Movie와 협력하는 객체가 AmountDiscountPolicy의 인스턴스라면 AmountDiscountPolicy에서 오버라이딩한 메서드가 실행될 것이다. PercentDiscountPolicy의 인스턴스가 연결된 경우에는 PercentDiscountPolicy에서 오버라이딩한 메서드 가 실행될 것이다.

코드 상에서 Movie 클래스는 DiscountPolicy 클래스에게 메시지를 전송하지만 실행 시점에 실제로 실행되는 메서드는 Movie와 협력하는 객체의 실제 클래스가 무엇인지에 따라 달라진다. 다시 말해서 Movie는 동일한 메시지를 전송하지만 실제로 어떤 메서드가 실행될 것인지는 메시지를 수신하는 객체의 클래스가 무엇이냐에 따라 달라진다. 이를 **다형성**이라고 부른다.

다형성은 객체지향 프로그램의 컴파일 시간 의존성과 실행 시간 의존성이 다를 수 있다는 사실을 기반으로 한다. 프로그램을 작성할 때 Movie 클래스는 추상 클래스인 DiscountPolicy에 의존한다. 따라서 컴파일 시간 의존성은 Movie에서 DiscountPolicy로 향한다. 반면 실행 시점에 Movie의 인스턴스와 실제로 상호작용하는 객체는 AmountDiscountPolicy 또는 PercentDiscountPolicy의 인스턴스다. 다시 말해 실행 시간 의존성은 Movie에서 AmountDiscountPolicy나 PercentDiscountPolicy로 향한다. 이처럼 다형성은 컴파일 시간 의존성과 실행 시간 의존성을 다르게 만들 수 있는 객체지향의 특성을 이용해 서로 다른 메서드를 실행할 수 있게 한다.

다형성이란 동일한 메시지를 수신했을 때 객체의 타입에 따라 다르게 응답할 수 있는 능력을 의미한다. 따라서 다형적인 협력에 참여하는 객체들은 모두 같은 메시지를 이해할 수 있어야 한다. 다시 말해 인터페이스가 동일해야 한다는 것이다. AmountDiscountPolicy와 PercentDiscountPolicy가 다형적인 협력에 참여할 수 있는 이유는 이들이 DiscountPolicy로부터 동일한 인터페이스를 물려받았기 때문이다. 그리고 이 두 클래스의 인터페이스를 통일하기 위해 사용한 구현 방법이 바로 상속인 것이다.

다형성을 구현하는 방법은 매우 다양하지만 메시지에 응답하기 위해 실행될 메서드를 컴파일 시점이 아닌 실행 시점에 결정한다는 공통점이 있다. 다시 말해 메시지와 메서드를 실행 시점에 바인딩한다는 것이다. 이를 **지연 바인딩(lazy binding)** 또는 **동적 바인딩(dynamic binding)**이라고 부른다. 그에 반해 전통적인 함수 호출처럼 컴파일 시점에 실행될 함수나 프로시저를 결정하는 것을 **초기 바인딩 (early binding)** 또는 **정적 바인딩(static binding)**이라고 부른다. 객체지향이 컴파일 시점의 의존성과 실행 시점의 의존성을 분리하고, 하나의 메시지를 선택적으로 서로 다른 메서드에 연결할 수 있는 이유가 바로 지연 바인딩이라는 메커니즘을 사용하기 때문이다.

상속을 이용하면 동일한 인터페이스를 공유하는 클래스들을 하나의 타입 계층으로 묶을 수 있다. 이런 이유로 대부분의 사람들은 다형성을 이야기할 때 상속을 함께 언급한다. 그러나 클래스를 상속받는 것만이 다형성을 구현할 수 있는 유일한 방법은 아니다. 이 책을 읽고 나면 다형성이란 추상적인 개념이며 이를 구현할 수 있는 방법이 꽤나 다양하다는 사실을 알게 될 것이다.

구현 상속과 인터페이스 상속

상속을 **구현 상속**(implementation inheritance)과 **인터페이스 상속**(interface inheritance)으로 분류할 수 있다. 흔히 구현 상속을 **서브클래싱**(subclassing)이라고 부르고 인터페이스 상속을 **서브타이핑**(subtyping)이라고 부른다. 순수하게 코드를 재사용하기 위한 목적으로 상속을 사용하는 것을 구현 상속이라고 부른다. 다형적인 협력을 위해 부모 클래스와 자식 클래스가 인터페이스를 공유할 수 있도록 상속을 이용하는 것을 인터페이스 상속이라고 부른다.

상속은 구현 상속이 아니라 인터페이스 상속을 위해 사용해야 한다. 대부분의 사람들은 코드 재사용을 상속의 주된 목적이라고 생각하지만 이것은 오해다. 인터페이스를 재사용할 목적이 아니라 구현을 재사용할 목적으로 상속을 사용하면 변경에 취약한 코드를 낳게 될 확률이 높다.

인터페이스와 다형성

앞에서는 DiscountPolicy를 추상 클래스로 구현함으로써 자식 클래스들이 인터페이스와 내부 구현을 함께 상속받도록 만들었다. 그러나 종종 구현은 공유할 필요가 없고 순수하게 인터페이스만 공유하고 싶을 때가 있다. 이를 위해 C#과 자바에서는 **인터페이스**라는 프로그래밍 요소를 제공한다. 자바의 인터페이스는 말 그대로 구현에 대한 고려 없이 다형적인 협력에 참여하는 클래스들이 공유 가능한 외부 인터페이스를 정의한 것이다. C++의 경우 **추상 기반 클래스**(Abstract Base Class, ABC)를 통해 자바의 인터페이스 개념을 구현할 수 있다.

추상 클래스를 이용해 다형성을 구현했던 할인 정책과 달리 할인 조건은 구현을 공유할 필요가 없기 때문에 그림 2.12와 같이 자바의 인터페이스를 이용해 타입 계층을 구현했다. DiscountCondition 인터페이스를 실체화하고 있는 SequenceCondition과 PeriodCondition은 동일한 인터페이스를 공유하며 다형적인 협력에 참여할 수 있다.

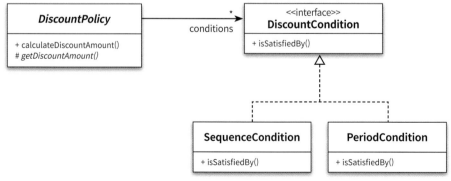

그림 2.12 자바 인터페이스와 다형성

SequenceCondition과 PeriodCondition은 isSatisfiedBy 메시지를 이해할 수 있기 때문에 클라이언트인 DiscountPolicy의 입장에서 이 둘은 DiscountCondition과 아무 차이도 없다. DiscountCondition을 실체화하는 클래스들은 동일한 인터페이스를 공유하며 DiscountCondition을 대신해서 사용될 수 있다. 이 경우에도 업캐스팅이 적용되며 협력은 다형적이다.

05 추상화와 유연성

추상화의 힘

지금까지 살펴본 것처럼 할인 정책은 구체적인 금액 할인 정책과 비율 할인 정책을 포괄하는 추상적인 개념이다. 할인 조건 역시 더 구체적인 순번 조건과 기간 조건을 포괄하는 추상적인 개념이다. 다시 말해 DiscountPolicy는 AmountDiscountPolicy와 PercentDiscountPolicy보다 추상적이고 DiscountCondition은 SequenceCondition과 PeriodCondition보다 추상적이다.

프로그래밍 언어 측면에서 DiscountPolicy와 DiscountCondition이 더 추상적인 이유는 인터페이스에 초점을 맞추기 때문이다. DiscountPolicy는 모든 할인 정책들이 수신할 수 있는 calculateDiscountAmount 메시지를 정의한다. DiscountCondition은 모든 할인 조건들이 수신할 수 있는 isSatisfiedBy 메시지를 정의한다. 둘 다 같은 계층에 속하는 클래스들이 공통으로 가질 수 있는 인터페이스를 정의하며 구현의 일부(추상 클래스인 경우) 또는 전체(자바 인터페이스인 경우)를 자식 클래스가 결정할 수 있도록 결정권을 위임한다.

그림 2.13은 자식 클래스를 생략한 코드 구조를 그림으로 표현한 것이다. 이 그림은 추상화를 사용할 경우의 두 가지 장점을 보여준다. 첫 번째 장점은 추상화의 계층만 따로 떼어 놓고 살펴보면 요구사항의 정책을 높은 수준에서 서술할 수 있다는 것이다. 두 번째 장점은 추상화를 이용하면 설계가 좀 더 유연해진다는 것이다.

그림 2.13 추상화는 좀 더 일반적인 개념들을 표현한다

첫 번째 장점부터 살펴보자. 그림 2.13을 하나의 문장으로 정리하면 "영화 예매 요금은 최대 하나의 '할인 정책'과 다수의 '할인 조건'을 이용해 계산할 수 있다"로 표현할 수 있다. 이 문장이 "영화의 예매 요

금은 '금액 할인 정책'과 '두 개의 순서 조건, 한 개의 기간 조건'을 이용해서 계산할 수 있다"라는 문장을 포괄할 수 있다는 사실이 중요하다. 이것은 할인 정책과 할인 조건이라는 좀 더 추상적인 개념들을 사용해서 문장을 작성했기 때문이다.

추상화를 사용하면 세부적인 내용을 무시한 채 상위 정책을 쉽고 간단하게 표현할 수 있다. 추상화의 이런 특징은 세부사항에 억눌리지 않고 상위 개념만으로도 도메인의 중요한 개념을 설명할 수 있게 한다. 금액 할인 정책과 비율 할인 정책을 사용한다는 사실이 중요할 때도 있겠지만 어떤 때는 할인 정책이 존재한다고 말하는 것만으로도 충분한 경우가 있다. 추상화를 이용한 설계는 필요에 따라 표현의 수준을 조정하는 것을 가능하게 해준다.

추상화를 이용해 상위 정책을 기술한다는 것은 기본적인 애플리케이션의 협력 흐름을 기술한다는 것을 의미한다. 영화의 예매 가격을 계산하기 위한 흐름은 항상 Movie에서 DiscountPolicy로, 그리고 다시 DiscountCondition을 향해 흐른다. 할인 정책이나 할인 조건의 새로운 자식 클래스들은 추상화를 이용해서 정의한 상위의 협력 흐름을 그대로 따르게 된다. 이 개념은 매우 중요한데, 재사용 가능한 설계의 기본을 이루는 **디자인 패턴**(design pattern)이나 **프레임워크**(framework) 모두 추상화를 이용해 상위 정책을 정의하는 객체지향의 메커니즘을 활용하고 있기 때문이다.

두 번째 특징은 첫 번째 특징으로부터 유추할 수 있다. 추상화를 이용해 상위 정책을 표현하면 기존 구조를 수정하지 않고도 새로운 기능을 쉽게 추가하고 확장할 수 있다. 다시 말해 설계를 유연하게 만들 수 있다.

유연한 설계

우리는 아직 표 2.1의 마지막에 서술한 '스타워즈'의 할인 정책은 해결하지 않았다. 사실 '스타워즈'에는 할인 정책이 적용돼 있지 않다. 즉, 할인 요금을 계산할 필요 없이 영화에 설정된 기본 금액을 그대로 사용하면 된다.

```
public class Movie {
  public Money calculateMovieFee(Screening screening) {
    if (discountPolicy == null) {
      return fee;
    }

    return fee.minus(discountPolicy.calculateDiscountAmount(screening));
  }
}
```

이 방식의 문제점은 할인 정책이 없는 경우를 예외 케이스로 취급하기 때문에 지금까지 일관성 있던 협력 방식이 무너지게 된다는 것이다. 기존 할인 정책의 경우에는 할인할 금액을 계산하는 책임이 DiscountPolicy의 자식 클래스에 있었지만 할인 정책이 없는 경우에는 할인 금액이 0원이라는 사실을 결정하는 책임이 DiscountPolicy가 아닌 Movie 쪽에 있기 때문이다. 따라서 책임의 위치를 결정하기 위해 조건문을 사용하는 것은 협력의 설계 측면에서 대부분의 경우 좋지 않은 선택이다. 항상 예외 케이스를 최소화하고 일관성을 유지할 수 있는 방법을 선택하라.

이 경우에 일관성을 지킬 수 있는 방법은 0원이라는 할인 요금을 계산할 책임을 그대로 DiscountPolicy 계층에 유지시키는 것이다. NoneDiscountPolicy 클래스를 추가하자.

```java
public class NoneDiscountPolicy extends DiscountPolicy {
    @Override
    protected Money getDiscountAmount(Screening screening) {
        return Money.ZERO;
    }
}
```

이제 Movie의 인스턴스에 NoneDiscountPolicy의 인스턴스를 연결해서 할인되지 않는 영화를 생성할 수 있다.

```java
Movie starWars = new Movie("스타워즈",
    Duration.ofMinutes(210),
    Money.wons(10000),
    new NoneDiscountPolicy());
```

중요한 것은 기존의 Movie와 DiscountPolicy는 수정하지 않고 NoneDiscountPolicy라는 새로운 클래스를 추가하는 것만으로 애플리케이션의 기능을 확장했다는 것이다. 이처럼 추상화를 중심으로 코드의 구조를 설계하면 유연하고 확장 가능한 설계를 만들 수 있다.

추상화가 유연한 설계를 가능하게 하는 이유는 설계가 구체적인 상황에 결합되는 것을 방지하기 때문이다. Movie는 특정한 할인 정책에 묶이지 않는다. 할인 정책을 구현한 클래스가 DiscountPolicy를 상속받고 있다면 어떤 클래스와도 협력이 가능하다.

DiscountPolicy 역시 특정한 할인 조건에 묶여있지 않다. DiscountCondition을 상속받은 어떤 클래스와도 협력이 가능하다. 이것은 DiscountPolicy와 DiscountCondition이 추상적이기 때문에 가능한 것이다. **8장**에서 살펴보겠지만 **컨텍스트 독립성**(context independency)이라고 불리는 이 개념은 프레임워크와 같은 유연한 설계가 필수적인 분야에서 그 진가를 발휘한다.

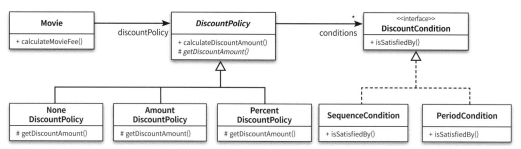

그림 2.14 추상화를 이용하면 기존 코드를 수정하지 않고도 기능을 확장할 수 있다

결론은 간단하다. 유연성이 필요한 곳에 추상화를 사용하라.

추상 클래스와 인터페이스 트레이드오프

앞의 NoneDiscountPolicy 클래스의 코드를 자세히 살펴보면 getDiscountAmount() 메서드가 어떤 값을 반환하더라도 상관이 없다는 사실을 알 수 있다. 부모 클래스인 DiscountPolicy에서 할인 조건이 없을 경우에는 getDiscountAmount() 메서드를 호출하지 않기 때문이다. 이것은 부모 클래스인 DiscountPolicy와 NoneDiscountPolicy를 개념적으로 결합시킨다. NoneDiscountPolicy의 개발자는 getDiscountAmount()가 호출되지 않을 경우 DiscountPolicy가 0원을 반환할 것이라는 사실을 가정하고 있기 때문이다.

이 문제를 해결하는 방법은 DiscountPolicy를 인터페이스로 바꾸고 NoneDiscountPolicy가 DiscountPolicy의 getDiscountAmount() 메서드가 아닌 calculateDiscountAmount() 오퍼레이션을 오버라이딩하도록 변경하는 것이다.

DiscountPolicy 클래스를 인터페이스로 변경하자.

```java
public interface DiscountPolicy {
  Money calculateDiscountAmount(Screening screening);
}
```

원래의 DiscountPolicy 클래스의 이름을 DefaultDiscountPolicy로 변경하고 인터페이스를 구현하도록 수정하자.

```java
public abstract class DefaultDiscountPolicy implements DiscountPolicy {
  ...
}
```

이제 NoneDiscountPolicy가 DiscountPolicy 인터페이스를 구현하도록 변경하면 개념적인 혼란과 결합을
제거할 수 있다.

```java
public class NoneDiscountPolicy implements DiscountPolicy {
  @Override
  public Money calculateDiscountAmount(Screening screening) {
    return Money.ZERO;
  }
}
```

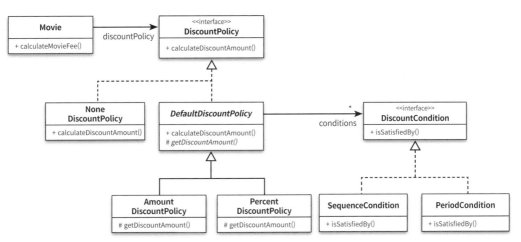

그림 2.15 인터페이스를 이용해서 구현한 DiscountPolicy 계층

어떤 설계가 더 좋은가? 이상적으로는 인터페이스를 사용하도록 변경한 설계가 더 좋을 것이다. 현실
적으로는 NoneDiscountPolicy만을 위해 인터페이스를 추가하는 것이 과하다는 생각이 들 수도 있을 것
이다. 어쨌든 변경 전의 NoneDiscountPolicy 클래스 역시 할인 금액이 0원이라는 사실을 효과적으로 전
달하기 때문이다. 이 책에서는 설명을 단순화하기 위해 인터페이스를 사용하지 않는 원래의 설계에 기
반해서 설명을 이어갈 것이다.

여기서 이야기하고 싶은 사실은 구현과 관련된 모든 것들이 트레이드오프의 대상이 될 수 있다는 사
실이다. 여러분이 작성하는 모든 코드에는 합당한 이유가 있어야 한다. 비록 아주 사소한 결정이더라
도 트레이드오프를 통해 얻어진 결론과 그렇지 않은 결론 사이의 차이는 크다. 고민하고 트레이드오
프하라.

코드 재사용

상속은 코드를 재사용하기 위해 널리 사용되는 방법이다. 그러나 널리 사용되는 방법이라고 해서 가장 좋은 방법인 것은 아니다. 객체지향 설계와 관련된 자료를 조금이라도 본 사람들은 코드 재사용을 위해서는 상속보다는 **합성**(composition)이 더 좋은 방법이라는 이야기를 많이 들었을 것이다. 합성은 다른 객체의 인스턴스를 자신의 인스턴스 변수로 포함해서 재사용하는 방법을 말한다.

Movie가 DiscountPolicy의 코드를 재사용하는 방법이 바로 합성이다. 이 설계를 상속을 사용하도록 변경할 수도 있다. 그림 2.16과 같이 Movie를 직접 상속받아 AmountDiscountMovie와 PercentDiscountMovie라는 두 개의 클래스를 추가하면 합성을 사용한 기존 방법과 기능적인 관점에서 완벽히 동일하다. 그럼에도 많은 사람들이 상속 대신 합성을 선호하는 이유는 무엇일까?

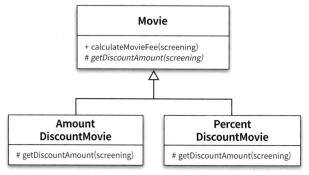

그림 2.16 상속으로 구현한 할인 정책

상속

상속은 객체지향에서 코드를 재사용하기 위해 널리 사용되는 기법이다. 하지만 두 가지 관점에서 설계에 안 좋은 영향을 미친다. 하나는 상속이 캡슐화를 위반한다는 것이고, 다른 하나는 설계를 유연하지 못하게 만든다는 것이다.

상속의 가장 큰 문제점은 캡슐화를 위반한다는 것이다. 상속을 이용하기 위해서는 부모 클래스의 내부 구조를 잘 알고 있어야 한다. AmountDiscountMovie와 PercentDiscountMovie를 구현하는 개발자는 부모 클래스인 Movie의 calculateMovieFee 메서드 안에서 추상 메서드인 getDiscountAmount 메서드를 호출한다는 사실을 알고 있어야 한다.

결과적으로 부모 클래스의 구현이 자식 클래스에게 노출되기 때문에 캡슐화가 약화된다. 캡슐화의 약화는 자식 클래스가 부모 클래스에 강하게 결합되도록 만들기 때문에 부모 클래스를 변경할 때 자식 클래스도 함께 변경될 확률을 높인다. 결과적으로 상속을 과도하게 사용한 코드는 변경하기도 어려워진다.

상속의 두 번째 단점은 설계가 유연하지 않다는 것이다. 상속은 부모 클래스와 자식 클래스 사이의 관계를 컴파일 시점에 결정한다. 따라서 실행 시점에 객체의 종류를 변경하는 것이 불가능하다.

예를 들어, 실행 시점에 금액 할인 정책인 영화를 비율 할인 정책으로 변경한다고 가정하자. 상속을 사용한 설계에서는 AmountDiscountMovie의 인스턴스를 PercentDiscountMovie의 인스턴스로 변경해야 한다. 대부분의 언어는 이미 생성된 객체의 클래스를 변경하는 기능을 지원하지 않기 때문에 이 문제를 해결할 수 있는 최선의 방법은 PercentDiscountMovie의 인스턴스를 생성한 후 AmountDiscountMovie의 상태를 복사하는 것뿐이다. 이것은 부모 클래스와 자식 클래스가 강하게 결합돼 있기 때문에 발생하는 문제다.

반면 인스턴스 변수로 연결한 기존 방법을 사용하면 실행 시점에 할인 정책을 간단하게 변경할 수 있다. 다음과 같이 Movie에 DiscountPolicy를 변경할 수 있는 changeDiscountPolicy 메서드를 추가하자.

```
public class Movie {
  private DiscountPolicy discountPolicy;

  public void changeDiscountPolicy(DiscountPolicy discountPolicy) {
    this.discountPolicy= discountPolicy;
  }
}
```

금액 할인 정책이 적용된 영화에 비율 할인 정책이 적용되도록 변경하는 것은 새로운 DiscountPolicy 인스턴스를 연결하는 간단한 작업으로 바뀐다.

```
Movie avatar = new Movie("아바타",
    Duration.ofMinutes(120),
    Money.wons(10000),
    new AmountDiscountPolicy(Money.wons(800), ...));

avatar.changeDiscountPolicy(new PercentDiscountPolicy(0.1, ...));
```

이 예제를 통해 상속보다 인스턴스 변수로 관계를 연결한 원래의 설계가 더 유연하다는 사실을 알 수 있을 것이다. Movie가 DiscountPolicy를 포함하는 이 방법 역시 코드를 재사용하는 방법이라는 점을 눈여겨보기 바란다. Movie가 DiscountPolicy의 코드를 재사용하는 이 방법은 너무나도 유용하기 때문에 특별한 이름으로 불린다.

합성

Movie는 요금을 계산하기 위해 DiscountPolicy의 코드를 재사용한다. 이 방법이 상속과 다른 점은 상속이 부모 클래스의 코드와 자식 클래스의 코드를 컴파일 시점에 하나의 단위로 강하게 결합하는 데 비해 Movie가 DiscountPolicy의 인터페이스를 통해 약하게 결합된다는 것이다. 실제로 Movie는 DiscountPolicy가 외부에 calculateDiscountAmount 메서드를 제공한다는 사실만 알고 내부 구현에 대해서는 전혀 알지 못한다. 이처럼 인터페이스에 정의된 메시지를 통해서만 코드를 재사용하는 방법을 **합성**이라고 부른다.

합성은 상속이 가지는 두 가지 문제점을 모두 해결한다. 인터페이스에 정의된 메시지를 통해서만 재사용이 가능하기 때문에 구현을 효과적으로 캡슐화할 수 있다. 또한 의존하는 인스턴스를 교체하는 것이 비교적 쉽기 때문에 설계를 유연하게 만든다. 상속은 클래스를 통해 강하게 결합되는 데 비해 합성은 메시지를 통해 느슨하게 결합된다. 따라서 코드 재사용을 위해서는 상속보다는 합성을 선호하는 것이 더 좋은 방법이다[GOF94].

그렇다고 해서 상속을 절대 사용하지 말라는 것은 아니다. 대부분의 설계에서는 상속과 합성을 함께 사용해야 한다. 그림 2.7을 살펴보면 Movie와 DiscountPolicy는 합성 관계로 연결돼 있고 DiscountPolicy와 AmountDiscountPolicy, PercentDiscountPolicy는 상속 관계로 연결돼 있다. 이처럼 코드를 재사용하는 경우에는 상속보다 합성을 선호하는 것이 옳지만 다형성을 위해 인터페이스를 재사용하는 경우에는 상속과 합성을 함께 조합해서 사용할 수밖에 없다.

지금까지 구체적인 예제를 통해 객체지향 프로그래밍과 관련된 다양한 개념을 살펴봤다. 대부분의 사람들은 객체지향 프로그래밍 과정을 클래스 안에 속성과 메서드를 채워넣는 작업이나 상속을 이용해 코드를 재사용하는 방법 정도로 생각한다. 물론 프로그래밍 관점에서 클래스와 상속은 중요하다. 다만 프로그래밍 관점에 너무 치우쳐서 객체지향을 바라볼 경우 객체지향의 본질을 놓치기 쉽다.

객체지향이란 객체를 지향하는 것이다. 따라서 객체지향 패러다임의 중심에는 객체가 위치한다. 그러나 각 객체를 따로 떼어 놓고 이야기하는 것은 무의미하다. 객체지향에서 가장 중요한 것은 애플리케이션의 기능을 구현하기 위해 협력에 참여하는 객체들 사이의 상호작용이다. 객체들은 협력에 참여하기 위해 역할을 부여받고 역할에 적합한 책임을 수행한다.

객체지향 설계의 핵심은 적절한 협력을 식별하고 협력에 필요한 역할을 정의한 후에 역할을 수행할 수 있는 적절한 객체에게 적절한 책임을 할당하는 것이다. 다음 장에서는 클래스나 상속과 같은 프로그래밍 개념을 잠시 미뤄두고 객체의 책임과 협력이라는 주제에 좀 더 초점을 맞추겠다.

역할, 책임, 협력

2장에서는 객체지향 프로그래밍을 구성하는 다양한 요소와 구현 기법을 살펴봤다. 클래스, 추상 클래스, 인터페이스를 조합해서 객체지향 프로그램을 구조화하는 기본적인 방법과 상속을 이용해 다형성을 구현하는 기법을 소개했다. 다형성이 지연 바인딩이라는 메커니즘을 통해 구현된다는 사실도 설명했다. 상속은 코드를 재사용할 수 있는 가장 널리 알려진 방법이지만 캡슐화의 측면에서 합성이 더 좋은 방법이라는 사실을 이해했을 것이다. 유연한 객체지향 프로그램을 위해서는 컴파일 시간 의존성과 실행 시간 의존성이 달라야 한다는 사실 역시 알게 됐다.

이제 여러분은 객체지향 프로그래밍을 이해하기 위해 가장 중요한 내용들을 대부분 배웠다고 생각할 것이다. 안타깝게도 그렇지 않다. 객체지향 패러다임의 관점에서 핵심은 **역할**(role), **책임** (responsibility), **협력**(collaboration)이다. 클래스, 상속, 지연 바인딩이 중요하지 않은 것은 아니지만 다분히 구현 측면에 치우쳐 있기 때문에 객체지향 패러다임의 본질과는 거리가 멀다.

객체지향의 본질은 협력하는 객체들의 공동체를 창조하는 것이다. 객체지향 설계의 핵심은 협력을 구성하기 위해 적절한 객체를 찾고 적절한 책임을 할당하는 과정에서 드러난다. 클래스와 상속은 객체들의 책임과 협력이 어느 정도 자리를 잡은 후에 사용할 수 있는 구현 메커니즘일 뿐이다. 애플리케이션의 기능을 구현하기 위해 어떤 협력이 필요하고 협력을 위해 어떤 역할과 책임이 필요한지를 고민하지 않은 채 너무 이른 시기에 구현에 초점을 맞추는 것은 변경하기 어렵고 유연하지 못한 코드를 낳는 원인이 된다.

다시 한번 강조하지만 객체지향에서 가장 중요한 것은 역할, 책임, 협력이다. 역할, 책임, 협력이 제자리를 찾지 못한 상태라면 응집도 높은 클래스와 중복 없는 상속 계층을 구현한다고 하더라도 여러분의 애플리케이션이 침몰하는 것을 구원하지 못할 것이다. 그 이유를 살펴보자.

01 협력

영화 예매 시스템 돌아보기

사용자가 영화 예매 시스템을 통해 영화를 예매할 수 있게 하려면 다양한 객체들이 참여하는 협력을 구축해야 한다. 그림 3.1은 영화 예매라는 기능을 완성하기 위해 협력하는 객체들의 상호작용을 표현한 것이다.

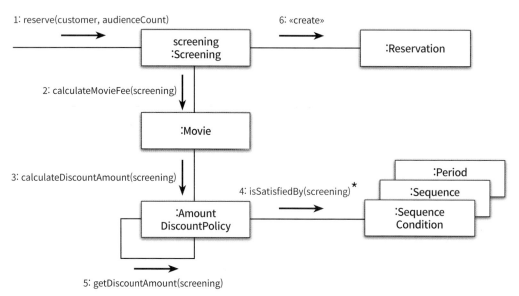

그림 3.1 영화 예매 기능을 구현하기 위한 객체들 사이의 상호작용

그림에서 알 수 있는 것처럼 객체지향 원칙을 따르는 애플리케이션의 제어 흐름은 어떤 하나의 객체에 의해 통제되지 않고 다양한 객체들 사이에 균형 있게 분배되는 것이 일반적이다. 객체들은 요청의 흐름을 따라 자신에게 분배된 로직을 실행하면서 애플리케이션의 전체 기능을 완성한다.

여기서 중요한 것은 다양한 객체들이 영화 예매라는 기능을 구현하기 위해 메시지를 주고받으면서 상호작용한다는 점이다. 이처럼 객체들이 애플리케이션의 기능을 구현하기 위해 수행하는 상호작용을 **협**

력이라고 한다. 객체가 협력에 참여하기 위해 수행하는 로직은 **책임**이라고 부른다. 객체들이 협력 안에서 수행하는 책임들이 모여 객체가 수행하는 **역할**을 구성한다.

협력

객체지향 시스템은 자율적인 객체들의 공동체다. 객체는 고립된 존재가 아니라 시스템의 기능이라는 더 큰 목표를 달성하기 위해 다른 객체와 협력하는 사회적인 존재다. 협력은 객체지향의 세계에서 기능을 구현할 수 있는 유일한 방법이다. 두 객체 사이의 협력은 하나의 객체가 다른 객체에게 도움을 요청할 때 시작된다. **메시지 전송(message sending)**은 객체 사이의 협력을 위해 사용할 수 있는 유일한 커뮤니케이션 수단이다. 객체는 다른 객체의 상세한 내부 구현에 직접 접근할 수 없기 때문에 오직 메시지 전송을 통해서만 자신의 요청을 전달할 수 있다.

> 협력이란 어떤 객체가 다른 객체에게 무엇인가를 요청하는 것이다. 한 객체는 어떤 것이 필요할 때 다른 객체에게 전적으로 위임하거나 서로 협력한다. 즉, 두 객체가 상호작용을 통해 더 큰 책임을 수행하는 것이다. 객체 사이의 협력을 설계할 때는 객체를 서로 분리된 인스턴스가 아닌 협력하는 파트너로 인식해야 한다[Wirfs-Brock03].

메시지를 수신한 객체는 **메서드**를 실행해 요청에 응답한다. 여기서 객체가 메시지를 처리할 방법을 스스로 선택한다는 점이 중요하다. 외부의 객체는 오직 메시지만 전송할 수 있을 뿐이며 메시지를 어떻게 처리할지는 메시지를 수신한 객체가 직접 결정한다. 이것은 객체가 자신의 일을 스스로 처리할 수 있는 자율적인 존재라는 것을 의미한다.

그림 3.2는 예매 요금을 계산하기 위한 Screening과 Movie의 협력을 나타낸 것이다. 이 협력에서 Screening은 Movie에 calculateMovieFee 메시지를 전송함으로써 예매자 한 명의 요금 계산을 요청한다.

그림 3.2 Screening은 메시지를 전송해서 Movie와 협력한다

Screening이 Movie에게 처리를 위임하는 이유는 요금을 계산하는 데 필요한 기본 요금과 할인 정책을 가장 잘 알고 있는 객체가 Movie이기 때문이다. 요금을 계산하는 작업을 Screening이 수행한다면 Movie의 인스턴스 변수인 fee와 discountPolicy에 직접 접근해야만 할 것이다. 이 경우 Screening은 Movie의 내부 구현에 결합된다.

가장 큰 문제점은 Movie의 자율성이 훼손된다는 것이다. 자율적인 객체란 자신의 상태를 직접 관리하고 스스로의 결정에 따라 행동하는 객체다. 객체의 자율성을 보장하기 위해서는 필요한 정보와 정보에 기반한 행동을 같은 객체 안에 모아놓아야 한다. 하지만 Screening이 Movie의 정보를 이용해 요금을 계산할 경우 정보와 행동이 Movie와 Screening이라는 별도의 객체로 나뉜다. 결과적으로 Movie는 자율적인 존재가 아니라 수동적인 존재로 전락하고 만다.

Movie가 자율적인 존재가 되기 위해서는 자신이 알고 있는 정보를 이용해 직접 요금을 계산해야 한다. 이것이 Screening이 Movie에게 요금을 계산하도록 위임하는 이유다. 자신이 할 수 없는 일을 다른 객체에게 위임하면 협력에 참여하는 객체들의 전체적인 자율성을 향상시킬 수 있다.

결과적으로 객체를 자율적으로 만드는 가장 기본적인 방법은 내부 구현을 **캡슐화**하는 것이다. 캡슐화를 통해 변경에 대한 파급효과를 제한할 수 있기 때문에 자율적인 객체는 변경하기도 쉬워진다. Screening이 요금을 계산하기 위해 Movie의 내부 구현에 직접 접근한다는 것은 캡슐화의 원칙을 위반한다는 것을 의미한다. 이 경우 Movie의 내부 구현을 바꾸면 Screening도 영향을 받게 된다. 반면 Movie가 자신의 정보를 바탕으로 요금을 직접 계산하면 Screening과 Movie 사이의 결합도를 느슨하게 유지할 수 있으며 Movie에 대한 변경의 여파가 Screening 쪽으로 확산되는 것을 막을 수 있다.

정리해보자. 자율적인 객체는 자신에게 할당된 책임을 수행하던 중에 필요한 정보를 알지 못하거나 외부의 도움이 필요한 경우 적절한 객체에게 메시지를 전송해서 협력을 요청한다. 메시지를 수신한 객체 역시 메시지를 처리하던 중에 직접 처리할 수 없는 정보나 행동이 필요한 경우 또 다른 객체에게 도움을 요청한다. 이처럼 객체들 사이의 협력을 구성하는 일련의 요청과 응답의 흐름을 통해 애플리케이션의 기능이 구현된다.

협력이 설계를 위한 문맥을 결정한다

객체지향은 객체를 중심에 놓는 프로그래밍 패러다임이다. 여기서 객체란 상태와 행동을 함께 캡슐화하는 실행 단위다. 그렇다면 객체가 가질 수 있는 상태와 행동을 어떤 기준으로 결정해야 할까? 객체를 설계할 때 어떤 행동과 상태를 할당했다면 그 이유는 무엇인가?

어떤 객체도 섬이 아니다[Beck89]. 애플리케이션 안에 어떤 객체가 필요하다면 그 이유는 단 하나여야 한다. 그 객체가 어떤 협력에 참여하고 있기 때문이다. 그리고 객체가 협력에 참여할 수 있는 이유는 협력에 필요한 적절한 행동을 보유하고 있기 때문이다.

결론적으로 객체의 행동을 결정하는 것은 객체가 참여하고 있는 협력이다. 협력이 바뀌면 객체가 제공해야 하는 행동 역시 바뀌어야 한다. 협력은 객체가 필요한 이유와 객체가 수행하는 행동의 동기를 제공한다.

Movie 객체는 어떤 행동을 수행할 수 있어야 할까? 영화라는 단어를 들었을 때 대부분의 사람들은 극장에서 영화를 상영하는 장면을 상상할 것이고 자연스럽게 Movie 객체가 play라는 행동을 수행할 것이라고 생각할 것이다. 그러나 영화 예매 시스템 안의 Movie에는 영화를 상영하기 위한 어떤 코드도 포함돼 있지 않다. Movie에 포함된 대부분의 메서드는 요금을 계산하는 행동과 관련된 것이다. 이것은 Movie가 영화를 예매하기 위한 협력에 참여하고 있고 그 안에서 요금을 계산하는 책임을 지고 있기 때문이다.

Movie의 행동을 결정하는 것은 영화 예매를 위한 협력이다. 협력이라는 문맥을 고려하지 않고 Movie의 행동을 결정하는 것은 아무런 의미가 없다. 협력이 존재하기 때문에 객체가 존재하는 것이다.

객체의 행동을 결정하는 것이 협력이라면 객체의 상태를 결정하는 것은 행동이다. 객체의 상태는 그 객체가 행동을 수행하는 데 필요한 정보가 무엇인지로 결정된다. 객체는 자신의 상태를 스스로 결정하고 관리하는 자율적인 존재이기 때문에 객체가 수행하는 행동에 필요한 상태도 함께 가지고 있어야 한다.

Movie가 기본 요금인 fee와 할인 정책인 discountPolicy라는 인스턴스 변수를 상태의 일부로 포함하는 이유는 요금 계산이라는 행동을 수행하는 데 이 정보들이 필요하기 때문이다.

```
public class Movie {
  private Money fee;
  private DiscountPolicy discountPolicy;

  public Money calculateMovieFee(Screening screening) {
    return fee.minus(discountPolicy.calculateDiscountAmount(screening));
  }
}
```

상태는 객체가 행동하는 데 필요한 정보에 의해 결정되고 행동은 협력 안에서 객체가 처리할 메시지로 결정된다. 결과적으로 객체가 참여하는 협력이 객체를 구성하는 행동과 상태 모두를 결정한다. 따라서 협력은 객체를 설계하는 데 필요한 일종의 **문맥**(context)을 제공한다.

02 책임

책임이란 무엇인가

객체를 설계하기 위해 필요한 문맥인 협력이 갖춰졌다고 하자. 다음으로 할 일은 협력에 필요한 행동을 수행할 수 있는 적절한 객체를 찾는 것이다. 이때 협력에 참여하기 위해 객체가 수행하는 행동을 **책임**이라고 부른다.

책임이란 객체에 의해 정의되는 응집도 있는 행위의 집합으로, 객체가 유지해야 하는 정보와 수행할 수 있는 행동에 대해 개략적으로 서술한 문장이다. 즉, 객체의 책임은 객체가 '무엇을 알고 있는가' 와 '무엇을 할 수 있는가'로 구성된다. 크레이그 라만(Craig Larman)은 이러한 분류 체계에 따라 객체의 책임을 크게 '**하는 것**(doing)'과 '**아는 것**(knowing)'의 두 가지 범주로 나누어 세분화하고 있다 [Larman04].

하는 것

- 객체를 생성하거나 계산을 수행하는 등의 스스로 하는 것

- 다른 객체의 행동을 시작시키는 것

- 다른 객체의 활동을 제어하고 조절하는 것

아는 것

- 사적인 정보에 관해 아는 것

- 관련된 객체에 관해 아는 것

- 자신이 유도하거나 계산할 수 있는 것에 관해 아는 것

영화 예매 시스템에서 Screening의 책임은 무엇인가? 영화를 예매하는 것이다. Movie의 책임은 무엇인가? 요금을 계산하는 것이다. Screening은 영화를 예매할 수 있어야 한다. 이것은 하는 것과 관련된 책임이다. Screening은 자신이 상영할 영화를 알고 있어야 한다. 이것은 아는 것과 관련된 책임이다. Movie 는 예매 가격을 계산할 책임을 진다. 이것은 하는 것과 관련된 책임이다. 또한 가격과 어떤 할인 정책이 적용됐는지도 알고 있어야 한다. 이것은 아는 것과 관련된 책임이다.

그림 3.3은 지금까지 설명한 역할과 책임을 CRC 카드로 표현한 것이다.

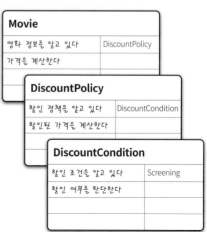

그림 3.3 영화 예매 시스템을 구성하는 역할과 책임

Screening이 reserve 메시지를 수신하고 movie를 인스턴스 변수로 포함하는 이유는 협력 안에서 영화를 예매할 책임을 수행해야 하기 때문이다. Movie가 calculateMovieFee 메시지를 수신할 수 있고 fee와 discountPolicy를 속성으로 가지는 이유는 협력 안에서 가격을 계산할 책임을 할당받기 때문이다. 이처럼 협력 안에서 객체에게 할당한 책임이 외부의 인터페이스와 내부의 속성을 결정한다.

일반적으로 책임과 메시지의 크기는 다르다. 책임은 객체가 수행할 수 있는 행동을 종합적이고 간략하게 서술하기 때문에 메시지보다 추상적이고 개념적으로도 더 크다. 처음에는 단순한 책임이라고 생각했던 것이 여러 개의 메시지로 분할되기도 하고 하나의 객체가 수행할 수 있다고 생각했던 책임이 나중에는 여러 객체들이 협력해야만 하는 커다란 책임으로 자라는 것이 일반적이다.

여기서 중요한 사실은 책임의 관점에서 '아는 것'과 '하는 것'이 밀접하게 연관돼 있다는 점이다. 객체는 자신이 맡은 책임을 수행하는 데 필요한 정보를 알고 있을 책임이 있다. 또한 객체는 자신이 할 수 없는 작업을 도와줄 객체를 알고 있을 책임이 있다. 어떤 책임을 수행하기 위해서는 그 책임을 수행하는 데 필요한 정보도 함께 알아야 할 책임이 있는 것이다. 이것은 객체에게 책임을 할당하기 위한 가장 기본적인 원칙에 대한 힌트를 제공한다.

책임은 객체지향 설계의 핵심이다. 크레이그 라만은 "객체지향 개발에서 가장 중요한 능력은 책임을 능숙하게 소프트웨어 객체에 할당하는 것[Larman04]"이라는 말로 책임 할당의 중요성을 강조하기도 했다. 사실 협력이 중요한 이유는 객체에게 할당할 책임을 결정할 수 있는 문맥을 제공하기 때문이다. 적절한 협력이 적절한 책임을 제공하고, 적절한 책임을 적절한 객체에게 할당해야만 단순하고 유연한 설계를 창조할 수 있다.

다시 한 번 강조하겠다. 객체지향 설계에서 가장 중요한 것은 책임이다. 객체에게 얼마나 적절한 책임을 할당하느냐가 설계의 전체적인 품질을 결정한다. 객체의 구현 방법은 상대적으로 책임보다는 덜 중요하며 책임을 결정한 다음에 고민해도 늦지 않다.

CRC 카드

CRC 카드는 10x15cm 정도 크기의 작은 인덱스 카드를 말한다. CRC라는 단어는 후보(Candidate), 책임(Responsibility), 협력자(Collaborator)의 첫 글자를 따서 만들어졌다. CRC 카드는 선이 없는 면과 3개의 구획으로 나뉜 면으로 구성된다.

하나의 CRC 카드는 협력에 참여하는 하나의 **후보**를 표현한다. 후보는 역할, 객체, 클래스 어떤 것이라도 될 수 있다. 카드의 선이 없는 면에는 후보의 목적을 기술한다. 목적은 후보가 외부에 제공해야 하는 서비스를 하나의 문장으로 표현한 것이다.

선이 있는 다른 면의 상단에는 후보 이름을 적는다. 좌측 하단에는 목적을 좀 더 세분화해서 무엇을 알고 무엇을 해야 하는지에 대한 **책임**을 차례대로 적는다. 카드의 우측에는 책임을 수행하면서 함께 협력할 **협력자**들을 나열한다. 협력자는 후보가 자신의 책임을 완수하기 위해 정보나 기능을 요청할 대상 후보를 의미한다.

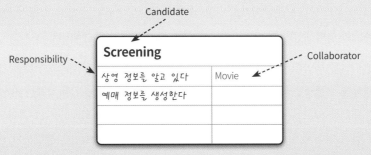

CRC 카드는 워드 커닝험(Ward Cunningham)과 켄트 벡(Kent Beck)이 객체지향을 모르는 초보자와 절차적인 설계에 익숙한 사람들에게 객체지향 설계 기법을 가르치기 위해 고안한 기법이다[Beck89]. 워드 커닝험과 켄트 벡은 객체지향을 학습하는 사람들이 절차적인 설계와 유사하게 객체를 설계하는 것을 방지하고 객체를 이용해서 생각하도록 가르치는 가장 효과적인 방법은 학습자들을 '객체적인 물질'에 몰두하도록 만드는 것이라고 생각했다. CRC 카드는 객체지향 설계에 적용할 수 있는 구체적이고 실재적인 재료인 것이다.

워드 커닝험과 켄트 벡은 클래스(Class), 책임(Responsibility), 협력(Collaboration)의 첫 글자를 따서 CRC 카드를 만들었다. 시간이 지나면서 사람들은 CRC에서의 C가 단순히 클래스가 아니라는 사실을 깨달았다. 설계 초기에 책임을 할당할 후보는 객체일 수도 있고 역할일 수도 있다. 중요한 것은 후보를 어떻게 구현할 것인가가 아니라 어떤 후보에게 어떤 책임을 할당할 것인가에 집중하는 것이다. C를 클래스로 보는 관점에는 설계의 자연스러운 흐름을 방해하고 처음부터 구현 중심적인 사고로 빠지게 만들 위험이 도사리고 있다.

CRC의 C는 그 이후로 다양한 의미를 가리키도록 변형돼 왔다. 티모시 버드(Timothy Budd)는 CRC의 C를 컴포넌트(Component)의 첫 글자를 가리키는 것으로 사용했다[Budd01]. 레베카 워프스브록은 한때 CRC라는 이름을 버리고 RRC(Role–Responsibility–Collaboration)라는 이름을 사용했다[Wirfs–Brock00]. 이후 워프스브록은 최종적으로 C를 후보를 가리키는 용어로 수정했다[Wirfs–Brock03].

개인적으로 CRC를 후보–책임–협력을 가리키는 용어로 사용하는 워프스브록의 견해를 선호하는데, 인덱스 카드는 클래스, 객체, 컴포넌트, 역할 어떤 것이라도 될 수 있기 때문이다. 인덱스 카드를 후보라고 생각하기 시작하면 자연스럽게 인덱스 카드의 구현에 대한 세부적인 결정은 미루고 책임과 협력에 집중할 수 있게 된다.

사람들이 다이어그램 대신 CRC 카드를 사용하는 이유는 무엇일까? 앨리스터 코오번(Alistair Cockburn)은 《Agile Software Development》[Cockburn01]에서 효과적으로 일하는 사람들은 추상적이고 가상적인 것보다는 구체적이고 실재적인 것을 사용하는 경향이 있다고 설명한다. 일반적으로 사람들은 아무것도 없는 상태에서 새로운 것을 만들어내기보다는 이미 존재하는 구체적이고 실재적인 것을 관찰하고, 수정하고, 그에 대한 피드백을 받으며 작업할 때 좀 더 효과적으로 일한다고 한다. 구체적이고 실재적이라는 것은 사람들이 직접 눈으로 보고 손으로 만질 수 있음을 의미한다. CRC 카드는 역할을 식별하고, 책임을 할당하며, 협력을 명시적으로 표현하는 구체적이면서도 실용적인 설계 기법이다.

책임 할당

자율적인 객체를 만드는 가장 기본적인 방법은 책임을 수행하는 데 필요한 정보를 가장 잘 알고 있는 전문가에게 그 책임을 할당하는 것이다. 이를 책임 할당을 위한 INFORMATION EXPERT(정보 전문가) 패턴[Larman04]이라고 부른다.

정보 전문가에게 책임을 할당하는 것은 일상 생활에서 도움을 요청하는 방식과도 유사하다. 일상 생활에서도 어떤 도움이 필요한 경우 그 일을 처리하는 데 필요한 지식과 방법을 가장 잘 알고 있는 전문가에게 도움을 청한다. 객체의 세계에서도 마찬가지다. 객체들 역시 협력에 필요한 지식과 방법을 가장 잘 알고 있는 객체에게 도움을 요청한다. 요청에 응답하기 위해 필요한 이 행동이 객체가 수행할 책임으로 이어지는 것이다.

따라서 객체에게 책임을 할당하기 위해서는 먼저 협력이라는 문맥을 정의해야 한다. 협력을 설계하는 출발점은 시스템이 사용자에게 제공하는 기능을 시스템이 담당할 하나의 책임으로 바라보는 것이다. 객체지향 설계는 시스템의 책임을 완료하는 데 필요한 더 작은 책임을 찾아내고 이를 객체들에게 할당하는 반복적인 과정을 통해 모양을 갖춰간다.

지금부터 영화 예매 시스템을 예로 들어 정보 전문가에게 책임을 할당하는 방법을 살펴보자. 시스템이 사용자에게 제공해야 할 기능은 영화를 예매하는 것이고 이 기능을 시스템이 제공할 책임으로 할당할 것이다. 객체가 책임을 수행하게 하는 유일한 방법은 메시지를 전송하는 것이므로 책임을 할당한다는 것은 메시지의 이름을 결정하는 것과 같다. 이 예에서는 *예매하라*라는 이름의 메시지로 협력을 시작하는 것이 좋을 것 같다.

메시지를 선택했으면 메시지를 처리할 적절한 객체를 선택해야 한다. 영화를 예매하는 책임을 어떤 객체에 할당해야 할까? 기본 전략은 정보 전문가에게 책임을 할당하는 것이다. 따라서 영화 예매와 관련된 정보를 가장 많이 알고 있는 객체에게 책임을 할당하는 것이 바람직하다. 영화를 예매하기 위해서는 상영 시간과 기본 요금을 알아야 한다. 이 정보를 소유하고 있거나 해당 정보의 소유자를 가장 잘 알고 있는 전문가는 누구인가? Screening이다.

영화를 예매하기 위해서는 예매 가격을 계산해야 한다. 안타깝게도 Screening은 예매 가격을 계산하는 데 필요한 정보를 충분히 알고 있지 않다. Screening은 예매에 대해서는 정보 전문가일지 몰라도 영화 가격 자체에 대해서는 정보 전문가가 아니다. 이것은 Screening이 외부의 객체에게 가격 계산을 요청해야 한다는 것을 의미한다. 따라서 새로운 메시지가 필요하다.

*가격을 계산하라*라는 이름의 새로운 메시지가 필요하다는 사실을 알게 됐다. 이제 메시지를 처리할 적절한 객체를 선택해야 한다. 이번에도 마찬가지로 가격을 계산하는 데 필요한 정보를 가장 많이 알고 있는 정보 전문가를 선택해야 한다. 가격을 계산하기 위해서는 가격과 할인 정책이 필요하다. 이 모든 정보를 가장 잘 알고 있는 정보 전문가는 Movie다. 가격을 계산할 책임을 Movie에게 할당하자.

가격을 계산하기 위해서는 할인 요금이 필요하지만 Movie는 할인 요금을 계산하는 데 적절한 정보 전문가가 아니다. 따라서 Movie는 요금을 계산하는 데 필요한 요청을 외부에 전송해야 한다. *할인 요금을 계산하라*라는 새로운 메시지를 발견하게 된 것이다.

이처럼 객체지향 설계는 협력에 필요한 메시지를 찾고 메시지에 적절한 객체를 선택하는 반복적인 과정을 통해 이뤄진다. 그리고 이런 메시지가 메시지를 수신할 객체의 책임을 결정한다.

이렇게 결정된 메시지가 객체의 퍼블릭 인터페이스를 구성한다는 것 역시 눈여겨보기 바란다. 협력을 설계하면서 객체의 책임을 식별해 나가는 과정에서 최종적으로 얻게 되는 결과물은 시스템을 구성하는 객체들의 인터페이스와 오퍼레이션의 목록이다. 앞 장에서 살펴본 구현은 정보 전문가에게 책임을 할당하는 과정을 거쳐 얻어낸 협력을 코드로 구현한 것이다.

물론 모든 책임 할당 과정이 이렇게 단순한 것은 아니다. 어떤 경우에는 응집도와 결합도의 관점에서 정보 전문가가 아닌 다른 객체에게 책임을 할당하는 것이 더 적절한 경우도 있다. 하지만 기본적인 전략은 책임을 수행할 정보 전문가를 찾는 것이다. 정보 전문가에게 책임을 할당하는 것만으로도 상태와 행동을 함께 가지는 자율적인 객체를 만들 가능성이 높아지기 때문이다.

책임 주도 설계

지금까지 살펴본 내용의 요점은 협력을 설계하기 위해서는 책임에 초점을 맞춰야 한다는 것이다. 어떤 책임을 선택하느냐가 전체적인 설계의 방향과 흐름을 결정한다. 이처럼 책임을 찾고 책임을 수행할 적절한 객체를 찾아 책임을 할당하는 방식으로 협력을 설계하는 방법을 **책임 주도 설계**(Responsibility-Driven Design, RDD)[Wirfs-Brock03]라고 부른다. 방금 전에 살펴본 영화 예매 시스템의 설계 과정은 책임 주도 설계 방법에서 제시하는 기본적인 흐름을 따른 것이다.

다음은 책임 주도 설계 방법의 과정을 정리한 것이다. 영화 예매 협력을 설계했던 과정을 떠올리면서 읽어 보기 바란다.

- 시스템이 사용자에게 제공해야 하는 기능인 시스템 책임을 파악한다.

- 시스템 책임을 더 작은 책임으로 분할한다.

- 분할된 책임을 수행할 수 있는 적절한 객체 또는 역할을 찾아 책임을 할당한다.

- 객체가 책임을 수행하는 도중 다른 객체의 도움이 필요한 경우 이를 책임질 적절한 객체 또는 역할을 찾는다.

- 해당 객체 또는 역할에게 책임을 할당함으로써 두 객체가 협력하게 한다.

협력은 객체를 설계하기 위한 구체적인 문맥을 제공한다. 협력이 책임을 이끌어내고 책임이 협력에 참여할 객체를 결정한다. 책임 주도 설계는 자연스럽게 객체의 구현이 아닌 책임에 집중할 수 있게 한다. 구현이 아닌 책임에 집중하는 것이 중요한 이유는 유연하고 견고한 객체지향 시스템을 위해 가장 중요한 재료가 바로 책임이기 때문이다.

이제 책임을 할당할 때 고려해야 하는 두 가지 요소를 소개하는 것으로 책임에 대한 소개를 마치려고 한다. 하나는 메시지가 객체를 결정한다는 것이고, 다른 하나는 행동이 상태를 결정한다는 것이다.

메시지가 객체를 결정한다

객체에게 책임을 할당하는 데 필요한 메시지를 먼저 식별하고 메시지를 처리할 객체를 나중에 선택했다는 것이 중요하다. 다시 말해 객체가 메시지를 선택하는 것이 아니라 메시지가 객체를 선택하게 했다[Metz12].

메시지가 객체를 선택하게 해야 하는 두 가지 중요한 이유가 있다.

첫째, 객체가 **최소한의 인터페이스**(minimal interface)[Weisfeld08]를 가질 수 있게 된다. 필요한 메시지가 식별될 때까지 객체의 퍼블릭 인터페이스에 어떤 것도 추가하지 않기 때문에 객체는 애플리케이션에 크지도, 작지도 않은 꼭 필요한 크기의 퍼블릭 인터페이스를 가질 수 있다.

둘째, 객체는 충분히 **추상적인 인터페이스**(abstract interface)[Weisfeld08]를 가질 수 있게 된다. 객체의 인터페이스는 무엇(what)을 하는지는 표현해야 하지만 어떻게(how) 수행하는지를 노출해서는 안 된다. 메시지는 외부의 객체가 요청하는 무언가를 의미하기 때문에 메시지를 먼저 식별하면 무엇을 수행할지에 초점을 맞추는 인터페이스를 얻을 수 있다.

영화 예매 시스템의 경우 *예매하라*라는 메시지를 선택하는 것으로 설계를 시작했다는 것을 기억하라. 협력을 위해 *예매하라*라는 메시지가 필요하다는 결정을 내린 후에 그 메시지를 수신할 적절한 객체로 Screening을 선택했다. 그리고 Screening이 *가격을 계산하라*라는 메시지를 전송해야 한다는 사실을 결정한 후에 그 메시지를 수신할 수 있는 객체로 Movie를 선택했다.

결과적으로 협력을 구성하는 객체들의 인터페이스는 충분히 추상적인 동시에 최소한의 크기를 유지할 수 있었다. 객체가 충분히 추상적이면서 미니멀리즘을 따르는 인터페이스를 가지게 하고 싶다면 메시지가 객체를 선택하게 하라.

행동이 상태를 결정한다

객체가 존재하는 이유는 협력에 참여하기 위해서다. 따라서 객체는 협력에 필요한 행동을 제공해야 한다. 객체를 객체답게 만드는 것은 객체의 상태가 아니라 객체가 다른 객체에게 제공하는 행동이다.

객체의 행동은 객체가 협력에 참여할 수 있는 유일한 방법이다. 객체가 협력에 적합한지를 결정하는 것은 그 객체의 상태가 아니라 행동이다. 얼마나 적절한 객체를 창조했느냐는 얼마나 적절한 책임을 할당했느냐에 달려있고, 책임이 얼마나 적절한지는 협력에 얼마나 적절한가에 달려있다.

객체지향 패러다임에 갓 입문한 사람들이 가장 쉽게 빠지는 실수는 객체의 행동이 아니라 상태에 초점을 맞추는 것이다. 초보자들은 먼저 객체에 필요한 상태가 무엇인지를 결정하고, 그 후에 상태에 필요한 행동을 결정한다. 이런 방식은 객체의 내부 구현이 객체의 퍼블릭 인터페이스에 노출되도록 만들기 때문에 **캡슐화**를 저해한다. 객체의 내부 구현을 변경하면 퍼블릭 인터페이스도 함께 변경되고, 결국 객체에 의존하는 클라이언트로 변경의 영향이 전파된다. 레베카 워프스브록은 이와 같이 객체의 내부 구현에 초점을 맞춘 설계 방법을 **데이터-주도 설계(Data-Driven Design)**[1][Wirfs-Brock89]라고 부르기도 했다.

캡슐화를 위반하지 않도록 구현에 대한 결정을 뒤로 미루면서 객체의 행위를 고려하기 위해서는 항상 협력이라는 문맥 안에서 객체를 생각해야 한다. 협력 관계 속에서 다른 객체에게 무엇을 제공해야 하고 다른 객체로부터 무엇을 얻어야 하는지를 고민해야만 훌륭한 책임을 수확할 수 있다. 개별 객체의 상태와 행동이 아닌 시스템의 기능을 구현하기 위한 협력에 초점을 맞춰야만 응집도가 높고 결합도가 낮은 객체들을 창조할 수 있다. 상태는 단지 객체가 행동을 정상적으로 수행하기 위해 필요한 재료일 뿐이다.

---

1 정확하게는 추상 데이터 타입(Abstract Data Type)을 기반으로 개발하는 방식을 의미한다.

중요한 것은 객체의 상태가 아니라 행동이다. 다시 한번 강조하겠다. 행동이 중요하다. 객체가 가질 수 있는 상태는 행동을 결정하고 나서야 비로소 결정할 수 있다. 협력이 객체의 행동을 결정하고 행동이 상태를 결정한다. 그리고 그 행동이 바로 객체의 책임이 된다.

03 역할

역할과 협력

객체는 협력이라는 주어진 문맥 안에서 특정한 목적을 갖게 된다. 객체의 목적은 협력 안에서 객체가 맡게 되는 책임의 집합으로 표시된다. 이처럼 객체가 어떤 특정한 협력 안에서 수행하는 책임의 집합을 **역할**이라고 부른다. 실제로 협력을 모델링할 때는 특정한 객체가 아니라 역할에게 책임을 할당한다고 생각하는 게 좋다.

예를 들어, 영화 예매 협력에서 *예매하라*라는 메시지를 처리하기에 적합한 객체로 Screening을 선택했다. 하나의 단계처럼 보이는 이 책임 할당 과정은 실제로는 두 개의 독립적인 단계가 합쳐진 것이다. 첫 번째 단계는 영화를 예매할 수 있는 적절한 역할이 무엇인가를 찾는 것이고, 두 번째 단계는 역할을 수행할 객체로 Screening 인스턴스를 선택하는 것이다. 역할에 특별한 이름을 부여하지는 않았지만 실제로는 익명의 역할을 찾고 그 역할을 수행할 수 있는 객체를 선택하는 방식으로 설계가 진행됐다고 생각하는 것이 자연스럽다.

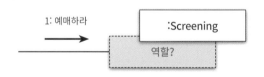

Screening과 Movie의 협력 역시 마찬가지다. Screening이 전송하는 *가격을 계산하라*라는 메시지를 수신한 객체는 Movie 인스턴스지만 사실은 역할에 관해 먼저 고민하고 역할을 수행할 객체로 Movie를 선택한 것이다. 이 경우에도 역할에 특별한 이름을 부여하지는 않았지만 객체를 수용할 수 있는 위치로서 역할이라는 개념은 여전히 존재한다.

그렇다면 어떤 이유로 역할이라는 개념을 이용해서 설계 과정을 더 번거롭게 만드는 것일까? 어차피 역할이 없어도 객체만으로 충분히 협력을 설계할 수 있는 것 아닌가?

유연하고 재사용 가능한 협력

역할이 중요한 이유는 역할을 통해 유연하고 재사용 가능한 협력을 얻을 수 있기 때문이다. 이해를 돕기 위해 역할이라는 개념을 고려하지 않고 객체에게 책임을 할당한다고 가정해보자. Movie가 가격을 계산하기 위해서는 할인 요금이 필요하다. 따라서 다음과 같이 할인 *요금을 계산하라*라는 메시지를 전송해서 외부의 객체에게 도움을 요청한다.

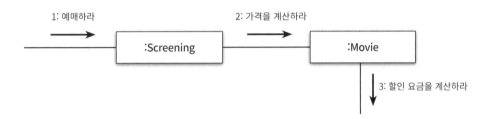

영화 예매 도메인에는 금액 할인 정책과 비율 할인 정책이라는 두 가지 종류의 가격 할인 정책이 존재하기 때문에 AmountDiscountPolicy 인스턴스와 PercentDiscountPolicy 인스턴스라는 두 가지 종류의 객체가 할인 *요금을 계산하라* 메시지에 응답할 수 있어야 한다. 그렇다면 두 종류의 객체가 참여하는 협력을 개별적으로 만들어야 할까?

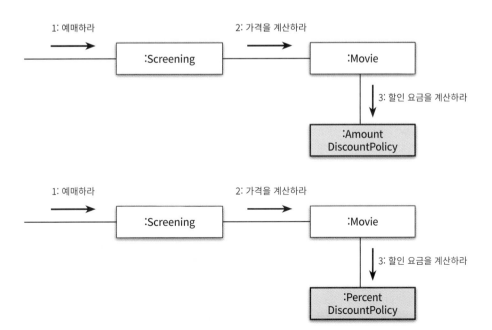

안타깝게도 이런 방법으로 두 협력을 구현하면 대부분의 코드가 중복되고 말 것이다. 프로그래밍에서 코드 중복은 모든 문제의 근원이기 때문에 이런 방법은 피해야 한다.

문제를 해결하기 위해서는 객체가 아닌 책임에 초점을 맞춰야 한다. 순수하게 책임의 관점에서 두 협력을 바라보면 AmountDiscountPolicy와 PercentDiscountPolicy 모두 할인 요금 계산이라는 동일한 책임을 수행한다는 사실을 알 수 있다. 따라서 객체라는 존재를 지우고 *할인 요금을 계산하라*라는 메시지에 응답할 수 있는 대표자를 생각한다면 두 협력을 하나로 통합할 수 있을 것이다. 이 대표자를 협력 안에서 두 종류의 객체를 교대로 바꿔 끼울 수 있는 일종의 슬롯으로 생각할 수 있다. 이 슬롯이 바로 **역할**이다.

> 역할은 다른 것으로 교체할 수 있는 책임의 집합이다[Wirfs-Brock03].

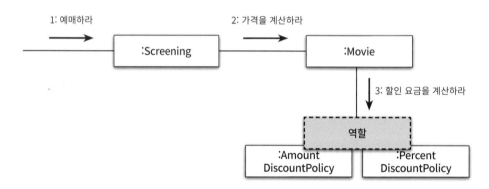

여기서의 역할이 두 종류의 구체적인 객체를 포괄하는 **추상화**라는 점에 주목하라. 따라서 Amount DiscountPolicy와 PercentDiscountPolicy를 포괄할 수 있는 추상적인 이름을 부여해야 한다. 역할의 이름으로 DiscountPolicy가 어떨까?

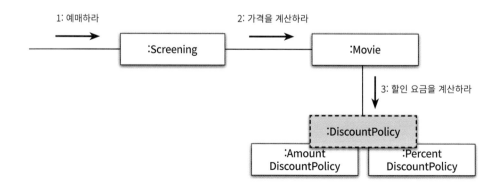

요점은 동일한 책임을 수행하는 역할을 기반으로 두 개의 협력을 하나로 통합할 수 있다는 것이다. 따라서 역할을 이용하면 불필요한 중복 코드를 제거할 수 있다. 더 좋은 소식은 협력이 더 유연해졌다는 점이다. 이제 새로운 할인 정책을 추가하기 위해 새로운 협력을 추가할 필요가 없어졌다. DiscountPolicy 역할을 수행할 수 있는 어떤 객체라도 이 협력에 참여할 수 있게 됐다. 따라서 책임과 역할을 중심으로 협력을 바라보는 것이 바로 변경과 확장이 용이한 유연한 설계로 나아가는 첫걸음이다.

역할의 구현

추상화라는 말에서 예상했겠지만 역할을 구현하는 가장 일반적인 방법은 **추상 클래스**와 **인터페이스**를 사용하는 것이다. 협력의 관점에서 추상 클래스와 인터페이스는 구체 클래스들이 따라야 하는 책임의 집합을 서술한 것이다. 추상 클래스는 책임의 일부를 구현해 놓은 것이고 인터페이스는 일체의 구현 없이 책임의 집합만을 나열해 놓았다는 차이가 있지만 협력의 관점에서는 둘 모두 역할을 정의할 수 있는 구현 방법이라는 공통점을 공유한다.

영화 예매 시스템에서 DiscountPolicy는 추상 클래스로 구현했다. 이것은 역할을 수행할 수 있는 모든 객체들이 공유하는 상태와 행동의 기본 구현이 존재하기 때문이다. 반면 DiscountCondition의 경우에는 공통의 구현이 필요없고 단지 책임의 목록만 정의하면 되기 때문에 인터페이스로 구현했다.

추상 클래스와 인터페이스는 동일한 책임을 수행하는 다양한 종류의 클래스들을 협력에 참여시킬 수 있는 확장 포인트를 제공한다. 이들은 동일한 책임을 수행할 수 있는 객체들을 협력 안에 수용할 수 있는 역할이다.

여기서 중요한 것은 역할이 다양한 종류의 객체를 수용할 수 있는 일종의 슬롯이자 구체적인 객체들의 타입을 캡슐화하는 추상화라는 것이다. 일단 협력 안에서 역할이 어떤 책임을 수행해야 하는지를 결정하는 것이 중요하다. 역할을 구현하는 방법은 그다음 문제다. 객체에게 중요한 것은 행동이며, 역할은 객체를 추상화해서 객체 자체가 아닌 협력에 초점을 맞출 수 있게 한다.

역할을 활용한 또 다른 예로 가격을 할인하지 않는 할인 정책인 NoneDiscountPolicy를 들 수 있다. NoneDiscountPolicy 역시 DiscountPolicy 역할을 수행하는 객체의 한 종류다. NoneDiscountPolicy는 DiscountPolicy를 대체할 수 있기 때문에 그림 3.4와 같이 동일한 협력 방식을 재사용할 수 있다.

물론 앞 장에서 살펴본 것처럼 이 과정에는 인터페이스 업캐스팅, 다형성, 늦은 바인딩, 상속, 컴파일 시간 의존성과 실행 시간 의존성의 차이와 같은 다양한 기술적 메커니즘이 숨겨져 있다. 하지만 여기서 중요한 것은 이러한 기술적 메커니즘들이 모여 유연하고 재사용 가능한 협력을 만들 수 있는 기반을 제공한다는 것이다.

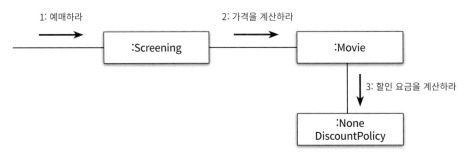

그림 3.4 동일한 협력 패턴 안에서 `DiscountPolicy` 역할을 수행하는 `NoneDiscountPolicy`

객체 대 역할

역할은 객체가 참여할 수 있는 일종의 슬롯이다. 따라서 유용하고 재사용 가능한 설계라는 문맥에서 역할의 중요성은 아무리 강조해도 지나치지 않을 것이다. 그러나 오직 한 종류의 객체만 협력에 참여하는 상황에서 역할이라는 개념을 고려하는 것이 유용할까? 역할이라는 개념을 생략하고 직접 객체를 이용해 협력을 설계하는 것이 더 좋지 않을까? 이런 경우에 역할을 사용하는 것은 상황을 오히려 더 복잡하게 만드는 것은 아닐까?

레베카 워프스브록의 말을 인용하자면 협력에 참여하는 후보가 여러 종류의 객체에 의해 수행될 필요가 있다면 그 후보는 역할이 되지만 단지 한 종류의 객체만이 협력에 참여할 필요가 있다면 후보는 객체가 된다.

> 객체에 관해 생각할 때 '이 객체가 무슨 역할을 수행해야 하는가?'라고 자문하는 것이 도움이 된다. 이 질문은 객체가 어떤 형태를 띠어야 하는지, 그리고 어떤 동작을 해야 하는지에 집중할 수 있게 도와준다. 지금까지 객체와 역할에 대해 막연하게 이야기를 했는데, 둘의 진짜 차이는 무엇일까? 만약 동일한 종류의 객체가 하나의 역할을 항상 수행한다면 둘은 동일한 것이다. 하지만 어떤 협력에서 하나 이상의 객체가 동일한 책임을 수행할 수 있다면 역할은 서로 다른 방법으로 실행할 수 있는 책임의 집합이 된다. 역할이란 프로그램이 실행될 때 소프트웨어 기계 장치에서 적절한 객체로 메워 넣을 수 있는 하나의 슬롯으로 생각할 수 있다. … 배우가 극중에서 믿을 수 있는 배역을 맡아서 하려는 것처럼 객체는 의미 있는 역할을 정의하는 책임을 통해 애플리케이션의 기능을 담당하게 된다[Wirfs-Brock03].

다시 말해 협력에 적합한 책임을 수행하는 대상이 한 종류라면 간단하게 객체로 간주한다. 만약 여러 종류의 객체들이 참여할 수 있다면 역할이라고 부르면 된다.

트리그비 린스카우(Trygve Reenskaug)는 역할을 가리켜 실행되는 동안 협력 안에서 각자의 위치를 가지는 객체들에 대한 별칭이라고 정의하기도 한다[Reenskaug07]. 린스카우에 따르면 협력은 역할들의 상호작용으로 구성되고, 협력을 구성하기 위해 역할에 적합한 객체가 선택되며, 객체는 클래스를 이용해 구현되고 생성된다.

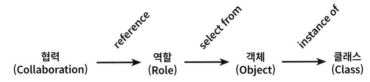

그림 3.5 협력, 역할, 객체, 클래스의 관계[Reenskaug07]

대부분의 경우에 어떤 것이 역할이고 어떤 것이 객체인지가 또렷하게 드러나지는 않을 것이다. 특히나 명확한 기준을 세우기 어렵고 정보가 부족한 설계 초반에는 결정을 내리기가 더욱 어려울 것이다. 도메인 모델 안에는 개념과 객체와 역할이 어지럽게 뒤섞여 있으며 이것은 사람들이 세계를 바라보는 일반적인 관점이다. 사람들은 세상을 이해할 때 무의식적으로 개념, 객체, 역할을 뒤섞는다. 도메인 모델은 불완전한 사람들이 세상을 바라보는 모델에 기반하기 때문에 그 역시 동일한 불완전성을 가질 수밖에 없다.

이에 대한 개인적인 견해는 설계 초반에는 적절한 책임과 협력의 큰 그림을 탐색하는 것이 가장 중요한 목표여야 하고 역할과 객체를 명확하게 구분하는 것은 그렇게 중요하지는 않다는 것이다. 따라서 애매하다면 단순하게 객체로 시작하고 반복적으로 책임과 협력을 정제해가면서 필요한 순간에 객체로부터 역할을 분리해내는 것이 가장 좋은 방법이다.

중요한 것은 책임이다

설계 초반에 다루는 대부분의 대상은 CRC 카드를 설명할 때 언급했던 후보로 취급하는 것이 합리적이다. 이 후보는 객체가 될 수도 있고 역할이 될 수도 있고 클래스가 될 수도 있지만 정확하게 이 후보가 무엇인지는 설계 초반에는 그다지 중요하지 않다. 이 시점에 중요한 것은 협력을 위해 어떤 책임이 필요한지를 이해하는 것이다. 후보는 식별한 책임을 구분해서 담을 수 있는 일종의 빈자리로서의 역할을 수행하는 것으로 충분하다. 나중에 동일한 책임을 서로 다른 방식으로 수행할 수 있는 객체들이 필요해질 때가 왔을 때 역할의 도입을 고려해도 늦지 않다.

처음에 특정 시나리오에 대한 협력을 구상할 때는 아마도 도메인 모델에 있는 개념들을 후보로 선택해 직접 책임을 할당할 것이다. 다양한 시나리오를 설계로 옮기면서 협력을 지속적으로 정제하다 보면 두 협력이 거의 유사한 구조를 보인다는 것을 발견하게 될 것이다. 이 경우 두 협력을 하나로 합치면서 두 객체를 포괄할 수 있는 역할을 고려해서 객체를 역할로 대체할 수 있다.

다양한 객체들이 협력에 참여한다는 것이 확실하다면 역할로 시작하라. 하지만 모든 것이 안개 속에 둘러싸여 있고 정확한 결정을 내리기 어려운 상황이라면 구체적인 객체로 시작하라. 다양한 시나리오를 탐색하고 유사한 협력들을 단순화하고 합치다 보면 자연스럽게 역할이 그 모습을 드러낼 것이다.

역할은 객체와 클래스에 비해 상대적으로 덜 알려져 있으며 그다지 주목받지 못한 개념인 것이 사실이다. 대부분의 객체지향 언어들은 역할을 구현할 수 있는 언어적인 편의 장치를 제공하지 않는다. 그럼에도 유연하고 확장 가능하며 일관된 구조를 가지는 시스템을 구축하는 데 역할은 매우 중요하다.

트리그비 린스카우는 역할을 설계의 중심 개념으로 보는 **역할 모델링**(Role Modeling) 개념을 제안했다. 린스카우는《Working with Objects》[Reenskaug95]에서 상호작용하는 객체들의 협력 패턴을 역할들 사이의 협력 패턴으로 추상화함으로써 유연하고 재사용 가능한 시스템을 얻을 수 있는 방법에 관해 잘 설명하고 있다. 역할 모델링 기법은 후에 UML에 큰 영향을 미치기도 했으며 최근의 객체지향 언어와 설계 기법들은 역할을 중요한 구성 요소로 간주하기 시작했다.

중요한 것은 협력을 구체적인 객체가 아니라 추상적인 역할의 관점에서 설계하면 협력이 유연하고 재사용 가능해진다는 것이다. 따라서 역할의 가장 큰 장점은 설계의 구성 요소를 추상화할 수 있다는 것이다.

역할과 추상화

2장에서 추상화를 이용한 설계가 가질 수 있는 두 가지 장점을 설명했다. 첫 번째 장점은 추상화 계층만을 이용하면 중요한 정책을 상위 수준에서 단순화할 수 있다는 것이다. 두 번째 장점은 설계가 좀 더 유연해진다는 것이다.

역할은 공통의 책임을 바탕으로 객체의 종류를 숨기기 때문에 이런 관점에서 역할을 객체의 추상화로 볼 수 있다. 따라서 추상화가 가지는 두 가지 장점은 협력의 관점에서 역할에도 동일하게 적용될 수 있다.

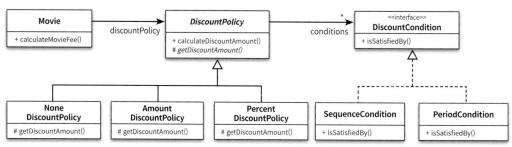

그림 3.6 세부 사항이 전체적인 그림을 압도한다

추상화의 첫 번째 장점은 세부 사항에 억눌리지 않고도 상위 수준의 정책을 쉽고 간단하게 표현할 수 있다는 것이다. 추상화를 적절하게 사용하면 불필요한 세부 사항을 생략하고 핵심적인 개념을 강조할 수 있다. 그림 3.6은 예매 요금을 계산하는 데 필요한 할인 정책과 할인 조건의 구조를 표현한 것이다. 그림을 살펴보면 금액 할인 정책, 비율 할인 정책을 순번 조건, 기간 조건과 조합해서 다양한 방식의 요금 계산 규칙을 설정할 수 있다는 사실을 알 수 있다. 이 그림은 영화 예매 시스템에 존재하는 할인 정책과 할인 조건의 종류를 파악하기 위한 목적에는 적합하다. 하지만 할인 정책과 할인 조건의 종류라는 너무 세부적인 사항으로 인해 객체들 사이의 핵심적인 관계와 관련된 큰 그림을 파악하는 것을 방해한다.

협력이라는 관점에서는 세부적인 사항을 무시하고 추상화에 집중하는 것이 유용하다. 요금 계산에서 세부 사항은 할인 정책과 할인 조건의 종류다. 추상화는 할인 정책과 할인 조건이 조합되어 영화의 예매 요금을 결정한다는 사실이다. 따라서 그림 3.7과 같이 세부 사항을 무시하고 DiscountPolicy와 DiscountCondition만 바라보면 상황을 추상화할 수 있다.

그림 3.7 추상화는 상황을 단순화한다

구체적인 할인 정책의 종류를 추상화한 DiscountPolicy와 상세한 할인 조건의 종류를 추상화한 DiscountCondition을 이용해서 협력을 표현하면 객체 사이의 핵심적인 상호작용이 좀 더 또렷하게 드러난다. 정적인 클래스 관계를 표현한 그림 3.7과 협력 관계를 표현한 그림 3.8을 함께 놓고 보면 영화 예매 요금을 계산하기 위해 DiscountPolicy와 DiscountCondition의 인스턴스를 조합해야 한다는 사실과 Movie가 DiscountPolicy에게, DiscountPolicy가 DiscountCondition에게 메시지를 전송하며 협력한다는 사실이 명확해진다는 것을 알 수 있다.

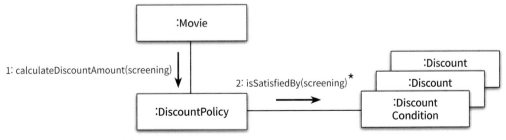

그림 3.8 역할은 협력을 추상화한다

협력에 참여하는 할인 정책과 할인 조건의 종류는 중요하지 않다. 지금은 구체적인 할인 정책과 할인 조건이 DiscountPolicy와 DiscountCondition의 자리를 대체할 것이라는 것만 알고 있어도 충분하다. 이 것은 구체적인 할인 정책과 할인 조건의 조합을 고려하지 않고도 상위 수준에서 협력을 설명할 수 있다 는 것을 의미한다. 상위 수준에서 협력을 설명하면 구체적인 객체들이 가지는 복잡성을 제거하고 단순 화해서 표현할 수 있다. 여기서 구체적인 객체로 대체 가능한 DiscountPolicy와 DiscountCondition이 바 로 역할이다.

객체에게 중요한 것은 행동이라는 사실을 기억하라. 역할이 중요한 이유는 동일한 협력을 수행하는 객 체들을 추상화할 수 있기 때문이다. 역할을 사용하면 '가격 할인 정책과 함께 2개의 순번 규칙과 1개의 비율 규칙을 적용'하거나 '비율 할인 정책과 함께 3개의 순번 규칙을 적용'한다고 복잡하게 말할 필요가 없다. 간단히 '할인 정책과 여러 개의 할인 조건을 적용한다'로 줄여서 표현하면 된다.

추상화의 두 번째 장점은 설계를 유연하게 만들 수 있다는 것이다. 역할이 다양한 종류의 객체를 끼워 넣을 수 있는 일종의 슬롯이라는 점에 착안하면 쉽게 이해할 수 있을 것이다. 협력 안에서 동일한 책임 을 수행하는 객체들은 동일한 역할을 수행하기 때문에 서로 대체 가능하다. 따라서 역할은 다양한 환경 에서 다양한 객체들을 수용할 수 있게 해주므로 협력을 유연하게 만든다.

영화 예매 시스템에서 DiscountPolicy와 DiscountCondition이라는 역할을 수행할 수 있는 어떤 객체라 도 예매 요금을 계산하는 협력에 참여할 수 있었다. 다시 말해서 다양한 종류의 할인 정책과 할인 조건 에도 적용될 수 있는 협력을 만들었다는 것을 의미한다. 이처럼 협력 안에서 역할이라는 추상화를 이 용하면 기존 코드를 수정하지 않고도 새로운 행동을 추가할 수 있다. 결과적으로 앞으로 추가될 미지의 할인 정책과 할인 조건을 수용할 수 있는 유연한 설계를 얻을 수 있다. 프레임워크나 디자인 패턴과 같 이 재사용 가능한 코드나 설계 아이디어를 구성하는 핵심적인 요소가 바로 역할이다.

배우와 배역

연극의 막이 오르고 화려한 조명이 무대 위를 비추면 그곳에는 어김없이 고뇌에 싸인 배우들이 존재한 다. 배우들은 연극 안에서 자신이 맡은 배역을 충실히 연기하면서 고조되는 갈등 구조를 해결하고 관객 들에게 카타르시스를 선사한다. 배우들은 무대 위에 서 있는 동안에는 자기 자신을 잊고 배역에 몰입한 다. 연극에 참여하는 그 순간만큼은 배우들은 사라지고 배역만 남는다. 그러나 무대의 막이 내리면 배 역은 사라지고 다시 본래의 연극 배우로 돌아오게 된다.

배우는 연극이 상영되는 짧은 시간 동안에만 자신이 연기해야 하는 배역의 가면을 쓴다. 무대에서 연기를 하는 동안 관객들은 배우가 아닌 배역으로서 그 사람을 바라본다. 조명이 꺼지고 무대의 막이 내려진 후에는 사람들은 배우를 연극 속의 배역이 아닌 본래의 배우라는 존재로 바라본다.

위의 사실로부터 연극의 배역과 배우 간의 관계에 다음과 같은 특성이 존재한다는 것을 알 수 있다.

- 배역은 연극 배우가 특정 연극에서 연기하는 역할이다.
- 배역은 연극이 상영되는 동안에만 존재하는 일시적인 개념이다.
- 연극이 끝나면 연극 배우는 배역이라는 역할을 벗어 버리고 원래의 연극 배우로 돌아온다.

배역과 배우 사이의 또 다른 특성은 동일한 배역을 여러 명의 배우들이 연기할 수 있다는 것이다. 로미오라는 배역을 연기했던 배우들은 무수히 많다. 또한 배우들은 자신이 배우로 있는 동안 하나 이상의 연극에 참여해서 다양한 역할을 연기한다. 따라서 로미오라는 배역을 연기했던 배우는 다른 연극에서는 콰지모도를 연기할 수도 있을 것이다.

위의 사실로부터 연극의 배역과 배우 간에는 다음과 같은 추가적인 특성이 존재한다는 사실을 알 수 있다.

- 서로 다른 배우들이 동일한 배역을 연기할 수 있다.
- 하나의 배우가 다양한 연극 안에서 서로 다른 배역을 연기할 수 있다.

연극 안에서 배역을 연기하는 배우라는 은유는 협력 안에서 **역할**을 수행하는 객체라는 관점이 가진 입체적인 측면들을 훌륭하게 담아낸다. 협력은 연극과 동일하고 코드는 극본과 동일하다. 배우는 연극이 상영될 때 배역이라는 특정한 역할을 연기한다. 객체는 협력이라는 실행 문맥 안에서 특정한 역할을 수행한다. 연극 배우는 연극이 끝나면 자신의 배역을 잊고 원래의 자기 자신을 되찾는다. 객체는 협력이 끝나고 협력에서의 역할을 잊고 원래의 객체로 돌아올 수 있다.

협력이라는 문맥 안에서 역할은 특정한 협력에 참여해서 책임을 수행하는 객체의 일부다[Vanhilst96]. 일반적으로 역할은 객체가 협력에 참여하는 잠시 동안에만 존재하는 일시적인 개념이다. 역할은 모양이나 구조에 의해 정의될 수 없으며 오직 시스템의 문맥 안에서 무엇을 하는지에 의해서만 정의될 수 있다[Reenskaug07]. 역할은 객체의 페르소나다.

하나의 배역을 여러 배우가 연기할 수 있는 것처럼 동일한 역할을 수행하는 하나 이상의 객체들이 존재할 수 있다. 이것은 협력 관점에서 동일한 역할을 수행하는 객체들은 서로 대체 가능하다는 것을 의미한다.

배우가 여러 연극에 참여하면서 여러 배역을 연기할 수 있는 것처럼 객체 역시 여러 협력에 참여하면서 다양한 역할을 수행할 수 있다. 따라서 객체는 다양한 역할을 가질 수 있다. 객체는 여러 역할을 가질 수 있지만 특정한 협력 안에서는 일시적으로 오직 하나의 역할만이 보여진다는 점에 주의하라. 이것은 배우가 하나의 연극에서 오직 하나의 배역을 연기하는 것과 동일하다. 객체가 다른 협력에 참여할 때는 이전의 역할은 잊혀지고 해당 협력에서 바라보는 역할의 측면에서 보여질 것이다.

따라서 동일한 객체라고 하더라도 객체가 참여하는 협력에 따라 객체의 얼굴은 계속해서 바뀌게 된다. 아마도 특정한 협력 안에서는 협력에 필요한 객체의 특정한 역할을 제외한 나머지 부분은 감춰질 것이다. 객체는 다수의 역할을 보유할 수 있지만 객체가 참여하는 특정 협력은 객체의 한 가지 역할만 바라볼 수 있다.

객체는 다양한 역할을 가질 수 있다. 객체는 협력에 참여할 때 협력 안에서 하나의 역할로 보여진다. 객체가 다른 협력에 참여할 때는 다른 역할로 보여진다. 협력의 관점에서 동일한 역할을 수행하는 객체들은 서로 대체 가능하다. 역할은 특정한 객체의 종류를 캡슐화하기 때문에 동일한 역할을 수행하고 계약을 준수하는 대체 가능한 객체들은 다형적이다.

설계 품질과 트레이드오프

객체지향 설계의 핵심은 역할, 책임, 협력이다. 협력은 애플리케이션의 기능을 구현하기 위해 메시지를 주고받는 객체들 사이의 상호작용이다. 책임은 객체가 다른 객체와 협력하기 위해 수행하는 행동이고, 역할은 대체 가능한 책임의 집합이다.

책임 주도 설계라는 이름에서 알 수 있는 것처럼 역할, 책임, 협력 중에서 가장 중요한 것은 '책임'이다. 객체들이 수행할 책임이 적절하게 할당되지 못한 상황에서는 원활한 협력도 기대할 수 없을 것이다. 역할은 책임의 집합이기 때문에 책임이 적절하지 못하면 역할 역시 협력과 조화를 이루지 못한다. 결국 책임이 객체지향 애플리케이션 전체의 품질을 결정하는 것이다.

객체지향 설계란 올바른 객체에게 올바른 책임을 할당하면서 낮은 결합도와 높은 응집도를 가진 구조를 창조하는 활동이다[Evers09]. 이 정의에는 객체지향 설계에 관한 두 가지 관점이 섞여 있다. 첫 번째 관점은 객체지향 설계의 핵심이 책임이라는 것이다. 두 번째 관점은 책임을 할당하는 작업이 응집도와 결합도 같은 설계 품질과 깊이 연관돼 있다는 것이다.

설계는 변경을 위해 존재하고 변경에는 어떤 식으로든 비용이 발생한다. 훌륭한 설계란 합리적인 비용 안에서 변경을 수용할 수 있는 구조를 만드는 것이다. 적절한 비용 안에서 쉽게 변경할 수 있는 설계는 응집도가 높고 서로 느슨하게 결합돼 있는 요소로 구성된다.

결합도와 응집도를 합리적인 수준으로 유지할 수 있는 중요한 원칙이 있다. 객체의 상태가 아니라 객체의 행동에 초점을 맞추는 것이다. 객체를 단순한 데이터의 집합으로 바라보는 시각은 객체의 내부 구현을 퍼블릭 인터페이스에 노출시키는 결과를 낳기 때문에 결과적으로 설계가 변경에 취약해진다. 이런 문제를 피할 수 있는 가장 좋은 방법은 객체의 책임에 초점을 맞추는 것이다. 책임은 객체의 상태에서 행동으로, 나아가 객체와 객체 사이의 상호작용으로 설계 중심을 이동시키고, 결합도가 낮고 응집도가 높으며 구현을 효과적으로 캡슐화하는 객체들을 창조할 수 있는 기반을 제공한다.

가끔씩은 좋은 설계보다는 나쁜 설계를 살펴보는 과정에서 통찰을 얻기도 한다. 특히 좋은 설계와 나쁜 설계를 비교하면서 살펴볼 때 효과가 좋은데, 나쁜 설계와 좋은 설계에 대한 명암의 대비가 좀 더 또렷해지기 때문이다.

이번 장에서는 영화 예매 시스템을 책임이 아닌 상태를 표현하는 데이터 중심의 설계를 살펴보고 객체지향적으로 설계한 구조와 어떤 차이점이 있는지 살펴보겠다. 상태 중심의 설계를 살펴보면 훌륭한 객체지향 설계의 다양한 특징과 훌륭한 설계를 달성하기 위해 이용할 수 있는 책임 할당 원칙을 좀 더 쉽게 이해할 수 있을 것이다.

01 데이터 중심의 영화 예매 시스템

객체지향 설계에서는 두 가지 방법을 이용해 시스템을 객체로 분할할 수 있다. 첫 번째 방법은 상태를 분할의 중심축으로 삼는 방법이고, 두 번째 방법은 책임을 분할의 중심축으로 삼는 방법이다. 일반적으로 객체의 상태는 객체가 저장해야 하는 데이터의 집합을 의미하기 때문에 여기서는 '상태'와 '데이터'를 동일한 의미로 사용하겠다.

데이터 중심의 관점에서 객체는 자신이 포함하고 있는 데이터를 조작하는 데 필요한 오퍼레이션을 정의한다. 책임 중심의 관점에서 객체는 다른 객체가 요청할 수 있는 오퍼레이션을 위해 필요한 상태를 보관한다. 데이터 중심의 관점은 객체의 상태에 초점을 맞추고 책임 중심의 관점은 객체의 행동에 초점을 맞춘다. 전자는 객체를 독립된 데이터 덩어리로 바라보고 후자는 객체를 협력하는 공동체의 일원으로 바라본다.

시스템을 분할하기 위해 데이터와 책임 중 어떤 것을 선택해야 할까? 결론부터 말하자면 훌륭한 객체지향 설계는 데이터가 아니라 책임에 초점을 맞춰야 한다. 이유는 변경과 관련이 있다.

객체의 상태는 구현에 속한다. 구현은 불안정하기 때문에 변하기 쉽다. 상태를 객체 분할의 중심축으로 삼으면 구현에 관한 세부사항이 객체의 인터페이스에 스며들게 되어 캡슐화의 원칙이 무너진다. 결과적으로 상태 변경은 인터페이스의 변경을 초래하며 이 인터페이스에 의존하는 모든 객체에게 변경의 영향이 퍼지게 된다. 따라서 데이터에 초점을 맞추는 설계는 변경에 취약할 수밖에 없다.

그에 비해 객체의 책임은 인터페이스에 속한다. 객체는 책임을 드러내는 안정적인 인터페이스 뒤로 책임을 수행하는 데 필요한 상태를 캡슐화함으로써 구현 변경에 대한 파장이 외부로 퍼져나가는 것을 방지한다. 따라서 책임에 초점을 맞추면 상대적으로 변경에 안정적인 설계를 얻을 수 있게 된다.

2장에서는 책임을 기준으로 시스템을 분할한 영화 예매 시스템의 설계를 살펴봤다. 지금부터는 관점을 바꿔서 데이터를 기준으로 분할한 영화 예매 시스템의 설계를 살펴보겠다. 두 가지 분할 방법을 비교해 가면서 책임 주도 설계 방법이 데이터 중심의 설계 방법보다 어떤 면에서 좋은지 살펴보자.

데이터를 준비하자

데이터 중심의 설계란 객체 내부에 저장되는 데이터를 기반으로 시스템을 분할하는 방법이다. 책임 중심의 설계가 '책임이 무엇인가'를 묻는 것으로 시작한다면 데이터 중심의 설계는 객체가 내부에 저장해야 하는 '데이터가 무엇인가'를 묻는 것으로 시작한다. 먼저 Movie에 저장될 데이터를 결정하는 것으로 설계를 시작하자.

```
public class Movie {
    private String title;
    private Duration runningTime;
    private Money fee;
    private List<DiscountCondition> discountConditions;

    private MovieType movieType;
    private Money discountAmount;
    private double discountPercent;
}
```

데이터 중심의 Movie 클래스 역시 책임 중심의 Movie 클래스와 마찬가지로 영화를 표현하는 가장 기본적인 정보인 영화 제목(title), 상영시간(runningTime), 기본 요금(fee)을 인스턴스 변수로 포함한다. 하지만 기존의 설계와 동일한 부분은 여기까지다.

가장 두드러지는 차이점은 할인 조건의 목록(discountConditions)이 인스턴스 변수로 Movie 안에 직접 포함돼 있다는 것이다. 또한 할인 정책을 DiscountPolicy라는 별도의 클래스로 분리했던 이전 예제와 달리 금액 할인 정책에 사용되는 할인 금액(discountAmount)과 비율 할인 정책에 사용되는 할인 비율(discountPercent)을 Movie 안에서 직접 정의하고 있다.

할인 정책은 영화별로 오직 하나만 지정할 수 있기 때문에 한 시점에 discountAmount와 discountPercent 중 하나의 값만 사용될 수 있다. 그렇다면 영화에 사용된 할인 정책의 종류를 어떻게 알 수 있을까? 할인 정책의 종류를 결정하는 것이 바로 movieType이다. movieType은 현재 영화에 설정된 할인 정책의 종류를 결정하는 열거형 타입인 MovieType의 인스턴스다.

movieType의 값이 AMOUNT_DISCOUNT라면 discountAmount에 저장된 값을 사용하고 PERCENT_DISCOUNT라면 discountPercent에 저장된 값을 사용한다. NONE_DISCOUNT인 경우에는 할인 정책을 적용하지 말아야 하기 때문에 discountAmount와 discountPercent 중 어떤 값도 사용하지 않는다.

```
public enum MovieType {
    AMOUNT_DISCOUNT,     // 금액 할인 정책
    PERCENT_DISCOUNT,    // 비율 할인 정책
    NONE_DISCOUNT        // 미적용
}
```

이것은 말 그대로 데이터 중심의 접근 방법이다. Movie가 할인 금액을 계산하는 데 필요한 데이터는 무엇인가? 금액 할인 정책의 경우에는 할인 금액이 필요하고 비율 할인 정책의 경우에는 할인 비율이 필요하다. 이 데이터들을 각각 discountAmount와 discountPercent라는 값으로 표현한다. 예매 가격을 계산하기 위해서는 Movie에 설정된 할인 정책이 무엇인지를 알아야 한다. 어떤 데이터가 필요한가? MovieType을 정의하고 이 타입의 인스턴스를 속성으로 포함시켜 이 값에 따라 어떤 데이터를 사용할지를 결정한다.

데이터 중심의 설계에서는 객체가 포함해야 하는 데이터에 집중한다. 이 객체가 포함해야 하는 데이터는 무엇인가? 객체의 책임을 결정하기 전에 이런 질문의 반복에 휩쓸려 있다면 데이터 중심의 설계에 매몰돼 있을 확률이 높다. 특히 Movie 클래스의 경우처럼 객체의 종류를 저장하는 인스턴스 변수(movieType)와 인스턴스의 종류에 따라 배타적으로 사용될 인스턴스 변수(discountAmount, discountPercent)를 하나의 클래스 안에 함께 포함시키는 방식은 데이터 중심의 설계 안에서 흔히 볼 수 있는 패턴이다.

이제 필요한 데이터를 준비했다. 객체지향의 가장 중요한 원칙은 캡슐화이므로 내부 데이터가 객체의 엷은 막을 빠져나가 외부의 다른 객체들을 오염시키는 것을 막아야 한다. 이를 달성할 수 있는 가장 간단한 방법은 내부의 데이터를 반환하는 **접근자**(accessor)와 데이터를 변경하는 **수정자**(mutator)를 추가하는 것이다.

```java
public class Movie {
  public MovieType getMovieType() {
    return movieType;
  }

  public void setMovieType(MovieType movieType) {
    this.movieType = movieType;
  }

  public Money getFee() {
    return fee;
  }

  public void setFee(Money fee) {
    this.fee = fee;
  }

  public List<DiscountCondition> getDiscountConditions() {
    return Collections.unmodifiableList(discountConditions);
  }

  public void setDiscountConditions(
      List<DiscountCondition> discountConditions) {
    this.discountConditions = discountConditions;
  }

  public Money getDiscountAmount() {
    return discountAmount;
  }

  public void setDiscountAmount(Money discountAmount) {
    this.discountAmount = discountAmount;
  }

  public double getDiscountPercent() {
    return discountPercent;
  }

  public void setDiscountPercent(double discountPercent) {
    this.discountPercent = discountPercent;
  }
}
```

Movie를 구현하는 데 필요한 데이터를 결정했고 메서드를 이용해 내부 데이터를 캡슐화하는 데도 성공했다. 이제 할인 조건을 구현해보자. 영화 예매 도메인에는 순번 조건과 기간 조건이라는 두 가지 종류의 할인 조건이 존재한다. 순번 조건은 상영 순번을 이용해 할인 여부를 판단하고 기간 조건은 상영 시간을 이용해 할인 여부를 판단한다.

데이터 중심의 설계 방법을 따르기 때문에 할인 조건을 설계하기 위해 해야 하는 질문은 다음과 같다. 할인 조건을 구현하는 데 필요한 데이터는 무엇인가? 먼저 현재의 할인 조건의 종류를 저장할 데이터가 필요하다. 할인 조건의 타입을 저장할 DiscountConditionType을 정의하자.

```java
public enum DiscountConditionType {
    SEQUENCE,       // 순번 조건
    PERIOD          // 기간 조건
}
```

할인 조건을 구현하는 DiscountCondition은 할인 조건의 타입을 저장할 인스턴스 변수인 type을 포함한다. 또한 movieType의 경우와 마찬가지로 순번 조건에서만 사용되는 데이터인 상영 순번(sequence)과 기간 조건에서만 사용되는 데이터인 요일(dayOfWeek), 시작 시간(startTime), 종료 시간(endTime)을 함께 포함한다.

```java
public class DiscountCondition {
    private DiscountConditionType type;

    private int sequence;

    private DayOfWeek dayOfWeek;
    private LocalTime startTime;
    private LocalTime endTime;
}
```

물론 캡슐화의 원칙에 따라 이 속성들을 클래스 외부로 노출해서는 안 된다. 메서드를 추가하자.

```java
public class DiscountCondition {
    public DiscountConditionType getType() {
        return type;
    }
}
```

```
    public void setType(DiscountConditionType type) {
      this.type = type;
    }

    public DayOfWeek getDayOfWeek() {
      return dayOfWeek;
    }

    public void setDayOfWeek(DayOfWeek dayOfWeek) {
      this.dayOfWeek = dayOfWeek;
    }

    public LocalTime getStartTime() {
      return startTime;
    }

    public void setStartTime(LocalTime startTime) {
      this.startTime = startTime;
    }

    public LocalTime getEndTime() {
      return endTime;
    }

    public void setEndTime(LocalTime endTime) {
      this.endTime = endTime;
    }

    public int getSequence() {
      return sequence;
    }

    public void setSequence(int sequence) {
      this.sequence = sequence;
    }
  }
```

이어서 Screening 클래스를 구현하자. 지금까지 했던 것과 동일하게 어떤 데이터를 포함해야 하는지를
결정하고 데이터를 캡슐화하기 위해 메서드를 추가하자.

```java
public class Screening {
  private Movie movie;
  private int sequence;
  private LocalDateTime whenScreened;

  public Movie getMovie() {
    return movie;
  }

  public void setMovie(Movie movie) {
    this.movie = movie;
  }

  public LocalDateTime getWhenScreened() {
    return whenScreened;
  }

  public void setWhenScreened(LocalDateTime whenScreened) {
    this.whenScreened = whenScreened;
  }

  public int getSequence() {
    return sequence;
  }

  public void setSequence(int sequence) {
    this.sequence = sequence;
  }
}
```

영화 예매 시스템의 목적은 영화를 예매하는 것이다. Reservation 클래스를 추가하자.

```java
public class Reservation {
  private Customer customer;
  private Screening screening;
  private Money fee;
  private int audienceCount;

  public Reservation(Customer customer, Screening screening, Money fee, int audienceCount) {
    this.customer = customer;
```

```java
    this.screening = screening;
    this.fee = fee;
    this.audienceCount = audienceCount;
  }

  public Customer getCustomer() {
    return customer;
  }

  public void setCustomer(Customer customer) {
    this.customer = customer;
  }

  public Screening getScreening() {
    return screening;
  }

  public void setScreening(Screening screening) {
    this.screening = screening;
  }

  public Money getFee() {
    return fee;
  }

  public void setFee(Money fee) {
    this.fee = fee;
  }

  public int getAudienceCount() {
    return audienceCount;
  }

  public void setAudienceCount(int audienceCount) {
    this.audienceCount = audienceCount;
  }
}
```

Customer는 고객의 정보를 보관하는 간단한 클래스다.

```java
public class Customer {
  private String name;
  private String id;

  public Customer(String name, String id) {
    this.id = id;
    this.name = name;
  }
}
```

영화 예매 시스템을 위해 필요한 모든 데이터를 클래스로 구현했다. 준비된 데이터를 이용해 영화를 예매하기 위한 절차를 구현하자.

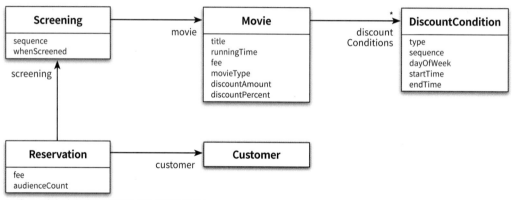

그림 4.1 영화 예매 시스템 구현을 위한 데이터 클래스

영화를 예매하자

ReservationAgency는 데이터 클래스들을 조합해서 영화 예매 절차를 구현하는 클래스다.

```java
public class ReservationAgency {
  public Reservation reserve(Screening screening, Customer customer, int audienceCount) {
    Movie movie = screening.getMovie();

    boolean discountable = false;
    for(DiscountCondition condition : movie.getDiscountConditions()) {
      if (condition.getType() == DiscountConditionType.PERIOD) {
        discountable = screening.getWhenScreened().getDayOfWeek().equals(condition.getDayOfWeek()) &&
```

```
            condition.getStartTime().compareTo(screening.getWhenScreened().toLocalTime()) <= 0 &&
            condition.getEndTime().compareTo(screening.getWhenScreened().toLocalTime()) >= 0;
    } else {
      discountable = condition.getSequence() == screening.getSequence();
    }

    if (discountable) {
      break;
    }
  }

  Money fee;
  if (discountable) {
    Money discountAmount = Money.ZERO;
    switch(movie.getMovieType()) {
      case AMOUNT_DISCOUNT:
        discountAmount = movie.getDiscountAmount();
        break;
      case PERCENT_DISCOUNT:
        discountAmount = movie.getFee().times(movie.getDiscountPercent());
        break;
      case NONE_DISCOUNT:
        discountAmount = Money.ZERO;
        break;
    }

    fee = movie.getFee().minus(discountAmount);
  } else {
    fee = movie.getFee();
  }

  return new Reservation(customer, screening, fee, audienceCount);
  }
}
```

reserve 메서드는 크게 두 부분으로 나눌 수 있다. 첫 번째는 DiscountCondition에 대해 루프를 돌면서 할인 가능 여부를 확인하는 for 문이고, 두 번째는 discountable 변수의 값을 체크하고 적절한 할인 정책에 따라 예매 요금을 계산하는 if 문이다.

reserve 메서드는 Movie에 설정된 DiscountCondition 목록을 차례대로 탐색하면서 영화의 할인 여부를 판단한다. DiscountCondition의 타입이 기간 조건(PERIOD)이라면 기간을 이용해 적용 여부를 판단하고, 순번 조건(SEQUENCE)이라면 상영 순번을 이용해 조건을 판단한다.

할인 여부는 지역 변수인 discountable에 저장한다. discountable의 값이 true라면 만족하는 할인 조건이 존재하는 것이고, 이 값이 false라면 존재하지 않는다는 것을 의미한다. 할인이 불가능한 경우(discountable이 false인 경우)에는 영화의 기본 금액을 예매 금액으로 사용한다. 할인이 적용 가능하다면(discountable이 true인 경우) 할인 정책에 따라 할인 요금을 계산한 후 Movie의 기본 금액에서 차감해야 한다.

할인 요금을 계산하기 위해서는 할인 정책의 타입에 따라 할인 요금을 계산하는 로직을 분기해야 한다. 할인 정책이 금액 할인 정책(AMOUNT_DISCOUNT)이라면 할인 금액(discountAmount)을 이용해 요금을 계산한다. 할인 정책이 비율 할인 정책(PERCENT_DISCOUNT)이라면 할인 비율(discountPercent)을 이용해 요금을 계산한다. 할인 정책이 적용되지 않았다면(NONE_DISCOUNT) 기본 요금(fee)을 이용해 요금을 계산한다. 계산된 요금은 Reservation 인스턴스를 생성할 때 사용된다.

지금까지 영화 예매 시스템을 데이터 중심으로 설계하는 방법을 살펴봤다. 이제 이 설계를 책임 중심의 설계 방법과 비교해 보면서 두 방법의 장단점을 파악해보자. 이를 위해 먼저 두 가지 설계 방법을 비교하기 위해 사용할 수 있는 기준을 이해해야 한다.

02 설계 트레이드오프

객체지향 커뮤니티에서는 오랜 기간 동안 좋은 설계의 특징을 판단할 수 있는 기준에 관한 다양한 논의가 있어 왔다. 여기서는 데이터 중심 설계와 책임 중심 설계의 장단점을 비교하기 위해 **캡슐화**, **응집도**, **결합도**를 사용하겠다. 본격적으로 두 가지 방법을 비교하기 전에 세 가지 품질 척도의 의미를 살펴보자.

캡슐화

상태와 행동을 하나의 객체 안에 모으는 이유는 객체의 내부 구현을 외부로부터 감추기 위해서다. 여기서 구현이란 나중에 변경될 가능성이 높은 어떤 것을 가리킨다. 객체지향이 강력한 이유는 한 곳에서 일어난 변경이 전체 시스템에 영향을 끼치지 않도록 파급효과를 적절하게 조절할 수 있는 장치를 제공하기 때문이다. 객체를 사용하면 변경 가능성이 높은 부분은 내부에 숨기고 외부에는 상대적으로 안정적인 부분만 공개함으로써 변경의 여파를 통제할 수 있다.

변경될 가능성이 높은 부분을 **구현**이라고 부르고 상대적으로 안정적인 부분을 **인터페이스**라고 부른다는 사실을 기억하라. 객체를 설계하기 위한 가장 기본적인 아이디어는 변경의 정도에 따라 구현과 인터페이스를 분리하고 외부에서는 인터페이스에만 의존하도록 관계를 조절하는 것이다.

지금까지 설명한 내용에서 알 수 있는 것처럼 객체지향에서 가장 중요한 원리는 **캡슐화**다. 캡슐화는 외부에서 알 필요가 없는 부분을 감춤으로써 대상을 단순화하는 추상화의 한 종류다. 객체지향 설계의 가장 중요한 원리는 불안정한 구현 세부사항을 안정적인 인터페이스 뒤로 캡슐화하는 것이다.

> 복잡성을 다루기 위한 가장 효과적인 도구는 추상화다. 다양한 추상화 유형을 사용할 수 있지만 객체지향 프로그래밍에서 복잡성을 취급하는 주요한 추상화 방법은 캡슐화다. 그러나 프로그래밍할 때 객체지향 언어를 사용한다고 해서 애플리케이션의 복잡성이 잘 캡슐화될 것이라고 보장할 수는 없다. 훌륭한 프로그래밍 기술을 적용해서 캡슐화를 향상시킬 수는 있겠지만 객체지향 프로그래밍을 통해 전반적으로 얻을 수 있는 장점은 오직 설계 과정 동안 캡슐화를 목표로 인식할 때만 달성될 수 있다[Wirfs-Brock89].

설계가 필요한 이유는 요구사항이 변경되기 때문이고, 캡슐화가 중요한 이유는 불안정한 부분과 안정적인 부분을 분리해서 변경의 영향을 통제할 수 있기 때문이다. 따라서 변경의 관점에서 설계의 품질을 판단하기 위해 캡슐화를 기준으로 삼을 수 있다.

정리하면 캡슐화란 변경 가능성이 높은 부분을 객체 내부로 숨기는 추상화 기법이다. 객체 내부에 무엇을 캡슐화해야 하는가? 변경될 수 있는 어떤 것이라도 캡슐화해야 한다. 이것이 바로 객체지향 설계의 핵심이다.

> 유지보수성이 목표다. 여기서 유지보수성이란 두려움 없이, 주저함 없이, 저항감 없이 코드를 변경할 수 있는 능력을 말한다. … 가장 중요한 동료는 캡슐화다. 캡슐화란 어떤 것을 숨긴다는 것을 의미한다. 우리는 시스템의 한 부분을 다른 부분으로부터 감춤으로써 뜻밖의 피해가 발생할 수 있는 가능성을 사전에 방지할 수 있다. 만약 시스템이 완전히 캡슐화된다면 우리는 변경으로부터 완전히 자유로워질 것이다. 만약 시스템의 캡슐화가 크게 부족하다면 우리는 변경으로부터 자유로울 수 없고, 결과적으로 시스템은 진화할 수 없을 것이다. 응집도, 결합도, 중복 역시 훌륭한(변경 가능한) 코드를 규정하는 데 핵심적인 품질인 것이 사실이지만 캡슐화는 우리를 좋은 코드로 안내하기 때문에 가장 중요한 제1원리다[Bain08].

응집도와 결합도

응집도와 결합도는 구조적 설계 방법이 주도하던 시대에 소프트웨어의 품질을 측정하기 위해 소개된 기준이지만 객체지향의 시대에서도 여전히 유효하다.

응집도는 모듈에 포함된 내부 요소들이 연관돼 있는 정도를 나타낸다. 모듈 내의 요소들이 하나의 목적을 위해 긴밀하게 협력한다면 그 모듈은 높은 응집도를 가진다. 모듈 내의 요소들이 서로 다른 목적을 추구한다면 그 모듈은 낮은 응집도를 가진다. 객체지향의 관점에서 응집도는 객체 또는 클래스에 얼마나 관련 높은 책임들을 할당했는지를 나타낸다.

결합도는 의존성의 정도를 나타내며 다른 모듈에 대해 얼마나 많은 지식을 갖고 있는지를 나타내는 척도다. 어떤 모듈이 다른 모듈에 대해 너무 자세한 부분까지 알고 있다면 두 모듈은 높은 결합도를 가진다. 어떤 모듈이 다른 모듈에 대해 꼭 필요한 지식만 알고 있다면 두 모듈은 낮은 결합도를 가진다. 객체지향의 관점에서 결합도는 객체 또는 클래스가 협력에 필요한 적절한 수준의 관계만을 유지하고 있는지를 나타낸다.

문제는 대부분의 사람들은 이런 애매한 설명만으로는 응집도와 결합도의 의미를 명확하게 이해하기 어렵다는 것이다. 모듈 내의 요소가 얼마나 강하게 연관돼 있어야 응집도가 높다고 말할 수 있는가? 모듈 사이에 어느 정도의 의존성만 남겨야 결합도가 낮다고 말할 수 있는가?

응집도와 결합도의 의미를 이해하기 위한 첫걸음은 두 개념 모두 설계와 관련 있다는 사실을 이해하는 것이다. 일반적으로 좋은 설계란 높은 응집도와 낮은 결합도를 가진 모듈로 구성된 설계를 의미한다. 다시 말해 애플리케이션을 구성하는 각 요소의 응집도가 높고 서로 느슨하게 결합돼 있다면 그 애플리케이션은 좋은 설계를 가졌다고 볼 수 있다.

좋은 설계란 오늘의 기능을 수행하면서 내일의 변경을 수용할 수 있는 설계다. 그리고 좋은 설계를 만들기 위해서는 높은 응집도와 낮은 결합도를 추구해야 한다. 좋은 설계가 변경과 관련된 것이고 응집도와 결합도의 정도가 설계의 품질을 결정한다면 자연스럽게 다음과 같은 결론에 도달하게 된다. 응집도와 결합도는 변경과 관련된 것이다.

높은 응집도와 낮은 결합도를 가진 설계를 추구해야 하는 이유는 단 한 가지다. 그것이 설계를 변경하기 쉽게 만들기 때문이다. 변경의 관점에서 응집도란 **변경이 발생할 때 모듈 내부에서 발생하는 변경의 정도**로 측정할 수 있다. 간단히 말해 하나의 변경을 수용하기 위해 모듈 전체가 함께 변경된다면 응집도가 높은 것이고 모듈의 일부만 변경된다면 응집도가 낮은 것이다. 또한 하나의 변경에 대해 하나의 모듈만 변경된다면 응집도가 높지만 다수의 모듈이 함께 변경돼야 한다면 응집도가 낮은 것이다.

그림 4.2는 변경과 응집도 사이의 관계를 그림으로 표현한 것이다. 왼쪽은 응집도가 높은 설계를 나타내며 오른쪽의 설계는 응집도가 낮은 설계를 나타낸다. 음영으로 칠해진 부분은 변경이 발생했을 때 수정되는 영역을 표현한 것이다. 그림에서 볼 수 있는 것처럼 응집도가 높은 설계에서는 하나의 요구사항 변경을 반영하기 위해 오직 하나의 모듈만 수정하면 된다. 반면 응집도가 낮은 설계에서는 하나의 원인에 의해 변경해야 하는 부분이 다수의 모듈에 분산돼 있기 때문에 여러 모듈을 동시에 수정해야 한다.

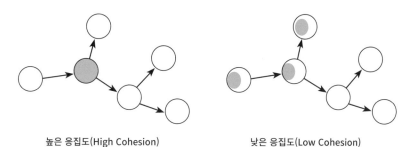

높은 응집도(High Cohesion)　　　　　　낮은 응집도(Low Cohesion)

그림 4.2 변경과 응집도

응집도가 높을수록 변경의 대상과 범위가 명확해지기 때문에 코드를 변경하기 쉬워진다. 변경으로 인해 수정되는 부분을 파악하기 위해 코드 구석구석을 헤매고 다니거나 여러 모듈을 동시에 수정할 필요가 없으며 변경을 반영하기 위해 오직 하나의 모듈만 수정하면 된다.

결합도 역시 변경의 관점에서 설명할 수 있다. 결합도는 **한 모듈이 변경되기 위해서 다른 모듈의 변경을 요구하는 정도**로 측정할 수 있다. 다시 말해 하나의 모듈을 수정할 때 얼마나 많은 모듈을 함께 수정해야 하는지를 나타낸다. 따라서 결합도가 높으면 높을수록 함께 변경해야 하는 모듈의 수가 늘어나기 때문에 변경하기가 어려워진다.

그림 4.3은 변경과 결합도 사이의 관계를 나타낸 것이다. 낮은 결합도를 가진 왼쪽의 설계에서는 모듈 A를 변경했을 때 오직 하나의 모듈만 영향을 받는다는 것을 알 수 있다. 반면 높은 결합도를 가진 오른쪽의 설계에서는 모듈 A를 변경했을 때 4개의 모듈을 동시에 변경해야 한다.

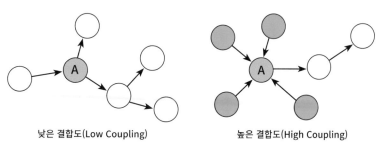

낮은 결합도(Low Coupling)　　　　　　높은 결합도(High Coupling)

그림 4.3 변경과 결합도

영향을 받는 모듈의 수 외에도 변경의 원인을 이용해 결합도의 개념을 설명할 수도 있다. 내부 구현을 변경했을 때 이것이 다른 모듈에 영향을 미치는 경우에는 두 모듈 사이의 결합도가 높다고 표현한다. 반면 퍼블릭 인터페이스를 수정했을 때만 다른 모듈에 영향을 미치는 경우에는 결합도가 낮다고 표현한다. 따라서 클래스의 구현이 아닌 인터페이스에 의존하도록 코드를 작성해야 낮은 결합도를 얻을 수 있다. 이것은 "인터페이스에 대해 프로그래밍하라[GOF94]"라는 격언으로도 잘 알려져 있다.

결합도가 높아도 상관 없는 경우도 있다. 일반적으로 변경될 확률이 매우 적은 안정적인 모듈에 의존하는 것은 아무런 문제도 되지 않는다. 표준 라이브러리에 포함된 모듈이나 성숙 단계에 접어든 프레임워크에 의존하는 경우가 여기에 속한다. 예를 들어, 자바의 String이나 ArrayList는 변경될 확률이 매우 낮기 때문에 결합도에 대해 고민할 필요가 없다.

그러나 직접 작성한 코드의 경우에는 이야기가 다르다. 직접 작성한 코드는 항상 불안정하며 언제라도 변경될 가능성이 높다. 코드 안에 버그가 존재할 수도 있고 갑자기 요구사항이 변경될 수도 있다. 코드를 완성한 그 순간부터 코드를 수정할 준비를 해야 한다. 따라서 직접 작성한 코드의 경우에는 낮은 결합도를 유지하려고 노력해야 한다.

다시 한번 강조하지만 응집도와 결합도는 변경과 관련이 깊다. 어떤 설계를 쉽게 변경할 수 있다면 높은 응집도를 가진 요소들로 구성돼 있고 요소들 사이의 결합도가 낮을 확률이 높다. 만약 코드가 변경에 강하게 저항하고 있다면 구성 요소들의 응집도가 낮고 요소들이 서로 강하게 결합돼 있을 확률이 높다. 응집도와 결합도를 변경의 관점에서 바라보는 것은 설계에 대한 여러분의 시각을 크게 변화시킬 것이다.

마지막으로 캡슐화의 정도가 응집도와 결합도에 영향을 미친다는 사실을 강조하고 싶다. 캡슐화를 지키면 모듈 안의 응집도는 높아지고 모듈 사이의 결합도는 낮아진다. 캡슐화를 위반하면 모듈 안의 응집도는 낮아지고 모듈 사이의 결합도는 높아진다. 따라서 응집도와 결합도를 고려하기 전에 먼저 캡슐화를 향상시키기 위해 노력하라.

여기까지가 캡슐화, 응집도, 결합도에 관한 간단한 설명이다. 이 세 가지 척도를 이용해 앞에서 구현한 데이터 중심의 영화 예매 시스템 설계를 평가해보자.

03 데이터 중심의 영화 예매 시스템의 문제점

기능적인 측면에서만 놓고 보면 이번 장에서 구현한 데이터 중심의 설계는 2장에서 구현한 책임 중심의 설계와 완전히 동일하다. 하지만 설계 관점에서는 완전히 다르다. 근본적인 차이점은 캡슐화를 다루

는 방식이다. 데이터 중심의 설계는 캡슐화를 위반하고 객체의 내부 구현을 인터페이스의 일부로 만든
다. 반면 책임 중심의 설계는 객체의 내부 구현을 안정적인 인터페이스 뒤로 캡슐화한다.

캡슐화의 정도가 객체의 응집도와 결합도를 결정한다는 사실을 기억하라. 데이터 중심의 설계는 캡슐
화를 위반하기 쉽기 때문에 책임 중심의 설계에 비해 응집도가 낮고 결합도가 높은 객체들을 양산하게
될 가능성이 높다.

요약하면 데이터 중심의 설계가 가진 대표적인 문제점을 다음과 같이 요약할 수 있다.

- 캡슐화 위반

- 높은 결합도

- 낮은 응집도

각 문제점을 좀 더 자세히 살펴보자.

캡슐화 위반

데이터 중심으로 설계한 Movie 클래스를 보면 오직 메서드를 통해서만 객체의 내부 상태에 접근할 수
있다는 것을 알 수 있다. 예를 들어, fee의 값을 읽거나 수정하기 위해서는 getFee 메서드와 setFee 메서
드를 사용해야만 한다.

```java
public class Movie {
  private Money fee;

  public Money getFee() {
    return fee;
  }

  public void setFee(Money fee) {
    this.fee = fee;
  }
}
```

위 코드는 직접 객체의 내부에 접근할 수 없기 때문에 캡슐화의 원칙을 지키고 있는 것처럼 보인다. 정
말 그럴까? 안타깝게도 접근자와 수정자 메서드는 객체 내부의 상태에 대한 어떤 정보도 캡슐화하지
못한다. getFee 메서드와 setFee 메서드는 Movie 내부에 Money 타입의 fee라는 이름의 인스턴스 변수가
존재한다는 사실을 퍼블릭 인터페이스에 노골적으로 드러낸다.

Movie가 캡슐화의 원칙을 어기게 된 근본적인 원인은 객체가 수행할 책임이 아니라 내부에 저장할 데이터에 초점을 맞췄기 때문이다. 객체에게 중요한 것은 책임이다. 그리고 구현을 캡슐화할 수 있는 적절한 책임은 협력이라는 문맥을 고려할 때만 얻을 수 있다.

설계할 때 협력에 관해 고민하지 않으면 캡슐화를 위반하는 과도한 접근자와 수정자를 가지게 되는 경향이 있다. 객체가 사용될 문맥을 추측할 수밖에 없는 경우 개발자는 어떤 상황에서도 해당 객체가 사용될 수 있게 최대한 많은 접근자 메서드를 추가하게 되는 것이다.

앨런 홀럽(Allen Holub)은 이처럼 접근자와 수정자에 과도하게 의존하는 설계 방식을 **추측에 의한 설계 전략**(design-by-guessing strategy)[Holub04]이라고 부른다. 이 전략은 객체가 사용될 협력을 고려하지 않고 객체가 다양한 상황에서 사용될 수 있을 것이라는 막연한 추측을 기반으로 설계를 진행한다. 따라서 프로그래머는 내부 상태를 드러내는 메서드를 최대한 많이 추가해야 한다는 압박에 시달릴 수밖에 없으며 결과적으로 대부분의 내부 구현이 퍼블릭 인터페이스에 그대로 노출될 수밖에 없는 것이다. 그 결과, 캡슐화의 원칙을 위반하는 변경에 취약한 설계를 얻게 된다.

높은 결합도

지금까지 살펴본 것처럼 데이터 중심의 설계는 접근자와 수정자를 통해 내부 구현을 인터페이스의 일부로 만들기 때문에 캡슐화를 위반한다. 객체 내부의 구현이 객체의 인터페이스에 드러난다는 것은 클라이언트가 구현에 강하게 결합된다는 것을 의미한다. 그리고 더 나쁜 소식은 단지 객체의 내부 구현을 변경했음에도 이 인터페이스에 의존하는 모든 클라이언트들도 함께 변경해야 한다는 것이다.

ReservationAgency의 코드를 다시 살펴보자.

```
public class ReservationAgency {
  public Reservation reserve(Screening screening, Customer customer, int audienceCount) {
    ...
    Money fee;
    if (discountable) {
      ...
      fee = movie.getFee().minus(discountedAmount).times(audienceCount);
    } else {
      fee = movie.getFee();
    }
    ...
  }
}
```

이 코드에서 알 수 있는 것처럼 ReservationAgency는 한 명의 예매 요금을 계산하기 위해 Movie의 getFee 메서드를 호출하며 계산된 결과를 Money 타입의 fee에 저장한다. 이때 fee의 타입을 변경한다고 가정해 보자. 이를 위해서는 getFee 메서드의 반환 타입도 함께 수정해야 할 것이다. 그리고 getFee 메서드를 호출하는 ReservationAgency의 구현도 변경된 타입에 맞게 함께 수정해야 할 것이다.

fee의 타입 변경으로 인해 협력하는 클래스가 변경되기 때문에 getFee 메서드는 fee를 정상적으로 캡슐화하지 못한다. 사실 getFee 메서드를 사용하는 것은 인스턴스 변수 fee의 가시성을 private에서 public으로 변경하는 것과 거의 동일하다. 이처럼 데이터 중심 설계는 객체의 캡슐화를 약화시키기 때문에 클라이언트가 객체의 구현에 강하게 결합된다.

결합도 측면에서 데이터 중심 설계가 가지는 또 다른 단점은 여러 데이터 객체들을 사용하는 제어 로직이 특정 객체 안에 집중되기 때문에 하나의 제어 객체가 다수의 데이터 객체에 강하게 결합된다는 것이다. 이 결합도로 인해 어떤 데이터 객체를 변경하더라도 제어 객체를 함께 변경할 수밖에 없다.

영화 예매 시스템을 살펴보면 대부분의 제어 로직을 가지고 있는 제어 객체인 ReservationAgency가 모든 데이터 객체에 의존한다는 것을 알 수 있다. DiscountCondition의 데이터가 변경되면 DiscountCondition뿐만 아니라 ReservationAgency도 함께 수정해야 한다. Screening의 데이터가 변경되면 Screening뿐만 아니라 ReservationAgency도 함께 수정해야 한다. ReservationAgency는 모든 의존성이 모이는 결합도의 집결지다. 시스템 안의 어떤 변경도 ReservationAgency의 변경을 유발한다.

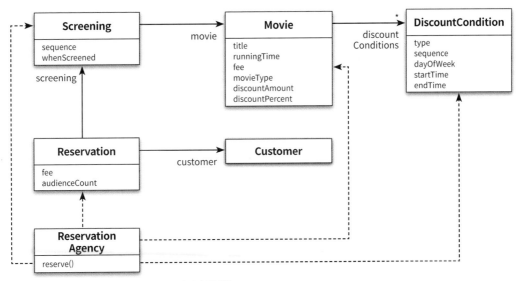

그림 4.4 너무 많은 대상에 의존하기 때문에 변경에 취약한 ReservationAgency

이 예는 데이터 중심의 설계가 결합도와 관련해서 가지는 치명적인 문제점을 잘 보여준다. 데이터 중심의 설계는 전체 시스템을 하나의 거대한 의존성 덩어리로 만들어 버리기 때문에 어떤 변경이라도 일단 발생하고 나면 시스템 전체가 요동칠 수밖에 없다.

낮은 응집도

서로 다른 이유로 변경되는 코드가 하나의 모듈 안에 공존할 때 모듈의 응집도가 낮다고 말한다. 따라서 각 모듈의 응집도를 살펴보기 위해서는 코드를 수정하는 이유가 무엇인지 살펴봐야 한다.

ReservationAgency를 예로 들어 변경과 응집도 사이의 관계를 살펴보자. 아마 다음과 같은 수정사항이 발생하는 경우에 ReservationAgency의 코드를 수정해야 할 것이다.

- 할인 정책이 추가될 경우
- 할인 정책별로 할인 요금을 계산하는 방법이 변경될 경우
- 할인 조건이 추가되는 경우
- 할인 조건별로 할인 여부를 판단하는 방법이 변경될 경우
- 예매 요금을 계산하는 방법이 변경될 경우

낮은 응집도는 두 가지 측면에서 설계에 문제를 일으킨다.

- 변경의 이유가 서로 다른 코드들을 하나의 모듈 안에 뭉쳐놓았기 때문에 변경과 아무 상관이 없는 코드들이 영향을 받게 된다. 예를 들어 ReservationAgency 안에 할인 정책을 선택하는 코드와 할인 조건을 판단하는 코드가 함께 존재하기 때문에 새로운 할인 정책을 추가하는 작업이 할인 조건에도 영향을 미칠 수 있다. 어떤 코드를 수정한 후에 아무런 상관도 없던 코드에 문제가 발생하는 것은 모듈의 응집도가 낮을 때 발생하는 대표적인 증상이다.

- 하나의 요구사항 변경을 반영하기 위해 동시에 여러 모듈을 수정해야 한다. 응집도가 낮을 경우 다른 모듈에 위치해야 할 책임의 일부가 엉뚱한 곳에 위치하게 되기 때문이다. 새로운 할인 정책을 추가해야 한다고 가정해 보자. 이를 위해서는 MovieType에 새로운 할인 정책을 표현하는 열거형 값을 추가하고 ReservationAgency의 reserve 메서드의 switch 구문에 새로운 case 절을 추가해야 한다. 또한 새로운 할인 정책에 따라 할인 요금을 계산하기 위해 필요한 데이터도 Movie에 추가해야 한다. 하나의 요구사항 변화를 수용하기 위해 MovieType, ReservationAgency, Movie라는 세 개의 클래스를 함께 수정해야 하는 것이다. 새로운 할인 조건을 추가하는 경우도 마찬가지다. DiscountConditionType에 새로운 할인 조건 값을 추가하고 조건 판단에 필요한 새로운 데이터들을 DiscountCondition에 추가해야 하며, ReservationAgency의 할인 조건을 판단하는 if에 새로운 조건식을 추가해야 한다.

현재의 설계는 새로운 할인 정책을 추가하거나 새로운 할인 조건을 추가하기 위해 하나 이상의 클래스를 동시에 수정해야 한다. 어떤 요구사항 변경을 수용하기 위해 하나 이상의 클래스를 수정해야 하는 것은 설계의 응집도가 낮다는 증거다.

> ### 단일 책임 원칙(Single Responsibility Principle, SRP)
>
> 로버트 마틴(Robert C. Martin)은 모듈의 응집도가 변경과 연관이 있다는 사실을 강조하기 위해 단일 책임 원칙이라는 설계 원칙을 제시했다[Martin02]. 단일 책임 원칙을 한마디로 요약하면 클래스는 단 한 가지의 변경 이유만 가져야 한다는 것이다. 아마 방금 전에 설명한 내용을 이해했다면 단일 책임 원칙이 클래스의 응집도를 높일 수 있는 설계 원칙이라는 사실을 이해했을 것이다.
>
> 한 가지 주의할 점은 단일 책임 원칙이라는 맥락에서 '책임'이라는 말이 '변경의 이유'라는 의미로 사용된다는 점이다. 단일 책임 원칙에서의 책임은 지금까지 살펴본 역할, 책임, 협력에서 이야기하는 책임과는 다르며 변경과 관련된 더 큰 개념을 가리킨다.

04 자율적인 객체를 향해

캡슐화를 지켜라

캡슐화는 설계의 제1원리다. 데이터 중심의 설계가 낮은 응집도와 높은 결합도라는 문제로 몸살을 앓게 된 근본적인 원인은 바로 캡슐화의 원칙을 위반했기 때문이다. 객체는 자신이 어떤 데이터를 가지고 있는지를 내부에 캡슐화하고 외부에 공개해서는 안된다. 객체는 스스로의 상태를 책임져야 하며 외부에서는 인터페이스에 정의된 메서드를 통해서만 상태에 접근할 수 있어야 한다.

여기서 말하는 메서드는 단순히 속성 하나의 값을 반환하거나 변경하는 접근자나 수정자를 의미하는 것은 아니다. 객체에게 의미 있는 메서드는 객체가 책임져야 하는 무언가를 수행하는 메서드다. 속성의 가시성을 private으로 설정했다고 해도 접근자와 수정자를 통해 속성을 외부로 제공하고 있다면 캡슐화를 위반하는 것이다.

이해를 돕기 위해 사각형을 표현하는 간단한 클래스인 Rectangle을 예로 들어 보자. Rectangle은 사각형의 좌표들을 포함하고 각 속성에 대한 접근자와 수정자 메서드를 제공한다.

```
class Rectangle {
  private int left;
  private int top;
  private int right;
  private int bottom;

  public Rectangle(int left, int top, int right, int bottom) {
    this.left = left;
    this.top = top;
    this.right = right;
    this.bottom = bottom;
  }

  public int getLeft() { return left; }
  public void setLeft(int left) { this.left = left; }

  public int getTop() { return top; }
  public void setTop(int top) { this.top = top; }

  public int getRight() { return right; }
  public void setRight(int right) { this.right = right; }

  public int getBottom() { return bottom; }
  public void setBottom(int bottom) { this.bottom = bottom; }
}
```

이 사각형의 너비와 높이를 증가시키는 코드가 필요하다고 가정해보자. 아마 이 코드는 Rectangle 외부의 어떤 클래스 안에 다음과 같이 구현돼 있을 것이다.

```
class AnyClass {
  void anyMethod(Rectangle rectangle, int multiple) {
    rectangle.setRight(rectangle.getRight() * multiple);
    rectangle.setBottom(rectangle.getBottom() * multiple);
    ...
  }
}
```

이 코드에는 많은 문제점이 도사리고 있다. 첫 번째는 '코드 중복'이 발생할 확률이 높다는 것이다. 다른 곳에서도 사각형의 너비와 높이를 증가시키는 코드가 필요하다면 아마 그곳에도 getRight와 getBottom 메서드를 호출해서 right와 bottom을 가져온 후 수정자 메서드를 이용해 값을 설정하는 유사한 코드가 존재할 것이다. 코드 중복은 악의 근원이다. 따라서 코드 중복을 초래할 수 있는 모든 원인을 제거하는 것이 중요하다.

두 번째 문제점은 '변경에 취약하다는 점이다. Rectangle이 right와 bottom 대신 length와 height를 이용해서 사각형을 표현하도록 수정한다고 가정해보자. 접근자와 수정자는 내부 구현을 인터페이스의 일부로 만들기 때문에 현재의 Rectangle 클래스는 int 타입의 top, left, right, bottom이라는 4가지 인스턴스 변수의 존재 사실을 인터페이스를 통해 외부에 노출시키게 된다. 결과적으로 getRight, setRight, getBottom, setBottom 메서드를 getLength, setLength, getHeight, setHeight로 변경해야 하고, 이 변경은 기존의 접근자 메서드를 사용하던 모든 코드에 영향을 미친다.

해결 방법은 캡슐화를 강화시키는 것이다. Rectangle 내부에 너비와 높이를 조절하는 로직을 캡슐화하면 두 가지 문제를 해결할 수 있다.

```java
class Rectangle {
  public void enlarge(int multiple) {
    right *= multiple;
    bottom *= multiple;
  }
}
```

우리는 방금 Rectangle을 변경하는 주체를 외부의 객체에서 Rectangle로 이동시켰다. 즉, 자신의 크기를 Rectangle 스스로 증가시키도록 '책임을 이동'시킨 것이다. 이것이 바로 객체가 자기 스스로를 책임진다는 말의 의미다.

스스로 자신의 데이터를 책임지는 객체

우리가 상태와 행동을 객체라는 하나의 단위로 묶는 이유는 객체 스스로 자신의 상태를 처리할 수 있게 하기 위해서다. 객체는 단순한 데이터 제공자가 아니다. 객체 내부에 저장되는 데이터보다 객체가 협력에 참여하면서 수행할 책임을 정의하는 오퍼레이션이 더 중요하다.

따라서 객체를 설계할 때 "이 객체가 어떤 데이터를 포함해야 하는가?"라는 질문은 다음과 같은 두 개의 개별적인 질문으로 분리해야 한다.

- 이 객체가 어떤 데이터를 포함해야 하는가?

- 이 객체가 데이터에 대해 수행해야 하는 오퍼레이션은 무엇인가?

두 질문을 조합하면 객체의 내부 상태를 저장하는 방식과 저장된 상태에 대해 호출할 수 있는 오퍼레이션의 집합을 얻을 수 있다. 다시 말해 새로운 데이터 타입을 만들 수 있는 것이다.

다시 영화 예매 시스템 예제로 돌아가 ReservationAgency로 새어나간 데이터에 대한 책임을 실제 데이터를 포함하고 있는 객체로 옮겨보자. 할인 조건을 표현하는 DiscountCondition에서 시작하자. 첫 번째 질문은 어떤 데이터를 관리해야 하는 지를 묻는 것이다. 이미 앞에서 DiscountCondition이 관리해야 하는 데이터를 결정해 놓았다.

```java
public class DiscountCondition {
  private DiscountConditionType type;
  private int sequence;
  private DayOfWeek dayOfWeek;
  private LocalTime startTime;
  private LocalTime endTime;
}
```

두 번째 질문은 이 데이터에 대해 수행할 수 있는 오퍼레이션이 무엇인가를 묻는 것이다. 할인 조건에는 순번 조건과 기간 조건의 두 가지 종류가 존재한다는 것을 기억하라. DiscountCondition은 순번 조건일 경우에는 sequence를 이용해서 할인 여부를 결정하고, 기간 조건일 경우에는 dayOfWeek, startTime, endTime을 이용해 할인 여부를 결정한다.

따라서 다음과 같이 두 가지 할인 조건을 판단할 수 있게 두 개의 isDiscountable 메서드가 필요할 것이다. 각 isDiscountable 메서드 안에서 type의 값을 이용해 현재의 할인 조건 타입에 맞는 적절한 메서드가 호출됐는지 판단한다.

```java
public class DiscountCondition {
  public DiscountConditionType getType() {
    return type;
  }

  public boolean isDiscountable(DayOfWeek dayOfWeek, LocalTime time) {
    if (type != DiscountConditionType.PERIOD) {
      throw new IllegalArgumentException();
```

```
        }

        return this.dayOfWeek.equals(dayOfWeek) &&
                this.startTime.compareTo(time) <= 0 &&
                this.endTime.compareTo(time) >= 0;
    }

    public boolean isDiscountable(int sequence) {
        if (type != DiscountConditionType.SEQUENCE) {
            throw new IllegalArgumentException();
        }

        return this.sequence == sequence;
    }
}
```

이제 Movie를 구현하자. 첫 번째 질문은 Movie가 어떤 데이터를 포함해야 하는가를 묻는 것이다.

```
public class Movie {
    private String title;
    private Duration runningTime;
    private Money fee;
    private List<DiscountCondition> discountConditions;

    private MovieType movieType;
    private Money discountAmount;
    private double discountPercent;
}
```

두 번째 질문은 이 데이터를 처리하기 위해 어떤 오퍼레이션이 필요한지를 묻는 것이다. Movie가 포함하는 데이터를 살펴보면 영화 요금을 계산하는 오퍼레이션과 할인 여부를 판단하는 오퍼레이션이 필요할 것 같다.

먼저 요금을 계산하는 오퍼레이션을 구현하자. 요금을 계산하기 위해서는 할인 정책을 염두에 둬야 한다. 할인 정책에는 금액 할인, 비율 할인, 할인 미적용의 세 가지 타입이 있다는 사실을 기억하라. 따라서 DiscountCondition과 마찬가지로 할인 정책의 타입을 반환하는 getMovieType 메서드와 정책별로 요금을 계산하는 세 가지 메서드를 구현해야 한다.

```
public class Movie {
  public MovieType getMovieType() {
    return movieType;
  }

  public Money calculateAmountDiscountedFee() {
    if (movieType != MovieType.AMOUNT_DISCOUNT) {
      throw new IllegalArgumentException();
    }

    return fee.minus(discountAmount);
  }

  public Money calculatePercentDiscountedFee() {
    if (movieType != MovieType.PERCENT_DISCOUNT) {
      throw new IllegalArgumentException();
    }

    return fee.minus(fee.times(discountPercent));
  }

  public Money calculateNoneDiscountedFee() {
    if (movieType != MovieType.NONE_DISCOUNT) {
      throw new IllegalArgumentException();
    }

    return fee;
  }
}
```

Movie는 DiscountCondition의 목록을 포함하기 때문에 할인 여부를 판단하는 오퍼레이션 역시 포함해야 한다. isDiscountable 메서드를 추가하자. 기간 조건을 판단하기 위해 필요한 dayOfWeek, whenScreened와 순번 조건의 만족 여부를 판단하는 데 필요한 sequence를 isDiscountable 메서드의 파라미터로 전달하자.

```
public class Movie {
  public boolean isDiscountable(LocalDateTime whenScreened, int sequence) {
    for(DiscountCondition condition : discountConditions) {
      if (condition.getType() == DiscountConditionType.PERIOD) {
```

```
      if (condition.isDiscountable(whenScreened.getDayOfWeek(), whenScreened.toLocalTime())) {
        return true;
      }
    } else {
      if (condition.isDiscountable(sequence)) {
        return true;
      }
    }
  }

  return false;
}
}
```

Movie의 isDiscountable 메서드는 discountConditions에 포함된 DiscountCondition을 하나씩 훑어 가면서 할인 조건의 타입을 체크한다. 만약 할인 조건이 기간 조건이라면 DiscountCondition의 isDiscountable(DayOfWeek dayOfWeek, LocalTime whenScreened) 메서드를 호출하고, 순번 조건이라면 DiscountCondition 의 isDiscountable(int sequence) 메서드를 호출한다.

이제 Screening을 살펴보자. 설계 과정이 익숙해졌을 테니 이번에는 Screening이 관리하는 데이터와 메서드를 함께 표시하겠다.

```
public class Screening {
  private Movie movie;
  private int sequence;
  private LocalDateTime whenScreened;

  public Screening(Movie movie, int sequence, LocalDateTime whenScreened) {
    this.movie = movie;
    this.sequence = sequence;
    this.whenScreened = whenScreened;
  }

  public Money calculateFee(int audienceCount) {
    switch (movie.getMovieType()) {
      case AMOUNT_DISCOUNT:
        if (movie.isDiscountable(whenScreened, sequence)) {
          return movie.calculateAmountDiscountedFee().times(audienceCount);
```

```
        }
        break;
      case PERCENT_DISCOUNT:
        if (movie.isDiscountable(whenScreened, sequence)) {
          return movie.calculatePercentDiscountedFee().times(audienceCount);
        }
      case NONE_DISCOUNT:
        return movie.calculateNoneDiscountedFee().times(audienceCount);
    }

    return movie.calculateNoneDiscountedFee().times(audienceCount);
  }
}
```

Screening은 Movie가 금액 할인 정책이나 비율 할인 정책을 지원할 경우 Movie의 isDiscountable 메서드를 호출해 할인이 가능한지 여부를 판단한 후 적절한 Movie의 메서드를 호출해서 요금을 계산한다. 할인이 불가능하거나 할인 정책이 적용되지 않은 영화의 경우 Movie의 calculateNoneDiscountedFee 메서드로 영화 요금을 계산한다.

ReservationAgency는 Screening의 calculateFee 메서드를 호출해 예매 요금을 계산한 후 계산된 요금을 이용해 Reservation을 생성한다.

```
public class ReservationAgency {
  public Reservation reserve(Screening screening, Customer customer, int audienceCount) {
    Money fee = screening.calculateFee(audienceCount);
    return new Reservation(customer, screening, fee, audienceCount);
  }
}
```

모든 작업이 끝났다. 두 번째 설계가 마음에 드는가? 최소한 결합도 측면에서 ReservationAgency에 의존성이 몰려있던 첫 번째 설계보다는 개선된 것으로 보인다.

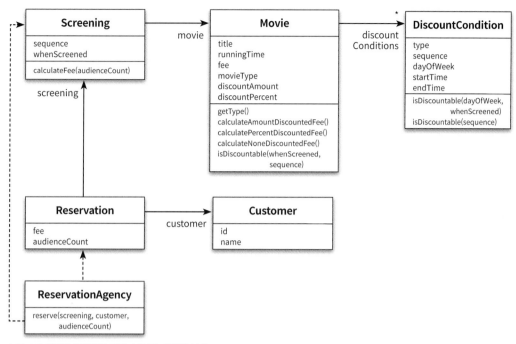

그림 4.5 결합도 측면에서 그림 4.4보다 개선된 설계

이것은 두 번째 설계가 첫 번째 설계보다 내부 구현을 더 면밀하게 캡슐화하고 있기 때문이다. 두 번째 설계에서는 데이터를 처리하는 데 필요한 메서드를 데이터를 가지고 있는 객체 스스로 구현하고 있다. 따라서 이 객체들은 스스로를 책임진다고 말할 수 있다.

05 하지만 여전히 부족하다

분명히 캡슐화 관점에서 두 번째 설계가 첫 번째 설계보다 향상된 것은 사실이지만 그렇다고 해서 만족스러울 정도는 아니다. 사실 본질적으로는 두 번째 설계 역시 데이터 중심의 설계 방식에 속한다고 할 수 있다. 고통이 조금 경감되기는 했지만 첫 번째 설계에서 발생했던 대부분의 문제는 두 번째 설계에서도 여전히 발생한다. 그 이유를 살펴보자.

캡슐화 위반

분명히 수정된 객체들은 자기 자신의 데이터를 스스로 처리한다. 예를 들어 DiscountCondition은 자기 자신의 데이터를 이용해 할인 가능 여부를 스스로 판단한다.

```
public class DiscountCondition {
  private DiscountConditionType type;
  private int sequence;
  private DayOfWeek dayOfWeek;
  private LocalTime startTime;
  private LocalTime endTime;

  public DiscountConditionType getType() { ... }

  public boolean isDiscountable(DayOfWeek dayOfWeek, LocalTime time) { ... }

  public boolean isDiscountable(int sequence) { ... }
}
```

객체지향이 자신의 상태를 스스로 관리하는 자율적인 객체를 지향하는 것이라고 한다면 분명 지금의 설계는 객체지향의 취지에 맞는 것처럼 보일 것이다. 하지만 DiscountCondition에 구현된 두 개의 isDiscountable 메서드를 자세히 살펴보면 이상한 점이 몇 군데 눈에 띈다.

기간 조건을 판단하는 isDiscountable(DayOfWeek dayOfWeek, LocalTime time) 메서드의 시그니처를 자세히 살펴보면 DiscountCondition에 속성으로 포함돼 있는 DayOfWeek 타입의 요일 정보와 LocalTime 타입의 시간 정보를 파라미터로 받는 것을 알 수 있다. 이 메서드는 객체 내부에 DayOfWeek 타입의 요일과 LocalTime 타입의 시간 정보가 인스턴스 변수로 포함돼 있다는 사실을 인터페이스를 통해 외부에 노출하고 있는 것이다. 두 번째 isDiscountable(int sequence) 메서드 역시 객체가 int 타입의 순번 정보를 포함하고 있음을 외부에 노출한다. 비록 setType 메서드는 없지만 getType 메서드를 통해 내부에 DiscountConditionType을 포함하고 있다는 정보 역시 노출시키고 있다.

만약 DiscountCondition의 속성을 변경해야 한다면 어떻게 될까? 아마도 두 isDiscountable 메서드의 파라미터를 수정하고 해당 메서드를 사용하는 모든 클라이언트도 함께 수정해야 할 것이다. 내부 구현의 변경이 외부로 퍼져나가는 **파급 효과(ripple effect)**는 캡슐화가 부족하다는 명백한 증거다. 따라서 변경 후의 설계는 자기 자신을 스스로 처리한다는 점에서는 이전의 설계보다 분명히 개선됐지만 여전히 내부의 구현을 캡슐화하는 데는 실패한 것이다.

Movie 역시 캡슐화가 부족하기는 마찬가지다. Movie는 영화 요금을 계산하기 위해 금액 할인 정책, 비율 할인 정책, 할인 미적용의 경우에 호출할 수 있는 세 가지 메서드를 구현하고 있다.

```java
public class Movie {
    private String title;
    private Duration runningTime;
    private Money fee;
    private List<DiscountCondition> discountConditions;

    private MovieType movieType;
    private Money discountAmount;
    private double discountPercent;

    public MovieType getMovieType() { ... }
    public Money calculateAmountDiscountedFee() { ... }
    public Money calculatePercentDiscountedFee() { ... }
    public Money calculateNoneDiscountedFee() { ... }
}
```

아마 여러분은 이 메서드들이 DiscountCondition의 isDiscountable 메서드와는 다르다고 생각할 수도 있을 것이다. DiscountCondition의 isDiscountable 메서드는 시그니처를 통해 객체 내부의 상태를 그대로 드러냈다. 하지만 Movie의 요금 계산 메서드들은 객체의 파라미터나 반환 값으로 내부에 포함된 속성에 대한 어떤 정보도 노출하지 않는다. 따라서 캡슐화의 원칙을 지키고 있다고 생각할 것이다.

안타깝게도 Movie 역시 내부 구현을 인터페이스에 노출시키고 있다. 여기서 노출시키는 것은 할인 정책의 종류다. calculateAmountDiscountedFee, calculatePercentDiscountedFee, calculateNoneDiscountedFee라는 세 개의 메서드는 할인 정책에는 금액 할인 정책, 비율 할인 정책, 미적용의 세 가지가 존재한다는 사실을 만천하에 드러내고 있다.

만약 새로운 할인 정책이 추가되거나 제거된다면 어떻게 될 것인가? 아마 이 메서드들에 의존하는 모든 클라이언트가 영향을 받을 것이다. 따라서 Movie는 세 가지 할인 정책을 포함하고 있다는 내부 구현을 성공적으로 캡슐화하지 못한다.

캡슐화의 진정한 의미

이 예제는 캡슐화가 단순히 객체 내부의 데이터를 외부로부터 감추는 것 이상의 의미를 가진다는 것을 잘 보여준다. 사실 캡슐화는 변경될 수 있는 어떤 것이라도 감추는 것을 의미한다. 내부 속성을 외부로부터 감추는 것은 '데이터 캡슐화'라고 불리는 캡슐화의 한 종류일 뿐이다.

다시 한번 강조하지만 캡슐화란 변할 수 있는 어떤 것이라도 감추는 것이다. 그것이 속성의 타입이건, 할인 정책의 종류건 상관 없이 내부 구현의 변경으로 인해 외부의 객체가 영향을 받는다면 캡슐화를 위반한 것이다. 설계에서 변하는 것이 무엇인지 고려하고 변하는 개념을 캡슐화해야 한다[GOF94]. 이것이 캡슐화라는 용어를 통해 말하고자 하는 진정한 의미다.

정리하면 캡슐화란 변하는 어떤 것이든 감추는 것이다[Bain08, Shalloway01]. 그것이 무엇이든 구현과 관련된 것이라면 말이다.

높은 결합도

캡슐화 위반으로 인해 DiscountCondition의 내부 구현이 외부로 노출됐기 때문에 Movie와 DiscountCondition 사이의 결합도는 높을 수밖에 없다. 두 객체 사이에 결합도가 높을 경우 한 객체의 구현을 변경할 때 다른 객체에게 변경의 영향이 전파될 확률이 높아진다는 사실을 기억하라. Movie의 isDiscountable 메서드의 구현을 살펴보면서 Movie와 DiscountCondition 사이의 결합도가 어떤 문제를 초래하는지 고민해보자.

```java
public class Movie {
  public boolean isDiscountable(LocalDateTime whenScreened, int sequence) {
    for(DiscountCondition condition : discountConditions) {
      if (condition.getType() == DiscountConditionType.PERIOD) {
        if (condition.isDiscountable(whenScreened.getDayOfWeek(), whenScreened.toLocalTime())) {
          return true;
        }
      } else {
        if (condition.isDiscountable(sequence)) {
          return true;
        }
      }
    }
```

```
        return false;
    }
}
```

Movie의 isDiscountable 메서드는 DiscountCondition의 목록을 순회하면서 할인 조건의 종류에 따라 DiscountCondition에 구현된 두 개의 isDiscountable 메서드 중에서 적절한 것을 호출한다. 중요한 것은 Movie와 DiscountCondition 사이의 결합도이므로 DiscountCondition에 대한 어떤 변경이 Movie에게까지 영향을 미치는지를 살펴봐야 한다.

- DiscountCondition의 기간 할인 조건의 명칭이 PERIOD에서 다른 값으로 변경된다면 Movie를 수정해야 한다.

- DiscountCondition의 종류가 추가되거나 삭제된다면 Movie 안의 if ~ else 구문을 수정해야 한다.

- 각 DiscountCondition의 만족 여부를 판단하는 데 필요한 정보가 변경된다면 Movie의 isDiscountable 메서드로 전달된 파라미터를 변경해야 한다. 이로 인해 Movie의 isDiscountable 메서드 시그니처도 함께 변경될 것이고 결과적으로 이 메서드에 의존하는 Screening에 대한 변경을 초래할 것이다.

이 요소들이 DiscountCondition의 구현에 속한다는 사실에 주목하라. DiscountCondition의 인터페이스가 아니라 '구현'을 변경하는 경우에도 DiscountCondition에 의존하는 Movie를 변경해야 한다는 것은 두 객체 사이의 결합도가 높다는 것을 의미한다.

더 심각한 것은 변경의 여파가 DiscountCondition과 Movie 사이로만 한정되지 않는다는 것이다. 현재의 시스템을 구성하는 모든 객체들이 이 같은 결합도 문제로 몸살을 앓는다.

모든 문제의 원인은 캡슐화 원칙을 지키지 않았기 때문이다. DiscountCondition의 내부 구현을 제대로 캡슐화하지 못했기 때문에 DiscountCondition에 의존하는 Movie와의 결합도도 함께 높아진 것이다. 다시 한번 강조하지만 유연한 설계를 창조하기 위해서는 캡슐화를 설계의 첫 번째 목표로 삼아야 한다.

낮은 응집도

이번에는 Screening을 살펴보자. 앞에서 설명한 것처럼 DiscountCondition이 할인 여부를 판단하는 데 필요한 정보가 변경된다면 Movie의 isDiscountable 메서드로 전달해야 하는 파라미터의 종류를 변경해야 하고, 이로 인해 Screening에서 Movie의 isDiscountable 메서드를 호출하는 부분도 함께 변경해야 한다.

```java
public class Screening {
 public Money calculateFee(int audienceCount) {
    switch (movie.getMovieType()) {
      case AMOUNT_DISCOUNT:
        if (movie.isDiscountable(whenScreened, sequence)) {
          return movie.calculateAmountDiscountedFee().times(audienceCount);
        }
        break;
      case PERCENT_DISCOUNT:
        if (movie.isDiscountable(whenScreened, sequence)) {
          return movie.calculatePercentDiscountedFee().times(audienceCount);
        }
      case NONE_DISCOUNT:
        return movie.calculateNoneDiscountedFee().times(audienceCount);
    }

    return movie.calculateNoneDiscountedFee().times(audienceCount);
  }
}
```

결과적으로 할인 조건의 종류를 변경하기 위해서는 DiscountCondition, Movie, 그리고 Movie를 사용하는 Screening을 함께 수정해야 한다. 하나의 변경을 수용하기 위해 코드의 여러 곳을 동시에 변경해야 한다는 것은 설계의 응집도가 낮다는 증거다.

응집도가 낮은 이유는 캡슐화를 위반했기 때문이다. DiscountCondition과 Movie의 내부 구현이 인터페이스에 그대로 노출되고 있고 Screening은 노출된 구현에 직접적으로 의존하고 있다. 이것은 원래 DiscountCondition이나 Movie에 위치해야 하는 로직이 Screening으로 새어나왔기 때문이다.

안타깝게도 두 번째 설계가 첫 번째 설계보다 개선된 것은 사실이지만 데이터 중심의 설계가 가지는 문제점으로 인해 몸살을 앓고 있다는 점에는 변함이 없다. 그렇다면 데이터 중심의 설계는 어떤 이유로 이런 문제점을 유발하는 것일까? 이제 그 이유를 살펴보자.

06 데이터 중심 설계의 문제점

두 번째 설계가 변경에 유연하지 못한 이유는 캡슐화를 위반했기 때문이다. 캡슐화를 위반한 설계를 구성하는 요소들이 높은 응집도와 낮은 결합도를 가질 확률은 극히 낮다. 따라서 캡슐화를 위반한 설계는 변경에 취약할 수밖에 없다.

데이터 중심의 설계가 변경에 취약한 이유는 두 가지다.

- 데이터 중심의 설계는 본질적으로 너무 이른 시기에 데이터에 관해 결정하도록 강요한다.
- 데이터 중심의 설계에서는 협력이라는 문맥을 고려하지 않고 객체를 고립시킨 채 오퍼레이션을 결정한다.

데이터 중심 설계는 객체의 행동보다는 상태에 초점을 맞춘다

데이터 중심의 설계를 시작할 때 던졌던 첫 번째 질문은 "이 객체가 포함해야 하는 데이터가 무엇인가?"다. 데이터는 구현의 일부라는 사실을 명심하라. 데이터 주도 설계는 설계를 시작하는 처음부터 데이터에 관해 결정하도록 강요하기 때문에 너무 이른 시기에 내부 구현에 초점을 맞추게 한다.

데이터 중심 설계 방식에 익숙한 개발자들은 일반적으로 데이터와 기능을 분리하는 절차적 프로그래밍 방식을 따른다. 이것은 상태와 행동을 하나의 단위로 캡슐화하는 객체지향 패러다임에 반하는 것이다. 데이터 중심의 관점에서 객체는 그저 단순한 데이터의 집합체일 뿐이다. 이로 인해 접근자와 수정자를 과도하게 추가하게 되고 이 데이터 객체를 사용하는 절차를 분리된 별도의 객체 안에 구현하게 된다. 앞에서 설명한 것처럼 접근자와 수정자는 public 속성과 큰 차이가 없기 때문에 객체의 캡슐화는 완전히 무너질 수밖에 없다. 이것이 첫 번째 설계가 실패한 이유다.

비록 데이터를 처리하는 작업과 데이터를 같은 객체 안에 두더라도 데이터에 초점이 맞춰져 있다면 만족스러운 캡슐화를 얻기 어렵다. 데이터를 먼저 결정하고 데이터를 처리하는 데 필요한 오퍼레이션을 나중에 결정하는 방식은 데이터에 관한 지식이 객체의 인터페이스에 고스란히 드러나게 된다. 결과적으로 객체의 인터페이스는 구현을 캡슐화하는 데 실패하고 코드는 변경에 취약해진다. 이것이 두 번째 설계가 실패한 이유다.

결론적으로 데이터 중심의 설계는 너무 이른 시기에 데이터에 대해 고민하기 때문에 캡슐화에 실패하게 된다. 객체의 내부 구현이 객체의 인터페이스를 어지럽히고 객체의 응집도와 결합도에 나쁜 영향을 미치기 때문에 변경에 취약한 코드를 낳게 된다.

데이터 중심 설계는 객체를 고립시킨 채 오퍼레이션을 정의하도록 만든다

객체지향 애플리케이션을 구현한다는 것은 협력하는 객체들의 공동체를 구축한다는 것을 의미한다. 따라서 협력이라는 문맥 안에서 필요한 책임을 결정하고 이를 수행할 적절한 객체를 결정하는 것이 가장 중요하다. 올바른 객체지향 설계의 무게 중심은 항상 객체의 내부가 아니라 외부에 맞춰져 있어야 한다. 객체가 내부에 어떤 상태를 가지고 그 상태를 어떻게 관리하는가는 부가적인 문제다. 중요한 것은 객체가 다른 객체와 협력하는 방법이다.

안타깝게도 데이터 중심 설계에서 초점은 객체의 외부가 아니라 내부로 향한다. 실행 문맥에 대한 깊이 있는 고민 없이 객체가 관리할 데이터의 세부 정보를 먼저 결정한다. 객체의 구현이 이미 결정된 상태에서 다른 객체와의 협력 방법을 고민하기 때문에 이미 구현된 객체의 인터페이스를 억지로 끼워맞출 수밖에 없다.

두 번째 설계가 변경에 유연하게 대처하지 못했던 이유가 바로 이 때문이다. 객체의 인터페이스에 구현이 노출돼 있었기 때문에 협력이 구현 세부사항에 종속돼 있고 그에 따라 객체의 내부 구현이 변경됐을 때 협력하는 객체 모두가 영향을 받을 수밖에 없었던 것이다.

책임 할당하기

4장에서는 데이터 중심의 접근법을 취할 경우 직면하게 되는 다양한 문제점들을 살펴봤다. 데이터 중심의 설계는 행동보다 데이터를 먼저 결정하고 협력이라는 문맥을 벗어나 고립된 객체의 상태에 초점을 맞추기 때문에 캡슐화를 위반하기 쉽고, 요소들 사이의 결합도가 높아지며, 코드를 변경하기 어려워진다.

데이터 중심 설계로 인해 발생하는 문제점을 해결할 수 있는 가장 기본적인 방법은 데이터가 아닌 책임에 초점을 맞추는 것이다. 좋은 소식은 우리가 이미 책임 중심으로 설계된 코드를 살펴봤다는 것이다. 2장에서 객체지향 프로그래밍의 다양한 개념들을 설명하기 위해 예로 들었던 영화 예매 시스템이 바로 그것이다.

책임에 초점을 맞춰서 설계할 때 직면하는 가장 큰 어려움은 어떤 객체에게 어떤 책임을 할당할지를 결정하기가 쉽지 않다는 것이다. 책임 할당 과정은 일종의 트레이드오프 활동이다. 동일한 문제를 해결할 수 있는 다양한 책임 할당 방법이 존재하며, 어떤 방법이 최선인지는 상황과 문맥에 따라 달라진다. 따라서 올바른 책임을 할당하기 위해서는 다양한 관점에서 설계를 평가할 수 있어야 한다.

이번 장에서 살펴볼 GRASP 패턴은 책임 할당의 어려움을 해결하기 위한 답을 제시해 줄 것이다. GRASP 패턴을 이해하고 나면 응집도와 결합도, 캡슐화 같은 다양한 기준에 따라 책임을 할당하고 결과를 트레이드오프할 수 있는 기준을 배우게 될 것이다.

2장에서는 책임을 중심으로 설계된 객체지향 코드의 대략적인 모양을 살펴봤다. 3장에서는 역할, 책임, 협력이 객체지향적인 코드를 작성하기 위한 핵심이라는 사실을 배웠다. 4장에서는 역할, 책임, 협력이 아닌 데이터에 초점을 맞출 때 어떤 문제점이 발생하는지에 관해 살펴봤다. 이번 장에서는 2장에서 소개한 코드의 설계 과정을 한 걸음씩 따라가 보면서 객체에 책임을 할당하는 기본적인 원리를 살펴보자.

01 책임 주도 설계를 향해

데이터 중심의 설계에서 책임 중심의 설계로 전환하기 위해서는 다음의 두 가지 원칙을 따라야 한다.

- 데이터보다 행동을 먼저 결정하라
- 협력이라는 문맥 안에서 책임을 결정하라

뒤에서 자세히 살펴보겠지만 두 원칙의 핵심은 설계를 진행하는 동안 데이터가 아니라 객체의 책임과 협력에 초점을 맞추라는 것이다. 하나씩 살펴보자.

데이터보다 행동을 먼저 결정하라

객체에게 중요한 것은 데이터가 아니라 외부에 제공하는 행동이다. 클라이언트의 관점에서 객체가 수행하는 행동이란 곧 객체의 책임을 의미한다. 객체는 협력에 참여하기 위해 존재하며 협력 안에서 수행하는 책임이 객체의 존재가치를 증명한다.

데이터는 객체가 책임을 수행하는 데 필요한 재료를 제공할 뿐이다. 객체지향에 갓 입문한 사람들이 가장 많이 저지르는 실수가 바로 객체의 행동이 아니라 데이터에 초점을 맞추는 것이다. 너무 이른 시기에 데이터에 초점을 맞추면 객체의 캡슐화가 약화되기 때문에 낮은 응집도와 높은 결합도를 가진 객체들로 넘쳐나게 된다. 그 결과로 얻게 되는 것은 변경에 취약한 설계다.

우리에게 필요한 것은 객체의 데이터에서 행동으로 무게 중심을 옮기기 위한 기법이다. 가장 기본적인 해결 방법은 객체를 설계하기 위한 질문의 순서를 바꾸는 것이다. 데이터 중심의 설계에서는 "이 객체가 포함해야 하는 데이터가 무엇인가"를 결정한 후에 "데이터를 처리하는 데 필요한 오퍼레이션은 무엇인가"를 결정한다. 반면 책임 중심의 설계에서는 "이 객체가 수행해야 하는 책임은 무엇인가"를 결정한 후에 "이 책임을 수행하는 데 필요한 데이터는 무엇인가"를 결정한다. 다시 말해 책임 중심의 설계에서는 객체의 행동, 즉 책임을 먼저 결정한 후에 객체의 상태를 결정한다는 것이다.

객체지향 설계에서 가장 중요한 것은 적절한 객체에게 적절한 책임을 할당하는 능력이다. 그렇다면 객체에게 어떤 책임을 할당해야 하는가? 해결의 실마리를 협력에서 찾을 수 있다.

협력이라는 문맥 안에서 책임을 결정하라

객체에게 할당된 책임의 품질은 협력에 적합한 정도로 결정된다. 객체에게 할당된 책임이 협력에 어울리지 않는다면 그 책임은 나쁜 것이다. 객체의 입장에서는 책임이 조금 어색해 보이더라도 협력에 적합하다면 그 책임은 좋은 것이다. 책임은 객체의 입장이 아니라 객체가 참여하는 협력에 적합해야 한다.

이 사실은 객체의 책임을 어떻게 식별해야 하는가에 대한 힌트를 제공한다. 협력을 시작하는 주체는 메시지 전송자이기 때문에 협력에 적합한 책임이란 메시지 수신자가 아니라 메시지 전송자에게 적합한 책임을 의미한다. 다시 말해서 메시지를 전송하는 클라이언트의 의도에 적합한 책임을 할당해야 한다는 것이다.

협력에 적합한 책임을 수확하기 위해서는 객체를 결정한 후에 메시지를 선택하는 것이 아니라 메시지를 결정한 후에 객체를 선택해야 한다. 메시지가 존재하기 때문에 그 메시지를 처리할 객체가 필요한 것이다. 객체가 메시지를 선택하는 것이 아니라 메시지가 객체를 선택하게 해야 한다[Metz12].

> 클래스를 결정하고 그 클래스의 책임을 찾아 나서는 대신 메시지를 결정하고 이 메시지를 누구에게 전송할지 찾아보게 되었다.
>
> 클래스 기반 설계에서 메시지 기반 설계로의 자리바꿈은 우리가 해오던 설계 활동의 전환점이다. 메시지 기반의 설계 관점은 클래스 기반의 설계 관점보다 훨씬 유연한 애플리케이션을 만들 수 있게 해준다. "이 클래스가 필요하다는 점은 알겠는데 이 클래스는 무엇을 해야 하지?"라고 질문하지 않고 "메시지를 전송해야 하는데 누구에게 전송해야 하지?"라고 질문하는 것. 설계의 핵심 질문을 이렇게 바꾸는 것이 메시지 기반 설계로 향하는 첫걸음이다.
>
> 객체를 가지고 있기 때문에 메시지를 보내는 것이 아니다. 메시지를 전송하기 때문에 객체를 갖게 된 것이다[Metz12].

메시지가 클라이언트의 의도를 표현한다는 사실에 주목하라. 객체를 결정하기 전에 객체가 수신할 메시지를 먼저 결정한다는 점 역시 주목하라. 클라이언트는 어떤 객체가 메시지를 수신할지 알지 못한다. 클라이언트는 단지 임의의 객체가 메시지를 수신할 것이라는 사실을 믿고 자신의 의도를 표현한 메시지를 전송할 뿐이다. 그리고 메시지를 수신하기로 결정된 객체는 메시지를 처리할 '책임'을 할당받게 된다.

메시지를 먼저 결정하기 때문에 메시지 송신자는 메시지 수신자에 대한 어떠한 가정도 할 수 없다. 메시지 전송자의 관점에서 메시지 수신자가 깔끔하게 캡슐화되는 것이다. 이처럼 처음부터 데이터에 집중하는 데이터 중심의 설계가 캡슐화에 취약한 반면 협력이라는 문맥 안에서 메시지에 집중하는 책임 중심의 설계는 캡슐화의 원리를 지키기가 훨씬 쉬워진다. 책임 중심의 설계가 응집도가 높고 결합도가 낮으며 변경하기 쉽다고 말하는 이유가 여기에 있다.

정리해 보자. 객체에게 적절한 책임을 할당하기 위해서는 협력이라는 문맥을 고려해야 한다. 협력이라는 문맥에서 적절한 책임이란 곧 클라이언트의 관점에서 적절한 책임을 의미한다. 올바른 객체지향 설계는 클라이언트가 전송할 메시지를 결정한 후에야 비로소 객체의 상태를 저장하는 데 필요한 내부 데이터에 관해 고민하기 시작한다.

결론적으로 책임 중심의 설계에서는 협력이라는 문맥 안에서 객체가 수행할 책임에 초점을 맞춘다. 어디서 많이 들어본 이야기 같지 않은가? 아마 눈치가 빠른 사람은 지금까지 설명한 두 원칙이 3장에서 소개한 책임 주도 설계 방법의 핵심과 거의 동일하다는 것을 깨달았을 것이다.

책임 주도 설계

다음은 3장에서 설명한 책임 주도 설계의 흐름을 다시 나열한 것이다.

- 시스템이 사용자에게 제공해야 하는 기능인 시스템 책임을 파악한다.

- 시스템 책임을 더 작은 책임으로 분할한다.

- 분할된 책임을 수행할 수 있는 적절한 객체 또는 역할을 찾아 책임을 할당한다.

- 객체가 책임을 수행하는 도중 다른 객체의 도움이 필요한 경우 이를 책임질 적절한 객체 또는 역할을 찾는다.

- 해당 객체 또는 역할에게 책임을 할당함으로써 두 객체가 협력하게 한다.

이제 여러분은 책임 주도 설계를 좀 더 잘 이해할 수 있을 것이다. 책임 주도 설계의 핵심은 책임을 결정한 후에 책임을 수행할 객체를 결정하는 것이다. 그리고 협력에 참여하는 객체들의 책임이 어느 정도 정리될 때까지는 객체의 내부 상태에 대해 관심을 가지지 않는 것이다.

이번 장에서는 3장에서는 간략하게 설명했던 책임 주도 설계 방법을 좀 더 자세히 살펴보겠다. 책임 관점에서 영화 예매 시스템이 완성되는 과정을 살펴봄으로써 객체에게 책임을 할당하는 기본적인 원칙을 이해하게 될 것이다.

02 책임 할당을 위한 GRASP 패턴

객체지향이 태어나고 성숙해가는 동안 많은 사람들이 다양한 책임 할당 기법을 고안했다. 그중에서 대중적으로 가장 널리 알려진 것은 크레이그 라만(Craig Larman)이 패턴 형식으로 제안한 **GRASP 패턴**[Larman04]이다. GRASP은 "General Responsibility Assignment Software Pattern(일반적인 책임 할당을 위한 소프트웨어 패턴)"의 약자로 객체에게 책임을 할당할 때 지침으로 삼을 수 있는 원칙들의 집합을 패턴 형식으로 정리한 것이다.

반가운 소식은 여러분이 이미 영화 예매 시스템의 구현 과정을 통해 책임 할당과 관련된 대부분의 기반 지식을 습득했다는 것이다. GRASP 패턴은 이런 지식을 서로 공유하고 쉽게 토의할 수 있도록 이름을 붙여 놓은 것이다.

이제 영화 예매 시스템을 책임 중심으로 설계하는 과정을 따라가보자. 설계 과정은 도메인 안에 존재하는 개념들을 정리하는 것으로 시작된다.

도메인 개념에서 출발하기

설계를 시작하기 전에 도메인에 대한 개략적인 모습을 그려 보는 것이 유용하다. 도메인 안에는 무수히 많은 개념들이 존재하며 이 도메인 개념들을 책임 할당의 대상으로 사용하면 코드에 도메인의 모습을 투영하기가 좀 더 수월해진다. 따라서 어떤 책임을 할당해야 할 때 가장 먼저 고민해야 하는 유력한 후보는 바로 도메인 개념이다.

그림 5.1은 영화 예매 시스템을 구성하는 도메인 개념과 개념 사이의 관계를 대략적으로 표현한 것이다. 그림을 통해 하나의 영화는 여러 번 상영될 수 있으며, 하나의 상영은 여러 번 예약될 수 있다는 사실을 알 수 있다. 또한 영화는 다수의 할인 조건을 가질 수 있으며 할인 조건에는 순번 조건과 기간 조건이 존재한다는 사실 역시 표현돼 있다. 할인 조건은 순번 조건과 기간 조건으로 분류되고 영화는 금액이나 비율에 따라 할인될 수 있지만 동시에 두 가지 할인 정책을 적용할 수 없다는 사실도 알 수 있다.

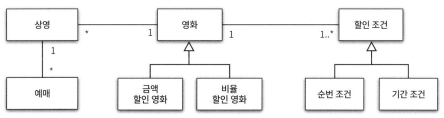

그림 5.1 영화 예매 시스템을 구성하는 도메인 개념

설계를 시작하는 단계에서는 개념들의 의미와 관계가 정확하거나 완벽할 필요가 없다. 단지 우리에게는 출발점이 필요할 뿐이다. 이 단계에서는 책임을 할당받을 객체들의 종류와 관계에 대한 유용한 정보를 제공할 수 있다면 충분하다. 따라서 시작 시점에는 그림 5.1을 설계를 시작하기 위해 참고할 수 있는 개념들의 모음 정도로 간주하라. 중요한 것은 설계를 시작하는 것이지 도메인 개념들을 완벽하게 정리하는 것이 아니다. 도메인 개념을 정리하는 데 너무 많은 시간을 들이지 말고 빠르게 설계와 구현을 진행하라.

올바른 도메인 모델이란 존재하지 않는다

눈치가 빠른 사람이라면 그림 5.1의 도메인 모델이 2장에서 설명한 도메인 모델과는 약간 다르다는 사실을 눈치챘을 것이다. 2장에서는 할인 정책이라는 개념이 하나의 독립적인 개념으로 분리돼 있었지만 그림 5.1에서는 영화의 종류로 표현돼 있다. 어떤 쪽이 올바른 도메인 모델인가? 만약 두 도메인 모델 모두 올바른 구현을 이끌어낼 수만 있다면 정답은 '둘 다'다.

많은 사람들이 도메인 모델은 구현과는 무관하다고 생각하지만 이것은 도메인 모델의 개념을 오해한 것에 불과하다. 도메인 모델은 도메인을 개념적으로 표현한 것이지만 그 안에 포함된 개념과 관계는 구현의 기반이 돼야 한다. 이것은 도메인 모델이 구현을 염두에 두고 구조화되는 것이 바람직하다는 것을 의미한다. 반대로 코드의 구조가 도메인을 바라보는 관점을 바꾸기도 한다.

이번 장에서는 그림 5.1의 도메인 모델로 시작하기 때문에 실제로 구현된 코드는 2장과는 약간 다르다는 사실을 알게 될 것이다. 이것은 도메인 모델의 구조가 코드의 구조에 영향을 미치기 때문이다. 하지만 이번 장의 마지막에 이르면 도메인 모델이 2장과 동일하게 변경되는데 이것은 유연성이나 재사용성 등과 같이 실제 코드를 구현하면서 얻게 되는 통찰이 역으로 도메인에 대한 개념을 바꾸기 때문이다.

이것은 올바른 도메인 모델이란 존재하지 않는다는 사실을 잘 보여준다. 필요한 것은 도메인을 그대로 투영한 모델이 아니라 구현에 도움이 되는 모델이다. 다시 말해서 실용적이면서도 유용한 모델이 답이다.

정보 전문가에게 책임을 할당하라

책임 주도 설계 방식의 첫 단계는 애플리케이션이 제공해야 하는 기능을 애플리케이션의 책임으로 생각하는 것이다. 이 책임을 애플리케이션에 대해 전송된 메시지로 간주하고 이 메시지를 책임질 첫 번째 객체를 선택하는 것으로 설계를 시작한다.

사용자에게 제공해야 하는 기능은 영화를 예매하는 것이다. 이를 책임으로 간주하면 애플리케이션은 영화를 예매할 책임이 있다고 말할 수 있다. 이제 이 책임을 수행하는 데 필요한 메시지를 결정해야 한다. 메시지는 메시지를 수신할 객체가 아니라 메시지를 전송할 객체의 의도를 반영해서 결정해야 한다.

따라서 첫 번째 질문은 다음과 같다.

메시지를 전송할 객체는 무엇을 원하는가?

협력을 시작하는 객체는 미정이지만 이 객체가 원하는 것은 분명해 보인다. 바로 영화를 예매하는 것이다. 따라서 메시지의 이름으로는 *예매하라*가 적절한 것 같다.

1: 예매하라

메시지를 결정했으므로 메시지에 적합한 객체를 선택해야 한다. 두 번째 질문은 다음과 같다.

메시지를 수신할 적합한 객체는 누구인가?

이 질문에 답하기 위해서는 객체가 상태와 행동을 통합한 캡슐화의 단위라는 사실에 집중해야 한다. 객체는 자신의 상태를 스스로 처리하는 자율적인 존재여야 한다. 객체의 책임과 책임을 수행하는 데 필요한 상태는 동일한 객체 안에 존재해야 한다. 따라서 객체에게 책임을 할당하는 첫 번째 원칙은 책임을 수행할 정보를 알고 있는 객체에게 책임을 할당하는 것이다. GRASP에서는 이를 **INFORMATION EXPERT(정보 전문가)** 패턴이라고 부른다.

> ### INFORMATION EXPERT 패턴
>
> 책임을 객체에 할당하는 일반적인 원리는 무엇인가? 책임을 정보 전문가, 즉, 책임을 수행하는 데 필요한 정보를 가지고 있는 객체에게 할당하라.
>
> INFORMATION EXPERT 패턴은 객체가 자율적인 존재여야 한다는 사실을 다시 한번 상기시킨다. 정보를 알고 있는 객체만이 책임을 어떻게 수행할지 스스로 결정할 수 있기 때문이다. INFORMATION EXPERT 패턴을 따르면 정보와 행동을 최대한 가까운 곳에 위치시키기 때문에 캡슐화를 유지할 수 있다. 필요한 정보를 가진 객체들로 책임이 분산되기 때문에 더 응집력 있고, 이해하기 쉬워진다. 따라서 높은 응집도가 가능하다. 결과적으로 결합도가 낮아져서 간결하고 유지보수하기 쉬운 시스템을 구축할 수 있다.

INFORMATION EXPERT 패턴은 객체가 자신이 소유하고 있는 정보와 관련된 작업을 수행한다는 일반적인 직관을 표현한 것이다. 여기서 이야기하는 정보는 데이터와 다르다는 사실에 주의하라. 책임을 수행하는 객체가 정보를 '알고' 있다고 해서 그 정보를 '저장'하고 있을 필요는 없다. 객체는 해당 정보를 제공할 수 있는 다른 객체를 알고 있거나 필요한 정보를 계산해서 제공할 수도 있다. 어떤 방식이건 정보 전문가가 데이터를 반드시 저장하고 있을 필요는 없다는 사실을 이해하는 것이 중요하다.

INFORMATION EXPERT 패턴에 따르면 예매하는 데 필요한 정보를 가장 많이 알고 있는 객체에게 *예매하라* 메시지를 처리할 책임을 할당해야 한다. 어떤 객체가 좋을까? 아마 '상영'이라는 도메인 개념이 적합할 것이다. 상영은 영화에 대한 정보와 상영 시간, 상영 순번처럼 영화 예매에 필요한 다양한 정보를 알고 있다. 따라서 영화 예매를 위한 정보 전문가다. 상영(Screening)에게 예매를 위한 책임을 할당하자.

예매하라 메시지를 수신했을 때 Screening이 수행해야 하는 작업의 흐름을 생각해보자. 이제부터는 외부의 인터페이스가 아닌 Screening의 내부로 들어가 메시지를 처리하기 위해 필요한 절차와 구현을 고민해보는 것이다. 지금은 개략적인 수준에서 객체들의 책임을 결정하는 단계이기 때문에 너무 세세한 부분까지 고민할 필요는 없다. 단지 Screening이 책임을 수행하는 데 필요한 작업을 구상해보고 스스로 처리할 수 없는 작업이 무엇인지를 가릴 정도의 수준이면 된다.

만약 스스로 처리할 수 없는 작업이 있다면 외부에 도움을 요청해야 한다. 이 요청이 외부로 전송해야 하는 새로운 메시지가 되고, 최종적으로 이 메시지가 새로운 객체의 책임으로 할당된다. 이 같은 연쇄적인 메시지 전송과 수신을 통해 협력 공동체가 구성되는 것이다.

예매하라 메시지를 완료하기 위해서는 예매 가격을 계산하는 작업이 필요하다. 예매 가격은 영화 한 편의 가격을 계산한 금액에 예매 인원수를 곱한 값으로 구할 수 있다. 따라서 영화 한 편의 가격을 알아야 한다. 안타깝게도 Screening은 가격을 계산하는 데 필요한 정보를 모르기 때문에 외부의 객체에게 도움을 요청해서 가격을 얻어야 한다. 외부에 대한 이 요청이 새로운 메시지가 된다. 여기서 새로운 메시지의 이름으로는 *가격을 계산하라*가 적절할 것 같다.

이제 메시지를 책임질 객체를 선택해야 한다. 다시 한번 강조하지만 기본 원칙은 정보 전문가에게 책임을 할당하는 것이다. 영화 가격을 계산하는 데 필요한 정보를 알고 있는 전문가는 무엇인가? 당연히 영화(Movie)다. 따라서 INFORMATION EXPERT 패턴에 따라 메시지를 수신할 적당한 객체는 Movie가 될 것이다. 이제 Movie는 영화 가격을 계산할 책임을 지게 된다.

이제 가격을 계산하기 위해 Movie가 어떤 작업을 해야 하는지 생각해보자. 요금을 계산하기 위해서는 먼저 영화가 할인 가능한지를 판단한 후 할인 정책에 따라 할인 요금을 제외한 금액을 계산하면 된다. 이 중에서 영화가 스스로 처리할 수 없는 일이 한 가지 있다. 할인 조건에 따라 영화가 할인 가능한지를 판단하는 것이다. 따라서 Movie는 할인 여부를 판단하라 메시지를 전송해서 외부의 도움을 요청해야 한다.

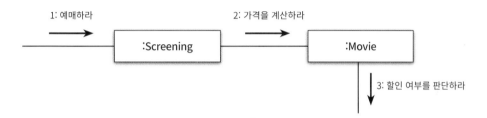

이제 메시지를 책임질 객체를 선택할 차례다. 할인 여부를 판단하는 데 필요한 정보를 가장 많이 알고 있는 객체는 무엇인가? 이 정보에 대한 전문가는 바로 할인 조건(DiscountCondition)이다. DiscountCondition에게 이 책임을 할당하자.

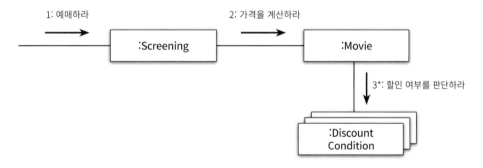

DiscountCondition은 자체적으로 할인 여부를 판단하는 데 필요한 모든 정보를 알고 있기 때문에 외부의 도움 없이도 스스로 할인 여부를 판단할 수 있다. 따라서 DiscountCondition은 외부에 메시지를 전송하지 않는다.

Movie는 DiscountCondition에 전송한 할인 여부를 판단하라 메시지의 결과로 할인 가능 여부를 반환받는다. DiscountCondition 중에서 할인 가능한 조건이 하나라도 존재하면 금액 할인 정책이나 비율 할인 정책에 정해진 계산식에 따라 요금을 계산한 후 반환한다. 만약 할인 가능한 조건이 존재하지 않는다면 영화의 기본 금액을 반환한다.

지금까지 살펴본 것처럼 **INFORMATION EXPERT** 패턴은 객체에게 책임을 할당할 때 가장 기본이 되는 책임 할당 원칙이다. **INFORMATION EXPERT** 패턴은 객체란 상태와 행동을 함께 가지는 단위라는 객체지향의 가장 기본적인 원리를 책임 할당의 관점에서 표현한다. **INFORMATION EXPERT** 패턴을 따르는 것만으로도 자율성이 높은 객체들로 구성된 협력 공동체를 구축할 가능성이 높아지는 것이다.

높은 응집도와 낮은 결합도

설계는 트레이드오프 활동이라는 것을 기억하라. 동일한 기능을 구현할 수 있는 무수히 많은 설계가 존재한다. 따라서 실제로 설계를 진행하다 보면 몇 가지 설계 중에서 한 가지를 선택해야 하는 경우가 빈번하게 발생한다. 이 경우에는 올바른 책임 할당을 위해 **INFORMATION EXPERT** 패턴 이외의 다른 책임 할당 패턴들을 함께 고려할 필요가 있다.

예를 들어, 방금 전에 설계한 영화 예매 시스템에서는 할인 요금을 계산하기 위해 Movie가 DiscountCondition에 *할인 여부를 판단하라* 메시지를 전송한다. 그렇다면 이 설계의 대안으로 Movie 대신 Screening이 직접 DiscountCondition과 협력하게 하는 것은 어떨까? 이를 위해서는 Screening이 DiscountCondition에게 *할인 여부를 판단하라* 메시지를 전송하고 반환받은 할인 여부를 Movie에 전송하는 메시지의 인자로 전달하도록 수정해야 한다. Movie는 전달된 할인 여부 값을 이용해 기본 금액을 이용할지, 아니면 할인 정책에 따라 할인 요금을 계산할지를 결정할 것이다.

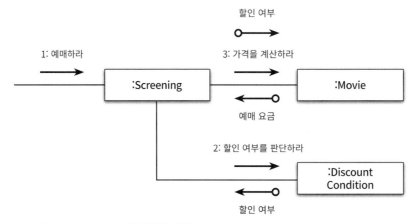

그림 5.2 Screening이 DiscountCondition과 결합되는 협력

위 설계는 기능적인 측면에서만 놓고 보면 Movie와 DiscountCondition이 직접 상호작용하는 앞의 설계와 동일하다. 차이점이라면 DiscountCondition과 협력하는 객체가 Movie가 아니라 Screening이라는 것뿐이다. 따라서 기능적인 측면에서는 두 가지 중 어떤 방법을 선택하더라도 차이가 없는 것처럼 보인다. 그렇다면 왜 우리는 이 설계 대신 Movie가 DiscountCondition과 협력하는 방법을 선택한 것일까?

그 이유는 응집도와 결합도에 있다. 높은 응집도와 낮은 결합도는 객체에 책임을 할당할 때 항상 고려해야 하는 기본 원리다. 책임을 할당할 수 있는 다양한 대안들이 존재한다면 응집도와 결합도의 측면에서 더 나은 대안을 선택하는 것이 좋다. 다시 말해 두 협력 패턴 중에서 높은 응집도와 낮은 결합도를 얻을 수 있는 설계가 있다면 그 설계를 선택해야 한다는 것이다.

GRASP에서는 이를 **LOW COUPLING**(**낮은 결합도**) 패턴과 **HIGH COHESION**(**높은 응집도**) 패턴이라고 부른다. **LOW COUPLING** 패턴부터 살펴보자.

LOW COUPLING 패턴

어떻게 하면 의존성을 낮추고 변화의 영향을 줄이며 재사용성을 증가시킬 수 있을까? 설계의 전체적인 결합도가 낮게 유지되도록 책임을 할당하라.

낮은 결합도는 모든 설계 결정에서 염두에 둬야 하는 원리다. 다시 말해 설계 결정을 평가할 때 적용할 수 있는 평가원리다. 현재의 책임 할당을 검토하거나 여러 설계 대안들이 있을 때 낮은 결합도를 유지할 수 있는 설계를 선택하라.

DiscountCondition이 Movie와 협력하는 것이 좋을까, 아니면 Screening과 협력하는 것이 좋을까? 해답의 실마리는 결합도에 있다. 그림 5.1의 도메인 개념을 다시 살펴보자. 도메인 상으로 Movie는 DiscountCondition의 목록을 속성으로 포함하고 있다. Movie와 DiscountCondition은 이미 결합돼 있기 때문에 Movie를 DiscountCondition과 협력하게 하면 설계 전체적으로 결합도를 추가하지 않고도 협력을 완성할 수 있다.

하지만 Screening이 DiscountCondition과 협력할 경우에는 Screening과 DiscountCondition 사이에 새로운 결합도가 추가된다. 따라서 **LOW COUPLING** 패턴의 관점에서는 Screening이 DiscountCondition과 협력하는 것보다는 Movie가 DiscountCondition과 협력하는 것이 더 나은 설계 대안인 것이다.

HIGH COHESION 패턴의 관점에서도 설계 대안들을 평가할 수 있다.

HIGH COHESION 패턴

어떻게 복잡성을 관리할 수 있는 수준으로 유지할 것인가? 높은 응집도를 유지할 수 있게 책임을 할당하라.

낮은 결합도처럼 높은 응집도 역시 모든 설계 결정에서 염두에 둬야 할 원리다. 다시 말해 설계 결정을 평가할 때 적용할 수 있는 평가원리다. 현재의 책임 할당을 검토하고 있거나 여러 설계 대안 중 하나를 선택해야 한다면 높은 응집도를 유지할 수 있는 설계를 선택하라.

Screening의 가장 중요한 책임은 예매를 생성하는 것이다. 만약 Screening이 DiscountCondition과 협력해야 한다면 Screening은 영화 요금 계산과 관련된 책임 일부를 떠안아야 할 것이다. 이 경우 Screening은 DiscountCondition이 할인 여부를 판단할 수 있고 Movie가 이 할인 여부를 필요로 한다는 사실 역시 알고 있어야 한다.

다시 말해서 예매 요금을 계산하는 방식이 변경될 경우 Screening도 함께 변경해야 하는 것이다. 결과적으로 Screening과 DiscountCondition이 협력하게 되면 Screening은 서로 다른 이유로 변경되는 책임을 짊어지게 되므로 응집도가 낮아질 수밖에 없다.

반면 Movie의 주된 책임은 영화 요금을 계산하는 것이다. 따라서 영화 요금을 계산하는 데 필요한 할인 조건을 판단하기 위해 Movie가 DiscountCondition과 협력하는 것은 응집도에 아무런 해도 끼치지 않는다. 따라서 **HIGH COHESION** 패턴의 관점에서 Movie가 DiscountCondition과 협력하는 것이 더 나은 설계 대안이다.

LOW COUPLING 패턴과 **HIGH COHESION** 패턴은 설계를 진행하면서 책임과 협력의 품질을 검토하는 데 사용할 수 있는 중요한 평가 기준이다. 책임을 할당하고 코드를 작성하는 매순간마다 **LOW COUPLING**과 **HIGH COHESION**의 관점에서 전체적인 설계 품질을 검토하면 단순하면서도 재사용 가능하고 유연한 설계를 얻을 수 있을 것이다.

창조자에게 객체 생성 책임을 할당하라

영화 예매 협력의 최종 결과물은 Reservation 인스턴스를 생성하는 것이다. 이것은 협력에 참여하는 어떤 객체에게는 Reservation 인스턴스를 생성할 책임을 할당해야 한다는 것을 의미한다. GRASP의 **CREATOR(창조자)** 패턴은 이 같은 경우에 사용할 수 있는 책임 할당 패턴으로서 객체를 생성할 책임을 어떤 객체에게 할당할지에 대한 지침을 제공한다.

CREATOR 패턴

객체 A를 생성해야 할 때 어떤 객체에게 객체 생성 책임을 할당해야 하는가? 아래 조건을 최대한 많이 만족하는 B에게 객체 생성 책임을 할당하라.

- B가 A 객체를 포함하거나 참조한다.

- B가 A 객체를 기록한다.

- B가 A 객체를 긴밀하게 사용한다.

- B가 A 객체를 초기화하는 데 필요한 데이터를 가지고 있다(이 경우 B는 A에 대한 정보 전문가다)

CREATOR 패턴의 의도는 어떤 방식으로든 생성되는 객체와 연결되거나 관련될 필요가 있는 객체에 해당 객체를 생성할 책임을 맡기는 것이다. 생성될 객체에 대해 잘 알고 있어야 하거나 그 객체를 사용해야 하는 객체는 어떤 방식으로든 생성될 객체와 연결될 것이다. 다시 말해서 두 객체는 서로 결합된다.

이미 결합돼 있는 객체에게 생성 책임을 할당하는 것은 설계의 전체적인 결합도에 영향을 미치지 않는다. 결과적으로 CREATOR 패턴은 이미 존재하는 객체 사이의 관계를 이용하기 때문에 설계가 낮은 결합도를 유지할 수 있게 한다.

Reservation을 잘 알고 있거나, 긴밀하게 사용하거나, 초기화에 필요한 데이터를 가지고 있는 객체는 무엇인가? 바로 Screening이다. Screening은 예매 정보를 생성하는 데 필요한 영화, 상영 시간, 상영 순번 등의 정보에 대한 전문가이며, 예매 요금을 계산하는 데 필수적인 Movie도 알고 있다. 따라서 Screening을 Reservation의 **CREATOR**로 선택하는 것이 적절해 보인다.

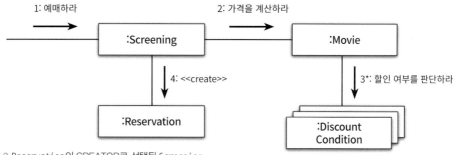

그림 5.3 Reservation의 CREATOR로 선택된 Screening

대략적으로나마 영화 예매에 필요한 책임을 객체들에게 할당했다. 현재까지의 책임 분배는 설계를 시작하기 위한 대략적인 스케치에 불과하다. 실제 설계는 코드를 작성하는 동안 이뤄진다. 그리고 협력과 책임이 제대로 동작하는지 확인할 수 있는 유일한 방법은 코드를 작성하고 실행해 보는 것뿐이다. 올바르게 설계하고 있는지 궁금한가? 코드를 작성하라.

03 구현을 통한 검증

Screening을 구현하는 것으로 시작하자. Screening은 영화를 예매할 책임을 맡으며 그 결과로 Reservation 인스턴스를 생성할 책임을 수행해야 한다. 다시 말해 Screening은 예매에 대한 정보 전문가 인 동시에 Reservation의 창조자다.

협력의 관점에서 Screening은 *예매하라* 메시지에 응답할 수 있어야 한다. 따라서 이 메시지를 처리할 수 있는 메서드를 구현하자.

```java
public class Screening {
  public Reservation reserve(Customer customer, int audienceCount) {
  }
}
```

책임이 결정됐으므로 책임을 수행하는 데 필요한 인스턴스 변수를 결정해야 한다. Screening은 상영 시 간(whenScreened)과 상영 순번(sequence)을 인스턴스 변수로 포함한다. 또한 Movie에 *가격을 계산하라* 메시지를 전송해야 하기 때문에 영화(movie)에 대한 참조도 포함해야 한다.

```java
public class Screening {
  private Movie movie;
  private int sequence;
  private LocalDateTime whenScreened;

  public Reservation reserve(Customer customer, int audienceCount) {
  }
}
```

영화를 예매하기 위해서는 movie에게 *가격을 계산하라* 메시지를 전송해서 계산된 영화 요금을 반환받 아야 한다. calculateFee 메서드는 이렇게 반환된 요금에 예매 인원 수를 곱해서 전체 예매 요금을 계산 한 후 Reservation을 생성해서 반환한다.

```java
public class Screening {
  private Movie movie;
  private int sequence;
  private LocalDateTime whenScreened;
```

```
public Reservation reserve(Customer customer, int audienceCount) {
  return new Reservation(customer, this, calculateFee(audienceCount), audienceCount);
}

private Money calculateFee(int audienceCount) {
  return movie.calculateMovieFee(this).times(audienceCount);
}
}
```

Screening을 구현하는 과정에서 Movie에 전송하는 메시지의 시그니처를 calculateMovieFee(Screening screening)으로 선언했다는 사실에 주목하라. 이 메시지는 수신자인 Movie가 아니라 송신자인 Screening 의 의도를 표현한다. 여기서 중요한 것은 Screening이 Movie의 내부 구현에 대한 어떤 지식도 없이 전송할 메시지를 결정했다는 것이다. 이처럼 Movie의 구현을 고려하지 않고 필요한 메시지를 결정하면 Movie의 내부 구현을 깔끔하게 캡슐화할 수 있다.

이제 Screening과 Movie를 연결하는 유일한 연결 고리는 메시지뿐이다. 따라서 메시지가 변경되지 않는 한 Movie에 어떤 수정을 가하더라도 Screening에는 영향을 미치지 않는다. 메시지를 기반으로 협력을 구성하면 Screening과 Movie 사이의 결합도를 느슨하게 유지할 수 있다. 이처럼 메시지가 객체를 선택 하도록 책임 주도 설계의 방식을 따르면 캡슐화와 낮은 결합도라는 목표를 비교적 손쉽게 달성할 수 있다.

Screening은 Movie와 협력하기 위해 calculateMovieFee 메시지를 전송한다. Movie는 이 메시지에 응답하기 위해 calculateMovieFee 메서드를 구현해야 한다.

```
public class Movie {
  public Money calculateMovieFee(Screening screening) {
  }
}
```

요금을 계산하기 위해 Movie는 기본 금액(fee), 할인 조건(discountConditions), 할인 정책 등의 정보를 알아야 한다. 현재의 설계에서 할인 정책을 Movie의 일부로 구현하고 있기 때문에 할인 정책을 구성하는 할인 금액(discountAmount)과 할인 비율(discountPercent)을 Movie의 인스턴스 변수로 선언했다. 그리고 현재의 Movie가 어떤 할인 정책이 적용된 영화인지를 나타내기 위한 영화 종류(movieType)를 인스턴스 변수로 포함한다.

```
public class Movie {
  private String title;
  private Duration runningTime;
  private Money fee;
  private List<DiscountCondition> discountConditions;

  private MovieType movieType;
  private Money discountAmount;
  private double discountPercent;

  public Money calculateMovieFee(Screening screening) {
  }
}
```

MovieType은 할인 정책의 종류를 나열하는 단순한 열거형 타입이다.

```
public enum MovieType {
    AMOUNT_DISCOUNT,    // 금액 할인 정책
    PERCENT_DISCOUNT,   // 비율 할인 정책
    NONE_DISCOUNT       // 미적용
}
```

Movie는 먼저 discountConditions의 원소를 차례대로 순회하면서 DiscountCondition 인스턴스에게 isSatisfiedBy 메시지를 전송해서 할인 여부를 판단하도록 요청한다. 만약 할인 조건을 만족하는 DiscountCondition 인스턴스가 존재한다면 할인 요금을 계산하기 위해 calculateDiscountAmount 메서드를 호출한다. 만약 만족하는 할인 조건이 존재하지 않을 경우에는 기본 금액인 fee를 반환한다.

```
public class Movie {
  public Money calculateMovieFee(Screening screening) {
    if (isDiscountable(screening)) {
      return fee.minus(calculateDiscountAmount());
    }

    return fee;
  }

  private boolean isDiscountable(Screening screening) {
```

```
    return discountConditions.stream()
        .anyMatch(condition -> condition.isSatisfiedBy(screening));
  }
}
```

실제로 할인 요금을 계산하는 `calculateDiscountAmount` 메서드는 `movieType`의 값에 따라 적절한 메서드를 호출한다.

```
public class Movie {
  private Money calculateDiscountAmount() {
    switch(movieType) {
      case AMOUNT_DISCOUNT:
        return calculateAmountDiscountAmount();
      case PERCENT_DISCOUNT:
        return calculatePercentDiscountAmount();
      case NONE_DISCOUNT:
        return calculateNoneDiscountAmount();
    }

    throw new IllegalStateException();
  }

  private Money calculateAmountDiscountAmount() {
    return discountAmount;
  }

  private Money calculatePercentDiscountAmount() {
    return fee.times(discountPercent);
  }

  private Money calculateNoneDiscountAmount() {
    return Money.ZERO;
  }
}
```

Movie는 각 DiscountCondition에 할인 여부를 판단하라 메시지를 전송한다. DiscountCondition은 이 메시지를 처리하기 위해 isSatisfiedBy 메서드를 구현해야 한다.

```
public class DiscountCondition {
  public boolean isSatisfiedBy(Screening screening) {
  }
}
```

DiscountCondition은 기간 조건을 위한 요일(dayOfWeek), 시작 시간(startTime), 종료 시간(endTime)과 순번 조건을 위한 상영 순번(sequence)을 인스턴스 변수로 포함한다. 추가적으로 할인 조건의 종류(type)를 인스턴스 변수로 포함한다. isSatisfiedBy 메서드는 type의 값에 따라 적절한 메서드를 호출한다.

```
public class DiscountCondition {
  private DiscountConditionType type;
  private int sequence;
  private DayOfWeek dayOfWeek;
  private LocalTime startTime;
  private LocalTime endTime;

  public boolean isSatisfiedBy(Screening screening) {
    if (type == DiscountConditionType.PERIOD) {
      return isSatisfiedByPeriod(screening);
    }

    return isSatisfiedBySequence(screening);
  }

  private boolean isSatisfiedByPeriod(Screening screening) {
    return dayOfWeek.equals(screening.getWhenScreened().getDayOfWeek()) &&
      startTime.compareTo(screening.getWhenScreened().toLocalTime()) <= 0 &&
      endTime.isAfter(screening.getWhenScreened().toLocalTime()) >= 0;
  }

  private boolean isSatisfiedBySequence(Screening screening) {
    return sequence == screening.getSequence();
  }
}
```

DiscountCondition은 할인 조건을 판단하기 위해 Screening의 상영 시간과 상영 순번을 알아야 한다. 두 정보를 제공하는 메서드를 Screening에 추가하자.

```java
public class Screening {
  public LocalDateTime getWhenScreened() {
    return whenScreened;
  }

  public int getSequence() {
    return sequence;
  }
}
```

DiscountConditionType은 할인 조건의 종류를 나열하는 단순한 열거형 타입이다.

```java
public enum DiscountConditionType {
    SEQUENCE,       // 순번 조건
    PERIOD          // 기간 조건
}
```

이제 구현이 완료됐다. 코드가 만족스러운가? 안타깝게도 방금 작성한 코드 안에는 마음을 불편하게 만드는 몇 가지 문제점이 숨어 있다.

DiscountCondition 개선하기

가장 큰 문제점은 변경에 취약한 클래스를 포함하고 있다는 것이다. 변경에 취약한 클래스란 코드를 수정해야 하는 이유를 하나 이상 가지는 클래스다. 그렇다면 현재의 코드에서 변경의 이유가 다양한 클래스는 무엇인가? 바로 DiscountCondition이다. DiscountCondition은 다음과 같이 서로 다른 세 가지 이유로 변경될 수 있다.

새로운 할인 조건 추가

isSatisfiedBy 메서드 안의 if ~ else 구문을 수정해야 한다. 물론 새로운 할인 조건이 새로운 데이터를 요구한다면 DiscountCondition에 속성을 추가하는 작업도 필요하다.

순번 조건을 판단하는 로직 변경

isSatisfiedBySequence 메서드의 내부 구현을 수정해야 한다. 물론 순번 조건을 판단하는 데 필요한 데이터가 변경된다면 DiscountCondition의 sequence 속성 역시 변경해야 할 것이다.

기간 조건을 판단하는 로직이 변경되는 경우

isSatisfiedByPeriod 메서드의 내부 구현을 수정해야 한다. 물론 기간 조건을 판단하는 데 필요한 데이터가 변경된다면 DiscountCondition의 dayOfWeek, startTime, endTime 속성 역시 변경해야 할 것이다.

DiscountCondition은 하나 이상의 변경 이유를 가지기 때문에 응집도가 낮다. 응집도가 낮다는 것은 서로 연관성이 없는 기능이나 데이터가 하나의 클래스 안에 뭉쳐져 있다는 것을 의미한다. 따라서 낮은 응집도가 초래하는 문제를 해결하기 위해서는 **변경의 이유에 따라 클래스를 분리해야 한다.**

앞에서 살펴본 것처럼 DiscountCondition 안에 구현된 isSatisfiedBySequence 메서드와 isSatisfiedByPeriod 메서드는 서로 다른 이유로 변경된다. isSatisfiedBySequence 메서드는 순번 조건에 대한 요구사항이 달라질 경우에 구현이 변경된다. 그에 반해 isSatisfiedByPeriod 메서드는 기간 조건에 대한 요구사항이 달라질 경우에 구현이 변경된다.

두 가지 변경이 코드에 영향을 미치는 시점은 서로 다를 수 있다. 다시 말해 DiscountCondition은 서로 다른 이유로, 서로 다른 시점에 변경될 확률이 높다. 서로 다른 이유로 변경되는 두 개의 메서드를 가지는 DiscountCondition 클래스의 응집도는 낮아질 수밖에 없는 것이다.

지금까지 살펴본 것처럼 일반적으로 설계를 개선하는 작업은 변경의 이유가 하나 이상인 클래스를 찾는 것으로부터 시작하는 것이 좋다. 문제는 객체지향 설계에 갓 입문한 개발자들은 클래스 안에서 변경의 이유를 찾는 것이 생각보다 어렵다는 것이다. 희망적인 소식은 변경의 이유가 하나 이상인 클래스에는 위험 징후를 또렷하게 드러내는 몇 가지 패턴이 존재한다는 점이다. 일단 이 패턴을 이해하고 나면 클래스 안에 숨겨진 변경의 이유를 생각보다 쉽게 알아낼 수 있을 것이다.

코드를 통해 변경의 이유를 파악할 수 있는 첫 번째 방법은 **인스턴스 변수가 초기화되는 시점**을 살펴보는 것이다. 응집도가 높은 클래스는 인스턴스를 생성할 때 모든 속성을 함께 초기화한다. 반면 응집도가 낮은 클래스는 객체의 속성 중 일부만 초기화하고 일부는 초기화되지 않은 상태로 남겨진다.

DiscountCondition 클래스를 다시 살펴보자. DiscountCondition이 순번 조건을 표현하는 경우 sequence는 초기화되지만 dayOfWeek, startTime, endTime은 초기화되지 않는다. 반대로 DiscountCondition이 기간 조건을 표현하는 경우에는 dayOfWeek, startTime, endTime은 초기화되지만 sequence는 초기화되지 않는다. 클래스의 속성이 서로 다른 시점에 초기화되거나 일부만 초기화된다는 것은 응집도가 낮다는 증거다. 따라서 **함께 초기화되는 속성을 기준으로 코드를 분리해야 한다.**

코드를 통해 변경의 이유를 파악할 수 있는 두 번째 방법은 **메서드들이 인스턴스 변수를 사용하는 방식**을 살펴보는 것이다. 모든 메서드가 객체의 모든 속성을 사용한다면 클래스의 응집도는 높다고 볼 수 있다. 반면 메서드들이 사용하는 속성에 따라 그룹이 나뉜다면 클래스의 응집도가 낮다고 볼 수 있다.

DiscountCondition의 isSatisfiedBySequence 메서드와 isSatisfiedByPeriod 메서드가 이 경우에 해당한다. isSatisfiedBySequence 메서드는 sequence는 사용하지만 dayOfWeek, startTime, endTime은 사용하지 않는다. 반대로 isSatisfiedByPeriod 메서드는 dayOfWeek, startTime, endTime은 사용하지만 sequence는 사용하지 않는다. 이 경우 클래스의 응집도를 높이기 위해서는 **속성 그룹과 해당 그룹에 접근하는 메서드 그룹을 기준으로 코드를 분리해야 한다.**

클래스 응집도 판단하기

지금까지 클래스의 응집도를 판단할 수 있는 세 가지 방법을 살펴봤다. 클래스가 다음과 같은 징후로 몸살을 앓고 있다면 클래스의 응집도는 낮은 것이다.

- 클래스가 하나 이상의 이유로 변경돼야 한다면 응집도가 낮은 것이다. 변경의 이유를 기준으로 클래스를 분리하라.
- 클래스의 인스턴스를 초기화하는 시점에 경우에 따라 서로 다른 속성들을 초기화하고 있다면 응집도가 낮은 것이다. 초기화되는 속성의 그룹을 기준으로 클래스를 분리하라.
- 메서드 그룹이 속성 그룹을 사용하는지 여부로 나뉜다면 응집도가 낮은 것이다. 이들 그룹을 기준으로 클래스를 분리하라.

일반적으로 응집도가 낮은 클래스는 이 세 가지 문제를 동시에 가지는 경우가 대부분이다. 메서드의 크기가 너무 커서 긴 코드 라인 속에 문제가 숨겨져 명확하게 보이지 않을 수도 있다. 이 경우 긴 메서드를 응집도 높은 작은 메서드로 잘게 분해해 나가면 숨겨져 있던 문제점이 명확하게 드러나는 경우가 많다. 응집도 높은 메서드로 긴 메서드를 분해하는 방법은 이번 장의 뒷부분에서 살펴보겠다.

DiscountCondition 클래스에는 낮은 응집도를 암시하는 세 가지 징후가 모두 들어있다. 따라서 DiscountCondition을 변경의 이유에 따라 여러 개의 클래스로 분리해야 한다.

타입 분리하기

DiscountCondition의 가장 큰 문제는 순번 조건과 기간 조건이라는 두 개의 독립적인 타입이 하나의 클래스 안에 공존하고 있다는 점이다. 가장 먼저 떠오르는 해결 방법은 두 타입을 SequenceCondition과 PeriodCondition이라는 두 개의 클래스로 분리하는 것이다.

다음은 분리된 후의 PeriodCondition 클래스다.

```
public class PeriodCondition {
    private DayOfWeek dayOfWeek;
    private LocalTime startTime;
```

```
  private LocalTime endTime;

  public PeriodCondition(DayOfWeek dayOfWeek, LocalTime startTime, LocalTime endTime) {
    this.dayOfWeek = dayOfWeek;
    this.startTime = startTime;
    this.endTime = endTime;
  }

  public boolean isSatisfiedBy(Screening screening) {
    return dayOfWeek.equals(screening.getWhenScreened().getDayOfWeek()) &&
      startTime.compareTo(screening.getWhenScreened().toLocalTime()) <= 0 &&
      endTime.compareTo(screening.getWhenScreened().toLocalTime() >= 0);
  }
}
```

SequenceCondition은 하나의 인스턴스 변수만을 포함하는 간단한 클래스로 분리될 수 있다.

```
public class SequenceCondition {
  private int sequence;

  public SequenceCondition(int sequence) {
    this.sequence = sequence;
  }

  public boolean isSatisfiedBy(Screening screening) {
    return sequence == screening.getSequence();
  }
}
```

클래스를 분리하면 앞에서 언급했던 문제점들이 모두 해결된다. SequenceCondition과 PeriodCondition은 자신의 모든 인스턴스 변수를 함께 초기화할 수 있다. sequence 속성만 사용하는 메서드는 SequenceCondition으로, dayOfWeek, startTime, endTime을 사용하는 메서드는 PeriodCondition으로 이동했기 때문에 클래스에 있는 모든 메서드는 동일한 인스턴스 변수 그룹을 사용한다. 결과적으로 개별 클래스들의 응집도가 향상됐다. 클래스를 분리함으로써 코드의 품질을 높이는 데 성공한 것이다.

하지만 안타깝게도 클래스를 분리한 후에 새로운 문제가 나타났다. 수정 전에는 Movie와 협력하는 클래스는 DiscountCondition 하나뿐이었다. 그러나 수정 후에 Movie의 인스턴스는 SequenceCondition과 PeriodCondition이라는 두 개의 서로 다른 클래스의 인스턴스 모두와 협력할 수 있어야 한다.

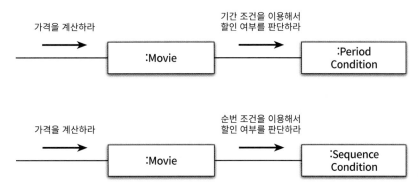

가격을 계산하라 →   :Movie   기간 조건을 이용해서 할인 여부를 판단하라 →   :Period Condition

가격을 계산하라 →   :Movie   순번 조건을 이용해서 할인 여부를 판단하라 →   :Sequence Condition

그림 5.4 두 종류의 객체와 협력해야 하는 Movie

이 문제를 해결하기 위해 생각할 수 있는 첫 번째 방법은 Movie 클래스 안에서 SequenceCondition의 목록과 PeriodCondition의 목록을 따로 유지하는 것이다.

```java
public class Movie {
  private List<PeriodCondition> periodConditions;
  private List<SequenceCondition> sequenceConditions;

  private boolean isDiscountable(Screening screening) {
    return checkPeriodConditions(screening) || checkSequenceConditions(screening);
  }

  private boolean checkPeriodConditions(Screening screening) {
    return periodConditions.stream()
            .anyMatch(condition -> condition.isSatisfiedBy(screening));
  }

  private boolean checkSequenceConditions(Screening screening) {
    return sequenceConditions.stream()
            .anyMatch(condition -> condition.isSatisfiedBy(screening));
  }
}
```

하지만 이 방법은 새로운 문제를 야기한다. 첫 번째 문제는 Movie 클래스가 PeriodCondition과 SequenceCondition 클래스 양쪽 모두에게 결합된다는 것이다. 코드를 수정하기 전에는 Movie가 DiscountCondition이라는 하나의 클래스에만 결합돼 있었다는 점을 기억하라. 클래스를 분리한 후에 설계의 관점에서 전체적인 결합도가 높아진 것이다.

두 번째 문제는 수정 후에 새로운 할인 조건을 추가하기가 더 어려워졌다는 것이다. 먼저 새로운 할인 조건 클래스를 담기 위한 List를 Movie의 인스턴스 변수로 추가해야 한다. 그리고 이 List를 이용해 할인 조건을 만족하는지 여부를 판단하는 메서드도 추가해야 한다. 마지막으로 이 메서드를 호출하도록 isDiscountable 메서드를 수정해야 한다.

클래스를 분리하기 전에는 DiscountCondition의 내부 구현만 수정하면 Movie에는 아무런 영향도 미치지 않았다. 하지만 수정 후에는 할인 조건을 추가하려면 Movie도 함께 수정해야 한다. DiscountCondition의 입장에서 보면 응집도가 높아졌지만 변경과 캡슐화라는 관점에서 보면 전체적으로 설계의 품질이 나빠지고만 것이다.

다형성을 통해 분리하기

사실 Movie의 입장에서 보면 SequenceCondition과 PeriodCondition은 아무 차이도 없다. 둘 모두 할인 여부를 판단하는 동일한 책임을 수행하고 있을 뿐이다. 두 클래스가 할인 여부를 판단하기 위해 사용하는 방법이 서로 다르다는 사실은 Movie 입장에서는 그다지 중요하지 않다. 할인 가능 여부를 반환해 주기만 하면 Movie는 객체가 SequenceCondition의 인스턴스인지, PeriodCondition의 인스턴스인지는 상관하지 않는다.

이 시점이 되면 자연스럽게 **역할**의 개념이 무대 위로 등장한다. Movie의 입장에서 SequenceCondition과 PeriodCondition이 동일한 책임을 수행한다는 것은 동일한 역할을 수행한다는 것을 의미한다. 역할은 협력 안에서 대체 가능성을 의미하기 때문에 SequenceCondition과 PeriodCondition에 역할의 개념을 적용하면 Movie가 구체적인 클래스는 알지 못한 채 오직 역할에 대해서만 결합되도록 의존성을 제한할 수 있다.

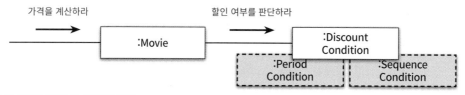

그림 5.5 역할을 기반으로 유연해진 협력

역할을 사용하면 객체의 구체적인 타입을 추상화할 수 있다. 3장에서 언급했던 것처럼 자바에서는 일반적으로 역할을 구현하기 위해 추상 클래스나 인터페이스를 사용한다. 역할을 대체할 클래스들 사이에서 구현을 공유해야 할 필요가 있다면 추상 클래스를 사용하면 된다. 구현을 공유할 필요 없이 역할을 대체하는 객체들의 책임만 정의하고 싶다면 인터페이스를 사용하면 된다.

할인 조건의 경우에는 SequenceCondition과 PeriodCondition 클래스가 구현을 공유할 필요는 없다. 따라서 DiscountCondition이라는 이름을 가진 인터페이스를 이용해 역할을 구현하자.

```
public interface DiscountCondition {
  boolean isSatisfiedBy(Screening screening);
}
```

SequenceCondition과 PeriodCondition의 인스턴스가 DiscountCondition 인터페이스를 실체화하도록 수정하자.

```
public class PeriodCondition implements DiscountCondition { ... }
```

```
public class SequenceCondition implements DiscountCondition { ... }
```

이제 Movie는 협력하는 객체의 구체적인 타입을 몰라도 상관없다. 협력하는 객체가 DiscountCondition 역할을 수행할 수 있고 isSatisfiedBy 메시지를 이해할 수 있다는 사실만 알고 있어도 충분하다.

```
public class Movie {
  private List<DiscountCondition> discountConditions;

  public Money calculateMovieFee(Screening screening) {
    if (isDiscountable(screening)) {
      return fee.minus(calculateDiscountAmount());
    }

    return fee;
  }

  private boolean isDiscountable(Screening screening) {
    return discountConditions.stream().anyMatch(condition -> condition.isSatisfiedBy(screening));
  }
}
```

Movie가 전송한 메시지를 수신한 객체의 구체적인 클래스가 무엇인가에 따라 적절한 메서드가 실행된다. 만약 메시지를 수신한 객체가 SequenceCondition의 인스턴스라면 SequenceCondition의 isSatisfiedBy 메서드가 실행될 것이다. 만약 메시지를 수신한 객체가 PeriodCondition 클래스의 인스턴스라면 PeriodCondition의 isSatisfiedBy 메서드가 실행될 것이다. 즉, Movie와 DiscountCondition 사이의 협력은 다형적이다.

DiscountCondition의 경우에서 알 수 있듯이 객체의 암시적인 타입에 따라 행동을 분기해야 한다면 암시적인 타입을 명시적인 클래스로 정의하고 행동을 나눔으로써 응집도 문제를 해결할 수 있다. 다시 말해 객체의 타입에 따라 변하는 행동이 있다면 타입을 분리하고 변화하는 행동을 각 타입의 책임으로 할당하라는 것이다. GRASP에서는 이를 **POLYMORPHISM(다형성)** 패턴이라고 부른다.

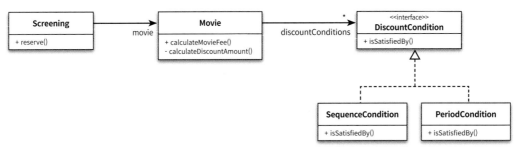

그림 5.6 역할을 이용해 다형적으로 협력하는 Movie와 DiscountCondition

POLYMORPHISM 패턴

객체의 타입에 따라 변하는 로직이 있을 때 변하는 로직을 담당할 책임을 어떻게 할당해야 하는가? 타입을 명시적으로 정의하고 각 타입에 다형적으로 행동하는 책임을 할당하라.

조건에 따른 변화는 프로그램의 기본 논리다. 프로그램을 if ~ else 또는 switch ~ case 등의 조건 논리를 사용해서 설계한다면 새로운 변화가 일어난 경우 조건 논리를 수정해야 한다. 이것은 프로그램을 수정하기 어렵고 변경에 취약하게 만든다.

POLYMORPHISM 패턴은 객체의 타입을 검사해서 타입에 따라 여러 대안들을 수행하는 조건적인 논리를 사용하지 말라고 경고한다. 대신 다형성을 이용해 새로운 변화를 다루기 쉽게 확장하라고 권고한다.

변경으로부터 보호하기

그림 5.6을 보면 DiscountCondition의 두 서브클래스는 서로 다른 이유로 변경된다는 사실을 알 수 있다. SequenceCondition은 순번 조건의 구현 방법이 변경될 경우에만 수정된다. PeriodCondition은 기간 조건의 구현 방법이 변경될 경우에만 수정된다. 두 개의 서로 다른 변경이 두 개의 서로 다른 클래스 안으로 캡슐화된다.

새로운 할인 조건을 추가하는 경우에는 어떻게 될까? DiscountCondition이라는 역할이 Movie로부터 PeriodCondition과 SequenceCondition의 존재를 감춘다는 사실에 주목하라. DiscountCondition이라는 추상화가 구체적인 타입을 캡슐화한다. Movie의 관점에서 DiscountCondition의 타입이 캡슐화된다는 것은 새로운 DiscountCondition 타입을 추가하더라도 Movie가 영향을 받지 않는다는 것을 의미한다. Movie에 대한 어떤 수정도 필요 없다. 오직 DiscountCondition 인터페이스를 실체화하는 클래스를 추가하는 것으로 할인 조건의 종류를 확장할 수 있다.

이처럼 변경을 캡슐화하도록 책임을 할당하는 것을 GRASP에서는 **PROTECTED VARIATIONS(변경 보호)** 패턴이라고 부른다.

> ### PROTECTED VARIATIONS 패턴
>
> 객체, 서브시스템, 그리고 시스템을 어떻게 설계해야 변화와 불안정성이 다른 요소에 나쁜 영향을 미치지 않도록 방지할 수 있을까? 변화가 예상되는 불안정한 지점들을 식별하고 그 주위에 안정된 인터페이스를 형성하도록 책임을 할당하라.
>
> **PROTECTED VARIATIONS** 패턴은 책임 할당의 관점에서 캡슐화를 설명한 것이다. "설계에서 변하는 것이 무엇인지 고려하고 변하는 개념을 캡슐화하라[GOF94]"라는 객체지향의 오랜 격언은 **PROTECTED VARIATIONS** 패턴의 본질을 잘 설명해준다. 우리가 캡슐화해야 하는 것은 변경이다. 변경이 될 가능성이 높은가? 그렇다면 캡슐화하라.

클래스를 변경에 따라 분리하고 인터페이스를 이용해 변경을 캡슐화하는 것은 설계의 결합도와 응집도를 향상시키는 매우 강력한 방법이다. 하나의 클래스가 여러 타입의 행동을 구현하고 있는 것처럼 보인다면 클래스를 분해하고 **POLYMORPHISM** 패턴에 따라 책임을 분산시켜라. 예측 가능한 변경으로 인해 여러 클래스들이 불안정해진다면 **PROTECTED VARIATIONS** 패턴에 따라 안정적인 인터페이스 뒤로 변경을 캡슐화하라. 적절한 상황에서 두 패턴을 조합하면 코드 수정의 파급 효과를 조절할 수 있고 변경과 확장에 유연하게 대처할 수 있는 설계를 얻을 수 있을 것이다.

Movie 클래스 개선하기

안타깝게도 Movie 역시 DiscountCondition과 동일한 문제로 몸살을 앓고 있다. 금액 할인 정책 영화와 비율 할인 정책 영화라는 두 가지 타입을 하나의 클래스 안에 구현하고 있기 때문에 하나 이상의 이유로 변경될 수 있다. 한마디로 말해서 응집도가 낮은 것이다.

해결 방법 역시 DiscountCondition과 동일하다. 역할의 개념을 도입해서 협력을 다형적으로 만들면 된다. **POLYMORPHISM** 패턴을 사용해 서로 다른 행동을 타입별로 분리하면 다형성의 혜택을 누릴 수 있다. 이렇게 하면 Screening과 Movie가 메시지를 통해서만 다형적으로 협력하기 때문에 Movie의 타입을 추가하더라도 Screening에 영향을 미치지 않게 할 수 있다. 이것은 **PROTECTED VARIATIONS** 패턴을 이용해 타입의 종류를 안정적인 인터페이스 뒤로 캡슐화할 수 있다는 것을 의미한다.

코드를 개선하자. 금액 할인 정책과 관련된 인스턴스 변수와 메서드를 옮길 클래스의 이름으로는 AmountDiscountMovie가 적합할 것 같다. 비율 할인 정책과 관련된 인스턴스 변수와 메서드를 옮겨 담을 클래스는 PercentDiscountMovie로 명명하자. 할인 정책을 적용하지 않는 경우는 NoneDiscountMovie 클래스가 처리하게 할 것이다.

DiscountCondition의 경우에는 역할을 수행할 클래스들 사이에 구현을 공유할 필요가 없었기 때문에 인터페이스를 이용해 구현했다. Movie의 경우에는 구현을 공유할 필요가 있다. 따라서 추상 클래스를 이용해 역할을 구현하자.

```java
public abstract class Movie {
  private String title;
  private Duration runningTime;
  private Money fee;
  private List<DiscountCondition> discountConditions;

  public Movie(String title, Duration runningTime, Money fee,
          DiscountCondition... discountConditions) {
    this.title = title;
    this.runningTime = runningTime;
    this.fee = fee;
    this.discountConditions = Arrays.asList(discountConditions);
  }

  public Money calculateMovieFee(Screening screening) {
    if (isDiscountable(screening)) {
      return fee.minus(calculateDiscountAmount());
    }

    return fee;
  }

  private boolean isDiscountable(Screening screening) {
    return discountConditions.stream().anyMatch(condition -> condition.isSatisfiedBy(screening));
  }

  abstract protected Money calculateDiscountAmount();
}
```

변경 전의 Movie 클래스와 비교해서 discountAmount, discountPercent와 이 인스턴스 변수들을 사용하는 메서드들이 삭제됐다는 것을 알 수 있다. 이 인스턴스 변수들과 메서드들을 Movie 역할을 수행하는 적절한 자식 클래스로 옮길 것이다.

할인 정책의 종류에 따라 할인 금액을 계산하는 로직이 달라져야 한다. 이를 위해 calculateDiscountAmount 메서드를 추상 메서드로 선언함으로써 서브클래스들이 할인 금액을 계산하는 방식을 원하는대로 오버라이딩할 수 있게 했다.

금액 할인 정책과 관련된 인스턴스 변수와 메서드를 AmountDiscountMovie 클래스로 옮기자. 그리고 Movie를 상속받게 함으로써 구현을 재사용하자. 마지막으로 Movie에서 선언된 calculateDiscountAmount 메서드를 오버라이딩한 후 할인할 금액을 반환한다.

```java
public class AmountDiscountMovie extends Movie {
  private Money discountAmount;

  public AmountDiscountMovie(String title, Duration runningTime,
      Money fee, Money discountAmount, DiscountCondition... discountConditions) {
    super(title, runningTime, fee, discountConditions);
    this.discountAmount = discountAmount;
  }

  @Override
  protected Money calculateDiscountAmount() {
    return discountAmount;
  }
}
```

비율 할인 정책은 PercentDiscountMovie 클래스에서 구현한다. 이 클래스 역시 Movie에서 선언된 calculateDiscountAmount 메서드를 오버라이딩한 후 정해진 비율에 따라 할인할 금액을 계산한 후 반환한다.

```java
public class PercentDiscountMovie extends Movie {
  private double percent;

  public PercentDiscountMovie(String title, Duration runningTime,
      Money fee, double percent, DiscountCondition... discountConditions) {
    super(title, runningTime, fee, discountConditions);
    this.percent = percent;
  }
```

```
@Override
protected Money calculateDiscountAmount() {
  return getFee().times(percent);
}
}
```

할인 요금을 계산하기 위해서는 영화의 기본 금액이 필요하다. 이를 위해 Movie에서 금액을 반환하는 getFee 메서드를 추가하자. 이 메서드는 서브클래스에서만 사용해야 하므로 가시성을 public이 아닌 protected로 제한해야 한다.

```
public abstract class Movie {
  protected Money getFee() {
    return fee;
  }
}
```

할인 정책을 적용하지 않기 위해서는 NoneDiscountMovie 클래스를 사용하면 된다. 이 경우 calculateDiscountAmount 메서드는 0원을 반환한다.

```
public class NoneDiscountMovie extends Movie {
  public NoneDiscountMovie(String title, Duration runningTime, Money fee) {
    super(title, runningTime, fee);
  }

  @Override
  protected Money calculateDiscountAmount() {
    return Money.ZERO;
  }
}
```

이제 모든 구현이 끝났다. 그림 5.7은 지금까지 구현된 영화 예매 시스템의 구조를 나타낸 것이다. 모든 클래스의 내부 구현은 캡슐화돼 있고 모든 클래스는 변경의 이유를 오직 하나씩만 가진다. 각 클래스는 응집도가 높고 다른 클래스와 최대한 느슨하게 결합돼 있다. 클래스는 작고 오직 한 가지 일만 수행한다. 책임은 적절하게 분배돼 있다. 이것이 책임을 중심으로 협력을 설계할 때 얻을 수 있는 혜택이다.

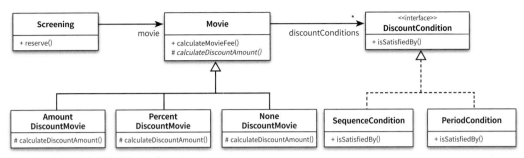

그림 5.7 **책임 중심의 영화 예매 시스템**

데이터 중심의 설계는 정반대의 길을 걷는다. 데이터 중심의 설계는 데이터와 관련된 클래스의 내부 구현이 인터페이스에 여과 없이 노출되기 때문에 캡슐화를 지키기 어렵다. 이로 인해 응집도가 낮고 결합도가 높으며 변경에 취약한 코드가 만들어질 가능성이 높다.

결론은 데이터가 아닌 책임을 중심으로 설계하라는 것이다. 객체에게 중요한 것은 상태가 아니라 행동이다. 객체지향 설계의 기본은 책임과 협력에 초점을 맞추는 것이다.

도메인의 구조가 코드의 구조를 이끈다

그림 5.7의 구조가 이번 장을 처음 시작할 때 소개했던 그림 5.1의 도메인 모델의 구조와 유사하다는 것도 눈여겨보기 바란다. 앞에서 설명한 것처럼 도메인 모델은 단순히 설계에 필요한 용어를 제공하는 것을 넘어 코드의 구조에도 영향을 미친다.

여기서 강조하고 싶은 것은 변경 역시 도메인 모델의 일부라는 것이다. 도메인 모델에는 도메인 안에서 변하는 개념과 이들 사이의 관계가 투영돼 있어야 한다. 그림 5.1의 도메인 모델에는 할인 정책과 할인 조건이 변경될 수 있다는 도메인에 대한 직관이 반영돼 있다. 그리고 이 직관이 우리의 설계가 가져야 하는 유연성을 이끌었다.

다시 한번 강조하지만 구현을 가이드할 수 있는 도메인 모델을 선택하라. 객체지향은 도메인의 개념과 구조를 반영한 코드를 가능하게 만들기 때문에 도메인의 구조가 코드의 구조를 이끌어 내는 것은 자연스러울뿐만 아니라 바람직한 것이다.

변경과 유연성

설계를 주도하는 것은 변경이다. 개발자로서 변경에 대비할 수 있는 두 가지 방법이 있다. 하나는 코드를 이해하고 수정하기 쉽도록 최대한 단순하게 설계하는 것이다. 다른 하나는 코드를 수정하지 않고도 변경을 수용할 수 있도록 코드를 더 유연하게 만드는 것이다. 대부분의 경우에 전자가 더 좋은 방법이지만 유사한 변경이 반복적으로 발생하고 있다면 복잡성이 상승하더라도 유연성을 추가하는 두 번째 방법이 더 좋다.

예를 들어, 영화에 설정된 할인 정책을 실행 중에 변경할 수 있어야 한다는 요구사항이 추가됐다고 가정해 보자. 현재의 설계에서는 할인 정책을 구현하기 위해 **상속**을 이용하고 있기 때문에 실행 중에 영화의 할인 정책을 변경하기 위해서는 새로운 인스턴스를 생성한 후 필요한 정보를 복사해야 한다. 또한 변경 전후의 인스턴스가 개념적으로는 동일한 객체를 가리키지만 물리적으로 서로 다른 객체이기 때문에 식별자의 관점에서 혼란스러울 수 있다.

새로운 할인 정책이 추가될 때마다 인스턴스를 생성하고, 상태를 복사하고, 식별자를 관리하는 코드를 추가하는 일은 번거로울뿐만 아니라 오류가 발생하기도 쉽다. 이 경우 코드의 복잡성이 높아지더라도 할인 정책의 변경을 쉽게 수용할 수 있게 코드를 유연하게 만드는 것이 더 좋은 방법이다.

해결 방법은 상속 대신 **합성**을 사용하는 것이다. 그림 5.8과 같이 Movie의 상속 계층 안에 구현된 할인 정책을 독립적인 DiscountPolicy로 분리한 후 Movie에 합성시키면 유연한 설계가 완성된다. 이것이 바로 바로 2장에서 살펴본 영화 예매 시스템의 전체 구조다.

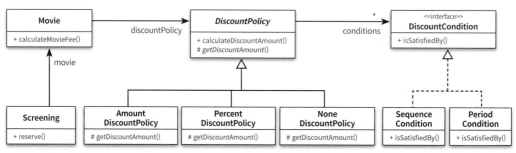

그림 5.8 합성을 사용해 유연성을 높인 할인 정책

이제 금액 할인 정책이 적용된 영화를 비율 할인 정책으로 바꾸는 일은 Movie에 연결된 DiscountPolicy의 인스턴스를 교체하는 단순한 작업으로 바뀐다.

```
Movie movie = new Movie("타이타닉",
                        Duration.ofMinutes(120),
                        Money.wons(10000),
                        new AmountDiscountPolicy(...));
movie.changeDiscountPolicy(new PercentDiscountPolicy(…));
```

합성을 사용한 예제의 경우 새로운 할인 정책이 추가되더라도 할인 정책을 변경하는 데 필요한 추가적인 코드를 작성할 필요가 없다. 새로운 클래스를 추가하고 클래스의 인스턴스를 Movie의 changeDiscountPolicy 메서드에 전달하면 된다.

이 예는 유연성에 대한 압박이 설계에 어떤 영향을 미치는지를 잘 보여준다. 실제로 유연성은 의존성 관리의 문제다. 요소들 사이의 의존성의 정도가 유연성의 정도를 결정한다. 유연성의 정도에 따라 결합도를 조절할 수 있는 능력은 객체지향 개발자가 갖춰야 하는 중요한 기술 중 하나다.

코드의 구조가 도메인의 구조에 대한 새로운 통찰력을 제공한다

코드의 구조가 바뀌면 도메인에 대한 관점도 함께 바뀐다. 할인 정책을 자유롭게 변경할 수 있다는 것은 도메인에 포함된 중요한 요구사항이다. 이 요구사항을 수용하기 위해 할인 정책이라는 개념을 코드 상에 명시적으로 드러냈다면 도메인 모델 역시 코드의 관점에 따라 바뀌어야 한다. 따라서 도메인 모델은 코드의 구조에 따라 그림 5.9와 같이 수정된다. 이 도메인 모델은 도메인에 포함된 개념과 관계뿐만 아니라 도메인이 요구하는 유연성도 정확하게 반영한다.

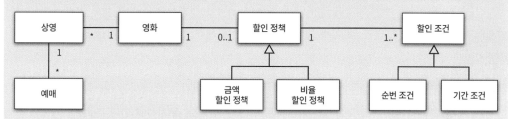

그림 5.9 코드의 변경에 맞춰 수정된 도메인 모델

도메인 모델은 단순히 도메인의 개념과 관계를 모아 놓은 것이 아니다. 도메인 모델은 구현과 밀접한 관계를 맺어야 한다. 도메인 모델은 코드에 대한 가이드를 제공할 수 있어야 하며 코드의 변화에 발맞춰 함께 변화해야 한다. 도메인 모델을 코드와 분리된 막연한 무엇으로 생각하지 않기 바란다.

책임을 할당하고 유연성을 기반으로 설계를 리팩터링해 나가면서 마침내 2장에서 소개했던 코드와 동일한 구조에 도달했다. 이제 여러분은 어렴풋하게나마 협력이라는 문맥 안에서 적절한 책임을 적절한 객체에게 할당하는 방법에 대한 윤곽을 잡았을 것이다. 하지만 객체지향에 어느 정도 익숙해지더라도 책임을 올바르게 할당하는 것은 여전히 어렵고 난해한 작업이다. 사실 객체지향 프로그래밍 언어를 이용해 절차형 프로그램을 작성하는 대부분의 이유가 바로 책임 할당의 어려움에서 기인한다.

만약 이번 장을 읽었음에도 여전히 책임을 할당하는 데 어려움을 느끼고 있다면 앞으로 소개할 방법을 사용해 보기 바란다. 이 방법은 실무에서 많은 사람들이 사용하고 있지만 널리 알려진 적은 없는 것 같다. 일단 절차형 코드로 실행되는 프로그램을 빠르게 작성한 후 완성된 코드를 객체지향적인 코드로 변경하는 것이다.

04 책임 주도 설계의 대안

책임 주도 설계에 익숙해지기 위해서는 부단한 노력과 시간이 필요하다. 설계를 진행하는 동안 데이터가 아닌 책임 관점에서 사고하기 위해서는 충분한 경험과 학습이 필요하다. 그러나 어느 정도 경험을 쌓은 숙련된 설계자조차도 적절한 책임과 객체를 선택하는 일에 어려움을 느끼고는 한다.

개인적으로 책임과 객체 사이에서 방황할 때 돌파구를 찾기 위해 선택하는 방법은 최대한 빠르게 목적한 기능을 수행하는 코드를 작성하는 것이다. 아무것도 없는 상태에서 책임과 협력에 관해 고민하기보다는 일단 실행되는 코드를 얻고 난 후에 코드 상에 명확하게 드러나는 책임들을 올바른 위치로 이동시키는 것이다. 주로 객체지향 설계에 대한 경험이 부족한 개발자들과 페어 프로그래밍을 할 때나 설계의 실마리가 풀리지 않을 때 이런 방법을 사용하는데 생각보다 훌륭한 설계를 얻게 되는 경우가 종종 있다.

주의할 점은 코드를 수정한 후에 겉으로 드러나는 동작이 바뀌어서는 안 된다는 것이다. 캡슐화를 향상시키고, 응집도를 높이고, 결합도를 낮춰야 하지만 동작은 그대로 유지해야 한다. 이처럼 이해하기 쉽고 수정하기 쉬운 소프트웨어로 개선하기 위해 겉으로 보이는 동작은 바꾸지 않은 채 내부 구조를 변경하는 것을 **리팩터링(Refactoring)**이라고 부른다[Fowler99a].

> 객체 디자인에서 가장 기본이 되는 것 중의 하나(원칙은 아닐지라도)는 책임을 어디에 둘지를 결정하는 것이다. 나는 십년 이상 객체를 가지고 일했지만 처음 시작할 때는 여전히 적당한 위치를 찾지 못한다. 늘 이런 점이 나를 괴롭혔지만, 이제는 이런 경우에 리팩터링을 사용하면 된다는 것을 알게 되었다[Fowler 1999a].

여기서는 4장 초반에 개발한 데이터 중심 설계를 리팩터링하는 과정을 통해 이 방법의 장점을 설명하겠다.

메서드 응집도

데이터 중심으로 설계된 영화 예매 시스템에서 도메인 객체들은 단지 데이터의 집합일 뿐이며 영화 예매를 처리하는 모든 절차는 ReservationAgency에 집중돼 있었다. 따라서 ReservationAgency에 포함된 로직들을 적절한 객체의 책임으로 분배하면 책임 주도 설계와 거의 유사한 결과를 얻을 수 있다. 우선 ReservationAgency의 reserve 메서드를 다시 살펴보자.

```
public class ReservationAgency {
  public Reservation reserve(Screening screening, Customer customer, int audienceCount) {
    Movie movie = screening.getMovie();

    boolean discountable = false;
    for(DiscountCondition condition : movie.getDiscountConditions()) {
      if (condition.getType() == DiscountConditionType.PERIOD) {
        discountable = screening.getWhenScreened().getDayOfWeek().equals(condition.getDayOfWeek()) &&
            condition.getStartTime().compareTo(screening.getWhenScreened().toLocalTime()) <= 0 &&
            condition.getEndTime().compareTo(screening.getWhenScreened().toLocalTime()) >= 0;
      } else {
        discountable = condition.getSequence() == screening.getSequence();
      }

      if (discountable) {
        break;
      }
    }

    Money fee;
    if (discountable) {
      Money discountAmount = Money.ZERO;
      switch(movie.getMovieType()) {
        case AMOUNT_DISCOUNT:
          discountAmount = movie.getDiscountAmount();
          break;
        case PERCENT_DISCOUNT:
          discountAmount = movie.getFee().times(movie.getDiscountPercent());
          break;
        case NONE_DISCOUNT:
          discountAmount = Money.ZERO;
          break;
      }

      fee = movie.getFee().minus(discountAmount).times(audienceCount);
    } else {
      fee = movie.getFee().times(audienceCount);
    }
```

```
        return new Reservation(customer, screening, fee, audienceCount);
    }
}
```

reserve 메서드는 길이가 너무 길고 이해하기도 어렵다. 이 메서드를 마우스 스크롤을 몇 번 해야만 전체 모습을 이해할 수 있는 매우 긴 메서드라고 상상해 보자. 긴 메서드는 다양한 측면에서 코드의 유지보수에 부정적인 영향을 미친다.

- 어떤 일을 수행하는지 한눈에 파악하기 어렵기 때문에 코드를 전체적으로 이해하는 데 너무 많은 시간이 걸린다.
- 하나의 메서드 안에서 너무 많은 작업을 처리하기 때문에 변경이 필요할 때 수정해야 할 부분을 찾기 어렵다.
- 메서드 내부의 일부 로직만 수정하더라도 메서드의 나머지 부분에서 버그가 발생할 확률이 높다.
- 로직의 일부만 재사용하는 것이 불가능하다.
- 코드를 재사용하는 유일한 방법은 원하는 코드를 복사해서 붙여넣는 것뿐이므로 코드 중복을 초래하기 쉽다.

한마디로 말해서 긴 메서드는 응집도가 낮기 때문에 이해하기도 어렵고 재사용하기도 어려우며 변경하기도 어렵다. 마이클 페더스(Michael Feathers)는 이런 메서드를 **몬스터 메서드**(monster method) [Feathers04]라고 부른다.

응집도가 낮은 메서드는 로직의 흐름을 이해하기 위해 주석이 필요한 경우가 대부분이다. 메서드가 명령문들의 그룹으로 구성되고 각 그룹에 주석을 달아야 할 필요가 있다면 그 메서드의 응집도는 낮은 것이다. 주석을 추가하는 대신 메서드를 작게 분해해서 각 메서드의 응집도를 높여라.

클래스의 응집도와 마찬가지로 메서드의 응집도를 높이는 이유도 변경과 관련이 깊다. 응집도 높은 메서드는 변경되는 이유가 단 하나여야 한다. 클래스가 작고, 목적이 명확한 메서드들로 구성돼 있다면 변경을 처리하기 위해 어떤 메서드를 수정해야 하는지를 쉽게 판단할 수 있다. 또한 메서드의 크기가 작고 목적이 분명하기 때문에 재사용하기도 쉽다. 작은 메서드들로 조합된 메서드는 마치 주석들을 나열한 것처럼 보이기 때문에 코드를 이해하기도 쉽다.

나는 다음과 같은 이유로 짧고, 이해하기 쉬운 이름으로 된 메서드를 좋아한다. 첫째, 메서드가 잘게 나눠져 있을 때 다른 메서드에서 사용될 확률이 높아진다. 둘째, 고수준의 메서드를 볼 때 일련의 주석을 읽는 것 같은 느낌이 들게 할 수 있다. 또한 메서드가 잘게 나눠져 있을 때 오버라이딩하는 것도 훨씬 쉽다. 만약 큰 메서드에 익숙해져 있다면 메서드를 잘게 나누는 데는 약간의 시간이 걸릴 것이다. 작은 메서드는 실제로 이름을 잘 지었을 때만 그 진가가 드러나므로, 이름을 지을 때 주의해야 한다.

사람들은 때때로 나에게 한 메서드의 길이가 어느 정도 돼야 할지를 묻는다. 그러나 나는 길이가 중요하다고 생각하지 않는다. 중요한 것은 메서드의 이름과 메서드 몸체의 의미적 차이다. 뽑아내는 것이 코드를 더욱 명확하게 하면 새로 만든 메서드의 이름이 원래 코드의 길이보다 길어져도 뽑아낸다[Fowler99a].

객체로 책임을 분배할 때 가장 먼저 할 일은 메서드를 응집도 있는 수준으로 분해하는 것이다. 긴 메서드를 작고 응집도 높은 메서드로 분리하면 각 메서드를 적절한 클래스로 이동하기가 더 수월해지기 때문이다.

다음은 ReservationAgency를 응집도 높은 메서드들로 잘게 분해한 것이다.

```java
public class ReservationAgency {

  public Reservation reserve(Screening screening, Customer customer, int audienceCount) {
    boolean discountable = checkDiscountable(screening);
    Money fee = calculateFee(screening, discountable, audienceCount);
    return createReservation(screening, customer, audienceCount, fee);
  }

  private boolean checkDiscountable(Screening screening) {
    return screening.getMovie().getDiscountConditions().stream()
      .anyMatch(condition -> isDiscountable(condition, screening));
  }

  private boolean isDiscountable(DiscountCondition condition, Screening screening) {
    if (condition.getType() == DiscountConditionType.PERIOD) {
      return isSatisfiedByPeriod(condition, screening);
    }

    return isSatisfiedBySequence(condition, screening);
  }

  private boolean isSatisfiedByPeriod(DiscountCondition condition, Screening screening) {
    return screening.getWhenScreened().getDayOfWeek().equals(condition.getDayOfWeek()) &&
        condition.getStartTime().compareTo(screening.getWhenScreened().toLocalTime()) <= 0 &&
        condition.getEndTime().compareTo (screening.getWhenScreened().toLocalTime()) >= 0;
  }

  private boolean isSatisfiedBySequence(DiscountCondition condition, Screening screening) {
    return condition.getSequence() == screening.getSequence();
```

```java
  }

  private Money calculateFee(Screening screening, boolean discountable, int audienceCount) {
    if (discountable) {
      return screening.getMovie().getFee()
            .minus(calculateDiscountedFee(screening.getMovie()))
            .times(audienceCount);
    }

    return screening.getMovie().getFee().times(audienceCount);
  }

  private Money calculateDiscountedFee(Movie movie) {
    switch(movie.getMovieType()) {
      case AMOUNT_DISCOUNT:
        return calculateAmountDiscountedFee(movie);
      case PERCENT_DISCOUNT:
        return calculatePercentDiscountedFee(movie);
      case NONE_DISCOUNT:
        return calculateNoneDiscountedFee(movie);
    }

    throw new IllegalArgumentException();
  }

  private Money calculateAmountDiscountedFee(Movie movie) {
    return movie.getDiscountAmount();
  }

  private Money calculatePercentDiscountedFee(Movie movie) {
    return movie.getFee().times(movie.getDiscountPercent());
  }

  private Money calculateNoneDiscountedFee(Movie movie) {
    return Money.ZERO;
  }

  private Reservation createReservation(Screening screening,
      Customer customer, int audienceCount, Money fee) {
    return new Reservation(customer, screening, fee, audienceCount);
  }
}
```

이제 ReservationAgency 클래스는 오직 하나의 작업만 수행하고, 하나의 변경 이유만 가지는 작고, 명확하고, 응집도가 높은 메서드들로 구성돼 있다. 비록 클래스의 길이는 더 길어졌지만 일반적으로 명확성의 가치가 클래스의 길이보다 더 중요하다. 이렇게 조그마한 부분에서 개선된 명확성이 모여 변경하기 쉬운 코드가 만들어진다.

일단 메서드를 분리하고 나면 public 메서드는 상위 수준의 명세를 읽는 것 같은 느낌이 든다. 수정 후에 reserve 메서드가 어떻게 수정됐는지 보자.

```
public Reservation reserve(Screening screening, Customer customer, int audienceCount) {
  boolean discountable = checkDiscountable(screening);
  Money fee = calculateFee(screening, discountable, audienceCount);
  return createReservation(screening, customer, audienceCount, fee);
}
```

수정 전과 수정 후의 차이를 느낄 수 있겠는가? 수정 전에는 메서드를 처음부터 끝까지 읽어봐도 목적을 알기 어려웠지만 수정 후에는 메서드가 어떤 일을 하는지를 한눈에 알아볼 수 있다. 심지어 메서드의 구현이 주석을 모아 놓은 것처럼 보이기까지 한다.

코드를 작은 메서드들로 분해하면 전체적인 흐름을 이해하기도 쉬워진다. 동시에 너무 많은 세부사항을 기억하도록 강요하는 코드는 이해하기도 어렵다. 큰 메서드를 작은 메서드들로 나누면 한 번에 기억해야 하는 정보를 줄일 수 있다. 더 세부적인 정보가 필요하다면 그때 각 메서드의 세부적인 구현을 확인하면 되기 때문이다.

수정 후의 코드는 변경하기도 더 쉽다. 각 메서드는 단 하나의 이유에 의해서만 변경된다. 할인 조건 중에서 기간 조건을 판단하는 규칙이 변경된다면 isSatisfiedByPeriod 메서드를 수정하면 된다. 할인 규칙 중에서 금액 할인 규칙이 변경된다면 calculateAmountDiscountedFee 메서드를 수정하면 된다. 예매 요금을 계산하는 규칙이 변경된다면 calculateFee 메서드를 수정하면 된다.

작고, 명확하며, 한 가지 일에 집중하는 응집도 높은 메서드는 변경 가능한 설계를 이끌어 내는 기반이 된다. 이런 메서드들이 하나의 변경 이유를 가지도록 개선될 때 결과적으로 응집도 높은 클래스가 만들어진다.

안타깝게도 메서드들의 응집도 자체는 높아졌지만 이 메서드들을 담고 있는 ReservationAgency의 응집도는 여전히 낮다. ReservationAgency의 응집도를 높이기 위해서는 변경의 이유가 다른 메서드들을 적절한 위치로 분배해야 한다. 예상하겠지만 적절한 위치란 바로 각 메서드가 사용하는 데이터를 정의하고 있는 클래스를 의미한다.

객체를 자율적으로 만들자

어떤 메서드를 어떤 클래스로 이동시켜야 할까? 객체가 자율적인 존재여야 한다는 사실을 떠올리면 쉽게 답할 수 있을 것이다. 자신이 소유하고 있는 데이터를 자기 스스로 처리하도록 만드는 것이 자율적인 객체를 만드는 지름길이다. 따라서 메서드가 사용하는 데이터를 저장하고 있는 클래스로 메서드를 이동시키면 된다.

어떤 데이터를 사용하는지를 가장 쉽게 알 수 있는 방법은 메서드 안에서 어떤 클래스의 접근자 메서드를 사용하는지 파악하는 것이다. ReservationAgency의 isDiscountable 메서드를 보자.

```java
public class ReservationAgency {
  private boolean isDiscountable(DiscountCondition condition, Screening screening) {
    if (condition.getType() == DiscountConditionType.PERIOD) {
      return isSatisfiedByPeriod(condition, screening);
    }

    return isSatisfiedBySequence(condition, screening);
  }

  private boolean isSatisfiedByPeriod(DiscountCondition condition, Screening screening) {
    return screening.getWhenScreened().getDayOfWeek().equals(condition.getDayOfWeek()) &&
            condition.getStartTime().compareTo (screening.getWhenScreened().toLocalTime()) <= 0 &&
            condition.getEndTime().compareTo(screening.getWhenScreened().toLocalTime()) >= 0;
  }

  private boolean isSatisfiedBySequence(DiscountCondition condition,Screening screening) {
    return condition.getSequence() == screening.getSequence();
  }
}
```

ReservationAgency의 isDiscountable 메서드는 DiscountCondition의 getType 메서드를 호출해서 할인 조건의 타입을 알아낸 후 타입에 따라 isSatisfiedBySequence 메서드나 isSatisfiedByPeriod 메서드를 호출한다. isSatisfiedBySequence 메서드와 isSatisfiedByPeriod 메서드의 내부 구현 역시 할인 여부를 판단하기 위해 DiscountCondition의 접근자 메서드를 이용해 데이터를 가져온다. 따라서 이 메서드들이 DiscountCondition에 속한 데이터를 주로 이용한다는 것을 알 수 있다. 두 메서드를 데이터가 존재하는 DiscountCondition으로 이동하고 ReservationAgency에서 삭제하자.

```java
public class DiscountCondition {
  private DiscountConditionType type;
  private int sequence;
  private DayOfWeek dayOfWeek;
  private LocalTime startTime;
  private LocalTime endTime;

  public boolean isDiscountable(Screening screening) {
    if (type == DiscountConditionType.PERIOD) {
      return isSatisfiedByPeriod(screening);
    }

    return isSatisfiedBySequence(screening);
  }

  private boolean isSatisfiedByPeriod(Screening screening) {
    return screening.getWhenScreened().getDayOfWeek().equals(dayOfWeek) &&
      startTime.compareTo(screening.getWhenScreened().toLocalTime()) <= 0 &&
      endTime.compareTo(screening.getWhenScreened().toLocalTime()) >= 0;
  }

  private boolean isSatisfiedBySequence(Screening screening) {
    return sequence == screening.getSequence();
  }
}
```

DiscountCondition의 isDiscountable 메서드는 외부에서 호출 가능해야 하므로 가시성을 private에서 public으로 변경했다. isDiscountable 메서드가 ReservationAgency에 속할 때는 구현의 일부였지만 DiscountCondition으로 이동한 후에는 퍼블릭 인터페이스의 일부가 된 것이다. 기존의 isDiscountable 메서드는 DiscountCondition의 인스턴스를 인자로 받아야 했지만 이제 DiscountCondition의 일부가 됐기 때문에 인자로 전달받을 필요가 없어졌다. 이처럼 메서드를 다른 클래스로 이동시킬 때는 인자에 정의된 클래스 중 하나로 이동하는 경우가 일반적이다.

이제 DiscountCondition 내부에서만 DiscountCondition의 인스턴스 변수에 접근한다. 따라서 DiscountCondition에서 모든 접근자 메서드를 제거할 수 있다. 이를 통해 DiscountCondition의 내부 구현을 캡슐화할 수 있다. 또한 할인 조건을 계산하는 데 필요한 모든 로직이 DiscountCondition에 모여있기 때문에 응집도 역시 높아졌다. ReservationAgency는 내부 구현을 노출하는 접근자 메서드를 사용하지 않고 메시지를 통해서만 DiscountCondition과 협력한다. 따라서 낮은 결합도를 유지한다. 이처럼 데이터를 사용하는 메서드를 데이터를 가진 클래스로 이동시키고 나면 캡슐화와 높은 응집도, 낮은 결합도를 가지는 설계를 얻게 된다.

이제 ReservationAgency는 할인 여부를 판단하기 위해 DiscountCondition의 isDiscountable 메서드를 호출하도록 변경된다.

```java
public class ReservationAgency {
  private boolean checkDiscountable(Screening screening) {
    return screening.getMovie().getDiscountConditions().stream()
        .anyMatch(condition -> condition.isDiscountable(screening));
  }
}
```

변경 후의 코드는 책임 주도 설계 방법을 적용해서 구현했던 DiscountCondition 클래스의 초기 모습과 유사해졌다는 사실을 알 수 있다. 여기에 **POLYMORPHISM** 패턴과 **PROTECTED VARIATIONS** 패턴을 차례대로 적용하면 우리의 최종 설계와 유사한 모습의 코드를 얻게 될 것이다.

스스로 ReservationAgency의 메서드들을 적절한 클래스로 이동시켜 보기 바란다. 메서드를 이동할 때 캡슐화, 응집도, 결합도의 측면에서 이동시킨 메서드의 적절성을 판단하기 바란다. 메서드를 이동시키면서 어떤 메서드가 어떤 클래스에 위치해야 하는지에 대한 감을 잡아가면서 다양한 기능을 책임 주도 설계 방식에 따라 설계하고 구현해 보기 바란다.

여기서 하고 싶은 말은 책임 주도 설계 방법에 익숙하지 않다면 일단 데이터 중심으로 구현한 후 이를 리팩터링하더라도 유사한 결과를 얻을 수 있다는 것이다. 처음부터 책임 주도 설계 방법을 따르는 것보다 동작하는 코드를 작성한 후에 리팩터링하는 것이 더 훌륭한 결과물을 낳을 수도 있다. 캡슐화, 결합도, 응집도를 이해하고 훌륭한 객체지향 원칙을 적용하기 위해 노력한다면 책임 주도 설계 방법을 단계적으로 따르지 않더라도 유연하고 깔끔한 코드를 얻을 수 있을 것이다.

메시지와 인터페이스

객체지향 프로그래밍에 대한 가장 흔한 오해는 애플리케이션이 클래스의 집합으로 구성된다는 것이다. 대부분의 입문자들은 분석, 설계, 구현을 아우르는 전체 개발 활동의 중심에 클래스를 놓는다. 물론 클래스는 중요하다. 클래스는 개발자가 직접 만지고, 실험하고, 고쳐볼 수 있는 실제적이면서도 구체적인 도구다. 하지만 말 그대로 도구일 뿐이다. 클래스라는 구현 도구에 지나치게 집착하면 경직되고 유연하지 못한 설계에 이를 확률이 높아진다.

훌륭한 객체지향 코드를 얻기 위해서는 클래스가 아니라 객체를 지향해야 한다. 좀 더 정확하게 말해서 협력 안에서 객체가 수행하는 책임에 초점을 맞춰야 한다. 여기서 중요한 것은 책임이 객체가 수신할 수 있는 메시지의 기반이 된다는 것이다.

처음에는 의아할 수도 있겠지만 객체지향 애플리케이션의 가장 중요한 재료는 클래스가 아니라 객체들이 주고받는 메시지다. 클래스 사이의 정적인 관계에서 메시지 사이의 동적인 흐름으로 초점을 전환하는 것은 미숙함을 벗어나 숙련된 객체지향 설계자로 성장하기 위한 첫걸음이다. 애플리케이션은 클래스로 구성되지만 메시지를 통해 정의된다는 사실을 기억하라[Metz12].

객체가 수신하는 메시지들이 객체의 퍼블릭 인터페이스를 구성한다. 훌륭한 퍼블릭 인터페이스를 얻기 위해서는 책임 주도 설계 방법을 따르는 것만으로는 부족하다. 유연하고 재사용 가능한 퍼블릭 인터페이스를 만드는 데 도움이 되는 설계 원칙과 기법을 익히고 적용해야 한다. 이런 원칙과 기법들을 살펴보는 것이 이번 장의 주제다. 그 전에 먼저 협력과 메시지의 기본적인 개념을 살펴보자.

01 협력과 메시지

클라이언트-서버 모델

협력은 어떤 객체가 다른 객체에게 무언가를 요청할 때 시작된다[Wirfs-Brock03]. 메시지는 객체 사이의 협력을 가능하게 하는 매개체다. 객체가 다른 객체에게 접근할 수 있는 유일한 방법은 메시지를 전송하는 것뿐이다. 객체는 자신의 희망을 메시지라는 형태로 전송하고 메시지를 수신한 객체는 요청을 적절히 처리한 후 응답한다. 이처럼 메시지를 매개로 하는 요청과 응답의 조합이 두 객체 사이의 협력을 구성한다.

두 객체 사이의 협력 관계를 설명하기 위해 사용하는 전통적인 메타포는 **클라이언트-서버(Client-Server) 모델**[Wirfs-Brock90]이다. 협력 안에서 메시지를 전송하는 객체를 클라이언트, 메시지를 수신하는 객체를 서버라고 부른다. 협력은 클라이언트가 서버의 서비스를 요청하는 단방향 상호작용이다.

그림 6.1은 영화 예매 시스템 예제에서 Screening과 Movie 사이의 협력을 나타낸 것이다. Screening은 클라이언트의 역할을 수행하고 Movie는 서버의 역할을 수행한다. 클라이언트인 Screening은 *가격을 계산하라* 메시지를 전송함으로써 도움을 요청하고 서버인 Movie는 가격을 계산하는 서비스를 제공함으로써 메시지에 응답한다.

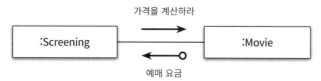

그림 6.1 메시지를 통해 협력하는 클라이언트와 서버

Movie가 최종 예매 요금을 계산하기 위해서는 할인 요금이 필요하지만 Movie에는 할인 요금을 계산하기 위해 필요한 정보가 부족하다. 따라서 Movie는 *할인 요금을 계산하라* 메시지를 DiscountPolicy의 인스턴스에 전송해서 할인 요금을 반환받는다. 여기서 Movie는 클라이언트의 역할을 수행하게 된다.

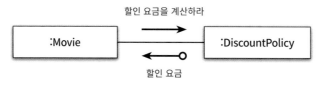

그림 6.2 클라이언트의 역할을 수행하는 Movie

Movie의 예에서 알 수 있는 것처럼 객체는 협력에 참여하는 동안 클라이언트와 서버의 역할을 동시에 수행하는 것이 일반적이다. 협력의 관점에서 객체는 두 가지 종류의 메시지 집합으로 구성된다. 하나는 객체가 수신하는 메시지의 집합이고 다른 하나는 외부의 객체에게 전송하는 메시지의 집합이다. 대부분의 사람들은 객체가 수신하는 메시지의 집합에만 초점을 맞추지만 협력에 적합한 객체를 설계하기 위해서는 외부에 전송하는 메시지의 집합도 함께 고려하는 것이 바람직하다.

그림 6.3 클라이언트와 서버의 역할을 동시에 수행하는 Movie

여기서 요점은 객체가 독립적으로 수행할 수 있는 것보다 더 큰 책임을 수행하기 위해서는 다른 객체와 협력해야 한다는 것이다. 그리고 두 객체 사이의 협력을 가능하게 해주는 매개체가 바로 메시지라는 것이다.

먼저 혼란스러운 용어부터 정리하자. 객체지향을 다루는 다양한 자료들을 보면 메시지, 메서드, 오퍼레이션과 같은 혼란스러운 용어와 마주하게 된다. 협력에 관한 자세한 내용을 살펴보기 전에 협력과 관련된 다양한 용어의 의미와 차이점을 이해하는 것이 도움이 될 것이다.

메시지와 메시지 전송

메시지(message)는 객체들이 협력하기 위해 사용할 수 있는 유일한 의사소통 수단이다. 한 객체가 다른 객체에게 도움을 요청하는 것을 **메시지 전송**(message sending) 또는 **메시지 패싱**(message passing)이라고 부른다. 이때 메시지를 전송하는 객체를 **메시지 전송자**(message sender)라고 부르고 메시지를 수신하는 객체를 **메시지 수신자**(message receiver)라고 부른다. 클라이언트-서버 모델 관점에서는 메시지 전송자는 클라이언트, 메시지 수신자는 서버라고 부르기도 한다.

메시지는 **오퍼레이션명**(operation name)과 **인자**(argument)로 구성되며 메시지 전송은 여기에 **메시지 수신자**를 추가한 것이다[Wirfs-Brock90]. 따라서 메시지 전송은 메시지 수신자, 오퍼레이션명, 인자의 조합이다.

그림 6.4에서 볼 수 있는 것처럼 메시지 전송의 표기법은 프로그래밍 언어에 따라 다르지만 메시지 전송을 구성하는 요소들은 동일하다. 자바 문법을 표현한 예에서 오퍼레이션명과 인자를 조합한 isSatisfiedBy(screening)이 '메시지'이고, 여기에 메시지 수신자인 condition을 추가한 condition.isSatisfiedBy(screening)이 '메시지 전송'이다.

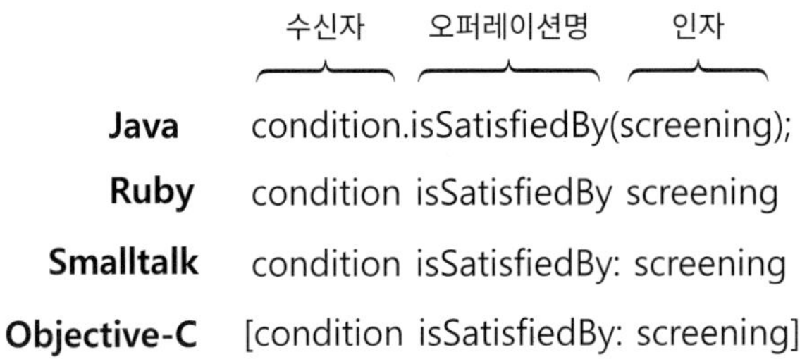

	수신자	오퍼레이션명	인자
Java	condition.isSatisfiedBy(screening);		
Ruby	condition isSatisfiedBy screening		
Smalltalk	condition isSatisfiedBy: screening		
Objective-C	[condition isSatisfiedBy: screening]		

그림 6.4 언어별 메시지 전송 표기법

메시지와 메서드

메시지를 수신했을 때 실제로 어떤 코드가 실행되는지는 메시지 수신자의 실제 타입이 무엇인가에 달려 있다. condition.isSatisfiedBy(screening)이라는 메시지 전송 구문에서 메시지 수신자인 condition은 DiscountCondition이라는 인터페이스 타입으로 정의돼 있지만 실제로 실행되는 코드는 인터페이스를 실체화한 클래스의 종류에 따라 달라진다. condition이 PeriodCondition의 인스턴스라면 PeriodCondition에 구현된 isSatisfiedBy 메서드가 실행될 것이고 condition이 SequenceCondition의 인스턴스라면 SequenceCondition에 구현된 isSatisfiedBy 메서드가 실행될 것이다.

이처럼 메시지를 수신했을 때 실제로 실행되는 함수 또는 프로시저를 **메서드**라고 부른다. 중요한 것은 코드 상에서 동일한 이름의 변수(condition)에게 동일한 메시지를 전송하더라도 객체의 타입에 따라 실행되는 메서드가 달라질 수 있다는 것이다. 기술적인 관점에서 객체 사이의 메시지 전송은 전통적인 방식의 함수 호출이나 프로시저 호출과는 다르다. 전통적인 방식의 개발자는 어떤 코드가 실행될지를 정확하게 알고 있는 상황에서 함수 호출이나 프로시저 호출 구문을 작성한다. 다시 말해 코드의 의미가 컴파일 시점과 실행 시점에 동일하다는 것이다. 반면 객체는 메시지와 메서드라는 두 가지 서로 다른 개념을 실행 시점에 연결해야 하기 때문에 컴파일 시점과 실행 시점의 의미가 달라질 수 있다.

객체지향이 메시지 전송과 메서드 호출을 명확하게 구분한다는 사실이 여러분을 모호함의 덫으로 밀어 넣을 수도 있다. 메시지 전송을 코드 상에 표기하는 시점에는 어떤 코드가 실행될 것인지를 *정확하게* 알 수 없다. 실행 시점에 실제로 실행되는 코드는 메시지를 수신하는 객체의 타입에 따라 달라지기 때문에 우리는 그저 메시지에 응답할 수 있는 객체가 존재하고 그 객체가 적절한 메서드를 선택해서 응답할 것이라고 믿을 수밖에 없다.

객체들로 구성된 시스템 안의 행동은 두 가지 방법으로 명세할 수 있다: 메시지와 메서드. … 계산을 메시지와 메서드로 분리하고 실행 시간에 수신자의 클래스에 기반해서 메시지를 메서드에 바인딩하는 것은 일반적인 프로시저 호출의 관점에서 아주 작은 변화처럼 보이지만 이 작은 변화가 커다란 차이를 만든다[Beck96].

메시지와 메서드의 구분은 메시지 전송자와 메시지 수신자가 느슨하게 결합될 수 있게 한다. 메시지 전송자는 자신이 어떤 메시지를 전송해야 하는지만 알면 된다. 수신자가 어떤 클래스의 인스턴스인지, 어떤 방식으로 요청을 처리하는지 모르더라도 원활한 협력이 가능하다. 메시지 수신자 역시 누가 메시지를 전송하는지 알 필요가 없다. 단지 메시지가 도착했다는 사실만 알면 된다. 메시지 수신자는 메시지를 처리하기 위해 필요한 메서드를 스스로 결정할 수 있는 자율권을 누린다.

메시지 전송자와 메시지 수신자는 서로에 대한 상세한 정보를 알지 못한 채 단지 메시지라는 얇고 가는 끈을 통해 연결된다. 실행 시점에 메시지와 메서드를 바인딩하는 메커니즘은 두 객체 사이의 결합도를 낮춤으로써 유연하고 확장 가능한 코드를 작성할 수 있게 만든다.

퍼블릭 인터페이스와 오퍼레이션

객체는 안과 밖을 구분하는 뚜렷한 경계를 가진다. 외부에서 볼 때 객체의 안쪽은 검은 장막으로 가려진 미지의 영역이다. 외부의 객체는 오직 객체가 공개하는 메시지를 통해서만 객체와 상호작용할 수 있다. 이처럼 객체가 의사소통을 위해 외부에 공개하는 메시지의 집합을 **퍼블릭 인터페이스**라고 부른다.

프로그래밍 언어의 관점에서 퍼블릭 인터페이스에 포함된 메시지를 **오퍼레이션(operation)**이라고 부른다. 오퍼레이션은 수행 가능한 어떤 행동에 대한 *추상화*다. 흔히 오퍼레이션이라고 부를 때는 내부의 구현 코드는 제외하고 단순히 메시지와 관련된 시그니처를 가리키는 경우가 대부분이다. 앞에서 예로 든 DiscountCondition 인터페이스에 정의된 isSatisfiedBy가 오퍼레이션에 해당한다.

그에 비해 메시지를 수신했을 때 실제로 실행되는 코드는 메서드라고 부른다. SequenceCondition과 PeriodCondition에 정의된 각각의 isSatisfiedBy는 실제 구현을 포함하기 때문에 메서드라고 부른다. SequenceCondition과 PeriodCondition의 두 메서드는 DiscountCondition 인터페이스에 정의된 isSatisfiedBy 오퍼레이션의 여러 가능한 구현 중 하나다.

UML은 공식적으로 오퍼레이션을 다음과 같이 정의한다.

오퍼레이션이란 실행하기 위해 객체가 호출될 수 있는 변환이나 정의에 관한 명세다.

UML 용어로 말하자면, 인터페이스의 각 요소는 오퍼레이션이다. 오퍼레이션은 구현이 아닌 추상화다. 반면 UML의 메서드는 오퍼레이션을 구현한 것이다. 인용하면, 메서드는 오퍼레이션에 대한 구현이다. 메서드는 오퍼레이션과 연관된 알고리즘 또는 절차를 명시한다[Larman04].

프로그래밍 언어의 관점에서 객체가 다른 객체에게 메시지를 전송하면 런타임 시스템은 메시지 전송을 오퍼레이션 호출로 해석하고 메시지를 수신한 객체의 실제 타입을 기반으로 적절한 메서드를 찾아 실행한다. 따라서 퍼블릭 인터페이스와 메시지의 관점에서 보면 '메서드 호출'보다는 '오퍼레이션 호출'이라는 용어를 사용하는 것이 더 적절하다.

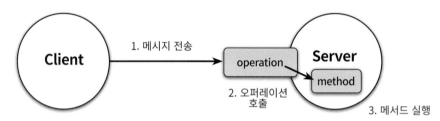

그림 6.5 메시지, 오퍼레이션, 메서드 사이의 관계

시그니처

오퍼레이션(또는 메서드)의 이름과 파라미터 목록을 합쳐 **시그니처(signature)**라고 부른다. 오퍼레이션은 실행 코드 없이 시그니처만을 정의한 것이다. 메서드는 이 시그니처에 구현을 더한 것이다. 일반적으로 메시지를 수신하면 오퍼레이션의 시그니처와 동일한 메서드가 실행된다.

하나의 오퍼레이션에 대해 오직 하나의 메서드만 존재하는 경우 세상은 꽤나 단순해진다. 이런 경우에는 굳이 오퍼레이션과 메서드를 구분할 필요가 없다. 하지만 다형성의 축복을 받기 위해서는 하나의 오퍼레이션에 대해 다양한 메서드를 구현해야만 한다. 따라서 오퍼레이션의 관점에서 다형성이란 동일한 오퍼레이션 호출에 대해 서로 다른 메서드들이 실행되는 것이라고 정의할 수 있다.

> **용어 정리**
>
> - **메시지**: 객체가 다른 객체와 협력하기 위해 사용하는 의사소통 메커니즘. 일반적으로 객체의 오퍼레이션이 실행되도록 요청하는 것을 "메시지 전송"이라고 부른다. 메시지는 협력에 참여하는 전송자와 수신자 양쪽 모두를 포함하는 개념이다.
>
> - **오퍼레이션**: 객체가 다른 객체에게 제공하는 추상적인 서비스다. 메시지가 전송자와 수신자 사이의 협력 관계를 강조하는 데 비해 오퍼레이션은 메시지를 수신하는 객체의 인터페이스를 강조한다. 다시 말해서 메시지 전송자는 고려하지 않은 채 메시지 수신자의 관점만을 다룬다. 메시지 수신이란 메시지에 대응되는 객체의 오퍼레이션을 호출하는 것을 의미한다.
>
> - **메서드**: 메시지에 응답하기 위해 실행되는 코드 블록을 메서드라고 부른다. 메서드는 오퍼레이션의 구현이다. 동일한 오퍼레이션이라고 해도 메서드는 다를 수 있다. 오퍼레이션과 메서드의 구분은 다형성의 개념과 연결된다.
>
> - **퍼블릭 인터페이스**: 객체가 협력에 참여하기 위해 외부에서 수신할 수 있는 메시지의 묶음. 클래스의 퍼블릭 메서드들의 집합이나 메시지의 집합을 가리키는 데 사용된다. 객체를 설계할 때 가장 중요한 것은 훌륭한 퍼블릭 인터페이스를 설계하는 것이다.
>
> - **시그니처**: 시그니처는 오퍼레이션이나 메서드의 명세를 나타낸 것으로, 이름과 인자의 목록을 포함한다. 대부분의 언어는 시그니처의 일부로 반환 타입을 포함하지 않지만 반환 타입을 시그니처의 일부로 포함하는 언어도 존재한다.

중요한 것은 객체가 수신할 수 있는 메시지가 객체의 퍼블릭 인터페이스와 그 안에 포함될 오퍼레이션을 결정한다는 것이다. 객체의 퍼블릭 인터페이스가 객체의 품질을 결정하기 때문에 결국 메시지가 객체의 품질을 결정한다고 할 수 있다.

02 인터페이스와 설계 품질

3장에서 살펴본 것처럼 좋은 인터페이스는 **최소한의 인터페이스**와 **추상적인 인터페이스**라는 조건을 만족해야 한다. 최소한의 인터페이스는 꼭 필요한 오퍼레이션만을 인터페이스에 포함한다. 추상적인 인터페이스는 어떻게 수행하는지가 아니라 무엇을 하는지를 표현한다.

최소주의를 따르면서도 추상적인 인터페이스를 설계할 수 있는 가장 좋은 방법은 책임 주도 설계 방법을 따르는 것이다. 책임 주도 설계 방법은 메시지를 먼저 선택함으로써 협력과는 무관한 오퍼레이션이 인터페이스에 스며드는 것을 방지한다. 따라서 인터페이스는 최소의 오퍼레이션만 포함하게 된다. 또한 객체가 메시지를 선택하는 것이 아니라 메시지가 객체를 선택하게 함으로써 클라이언트의 의도를 메시지에 표현할 수 있게 한다. 따라서 추상적인 오퍼레이션이 인터페이스에 자연스럽게 스며들게 된다.

비록 책임 주도 설계 방법이 훌륭한 인터페이스를 얻을 수 있는 지침을 제공한다고 하더라도 훌륭한 인터페이스가 가지는 공통적인 특징을 아는 것은 여러분의 안목을 넓히고 올바른 설계에 도달할 수 있는 지름길을 제공할 것이다.

여기서는 퍼블릭 인터페이스의 품질에 영향을 미치는 다음과 같은 원칙과 기법에 관해 살펴보겠다.

- 디미터 법칙
- 묻지 말고 시켜라
- 의도를 드러내는 인터페이스
- 명령-쿼리 분리

디미터 법칙

다음 코드는 4장에서 살펴본 절차적인 방식의 영화 예매 시스템 코드 중에서 할인 가능 여부를 체크하는 코드를 가져온 것이다.

```java
public class ReservationAgency {
  public Reservation reserve(Screening screening, Customer customer, int audienceCount) {
    Movie movie = screening.getMovie();

    boolean discountable = false;
    for(DiscountCondition condition : movie.getDiscountConditions()) {
      if (condition.getType() == DiscountConditionType.PERIOD) {
        discountable = screening.getWhenScreened().getDayOfWeek().equals(condition.getDayOfWeek()) &&
            condition.getStartTime().compareTo(screening.getWhenScreened().toLocalTime()) <= 0 &&
            condition.getEndTime().compareTo(screening.getWhenScreened().toLocalTime()) >= 0;
      } else {
        discountable = condition.getSequence() == screening.getSequence();
      }

      if (discountable) {
        break;
      }
    }
```

```
      }
    ...
    }
  }
}
```

이 코드의 가장 큰 단점은 ReservationAgency와 인자로 전달된 Screening 사이의 결합도가 너무 높기 때문에 Screening의 내부 구현을 변경할 때마다 ReservationAgency도 함께 변경된다는 것이다. 문제의 원인은 ReservationAgency가 Screening뿐만 아니라 Movie와 DiscountCondition에도 직접 접근하기 때문이다.

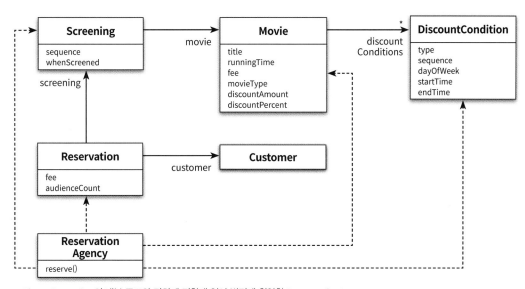

그림 6.6 Screening의 내부 구조와 강하게 결합돼 있어 변경에 취약한 ReservationAgency

만약 Screening이 Movie를 포함하지 않도록 변경되거나 Movie가 DiscountCondition을 포함하지 않도록 변경된다면 어떻게 될까? DiscountCondition이 내부에 sequence를 포함하지 않게 된다면 어떤 영향이 있을 것인가? 만약 sequence의 타입이 int가 아니라 Sequence라는 이름의 클래스로 변경된다면? ReservationAgency는 사소한 변경에도 이리저리 흔들리는 의존성의 집결지다.

이처럼 협력하는 객체의 내부 구조에 대한 결합으로 인해 발생하는 설계 문제를 해결하기 위해 제안된 원칙이 바로 **디미터 법칙(Law of Demeter)**이다. 디미터 법칙을 간단하게 요약하면 객체의 내부 구조에 강하게 결합되지 않도록 협력 경로를 제한하라는 것이다. 디미터 법칙은 "낯선 자에게 말하지 말라(don't talk to strangers)[Larman04]" 또는 "오직 인접한 이웃하고만 말하라(only talk to your immediate neighbors)[Metz12]"로 요약할 수 있다. 자바나 C#과 같이 '도트(.)'를 이용해 메시지 전송을 표현하는 언어에서는 "오직 하나의 도트만 사용하라(use only one dot)[Metz12]"라는 말로 요약되기도 한다.

디미터 법칙은《Object-Oriented Programming: An Objective Sense of Style》[Lieberherr88]에서 처음으로 소개된 개념으로 이 글의 저자들은 디미터라는 이름의 프로젝트를 진행하던 도중 객체들의 협력 경로를 제한하면 결합도를 효과적으로 낮출 수 있다는 사실을 발견했다.

디미터 법칙을 따르기 위해서는 클래스가 특정한 조건을 만족하는 대상에게만 메시지를 전송하도록 프로그래밍해야 한다. 모든 클래스 C와 C에 구현된 모든 메서드 M에 대해서, M이 메시지를 전송할 수 있는 모든 객체는 다음에 서술된 클래스의 인스턴스여야 한다. 이때 M에 의해 생성된 객체나 M이 호출하는 메서드에 의해 생성된 객체, 전역 변수로 선언된 객체는 모두 M의 인자로 간주한다.

- M의 인자로 전달된 클래스(C 자체를 포함)
- C의 인스턴스 변수의 클래스

위 설명이 이해하기 어렵다면 클래스 내부의 메서드가 아래 조건을 만족하는 인스턴스에만 메시지를 전송하도록 프로그래밍해야 한다라고 이해해도 무방하다[Larman 2004].

- this 객체
- 메서드의 매개변수
- this의 속성
- this의 속성인 컬렉션의 요소
- 메서드 내에서 생성된 지역 객체

4장에서 결합도 문제를 해결하기 위해 수정한 ReservationAgency의 최종 코드를 보자.

```java
public class ReservationAgency {
  public Reservation reserve(Screening screening, Customer customer, int audienceCount) {
    Money fee = screening.calculateFee(audienceCount);
    return new Reservation(customer, screening, fee, audienceCount);
  }
}
```

이 코드에서 ReservationAgency는 메서드의 인자로 전달된 Screening 인스턴스에게만 메시지를 전송한다. ReservationAgency는 Screening 내부에 대한 어떤 정보도 알지 못한다. ReservationAgency가 Screening

의 내부 구조에 결합돼 있지 않기 때문에 Screening의 내부 구현을 변경할 때 ReservationAgency를 함께 변경할 필요가 없다.

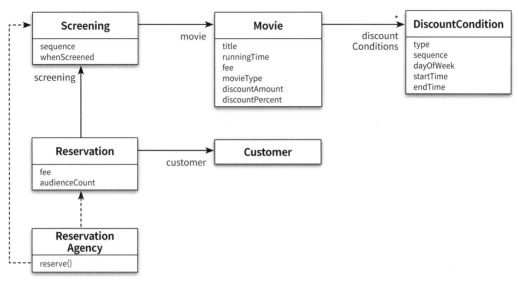

그림 6.7 디미터 법칙을 따른 결과 Screening의 내부 구현을 캡슐화할 수 있다

디미터 법칙을 따르면 **부끄럼타는 코드**(shy code)를 작성할 수 있다[Hunt99]. 부끄럼타는 코드란 불필요한 어떤 것도 다른 객체에게 보여주지 않으며, 다른 객체의 구현에 의존하지 않는 코드를 말한다. 디미터 법칙을 따르는 코드는 메시지 수신자의 내부 구조가 전송자에게 노출되지 않으며, 메시지 전송자는 수신자의 내부 구현에 결합되지 않는다. 따라서 클라이언트와 서버 사이에 낮은 결합도를 유지할 수 있다.

> ### 디미터 법칙과 캡슐화
>
> 디미터 법칙은 캡슐화를 다른 관점에서 표현한 것이다. 디미터 법칙이 가치 있는 이유는 클래스를 캡슐화하기 위해 따라야 하는 구체적인 지침을 제공하기 때문이다. 캡슐화 원칙이 클래스 내부의 구현을 감춰야 한다는 사실을 강조한다면 디미터 법칙은 협력하는 클래스의 캡슐화를 지키기 위해 접근해야 하는 요소를 제한한다. 디미터 법칙은 협력과 구현이라는 사뭇 달라 보이는 두 가지 문맥을 하나의 유기적인 개념으로 통합한다. 클래스의 내부 구현을 채워가는 동시에 현재 협력하고 있는 클래스에 관해서도 고민하도록 주의를 환기시키기 때문이다.

다음은 디미터 법칙을 위반하는 코드의 전형적인 모습을 표현한 것이다.

```
screening.getMovie().getDiscountConditions();
```

메시지 전송자가 수신자의 내부 구조에 대해 물어보고 반환받은 요소에 대해 연쇄적으로 메시지를 전송한다. 흔히 이와 같은 코드를 **기차 충돌**(train wreck)이라고 부르는데 여러 대의 기차가 한 줄로 늘어서 충돌한 것처럼 보이기 때문이다[Martin08]. 기차 충돌은 클래스의 내부 구현이 외부로 노출됐을 때 나타나는 전형적인 형태로 메시지 전송자는 메시지 수신자의 내부 정보를 자세히 알게 된다. 따라서 메시지 수신자의 캡슐화는 무너지고, 메시지 전송자가 메시지 수신자의 내부 구현에 강하게 결합된다.

디미터 법칙을 따르도록 코드를 개선하면 메시지 전송자는 더 이상 메시지 수신자의 내부 구조에 관해 묻지 않게 된다. 단지 자신이 원하는 것이 무엇인지를 명시하고 단순히 수행하도록 요청한다.

```
screening.calculateFee(audienceCount);
```

디미터 법칙은 객체가 자기 자신을 책임지는 자율적인 존재여야 한다는 사실을 강조한다. 정보를 처리하는 데 필요한 책임을 정보를 알고 있는 객체에게 할당하기 때문에 응집도가 높은 객체가 만들어진다.

하지만 무비판적으로 디미터 법칙을 수용하면 퍼블릭 인터페이스 관점에서 객체의 응집도가 낮아질 수도 있다. 자세한 내용은 이번 장에 포함된 "원칙의 함정" 절을 읽어보기 바란다.

디미터 법칙은 객체의 내부 구조를 묻는 메시지가 아니라 수신자에게 무언가를 시키는 메시지가 더 좋은 메시지라고 속삭인다. 그리고 자연스럽게 객체지향 세계에서는 이런 형태의 메시지를 장려하는 코딩 스타일에 관한 이야기가 입소문을 타고 알려지기 시작했다.

묻지 말고 시켜라

앞에서 ReservationAgency는 Screening 내부의 Movie에 접근하는 대신 Screening에게 직접 요금을 계산하도록 요청했다. 요금을 계산하는 데 필요한 정보를 잘 알고 있는 Screening에게 요금을 계산할 책임을 할당한 것이다. 디미터 법칙은 훌륭한 메시지는 객체의 상태에 관해 묻지 말고 원하는 것을 시켜야 한다는 사실을 강조한다. **묻지 말고 시켜라**(Tell, Don't Ask)는 이런 스타일의 메시지 작성을 장려하는 원칙을 가리키는 용어다.

메시지 전송자는 메시지 수신자의 상태를 기반으로 결정을 내린 후 메시지 수신자의 상태를 바꿔서는 안 된다. 여러분이 구현하고 있는 로직은 메시지 수신자가 담당해야 할 책임일 것이다. 객체의 외부에서 해당 객체의 상태를 기반으로 결정을 내리는 것은 객체의 캡슐화를 위반한다.

절차적인 코드는 정보를 얻은 후에 결정한다. 객체지향 코드는 객체에게 그것을 하도록 시킨다[Sharp00].

묻지 말고 시켜라 원칙을 따르면 밀접하게 연관된 정보와 행동을 함께 가지는 객체를 만들 수 있다. 객체지향의 기본은 함께 변경될 확률이 높은 정보와 행동을 하나의 단위로 통합하는 것이다. 묻지 말고 시켜라 원칙을 따르면 객체의 정보를 이용하는 행동을 객체의 외부가 아닌 내부에 위치시키기 때문에 자연스럽게 정보와 행동을 동일한 클래스 안에 두게 된다. 묻지 말고 시켜라 원칙에 따르도록 메시지를 결정하다 보면 자연스럽게 정보 전문가[Larman04]에게 책임을 할당하게 되고 높은 응집도를 가진 클래스를 얻을 확률이 높아진다.

묻지 말고 시켜라 원칙과 디미터 법칙은 훌륭한 인터페이스를 제공하기 위해 포함해야 하는 오퍼레이션에 대한 힌트를 제공한다. 내부의 상태를 묻는 오퍼레이션을 인터페이스에 포함시키고 있다면 더 나은 방법은 없는지 고민해 보라. 내부의 상태를 이용해 어떤 결정을 내리는 로직이 객체 외부에 존재하는가? 그렇다면 해당 객체가 책임져야 하는 어떤 행동이 객체 외부로 누수된 것이다.

상태를 묻는 오퍼레이션을 행동을 요청하는 오퍼레이션으로 대체함으로써 인터페이스를 향상시켜라. 협력을 설계하고 객체가 수신할 메시지를 결정하는 매 순간 묻지 말고 시켜라 원칙과 디미터 법칙을 머릿속에 떠올리는 것은 퍼블릭 인터페이스의 품질을 향상시킬 수 있는 좋은 습관이다.

> 우리는 메시지를 전송하는 개별적인 객체들을 보유하고 있는데 그렇다면 객체들은 무엇을 말해야 하는가? 우리의 경험에 따르면 호출하는 객체는 이웃 객체가 수행하는 역할을 사용해 무엇을 원하는지를 서술해야 하고, 호출되는 객체가 어떻게 해야 하는지를 스스로 결정하게 해야 한다. 이것은 일반적으로 "묻지 말고 시켜라(Tell, Don't Ask)" 스타일, 또는 좀 더 공식적으로는 "디미터 법칙(Law of Demeter)"으로 알려져 있다. 객체는 자신이 내부적으로 보유하고 있는 정보나 메시지 전송의 결과로 얻게 되는 정보만 사용해서 의사결정을 내리게 된다. 그렇게 하면 객체는 다른 객체의 내부를 탐색하지 않아도 된다. 이 스타일을 일관성 있게 따른다면 좀 더 유연한 코드를 얻을 수 있는데 이것은 동일한 역할을 수행하는 객체로 교체하는 것이 쉽기 때문이다. 호출 객체는 역할 인터페이스 배후의 내부 구조나 시스템의 나머지 구조에 대해서는 어떤 것도 보지 못한다.
>
> 이 스타일을 따르지 않을 경우 "기차 충돌(train wreck)"로 알려진, 일련의 getter들이 기차의 객차처럼 상호 연결되어 보이는 코드가 만들어지고 만다[Freeman09].

하지만 단순하게 객체에게 묻지 않고 시킨다고 해서 모든 문제가 해결되는 것은 아니다. 훌륭한 인터페이스를 수확하기 위해서는 객체가 어떻게 작업을 수행하는지를 노출해서는 안 된다. 인터페이스는 객체가 어떻게 하는지가 아니라 무엇을 하는지를 서술해야 한다.

의도를 드러내는 인터페이스

켄트 벡(Kent Beck)은 그의 기념비적인 책인 《Smalltalk Best Practice Patterns》[Beck 1996]에서 메서드를 명명하는 두 가지 방법을 설명했다. 첫 번째 방법은 메서드가 작업을 어떻게 수행하는지를 나타내도록 이름 짓는 것이다. 이 경우 메서드의 이름은 내부의 구현 방법을 드러낸다. 다음은 첫 번째 방법에 따라 PeriodCondition과 SequenceCondition의 메서드를 명명한 것이다.

```java
public class PeriodCondition {
  public boolean isSatisfiedByPeriod(Screening screening) { ... }
}

public class SequenceCondition {
  public boolean isSatisfiedBySequence(Screening screening) { ... }
}
```

이런 스타일은 좋지 않은데 그 이유를 두 가지로 요약할 수 있다.

- 메서드에 대해 제대로 커뮤니케이션하지 못한다. 클라이언트의 관점에서 isSatisfiedByPeriod와 isSatisfiedBySequence 모두 할인 조건을 판단하는 동일한 작업을 수행한다. 하지만 메서드의 이름이 다르기 때문에 두 메서드의 내부 구현을 정확하게 이해하지 못한다면 두 메서드가 동일한 작업을 수행한다는 사실을 알아채기 어렵다.

- 더 큰 문제는 메서드 수준에서 캡슐화를 위반한다는 것이다. 이 메서드들은 클라이언트로 하여금 협력하는 객체의 종류를 알도록 강요한다. PeriodCondition을 사용하는 코드를 SequenceCondition을 사용하도록 변경하려면 단순히 참조하는 객체를 변경하는 것뿐만 아니라 호출하는 메서드를 변경해야 한다. 만약 할인 여부를 판단하는 방법이 변경된다면 메서드의 이름 역시 변경해야 할 것이다. 메서드 이름을 변경한다는 것은 메시지를 전송하는 클라이언트의 코드도 함께 변경해야 한다는 것을 의미한다. 따라서 책임을 수행하는 방법을 드러내는 메서드를 사용한 설계는 변경에 취약할 수밖에 없다.

메서드의 이름을 짓는 두 번째 방법은 '어떻게'가 아니라 '무엇'을 하는지를 드러내는 것이다. 메서드의 구현이 한 가지인 경우에는 무엇을 하는지를 드러내는 이름을 짓는 것이 어려울 수도 있다. 하지만 무엇을 하는지를 드러내는 이름은 코드를 읽고 이해하기 쉽게 만들뿐만 아니라 유연한 코드를 낳는 지름길이다.

아마 무엇을 하는지를 드러내는 메서드 이름이 설계의 유연성을 향상시킨다는 말이 쉽게 이해되지 않을 것이다. 먼저 무엇을 하는지를 드러내도록 메서드의 이름을 짓는다는 것이 무슨 뜻인지 살펴보자.

어떻게 수행하는지를 드러내는 이름이란 메서드의 내부 구현을 설명하는 이름이다. 결과적으로 협력을 설계하기 시작하는 이른 시기부터 클래스의 내부 구현에 관해 고민할 수밖에 없다. 반면 무엇을 하는지를 드러내도록 메서드의 이름을 짓기 위해서는 객체가 협력 안에서 수행해야 하는 책임에 관해 고민해야 한다. 이것은 외부의 객체가 메시지를 전송하는 목적을 먼저 생각하도록 만들며, 결과적으로 협력하는 클라이언트의 의도에 부합하도록 메서드의 이름을 짓게 된다.

이제 무엇을 하는지를 드러내도록 isSatisfiedByPeriod와 isSatisfiedBySequence의 이름을 변경하자. 이 물음에 답하기 위해서는 클라이언트의 관점에서 협력을 바라봐야 한다. 클라이언트의 관점에서 두 메서드는 할인 여부를 판단하기 위한 작업을 수행한다. 따라서 두 메서드 모두 클라이언트의 의도를 담을 수 있도록 isSatisfiedBy로 변경하는 것이 적절할 것이다.

```java
public class PeriodCondition {
  public boolean isSatisfiedBy(Screening screening) { ... }
}


public class SequenceCondition {
  public boolean isSatisfiedBy(Screening screening) { ... }
}
```

변경된 코드는 PeriodCondition의 isSatisfiedBy 메서드와 SequenceCondition의 isSatisfiedBy 메서드가 동일한 목적을 가진다는 것을 메서드의 이름을 통해 명확하게 표현한다. 클라이언트의 입장에서 두 메서드는 동일한 메시지를 서로 다른 방법으로 처리하기 때문에 서로 대체 가능하다.

아쉽게도 자바 같은 정적 타이핑 언어에서 단순히 메서드의 이름이 같다고 해서 동일한 메시지를 처리할 수 있는 것은 아니다. 클라이언트가 두 메서드를 가진 객체를 동일한 타입으로 간주할 수 있도록 동일한 타입 계층으로 묶어야 한다. 가장 간단한 방법은 DiscountCondition이라는 인터페이스를 정의하고 이 인터페이스에 isSatisfiedBy 오퍼레이션을 정의하는 것이다.

```java
public interface DiscountCondition {
  boolean isSatisfiedBy(Screening screening);
}
```

PeriodCondition과 SequenceCondition을 동일한 타입으로 선언하기 위해 DiscountCondition 인터페이스를 실체화하게 하면 클라이언트 입장에서 두 메서드를 동일한 방식으로 사용할 수 있게 된다.

```
public class PeriodCondition implements DiscountConditon {
  public boolean isSatisfiedBy(Screening screening) { ... }
}

public class SequenceCondition implements DiscountConditon {
  public boolean isSatisfiedBy(Screening screening) { ... }
}
```

이제 무엇을 하느냐에 따라 메서드의 이름을 짓는 것이 설계를 유연하게 만드는 이유를 이해했을 것이다. 메서드가 어떻게 수행하느냐가 아니라 무엇을 하느냐에 초점을 맞추면 클라이언트의 관점에서 동일한 작업을 수행하는 메서드들을 하나의 타입 계층으로 묶을 수 있는 가능성이 커진다. 그 결과, 다양한 타입의 객체가 참여할 수 있는 유연한 협력을 얻게 되는 것이다.

이처럼 어떻게 하느냐가 아니라 무엇을 하느냐에 따라 메서드의 이름을 짓는 패턴을 **의도를 드러내는 선택자(Intention Revealing Selector)**라고 부른다. 켄트 벡은 메서드에 의도를 드러낼 수 있는 이름을 붙이기 위해 다음과 같이 생각할 것을 조언한다.

> 하나의 구현을 가진 메시지의 이름을 일반화하도록 도와주는 간단한 훈련 방법을 소개하겠다. 매우 다른 두 번째 구현을 상상하라. 그리고는 해당 메서드에 동일한 이름을 붙인다고 상상해보라. 그렇게 하면 아마도 그 순간에 여러분이 할 수 있는 한 가장 추상적인 이름을 메서드에 붙일 것이다[Beck96].

《도메인 주도 설계》[Evans03]에서 에릭 에반스(Eric Evans)는 켄트 벡의 **의도를 드러내는 선택자**를 인터페이스 레벨로 확장한 **의도를 드러내는 인터페이스(Intention Revealing Interface)**를 제시했다. 의도를 드러내는 인터페이스를 한 마디로 요약하면 구현과 관련된 모든 정보를 캡슐화하고 객체의 퍼블릭 인터페이스에는 협력과 관련된 의도만을 표현해야 한다는 것이다.

> 켄트 벡은 메서드의 목적을 효과적으로 전달하고자 의도를 드러내는 선택자를 사용해 메서드의 이름을 짓는 것에 관해 글을 쓴 적이 있다. 설계에 포함된 모든 공개 요소가 조화를 이뤄 인터페이스를 구성하고, 인터페이스를 구성하는 각 요소의 이름을 토대로 설계 의도를 드러낼 수 있는 기회를 얻게 된다. 타입 이름, 메서드 이름, 인자 이름이 모두 결합되어 의도를 드러내는 인터페이스를 형성한다. 그러므로 수행 방법에 관해서는 언급하지 말고 결과와 목적만을 포함하도록 클래스와 오퍼레이션의 이름을 부여하라. 이렇게 하면 클라이언트 개발자가 내부를 이해해야 할 필요성이 줄어든다.

… 방법이 아닌 의도를 표현하는 추상적인 인터페이스 뒤로 모든 까다로운 메커니즘을 캡슐화해야 한다. 도메인의 퍼블릭 인터페이스에서는 관계와 규칙을 시행하는 방법이 아닌 이벤트와 규칙 그 자체만 명시한다.

… 방정식을 푸는 방법을 제시하지 말고 이를 공식으로 표현하라. 문제를 내라. 하지만 문제를 푸는 방법을 표현해서는 안 된다[Evans03].

객체에게 묻지 말고 시키되 구현 방법이 아닌 클라이언트의 의도를 드러내야 한다. 이것이 이해하기 쉽고 유연한 동시에 협력적인 객체를 만드는 가장 기본적인 요구사항이다.

함께 모으기

디미터 법칙, 묻지 말고 시켜라 스타일, 의도를 드러내는 인터페이스를 이해할 수 있는 좋은 방법 중 하나는 이런 원칙을 위반하는 코드의 모습을 살펴보는 것이다. 다행스러운 일은 이런 목적에 적합한 예를 이미 살펴봤다는 것이다. 1장에서 살펴본 티켓 판매 도메인이 바로 그것이다.

디미터 법칙을 위반하는 티켓 판매 도메인

Theater의 enter 메서드는 디미터 법칙을 위반한 코드의 전형적인 모습을 잘 보여준다.

```java
public class Theater {
  private TicketSeller ticketSeller;

  public Theater(TicketSeller ticketSeller) {
    this.ticketSeller = ticketSeller;
  }

  public void enter(Audience audience) {
    if (audience.getBag().hasInvitation()) {
      Ticket ticket = ticketSeller.getTicketOffice().getTicket();
      audience.getBag().setTicket(ticket);
    } else {
      Ticket ticket = ticketSeller.getTicketOffice().getTicket();
      audience.getBag().minusAmount(ticket.getFee());
      ticketSeller.getTicketOffice().plusAmount(ticket.getFee());
      audience.getBag().setTicket(ticket);
    }
  }
}
```

디미터 법칙에 따르면 Theater가 인자로 전달된 audience와 인스턴스 변수인 ticketSeller에게 메시지를 전송하는 것은 문제가 없다. 문제는 Theater가 audience와 ticketSeller 내부에 포함된 객체에도 직접 접근한다는 것이다. 이로 인해 Theater는 디미터 법칙을 위반하게 된다. enter 메서드에서 발췌한 아래 코드는 디미터 법칙을 위반할 때 나타나는 기차 충돌 스타일의 전형적인 모습을 잘 보여준다.

```
audience.getBag().minusAmount(ticket.getFee());
```

이 코드에서 Theater는 Audience뿐만 아니라 Audience 내부에 포함된 Bag에게도 메시지를 전송한다. 결과적으로 Theater는 Audience의 퍼블릭 인터페이스뿐만 아니라 내부 구조에 대해서도 결합된다.

근본적으로 디미터 법칙을 위반하는 설계는 **인터페이스와 구현의 분리 원칙**을 위반한다. 기억해야 할 점은 객체의 내부 구조는 구현에 해당한다는 것이다. Audience가 Bag을 포함한다는 사실은 Audience의 내부 구현에 속하며 Audience는 자신의 내부 구현을 자유롭게 변경할 수 있어야 한다. 그러나 퍼블릭 인터페이스에 getBag을 포함시키는 순간 객체의 구현이 퍼블릭 인터페이스를 통해 외부로 새어나가 버리고 만다. 따라서 디미터 법칙을 위반한다는 것은 클라이언트에게 구현을 노출한다는 것을 의미하며, 그 결과 작은 요구사항 변경에도 쉽게 무너지는 불안정한 코드를 얻게 된다.

일반적으로 프로그램에 노출되는 객체 사이의 관계가 많아질수록 결합도가 높아지기 때문에 프로그램은 불안정해진다. 객체의 구조는 다양한 요구사항에 의해 변경되기 쉽기 때문에 디미터 법칙을 위반한 설계는 요구사항 변경에 취약해진다.

디미터 법칙을 위반한 코드는 사용하기도 어렵다. 클라이언트 객체의 개발자는 Audience의 퍼블릭 인터페이스뿐만 아니라 Audience의 내부 구조까지 속속들이 알고 있어야 하기 때문이다. TicketSeller의 경우에는 그 정도가 더 심하다. Theater는 TicketSeller가 getTicketOffice 메시지를 수신할 수 있다는 사실뿐만 아니라 내부에 TicketOffice를 포함하고 있다는 사실도 알고 있어야 한다. 여기서 끝이 아니다. Theater는 반환된 TicketOffice가 getTicket 메시지를 수신할 수 있으며, 이 메서드가 반환하는 Ticket 인스턴스가 getFee 메시지를 이해할 수 있다는 사실도 알고 있어야 한다.

```
Ticket ticket = ticketSeller.getTicketOffice().getTicket();
audience.getBag().minusAmount(ticket.getFee());
```

디미터 법칙을 위반한 코드를 수정하는 일반적인 방법은 Audience와 TicketSeller의 내부 구조를 묻는 대신 Audience와 TicketSeller가 직접 자신의 책임을 수행하도록 시키는 것이다.

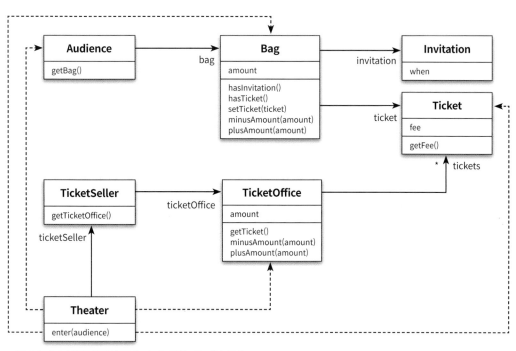

그림 6.8 디미터 법칙 위반의 결과로 높은 결합도를 가진 설계

묻지 말고 시켜라

Theater는 TicketSeller와 Audience의 내부 구조에 관해 묻지 말고 원하는 작업을 시켜야 한다. 다시 말해 TicketSeller와 Audience는 묻지 말고 시켜라 스타일을 따르는 퍼블릭 인터페이스를 가져야 한다. 먼저 Theater가 TicketSeller에게 자신이 원하는 일을 시키도록 수정하자. Theater가 TicketSeller에게 시키고 싶은 일은 Audience가 Ticket을 가지도록 만드는 것이다. TicketSeller에 setTicket 메서드를 추가하고 enter 메서드의 로직을 setTicket 메서드 안으로 옮기자.

```
public class TicketSeller {
  public void setTicket(Audience audience) {
    if (audience.getBag().hasInvitation()) {
      Ticket ticket = ticketOffice.getTicket();
      audience.getBag().setTicket(ticket);
    } else {
      Ticket ticket = ticketOffice.getTicket();
      audience.getBag().minusAmount(ticket.getFee());
      ticketOffice.plusAmount(ticket.getFee());
```

```
      audience.getBag().setTicket(ticket);
    }
  }
}
```

Theater는 자신의 속성으로 포함하고 있는 TicketSeller의 인스턴스에게만 메시지를 전송하게 됐다. 디미터 법칙을 준수하도록 Theater를 수정한 것이다.

```
public class Theater {
  public void enter(Audience audience) {
    ticketSeller.setTicket(audience);
  }
}
```

이제 TicketSeller에 초점을 맞춰보자. TicketSeller가 원하는 것은 Audience가 Ticket을 보유하도록 만드는 것이다. 따라서 Audience에게 setTicket 메서드를 추가하고 스스로 티켓을 가지도록 만들자.

```
public class Audience {
  public Long setTicket(Ticket ticket) {
    if (bag.hasInvitation()) {
      bag.setTicket(ticket);
      return 0L;
    } else {
      bag.setTicket(ticket);
      bag.minusAmount(ticket.getFee());
      return ticket.getFee();
    }
  }
}
```

이제 TicketSeller는 속성으로 포함하고 있는 TicketOffice의 인스턴스와 인자로 전달된 Audience에게만 메시지를 전송한다. 따라서 TicketSeller 역시 디미터 법칙을 준수한다.

```
public class TicketSeller {
  public void setTicket(Audience audience) {
    ticketOffice.plusAmount(
```

```
      audience.setTicket(ticketOffice.getTicket()));
  }
}
```

문제는 Audience다. Audience의 setTicket 메서드를 자세히 살펴보면 Audience가 Bag에게 원하는 일을 시키기 전에 hasInvitation 메서드를 이용해 초대권을 가지고 있는지를 묻는다는 사실을 알 수 있다. 따라서 Audience는 디미터 법칙을 위반한다.

Audience의 setTicket 메서드 구현을 Bag의 setTicket 메서드로 이동시키자.

```
public class Bag {
  public Long setTicket(Ticket ticket) {
    if (hasInvitation()) {
      this.ticket = ticket;
      return 0L;
    } else {
      this.ticket = ticket;
      minusAmount(ticket.getFee());
      return ticket.getFee();
    }
  }

  private boolean hasInvitation() {
    return invitation != null;
  }

  private void minusAmount(Long amount) {
    this.amount -= amount;
  }
}
```

Audience의 setTicket 메서드가 Bag의 setTicket 메서드를 호출하도록 수정하면 묻지 말고 시켜라 스타일을 따르고 디미터 법칙을 준수하는 Audience를 얻을 수 있다.

```
public class Audience {
  public Long setTicket(Ticket ticket) {
    return bag.setTicket(ticket);
  }
}
```

디미터 법칙과 묻지 말고 시켜라 원칙에 따라 코드를 리팩터링한 후에 Audience 스스로 자신의 상태를 제어하게 됐다는 점에 주목하라. Audience는 자신의 상태를 스스로 관리하고 결정하는 자율적인 존재가 된 것이다.

지금까지 살펴본 것처럼 디미터 법칙과 묻지 말고 시켜라 스타일을 따르면 자연스럽게 자율적인 객체로 구성된 유연한 협력을 얻게 된다. 구현이 객체의 퍼블릭 인터페이스에 노출되지 않기 때문에 객체 사이의 결합도는 낮아진다. 책임이 잘못된 곳에 할당될 가능성이 낮아지기 때문에 객체의 응집도 역시 높아진다. 일단 디미터 법칙과 묻지 말고 시켜라 스타일을 따르는 인터페이스를 얻었다면 인터페이스가 클라이언트의 의도를 올바르게 반영했는지를 확인해야 한다.

인터페이스에 의도를 드러내자

안타깝게도 현재의 인터페이스는 클라이언트의 의도를 명확하게 드러내지 못한다. 리팩터링한 코드를 다시 한번 주의 깊게 살펴보기 바란다. TicketSeller의 setTicket 메서드는 클라이언트의 의도를 명확하게 전달하고 있는가? Audience의 setTicket 메서드가 의도하는 것은 무엇인가? Bag의 setTicket 메서드는 이름이 같은 앞의 두 메서드와 동일한 의도를 드러내는가?

메서드를 직접 개발한 개발자는 이 세 메서드의 의도가 다르다는 사실을 잘 알고 있을 것이다. 하지만 퍼블릭 인터페이스를 해석하고 사용해야 하는 개발자가 이 미묘한 차이점을 정확하게 이해할 수 있을까? 안타깝게도 미묘하게 다른 의미를 가진 세 메서드가 같은 이름을 가지고 있다는 사실은 클라이언트 개발자를 혼란스럽게 만들 확률이 높다. 문제는 TicketSeller의 입장에서, Audience의 입장에서, Bag의 입장에서 setTicket이라는 이름이 협력하는 클라이언트의 의도를 명확하게 드러내지 못한다는 것이다. 따라서 클라이언트의 의도가 분명하게 드러나도록 객체의 퍼블릭 인터페이스를 개선해야 한다.

Theater가 TicketSeller에게 setTicket 메시지를 전송해서 얻고 싶었던 결과는 무엇일까? 바로 Audience에게 티켓을 판매하는 것이다. 따라서 setTicket보다 sellTo가 의도를 더 명확하게 표현하는 메시지라고 할 수 있다. TicketSeller가 Audience에게 setTicket 메시지를 전송하는 이유는 무엇인가? Audience가 티켓을 사도록 만드는 것이 목적이다. 따라서 클라이언트가 원하는 것은 buy라는 메시지일 것이다. Audience가 Bag에게 setTicket 메시지를 전송하면서 의도한 것은 무엇일까? 말 그대로 티켓을 보관하도록 만드는 것이 목적이다. Bag이 hold 메시지를 수신한다면 클라이언트의 의도를 좀 더 분명하게 표현할 수 있을 것이다.

이 의도를 각 객체의 퍼블릭 인터페이스를 통해 명확하게 드러내자.

```java
public class TicketSeller {
  public void sellTo(Audience audience) { ... }
}

public class Audience {
  public Long buy(Ticket ticket) { ... }
}

public class Bag {
  public Long hold(Ticket ticket) { ... }
}
```

이 간단한 예제는 오퍼레이션의 이름을 짓는 방법에 관한 지침을 제공한다. 오퍼레이션의 이름은 협력이라는 문맥을 반영해야 한다. 오퍼레이션은 클라이언트가 객체에게 무엇을 원하는지를 표현해야 한다. 다시 말해 객체 자신이 아닌 클라이언트의 의도를 표현하는 이름을 가져야 한다. sellTo, buy, hold라는 이름은 클라이언트가 객체에게 무엇을 원하는지를 명확하게 표현한다. setTicket은 그렇지 않다.

디미터 법칙은 객체 간의 협력을 설계할 때 캡슐화를 위반하는 메시지가 인터페이스에 포함되지 않도록 제한한다. 묻지 말고 시켜라 원칙은 디미터 법칙을 준수하는 협력을 만들기 위한 스타일을 제시한다. 여기서 멈추지 마라. 의도를 드러내는 인터페이스 원칙은 객체의 퍼블릭 인터페이스에 어떤 이름이 드러나야 하는지에 대한 지침을 제공함으로써 코드의 목적을 명확하게 커뮤니케이션할 수 있게 해준다.

우리는 결합도가 낮으면서도 의도를 명확히 드러내는 간결한 협력을 원한다. 디미터 법칙과 묻지 말고 시켜라 스타일, 의도를 드러내는 인터페이스가 우리를 도울 것이다.

정보 은닉 말고도 "묻지 말고 시켜라" 스타일에는 좀 더 미묘한 이점이 있다. 이 스타일은 객체 간의 상호작용을 getter의 체인 속에 암시적으로 두지 않고 좀 더 명시적으로 만들고 이름을 가지도록 강요한다[Freeman09].

03 원칙의 함정

디미터 법칙과 묻지 말고 시켜라 스타일은 객체의 퍼블릭 인터페이스를 깔끔하고 유연하게 만들 수 있는 훌륭한 설계 원칙이다. 하지만 절대적인 법칙은 아니다. 소프트웨어 설계에 법칙이란 존재하지 않는다. 법칙에는 예외가 없지만 원칙에는 예외가 넘쳐난다.

잊지 말아야 하는 사실은 설계가 트레이드오프의 산물이라는 것이다. 설계를 적절하게 트레이드오프할 수 있는 능력이 숙련자와 초보자를 구분하는 가장 중요한 기준이라고 할 수 있다. 초보자는 원칙을 맹목적으로 추종한다. 심지어 적용하려는 원칙들이 서로 충돌하는 경우에도 원칙에 정당성을 부여하고 억지로 끼워 맞추려고 노력한다. 결과적으로 설계는 일관성을 잃어버리고 코드는 무질서 속에 파묻히며 개발자는 길을 잃은 채 방황하게 된다.

원칙이 현재 상황에 부적합하다고 판단된다면 과감하게 원칙을 무시하라. 원칙을 아는 것보다 더 중요한 것은 언제 원칙이 유용하고 언제 유용하지 않은지를 판단할 수 있는 능력을 기르는 것이다. 트레이드오프 능력을 기르기 위해 이번 장에서 설명한 원칙들을 적용할 때 고려해볼 만한 이슈 몇 가지를 살펴보자.

디미터 법칙은 하나의 도트(.)를 강제하는 규칙이 아니다

먼저 디미터 법칙에 대한 오해를 푸는 것에서 시작하자. 앞에서 설명한 것처럼 디미터 법칙은 "오직 하나의 도트만을 사용하라"라는 말로 요약되기도 한다[Metz12]. 따라서 대부분의 사람들은 자바 8의 IntStream을 사용한 아래의 코드가 기차 충돌을 초래하기 때문에 디미터 법칙을 위반한다고 생각할 것이다.

```
IntStream.of(1, 15, 20, 3, 9).filter(x -> x > 10).distinct().count();
```

하지만 이것은 디미터 법칙을 제대로 이해하지 못한 것이다. 위 코드에서 of, filter, distinct 메서드는 모두 IntStream이라는 동일한 클래스의 인스턴스를 반환한다. 즉, 이들은 IntStream의 인스턴스를 또 다른 IntStream의 인스턴스로 변환한다.

따라서 이 코드는 디미터 법칙을 위반하지 않는다. 디미터 법칙은 결합도와 관련된 것이며, 이 결합도가 문제가 되는 것은 객체의 내부 구조가 외부로 노출되는 경우로 한정된다. IntStream의 내부 구조가 외부로 노출됐는가? 그렇지 않다. 단지 IntStream을 다른 IntStream으로 변환할 뿐, 객체를 둘러싸고 있는 캡슐은 그대로 유지된다.

하나 이상의 도트(.)를 사용하는 모든 케이스가 디미터 법칙 위반인 것은 아니다. 기차 충돌처럼 보이는 코드라도 객체의 내부 구현에 대한 어떤 정보도 외부로 노출하지 않는다면 그것은 디미터 법칙을 준수한 것이다.

이 메서드들은 객체의 내부에 대한 어떤 내용도 묻지 않는다. 그저 객체를 다른 객체로 변환하는 작업을 수행하라고 시킬 뿐이다. 따라서 묻지 말고 시켜라 원칙을 위반하지 않는다.

여러분이 이런 종류의 코드와 마주쳐야 하는 위기의 순간이 온다면 스스로에게 다음과 같은 질문을 하기 바란다. 과연 여러 개의 도트를 사용한 코드가 객체의 내부 구조를 노출하고 있는가?

결합도와 응집도의 충돌

일반적으로 어떤 객체의 상태를 물어본 후 반환된 상태를 기반으로 결정을 내리고 그 결정에 따라 객체의 상태를 변경하는 코드는 묻지 말고 시켜라 스타일로 변경해야 한다. Theater의 enter 메서드를 다시 살펴보자.

```
public class Theater {
  public void enter(Audience audience) {
    if (audience.getBag().hasInvitation()) {
      Ticket ticket = ticketSeller.getTicketOffice().getTicket();
      audience.getBag().setTicket(ticket);
    } else {
      Ticket ticket = ticketSeller.getTicketOffice().getTicket();
      audience.getBag().minusAmount(ticket.getFee());
      ticketSeller.getTicketOffice().plusAmount(ticket.getFee());
      audience.getBag().setTicket(ticket);
    }
  }
}
```

Theater는 Audience 내부에 포함된 Bag에 대해 질문한 후 반환된 결과를 이용해 Bag의 상태를 변경한다. 이 코드는 분명히 Audience의 캡슐화를 위반하기 때문에 Theater는 Audience의 내부 구조에 강하게 결합된다. 이 문제를 해결할 수 있는 방법은 질문하고, 판단하고, 상태를 변경하는 모든 코드를 Audience로 옮기는 것이다. 다시 말해 Audience에게 위임 메서드를 추가하는 것이다.

```
public class Audience {
  public Long buy(Ticket ticket) {
    if (bag.hasInvitation()) {
      bag.setTicket(ticket);
      return 0L;
    } else {
      bag.setTicket(ticket);
      bag.minusAmount(ticket.getFee());
      return ticket.getFee();
    }
  }
}
```

이제 Audience는 상태와 함께 상태를 조작하는 행동도 포함하기 때문에 응집도가 높아졌다. 이 예제에서 알 수 있는 것처럼 위임 메서드를 통해 객체의 내부 구조를 감추는 것은 협력에 참여하는 객체들의 결합도를 낮출 수 있는 동시에 객체의 응집도를 높일 수 있는 가장 효과적인 방법이다.

안타깝게도 묻지 말고 시켜라와 디미터 법칙을 준수하는 것이 항상 긍정적인 결과로만 귀결되는 것은 아니다. 모든 상황에서 맹목적으로 위임 메서드를 추가하면 같은 퍼블릭 인터페이스 안에 어울리지 않는 오퍼레이션들이 공존하게 된다. 결과적으로 객체는 상관 없는 책임들을 한꺼번에 떠안게 되기 때문에 결과적으로 응집도가 낮아진다.

클래스는 하나의 변경 원인만을 가져야 한다. 서로 상관없는 책임들이 함께 뭉쳐있는 클래스는 응집도가 낮으며 작은 변경으로도 쉽게 무너질 수 있다. 따라서 디미터 법칙과 묻지 말고 시켜라 원칙을 무작정 따르면 애플리케이션은 응집도가 낮은 객체로 넘쳐날 것이다.

영화 예매 시스템의 PeriodCondition 클래스를 살펴보자. isSatisfiedBy 메서드는 screening에게 질의한 상영 시작 시간을 이용해 할인 여부를 결정한다. 이 코드는 얼핏 보기에는 Screening의 내부 상태를 가져와서 사용하기 때문에 캡슐화를 위반한 것으로 보일 수 있다.

```
public class PeriodCondition implements DiscountCondition {
  public boolean isSatisfiedBy(Screening screening) {
    return screening.getStartTime().getDayOfWeek().equals(dayOfWeek) &&
      startTime.compareTo(screening.getStartTime().toLocalTime()) <= 0 &&
      endTime.compareTo(screening.getStartTime().toLocalTime()) >= 0;
  }
}
```

따라서 할인 여부를 판단하는 로직을 Screening의 isDiscountable 메서드로 옮기고 PeriodCondition이 이 메서드를 호출하도록 변경한다면 묻지 말고 시켜라 스타일을 준수하는 퍼블릭 인터페이스를 얻을 수 있다고 생각할 것이다.

```java
public class Screening {
  public boolean isDiscountable(DayOfWeek dayOfWeek, LocalTime startTime, LocalTime endTime) {
    return whenScreened.getDayOfWeek().equals(dayOfWeek) &&
      startTime.compareTo(whenScreened.toLocalTime()) <= 0 &&
      endTime.compareTo(whenScreened.toLocalTime()) >= 0;
  }
}

public class PeriodCondition implements DiscountCondition {
  public boolean isSatisfiedBy(Screening screening) {
    return screening.isDiscountable(dayOfWeek, startTime, endTime);
  }
}
```

하지만 이렇게 하면 Screening이 기간에 따른 할인 조건을 판단하는 책임을 떠안게 된다. 이것이 Screening이 담당해야 하는 본질적인 책임인가? 그렇지 않다. Screening의 본질적인 책임은 영화를 예매하는 것이다. Screening이 직접 할인 조건을 판단하게 되면 객체의 응집도가 낮아진다. 반면 PeriodCondition의 입장에서는 할인 조건을 판단하는 책임이 본질적이다.

게다가 Screening은 PeriodCondition의 인스턴스 변수를 인자로 받기 때문에 PeriodCondition의 인스턴스 변수 목록이 변경될 경우에도 영향을 받게 된다. 이것은 Screening과 PeriodCondition 사이의 결합도를 높인다. 따라서 Screening의 캡슐화를 향상시키는 것보다 Screening의 응집도를 높이고 Screening과 PeriodCondition 사이의 결합도를 낮추는 것이 전체적인 관점에서 더 좋은 방법이다.

가끔씩은 묻는 것 외에는 다른 방법이 존재하지 않는 경우도 존재한다. 컬렉션에 포함된 객체들을 처리하는 유일한 방법은 객체에게 물어보는 것이다. 다음 코드에서 Movie에게 묻지 않고도 movies 컬렉션에 포함된 전체 영화의 가격을 계산할 수 있는 방법이 있을까?

```java
for(Movie each : movies) {
  total += each.getFee();
}
```

물으려는 객체가 정말로 데이터인 경우도 있다. 로버트 마틴은 《클린 코드》[Martin08]에서 디미터 법칙의 위반 여부는 묻는 대상이 객체인지, 자료 구조인지에 달려있다고 설명한다. 객체는 내부 구조를 숨겨야 하므로 디미터 법칙을 따르는 것이 좋지만 자료 구조라면 당연히 내부를 노출해야 하므로 디미터 법칙을 적용할 필요가 없다.

객체에게 시키는 것이 항상 가능한 것은 아니다. 가끔씩은 물어야 한다. 여기서 강조하고 싶은 것은 소프트웨어 설계에 법칙이란 존재하지 않는다는 것이다. 원칙을 맹신하지 마라. 원칙이 적절한 상황과 부적절한 상황을 판단할 수 있는 안목을 길러라. 설계는 트레이드오프의 산물이다. 소프트웨어 설계에 존재하는 몇 안 되는 법칙 중 하나는 "경우에 따라 다르다"라는 사실을 명심하라.

04 명령-쿼리 분리 원칙

가끔씩은 필요에 따라 물어야 한다는 사실에 납득했다면 **명령-쿼리 분리**(Command-Query Separation) **원칙**을 알아두면 도움이 될 것이다. 명령-쿼리 분리 원칙은 퍼블릭 인터페이스에 오퍼레이션을 정의할 때 참고할 수 있는 지침을 제공한다. 이해를 돕기 위해 먼저 몇 가지 용어를 살펴보는 것으로 시작하자.

어떤 절차를 묶어 호출 가능하도록 이름을 부여한 기능 모듈을 **루틴**(routine)이라고 부른다. 루틴은 다시 **프로시저**(procedure)와 **함수**(function)로 구분할 수 있다. 프로시저와 함수를 같은 의미로 혼용하는 경우가 많지만 사실 프로시저와 함수는 부수효과와 반환값의 유무라는 측면에서 명확하게 구분된다. 프로시저는 정해진 절차에 따라 내부의 상태를 변경하는 루틴의 한 종류다. 이에 반해 함수는 어떤 절차에 따라 필요한 값을 계산해서 반환하는 루틴의 한 종류다. 프로시저와 함수를 명확하게 구분하기 위해 루틴을 작성할 때 다음과 같은 제약을 따라야 한다.

- 프로시저는 부수효과를 발생시킬 수 있지만 값을 반환할 수 없다.
- 함수는 값을 반환할 수 있지만 부수효과를 발생시킬 수 없다.

명령(Command)과 **쿼리**(Query)는 객체의 인터페이스 측면에서 프로시저와 함수를 부르는 또 다른 이름이다. 객체의 상태를 수정하는 오퍼레이션을 명령이라고 부르고 객체와 관련된 정보를 반환하는 오퍼레이션을 쿼리라고 부른다. 따라서 개념적으로 명령은 프로시저와 동일하고 쿼리는 함수와 동일하다.

명령-쿼리 분리 원칙의 요지는 오퍼레이션은 부수효과를 발생시키는 명령이거나 부수효과를 발생시키지 않는 쿼리 중 하나여야 한다는 것이다. 어떤 오퍼레이션도 명령인 동시에 쿼리여서는 안 된다. 따라서 명령과 쿼리를 분리하기 위해서는 다음의 두 가지 규칙을 준수해야 한다.

- 객체의 상태를 변경하는 명령은 반환값을 가질 수 없다.
- 객체의 정보를 반환하는 쿼리는 상태를 변경할 수 없다.

명령-쿼리 분리 원칙을 한 문장으로 표현하면 "질문이 답변을 수정해서는 안 된다"는 것이다. 명령은 상태를 변경할 수 있지만 상태를 반환해서는 안 된다. 쿼리는 객체의 상태를 반환할 수 있지만 상태를 변경해서는 안 된다.

> 부수효과를 발생시키지 않는 것만을 함수로 제한함으로써 소프트웨어에서 말하는 '함수'의 개념이 일반 수학에서의 개념과 상충되지 않게 한다. 객체를 변경하지만 직접적으로 값을 반환하지 않는 명령(Command)과 객체에 대한 정보를 반환하지만 변경하지는 않는 쿼리(Query) 간의 명확한 구분을 유지할 것이다[Meyer00].

명령-쿼리 분리 원칙은 객체들을 독립적인 기계로 보는 객체지향의 오랜 전통에 기인한다. 버트란드 마이어(Bertrand Meyer)는 《Object-Oriented Software Construction》[Meyer00]에서 명령-쿼리 분리 원칙을 설명할 때 기계 메타포를 이용한다. 이 관점에서 객체는 블랙박스이며 객체의 인터페이스는 객체의 관찰 가능한 상태를 보기 위한 일련의 디스플레이와 객체의 상태를 변경하기 위해 누를 수 있는 버튼의 집합이다. 이런 스타일의 인터페이스를 사용함으로써 객체의 캡슐화와 다양한 문맥에서의 재사용을 보장할 수 있다. 마틴 파울러(Martin Fowler)는 명령-쿼리 분리 원칙에 따라 작성된 객체의 인터페이스를 **명령-쿼리 인터페이스(Command-Query Interface)**[Fowler10]라고 부른다.

그림 6.9는 기계 메타포 관점에서 객체의 인터페이스를 개념적으로 표현한 것이다. 인터페이스는 두 가지 형태의 버튼으로 구성된다. 둥근 모양의 버튼을 누르면 기계의 현재 상태를 출력하지만 상태는 변경하지 않는다. 네모 모양의 버튼을 누르면 기계의 상태를 변경하지만 변경된 상태에 관한 어떤 정보도 외부로 제공하지 않는다. 따라서 둥근 버튼은 쿼리 메서드이고 네모 버튼은 명령 메서드다.

그림 6.9 기계로서의 객체 메타포

명령 버튼을 누르면 기계의 상태가 변경된다. 명령 버튼은 실행 결과를 제공하지 않기 때문에 명령 버튼을 누른 직후에는 기계 내부의 상태를 직접 확인할 수는 없다. 대신 언제라도 쿼리 버튼을 이용해 상태를 확인할 수 있다. 쿼리 버튼은 상태를 변경하지 않지만 기계 상단에 위치한 디스플레이 패널에 기계의 상태를 메시지의 형태로 표시한다.

명령 버튼을 누르지 않고 하나의 쿼리 버튼을 계속 누를 경우 디스플레이 패널에는 매번 동일한 메시지가 출력될 것이다. 반면 명령 버튼을 누른 후 쿼리 버튼을 누른다면 디스플레이 패널에 출력되는 메시지는 명령 버튼을 누르기 이전과 이후에 서로 달라질 것이다. 기계 좌측 상단의 슬롯은 명령과 쿼리를 버튼을 누를 때 전달해야 하는 파라미터를 넣는 곳이다.

그렇다면 명령과 쿼리를 분리해서 얻게 되는 장점은 무엇일까? 언제나 그런 것처럼 실행 가능한 코드를 통해 개념을 이해하는 것이 가장 좋은 방법이다.

반복 일정의 명령과 쿼리 분리하기

자연은 주기적으로 반복되는 다양한 현상으로 이뤄져 있다. 계절은 1년 주기로 순환하고, 월급날은 한 달 주기로 돌아오며, 월요병은 일주일 단위로 반복된다. 사람의 일생은 주기적으로 반복되는 다양한 이벤트와 연관돼 있다. 현대를 살아가는 사람들의 고민 중 하나는 생일, 결혼 기념일, 시험과 같이 주기적으로 반복되는 일정을 쉽고 간편하게 관리할 수 있는 방법을 찾는 것이다.

일정 관리의 중요성을 인식한 개발팀은 반복되는 이벤트를 쉽게 관리할 수 있는 소프트웨어를 개발하기로 결정했다. 처음 몇 달 간 프로젝트는 순항하는 듯 보였다. 요구사항은 핵심적인 기능만을 포함하고 있었고 코드의 품질도 높았다. 그러나 출시 막바지에 이른 어느 날 커다란 문제가 발생했다. 출시 일정을 미뤄야 할 정도의 치명적인 버그가 발견된 것이다.

먼저 도메인의 중요한 두 가지 용어인 "이벤트(event)"와 "반복 일정(recurring schedule)"에 관해 살펴보자. "이벤트"는 특정 일자에 실제로 발생하는 사건을 의미한다. 2019년 5월 8일 수요일 10시 30분부터 11시까지 회의가 잡혀 있다면 이 회의가 이벤트가 된다. "반복 일정"은 일주일 단위로 돌아오는 특정 시간 간격에 발생하는 사건 전체를 포괄적으로 지칭하는 용어다. 매주 수요일 10시 30분부터 11시까지 회의가 반복될 경우 이 일정을 반복 일정이라고 부른다.

반복 일정을 만족하는 특정 일자와 시간에 발생하는 사건이 바로 이벤트가 된다. "2019년 5월 8일 수요일 10시 30분부터 11시까지 열리는 회의" 이벤트는 "매주 수요일 10시 30분부터 11시까지 열리는 회의"라는 반복 일정을 만족시키는 하나의 사건이다.

이벤트라는 개념은 Event 클래스로 구현된다. Event 클래스는 이벤트 주제(subject), 시작 일시(from), 소요 시간(duration)을 인스턴스 변수로 포함하는 간단한 클래스다.

```java
public class Event {
  private String subject;
  private LocalDateTime from;
  private Duration duration;

  public Event(String subject, LocalDateTime from, Duration duration) {
    this.subject = subject;
    this.from = from;
    this.duration = duration;
  }
}
```

"2019년 5월 8일 수요일 10시 30분부터 11시까지 열리는 회의"를 표현하는 Event의 인스턴스는 다음과 같이 생성할 수 있다.

```java
Event meeting = new Event("회의",
    LocalDateTime.of(2019, 5, 8, 10, 30),
    Duration.ofMinutes(30));
```

"반복 일정"은 RecurringSchedule 클래스로 구현한다. 앞에서 설명한 것처럼 RecurringSchedule은 주 단위로 반복되는 일정을 정의하기 위한 클래스다. 따라서 일정의 주제(subject)와 반복될 요일(dayOfWeek), 시작 시간(from), 기간(duration)을 인스턴스 변수로 포함한다.

```java
public class RecurringSchedule {
  private String subject;
  private DayOfWeek dayOfWeek;
  private LocalTime from;
  private Duration duration;

  public RecurringSchedule(String subject, DayOfWeek dayOfWeek,
      LocalTime from, Duration duration) {
    this.subject = subject;
    this.dayOfWeek = dayOfWeek;
    this.from = from;
    this.duration = duration;
  }

  public DayOfWeek getDayOfWeek() {
    return dayOfWeek;
  }

  public LocalTime getFrom() {
    return from;
  }

  public Duration getDuration() {
    return duration;
  }
}
```

다음은 RecurringSchedule 클래스를 이용해 "매주 수요일 10시 30분부터 30분 동안 열리는 회의"에 대한 인스턴스를 생성한 코드다.

```java
RecurringSchedule schedule = new RecurringSchedule("회의", DayOfWeek.WEDNESDAY,
                            LocalTime.of(10, 30), Duration.ofMinutes(30));
```

이제 본격적으로 개발팀을 당혹시켰던 버그에 관해 알아보자. Event 클래스는 현재 이벤트가 RecurringSchedule이 정의한 반복 일정 조건을 만족하는지를 검사하는 isSatisfied 메서드를 제공한다. 이 메서드는 RecurringSchedule의 인스턴스를 인자로 받아 해당 이벤트가 일정 조건을 만족하면 true를, 만족하지 않으면 false를 반환한다.

다음은 isSatisfied 메서드를 사용해 이벤트가 반복 조건을 만족시키는지를 체크하는 코드를 작성한 것이다. 먼저 "매주 수요일 10시 30분부터 30분 동안 진행되는 회의"에 대한 반복 일정을 위한 RecurringSchedule 인스턴스를 생성한다. 다음으로 "2019년 5월 8일 10시 30분부터 30분 동안 진행되는 회의"를 위한 Event 인스턴스를 생성한다. 5월 8일은 수요일이므로 반복 일정의 조건을 만족시키기 때문에 isSatisifed 메서드는 true를 반환한다.

```
RecurringSchedule schedule = new RecurringSchedule("회의", DayOfWeek.WEDNESDAY,
    LocalTime.of(10, 30), Duration.ofMinutes(30));
Event meeting = new Event("회의", LocalDateTime.of(2019, 5, 8, 10, 30), Duration.ofMinutes(30));

assert meeting.isSatisfied(schedule) == true;
```

안타깝게도 이 isSatisfied 메서드 안에 개발팀을 그토록 당혹하게 만들었던 버그가 숨겨져 있다. 다음 코드를 보자.

```
RecurringSchedule schedule = new RecurringSchedule("회의", DayOfWeek.WEDNESDAY,
    LocalTime.of(10, 30), Duration.ofMinutes(30));
Event meeting = new Event("회의", LocalDateTime.of(2019, 5, 9, 10, 30), Duration.ofMinutes(30));

assert meeting.isSatisfied(schedule) == false;
assert meeting.isSatisfied(schedule) == true;
```

이 코드는 "매주 수요일 10시 30분부터 30분 동안 진행되는 회의"에 대한 반복 일정을 표현하는 RecurringSchedule 인스턴스를 생성한다. 다음으로 "2019년 5월 9일 10시 30분부터 30분 동안 진행되는 회의"를 위한 Event 인스턴스인 meeting을 생성한다. 2019년 5월 9일은 목요일이므로 수요일이라는 반복 일정의 조건을 만족시키지 못한다. 따라서 isSatisifed 메서드는 false를 반환한다.

흥미로운 부분은 여기부터다. 다시 한 번 isSatisfied 메서드를 호출하면 놀랍게도 true를 반환한다. 이것이 개발팀을 그렇게 괴롭혔던 버그의 정체다. 동일한 Event와 동일한 RecurringSchedule을 이용해 isSatisfied를 두 번 호출했을 때 각 결과가 다른 이유는 무엇일까? 버그의 정체를 파악하기 위해 isSatisfied 메서드를 파헤쳐 보자.

```
public class Event {
  public boolean isSatisfied(RecurringSchedule schedule) {
    if (from.getDayOfWeek() != schedule.getDayOfWeek() ||
```

```
            !from.toLocalTime().equals(schedule.getFrom()) ||
            !duration.equals(schedule.getDuration())) {
      reschedule(schedule);
      return false;
    }

    return true;
  }
}
```

isSatisfied 메서드는 먼저 인자로 전달된 RecurringSchedule의 요일, 시작 시간, 소요 시간이 현재 Event
의 값과 동일한지 판단한다. 이 메서드는 이 값들 중 하나라도 같지 않다면 false를 반환한다. 하지만
false를 반환하기 전에 reschedule 메서드를 호출하고 있다는 사실에 주목하라. 안타깝게도 이 메서드는
Event 객체의 상태를 수정한다.

```
public class Event {
  private void reschedule(RecurringSchedule schedule) {
    from = LocalDateTime.of(from.toLocalDate().plusDays(daysDistance(schedule)),
        schedule.getFrom());
    duration = schedule.getDuration();
  }

  private long daysDistance(RecurringSchedule schedule) {
    return schedule.getDayOfWeek().getValue() - from.getDayOfWeek().getValue();
  }
}
```

reschedule 메서드는 Event의 일정을 인자로 전달된 RecurringSchedule의 조건에 맞게 변경한다. 따라서
reschedule 메서드를 호출하는 isSatisfied 메서드는 Event가 RecurringSchedule에 설정된 조건을 만족하
지 못할 경우 Event의 상태를 조건을 만족시키도록 변경한 후(여기가 문제다!) false를 반환한다. 예를
들어, 2019년 5월 9일에 일어나는 Event의 isSatisfied 메서드에 매주 수요일마다 반복적으로 발생하는
일정을 가리키는 RecurringSchedule을 전달할 경우 Event의 시작 일자는 2019년 5월 8일로 변경되고 반
환 값으로 false가 반환되는 것이다.

버그를 찾기 어려웠던 이유는 isSatisfied가 명령과 쿼리의 두 가지 역할을 동시에 수행하고 있었기 때
문이다.

- isSatisfied 메서드는 Event가 RecurringSchedule의 조건에 부합하는지를 판단한 후 부합할 경우 true를, 부합하지 않을 경우 false를 반환한다. 따라서 isSatisfied 메서드는 *개념적으로* 쿼리다.

- isSatisfied 메서드는 Event가 RecurringSchedule의 조건에 부합하지 않을 경우 Event의 상태를 조건에 부합하도록 변경한다. 따라서 isSatisfied는 *실제로는* 부수효과를 가지는 명령이다.

안타깝게도 대부분의 사람들은 isSatisfied 메서드가 부수효과를 가질 것이라고 예상하지 못할 것이다. 사실 isSatisfied 메서드가 처음 구현됐을 때는 그 안에서 reschedule 메서드를 호출하는 부분이 빠져 있었다. 기능을 추가하는 과정에서 누군가 Event가 RecurringSchedule의 조건에 맞지 않을 경우 Event의 상태를 수정해야 한다는 요구사항을 추가했고, 프로그래머는 별다른 생각 없이 기존에 있던 isSatisfied 메서드에 reschedule 메서드를 호출하는 코드를 추가해 버린 것이다. 결과는 참담했고 이 버그를 찾기 위해 개발팀은 주말을 고스란히 반납해야 했다.

명령과 쿼리를 뒤섞으면 실행 결과를 예측하기가 어려워질 수 있다. isSatisfied 메서드처럼 겉으로 보기에는 쿼리처럼 보이지만 내부적으로 부수효과를 가지는 메서드는 이해하기 어렵고, 잘못 사용하기 쉬우며, 버그를 양산하는 경향이 있다. 가장 깔끔한 해결책은 명령과 쿼리를 명확하게 분리하는 것이다.

```java
public class Event {
  public boolean isSatisfied(RecurringSchedule schedule) {
    if (from.getDayOfWeek() != schedule.getDayOfWeek() ||
        !from.toLocalTime().equals(schedule.getFrom()) ||
        !duration.equals(schedule.getDuration())) {
      return false;
    }

    return true;
  }

  public void reschedule(RecurringSchedule schedule) {
    from = LocalDateTime.of(from.toLocalDate().plusDays(daysDistance(schedule)),
        schedule.getFrom());
    duration = schedule.getDuration();
  }
}
```

수정 후의 isSatisfied 메서드는 부수효과를 가지지 않기 때문에 순수한 쿼리가 됐다. 이제 Event의 인터페이스를 살펴보자. isSatisfied 메서드는 반환 값을 돌려주고 reschedule 메서드는 반환 값을 돌려주지 않는다. Event는 현재 명령과 쿼리를 분리한 상태이므로 인터페이스를 훑어보는 것만으로도 isSatisfied 메서드가 쿼리이고, reschedule 메서드가 명령이라는 사실을 한눈에 알 수 있다.

```
public class Event {
  public boolean isSatisfied(RecurringSchedule schedule) { ... }
  public void reschedule(RecurringSchedule schedule) { ... }
}
```

반환 값을 돌려주는 메서드는 쿼리이므로 부수 효과에 대한 부담이 없다. 따라서 몇 번을 호출하더라도 다른 부분에 영향을 미치지 않는다. 반면 반환 값을 가지지 않는 메서드는 모두 명령이므로 해당 메서드를 호출할 때는 부수효과에 주의해야 한다. 어떤 메서드가 부수효과를 가지는지를 확인하기 위해 코드를 일일이 다 분석하는 것보다는 메서드가 반환 값을 가지는지 여부만 확인하는 것이 훨씬 간단하지 않겠는가?

명령과 쿼리를 분리하면서 reschedule 메서드의 가시성이 private에서 public으로 변경됐다는 점을 눈여겨보기 바란다. 이것은 원래의 isSatisfied 메서드 안에서 수행했던 명령을 클라이언트가 직접 실행할 수 있게 하기 위해서다. reschedule 메서드를 외부에서 직접 접근할 수 있으므로 이제 Event가 RecurringSchedule의 소선을 만족시키지 않을 경우 reschedule 메서드를 호출할지 여부를 Event를 사용하는 쪽에서 결정할 수 있다.

```
if (!event.isSatisfied(schedule)) {
  event.reschedule(schedule);
}
```

수정 전보다 Event의 상태를 변경하기 위한 인터페이스가 더 복잡해진 것처럼 보이지만 이 경우에는 명령과 쿼리를 분리함으로써 얻는 이점이 더 크다. 퍼블릭 인터페이스를 설계할 때 부수효과를 가지는 대신 값을 반환하지 않는 명령과, 부수효과를 가지지 않는 대신 값을 반환하는 쿼리를 분리하기 바란다. 그 결과, 코드는 예측 가능하고 이해하기 쉬우며 디버깅이 용이한 동시에 유지보수가 수월해질 것이다.

명령-쿼리 분리와 참조 투명성

지금까지 살펴본 것처럼 명령과 쿼리를 엄격하게 분류하면 객체의 부수효과를 제어하기가 수월해진다. 쿼리는 객체의 상태를 변경하지 않기 때문에 몇 번이고 반복적으로 호출하더라도 상관이 없다. 명령이 개입하지 않는 한 쿼리의 값은 변경되지 않기 때문에 쿼리의 결과를 예측하기 쉬워진다. 또한 쿼리들의 순서를 자유롭게 변경할 수도 있다. 예제에서 살펴본 isSatisfied 메서드는 쿼리의 이런 장점을 잘 보여주는 예로서 reschedule 메서드처럼 부수효과를 가진 명령이 호출되지 않는 한 순서와 횟수에 상관없이 호출될 수 있다.

명령과 쿼리를 분리함으로써 명령형 언어의 틀 안에서 **참조 투명성**(referential transparency)의 장점을 제한적이나마 누릴 수 있게 된다. 참조 투명성이라는 특성을 잘 활용하면 버그가 적고, 디버깅이 용이하며, 쿼리의 순서에 따라 실행 결과가 변하지 않는 코드를 작성할 수 있다. 그렇다면 참조 투명성이란 무엇인가?

프로그래밍이라는 것을 처음 배우던 시절 x = x + 1이라는 명령문을 보고 꽤나 당황했던 기억이 있다. 어떻게 x에 1을 더한 값이 x와 같을 수 있단 말인가? 이 문장이 x에 1을 더한 후 다시 x에 대입하라는 뜻이라는 것을 나중에야 알게 됐지만 수학과 프로그래밍이 동일한 기호를 서로 다른 의미로 사용한다는 사실은 지금까지도 꽤나 강렬한 인상으로 남아있다.

C 언어에서 함수라고 불리던 존재와의 첫만남 역시 꽤나 인상적이었는데 입력으로 동일한 값을 사용하더라도 결과가 매번 달라질 수 있었기 때문이다. 이것은 그때까지 알고 있던 수학의 함수에 관한 지식을 송두리째 뒤엎는 것이었다. 수학에서 함수는 입력이 동일하면 결과 역시 항상 동일해야 하기 때문이다.

놀랍게도 C 언어의 함수는 수학의 함수가 가지는 이런 제약을 강요하지 않는다. 동일한 값을 입력으로 사용하더라도 함수를 호출할 때마다 매번 새로운 값을 돌려주는 것이 가능한 것이다. 물론 시간이 흐르고 부수효과를 가지는 프로시저가 함수와는 다른 개념이라는 사실을 알게 됐지만 프로그래밍을 시작하던 초기에 받았던 이 강렬한 인상은 꽤 오랜 시간 동안 뇌리에 남아 있게 됐다.

컴퓨터의 세계와 수학의 세계를 나누는 가장 큰 특징은 **부수효과**(side effect)의 존재 유무다. 프로그램에서 부수효과를 발생시키는 두 가지 대표적인 문법은 대입문과 (원래는 프로시저라고 불려야 올바른) 함수다. 수학의 경우 x의 값을 초기화한 후에는 값을 변경하는 것이 불가능하지만 프로그램에서는 대입문을 이용해 다른 값으로 변경하는 것이 가능하다. 함수는 내부에 부수효과를 포함할 경우 동일한 인자를 전달하더라도 부수효과에 의해 그 결괏값이 매번 달라질 수 있다.

부수효과를 이야기할 때 빠질 수 없는 것이 바로 **참조 투명성**[Meyer00]이다. 참조 투명성이란 "어떤 표현식 e가 있을 때 e의 값으로 e가 나타나는 모든 위치를 교체하더라도 결과가 달라지지 않는 특성"을 의미한다.

수학은 참조 투명성을 엄격하게 준수하는 가장 유명한 체계다. 어떤 함수 f(n)이 존재할 때 n의 값으로 1을 대입하면 그 결과가 3이라고 가정하자. 즉, f(1) = 3이므로 아래 식을 쉽게 계산할 수 있다.

```
f(1) + f(1) = 6
f(1) * 2    = 6
f(1) - 1    = 2
```

이제 f(1)을 함수의 결괏값인 3으로 바꿔 보자. f(1)을 3으로 바꾸더라도 식의 결과는 변하지 않는다. 실제로 모든 사람들은 f(1)을 3이라는 값으로 바꾸는 방법을 이용해 식을 계산했을 것이다.

```
3 + 3 = 6
3 * 2 = 6
3 - 1 = 2
```

이것이 바로 참조 투명성이다. 참조 투명성이란 "어떤 표현식 e가 있을 때 모든 e를 e의 값으로 바꾸더라도 결과가 달라지지 않는 특성"이라는 점을 기억하라. 위 식에서 표현식은 f(1)이고 값은 3이다. 이 경우 모든 표현식 f(1)을 3이라는 값으로 바꾸더라도 수식의 결과는 달라지지 않는다. 따라서 참조 투명성을 만족한다.

수학에서 함수는 동일한 입력에 대해 항상 동일한 값을 반환하기 때문에 수학의 함수는 참조 투명성을 만족시키는 이상적인 예다. f(n)이 어디에 있든 n의 값이 1이라면 그 결과는 3이다. 동일한 입력에 대해 항상 동일한 값을 출력하는 함수의 특성은 아무런 걱정 없이 모든 f(1)을 3으로 대체하는 것을 허용한다. 따라서 참조 투명성은 식을 값으로 치환하는 방법을 통해 결과를 쉽게 계산할 수 있게 해준다.

f(1)의 값을 항상 3이라고 말할 수 이유는 f(1)의 값이 변하지 않기 때문이다. f(1)의 값이 변한다면 어떻게 f(1)이 3이라고 확정 지을 수 있겠는가? 이처럼 어떤 값이 변하지 않는 성질을 **불변성(immutability)**이라고 부른다. 사실 어떤 값이 불변한다는 말은 부수효과가 발생하지 않는다는 말과 동일하다.

이제 불변성, 부수효과, 참조투명성 사이의 관계를 이해할 수 있을 것이다. 수학에서의 함수는 어떤 값도 변경하지 않기 때문에 부수효과가 존재하지 않는다. 그리고 부수효과가 없는 불변의 세상에서는 모든 로직이 참조 투명성을 만족시킨다. 따라서 불변성은 부수효과의 발생을 방지하고 참조 투명성을 만족시킨다.

참조 투명성의 또 다른 장점은 식의 순서를 변경하더라도 결과가 달라지지 않는다는 것이다. 예를 들어, f(1) - 1과 f(1) * 2의 순서를 서로 바꾸더라도 각 식의 결과는 그대로 유지된다.

```
f(1) - 1      = 2
f(1) * 2      = 6
f(1) + f(1)   = 6
```

식의 순서를 마음대로 변경할 수 있는 이유는 식들이 모두 참조 투명성을 만족하기 때문이다. f(1)의 값은 항상 3이므로 식의 위치를 조정한다고 하더라도 각 식을 계산하는 방법은 순서를 변경하기 전과 동일하다. 그냥 f(1)을 3으로 바꾸기만 하면 된다.

참조 투명성을 만족하는 식은 우리에게 두 가지 장점을 제공한다.

- 모든 함수를 이미 알고 있는 하나의 결괏값으로 대체할 수 있기 때문에 식을 쉽게 계산할 수 있다.
- 모든 곳에서 함수의 결괏값이 동일하기 때문에 식의 순서를 변경하더라도 각 식의 결과는 달라지지 않는다.

객체지향 패러다임이 객체의 상태 변경이라는 부수효과를 기반으로 하기 때문에 참조 투명성은 예외에 가깝다. 객체지향의 세상에 발을 내딛는 순간 견고하다고 생각했던 바닥에 심각한 균열이 생기기 시작한다는 것을 알게 된다.

하지만 명령-쿼리 분리 원칙을 사용하면 이 균열을 조금이나마 줄일 수 있다. 명령-쿼리 분리 원칙은 부수효과를 가지는 명령으로부터 부수효과를 가지지 않는 쿼리를 명백하게 분리함으로써 제한적이나마 참조 투명성의 혜택을 누릴 수 있게 된다. Event 인스턴스의 reschedule 메서드를 호출하지 않는 한 isSatisfied 메서드를 어떤 순서로 몇 번 호출하건 상관없이 항상 결과는 동일할 것이다.

명령형 프로그래밍과 함수형 프로그래밍

부수효과를 기반으로 하는 프로그래밍 방식을 **명령형 프로그래밍**(imperative programming)이라고 부른다. 명령형 프로그래밍은 상태를 변경시키는 연산들을 적절한 순서대로 나열함으로써 프로그램을 작성한다. 대부분의 객체지향 프로그래밍 언어들은 메시지에 의한 객체의 상태 변경에 집중하기 때문에 명령형 프로그래밍 언어로 분류된다. 사실 프로그래밍 언어가 생겨난 이후 주류라고 불리던 대부분의 프로그래밍 언어는 명령형 프로그래밍 언어의 범주에 속한다고 봐도 무방하다.

최근 들어 주목받고 있는 **함수형 프로그래밍**(functional programming)은 부수효과가 존재하지 않는 수학적인 함수에 기반한다. 따라서 함수형 프로그래밍에서는 참조 투명성의 장점을 극대화할 수 있으며 명령형 프로그래밍에 비해 프로그램의 실행 결과를 이해하고 예측하기가 더 쉽다. 또한 하드웨어의 발달로 병렬 처리가 중요해진 최근에는 함수형 프로그래밍의 인기가 상승하고 있으며 다양한 객체지향 언어들이 함수형 프로그래밍 패러다임을 접목시키고 있는 추세다.

책임에 초점을 맞춰라

디미터 법칙을 준수하고 묻지 말고 시켜라 스타일을 따르면서도 의도를 드러내는 인터페이스를 설계하는 아주 쉬운 방법이 있다. 메시지를 먼저 선택하고 그 후에 메시지를 처리할 객체를 선택하는 것이다. 명령과 쿼리를 분리하고 계약에 의한 설계 개념을 통해 객체의 협력 방식을 명시적으로 드러낼 수 있는 방법이 있다. 객체의 구현 이전에 객체 사이의 협력에 초점을 맞추고 협력 방식을 단순하고 유연하게 만드는 것이다. 이 모든 방식의 중심에는 객체가 수행할 책임이 위치한다.

메시지를 먼저 선택하는 방식이 디미터 법칙, 묻지 말고 시켜라 스타일, 의도를 드러내는 인터페이스, 명령-쿼리 분리 원칙에 미치는 긍정적인 영향을 살펴보면 다음과 같다.

- **디미터 법칙**: 협력이라는 컨텍스트 안에서 객체보다 메시지를 먼저 결정하면 두 객체 사이의 구조적인 결합도를 낮출 수 있다. 수신할 객체를 알지 못한 상태에서 메시지를 먼저 선택하기 때문에 객체의 내부 구조에 대해 고민할 필요가 없어진다. 따라서 메시지가 객체를 선택하게 함으로써 의도적으로 디미터 법칙을 위반할 위험을 최소화할 수 있다.

- **묻지 말고 시켜라**: 메시지를 먼저 선택하면 묻지 말고 시켜라 스타일에 따라 협력을 구조화하게 된다. 클라이언트의 관점에서 메시지를 선택하기 때문에 필요한 정보를 물을 필요 없이 원하는 것을 표현한 메시지를 전송하면 된다.

- **의도를 드러내는 인터페이스**: 메시지를 먼저 선택한다는 것은 메시지를 전송하는 클라이언트의 관점에서 메시지의 이름을 정한다는 것이다. 당연히 그 이름에는 클라이언트가 무엇을 원하는지, 그 의도가 분명하게 드러날 수밖에 없다.

- **명령-쿼리 분리 원칙**: 메시지를 먼저 선택한다는 것은 협력이라는 문맥 안에서 객체의 인터페이스에 관해 고민한다는 것을 의미한다. 객체가 단순히 어떤 일을 해야 하는지뿐만 아니라 협력 속에서 객체의 상태를 예측하고 이해하기 쉽게 만들기 위한 방법에 관해 고민하게 된다. 따라서 예측 가능한 협력을 만들기 위해 명령과 쿼리를 분리하게 될 것이다.

훌륭한 메시지를 얻기 위한 출발점은 책임 주도 설계 원칙을 따르는 것이다. 책임 주도 설계에서는 객체가 메시지를 선택하는 것이 아니라 메시지가 객체를 선택하기 때문에 협력에 적합한 메시지를 결정할 수 있는 확률이 높아진다. 우리에게 중요한 것은 협력에 적합한 객체가 아니라 협력에 적합한 메시지다.

책임 주도 설계 방법에 따라 메시지가 객체를 결정하게 하라. 그러면 여러분의 설계가 아름답고 깔끔해지며 심지어 우아해진다는 사실을 실감하게 될 것이다.

지금까지 살펴본 원칙들은 구현과 부수효과를 캡슐화하고, 높은 응집도와 낮은 결합도를 가진 인터페이스를 만들 수 있는 지침을 제공하지만 실제로 실행 시점에 필요한 구체적인 제약이나 조건을 명확하게 표현하지는 못한다. 오퍼레이션의 시그니처는 단지 오퍼레이션의 이름과 인자와 반환값의 타입만 명시할 수 있다. 시그니처에는 어떤 조건이 만족돼야만 오퍼레이션을 호출할 수 있고 어떤 경우에 결과를 반환받을 수 없는지를 표현할 수 없다. 다시 말해서 협력을 위해 두 객체가 보장해야 하는 실행 시점의 제약을 인터페이스에 명시할 수 있는 방법이 존재하지 않는다는 것이다.

버트란드 마이어는 이런 문제를 해결하기 위해 **계약에 의한 설계**(Design By Contract) 개념을 제안했다. 계약에 의한 설계는 협력을 위해 클라이언트와 서버가 준수해야 하는 제약을 코드 상에 명시적으로 표현하고 강제할 수 있는 방법이다. 계약에 의한 설계의 개념에 관한 좀 더 자세한 내용이 궁금하다면 부록 A '계약에 의한 설계'를 참고하기 바란다.

우리는 1장에서 처리 단계를 중심으로 시스템을 분해하는 절차적 프로그래밍과 객체를 중심으로 시스템을 분해하는 객체지향 프로그래밍의 차이점을 살펴봄으로써 객체지향 패러다임이 어떤 장점을 가지는지를 소개했다. 4장과 5장에서는 객체가 저장하는 데이터가 아니라 객체가 외부에 제공하는 책임을 기준으로 객체를 분해하는 방법이 가지는 장점을 살펴봤다. 그리고 이번 장에서는 객체의 퍼블릭 인터페이스가 객체의 품질에 어떤 영향을 미치는지에 관해 알아봤다. 여러분은 이제 훌륭한 객체지향 프로그램을 작성하기 위해 책임을 할당하는 방법과 다양한 품질 척도를 기준으로 설계를 트레이드오프하는 방법에 대해 대략적인 감을 잡았을 것이다.

다음 장에서는 잠시 쉬어가면서 프로그래밍 패러다임의 흐름 속에서 지금까지 소개한 객체지향 개념들이 탄생하게 된 배경에 관해 살펴보려고 한다. 프로그래밍 패러다임의 변화라는 역사적인 사건 속에서 객체지향 패러다임이 탄생하게 된 배경을 살펴보는 것은 지금까지 소개한 다양한 원리와 개념들을 이해하는 데 많은 도움이 될뿐만 아니라 객체지향 이외의 다른 패러다임을 이해하는 데도 도움이 될 것이다.

객체 분해

사람의 기억은 단기 기억(short-term memory)과 장기 기억(long-term memory)으로 분류할 수 있다. 장기 기억은 경험한 내용을 수개월에서 길게는 평생에 걸쳐 보관하는 저장소를 의미한다. 장기 기억은 매우 큰 저장 용량을 가지고 있으며 그 용량은 거의 무한대에 이르는 것으로 알려져 있다. 일반적으로 장기 기억 안에 보관돼 있는 지식은 직접 접근하는 것이 불가능하고 먼저 단기 기억 영역으로 옮긴 후에 처리해야 한다.

이에 비해 단기 기억은 보관돼 있는 지식에 직접 접근할 수 있지만 정보를 보관할 수 있는 속도와 공간적인 측면 모두에서 제약을 받는다. 공간적인 제약은 조지 밀러(George Miller)의 매직넘버 7(7 ± 2 규칙)로 널리 알려져 있다. 조지 밀러의 이론에 따르면 사람이 동시에 단기 기억 안에 저장할 수 있는 정보의 개수는 5개에서 많아 봐야 9개 정도를 넘지 못한다고 한다. 또한 허버트 사이먼(Herbert A. Simon)에 따르면 사람이 새로운 정보를 받아들이는 데 5초 정도의 시간이 소요된다고 한다. 컴퓨터 프로그램을 작성할 때는 시간과 공간의 트레이드오프를 통해 효율을 향상시킬 수 있지만 사람의 경우에는 트레이드오프의 여지가 전혀 없다. 사람의 단기 기억에 있어 시간과 공간의 두 측면 모두가 병목지점으로 작용하는 것이다.

여기서 핵심은 실제로 문제를 해결하기 위해 사용하는 저장소는 장기 기억이 아니라 단기 기억이라는 점이다. 문제를 해결하기 위해서는 필요한 정보들을 먼저 단기 기억 안으로 불러들여야 한다. 그러나 문제 해결에 필요한 요소의 수가 단기 기억의 용량을 초과하는 순간 문제 해결 능력은 급격하게 떨어지고 만다. 이런 현상을 **인지 과부하**(cognitive overload)라고 부른다.

인지 과부하를 방지하는 가장 좋은 방법은 단기 기억 안에 보관할 정보의 양을 조절하는 것이다. 한 번에 다뤄야 하는 정보의 수를 줄이기 위해 본질적인 정보만 남기고 불필요한 세부 사항을 걸러내면 문제를 단순화할 수 있을 것이다. 이처럼 불필요한 정보를 제거하고 현재의 문제 해결에 필요한 핵심만 남기는 작업을 **추상화**라고 부른다.

가장 일반적인 추상화 방법은 한 번에 다뤄야 하는 문제의 크기를 줄이는 것이다. 사람들은 한 번에 해결하기 어려운 커다란 문제에 맞닥뜨릴 경우 해결 가능한 작은 문제로 나누는 경향이 있다. 이렇게 나눠진 문제들 역시 한 번에 해결하기 어려울 정도로 크다면 다시 더 작은 문제로 나눌 수 있다. 이처럼 큰 문제를 해결 가능한 작은 문제로 나누는 작업을 **분해**(decomposition)라고 부른다.

분해의 목적은 큰 문제를 인지 과부하의 부담 없이 단기 기억 안에서 한 번에 처리할 수 있는 규모의 문제로 나누는 것이다. 여기서 한 가지 주목할 점은 조지 밀러의 매직 넘버 7이 정보의 가장 작은 단위로서의 개별 항목을 의미하는 것이 아니라 하나의 단위로 취급될 수 있는 논리적인 청크(chunk)를 의미한다는 점이다. 청크는 더 작은 청크를 포함할 수 있으며 연속적으로 분해 가능하다. 예를 들어, 임의로 조합된 11자리 정수 8개를 한꺼번에 기억하는 것은 힘들지만 11자리 정수를 전화번호라는 개념적 청크로 묶으면 8명에 대한 전화번호(따라서 8×11개의 정수)를 기억할 수 있도록 인지능력을 향상시킬 수 있는 것이다.

한 번에 단기 기억에 담을 수 있는 추상화의 수에는 한계가 있지만 추상화를 더 큰 규모의 추상화로 압축시킴으로써 단기 기억의 한계를 초월할 수 있다. 따라서 추상화와 분해는 인간이 세계를 인식하고 반응하기 위해 사용하는 가장 기본적인 사고 도구라고 할 수 있다. 복잡성이 존재하는 곳에 추상화와 분해 역시 함께 존재한다. 따라서 추상화와 분해가 인류가 창조한 가장 복잡한 분야의 문제를 해결하기 위해 사용돼 왔다고 해도 놀랍지 않을 것이다. 그 분야는 바로 소프트웨어 개발 영역이다.

01 프로시저 추상화와 데이터 추상화

프로그래밍 언어의 발전은 좀 더 효과적인 추상화를 이용해 복잡성을 극복하려는 개발자들의 노력에서 출발했다. 어셈블리어는 숫자로 뒤범벅이 된 기계어에 인간이 이해할 수 있는 상징을 부여하려는 노력의 결과다. 고수준 언어는 기계적인 사고를 강요하는 낮은 수준의 명령어들을 탈피해서 인간의 눈높이에 맞는 기계 독립적이고 의미 있는 추상화를 제공하려는 시도의 결과였다.

프로그래밍 언어를 통해 표현되는 추상화의 발전은 다양한 프로그래밍 패러다임의 탄생으로 이어졌다. 프로그래밍 패러다임은 프로그래밍을 구성하기 위해 사용하는 추상화의 종류와 이 추상화를 이용해 소프트웨어를 분해하는 방법의 두 가지 요소로 결정된다. 따라서 모든 프로그래밍 패러다임은 추상화와 분해의 관점에서 설명할 수 있다.

현대적인 프로그래밍 언어를 특징 짓는 중요한 두 가지 추상화 메커니즘은 **프로시저 추상화**(procedure abstraction)와 **데이터 추상화**(data abstraction)다. 프로시저 추상화는 소프트웨어가 무엇을 해야 하는지를 추상화한다. 데이터 추상화는 소프트웨어가 무엇을 알아야 하는지를 추상화한다. 소프트웨어는 데이터를 이용해 정보를 표현하고 프로시저를 이용해 데이터를 조작한다.

앞에서 언급한 것처럼 프로그래밍 패러다임이란 적절한 추상화의 윤곽을 따라 시스템을 어떤 식으로 나눌 것인지를 결정하는 원칙과 방법의 집합이다. 따라서 현대의 설계 방법에 중요한 영향을 끼치는 프로그래밍 패러다임들은 프로시저 추상화나 데이터 추상화를 중심으로 시스템의 분해 방법을 설명한다.

시스템을 분해하는 방법을 결정하려면 먼저 프로시저 추상화를 중심으로 할 것인지, 데이터 추상화를 중심으로 할 것인지를 결정해야 한다[Meyer00]. 프로시저 추상화를 중심으로 시스템을 분해하기로 결정했다면 **기능 분해**(functional decomposition)의 길로 들어서는 것이다. 기능 분해는 **알고리즘 분해**(algorithmic decomposition)라고 부르기도 한다. 데이터 추상화를 중심으로 시스템을 분해하기로 결정했다면 다시 두 가지 중 하나를 선택해야 한다. 하나는 데이터를 중심으로 **타입을 추상화**(type abstraction)하는 것이고 다른 하나는 데이터를 중심으로 **프로시저를 추상화**(procedure abstraction)하는 것이다[Cook90]. 전자를 **추상 데이터 타입**(Abstract Data Type)이라고 부르고 후자를 **객체지향**(Object-Oriented)이라고 부른다.

지금까지 객체지향 패러다임을 역할과 책임을 수행하는 자율적인 객체들의 협력 공동체를 구축하는 것으로 설명했다. 여기서 '역할과 책임을 수행하는 객체'가 바로 객체지향 패러다임이 이용하는 추상화다. 기능을 '협력하는 공동체'를 구성하도록 객체들로 나누는 과정이 바로 객체지향 패러다임에서의 분해를 의미한다.

이제 잠시 프로그래밍 언어의 관점에서 객체지향을 바라보자. 기능을 구현하기 위해 필요한 객체를 식별하고 협력 가능하도록 시스템을 분해한 후에는 프로그래밍 언어라는 수단을 이용해 실행 가능한 프로그램을 구현해야 한다. 프로그래밍 언어의 관점에서 객체지향이란 데이터를 중심으로 데이터 추상화와 프로시저 추상화를 통합한 객체를 이용해 시스템을 분해하는 방법이다. 그리고 이런 객체를 구현하기 위해 대부분의 객체지향 언어는 클래스라는 도구를 제공한다. 따라서 프로그래밍 언어적인 관점에서 객체지향을 바라보는 일반적인 관점은 데이터 추상화와 프로시저 추상화를 함께 포함한 클래스를 이용해 시스템을 분해하는 것이다.

복잡성을 극복하는 방법은 현재의 문제를 해결할 수 있는 효과적인 추상화 메커니즘과 분해 방법을 찾는 것임을 이해했을 것이다. 그렇다면 일반적으로 객체지향이 전통적인 기능 분해 방법에 비해 효과적이라고 말하는 이유가 무엇일까? 효과적이라는 말에 담긴 진정한 의미는 무엇일까? 이 질문의 해답을 찾기 위해서는 전통적인 기능 분해 방법에서 시작해서 객체지향 분해 방법에 이르는 좌절과 극복의 역사를 살펴봐야 한다.

02 프로시저 추상화와 기능 분해

메인 함수로서의 시스템

기능과 데이터의 첫 번째 전쟁에서 신은 기능의 손을 들어 주었다. 기능은 오랜 시간 동안 시스템을 분해하기 위한 기준으로 사용됐으며, 이 같은 시스템 분해 방식을 **알고리즘 분해** 또는 **기능 분해**라고 부른다. 기능 분해의 관점에서 추상화의 단위는 프로시저이며 시스템은 프로시저를 단위로 분해된다.

프로시저는 반복적으로 실행되거나 거의 유사하게 실행되는 작업들을 하나의 장소에 모아놓음으로써 로직을 재사용하고 중복을 방지할 수 있는 추상화 방법이다. 프로시저를 추상화라고 부르는 이유는 내부의 상세한 구현 내용을 모르더라도 인터페이스만 알면 프로시저를 사용할 수 있기 때문이다. 따라서 프로시저는 잠재적으로 정보은닉(information hiding)의 가능성을 제시하지만 뒤에서 살펴보는 것처럼 프로시저만으로 효과적인 정보은닉 체계를 구축하는 데는 한계가 있다.

프로시저 중심의 기능 분해 관점에서 시스템은 입력 값을 계산해서 출력 값을 반환하는 수학의 함수와 동일하다. 시스템은 필요한 더 작은 작업으로 분해될 수 있는 하나의 커다란 메인 함수다[Kuhne99].

전통적인 기능 분해 방법은 **하향식 접근법(Top-Down Approach)**을 따른다. 하향식 접근법이란 시스템을 구성하는 가장 최상위(topmost) 기능을 정의하고, 이 최상위 기능을 좀 더 작은 단계의 하위 기능으로 분해해 나가는 방법을 말한다. 분해는 세분화된 마지막 하위 기능이 프로그래밍 언어로 구현 가능한 수준이 될 때까지 계속된다. 각 세분화 단계는 바로 위 단계보다 더 구체적이어야 한다. 다시 말해 정제된 기능은 자신의 바로 상위 기능보다 덜 추상적이어야 한다. 상위 기능은 하나 이상의 더 간단하고 더 구체적이며 덜 추상적인 하위 기능의 집합으로 분해된다.

급여 관리 시스템

이번에 살펴볼 예제는 간단한 급여 관리 시스템이다. 연초에 회사는 매달 지급해야 하는 기본급에 대해 직원과 협의하며 이 금액을 12개월 동안 동일하게 직원들에게 지급한다. 회사는 급여 지급 시 소득세율에 따라 일정 금액의 세금을 공제한다. 따라서 직원들이 실제로 지급받게 되는 급여는 다음 공식에 따라 계산된다.

급여 = 기본급 - (기본급 * 소득세율)

여기서는 급여 관리 시스템을 구현하기 위해 기능 분해 방법을 이용하겠다. 전통적으로 기능 분해 방법은 하향식 접근법을 따르며 최상위의 추상적인 함수 정의에서 출발해서 단계적인 정제 절차를 따라 시스템을 구축한다. 이때 최상위의 추상적인 함수 정의는 시스템의 기능을 표현하는 하나의 문장으로 나타내고, 이 문장을 구성하는 좀 더 세부적인 단계의 문장으로 분해해 나가는 방식을 따른다. 기능 분해의 초점은 하나의 문장으로 표현된 기능을 여러 개의 더 작은 기능으로 분해하는 것이다.

먼저 급여 관리 시스템에 대한 추상적인 최상위 문장을 기술함으로써 시작하자. 이 문장은 급여 관리 시스템을 시작하는 메인 프로시저로 구현될 것이다.

직원의 급여를 계산한다

이제 기능 분해 방법에 따라 이 프로시저를 실제로 급여를 계산하는 데 필요한 좀 더 세분화된 절차로 구체화해야 한다. 급여를 계산하는 데 필요한 정보는 직원의 이름과 소득세율이다. 직원의 이름은 프로시저의 인자로 전달받고 소득세율은 사용자로부터 직접 입력받기로 결정했다고 가정하자. 급여 계산에 필요한 데이터가 결정됐으므로 이제 최상위 문장은 다음과 같이 좀 더 세부적인 절차로 구체화될 수 있다.

직원의 급여를 계산한다
  사용자로부터 소득세율을 입력받는다
  직원의 급여를 계산한다
  양식에 맞게 결과를 출력한다

각 정제 단계는 이전 문장의 추상화 수준을 감소시켜야 한다. 즉, 모든 문장이 정제 과정을 거치면서 하나 이상의 좀 더 단순하고 구체적인 문장들의 조합으로 분해돼야 한다. 개발자는 각 단계에서 불완전하고 좀 더 구체화될 수 있는 문장들이 남아있는지 검토한다. 만약 좀 더 정제 가능한 문장이 존재하면 동일한 과정을 거쳐 구현이 가능할 정도로 충분히 저수준의 문장이 될 때까지 기능을 분해해야 한다.

직원의 급여를 계산하기 위해서는 소득세율뿐만 아니라 직원의 기본급 정보 역시 필요하다. 이를 위해 개발팀은 직원의 목록과 개별 직원에 대한 기본급 데이터를 시스템 내부에 보관하기로 결정했다. 마지막으로 급여 계산 결과는 "이름: {직원명}, 급여: {계산된 금액}" 형식으로 스크린에 출력하기로 결정됐다. 이제 급여 계산을 위한 모든 절차를 아래와 같이 정리할 수 있다.

> 직원의 급여를 계산한다
>   사용자로부터 소득세율을 입력받는다
>   "세율을 입력하세요: "라는 문장을 화면에 출력한다
>   키보드를 통해 세율을 입력받는다
>   직원의 급여를 계산한다
>   전역 변수에 저장된 직원의 기본급 정보를 얻는다
>   급여를 계산한다
>   양식에 맞게 결과를 출력한다
>   "이름: {직원명}, 급여: {계산된 금액}" 형식에 따라 출력 문자열을 생성한다

기능 분해의 결과는 최상위 기능을 수행하는 데 필요한 절차들을 실행되는 시간 순서에 따라 나열한 것이다. 기본적으로 기능 분해는 책의 목차를 정리하고 그 안에 내용을 채워 넣는 것과 유사하다. 따라서 급여 관리 시스템은 "사용자로부터 소득세율을 입력받는다", "직원의 급여를 계산한다", "양식에 맞게 결과를 출력한다"라는 3개의 목차로 구성된다. 목차의 "직원의 급여를 계산한다"라는 항목을 펼쳐 보면 그 안에 "전역 변수에 저장된 직원의 기본급 정보를 얻는다"와 "급여를 계산한다"라는 내용이 포함돼 있다. 필요하다면 이들 정보는 그 자체로 하위 단계의 목차가 될 수 있으며 그 안에 좀 더 구체적인 내용을 포함할 수 있다.

급여 관리 시스템을 입력을 받아 출력을 생성하는 커다란 하나의 메인 함수로 간주하고 기능 분해를 시작했다는 점에 주목하라. 이때 입력 정보는 직원정보와 소득세율이고 출력은 계산된 급여 정보다.

그림 7.1 메인 함수로서의 급여 관리 시스템

기능 분해 방법에서는 기능을 중심으로 필요한 데이터를 결정한다. 기능 분해라는 무대의 주연은 기능이며 데이터는 기능을 보조하는 조연의 역할에 머무른다. 기능이 우선이고 데이터는 기능의 뒤를 따른다. 기능 분해를 위한 하향식 접근법은 먼저 필요한 기능을 생각하고 이 기능을 분해하고 정제하는 과정에서 필요한 데이터의 종류와 저장 방식을 식별한다.

이것은 유지보수에 다양한 문제를 야기한다. 하향식 기능 분해 방식이 가지는 문제점을 이해하는 것은 유지보수 관점에서 객체지향의 장점을 이해할 수 있는 좋은 출발점이다. 소프트웨어 개발과 관련된 대부분의 기법이 그런 것처럼 기능 분해가 동작하는 방법과 그에 수반되는 문제점을 이해할 수 있는 가장 효과적인 방법은 실제 애플리케이션 코드를 살펴보는 것이다. 기능 분해 방식에 따라 분해된 급여 관리 시스템을 구현해가면서 전통적인 하향식 기능 분해 방식이 가지는 문제점을 살펴보자.

급여 관리 시스템 구현

급여 관리 시스템을 기능 관점에서 충분히 구현 가능한 수준으로 분해했으므로 이제 코드로 옮겨보자. 여기서는 구현 언어로 루비를 사용하기로 한다. 루비는 순수한 객체지향 언어이기는 하지만 객체에 속하지 않은 것처럼 보이는 전역 변수와 전역 범위의 프로시저를 정의할 수 있게 허용한다. 따라서 객체지향 패러다임뿐만 아니라 전통적인 기능 분해 방식에 따라 코드를 작성하는 것도 가능하다. 게다가 자바나 C++ 등의 언어보다 표현력이 우수하다는 장점이 있다. 따라서 급여 관리 시스템이라는 동일한 시스템을 다양한 방식으로 구현하고 비교해야 하는 이번 장의 목표를 가장 쉽게 달성할 수 있다고 생각하기 때문에 구현 언어로 루비를 선택했다.

다행인 것은 이번 장의 예제 프로그램을 이해하기 위해 루비 언어를 아주 잘 알고 있을 필요는 없다는 것이다. 이번 장에서 소개하는 모든 코드는 루비 언어를 모르더라도 읽고 이해하는 데 무리가 없도록 작성돼 있다. 사실 이번 장의 코드를 실행 가능한 의사 코드(pseudo code)라고 생각해도 무방하다.

이제 구현을 시작해보자. 앞에서 정의한 급여 관리 시스템의 최상위 문장은 다음과 같다.

> 직원의 급여를 계산한다.

이 문장은 하나의 메인 함수로 매핑된다. 앞에서 급여를 계산하는 데 필요한 소득세율은 사용자로부터 입력받고 직원의 기본급 정보는 시스템에 저장된 값을 참조하기로 결정했었다. 그리고 직원에 대한 정보를 찾기 위해 필요한 직원의 이름은 함수의 인자로 받기로 결정했었다. 따라서 급여 관리 시스템의 최상위 문장을 다음과 같은 함수 정의로 바꿀 수 있다.

```ruby
def main(name)
end
```

이제 최상위 함수를 구현하기 위해 세분화한 내용을 이용해 메인 함수의 내부를 채울 차례다.

직원의 급여를 계산한다.

사용자로부터 소득세율을 입력받는다.

직원의 급여를 계산한다.

양식에 맞게 결과를 출력한다.

위의 세 단계는 모두 더 작은 세부적인 단계로 분해 가능하기 때문에 각 단계를 프로시저를 호출하는 명령문으로 변환할 수 있다.

```
def main(name)
  taxRate = getTaxRate()
  pay = calculatePayFor(name, taxRate)
  puts(describeResult(name, pay))
end
```

사용자로부터 소득세율을 입력받는 getTaxRate 함수는 다음과 같은 두 개의 절차로 분해할 수 있다.

직원의 급여를 계산한다.
    사용자로부터 소득세율을 입력받는다.
        "세율을 입력하세요: "라는 문장을 화면에 출력한다
        키보드를 통해 세율을 입력받는다
    직원의 급여를 계산한다.
    양식에 맞게 결과를 출력한다.

이 절차는 언어나 라이브러리에서 제공하는 기능을 이용해 충분히 구현 가능한 수준이다. 따라서 getTaxRate 함수를 다음과 같이 구현할 수 있다.

```
def getTaxRate()
  print("세율을 입력하세요: ")
  return gets().chomp().to_f()
end
```

급여를 계산하는 코드는 기본급 정보를 이용해 급여를 계산하는 두 개의 단계로 구현할 수 있다.

직원의 급여를 계산한다
    사용자로부터 소득세율을 입력받는다

> **직원의 급여를 계산한다**
>   **전역 변수에 저장된 직원의 기본급 정보를 얻는다**
>   **급여를 계산한다**
>   양식에 맞게 결과를 출력한다

급여를 계산하기 위해서는 애플리케이션 내부에 직원 목록과 기본급에 대한 정보를 유지하고 있어야 한다. 직원의 목록은 $employees라는 전역 변수에, 직원별 기본급은 $basePays라는 전역 변수에 저장하기로 한다. 참고로 루비에서 전역 변수의 이름은 반드시 '$'로 시작해야 한다.

$employees와 $basePays는 배열로 구현하며 동일한 직원에 대한 이름과 기본급 정보는 두 배열 내의 동일한 인덱스에 저장하기로 한다. 따라서 아래 코드에서 $employees 배열 안에서 '직원A'는 첫 번째 인덱스에 저장돼 있기 때문에 급여는 $basePays의 첫 번째 인덱스에 저장된 400이 된다.

```ruby
$employees = ["직원A", "직원B", "직원C"]
$basePays = [400, 300, 250]
```

급여를 계산하는 calculatePayFor 함수는 파라미터로 전달된 직원의 이름을 이용해 $employees 배열 안에서의 인덱스를 알아낸 후 $basePays의 해당 인덱스에 위치한 기본급 정보를 얻는다. 지급될 급여는 '기본급 - (기본급 * 소득세율)'의 공식에 따라 계산된 후 반환된다.

```ruby
def calculatePayFor(name, taxRate)
  index = $employees.index(name)
  basePay = $basePays[index]
  return basePay - (basePay * taxRate)
end
```

급여를 계산했으므로 마지막으로 급여 내역을 출력 양식에 맞게 포매팅한 후 반환하면 모든 작업이 완료된다.

> 직원의 급여를 계산한다.
>   사용자로부터 소득세율을 입력받는다.
>   직원의 급여를 계산한다.
>   **양식에 맞게 결과를 출력한다.**
>   **"이름: {직원명}, 급여: {계산된 금액}" 형식에 따라 출력 문자열을 생성한다.**

describeResult 함수는 이름과 급여 정보를 이용해 출력 포맷에 따라 문자열을 조합한 후 반환한다.

```
def describeResult(name, pay)
  return "이름: #{name}, 급여: #{pay}"
end
```

이름이 "직원C"인 직원의 급여를 계산하려면 다음과 같이 프로시저를 호출하면 된다.

```
main("직원C")
```

예제에서 알 수 있는 것처럼 하향식 기능 분해는 시스템을 최상위의 가장 추상적인 메인 함수로 정의하고, 메인 함수를 구현 가능한 수준까지 세부적인 단계로 분해하는 방법이다. 하향식 기능 분해 방식으로 설계한 시스템은 메인 함수를 루트로 하는 '트리(tree)'로 표현할 수 있다. 트리에서 각 노드(node)는 시스템을 구성하는 하나의 프로시저를 의미하고 한 노드의 자식 노드는 부모 노드를 구현하는 절차 중의 한 단계를 의미한다. 그림 7.2는 현재까지 구현한 급여 관리 시스템을 트리 구조로 표현한 것이다.

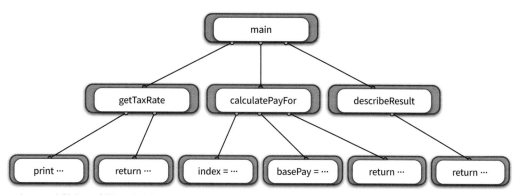

그림 7.2 트리 형태로 표현한 급여 관리 시스템의 기능 분해 구조

이처럼 하향식 기능 분해는 논리적이고 체계적인 시스템 개발 절차를 제시한다. 커다란 기능을 좀 더 작은 기능으로 단계적으로 정제해 가는 과정은 구조적이며 체계적인 동시에 이상적인 방법으로까지 보일 것이다. 문제는 우리가 사는 세계는 그렇게 체계적이지도, 이상적이지도 않다는 점이다. 체계적이고 이상적인 방법이 불규칙하고 불완전한 인간과 만나는 지점에서 혼란과 동요가 발생한다.

하향식 기능 분해의 문제점

하향식 기능 분해 방법은 겉으로는 이상적인 방법으로 보일 수 있지만 실제로 설계에 적용하다 보면 다음과 같은 다양한 문제에 직면한다.

- 시스템은 하나의 메인 함수로 구성돼 있지 않다.

- 기능 추가나 요구사항 변경으로 인해 메인 함수를 빈번하게 수정해야 한다.

- 비즈니스 로직이 사용자 인터페이스와 강하게 결합된다.

- 하향식 분해는 너무 이른 시기에 함수들의 실행 순서를 고정시키기 때문에 유연성과 재사용성이 저하된다.

- 데이터 형식이 변경될 경우 파급효과를 예측할 수 없다.

설계는 코드 배치 방법이며 설계가 필요한 이유는 변경에 대비하기 위한 것이라는 점을 기억하라. 변경은 성공적인 소프트웨어가 맞이해야 하는 피할 수 없는 운명이다. 현재의 요구사항이 변하지 않고 코드를 변경할 필요가 없다면 소프트웨어를 어떻게 설계하건 아무도 신경 쓰지 않을 것이다. 하지만 불행하게도 소프트웨어는 항상 변경된다.

안타깝게도 위 목록들을 통해 알 수 있는 것처럼 하향식 접근법과 기능 분해가 가지는 근본적인 문제점은 변경에 취약한 설계를 낳는다는 것이다. 먼저 하향식 접근법의 문제점에서 시작해서 기능 분해가 가지는 문제점을 순서대로 살펴보자.

하나의 메인 함수라는 비현실적인 아이디어

어떤 시스템도 최초에 릴리스됐던 당시의 모습을 그대로 유지하지는 않는다. 시간이 지나고 사용자를 만족시키기 위한 새로운 요구사항을 도출해나가면서 지속적으로 새로운 기능을 추가하게 된다. 이것은 시스템이 오직 하나의 메인 함수만으로 구현된다는 개념과는 완전히 모순된다.

대부분의 경우 추가되는 기능은 최초에 배포된 메인 함수의 일부가 아닐 것이다. 결국 처음에는 중요하게 생각됐던 메인 함수는 동등하게 중요한 여러 함수들 중 하나로 전락하고 만다. 어느 시점에 이르면 유일한 메인 함수라는 개념은 의미가 없어지고 시스템은 여러 개의 동등한 수준의 함수 집합으로 성장하게 될 것이다. 현재 사용 중인 시스템 중 하나를 골라 전체 기능을 트리로 정리해 보자. 모든 기능을 자식 노드로 가지는 하나의 메인 기능을 선택할 수 있겠는가? 생각보다 어렵다는 것을 알 수 있을 것이다.

대부분의 시스템에서 하나의 메인 기능이란 개념은 존재하지 않는다. 모든 기능들은 규모라는 측면에서 차이가 있을 수는 있겠지만 기능성의 측면에서는 동등하게 독립적이고 완결된 하나의 기능을 표현한다.

하향식 접근법은 하나의 알고리즘을 구현하거나 배치 처리를 구현하기에는 적합하지만 현대적인 상호작용 시스템을 개발하는 데는 적합하지 않다. 현대적인 시스템은 동등한 수준의 다양한 기능으로 구성된다. 버트란드 마이어의 말을 인용하자면 "실제 시스템에 정상(top)[1]이란 존재하지 않는다 [Meyer00]."

메인 함수의 빈번한 재설계

시스템 안에는 여러 개의 정상이 존재하기 때문에 결과적으로 하나의 메인 함수를 유일한 정상으로 간주하는 하향식 기능 분해의 경우에는 새로운 기능을 추가할 때마다 매번 메인 함수를 수정해야 한다. 기존 로직과는 아무런 상관이 없는 새로운 함수의 적절한 위치를 확보해야 하기 때문에 메인 함수의 구조를 급격하게 변경할 수밖에 없는 것이다. 기존 코드를 수정하는 것은 항상 새로운 버그를 만들어낼 확률을 높인다는 점에 주의하라. 추가된 코드와는 아무런 상관도 없는 위치에서 빈번하게 발생하는 버그는 새로운 기능을 추가하거나 기존 코드를 수정하는 데 필요한 용기를 꺾는다.

급여 관리 시스템에 회사에 속한 모든 직원들의 기본급의 총합을 구하는 기능을 추가해 달라는 새로운 요구사항이 접수됐다고 가정하자. 구현 자체를 놓고 봤을 때는 전역 변수 $basePays에 저장돼 있는 직원들의 모든 기본급을 더하기만 하면 되는 간단한 작업이다.

```
def sumOfBasePays()
  result = 0
  for basePay in $basePays
    result += basePay
  end
  puts(result)
end
```

문제는 기존의 메인 함수는 직원 각각의 급여를 계산하는 것이 목적이므로 전체 직원들의 기본급 총액을 계산하는 sumOfBasePays 함수가 들어설 자리가 마땅치 않다는 것이다.

```
def main(name)
  taxRate = getTaxRate()
  pay = calculatePayFor(name, taxRate)
  puts(describeResult(name, pay))
end
```

---

1 하향식(top-down)이라는 용어가 "top"으로 시작한다는 것에 착안해서 분해가 시작되는 메인 함수를 '정상(top)'으로 지칭한 것이다. 제임스 코플리엔(James O. Coplien)은 같은 의미로 "훌륭한 프로그램은 많은 정상(top)을 명확하게 제시하고, 훌륭한 아키텍처는 정상들을 우아하게 표현한다"라고 말하기도 했다[Coplien10].

현재의 코드에서 전체 직원의 급여 총액을 계산하는 sumOfBasePays 함수와 개별 직원의 급여를 계산하는 main 함수는 개념적으로 동등한 수준의 작업을 수행한다. 따라서 현재의 main 함수 안에서 sumOfBasePays 함수를 호출할 수는 없다. 이 문제를 해결하는 방법은 현재의 main 함수 안의 로직 전체를 calculatePay라는 함수로 추출한 후 main 함수에서 적절하게 sumOfBasePays 함수와 calculatePay 함수를 호출하는 것이다.

먼저 main 함수 안의 로직을 새로운 calculatePay 함수로 옮기자.

```
def calculatePay(name)
  taxRate = getTaxRate()
  pay = calculatePayFor(name, taxRate)
  puts(describeResult(name, pay))
end
```

이제 동등한 수준의 작업을 수행하는 calculatePay 함수와 sumOfBasePays 함수를 갖게 됐다. 남은 일은 main 함수에서 적절한 경우에 두 개의 함수를 선택적으로 호출하도록 수정하는 것이다. 여기서는 main 함수의 첫 번째 인자로 두 작업 중 어느 것을 수행할지를 지정하는 값을 받는 방법으로 구현하기로 한다. 첫 번째 인자인 operation의 값이 :pay인 경우에는 개별 직원의 급여를 계산하고 :basePays인 경우에는 기본급의 합을 구하자.

```
def main(operation, args={})
  case(operation)
  when :pay then calculatePay(args[:name])
  when :basePays then sumOfBasePays()
  end
end
```

기본급의 총합을 구하기 위해서는 다음과 같이 호출하면 된다.

```
main(:basePays)
```

이름이 "직원A"인 직원의 급여를 계산하기 위해서는 다음과 같이 호출하면 된다.

```
main(:pay, name:"직원A")
```

이 간단한 예제는 하나의 정상인 메인 함수에서 출발한다는 하향식 접근법의 기본 가정에 어떤 문제가 있는지를 잘 보여준다. 시스템은 여러 개의 정상으로 구성되기 때문에 sumOfBasePays 함수 같은 새로운 정상을 추가할 때마다 하나의 정상이라고 간주했던 main 함수의 내부 구현을 수정할 수밖에 없다. 결과적으로 기존 코드의 빈번한 수정으로 인한 버그 발생 확률이 높아지기 때문에 시스템은 변경에 취약해질 수밖에 없다.

비즈니스 로직과 사용자 인터페이스의 결합

하향식 접근법은 비즈니스 로직을 설계하는 초기 단계부터 입력 방법과 출력 양식을 함께 고민하도록 강요한다. 급여를 계산하는 기능의 경우 "사용자로부터 소득세율을 입력받아 급여를 계산한 후 계산된 결과를 화면에 출력한다"라는 말에는 급여를 계산하는 중요한 비즈니스 로직과 관련된 관심사와 소득세율을 입력받아 결과를 화면에 출력한다는 사용자 인터페이스의 관심사가 한데 섞여 있다는 것을 의미한다. 결과적으로 코드 안에서 비즈니스 로직과 사용자 인터페이스 로직이 밀접하게 결합된다.

문제는 비즈니스 로직과 사용자 인터페이스가 변경되는 빈도가 다르다는 것이다. 사용자 인터페이스는 시스템 내에서 가장 자주 변경되는 부분이다. 반면 비즈니스 로직은 사용자 인터페이스에 비해 변경이 적게 발생한다. 하향식 접근법은 사용자 인터페이스 로직과 비즈니스 로직을 한데 섞기 때문에 사용자 인터페이스를 변경하는 경우 비즈니스 로직까지 변경에 영향을 받게 된다. 따라서 하향식 접근법은 근본적으로 변경에 불안정한 아키텍처를 낳는다.

급여 관리 시스템의 사용자 인터페이스를 GUI 기반으로 변경한다고 가정해 보자. 문제는 하향식 접근법을 따르는 현재의 설계는 중요한 비즈니스 로직과 사용자 인터페이스 로직이 main 함수 안에 뒤섞여 있다는 것이다. 따라서 사용자 인터페이스를 변경하는 유일한 방법은 전체 구조를 재설계하는 것뿐이다.

급여를 계산하는 calculatePay() 함수를 수정하지 않고도 GUI 기반의 애플리케이션으로 수정할 수 있는가? 한 발 더 나아가 현재의 콘솔 기반의 사용자 인터페이스를 유지하면서도 새로운 GUI 기반의 사용자 인터페이스를 추가할 수 있는가? 하향식 접근법은 기능을 분해하는 과정에서 사용자 인터페이스의 관심사와 비즈니스 로직의 관심사를 동시에 고려하도록 강요하기 때문에 "관심사의 분리"라는 아키텍처 설계의 목적을 달성하기 어렵다.

성급하게 결정된 실행 순서

하향식으로 기능을 분해하는 과정은 하나의 함수를 더 작은 함수로 분해하고, 분해된 함수들의 실행 순서를 결정하는 작업으로 요약할 수 있다. 이것은 설계를 시작하는 시점부터 시스템이 무엇(what)을 해야 하는지가 아니라 어떻게(how) 동작해야 하는지에 집중하도록 만든다.

직원의 급여를 계산하려면 어떤 작업이 필요한가? 소득세율을 입력받는 작업과 급여를 계산하는 작업, 계산된 결과를 화면에 출력하는 작업이 필요하다. 하향식 접근법의 첫 번째 질문은 무엇(what)이 아니라 어떻게(how)다.

하향식 접근법의 설계는 처음부터 구현을 염두에 두기 때문에 자연스럽게 함수들의 실행 순서를 정의하는 시간 제약(temporal constraint)을 강조한다. 메인 함수가 작은 함수들로 분해되기 위해서는 우선 함수들의 순서를 결정해야 한다. 직원의 급여를 계산하는 작업은 어떤 순서로 실행돼야 하는가? 우선, 소득세율을 입력받고, 그 후에 입력받은 소득세율을 이용해 급여를 계산하고, 계산된 결과를 이용해 결과를 출력해야 한다. 급여 계산에 필요한 함수들의 실행 순서를 미리 결정하지 않는 한 기능 분해를 진행할 수 없다.

실행 순서나 조건, 반복과 같은 제어 구조를 미리 결정하지 않고는 분해를 진행할 수 없기 때문에 기능 분해 방식은 중앙집중 제어 스타일(centralized control style)의 형태를 띨 수밖에 없다. 결과적으로 모든 중요한 제어 흐름의 결정이 상위 함수에서 이뤄지고 하위 함수는 상위 함수의 흐름에 따라 적절한 시점에 호출된다.

문제는 중요한 설계 결정사항인 함수의 제어 구조가 빈번한 변경의 대상이라는 점이다. 기능이 추가되거나 변경될 때마다 초기에 결정된 함수들의 제어 구조가 올바르지 않다는 것이 판명된다. 결과적으로 기능을 추가하거나 변경하는 작업은 매번 기존에 결정된 함수의 제어구조를 변경하도록 만든다.

이를 해결할 수 있는 한 가지 방법은 자주 변경되는 시간적인 제약에 대한 미련을 버리고 좀 더 안정적인 논리적 제약(logical constraint)을 설계의 기준으로 삼는 것이다. 객체지향은 함수 간의 호출 순서가 아니라 객체 사이의 논리적인 관계를 중심으로 설계를 이끌어 나간다. 결과적으로 전체적인 시스템은 어떤 한 구성요소로 제어가 집중되지 않고 여러 객체들 사이로 제어 주체가 분산된다.

하향식 접근법을 통해 분해한 함수들은 재사용하기도 어렵다. 모든 함수는 상위 함수를 분해하는 과정에서 필요에 따라 식별되며, 그에 따라 상위 함수가 강요하는 문맥(context) 안에서만 의미를 가지기 때문이다. 재사용이라는 개념은 일반성이라는 의미를 포함한다는 점을 기억하라. 함수가 재사용 가능하려면 상위 함수보다 더 일반적이어야 한다. 하지만 하향식 접근법을 따를 경우 분해된 하위 함수는 항상 상위 함수보다 문맥에 더 종속적이다. 이것은 정확하게 재사용성과 반대되는 개념이다.

하향식 설계와 관련된 모든 문제의 원인은 **결합도**다. 함수는 상위 함수가 강요하는 문맥에 강하게 결합된다. 함수는 함께 절차를 구성하는 다른 함수들과 시간적으로 강하게 결합돼 있다. 강한 결합도는 시스템을 변경에 취약하게 만들고 이해하기 어렵게 만든다. 강하게 결합된 시스템은 아주 사소한 변경만으로도 전체 시스템을 크게 요동치게 만들 수 있다. 현재의 문맥에 강하게 결합된 시스템은 현재 문맥을 떠나 다른 문맥으로 옮겨갔을 때 재사용하기 어렵다. 가장 큰 문제는 전체 시스템의 핵심적인 구조를 결정하는 함수들이 데이터와 강하게 결합된다는 것이다.

데이터 변경으로 인한 파급효과

하향식 기능 분해의 가장 큰 문제점은 어떤 데이터를 어떤 함수가 사용하고 있는지를 추적하기 어렵다는 것이다. 따라서 데이터 변경으로 인해 어떤 함수가 영향을 받을지 예상하기 어렵다. 물론 개별 함수의 입장에서 사용하는 데이터를 파악하는 것은 어렵지 않다. 함수의 본체를 열어 참조하고 있는 모든 지역 변수, 인자, 전역 변수를 살펴보면 된다. 그러나 반대로 어떤 데이터가 어떤 함수에 의존하고 있는지를 파악하는 것은 어려운 일인데 모든 함수를 열어 데이터를 사용하고 있는지를 모두 확인해봐야 하기 때문이다.

이것은 코드 안에서 텍스트를 검색하는 단순한 문제가 아니다. 이것은 의존성과 결합도의 문제다. 그리고 테스트의 문제이기도 하다. 데이터의 변경으로 인한 영향은 데이터를 직접 참조하는 모든 함수로 퍼져나간다. 스파게티처럼 얽히고설킨 대규모 시스템에서 데이터를 참조하는 함수들을 찾아 정상적으로 동작하는지 여부를 테스트하는 것은 기술보다는 운의 문제다. 운이 좋다면 괜찮겠지만 한 발 삐끗하는 순간 시스템은 수많은 버그와 장애에 시달리게 될 것이다.

하향식 기능 분해 방법이 데이터 변경에 얼마나 취약한지를 이해하기 위해 급여 관리 시스템에 새로운 기능을 추가해보자. 정규 직원의 급여뿐만 아니라 아르바이트 직원에 대한 급여 역시 개발된 급여 관리 시스템을 이용해 계산할 수 있게 해달라는 변경 요청이 들어왔다고 가정해보자. 아르바이트 직원은 고정된 급여를 받는 정규 직원과 달리 일한 시간에 시급을 곱한 금액만큼을 지급받게 된다. 아르바이트 직원에게 지급할 급여를 계산하는 경우에도 정규 직원과 동일하게 소득세율만큼의 금액을 공제한 후 지급해야 한다.

아르바이트 직원의 이름과 시급은 정규 직원의 이름과 기본급을 보관하던 전역 변수 $employees와 $basePays에 함께 보관하기로 했다. $employees와 $basePays의 각 인덱스에 위치한 정보가 정규 직원의 것인지, 아르바이트 직원의 것인지 여부를 저장하는 새로운 전역 변수인 $hourlys를 추가했다. $hourlys의 특정 인덱스의 값이 true인 경우에는 아르바이트 직원에 대한 정보를, false인 경우에는 정규 직원에 대한 정보를 나타낸다.

```
$employees = ["직원A", "직원B", "직원C", "아르바이트D", "아르바이트E", "아르바이트F"]
$basePays  = [400, 300, 250, 1, 1, 1.5]
$hourlys   = [false, false, false, true, true, true]
```

아르바이트 직원의 급여를 계산하기 위해서는 한달 간의 업무 누적 시간이 필요하다. 이 값은 전역 변수 $timeCards에 보관하기로 한다. 정규 직원의 경우 이 값은 0이다.

```
$timeCards = [0, 0, 0, 120, 120, 120]
```

지금까지 정규 직원의 정보를 관리하던 $employees와 $basePays가 아르바이트 직원의 정보도 함께 관리할 수 있도록 수정하고, 새로운 전역 변수인 $hourlys와 $timeCards를 추가했다. 다시 말해서 애플리케이션 안의 데이터를 수정한 것이다. 이제 $employees와 $basePays를 사용하는 함수 중에서 아르바이트 직원을 함께 처리해야 하는 함수를 찾아 수정해야 한다. 물론 $hourlys와 $timeCards에 저장된 값도 함께 사용하도록 수정해야 할 것이다.

말은 쉽지만 사실 이 작업은 급여 관리 시스템 안에 구현된 모든 함수를 분석해서 영향도를 파악해야 한다는 것을 의미한다. 예제로 개발한 급여 관리 시스템이 어마어마한 수의 함수로 구성된 거대한 시스템이라고 상상해 보라. 전역 변수에 의존하는 함수를 찾는 것은 심하게 얽힌 실타래를 푸는 것처럼 인내와 끈기를 요구하는 작업이다.

그렇다면 이번에는 어떤 함수를 수정해야 할까? calculatePay 함수에 조건 분기를 추가함으로써 해결할 수 있다. 정규 직원과 아르바이트 직원에 대한 급여를 다른 방식으로 계산하기 위해서는 직원의 종류가 무엇인지를 판단하고 그에 따라 적절한 로직을 실행해야 한다.

아르바이트 직원의 급여를 계산하는 calculateHourlyPayFor 함수는 시급에 한달 동안 일한 시간을 곱해서 급여를 계산한다.

```
def calculateHourlyPayFor(name, taxRate)
  index = $employees.index(name)
  basePay = $basePays[index] * $timeCards[index]
  return basePay - (basePay * taxRate)
end
```

정규 직원과 아르바이트 직원을 판단하는 hourly? 함수도 추가하자. 이 함수는 직원이 아르바이트 직원이면 true를 반환한다.

```
def hourly?(name)
  return $hourlys[$employees.index(name)]
end
```

수정된 calculatePay 함수는 직원이 아르바이트 직원이면 calculateHourlyPayFor 함수를 호출하고 정규 직원이면 기존의 calculatePayFor 함수를 실행한다.

```
def calculatePay(name)
  taxRate = getTaxRate()
  if (hourly?(name)) then
    pay = calculateHourlyPayFor(name, taxRate)
  else
    pay = calculatePayFor(name, taxRate)
  end
  puts(describeResult(name, pay))
end
```

모든 코드의 수정이 완료됐을까? 안타깝게도 시스템이 운영환경에 배포되고 난 다음 날 사용자들로부터 직원들의 모든 기본급을 더한 sumOfBasePays 함수의 결과가 이상하다는 리포트가 전달되기 시작했다. 오랜 디버깅 끝에 $basePays와 $employees에 아르바이트 직원에 대한 정보를 추가했기 때문이라는 사실을 알아낼 수 있었다. 모든 직원의 기본급 총합을 더하는 sumOfBasePays 함수도 함께 수정해야 했던 것이다.

현재의 $basePays에는 정규 직원의 기본급뿐만 아니라 아르바이트 직원의 시급도 저장돼 있기 때문에 시급을 총합에서 제외해야 한다.

```
def sumOfBasePays()
  result = 0
  for name in $employees
    if (not hourly?(name)) then
      result += $basePays[$employees.index(name)]
    end
  end
  puts(result)
end
```

이 예제가 말해 주는 것은 데이터 변경으로 인해 발생하는 함수에 대한 영향도를 파악하는 것이 생각보다 쉽지 않다는 것이다. 새로운 요구사항은 아르바이트 직원에 대한 급여도 계산할 수 있도록 시스템을 개선해 달라는 것이었다. 이를 위해 아르바이트 직원을 위한 데이터를 추가하고 급여를 계산하는 calculatePay 함수도 수정했다. 하지만 이 수정으로 인해 sumOfBasePays 함수도 영향을 받는다는 사실을 알지 못했기 때문에 버그가 발생한 것이다.

누가 전역 변수를 추가했다고 해서 기존의 sumOfBasePays 함수가 수정될 것이라는 것을 예상할 수 있을 것인가? sumOfBasePays 함수는 에러도 발생하지 않았고 $basePays에 저장된 값을 정상적으로 반환했다. 문제는 그 값이 잘못된 값이라는 것이다. 코드가 성장하고 라인 수가 증가할수록 전역 데이터를 변경하는 것은 악몽으로 변해간다.

데이터 변경으로 인한 영향을 최소화하려면 데이터와 함께 변경되는 부분과 그렇지 않은 부분을 명확하게 분리해야 한다. 이를 위해 데이터와 함께 변경되는 부분을 하나의 구현 단위로 묶고 외부에서는 제공되는 함수만 이용해 데이터에 접근해야 한다. 즉, 잘 정의된 퍼블릭 인터페이스를 통해 데이터에 대한 접근을 통제해야 하는 것이다.

이것이 바로 의존성 관리의 핵심이다. 변경에 대한 영향을 최소화하기 위해 영향을 받는 부분과 받지 않는 부분을 명확하게 분리하고 잘 정의된 퍼블릭 인터페이스를 통해 변경되는 부분에 대한 접근을 통제하라. 초기 소프트웨어 개발 분야의 선구자 중 한명인 데이비드 파나스(David Parnas)는 기능 분해가 가진 본질적인 문제를 해결하기 위해 이 같은 개념을 기반으로 한 **정보 은닉**과 **모듈**이라는 개념을 제시하기에 이르렀다.

언제 하향식 분해가 유용한가?

물론 하향식 분해가 유용한 경우도 있다. 하향식 아이디어가 매력적인 이유는 설계가 어느 정도 안정화된 후에는 설계의 다양한 측면을 논리적으로 설명하고 문서화하기에 용이하기 때문이다. 그러나 설계를 문서화하는 데 적절한 방법이 좋은 구조를 설계할 수 있는 방법과 동일한 것은 아니다. 마이클 잭슨(Michael Jackson)은 《System Development》[Jackson83]에서 하향식 방법이 지니고 있는 태생적인 한계와 사람들이 하향식 방법에 관해 오해하는 부분을 다음과 같이 설명한다.

> 하향식은 이미 완전히 이해된 사실을 서술하기에 적합한 방법이다… 그러나 하향식은 새로운 것을 개발하고, 설계하고, 발견하는 데는 적합한 방법이 아니다. 이것은 수학과 아주 유사하다. 수학 교과서는 계산의 과정을 논리적인 순서로 서술한다: 공인되고 증명된 이론이 뒤이은 이론을 증명하기 위해 사용된다. 그러나 이론은 그런 방식이나 순서로 개발되거나 발견된 것이 아니다.
>
> 시스템이나 프로그램 개발자가 이미 완료한 결과에 대한 명확한 아이디어를 가지고 있다면 머릿속에 있는 것을 종이에 서술하기 위해 하향식을 사용할 수 있다. 이것은 사람들이 하향식 설계나 개발을 할 수 있고, 그렇게 함으로써 성공할 수 있다고 믿게 만드는 이유다. … 하향식 단계가 시작될 때 문제는 이미 해결됐고, 오직 해결돼야만 하는 세부사항만이 존재할 뿐이다[Jackson83].

하향식 분해는 작은 프로그램과 개별 알고리즘을 위해서는 유용한 패러다임으로 남아 있다. 특히 프로그래밍 과정에서 *이미 해결된 알고리즘*을 문서화하고 서술하는 데는 훌륭한 기법이다. 그러나 실제로 동작하는 커다란 소프트웨어를 설계하는 데 적합한 방법은 아니다.

지금까지 하향식 설계가 가지는 문제점을 살펴봤다. 하향식 분해 방식으로 설계된 소프트웨어는 하나의 함수에 제어가 집중되기 때문에 확장이 어렵다. 하향식 분해는 프로젝트 초기에 설계의 본질적인 측면을 무시하고 사용자 인터페이스 같은 비본질적인 측면에 집중하게 만든다. 과도하게 함수에 집중하게 함으로써 소프트웨어의 중요한 다른 측면인 데이터에 대한 영향도를 파악하기 어렵게 만든다. 또한 하향식 분해를 적용한 설계는 근본적으로 재사용하기 어렵다.

03 모듈

정보 은닉과 모듈

앞에서 설명한 것처럼 시스템의 변경을 관리하는 기본적인 전략은 함께 변경되는 부분을 하나의 구현 단위로 묶고 퍼블릭 인터페이스를 통해서만 접근하도록 만드는 것이다. 즉, 기능을 기반으로 시스템을 분해하는 것이 아니라 변경의 방향에 맞춰 시스템을 분해하는 것이다.

데이비드 파나스는 1972년에 발표한 《On the Criteria To Be Used in Decomposing Systems Into Modules》[Parnas72]에서 소프트웨어 개발의 가장 중요한 원리인 동시에 가장 많은 오해를 받고 있는 **정보 은닉**(information hiding)의 개념을 소개했다. 정보 은닉은 시스템을 모듈 단위로 분해하기 위한 기본 원리로 시스템에서 자주 변경되는 부분을 상대적으로 덜 변경되는 안정적인 인터페이스 뒤로 감춰야 한다는 것이 핵심이다. 데이비드 파나스는 시스템을 모듈로 분할하는 원칙은 외부에 유출돼서는 안 되는 비밀의 윤곽을 따라야 한다고 주장한다.

> 모듈은 서브 프로그램이라기보다는 책임의 할당이다. 모듈화는 개별적인 모듈에 대한 작업이 시작되기 전에 정해져야 하는 설계 결정들을 포함한다. … 분할된 모듈은 다른 모듈에 대해 감춰야 하는 설계 결정에 따라 특징 지어진다. 해당 모듈 내부의 작업을 가능한 한 적게 노출하는 인터페이스 또는 정의를 선택한다. … 어려운 설계 결정이나 변화할 것 같은 설계 결정들의 목록을 사용해 설계를 시작할 것을 권장한다. 이러한 결정이 외부 모듈에 대해 숨겨지도록 각 모듈을 설계해야 한다[Parnas72].

정보 은닉은 외부에 감춰야 하는 비밀에 따라 시스템을 분할하는 모듈 분할 원리다. 모듈은 변경될 가능성이 있는 비밀을 내부로 감추고, 잘 정의되고 쉽게 변경되지 않을 퍼블릭 인터페이스를 외부에 제공해서 내부의 비밀에 함부로 접근하지 못하게 한다.

모듈과 기능 분해는 상호 배타적인 관계가 아니다. 시스템을 모듈로 분해한 후에는 각 모듈 내부를 구현하기 위해 기능 분해를 적용할 수 있다. 기능 분해가 하나의 기능을 구현하기 위해 필요한 기능들을 순차적으로 찾아가는 탐색의 과정이라면 모듈 분해는 감춰야 하는 비밀을 선택하고 비밀 주변에 안정적인 보호막을 설치하는 보존의 과정이다. 비밀을 결정하고 모듈을 분해한 후에는 기능 분해를 이용해 모듈에 필요한 퍼블릭 인터페이스를 구현할 수 있다.

시스템을 모듈 단위로 어떻게 분해할 것인가? 시스템이 감춰야 하는 비밀을 찾아라. 외부에서 내부의 비밀에 접근하지 못하도록 커다란 방어막을 쳐서 에워싸라. 이 방어막이 바로 퍼블릭 인터페이스가 된다.

모듈은 다음과 같은 두 가지 비밀을 감춰야 한다.

- **복잡성**: 모듈이 너무 복잡한 경우 이해하고 사용하기가 어렵다. 외부에 모듈을 추상화할 수 있는 간단한 인터페이스를 제공해서 모듈의 복잡도를 낮춘다.

- **변경 가능성**: 변경 가능한 설계 결정이 외부에 노출될 경우 실제로 변경이 발생했을 때 파급효과가 커진다. 변경 발생 시 하나의 모듈만 수정하면 되도록 변경 가능한 설계 결정을 모듈 내부로 감추고 외부에는 쉽게 변경되지 않을 인터페이스를 제공한다.

앞의 급여 관리 시스템의 예에서 알 수 있는 것처럼 시스템의 가장 일반적인 비밀은 데이터다. 이 관점이 데이터 캡슐화와 정보 은닉[2]을 혼동스럽게 만든 것으로 보인다. 비밀이 반드시 데이터일 필요는 없으며 복잡한 로직이나 변경 가능성이 큰 자료 구조일 수도 있다. 그럼에도 변경 시 시스템을 굴복시키는 대부분의 경우는 데이터가 변경되는 경우다.

급여 관리 시스템을 구원할 수 있는 방법 역시 함께 사용되는 데이터를 자신의 비밀로 삼는 모듈을 만드는 것이다. 급여 관리 시스템에서 외부로 감춰야 하는 비밀은 직원 정보와 관련된 것이다. 따라서 모듈을 이용해 직원 정보라는 비밀을 내부로 감추고 외부에 대해서는 퍼블릭 인터페이스만 노출시켜야 한다.

---

2 데이터와 메서드를 하나의 단위로 통합하고 퍼블릭 메서드(public method)를 통해서만 접근하도록 허용하는 방법을 **데이터 캡슐화**(data encapsulation)라고 한다. 정보 은닉과 데이터 캡슐화는 동일한 개념이 아니다. 변경과 관련된 비밀을 감춘다는 측면에서 정보 은닉과 캡슐화는 동일 개념을 가리키는 두 가지 다른 용어지만 데이터 캡슐화는 비밀의 한 종류인 데이터를 감추는 캡슐화의 한 종류일 뿐이다.

여기서는 루비 언어에서 제공하는 module[3]이라는 키워드를 이용해 모듈의 개념을 구현했지만 모듈은 키워드의 지원 여부와 상관없이 적용할 수 있는 논리적인 개념이다. 과거에 모듈로 시스템을 분할하는 방법은 개별 모듈을 별도의 물리적인 파일로 분리하는 것이었다. C 언어는 파일 단위로 모듈을 관리하는 대표적인 언어다. C 언어의 경우 소스 파일에 모듈을 구현하고 이 중에서 외부에 공개할 부분은 헤더 파일에 external로 선언한다. 자바에서 모듈의 개념은 패키지(package)를 이용해 구현 가능하며, C++와 C#에서는 네임스페이스(namespace)를 이용해 구현할 수 있다.

다음은 전체 직원에 관한 처리를 Employees 모듈로 캡슐화한 결과를 나타낸 것이다.

```ruby
module Employees
  $employees = ["직원A", "직원B", "직원C", "직원D", "직원E", "직원F"]
  $basePays = [400, 300, 250, 1, 1, 1.5]
  $hourlys = [false, false, false, true, true, true]
  $timeCards = [0, 0, 0, 120, 120, 120]

  def Employees.calculatePay(name, taxRate)
    if (Employees.hourly?(name)) then
      pay = Employees.calculateHourlyPayFor(name, taxRate)
    else
      pay = Employees.calculatePayFor(name, taxRate)
    end
  end

  def Employees.hourly?(name)
    return $hourlys[$employees.index(name)]
  end

  def Employees.calculateHourlyPayFor(name, taxRate)
    index = $employees.index(name)
    basePay = $basePays[index] * $timeCards[index]
    return basePay - (basePay * taxRate)
  end

  def Employees.calculatePayFor(name, taxRate)
    return basePay - (basePay * taxRate)
  end
```

---

3 루비 모듈의 또 다른 용도는 믹스인(mixin)을 구현하는 것이다. 믹스인에 관해서는 11장과 부록 B에서 다룬다.

```
  def Employees.sumOfBasePays()
    result = 0
    for name in $employees
      if (not Employees.hourly?(name)) then
        result += $basePays[$employees.index(name)]
      end
    end
    return result
  end
end
```

지금까지 전역 변수였던 $employees, $basePays, $hourlys, $timeCards가 Employees라는 모듈 내부로 숨겨져 있다는 것에 주목하라. 이제 모듈 외부에서는 직원 정보를 관리하는 데이터에 직접 접근할 수 없다. 외부에서는 Employees 모듈이 제공하는 퍼블릭 인터페이스에 포함된 calculatePay, hourly?, calculateHourlyPayFor, calculatePayFor, sumOfBasePays 함수를 통해서만 내부 변수를 조작할 수 있다. 심지어 모듈 외부에서는 모듈 내부에 어떤 데이터가 존재하는지조차 알지 못한다.

이제 main 함수가 Employees 모듈의 기능을 사용하도록 코드를 수정하면 된다.

```
def main(operation, args={})
  case(operation)
  when :pay then calculatePay(args[:name])
  when :basePays then sumOfBasePays()
  end
end

def calculatePay(name)
  taxRate = getTaxRate()
  pay = Employees.calculatePay(name, taxRate)
  puts(describeResult(name, pay))
end

def getTaxRate()
  print("세율을 입력하세요: ")
  return gets().chomp().to_f()
end
```

```
def describeResult(name, pay)
  return "이름: #{name}, 급여: #{pay}"
end

def sumOfBasePays()
  puts(Employees.sumOfBasePays())
end
```

모듈의 장점과 한계

Employees 예제를 통해 알 수 있는 모듈의 장점은 다음과 같다.

모듈 내부의 변수가 변경되더라도 모듈 내부에만 영향을 미친다

모듈을 사용하면 모듈 내부에 정의된 변수를 직접 참조하는 코드의 위치를 모듈 내부로 제한할 수 있다. 이제 어떤 데이터가 변경됐을 때 영향을 받는 함수를 찾기 위해 해당 데이터를 정의한 모듈만 검색하면 된다. 더 이상 전체 함수를 일일이 분석할 필요가 없다. 모듈은 데이터 변경으로 인한 파급효과를 제어할 수 있기 때문에 코드를 수정하고 디버깅하기가 더 용이하다.

비즈니스 로직과 사용자 인터페이스에 대한 관심사를 분리한다

사용자 입력과 화면 출력을 Employees 모듈이 아닌 외부에 뒀다는 점을 주목하라. 수정된 코드에서 Employees 모듈은 비즈니스 로직과 관련된 관심사만을 담당하며 사용자 인터페이스와 관련된 관심사는 모두 Employees 모듈을 사용하는 main 함수 쪽에 위치한다. 이제 GUI 같은 다른 형식의 사용자 인터페이스를 추가하더라도 Employees 모듈에 포함된 비즈니스 로직은 변경되지 않는다.

전역 변수와 전역 함수를 제거함으로써 네임스페이스 오염(namespace pollution)을 방지한다

모듈의 한 가지 용도는 네임스페이스를 제공하는 것이다. 변수와 함수를 모듈 내부에 포함시키기 때문에 다른 모듈에서도 동일한 이름을 사용할 수 있게 된다. 따라서 모듈은 전역 네임스페이스의 오염을 방지하는 동시에 이름 충돌(name collision)의 위험을 완화한다.

모듈은 기능이 아니라 변경의 정도에 따라 시스템을 분해하게 한다. 각 모듈은 외부에 감춰야 하는 비밀과 관련성 높은 데이터와 함수의 집합이다. 따라서 모듈 내부는 높은 응집도를 유지한다. 모듈과 모듈 사이에는 퍼블릭 인터페이스를 통해서만 통신해야 한다. 따라서 낮은 결합도를 유지한다.

여기서 눈여겨봐야 할 부분은 모듈이 정보 은닉이라는 개념을 통해 데이터라는 존재를 설계의 중심 요소로 부각시켰다는 것이다. 모듈에 있어서 핵심은 데이터다. 메인 함수를 정의하고 필요에 따라 더 세부적인 함수로 분해하는 하향식 기능 분해와 달리 모듈은 감춰야 할 데이터를 결정하고 이 데이터를 조작하는 데 필요한 함수를 결정한다. 다시 말해서 기능이 아니라 데이터를 중심으로 시스템을 분해하는 것이다. 모듈은 데이터와 함수가 통합된 한 차원 높은 추상화를 제공하는 설계 단위다.

비록 모듈이 프로시저 추상화보다는 높은 추상화 개념을 제공하지만 태생적으로 변경을 관리하기 위한 구현 기법이기 때문에 추상화 관점에서의 한계점이 명확하다. 모듈의 가장 큰 단점은 인스턴스의 개념을 제공하지 않는다는 점이다[Budd01]. Employees 모듈은 단지 회사에 속한 *모든 직원* 정보를 가지고 있는 모듈일 뿐이다. 좀 더 높은 수준의 추상화를 위해서는 직원 전체가 아니라 개별 직원을 독립적인 단위로 다룰 수 있어야 한다. 다시 말해서 다수의 직원 인스턴스가 존재하는 추상화 메커니즘이 필요한 것이다. 그리고 이를 만족시키기 위해 등장한 개념이 바로 추상 데이터 타입이다.

04 데이터 추상화와 추상 데이터 타입

추상 데이터 타입

프로그래밍 언어에서 **타입(type)**이란 변수에 저장할 수 있는 내용물의 종류와 변수에 적용될 수 있는 연산의 가짓수를 의미한다. 정수 타입의 변수를 선언하는 것은 프로그램 내에서 변수명을 참조할 때 해당 변수를 임의의 정숫값으로 간주하라고 말하는 것과 같다. 타입은 저장된 값에 대해 수행될 수 있는 연산의 집합을 결정하기 때문에 변수의 값이 어떻게 행동할 것이라는 것을 예측할 수 있게 한다. 정수 타입의 변수는 덧셈 연산을 이용해 값을 더할 수 있고 문자열 타입의 변수는 연결 연산을 이용해 두 문자열을 하나로 합칠 수 있다.

프로그래밍 언어는 다양한 형태의 내장 타입(built-in type)을 제공한다. 기능 분해의 시대에 사용되던 절차형 언어들은 적은 수의 내장 타입만을 제공했으며 설상가상으로 새로운 타입을 추가하는 것이 불가능하거나 제한적이었다. 이 시대의 프로그램에서 사용하는 주된 추상화는 프로시저 추상화였다. 시간이 흐르면서 사람들은 프로시저 추상화로는 프로그램의 표현력을 향상시키는 데 한계가 있다는 사실을 발견했다.

바바라 리스코프(Barbara Liskov)[4]는 프로시저 추상화의 한계를 인지하고 대안을 탐색한 선각자 중 한 명이다. 리스코프는 《Programming with Abstract Data Types》[Liskov74]에서 프로시저 추상화를 보완하기 위해 **데이터 추상화(data abstraction)**의 개념을 제안했다.

---

4 리스코프 치환 원칙(Liskov Substitution Principle, LSP)[Martin02]에 대해 들어봤다면 이 이름이 낯설지 않을 것이다. 그렇다. 객체지향의 핵심 원칙 중 하나인 LSP를 발표한 그 바바라 리스코프다.

안타깝게도 프로시저만으로는 충분히 풍부한 추상화의 어휘집을 제공할 수 없다. ⋯ 이것은 언어 설계에서 가장 중요한 추상 데이터 타입(Abstract Data Type)의 개념으로 우리를 인도했다. 추상 데이터 타입은 추상 객체의 클래스를 정의한 것으로 추상 객체에 사용할 수 있는 오퍼레이션을 이용해 규정된다. 이것은 오퍼레이션을 이용해 추상 데이터 타입을 정의할 수 있음을 의미한다. ⋯ 추상 데이터 객체를 사용할 때 프로그래머는 오직 객체가 외부에 제공하는 행위에만 관심을 가지며 행위가 구현되는 세부적인 사항에 대해서는 무시한다. 객체가 저장소 내에서 어떻게 표현되는지와 같은 구현 정보는 오직 오퍼레이션을 어떻게 구현할 것인지에 집중할 때만 필요하다. 객체의 사용자는 이 정보를 알거나 제공받을 필요가 없다[Liskov74].

위 인용문에는 지금까지 설명했던 데이터 추상화, 정보 은닉, 데이터 캡슐화, 인터페이스-구현 분리의 개념들이 모두 다 녹아들어 있다. 리스코프의 업적은 소프트웨어를 이용해 표현할 수 있는 추상화의 수준을 한 단계 높였다는 점이다. 사람들은 '직원의 급여를 계산한다'라는 하나의 커다란 절차를 이용해 사고하기보다는 '직원'과 '급여'라는 추상적인 개념들을 머릿속에 떠올린 후 이들을 이용해 '계산'에 필요한 절차를 생각하는 데 익숙하다. 추상 데이터 타입은 프로시저 추상화 대신 데이터 추상화를 기반으로 소프트웨어를 개발하게 한 최초의 발걸음이다.

추상 데이터 타입을 구현하려면 다음과 같은 특성을 위한 프로그래밍 언어의 지원이 필요하다.

- 타입 정의를 선언할 수 있어야 한다.

- 타입의 인스턴스를 다루기 위해 사용할 수 있는 오퍼레이션의 집합을 정의할 수 있어야 한다.

- 제공된 오퍼레이션을 통해서만 조작할 수 있도록 데이터를 외부로부터 보호할 수 있어야 한다.

- 타입에 대해 여러 개의 인스턴스를 생성할 수 있어야 한다.

리스코프는 이 논문이 발표된 이후에 추상 데이터 타입을 정의할 수 있는 문법을 제공하는 프로그래밍 언어인 CLU를 설계했다. 리스코프는 추상 데이터 타입을 정의하기 위해 제시한 언어적인 메커니즘을 오퍼레이션 클러스터(operation cluster)라고 불렀다.

추상 데이터 타입을 구현할 수 있는 언어적인 장치를 제공하지 않는 프로그래밍 언어에서도 추상 데이터 타입을 구현하는 것은 가능하다. 실제로 과거의 많은 프로그래머들은 모듈의 개념을 기반으로 추상 데이터 타입을 구현해 왔다. 그러나 언어 차원에서 추상 데이터 타입을 지원하는 것과 관습과 약속, 기법을 통해 추상 데이터 타입을 모방하는 것은 완전히 다른 이야기다. 이것은 객체지향 언어를 사용하지 않아도 객체지향 프로그래밍을 할 수 있다는 흔한 낭설과도 유사하다.

다행스럽게도 루비는 추상 데이터 타입을 흉내 낼 수 있는 Struct라는 구성 요소를 제공한다. 추상 데이터 타입을 구현하는 방법은 언어마다 다르기 때문에 여기서 설명하는 내용은 개념적인 수준에서 추상 데이터 타입을 설명하는 것이라는 점에 유의하면서 이어지는 내용을 읽기 바란다.

이제 추상 데이터 타입을 이용해 급여 관리 시스템을 개선해 보자. 직원에 대한 추상 데이터 타입을 설계하려면 어떤 데이터를 감추기 위해 직원이라는 데이터 추상화가 필요한지를 질문해야 한다. 급여 관리 시스템 예제에서 $employees, $basePays, $hourlys, $timeCards라는 4가지 전역 변수를 사용했다. 이들은 각각 직원의 이름, 기본급, 아르바이트 직원 여부, 아르바이트 직원일 경우 한달 간 작업 시간을 의미하는 4개의 데이터 항목을 나타낸다. 따라서 직원 추상화는 위 4개의 항목을 외부에 감춰야 한다.

루비의 Struct를 이용해 개별 직원을 위한 추상 데이터 타입을 구현하자. 우선 이름(name), 기본급(basePay), 아르바이트 직원 여부(hourly), 작업시간(timeCard)을 비밀로 가지는 추상 데이터 타입인 Employee를 선언한다.

```
Employee = Struct.new(:name, :basePay, :hourly, :timeCard) do
End
```

내부에 캡슐화할 데이터를 결정했다면 추상 데이터 타입에 적용할 수 있는 오퍼레이션을 결정해야 한다. Employee 타입의 주된 행동은 직원의 유형에 따라 급여를 계산하는 것이므로 calculatePay 오퍼레이션을 추가한다. 외부에서 인자로 전달받던 직원의 이름은 이제 Employee 타입의 내부에 포함돼 있으므로 calculatePay 오퍼레이션의 인자로 받을 필요가 없다. 따라서 직원을 지정해야 했던 모듈 방식보다 추상 데이터 타입에 정의된 오퍼레이션의 시그니처가 더 간단하다는 것을 알 수 있다.

```
Employee = Struct.new(:name, :basePay, :hourly, :timeCard) do
  def calculatePay(taxRate)
    if (hourly) then
      return calculateHourlyPay(taxRate)
    end
    return calculateSalariedPay(taxRate)
  end

private
  def calculateHourlyPay(taxRate)
    return (basePay * timeCard) - (basePay * timeCard) * taxRate
  end
```

```
    def calculateSalariedPay(taxRate)
        return basePay - (basePay * taxRate)
    end
end
```

Employee 타입에 정의할 두 번째 오퍼레이션은 개별 직원의 기본급을 계산하는 것이다. 정규직의 경우에는 basePay에 저장된 기본급을 반환하고 아르바이트 직원의 경우에는 기본급이라는 개념이 없기 때문에 0을 반환한다.

```
Employee = Struct.new(:name, :basePay, :hourly, :timeCard) do
    def monthlyBasePay()
        if (hourly) then return 0 end
        return basePay
    end
end
```

Employee 추상 데이터 타입에 대한 설계가 완료됐으므로 추상 데이터 타입을 사용하는 클라이언트 코드를 작성하자. 먼저 필요한 직원들의 인스턴스를 준비한다.

```
$employees = [
    Employee.new("직원A", 400, false, 0),
    Employee.new("직원A", 300, false, 0),
    Employee.new("직원C", 250, false, 0),
    Employee.new("아르바이트D", 1, true, 120),
    Employee.new("아르바이트E", 1, true, 120),
    Employee.new("아르바이트F", 1, true, 120),
]
```

특정 직원의 급여를 계산하는 것은 직원에 해당하는 Employee 인스턴스를 찾은 후 calculatePay 오퍼레이션을 호출하는 것이다.

```
def calculatePay(name)
    taxRate = getTaxRate()
    for each in $employees
        if (each.name == name) then employee = each; break end
    end
```

```
    pay = employee.calculatePay(taxRate)
    puts(describeResult(name, pay))
end
```

정규 직원 전체에 대한 기본급 총합을 구하기 위해서는 Employee 인스턴스 전체에 대해 차례대로 monthlyBasePay 오퍼레이션을 호출한 후 반환된 값을 모두 더해야 한다.

```
def sumOfBasePays()
  result = 0
  for each in $employees
    result += each.monthlyBasePay()
  end
  puts(result)
end
```

지금까지 살펴본 것처럼 추상 데이터 타입은 사람들이 세상을 바라보는 방식에 좀 더 근접해지도록 추상화 수준을 향상시킨다. 일상 생활에서 Employee라고 말할 때는 상태와 행위를 가지는 독립적인 객체라는 의미가 담겨 있다. 따라서 개별 직원의 인스턴스를 생성할 수 있는 Employee 추상 데이터 타입은 전체 직원을 캡슐화하는 Employees 모듈보다는 좀 더 개념적으로 사람들의 사고방식에 가깝다.

비록 추상 데이터 타입 정의를 기반으로 객체를 생성하는 것은 가능하지만 여전히 데이터와 기능을 분리해서 바라본다는 점에 주의하라. 추상 데이터 타입은 말 그대로 시스템의 상태를 저장할 데이터를 표현한다. 추상 데이터 타입으로 표현된 데이터를 이용해서 기능을 구현하는 핵심 로직은 추상 데이터 타입 외부에 존재한다. 급여 관리 시스템의 경우에는 main 함수의 로직들이 바로 이 데이터를 사용하는 코드다. 추상 데이터 타입은 데이터에 대한 관점을 설계의 표면으로 끌어올리기는 하지만 여전히 데이터와 기능을 분리하는 절차적인 설계의 틀에 갇혀 있는 것이다.

리스코프가 이야기한 것처럼 추상 데이터 타입의 기본 의도는 프로그래밍 언어가 제공하는 타입처럼 동작하는 사용자 정의 타입을 추가할 수 있게 하는 것이다. 프로그래밍 언어의 관점에서 추상 데이터 타입은 프로그래밍 언어의 내장 데이터 타입과 동일하다. 단지 타입을 개발자가 정의할 수 있다는 점이 다를 뿐이다. 추상 데이터 타입에 대한 위와 같은 관점은 종종 객체지향 프로그래머들을 혼돈으로 몰아간다. 가장 먼저 머릿속에 떠오르는 것은 바로 다음과 같은 의문일 것이다. 클래스는 추상 데이터 타입인가?

05 클래스

클래스는 추상 데이터 타입인가?

대부분의 프로그래밍 서적은 클래스를 추상 데이터 타입으로 설명한다. 클래스와 추상 데이터 타입 모두 데이터 추상화를 기반으로 시스템을 분해하기 때문에 이런 설명이 꼭 틀린 것만은 아니다. 두 메커니즘 모두 외부에서는 객체의 내부 속성에 직접 접근할 수 없으며 오직 퍼블릭 인터페이스를 통해서만 외부와 의사소통할 수 있다.

그러나 명확한 의미에서 추상 데이터 타입과 클래스는 동일하지 않다. 가장 핵심적인 차이는 클래스는 상속과 다형성을 지원하는 데 비해 추상 데이터 타입은 지원하지 못한다는 점이다. 상속과 다형성을 지원하는 **객체지향 프로그래밍(Object-Oriented Programming)**과 구분하기 위해 상속과 다형성을 지원하지 않는 추상 데이터 타입 기반의 프로그래밍 패러다임을 **객체기반 프로그래밍(Object-Based Programming)**이라고 부르기도 한다.

윌리엄 쿡(William Cook)은 《Object-Oriented Programming Versus Abstract Data Types》 [Cook90]에서 객체지향과 추상 데이터 타입 간의 차이를 프로그래밍 언어적인 관점에서 설명한다. 쿡의 정의를 빌리자면 추상 데이터 타입은 타입을 추상화한 것(type abstraction)이고 클래스는 절차를 추상화한 것(procedural abstraction)이다.

타입 추상화와 절차 추상화의 차이점을 이해하기 위해 먼저 추상 데이터 타입으로 구현된 Employee 타입의 calculatePay와 monthlyBasePay 오퍼레이션을 살펴보자. 그림 7.3에서 Employee 타입은 물리적으로는 하나의 타입이지만 개념적으로는 정규 직원과 아르바이트 직원이라는 두 개의 개별적인 개념을 포괄하는 복합 개념이다. Employee 타입이 제공하는 퍼블릭 오퍼레이션인 calculatePay와 monthlyBasePay는 직원 유형에 따라 서로 다른 방식으로 동작한다. Employee 인스턴스가 정규 직원을 나타낼 경우 calculatePay 오퍼레이션은 기본급에서 세액을 공제해서 급여를 계산한다. 이에 비해 Employee 인스턴스가 아르바이트 직원을 나타낼 경우 시급에 한 달 근로 시간을 곱한 금액에서 세액을 공제한다.

Employee Type		
오퍼레이션	정규 직원	아르바이트 직원
calculatePay()	basePay – (basePay * taxRate)	(basePay * timeCard) – (basePay * timeCard) * taxRate
monthlyBasePay()	basePay	0

그림 7.3 Employee 추상 데이터 타입

여기서 강조하고 싶은 것은 하나의 타입처럼 보이는 Employee 내부에는 정규 직원과 아르바이트 직원이라는 두 개의 타입이 공존한다는 것이다. 설계의 관점에서 Employee 타입은 구체적인 직원 타입을 외부에 캡슐화하고 있는 것이다. 윌리엄 쿡은 이처럼 하나의 대표적인 타입이 다수의 세부적인 타입을 감추기 때문에 이를 타입 추상화라고 불렀다. 타입 추상화는 개별 오퍼레이션이 모든 개념적인 타입에 대한 구현을 포괄하도록 함으로써 하나의 물리적인 타입 안에 전체 타입을 감춘다. 따라서 타입 추상화는 오퍼레이션을 기준으로 타입을 통합하는 데이터 추상화 기법이다.

타입 추상화를 기반으로 하는 대표적인 기법이 바로 추상 데이터 타입이다. 그림 7.4는 추상 데이터 타입인 Employee가 어떻게 오퍼레이션을 기준으로 정규 직원과 아르바이트 직원이라는 두 가지 종류의 타입을 묶는지를 표현한 것이다. Employee를 사용하는 클라이언트는 calculatePay와 monthlyBasePay 오퍼레이션을 호출할 수 있지만 정규 직원이나 아르바이트 직원이 있다는 사실은 알 수 없다. 두 직원 타입은 Employee 내부에 감춰져 있으며 암묵적이다.

Employee Type		
오퍼레이션	정규 직원	아르바이트 직원
calculatePay()	basePay – (basePay * taxRate)	(basePay * timeCard) – (basePay * timeCard) * taxRate
monthlyBasePay()	basePay	0

그림 7.4 추상 데이터 타입은 오퍼레이션을 기준으로 타입을 묶는다

추상 데이터 타입이 오퍼레이션을 기준으로 타입을 묶는 방법이라면 객체지향은 타입을 기준으로 오퍼레이션을 묶는다. 즉, 정규 직원과 아르바이트 직원이라는 두 개의 타입을 명시적으로 정의하고 두 직원 유형과 관련된 오퍼레이션의 실행 절차를 두 타입에 분배한다. 결과적으로 객체지향은 정규 직원과 아르바이트 직원 각각에 대한 클래스를 정의하고 각 클래스들이 calculatePay와 monthlyBasePay 오퍼레이션을 적절하게 구현하게 될 것이다.

정규 직원과 아르바이트 직원이라는 두 가지 클래스로 분리할 경우 공통 로직을 어디에 둘 것인지가 이슈가 된다. 공통 로직을 제공할 수 있는 가장 간단한 방법은 공통 로직을 포함할 부모 클래스를 정의하고 두 직원 유형의 클래스가 부모 클래스를 상속받게 하는 것이다. 이제 클라이언트는 부모 클래스의 참조자에 대해 메시지를 전송하면 실제 클래스가 무엇인가에 따라 적절한 절차가 실행된다. 즉, 동일한 메시지에 대해 서로 다르게 반응한다. 이것이 바로 다형성이다.

클라이언트의 관점에서 두 클래스의 인스턴스는 동일하게 보인다는 것에 주목하라. 실제로 내부에서 수행되는 절차는 다르지만 클래스를 이용한 다형성은 절차에 대한 차이점을 감춘다. 다시 말해 객체지향은 **절차 추상화**(procedural abstraction)다.

오퍼레이션	정규 직원	아르바이트 직원
calculatePay()	basePay – (basePay * taxRate)	(basePay * timeCard) – (basePay * timeCard) * taxRate
monthlyBasePay()	basePay	0

그림 7.5 객체지향은 타입을 기준으로 오퍼레이션을 묶는다

추상 데이터 타입은 오퍼레이션을 기준으로 타입들을 추상화한다. 클래스는 타입을 기준으로 절차들을 추상화한다. 이것이 추상화와 분해의 관점에서 추상 데이터 타입과 클래스의 다른 점이다.

추상 데이터 타입에서 클래스로 변경하기

이제 클래스를 이용해 급여 관리 시스템을 구현해 보자. 추상 데이터 타입을 사용한 구현 예에서는 Employee라는 하나의 타입 안에 두 가지 직원 타입을 캡슐화했다. 클래스를 이용하는 객체지향 버전에서는 각 직원 타입을 독립적인 클래스로 구현함으로써 두 개의 타입이 존재한다는 사실을 명시적으로 표현한다. 결과적으로 클래스를 이용한 구현에서는 Employee 추상 데이터 타입에 구현돼 있던 타입별 코드가 두 개의 클래스로 분배된다.

먼저 직원 타입을 표현하는 Employee 클래스를 구현하자. 앞에서 두 개의 직원 타입 모두를 완전하게 구현한 추상 데이터 타입인 Employee와 다르게 클래스로 구현하는 Employee 클래스는 정규 직원과 아르바이트 직원 타입이 공통적으로 가져야 하는 속성과 메서드 시그니처만 정의하고 있는 불완전한 구현체다.

```ruby
class Employee
  attr_reader :name, :basePay

  def initialize(name, basePay)
    @name = name
    @basePay = basePay
  end
```

```ruby
  def calculatePay(taxRate)
    raise NotImplementedError
  end

  def monthlyBasePay()
    raise NotImplementedError
  end
end
```

루비 언어에서는 인스턴스 변수명이 항상 '@'로 시작해야 한다는 점만 알면 위 코드를 읽는 데 큰 무리가 없을 것이다. Employee 클래스는 직원의 이름과 기본급을 저장할 인스턴스 변수인 @name과 @basePay를 포함하고, 자식 클래스가 재정의할 수 있도록 calculatePay와 monthlyBasePay 메서드의 시그니처를 정의한다. 자바나 C#에 익숙한 사람들은 Employee 클래스를 추상 클래스로, calculatePay와 monthlyBasePay 메서드를 추상 메서드로 생각해도 무방하다.

이제 정규 직원 타입을 독립적인 SalariedEmployee 클래스로 구현한다. SalariedEmployee 클래스의 calculatePay와 monthlyBasePay 메서드는 오직 정규 직원과 관련된 로직만 구현한다. 루비에서 상속관계는 '자식클래스 < 부모클래스'의 형태로 선언한다.

```ruby
class SalariedEmployee < Employee
  def initialize(name, basePay)
    super(name, basePay)
  end

  def calculatePay(taxRate)
    return basePay - (basePay * taxRate)
  end

  def monthlyBasePay()
    return basePay
  end
end
```

동일한 방식으로 아르바이트 직원을 나타내는 HourlyEmployee 클래스를 추가한다. HourlyEmployee 클래스의 calculatePay와 monthlyBasePay 메서드는 오직 아르바이트 직원과 관련된 로직만 구현한다.

```
class HourlyEmployee < Employee
  attr_reader :timeCard
  def initialize(name, basePay, timeCard)
    super(name, basePay)
    @timeCard = timeCard
  end

  def calculatePay(taxRate)
    return (basePay * timeCard) - (basePay * timeCard) * taxRate
  end

  def monthlyBasePay()
    return 0
  end
end
```

모든 직원 타입에 대해 Employee의 인스턴스를 생성해야 했던 추상 데이터 타입의 경우와 달리 클래스를 이용해서 구현한 코드의 경우에는 클라이언트가 원하는 직원 타입에 해당하는 클래스의 인스턴스를 명시적으로 지정할 수 있다. 정규 직원을 표현해야 한다면 SalariedEmployee의 인스턴스를, 아르바이트 직원을 표현해야 한다면 HourlyEmployee의 인스턴스를 명시적으로 생성한다.

```
$employees = [
  SalariedEmployee.new("직원A", 400),
  SalariedEmployee.new("직원B", 300),
  SalariedEmployee.new("직원C", 250),
  HourlyEmployee.new("아르바이트D", 1, 120),
  HourlyEmployee.new("아르바이트E", 1, 120),
  HourlyEmployee.new("아르바이트F", 1, 120),
]
```

하지만 일단 객체를 생성하고 나면 객체의 클래스가 무엇인지는 중요하지 않다. 클라이언트의 입장에서는 SalariedEmployee와 HourlyEmployee의 인스턴스를 모두 부모 클래스인 Employee의 인스턴스인 것처럼 다룰 수 있다. 클라이언트는 메시지를 수신할 객체의 구체적인 클래스에 관해 고민할 필요가 없다. 그저 수신자가 이해할 것으로 예상되는 메시지를 전송하기만 하면 된다.

다음은 $employees에 포함된 전체 정규 직원에 대한 기본급의 합을 구하는 sumOfBasePays 메서드의 구현을 나타낸 것이다. sumOfBasePays 메서드가 $employees에 포함된 객체가 어떤 타입인지를 고민하지 않고

monthlyBasePay 메시지를 전송한다는 것에 주목하라. 메시지를 수신한 객체는 자신의 클래스에 구현된 메서드를 이용해 적절하게 반응할 수 있다.

```
def sumOfBasePays()
  result = 0
  for each in $employees
    result += each.monthlyBasePay()
  end
  puts(result)
end
```

변경을 기준으로 선택하라

단순히 클래스를 구현 단위로 사용한다는 것이 객체지향 프로그래밍을 한다는 것을 의미하지는 않는다. 타입을 기준으로 절차를 추상화하지 않았다면 그것은 객체지향 분해가 아니다. 비록 클래스를 사용하고 있더라도 말이다.

클래스가 추상 데이터 타입의 개념을 따르는지를 확인할 수 있는 가장 간단한 방법은 클래스 내부에 인스턴스의 타입을 표현하는 변수가 있는지를 살펴보는 것이다. 추상 데이터 타입으로 구현된 Employee 클래스를 살펴보면 hourly라는 인스턴스 변수에 직원의 유형을 저장한다는 것을 알 수 있다. 이처럼 인스턴스 변수에 저장된 값을 기반으로 메서드 내에서 타입을 명시적으로 구분하는 방식은 객체지향을 위반하는 것으로 간주된다.

객체지향에서는 타입 변수를 이용한 조건문을 다형성으로 대체한다[5]. 클라이언트가 객체의 타입을 확인한 후 적절한 메서드를 호출하는 것이 아니라 객체가 메시지를 처리할 적절한 메서드를 선택한다. 흔히 '객체지향이란 조건문을 제거하는 것'이라는 다소 편협한 견해가 널리 퍼진 이유가 바로 이 때문이다.

모든 설계 문제가 그런 것처럼 조건문을 사용하는 방식을 기피하는 이유 역시 *변경* 때문이다. 추상 데이터 타입을 기반으로 한 Employee에 새로운 직원 타입을 추가하기 위해서는 hourly의 값을 체크하는 클라이언트의 조건문을 하나씩 다 찾아 수정해야 한다.

---

5 마틴 파울러는 타입을 나타내는 코드를 다형성으로 바꾸는 리팩터링을 "Replace Type Code with Class"라고 부른다[Fowler99a].

이에 반해 객체지향은 새로운 직원 유형을 구현하는 클래스를 Employee 상속 계층에 추가하고 필요한 메서드를 오버라이딩하면 된다. 새로 추가된 클래스의 메서드를 실행하기 위한 어떤 코드도 추가할 필요가 없다. 이것은 시스템에 새로운 로직을 추가하기 위해 클라이언트 코드를 수정할 필요가 없다는 것을 의미한다.

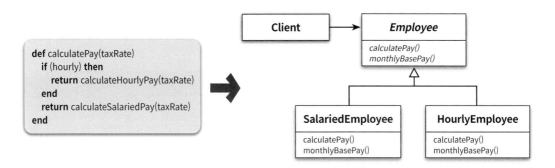

그림 7.6 객체지향은 타입을 체크하는 조건문을 다형성으로 변경한다.

이처럼 기존 코드에 아무런 영향도 미치지 않고 새로운 객체 유형과 행위를 추가할 수 있는 객체지향의 특성을 **개방-폐쇄 원칙(Open-Closed Principle, OCP)**[Martin02]이라고 부른다. 이것이 객체지향 설계가 전통적인 방식에 비해 변경하고 확장하기 쉬운 구조를 설계할 수 있는 이유다.

대부분의 객체지향 서적에서는 추상 데이터 타입을 기반으로 애플리케이션을 설계하는 방식을 잘못된 것으로 설명한다. 그렇다면 항상 절차를 추상화하는 객체지향 설계 방식을 따라야 하는가? 추상 데이터 타입은 모든 경우에 최악의 선택인가?

설계는 변경과 관련된 것이다. 설계의 유용성은 변경의 방향성과 발생 빈도에 따라 결정된다. 그리고 추상 데이터 타입과 객체지향 설계의 유용성은 설계에 요구되는 변경의 압력이 '타입 추가'에 관한 것인지, 아니면 '오퍼레이션 추가'에 관한 것인지에 따라 달라진다.

타입 추가라는 변경의 압력이 더 강한 경우에는 객체지향의 손을 들어줘야 한다. 추상 데이터 타입의 경우 새로운 타입을 추가하려면 타입을 체크하는 클라이언트 코드를 일일이 찾아 수정한 후 올바르게 작동하는지 테스트해야 한다. 반면 객체지향의 경우에는 클라이언트 코드를 수정할 필요가 없다. 간단하게 새로운 클래스를 상속 계층에 추가하기만 하면 된다.

이에 반해 변경의 주된 압력이 오퍼레이션을 추가하는 것이라면 추상 데이터 타입의 승리를 선언해야 한다. 객체지향의 경우 새로운 오퍼레이션을 추가하기 위해서는 상속 계층에 속하는 모든 클래스를 한

번에 수정해야 한다. 객체지향을 기반으로 설계한 Employee 클래스에 새로운 추상 오퍼레이션을 추가하려면 Employee뿐만 아니라 자식 클래스인 SalariedEmployee와 HourlyEmployee도 함께 수정해야 한다. 이와 달리 추상 데이터 타입의 경우에는 전체 타입에 대한 구현 코드가 하나의 구현체 내에 포함돼 있기 때문에 새로운 오퍼레이션을 추가하는 작업이 상대적으로 간단한다.

새로운 타입을 빈번하게 추가해야 한다면 객체지향의 클래스 구조가 더 유용하다. 새로운 오퍼레이션을 빈번하게 추가해야 한다면 추상 데이터 타입을 선택하는 것이 현명한 판단이다. 변경의 축을 찾아라. 객체지향적인 접근법이 모든 경우에 올바른 해결 방법인 것은 아니다.

> **데이터-주도 설계**
>
> 레베카 워프스브록은 추상 데이터 타입의 접근법을 객체지향 설계에 구현한 것을 데이터 주도 설계라고 부른다[Wirfs-Brock89]. 워프스브록이 제안한 책임 주도 설계는 데이터 주도 설계 방법을 개선하고자 하는 노력의 산물이었다. 티모시 버드(Timothy Budd)는 모듈과 추상 데이터 타입이 데이터 중심적인 관점(data centered view)을 취하는 데 비해 객체지향은 서비스 중심적인 관점(service centered view)을 취한다는 말로 둘 사이의 차이점을 깔끔하게 설명했다[Budd01].

협력이 중요하다

노파심에 마지막으로 한 가지만 더 이야기하겠다. 그림 7.6처럼 단순하게 오퍼레이션과 타입을 표에 적어 놓고 클래스 계층에 오퍼레이션의 구현 방법을 분배한다고 해서 객체지향적인 애플리케이션을 설계하는 것은 아니다. 객체지향에서 중요한 것은 역할, 책임, 협력이다. 객체지향은 기능을 수행하기 위해 객체들이 협력하는 방식에 집중한다. 협력이라는 문맥을 고려하지 않고 객체를 고립시킨 채 오퍼레이션의 구현 방식을 타입별로 분배하는 것은 올바른 접근법이 아니다.

그림 7.6은 객체에게 로직을 분배하는 방법에 있어서 추상 데이터 타입과 클래스의 차이를 보여주기 위한 것이지 객체를 설계하는 방법을 설명한 것은 아니다. 객체를 설계하는 방법은 3장에서 설명했던 책임 주도 설계의 흐름을 따른다는 점을 기억하기 바란다.

객체가 참여할 협력을 결정하고 협력에 필요한 책임을 수행하기 위해 어떤 객체가 필요한지에 관해 고민하라. 그 책임을 다양한 방식으로 수행해야 할 때만 타입 계층 안에 각 절차를 추상화하라. 타입 계층과 다형성은 협력이라는 문맥 안에서 책임을 수행하는 방법에 관해 고민한 결과물이어야 하며 그 자체가 목적이 되어서는 안 된다.

의존성 관리하기

잘 설계된 객체지향 애플리케이션은 작고 응집도 높은 객체들로 구성된다. 작고 응집도 높은 객체란 책임의 초점이 명확하고 한 가지 일만 잘 하는 객체를 의미한다. 이런 작은 객체들이 단독으로 수행할 수 있는 작업은 거의 없기 때문에 일반적인 애플리케이션의 기능을 구현하기 위해서는 다른 객체에게 도움을 요청해야 한다. 이런 요청이 객체 사이의 협력을 낳는다.

협력은 필수적이지만 과도한 협력은 설계를 곤경에 빠트릴 수 있다. 협력은 객체가 다른 객체에 대해 알 것을 강요한다. 다른 객체와 협력하기 위해서는 그런 객체가 존재한다는 사실을 알고 있어야 한다. 객체가 수신할 수 있는 메시지에 대해서도 알고 있어야 한다. 이런 지식이 객체 사이의 의존성을 낳는다.

협력을 위해서는 의존성이 필요하지만 과도한 의존성은 애플리케이션을 수정하기 어렵게 만든다. 객체지향 설계의 핵심은 협력을 위해 필요한 의존성은 유지하면서도 변경을 방해하는 의존성은 제거하는 데 있다. 이런 관점에서 객체지향 설계란 의존성을 관리하는 것이고 객체가 변화를 받아들일 수 있게 의존성을 정리하는 기술이라고 할 수 있다[Metz12].

이번 장에서는 충분히 협력적이면서도 유연한 객체를 만들기 위해 의존성을 관리하는 방법을 살펴본다. 먼저 의존성이란 무엇인지를 알아보는 것으로 시작하자.

01 의존성 이해하기

변경과 의존성

어떤 객체가 협력하기 위해 다른 객체를 필요로 할 때 두 객체 사이에 의존성이 존재하게 된다. 의존성은 실행 시점과 구현 시점에 서로 다른 의미를 가진다.

- **실행 시점**: 의존하는 객체가 정상적으로 동작하기 위해서는 실행 시에 의존 대상 객체가 반드시 존재해야 한다.
- **구현 시점**: 의존 대상 객체가 변경될 경우 의존하는 객체도 함께 변경된다.

언제나 그렇듯이 의존성의 개념을 이해할 수 있는 가장 좋은 방법은 구체적인 코드를 살펴보는 것이다. 여기서는 영화 예매 시스템의 PeriodCondition 클래스를 이용해 의존성의 개념을 설명하기로 한다.

PeriodCondition 클래스의 isSatisfiedBy 메서드는 Screening 인스턴스에게 getStartTime 메시지를 전송한다.

```java
public class PeriodCondition implements DiscountCondition {
  private DayOfWeek dayOfWeek;
  private LocalTime startTime;
  private LocalTime endTime;

  ...

  public boolean isSatisfiedBy(Screening screening) {
    return screening.getStartTime().getDayOfWeek().equals(dayOfWeek) &&
        startTime.compareTo(screening.getStartTime().toLocalTime()) <= 0 &&
        endTime.compareTo(screening.getStartTime().toLocalTime()) >= 0;
  }
}
```

실행 시점에 PeriodCondition의 인스턴스가 정상적으로 동작하기 위해서는 Screening의 인스턴스가 존재해야 한다. 만약 Screening의 인스턴스가 존재하지 않거나 getStartTime 메시지를 이해할 수 없다면 PeriodCondition의 isSatisfiedBy 메서드는 예상했던 대로 동작하지 않을 것이다.

이처럼 어떤 객체가 예정된 작업을 정상적으로 수행하기 위해 다른 객체를 필요로 하는 경우 두 객체 사이에 의존성이 존재한다고 말한다. 의존성은 방향성을 가지며 항상 단방향이다. Screening이 변경될 때 PeriodCondition이 영향을 받게 되지만 그 역은 성립하지 않는다. 이 경우 PeriodCondition은 Screening에 의존하며 그림 8.1에 표현한 것처럼 PeriodCondition은 Screening으로 향하는 점선 화살표로 표시한다.

그림 8.1 PeriodCondition은 Screening에 의존한다

지금까지 책을 주의 깊게 읽은 사람이라면 아마 설계와 관련된 대부분의 용어들이 변경과 관련이 있다는 사실을 눈치챘을 것이다. 의존성 역시 마찬가지다. 두 요소 사이의 의존성은 의존되는 요소가 변경될 때 의존하는 요소도 함께 변경될 수 있다는 것을 의미한다[Fowler03b]. 따라서 의존성은 변경에 의한 영향의 전파 가능성을 암시한다.

PeriodCondition의 코드를 다시 살펴보자. PeriodCondition은 DayOfWeek과 LocalTime의 인스턴스를 속성으로 포함하고 isSatisfiedBy 메서드의 인자로 Screening의 인스턴스를 받는다. 또한 DayOfWeek의 인스턴스에게 compareTo 메시지를 전송하고 Screening의 인스턴스에게 getStartTime 메시지를 전송한다. 따라서 PeriodCondition은 DayOfWeek, LocalTime, Screening에 대해 의존성을 가진다.

DayOfWeek의 클래스 이름을 변경한다고 가정해보자. 이 경우 PeriodCondition 클래스에 정의된 인스턴스 변수의 타입 선언도 함께 수정해야 한다. 이것은 LocalTime과 Screening에 대해서도 마찬가지다. DiscountCondition 인터페이스의 이름이 변경된다면 어떻게 될까? DiscountCondition에 선언된 isSatisfiedBy 오퍼레이션의 시그니처가 변경된다면 어떨까? DiscountCondition의 인터페이스를 실체화하고 있는 PeriodCondition 클래스 역시 어떤 식으로든 함께 수정해야 할 것이다. 여기서 요점은 어떤 형태로든 DayOfWeek, LocalTime, Screening, DiscountCondition이 변경된다면 PeriodCondition도 함께 변경될 수 있다는 것이다.

그림 8.2는 PeriodCondition이 의존하고 있는 모든 대상을 표현한 것이다. 이 그림에서 모든 의존성에 동일한 표기법을 사용했지만 PeriodCondition의 관점에서 의존성의 대상이 가지는 특성이 약간씩은 다르다는 사실을 알 수 있다. DayOfWeek과 LocalTime은 PeriodCondition의 인스턴스 변수로 사용된다. Screening은 메서드 인자로 사용된다. PeriodCondition이 DiscountCondition에 의존하는 이유는 인터페이스에 정의된 오퍼레이션들을 퍼블릭 인터페이스의 일부로 포함시키기 위해서다.

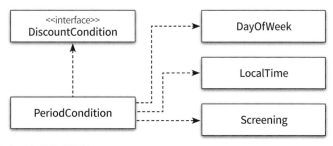

그림 8.2 PeriodCondition이 가지는 의존성

따라서 그림 8.3과 같이 의존성의 종류를 구분 가능하도록 서로 다른 방식으로 표현하는 것이 유용할 것이다.

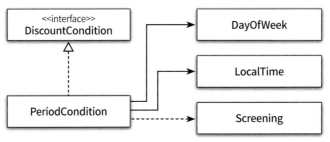

그림 8.3 PeriodCondition이 가지는 의존성의 종류를 강조

비록 의존성을 다른 방식으로 표기했지만 의존성이 가지는 근본적인 특성은 동일하다. PeriodCondition 은 자신이 의존하는 대상이 변경될 때 함께 변경될 수 있다는 것이다.

UML과 의존성

UML(Unified Modeling Language)에 익숙한 사람이라면 여기서 설명하는 내용이 UML에서 정의하는 의존 관계와는 조금 다르다는 사실을 눈치챘을 것이다. UML에서는 두 요소 사이의 관계로 실체화 관계(realization), 연관 관계(association), 의존 관계(dependency), 일반화/특수화 관계(generalization/specialization), 합성 관계(composition), 집합 관계(aggregation) 등을 정의한다. 그림 8.3에는 이 중에서 실체화 관계, 연관 관계, 의존 관계가 포함돼 있다.

이번 장에서 다루고 있는 '의존성'은 UML의 의존 관계와는 다르다. UML은 두 요소 사이에 존재할 수 있는 다양한 관계의 하나로 '의존 관계'를 정의한다. 의존성은 두 요소 사이에 변경에 의해 영향을 주고받는 힘의 역학관계가 존재한다는 사실에 초점을 맞춘다. 따라서 UML에 정의된 모든 관계는 의존성이라는 개념을 포함한다. 예를 들어 PeriodCondition과 DiscountCondition 사이에는 UML에서 이야기하는 실체화 관계가 존재하지만 DiscountCondition에 대한 어떤 변경이 PeriodCondition에 대한 변경을 초래할 수 있기 때문에 두 요소 사이에는 의존성이 존재한다고 말할 수 있다.

이번 장에서 말하는 의존성을 단순히 UML에서 이야기하는 의존 관계로 해석해서는 안 된다. 의존성은 UML에서 정의하는 모든 관계가 가지는 공통적인 특성으로 바라봐야 한다.

의존성 전이

의존성은 전이될 수 있다. Screening의 코드를 살펴보면 Screening이 Movie, LocalDateTime, Customer에 의존한다는 사실을 알 수 있다. **의존성 전이(transitive dependency)**가 의미하는 것은 PeriodCondition이 Screening에 의존할 경우 PeriodCondition은 Screening이 의존하는 대상에 대해서도 자동적으로 의존하게 된다는 것이다. 다시 말해서 Screening이 가지고 있는 의존성이 Screening에 의존하고 있는 PeriodCondition으로도 전파된다는 것이다. 따라서 Screening이 Movie, LocalDateTime, Customer에 의존 하기 때문에 PeriodCondition 역시 간접적으로 Movie, LocalDateTime, Customer에 의존하게 된다.

그림 8.4 의존성 전이에 의해 잠재적으로 PeriodCondition은 Movie에 의존한다

의존성은 함께 변경될 수 있는 *가능성*을 의미하기 때문에 모든 경우에 의존성이 전이되는 것은 아니다. 의존성이 실제로 전이될지 여부는 변경의 방향과 캡슐화의 정도에 따라 달라진다. Screening이 의존하고 있는 어떤 요소의 구현이나 인터페이스가 변경되는 경우에 Screening이 내부 구현을 효과적으로 캡슐화하고 있다면 Screening에 의존하고 있는 PeriodCondition까지는 변경이 전파되지 않을 것이다. 의존성 전이는 변경에 의해 영향이 널리 전파될 수도 있다는 경고일 뿐이다.

의존성은 전이될 수 있기 때문에 의존성의 종류를 **직접 의존성**(direct dependency)과 **간접 의존성**(indirect dependency)으로 나누기도 한다. 직접 의존성이란 말 그대로 한 요소가 다른 요소에 직접 의존하는 경우를 가리킨다. PeriodCondition이 Screening에 의존하는 경우가 여기에 속하며, 이 경우 의존성은 PeriodCondition의 코드에 명시적으로 드러난다. 간접 의존성이란 직접적인 관계는 존재하지 않지만 의존성 전이에 의해 영향이 전파되는 경우를 가리킨다. 이 경우 의존성은 PeriodCondition의 코드 안에 명시적으로 드러나지 않는다.

여기서는 클래스를 예로 들어 설명했지만 변경과 관련이 있는 어떤 것에도 의존성이라는 개념을 적용할 수 있다. 의존성의 대상은 객체일 수도 있고 모듈이나 더 큰 규모의 실행 시스템일 수도 있다. 하지만 의존성의 본질은 변하지 않는다. 의존성이란 의존하고 있는 대상의 변경에 영향을 받을 수 있는 가능성이다.

런타임 의존성과 컴파일타임 의존성

의존성과 관련해서 다뤄야 하는 또 다른 주제는 **런타임 의존성**(run-time dependency)과 **컴파일타임 의존성**(compile-time dependency)의 차이다. 먼저 여기서 사용하는 런타임과 컴파일타임의 의미를 이해할 필요가 있다.

런타임은 간단하다. 말 그대로 애플리케이션이 실행되는 시점을 가리킨다. 컴파일타임은 약간 미묘하다. 일반적으로 컴파일타임이란 작성된 코드를 컴파일하는 시점을 가리키지만 문맥에 따라서는 코드 그 자체를 가리키기도 한다. 컴파일타임 의존성이 바로 이런 경우에 해당한다. 컴파일타임 의존성이라는 용어가 중요하게 생각하는 것은 시간이 아니라 우리가 작성한 코드의 구조이기 때문이다. 또한 동적 타입 언어의 경우에는 컴파일타임이 존재하지 않기 때문에 컴파일타임 의존성이라는 용어를 실제로 컴파일이 수행되는 시점으로 이해하면 의미가 모호해질 수 있다. 따라서 어딘가에서 컴파일타임이라는 용어를 보게 된다면 그것이 정말 컴파일이 진행되는 시점을 가리키는 것인지 아니면 코드를 작성하는 시점을 가리키는 것인지를 파악하는 것이 중요하다.

객체지향 애플리케이션에서 런타임의 주인공은 객체다. 따라서 런타임 의존성이 다루는 주제는 객체 사이의 의존성이다. 반면 코드 관점에서 주인공은 클래스다. 따라서 컴파일타임 의존성이 다루는 주제는 클래스 사이의 의존성이다.

여기서 중요한 것은 런타임 의존성과 컴파일타임 의존성이 다를 수 있다는 것이다. 사실 유연하고 재사용 가능한 코드를 설계하기 위해서는 두 종류의 의존성을 서로 다르게 만들어야 한다.

영화 예매 시스템을 예로 들어 살펴보자. Movie는 가격을 계산하기 위해 비율 할인 정책과 금액 할인 정책 모두를 적용할 수 있게 설계해야 한다. 다시 말해서 Movie는 AmountDiscountPolicy와 PercentDiscountPolicy 모두와 협력할 수 있어야 한다. 이를 위해 그림 8.5와 같이 AmountDiscount Policy와 PercentDiscountPolicy가 추상 클래스인 DiscountPolicy를 상속받게 한 후 Movie가 이 추상 클래스에 의존하도록 클래스 관계를 설계했다.

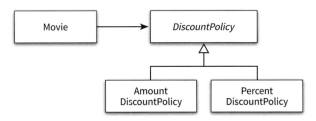

그림 8.5 코드 작성 시점의 Movie와 DiscountPolicy 사이의 의존성

여기서 중요한 것은 Movie 클래스에서 AmountDiscountPolicy 클래스와 PercentDiscountPolicy 클래스로 향하는 어떤 의존성도 존재하지 않는다는 것이다. Movie 클래스는 오직 추상 클래스인 DiscountPolicy 클래스에만 의존한다. Movie 클래스의 코드를 살펴보면 AmountDiscountPolicy나 PercentDiscountPolicy 에 대해서는 언급조차 하지 않는다는 것을 알 수 있다.

```
public class Movie {
  ...
  private DiscountPolicy discountPolicy;

  public Movie(String title, Duration runningTime, Money fee, DiscountPolicy discountPolicy) {
    ...
    this.discountPolicy = discountPolicy;
  }
```

```
  public Money calculateMovieFee(Screening screening) {
    return fee.minus(discountPolicy.calculateDiscountAmount(screening));
  }
}
```

하지만 런타임 의존성을 살펴보면 상황이 완전히 달라진다. 금액 할인 정책을 적용하기 위해 서는 AmountDiscountPolicy의 인스턴스와 협력해야 한다. 비율 할인 정책을 적용하기 위해서 는 PercentDiscountPolicy의 인스턴스와 협력해야 한다. 코드를 작성하는 시점의 Movie 클래스는 AmountDiscountPolicy 클래스와 PercentDiscountPolicy 클래스의 존재에 대해 전혀 알지 못하지만 실행 시점의 Movie 인스턴스는 AmountDiscountPolicy 인스턴스와 PercentDiscountPolicy 인스턴스와 협력할 수 있어야 한다.

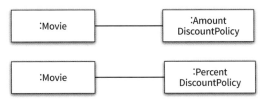

그림 8.6 Movie의 인스턴스가 가지는 런타임 의존성

만약 Movie 클래스가 AmountDiscountPolicy 클래스에 대해서만 의존한다면 PercentDiscountPolicy 인스 턴스와 협력하는 것은 불가능할 것이다. 반대로 Movie 클래스가 PercentDiscountPolicy 클래스에 대해 서만 의존한다면 AmountDiscountPolicy 인스턴스와 협력하는 것 역시 불가능할 것이다. Movie 클래스가 AmountDiscountPolicy 클래스와 PercentDiscountPolicy 클래스 둘 모두에 의존하도록 만드는 것은 좋은 방법이 아닌데, 이것은 Movie의 전체적인 결합도를 높일뿐만 아니라 새로운 할인 정책을 추가하기 어렵 게 만들기 때문이다.

Movie의 인스턴스가 이 두 클래스의 인스턴스와 함께 협력할 수 있게 만드는 더 나은 방법은 Movie가 두 클래스 중 어떤 것도 알지 못하게 만드는 것이다. 대신 두 클래스 모두를 포괄하는 DiscountPolicy라는 추상 클래스에 의존하도록 만들고 이 컴파일타임 의존성을 실행 시에 PercentDiscountPolicy 인스턴스 나 AmountDiscountPolicy 인스턴스에 대한 런타임 의존성으로 대체해야 한다.

코드 작성 시점의 Movie 클래스는 할인 정책을 구현한 두 클래스의 존재를 모르지만 실행 시점의 Movie 객체는 두 클래스의 인스턴스와 협력할 수 있게 된다. 이것이 핵심이다. 유연하고 재사용 가능한 설계 를 창조하기 위해서는 동일한 소스코드 구조를 가지고 다양한 실행 구조를 만들 수 있어야 한다.

어떤 클래스의 인스턴스가 다양한 클래스의 인스턴스와 협력하기 위해서는 협력할 인스턴스의 구체적인 클래스를 알아서는 안 된다. 실제로 협력할 객체가 어떤 것인지는 런타임에 해결해야 한다. 클래스가 협력할 객체의 클래스를 명시적으로 드러내고 있다면 다른 클래스의 인스턴스와 협력할 가능성 자체가 없어진다. 따라서 컴파일타임 구조와 런타임 구조 사이의 거리가 멀면 멀수록 설계가 유연해지고 재사용 가능해진다.

> 객체지향 프로그램의 실행 구조는 소스코드 구조와 일치하지 않는 경우가 종종 있다. 코드 구조는 컴파일 시점에 확정되는 것이고 이 구조에는 고정된 상속 클래스 관계들이 포함된다. 그러나 프로그램의 실행 시점 구조는 협력하는 객체에 따라서 달라질 수 있다. 즉, 두 구조는 전혀 다른 별개의 독립성을 갖는다. 하나로부터 다른 하나를 이해하려는 것은 생태계의 동적인 성질을 식물과 동물과 같은 정적 분류 구조를 바탕으로 이해하려는 것과 똑같다. … 컴파일 시점의 구조와 실행 시점 구조 사이에 차이가 있기 때문에 코드 자체가 시스템의 동작 방법을 모두 보여줄 수 없다. 시스템의 실행 시점 구조는 언어가 아닌 설계자가 만든 타입들 간의 관련성으로 만들어진다. 그러므로 객체와 타입 간의 관계를 잘 정의해야 좋은 실행 구조를 만들어낼 수 있다[GOF94].

컨텍스트 독립성

이제 유연하고 확장 가능한 설계를 만들기 위해서는 컴파일타임 의존성과 런타임 의존성이 달라야 한다는 사실을 이해했을 것이다. 클래스는 자신과 협력할 객체의 구체적인 클래스에 대해 알아서는 안 된다. 구체적인 클래스를 알면 알수록 그 클래스가 사용되는 특정한 문맥에 강하게 결합되기 때문이다.

구체 클래스에 대해 의존하는 것은 클래스의 인스턴스가 어떤 문맥에서 사용될 것인지를 구체적으로 명시하는 것과 같다. Movie 클래스 안에 PercentDiscountPolicy 클래스에 대한 컴파일타임 의존성을 명시적으로 표현하는 것은 Movie가 비율 할인 정책이 적용된 영화의 요금을 계산하는 문맥에서 사용될 것이라는 것을 가정하는 것이다. 이와 달리 Movie 클래스에 추상 클래스인 DiscountPolicy에 대한 컴파일타임 의존성을 명시하는 것은 Movie가 할인 정책에 따라 요금을 계산하지만 구체적으로 어떤 정책을 따르는지는 결정하지 않았다고 선언하는 것이다. 이 경우 구체적인 문맥은 컴파일타임 의존성을 어떤 런타임 의존성으로 대체하느냐에 따라 달라질 것이다.

클래스가 특정한 문맥에 강하게 결합될수록 다른 문맥에서 사용하기는 더 어려워진다. 클래스가 사용될 특정한 문맥에 대해 최소한의 가정만으로 이뤄져 있다면 다른 문맥에서 재사용하기가 더 수월해진다. 이를 **컨텍스트 독립성**이라고 부른다.

설계가 유연해지기 위해서는 가능한 한 자신이 실행될 컨텍스트에 대한 구체적인 정보를 최대한 적게 알아야 한다. 컨텍스트에 대한 정보가 적으면 적을수록 더 다양한 컨텍스트에서 재사용될 수 있기 때문이다. 결과적으로 설계는 더 유연해지고 변경에 탄력적으로 대응할 수 있게 될 것이다.

> 시스템을 구성하는 객체가 컨텍스트 독립적이라면 해당 시스템은 변경하기 쉽다. 여기서 컨텍스트 독립적이라는 말은 각 객체가 해당 객체를 실행하는 시스템에 관해 아무것도 알지 못한다는 의미다. 이렇게 되면 행위의 단위(객체)를 가지고 새로운 상황에 적용할 수 있다. ⋯ 컨텍스트 독립성을 따르면 다양한 컨텍스트에 적용할 수 있는 응집력 있는 객체를 만들 수 있고 객체 구성 방법을 재설정해서 변경 가능한 시스템으로 나아갈 수 있다[Freeman09].

이제 마지막 연결 고리만 남았다. 클래스가 실행 컨텍스트에 독립적인데도 어떻게 런타임에 실행 컨텍스트에 적절한 객체들과 협력할 수 있을까?

의존성 해결하기

컴파일타임 의존성은 구체적인 런타임 의존성으로 대체돼야 한다. 그림 8.5에서 Movie 클래스는 DiscountPolicy 클래스에 의존한다. 이것은 컴파일타임 의존성이다. 그림 8.6에서 Movie 인스턴스는 PercentDiscountPolicy 인스턴스나 AmountDiscountPolicy 인스턴스 중 하나에 의존한다. 이것은 Movie 클래스와 DiscountPolicy 클래스 사이에 존재하는 컴파일타임 의존성이 Movie 인스턴스와 PercentDiscountPolicy 인스턴스 사이의 런타임 의존성이나 Movie 인스턴스와 AmountDiscountPolicy 인스턴스 사이의 런타임 의존성으로 교체돼야 한다는 것을 의미한다.

이처럼 컴파일타임 의존성을 실행 컨텍스트에 맞는 적절한 런타임 의존성으로 교체하는 것을 **의존성 해결**이라고 부른다. 의존성을 해결하기 위해서는 일반적으로 다음과 같은 세 가지 방법을 사용한다.

- 객체를 생성하는 시점에 생성자를 통해 의존성 해결
- 객체 생성 후 setter 메서드를 통해 의존성 해결
- 메서드 실행 시 인자를 이용해 의존성 해결

예를 들어, 어떤 영화의 요금 계산에 금액 할인 정책을 적용하고 싶다고 가정해보자. 다음과 같이 Movie 객체를 생성할 때 AmountDiscountPolicy의 인스턴스를 Movie의 생성자에 인자로 전달하면 된다.

```
Movie avatar = new Movie("아바타",
    Duration.ofMinutes(120),
    Money.wons(10000),
    new AmountDiscountPolicy(...));
```

Movie의 생성자에 PercentDiscountPolicy의 인스턴스를 전달하면 비율 할인 정책에 따라 요금을 계산하게 될 것이다.

```
Movie starWars = new Movie("스타워즈",
    Duration.ofMinutes(180),
    Money.wons(11000),
    new PercentDiscountPolicy(...));
```

이를 위해 Moive 클래스는 PercentDiscountPolicy 인스턴스와 AmountDiscountPolicy 인스턴스 모두를 선택적으로 전달받을 수 있도록 이 두 클래스의 부모 클래스인 DiscountPolicy 타입의 인자를 받는 생성자를 정의한다.

```
public class Movie {
  public Movie(String title, Duration runningTime, Money fee, DiscountPolicy discountPolicy) {
    ...
    this.discountPolicy = discountPolicy;
  }
}
```

Movie의 인스턴스를 생성한 후에 메서드를 이용해 의존성을 해결하는 방법도 있다.

```
Movie avatar = new Movie(...));
avatar.setDiscountPolicy(new AmountDiscountPolicy(...));
```

이 경우 Movie 인스턴스가 생성된 후에도 DiscountPolicy를 설정할 수 있는 setter 메서드를 제공해야 한다.

```
public class Movie {
  public void setDiscountPolicy (DiscountPolicy discountPolicy) {
    this.discountPolicy = discountPolicy;
  }
}
```

08 _ 의존성 관리하기 | 263

setter 메서드를 이용하는 방식은 객체를 생성한 이후에도 의존하고 있는 대상을 변경할 수 있는 가능성을 열어 놓고 싶은 경우에 유용하다. 예를 들어, 다음과 같이 setter 메서드를 이용하면 금액 할인 정책으로 설정된 Movie의 인스턴스를 중간에 비율 할인 정책으로 변경할 수 있다.

```
Movie avatar = new Movie(...));
avatar.setDiscountPolicy(new AmountDiscountPolicy(...));
...
avatar.setDiscountPolicy(new PercentDiscountPolicy(...));
```

setter 메서드를 이용하는 방법은 실행 시점에 의존 대상을 변경할 수 있기 때문에 설계를 좀 더 유연하게 만들 수 있다. 단점은 객체가 생성된 후에 협력에 필요한 의존 대상을 설정하기 때문에 객체를 생성하고 의존 대상을 설정하기 전까지는 객체의 상태가 불완전할 수 있다는 점이다. 아래 코드에서처럼 setter 메서드를 이용해 인스턴스 변수를 설정하기 위해 내부적으로 해당 인스턴스 변수를 사용하는 코드를 실행하면 NullPointerException 예외가 발생할 것이다. 따라서 시스템의 상태가 불안정해질 수 있다.

```
Movie avatar = new Movie(...));
avatar.calculateFee(...);            // 예외 발생
avatar.setDiscountPolicy(new AmountDiscountPolicy(...));
```

더 좋은 방법은 생성자 방식과 setter 방식을 혼합하는 것이다. 항상 객체를 생성할 때 의존성을 해결해서 완전한 상태의 객체를 생성한 후, 필요에 따라 setter 메서드를 이용해 의존 대상을 변경할 수 있게 할 수 있다. 이 방법은 시스템의 상태를 안정적으로 유지하면서도 유연성을 향상시킬 수 있기 때문에 의존성 해결을 위해 가장 선호되는 방법이다.

```
Movie avatar = new Movie(..., new PercentDiscountPolicy(...)));
...
avatar.setDiscountPolicy(new AmountDiscountPolicy(...));
```

Movie가 항상 할인 정책을 알 필요까지는 없고 가격을 계산할 때만 일시적으로 알아도 무방하다면 메서드의 인자를 이용해 의존성을 해결할 수도 있다.

```
public class Movie {
  public Money calculateMovieFee(Screening screening, DiscountPolicy discountPolicy) {
```

```
    return fee.minus(discountPolicy.calculateDiscountAmount(screening));
  }
}
```

메서드 인자를 사용하는 방식은 협력 대상에 대해 지속적으로 의존 관계를 맺을 필요 없이 메서드가 실행되는 동안만 일시적으로 의존 관계가 존재해도 무방하거나, 메서드가 실행될 때마다 의존 대상이 매번 달라져야 하는 경우에 유용하다. 하지만 클래스의 메서드를 호출하는 대부분의 경우에 매번 동일한 객체를 인자로 전달하고 있다면 생성자를 이용하는 방식이나 setter 메서드를 이용해 의존성을 지속적으로 유지하는 방식으로 변경하는 것이 좋다.

지금까지 의존성을 관리하는 데 필요한 몇 가지 개념을 살펴봤다. 이제부터 이 개념들을 바탕으로 유연하고 재사용 가능한 코드를 구현할 수 있는 몇 가지 기법과 원칙에 관해 살펴보자.

02 유연한 설계

설계를 유연하고 재사용 가능하게 만들기로 결정했다면 의존성을 관리하는 데 유용한 몇 가지 원칙과 기법을 익힐 필요가 있다. 먼저 의존성과 결합도의 관계를 살펴보는 것으로 시작하자.

의존성과 결합도

객체지향 패러다임의 근간은 협력이다. 객체들은 협력을 통해 애플리케이션에 생명력을 불어넣는다. 객체들이 협력하기 위해서는 서로의 존재와 수행 가능한 책임을 알아야 한다. 이런 지식들이 객체 사이의 의존성을 낳는다. 따라서 모든 의존성이 나쁜 것은 아니다. 의존성은 객체들의 협력을 가능하게 만드는 매개체라는 관점에서는 바람직한 것이다. 하지만 의존성이 과하면 문제가 될 수 있다.

Movie가 비율 할인 정책을 구현하는 PercentDiscountPolicy에 직접 의존한다고 가정해보자.

```
public class Movie {
  ...
  private PercentDiscountPolicy percentDiscountPolicy;

  public Movie(String title, Duration runningTime, Money fee,
      PercentDiscountPolicy percentDiscountPolicy) {
    ...
```

```
    this.percentDiscountPolicy = percentDiscountPolicy;
  }

  public Money calculateMovieFee(Screening screening) {
    return fee.minus(percentDiscountPolicy.calculateDiscountAmount(screening));
  }
}
```

이 코드는 비율 할인 정책을 적용하기 위해 Movie가 PercentDiscountPolicy에 의존하고 있다는 사실을 코드를 통해 명시적으로 드러낸다. Movie와 PercentDiscountPolicy 사이에 의존성이 존재하는 것은 문제가 아니다. 오히려 이 의존성이 객체 사이의 협력을 가능하게 만들기 때문에 존재 자체는 바람직한 것이다.

문제는 의존성의 존재가 아니라 의존성의 정도다. 이 코드는 Movie를 PercentDiscountPolicy라는 구체적인 클래스에 의존하게 만들기 때문에 다른 종류의 할인 정책이 필요한 문맥에서 Movie를 재사용할 수 있는 가능성을 없애 버렸다. 만약 Movie가 PercentDiscountPolicy뿐만 아니라 AmountDiscountPolicy와도 협력해야 한다면 어떻게 해야 할까?

해결 방법은 의존성을 바람직하게 만드는 것이다. Movie가 협력하고 싶은 대상이 반드시 PercentDiscountPolicy의 인스턴스일 필요는 없다는 사실에 주목하라. 사실 Movie의 입장에서는 협력할 객체의 클래스를 고정할 필요가 없다. 자신이 전송하는 calculateDiscountAmount 메시지를 이해할 수 있고 할인된 요금을 계산할 수만 있다면 어떤 타입의 객체와 협력하더라도 상관이 없다.

추상 클래스인 DiscountPolicy는 calculateDiscountAmount 메시지를 이해할 수 있는 타입을 정의함으로써 이 문제를 해결한다. AmountDiscountPolicy 클래스와 PercentDiscountPolicy 클래스가 DiscountPolicy를 상속받고 Movie 클래스는 오직 DiscountPolicy에만 의존하도록 만듦으로써 DiscountPolicy 클래스에 대한 컴파일타임 의존성을 AmountDiscountPolicy 인스턴스와 PercentDiscountPolicy 인스턴스에 대한 런타임 의존성으로 대체할 수 있다.

이 예는 의존성 자체가 나쁜 것이 아니라는 사실을 잘 보여준다. 의존성은 협력을 위해 반드시 필요한 것이다. 단지 바람직하지 못한 의존성이 문제일 뿐이다. PercentDiscountPolicy에 대한 의존성은 바람직하지 않다. DiscountPolicy에 대한 의존성은 바람직하다.

그렇다면 바람직한 의존성이란 무엇인가? 바람직한 의존성은 **재사용성**과 관련이 있다. 어떤 의존성이 다양한 환경에서 클래스를 재사용할 수 없도록 제한한다면 그 의존성은 바람직하지 못한 것이다. 어떤 의존성이 다양한 환경에서 재사용할 수 있다면 그 의존성은 바람직한 것이다. 다시 말해 컨텍스트에 독립적인 의존성은 바람직한 의존성이고 특정한 컨텍스트에 강하게 결합된 의존성은 바람직하지 않은 의존성이다.

특정한 컨텍스트에 강하게 의존하는 클래스를 다른 컨텍스트에서 재사용할 수 있는 유일한 방법은 구현을 변경하는 것뿐이다. Movie가 PercentDiscountPolicy에 의존하고 있는 경우에 Movie를 Amount DiscountPolicy와 협력하도록 만들고 싶다면 어떻게 해야 할까? 방법은 하나밖에 없다. percent DiscountPolicy의 타입을 PercentDiscountPolicy에서 AmountDiscountPolicy로 변경하는 것이다. 하지만 이 수정으로 인해 이번에는 Movie가 AmountDiscountPolicy만 사용할 수 있는 컨텍스트에 강하게 결합된다. Movie가 PercentDiscountPolicy와 협력하기 위해서는 코드를 다시 수정해야만 한다. 결국 이것은 바람직하지 못한 의존성을 바람직하지 못한 또 다른 의존성으로 대체한 것 뿐이다.

다른 환경에서 재사용하기 위해 내부 구현을 변경하게 만드는 모든 의존성은 바람직하지 않은 의존성이다. 바람직한 의존성이란 컨텍스트에 독립적인 의존성을 의미하며 다양한 환경에서 재사용될 수 있는 가능성을 열어놓는 의존성을 의미한다.

개발 커뮤니티가 항상 그런 것처럼 바람직한 의존성과 바람직하지 못한 의존성을 가리키는 좀 더 세련된 용어가 존재한다. **결합도**가 바로 그것이다. 어떤 두 요소 사이에 존재하는 의존성이 바람직할 때 두 요소가 **느슨한 결합도**(loose coupling) 또는 **약한 결합도**(weak coupling)를 가진다고 말한다. 반대로 두 요소 사이의 의존성이 바람직하지 못할 때 **단단한 결합도**(tight coupling) 또는 **강한 결합도**(strong coupling)를 가진다고 말한다.

> **의존성과 결합도**
>
> 일반적으로 의존성과 결합도를 동의어로 사용하지만 사실 두 용어는 서로 다른 관점에서 관계의 특성을 설명하는 용어다. 의존성은 두 요소 사이의 관계 유무를 설명한다. 따라서 의존성의 관점에서는 "의존성이 존재한다" 또는 "의존성이 존재하지 않는다"라고 표현해야 한다. 그에 반해 결합도는 두 요소 사이에 존재하는 의존성의 정도를 상대적으로 표현한다. 따라서 결합도의 관점에서는 "결합도가 강하다" 또는 "결합도가 느슨하다"라고 표현한다.

바람직한 의존성이란 설계를 재사용하기 쉽게 만드는 의존성이다. 바람직하지 못한 의존성이란 설계를 재사용하기 어렵게 만드는 의존성이다. 어떤 의존성이 재사용을 방해한다면 결합도가 강하다고 표현한다. 어떤 의존성이 재사용을 쉽게 허용한다면 결합도가 느슨하다고 표현한다.

Movie 클래스가 추상 클래스인 DiscountPolicy에 의존하면 AmountDiscountPolicy와 PercentDiscountPolicy 모두와 협력할 수 있다. 따라서 Movie와 DiscountPolicy는 느슨하게 결합된다.

Movie가 PercentDiscountPolicy에 직접 의존하는 경우 Movie는 PercentDiscountPolicy 외의 다른 인스턴스와 협력하는 것이 불가능하다. 만약 AmountDiscountPolicy와 협력해야 하는 상황에서 Movie를 재사용하고자 한다면 코드를 수정할 수밖에 없다. 따라서 Movie는 PercentDiscountPolicy에 강하게 결합된다.

지식이 결합을 낳는다

앞에서 Movie가 PercentDiscountPolicy에 의존하는 경우에는 결합도가 강하다고 표현했다. 반면 Movie가 DiscountPolicy에 의존하는 경우에는 결합도가 느슨하다고 표현했다. 결합도의 정도는 한 요소가 자신이 의존하고 있는 다른 요소에 대해 알고 있는 정보의 양으로 결정된다. 한 요소가 다른 요소에 대해 더 많은 정보를 알고 있을수록 두 요소는 강하게 결합된다. 반대로 한 요소가 다른 요소에 대해 더 적은 정보를 알고 있을수록 두 요소는 약하게 결합된다.

서로에 대해 알고 있는 지식의 양이 결합도를 결정한다. 이제 지식이라는 관점에서 결합도를 설명해 보자. Movie 클래스가 PercentDiscountPolicy 클래스에 직접 의존한다고 가정하자. 이 경우 Movie는 협력할 객체가 비율 할인 정책에 따라 할인 요금을 계산할 것이라는 사실을 알고 있다.

반면 Movie 클래스가 추상 클래스인 DiscountPolicy 클래스에 의존하는 경우에는 구체적인 계산 방법은 알 필요가 없다. 그저 할인 요금을 계산한다는 사실만 알고 있을 뿐이다. 따라서 Movie가 PercentDiscountPolicy에 의존하는 것보다 DiscountPolicy에 의존하는 경우 알아야 하는 지식의 양이 적기 때문에 결합도가 느슨해지는 것이다.

더 많이 알수록 더 많이 결합된다. 더 많이 알고 있다는 것은 더 적은 컨텍스트에서 재사용 가능하다는 것을 의미한다. 기존 지식에 어울리지 않는 컨텍스트에서 클래스의 인스턴스를 사용하기 위해서 할 수 있는 유일한 방법은 클래스를 수정하는 것뿐이다. 결합도를 느슨하게 유지하려면 협력하는 대상에 대해 더 적게 알아야 한다. 결합도를 느슨하게 만들기 위해서는 협력하는 대상에 대해 필요한 정보 외에는 최대한 감추는 것이 중요하다.

다행스러운 점은 이 목적을 달성할 수 있는 가장 효과적인 방법에 대해 이미 알고 있다는 것이다. 추상화가 바로 그것이다.

추상화에 의존하라

추상화란 어떤 양상, 세부사항, 구조를 좀 더 명확하게 이해하기 위해 특정 절차나 물체를 의도적으로 생략하거나 감춤으로써 복잡도를 극복하는 방법이다[Kramer07]. 추상화를 사용하면 현재 다루고 있는 문제를 해결하는 데 불필요한 정보를 감출 수 있다. 따라서 대상에 대해 알아야 하는 지식의 양을 줄일 수 있기 때문에 결합도를 느슨하게 유지할 수 있다.

DiscountPolicy 클래스는 PercentDiscountPolicy 클래스가 비율 할인 정책에 따라 할인 요금을 계산한다는 사실을 숨겨주기 때문에 PercentDiscountPolicy의 추상화다. 따라서 Movie 클래스의 관점에서 협력을 위해 알아야 하는 지식의 양은 PercentDiscountPolicy보다 DiscountPolicy 클래스가 더 적다. Movie와 DiscountPolicy 사이의 결합도가 더 느슨한 이유는 Movie가 구체적인 대상이 아닌 추상화에 의존하기 때문이다.

일반적으로 추상화와 결합도의 관점에서 의존 대상을 다음과 같이 구분하는 것이 유용하다. 목록에서 아래쪽으로 갈수록 클라이언트가 알아야 하는 지식의 양이 적어지기 때문에 결합도가 느슨해진다.

- 구체 클래스 의존성(concrete class dependency)
- 추상 클래스 의존성(abstract class dependency)
- 인터페이스 의존성(interface dependency)

구체 클래스에 비해 추상 클래스는 메서드의 내부 구현과 자식 클래스의 종류에 대한 지식을 클라이언트에게 숨길 수 있다. 따라서 클라이언트가 알아야 하는 지식의 양이 더 적기 때문에 구체 클래스보다 추상 클래스에 의존하는 것이 결합도가 더 낮다. 하지만 추상 클래스의 클라이언트는 여전히 협력하는 대상이 속한 클래스 상속 계층이 무엇인지에 대해서는 알고 있어야 한다.

인터페이스에 의존하면 상속 계층을 모르더라도 협력이 가능해진다. 인터페이스 의존성은 협력하는 객체가 어떤 메시지를 수신할 수 있는지에 대한 지식만을 남기기 때문에 추상 클래스 의존성보다 결합도가 낮다. 이것은 다양한 클래스 상속 계층에 속한 객체들이 동일한 메시지를 수신할 수 있도록 컨텍스트를 확장하는 것을 가능하게 한다.

여기서 중요한 것은 실행 컨텍스트에 대해 알아야 하는 정보를 줄일수록 결합도가 낮아진다는 것이다. 결합도를 느슨하게 만들기 위해서는 구체적인 클래스보다 추상 클래스에, 추상 클래스보다 인터페이스에 의존하도록 만드는 것이 더 효과적이다. 다시 말해 의존하는 대상이 더 추상적일수록 결합도는 더 낮아진다는 것이다. 이것이 핵심이다.

명시적인 의존성

아래 코드는 한 가지 실수로 인해 결합도가 불필요하게 높아졌다. 그 실수는 무엇일까?

```java
public class Movie {
  ...
  private DiscountPolicy discountPolicy;

  public Movie(String title, Duration runningTime, Money fee) {
    ...
    this.discountPolicy = new AmountDiscountPolicy(...);
  }
}
```

Movie의 인스턴스 변수인 discountPolicy는 추상 클래스인 DiscountPolicy 타입으로 선언돼 있다. Movie 는 추상화에 의존하기 때문에 이 코드는 유연하고 재사용 가능할 것처럼 보인다. 하지만 안타깝게도 생 성자를 보면 그렇지 않다는 사실을 알 수 있다. discountPolicy는 DiscountPolicy 타입으로 선언돼 있지 만 생성자에서 구체 클래스인 AmountDiscountPolicy의 인스턴스를 직접 생성해서 대입하고 있다. 따라 서 Movie는 추상 클래스인 DiscountPolicy뿐만 아니라 구체 클래스인 AmountDiscountPolicy에도 의존하 게 된다.

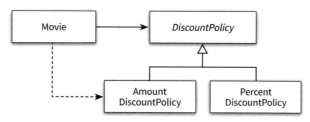

그림 8.7 추상 클래스와 구체 클래스 모두에 의존하는 Movie

이 예제에서 알 수 있는 것처럼 결합도를 느슨하게 만들기 위해서는 인스턴스 변수의 타입을 추상 클래 스나 인터페이스로 선언하는 것만으로는 부족하다. 클래스 안에서 구체 클래스에 대한 모든 의존성을 제거해야만 한다. 하지만 런타임에 Movie는 구체 클래스의 인스턴스와 협력해야 하기 때문에 Movie의 인스턴스가 AmountDiscountPolicy의 인스턴스인지 PercentDiscountPolicy의 인스턴스인지를 알려줄 수 있는 방법이 필요하다. 다시 말해서 Movie의 의존성을 해결해 줄 수 있는 방법이 필요한 것이다.

앞에서 설명했던 것처럼 의존성을 해결하는 방법에는 생성자, setter 메서드, 메서드 인자를 사용하는 세 가지 방식이 존재한다. 여기서의 트릭은 인스턴스 변수의 타입은 추상 클래스나 인터페이스로 정의하고 생성자, setter 메서드, 메서드 인자로 의존성을 해결할 때는 추상 클래스를 상속받거나 인터페이스를 실체화한 구체 클래스를 전달하는 것이다.

다음은 생성자를 사용해 의존성을 해결하는 경우를 나타낸 것이다. 앞의 코드와 다른 점이라면 생성자 안에서 인스턴스를 직접 생성하지 않고 생성자의 인자로 선언하고 있음을 알 수 있다. 여기서 눈여겨볼 부분은 인스턴스 변수의 타입과 생성자의 인자 타입 모두 추상 클래스인 DiscountPolicy로 선언돼 있다는 점이다.

```
public class Movie {
  ...
  private DiscountPolicy discountPolicy;

  public Movie(String title, Duration runningTime, Money fee, DiscountPolicy discountPolicy) {
    ...
    this.discountPolicy = discountPolicy;
  }
}
```

생성자의 인자가 추상 클래스 타입으로 선언됐기 때문에 이제 객체를 생성할 때 생성자의 인자로 DiscountPolicy의 자식 클래스 중 어떤 것이라도 전달할 수 있다. 따라서 런타임에 AmountDiscountPolicy의 인스턴스나 PercentDiscountPolicy의 인스턴스를 선택적으로 전달할 수 있다. Movie 인스턴스는 생성자의 인자로 전달된 인스턴스에 의존하게 된다.

의존성의 대상을 생성자의 인자로 전달받는 방법과 생성자 안에서 직접 생성하는 방법 사이의 가장 큰 차이점은 퍼블릭 인터페이스를 통해 할인 정책을 설정할 수 있는 방법을 제공하는지 여부다. 생성자의 인자로 선언하는 방법은 Movie가 DiscountPolicy에 의존한다는 사실을 Movie의 퍼블릭 인터페이스에 드러내는 것이다. 이것은 setter 메서드를 사용하는 방식과 메서드 인자를 사용하는 방식의 경우에도 동일하다. 모든 경우에 의존성은 명시적으로 퍼블릭 인터페이스에 노출된다. 이를 **명시적인 의존성** (explicit dependency)이라고 부른다.

반면 Movie의 내부에서 AmountDiscountPolicy의 인스턴스를 직접 생성하는 방식은 Movie가 DiscountPolicy에 의존한다는 사실을 감춘다. 다시 말해 의존성이 퍼블릭 인터페이스에 표현되지 않는다. 이를 **숨겨진 의존성**(hidden dependency)이라고 부른다.

의존성이 명시적이지 않으면 의존성을 파악하기 위해 내부 구현을 직접 살펴볼 수밖에 없다. 커다란 클래스에 정의된 긴 메서드 내부 어딘가에서 인스턴스를 생성하는 코드를 파악하는 것은 쉽지 않을뿐더러 심지어 고통스러울 수도 있다.

더 커다란 문제는 의존성이 명시적이지 않으면 클래스를 다른 컨텍스트에서 재사용하기 위해 내부 구현을 직접 변경해야 한다는 것이다. 코드 수정은 언제나 잠재적으로 버그의 발생 가능성을 내포한다. 의존성을 명시적으로 드러내면 코드를 직접 수정해야 하는 위험을 피할 수 있다. 실행 컨텍스트에 적절한 의존성을 선택할 수 있기 때문이다.

의존성은 명시적으로 표현돼야 한다. 의존성을 구현 내부에 숨겨두지 마라. 유연하고 재사용 가능한 설계란 퍼블릭 인터페이스를 통해 의존성이 명시적으로 드러나는 설계다. 명시적인 의존성을 사용해야만 퍼블릭 인터페이스를 통해 컴파일타임 의존성을 적절한 런타임 의존성으로 교체할 수 있다.

클래스가 다른 클래스에 의존하는 것은 부끄러운 일이 아니다. 의존성은 다른 객체와의 협력을 가능하게 해주기 때문에 바람직한 것이다. 경계해야 할 것은 의존성 자체가 아니라 의존성을 감추는 것이다. 숨겨져 있는 의존성을 밝은 곳으로 드러내서 널리 알려라. 그렇게 하면 설계가 유연하고 재사용 가능해질 것이다.

new는 해롭다

대부분의 언어에서는 클래스의 인스턴스를 생성할 수 있는 new 연산자를 제공한다. 하지만 안타깝게도 new를 잘못 사용하면 클래스 사이의 결합도가 극단적으로 높아진다. 결합도 측면에서 new가 해로운 이유는 크게 두 가지다.

- new 연산자를 사용하기 위해서는 구체 클래스의 이름을 직접 기술해야 한다. 따라서 new를 사용하는 클라이언트는 추상화가 아닌 구체 클래스에 의존할 수밖에 없기 때문에 결합도가 높아진다.

- new 연산자는 생성하려는 구체 클래스뿐만 아니라 어떤 인자를 이용해 클래스의 생성자를 호출해야 하는지도 알아야 한다. 따라서 new를 사용하면 클라이언트가 알아야 하는 지식의 양이 늘어나기 때문에 결합도가 높아진다.

구체 클래스에 직접 의존하면 결합도가 높아진다는 사실을 기억하라. 결합도의 관점에서 구체 클래스는 협력자에게 너무 많은 지식을 알도록 강요한다. 여기에 new는 문제를 더 크게 만든다. 클라이언트는 구체 클래스를 생성하는 데 어떤 정보가 필요한지에 대해서도 알아야 하기 때문이다.

AmountDiscountPolicy의 인스턴스를 직접 생성하는 Movie 클래스의 코드를 좀 더 자세히 살펴보자.

```
public class Movie {
  ...
  private DiscountPolicy discountPolicy;

  public Movie(String title, Duration runningTime, Money fee) {
    ...
    this.discountPolicy = new AmountDiscountPolicy(Money.wons(800),
                          new SequenceCondition(1),
                          new SequenceCondition(10),
                          new PeriodCondition(DayOfWeek.MONDAY,
                            LocalTime.of(10, 0), LocalTime.of(11, 59)),
                          new PeriodCondition(DayOfWeek.THURSDAY,
                            LocalTime.of(10, 0), LocalTime.of(20, 59))));
  }
}
```

Movie 클래스가 AmountDiscountPolicy의 인스턴스를 생성하기 위해서는 생성자에 전달되는 인자를 알고 있어야 한다. 이것은 Movie 클래스가 알아야 하는 지식의 양을 늘리기 때문에 Movie가 AmountDiscountPolicy에게 더 강하게 결합되게 만든다. 엎친 데 덮친 격으로 Movie가 AmountDiscount Policy의 생성자에서 참조하는 두 구체 클래스인 SequenceCondition과 PeriodCondition에도 의존하도록 만든다. 그리고 다시 이 두 클래스의 인스턴스를 생성하는 데 필요한 인자들의 정보에 대해서도 Movie 를 결합시킨다.

결합도가 높으면 변경에 의해 영향을 받기 쉬워진다. Movie는 AmountDiscountPolicy의 생성자의 인자 목록이나 인자 순서를 바꾸는 경우에도 함께 변경될 수 있다. SequenceCondition과 PeriodCondition의 변경에도 영향을 받을 수 있다. Movie가 더 많은 것에 의존하면 의존할수록 점점 더 변경에 취약해진다. 이것이 높은 결합도를 피해야 하는 이유다.

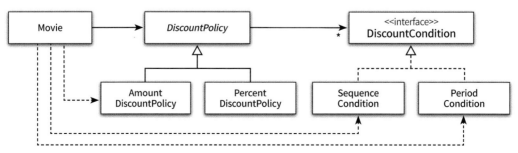

그림 8.8 new는 결합도를 높이기 때문에 해롭다

코드에서 알 수 있는 것처럼 Movie가 DiscountPolicy에 의존해야 하는 유일한 이유는 calculateDiscount Amount 메시지를 전송하기 위해서다. 따라서 메시지에 대한 의존성 외의 모든 다른 의존성은 Movie의 결합도를 높이는 불필요한 의존성이다. new는 이런 불필요한 겹합도를 급격하게 높인다.

new는 결합도를 높이기 때문에 해롭다. new는 여러분의 클래스를 구체 클래스에 결합시키는 것만으로 끝나지 않는다. 협력할 클래스의 인스턴스를 생성하기 위해 어떤 인자들이 필요하고 그 인자들을 어떤 순서로 사용해야 하는지에 대한 정보도 노출시킬뿐만 아니라 인자로 사용되는 구체 클래스에 대한 의존성을 추가한다.

해결 방법은 인스턴스를 생성하는 로직과 생성된 인스턴스를 사용하는 로직을 분리하는 것이다. AmountDiscountPolicy를 사용하는 Movie는 인스턴스를 생성해서는 안 된다. 단지 해당하는 인스턴스를 사용하기만 해야 한다. 이를 위해 Movie는 외부로부터 이미 생성된 AmountDiscountPolicy의 인스턴스를 전달받아야 한다.

외부에서 인스턴스를 전달받는 방법은 앞에서 살펴본 의존성 해결 방법과 동일하다. 생성자의 인자로 전달하거나, setter 메서드를 사용하거나, 실행 시에 메서드의 인자로 전달하면 된다. 어떤 방법을 사용하건 Movie 클래스에는 AmountDiscountPolicy의 인스턴스에 메시지를 전송하는 코드만 남아 있어야 한다.

다음은 생성자를 통해 외부의 인스턴스를 전달받아 의존성을 해결하는 Movie의 코드를 나타낸 것이다.

```
public class Movie {
  ...
  private DiscountPolicy discountPolicy;

  public Movie(String title, Duration runningTime, Money fee, DiscountPolicy discountPolicy) {
    ...
    this.discountPolicy = discountPolicy;
  }
}
```

Movie는 AmountDiscountPolicy의 인스턴스를 직접 생성하지 않는다. 필요한 인스턴스를 생성자의 인자로 전달받아 내부의 인스턴스 변수에 할당한다. Movie는 단지 메시지를 전송하는 단 하나의 일만 수행한다. 그렇다면 누가 AmountDiscountPolicy의 인스턴스를 생성하는가? Movie의 클라이언트가 처리한다. 이제 AmountDiscountPolicy의 인스턴스를 생성하는 책임은 Movie의 클라이언트로 옮겨지고 Movie는 AmountDiscountPolicy의 인스턴스를 사용하는 책임만 남는다.

```
Movie avatar = new Movie("아바타",
    Duration.ofMinutes(120),
    Money.wons(10000),
    new AmountDiscountPolicy(Money.wons(800),
        new SequenceCondition(1),
        new SequenceCondition(10),
        new PeriodCondition(DayOfWeek.MONDAY,
            LocalTime.of(10, 0), LocalTime.of(11, 59)),
        new PeriodCondition(DayOfWeek.THURSDAY,
            LocalTime.of(10, 0), LocalTime.of(20, 59))));
```

사용과 생성의 책임을 분리해서 Movie의 결합도를 낮추면 설계를 유연하게 만들 수 있다. Movie의 생성자가 구체 클래스인 AmountDiscountPolicy가 아니라 추상 클래스인 DiscountPolicy를 인자로 받아들이도록 선언돼 있다는 점에 주목하라. 생성의 책임을 클라이언트로 옮김으로써 이제 Movie는 DiscountPolicy의 모든 자식 클래스와 협력할 수 있게 됐다. 설계가 유연해진 것이다.

사용과 생성의 책임을 분리하고, 의존성을 생성자에 명시적으로 드러내고, 구체 클래스가 아닌 추상 클래스에 의존하게 함으로써 설계를 유연하게 만들 수 있다. 그리고 그 출발은 객체를 생성하는 책임을 객체 내부가 아니라 클라이언트로 옮기는 것에서 시작했다는 점을 기억하라. 이 예제는 올바른 객체가 올바른 책임을 수행하게 하는 것이 훌륭한 설계를 창조하는 기반이라는 사실을 잘 보여준다.

가끔은 생성해도 무방하다

클래스 안에서 객체의 인스턴스를 직접 생성하는 방식이 유용한 경우도 있다. 주로 협력하는 기본 객체를 설정하고 싶은 경우가 여기에 속한다. 예를 들어, Movie가 대부분의 경우에는 AmountDiscountPolicy의 인스턴스와 협력하고 가끔씩만 PercentDiscountPolicy의 인스턴스와 협력한다고 가정해보자. 이런 상황에서 모든 경우에 인스턴스를 생성하는 책임을 클라이언트로 옮긴다면 클라이언트들 사이에 중복 코드가 늘어나고 Movie의 사용성도 나빠질 것이다.

이 문제를 해결하는 방법은 기본 객체를 생성하는 생성자를 추가하고 이 생성자에서 DiscountPolicy의 인스턴스를 인자로 받는 생성자를 체이닝하는 것이다[Kerievsky04]. 다음은 title과 runningTime을 인자로 받는 생성자를 추가한 Movie 클래스를 나타낸 것이다.

```
public class Movie {
    ...
```

```
    private DiscountPolicy discountPolicy;

    public Movie(String title, Duration runningTime) {
        this(title, runningTime, fee, new AmountDiscountPolicy(...));
    }

    public Movie(String title, Duration runningTime, Money fee, DiscountPolicy discountPolicy) {
        ...
        this.discountPolicy = discountPolicy;
    }
}
```

추가된 생성자 안에서 AmountDiscountPolicy 클래스의 인스턴스를 생성한다는 것을 알 수 있다. 여기서 눈여겨볼 부분은 첫 번째 생성자의 내부에서 두 번째 생성자를 호출한다는 것이다. 다시 말해 생성자가 체인처럼 연결된다. 이제 클라이언트는 대부분의 경우에 추가된 간략한 생성자를 통해 AmountDiscountPolicy의 인스턴스와 협력하게 하면서도 컨텍스트에 적절한 DiscountPolicy의 인스턴스로 의존성을 교체할 수 있다.

이 방법은 메서드를 오버로딩하는 경우에도 사용할 수 있다. 다음과 같이 DiscountPolicy의 인스턴스를 인자로 받는 메서드와 기본값을 생성하는 메서드를 함께 사용한다면 클래스의 사용성을 향상시키면서도 다양한 컨텍스트에서 유연하게 사용될 수 있는 여지를 제공할 수 있다.

```
public class Movie {
    public Money calculateMovieFee(Screening screening) {
        return calculateMovieFee(screening, new AmountDiscountPolicy(...)));
    }

    public Money calculateMovieFee(Screening screening,
            DiscountPolicy discountPolicy) {
        return fee.minus(discountPolicy.calculateDiscountAmount(screening));
    }
}
```

이 예는 설계가 트레이드오프 활동이라는 사실을 다시 한번 상기시킨다. 여기서 트레이드오프의 대상은 결합도와 사용성이다. 구체 클래스에 의존하게 되더라도 클래스의 사용성이 더 중요하다면 결합도를 높이는 방향으로 코드를 작성할 수 있다. 그럼에도 가급적 구체 클래스에 대한 의존성을 제거할 수 있는 방법을 찾아보기 바란다. 종종 모든 결합도가 모이는 새로운 클래스를 추가함으로써 사용성과 유연성이라는 두 마리 토끼를 잡을 수 있는 경우도 있다. 이어지는 9장에서 살펴볼 FACTORY가 바로 그런 경우다.

표준 클래스에 대한 의존은 해롭지 않다

의존성이 불편한 이유는 그것이 항상 변경에 대한 영향을 암시하기 때문이다. 따라서 변경될 확률이 거의 없는 클래스라면 의존성이 문제가 되지 않는다. 자바라면 JDK에 포함된 표준 클래스가 이 부류에 속한다. 이런 클래스들에 대해서는 구체 클래스에 의존하거나 직접 인스턴스를 생성하더라도 문제가 없다.

예를 들어, JDK의 표준 컬렉션 라이브러리에 속하는 ArrayList의 경우에는 다음과 같이 직접 생성해서 대입하는 것이 일반적이다. ArrayList의 코드가 수정될 확률은 0에 가깝기 때문에 인스턴스를 직접 생성하더라도 문제가 되지 않기 때문이다.

```
public abstract class DiscountPolicy {
  private List<DiscountCondition> conditions = new ArrayList<>();
}
```

비록 클래스를 직접 생성하더라도 가능한 한 추상적인 타입을 사용하는 것이 확장성 측면에서 유리하다. 위 코드에서 conditions의 타입으로 인터페이스인 List를 사용한 것은 이 때문이다. 이렇게 하면 다양한 List 타입의 객체로 conditions를 대체할 수 있게 설계의 유연성을 높일 수 있다. 따라서 의존성에 의한 영향이 적은 경우에도 추상화에 의존하고 의존성을 명시적으로 드러내는 것은 좋은 설계 습관이다.

```
public abstract class DiscountPolicy {
  private List<DiscountCondition> conditions = new ArrayList<>();

  public void switchConditions(List<DiscountCondition> conditions) {
    this.conditions = conditions;
  }
}
```

컨텍스트 확장하기

지금까지 Movie의 설계가 유연하고 재사용 가능한 이유에 대해 장황하게 설명했다. 이제 실제로 Movie 가 유연하다는 사실을 입증하기 위해 지금까지와는 다른 컨텍스트에서 Movie를 확장해서 재사용하는 두 가지 예를 살펴보겠다. 하나는 할인 혜택을 제공하지 않는 영화의 경우이고, 다른 하나는 다수의 할 인 정책을 중복해서 적용하는 영화를 처리하는 경우다.

첫 번째는 할인 혜택을 제공하지 않는 영화의 예매 요금을 계산하는 경우다. 쉽게 생각할 수 있는 방법 은 discountPolicy에 어떤 객체도 할당하지 않는 것이다. 다음과 같이 discountPolicy에 null 값을 할당 하고 실제로 사용할 때는 null이 존재하는지 판단하는 방법을 사용할 수 있다.

```java
public class Movie {
  public Movie(String title, Duration runningTime, Money fee) {
    this(title, runningTime, fee, null);
  }

  public Movie(String title, Duration runningTime, Money fee, DiscountPolicy discountPolicy) {
    ...
    this.discountPolicy = discountPolicy;
  }

  public Money calculateMovieFee(Screening screening) {
    if (discountPolicy == null) {
      return fee;
    }

    return fee.minus(discountPolicy.calculateDiscountAmount(screening));
  }
}
```

앞에서 설명한 생성자 체이닝 기법을 이용해 기본값으로 null을 할당하고 있다는 점을 눈여겨보기 바란 다. discountPolicy의 값이 null인 경우에는 할인 정책을 적용해서는 안 되기 때문에 calculateMovieFee 메서드 내부에서 discountPolicy의 값이 null인지 여부를 체크한다.

이 코드는 제대로 동작하지만 한 가지 문제가 있다. 지금까지의 Movie와 DiscountPolicy 사이의 협력 방 식에 어긋나는 예외 케이스가 추가된 것이다. 그리고 이 예외 케이스를 처리하기 위해 Movie의 내부 코 드를 직접 수정해야 했다. 어떤 경우든 코드 내부를 직접 수정하는 것은 버그의 발생 가능성을 높이는 것이라는 점을 기억하라.

해결책은 할인 정책이 존재하지 않는다는 사실을 예외 케이스로 처리하지 말고 기존에 Movie와 DiscountPolicy가 협력하던 방식을 따르도록 만드는 것이다. 다시 말해 할인 정책이 존재하지 않는다는 사실을 할인 정책의 한 종류로 간주하는 것이다. 방법은 간단하다. 할인할 금액으로 0원을 반환하는 NoneDiscountPolicy 클래스를 추가하고 DiscountPolicy의 자식 클래스로 만드는 것이다.

```java
public class NoneDiscountPolicy extends DiscountPolicy {
  @Override
  protected Money getDiscountAmount(Screening Screening) {
    return Money.ZERO;
  }
}
```

이제 Movie 클래스에 특별한 if 문을 추가하지 않고도 할인 혜택을 제공하지 않는 영화를 구현할 수 있다. 간단히 NoneDiscountPolicy의 인스턴스를 Movie의 생성자에 전달하면 되는 것이다.

```java
Movie avatar = new Movie("아바타",
    Duration.ofMinutes(120),
    Money.wons(10000),
    new NoneDiscountPolicy());
```

두 번째 예는 중복 적용이 가능한 할인 정책을 구현하는 것이다. 여기서 중복 할인이란 금액 할인 정책과 비율 할인 정책을 혼합해서 적용할 수 있는 할인 정책을 의미한다. 할인 정책을 중복해서 적용하기 위해서는 Movie가 하나 이상의 DiscountPolicy와 협력할 수 있어야 한다.

가장 간단하게 구현할 수 있는 방법은 Movie가 DiscountPolicy의 인스턴스들로 구성된 List를 인스턴스 변수로 갖게 하는 것이다. 하지만 이 방법은 중복 할인 정책을 구현하기 위해 기존의 할인 정책의 협력 방식과는 다른 예외 케이스를 추가하게 만든다.

이 문제 역시 NoneDiscountPolicy와 같은 방법을 사용해서 해결할 수 있다. 중복 할인 정책을 할인 정책의 한 가지로 간주하는 것이다. 중복 할인 정책을 구현하는 OverlappedDiscountPolicy를 DiscountPolicy의 자식 클래스로 만들면 기존의 Movie와 DiscountPolicy 사이의 협력 방식을 수정하지 않고도 여러 개의 할인 정책을 적용할 수 있다.

```java
public class OverlappedDiscountPolicy extends DiscountPolicy {
  private List<DiscountPolicy> discountPolicies = new ArrayList<>();
```

```
public OverlappedDiscountPolicy(DiscountPolicy ... discountPolicies) {
  this. discountPolicies = Arrays.asList(discountPolicies);
}

@Override
protected Money getDiscountAmount(Screening screening) {
  Money result = Money.ZERO;
  for(DiscountPolicy each : discountPolicies) {
    result = result.plus(each.calculateDiscountAmount(screening));
  }
  return result;
}
}
```

이제 OverlappedDiscountPolicy의 인스턴스를 생성해서 Movie에 전달하는 것만으로도 중복 할인을 쉽게 적용할 수 있다.

```
Movie avatar = new Movie("아바타",
    Duration.ofMinutes(120),
    Money.wons(10000),
    new OverlappedDiscountPolicy(
        new AmountDiscountPolicy(...),
        new PercentDiscountPolicy(...)));
```

이 예제는 Movie를 수정하지 않고도 할인 정책을 적용하지 않는 새로운 기능을 추가하는 것이 얼마나 간단한지를 잘 보여준다. 우리는 단지 원하는 기능을 구현한 DiscountPolicy의 자식 클래스를 추가하고 이 클래스의 인스턴스를 Movie에 전달하기만 하면 된다. Movie가 협력해야 하는 객체를 변경하는 것만으로도 Movie를 새로운 컨텍스트에서 재사용할 수 있기 때문에 Movie는 유연하고 재사용 가능하다.

설계를 유연하게 만들 수 있었던 이유는 Movie가 DiscountPolicy라는 추상화에 의존하고, 생성자를 통해 DiscountPolicy에 대한 의존성을 명시적으로 드러냈으며, new와 같이 구체 클래스를 직접적으로 다뤄야 하는 책임을 Movie 외부로 옮겼기 때문이다. 우리는 Movie가 의존하는 추상화인 DiscountPolicy 클래스에 자식 클래스를 추가함으로써 간단하게 Movie가 사용될 컨텍스트를 확장할 수 있었다. 결합도를 낮춤으로써 얻게 되는 컨텍스트의 확장이라는 개념이 유연하고 재사용 가능한 설계를 만드는 핵심이다.

조합 가능한 행동

다양한 종류의 할인 정책이 필요한 컨텍스트에서 Movie를 재사용할 수 있었던 이유는 코드를 직접 수정하지 않고도 협력 대상인 DiscountPolicy 인스턴스를 교체할 수 있었기 때문이다. Movie가 비율 할인 정책에 따라 요금을 계산하기를 원하는가? PercentDiscountPolicy의 인스턴스를 Movie에 연결하면 된다. 금액 할인 정책에 따라 요금을 계산하기를 원하는가? AmountDiscountPolicy의 인스턴스를 끼워 넣으면 된다. 중복 할인을 원하는가? OverlappedDiscountPolicy를 조합하라. 할인을 제공하고 싶지 않다면 간단하다. NoneDiscountPolicy의 인스턴스를 전달하면 된다. 어떤 DiscountPolicy의 인스턴스를 Movie에 연결하느냐에 따라 Movie의 행동이 달라진다.

어떤 객체와 협력하느냐에 따라 객체의 행동이 달라지는 것은 유연하고 재사용 가능한 설계가 가진 특징이다. 유연하고 재사용 가능한 설계는 응집도 높은 책임들을 가진 작은 객체들을 다양한 방식으로 연결함으로써 애플리케이션의 기능을 쉽게 확장할 수 있다.

유연하고 재사용 가능한 설계는 객체가 어떻게(how) 하는지를 장황하게 나열하지 않고도 객체들의 조합을 통해 무엇(what)을 하는지를 표현하는 클래스들로 구성된다. 따라서 클래스의 인스턴스를 생성하는 코드를 보는 것만으로 객체가 어떤 일을 하는지를 쉽게 파악할 수 있다. 코드에 드러난 로직을 해석할 필요 없이 객체가 어떤 객체와 연결됐는지를 보는 것만으로도 객체의 행동을 쉽게 예상하고 이해할 수 있기 때문이다. 다시 말해 선언적으로 객체의 행동을 정의할 수 있는 것이다.

Movie를 생성하는 아래 코드를 주의 깊게 살펴보기 바란다. 이 코드를 읽는 것만으로도 첫 번째 상영, 10번째 상영, 월요일 10시부터 12시 사이 상영, 목요일 10시부터 21시 상영의 경우에는 800원을 할인해 준다는 사실을 쉽게 이해할 수 있다. 그리고 인자를 변경하는 것만으로도 새로운 할인 정책과 할인 조건을 적용할 수 있다는 것 역시 알 수 있을 것이다.

```
new Movie("아바타",
    Duration.ofMinutes(120),
    Money.wons(10000),
    new AmountDiscountPolicy(Money.wons(800),
        new SequenceCondition(1),
        new SequenceCondition(10),
        new PeriodCondition(DayOfWeek.MONDAY, LocalTime.of(10, 0), LocalTime.of(12, 0)),
        new PeriodCondition(DayOfWeek.THURSDAY, LocalTime.of(10, 0), LocalTime.of(21, 0))));
```

유연하고 재사용 가능한 설계는 작은 객체들의 행동을 조합함으로써 새로운 행동을 이끌어낼 수 있는 설계다. 훌륭한 객체지향 설계란 객체가 어떻게 하는지를 표현하는 것이 아니라 객체들의 조합을 선언적으로 표현함으로써 객체들이 무엇을 하는지를 표현하는 설계다. 그리고 지금까지 설명한 것처럼 이런 설계를 창조하는 데 있어서의 핵심은 의존성을 관리하는 것이다.

> 객체지향 시스템은 협력하는 객체들의 네트워크로 구성돼 있다. 시스템은 객체를 생성해 서로 메시지를 주고받을 수 있게 조립하는 과정을 거쳐 만들어진다. 시스템의 행위는 객체의 조합(객체의 선택과 연결 방식)을 통해 나타나는 특성이다.
>
> 따라서 시스템에 포함된 객체의 구성을 변경해(절차적인 코드를 작성하기보다는 인스턴스 추가나 제거 또는 조합을 달리해서) 시스템의 작동 방식을 바꿀 수 있다. 이러한 객체 구성을 관리할 목적으로 작성하는 코드를 객체 네트워크의 행위에 대한 선언적인 정의라고 한다. 시스템을 이런 방식으로 구축하면 방법(how)이 아니라 목적(what)에 집중할 수 있어 시스템의 행위를 변경하기가 더 쉽다[Freeman09].

유연한 설계

8장에서는 유연하고 재사용 가능한 설계를 만들기 위해 적용할 수 있는 다양한 의존성 관리 기법들을 소개했다. 이번 장에서는 이 기법들을 원칙이라는 관점에서 정리하겠다. 앞장의 내용이 반복된다는 느낌을 받을 수도 있지만 이름을 가진 설계 원칙을 통해 기법들을 정리하는 것은 장황하게 설명된 개념과 메커니즘을 또렷하게 정리할 수 있게 도와줄뿐만 아니라 설계를 논의할 때 사용할 수 있는 공통의 어휘를 익힌다는 점에서도 가치가 있을 것이다.

01 개방-폐쇄 원칙

로버트 마틴은 확장 가능하고 변화에 유연하게 대응할 수 있는 설계를 만들 수 있는 원칙 중 하나로 **개방-폐쇄 원칙**(Open-Closed Principle, OCP)을 고안했다[Martin02]. 개방-폐쇄 원칙은 다음과 같은 문장으로 요약할 수 있다.

소프트웨어 개체(클래스, 모듈, 함수 등등)는 확장에 대해 열려 있어야 하고, 수정에 대해서는 닫혀 있어야 한다.

여기서 키워드는 '확장'과 '수정'이다. 이 둘은 순서대로 애플리케이션의 '동작'과 '코드'의 관점을 반영한다.

- 확장에 대해 열려 있다: 애플리케이션의 요구사항이 변경될 때 이 변경에 맞게 새로운 '동작'을 추가해서 애플리케이션의 기능을 확장할 수 있다.

- 수정에 대해 닫혀 있다: 기존의 '코드'를 수정하지 않고도 애플리케이션의 동작을 추가하거나 변경할 수 있다.

개방—폐쇄 원칙은 유연한 설계란 기존의 코드를 수정하지 않고도 애플리케이션의 동작을 확장할 수 있
는 설계라고 이야기한다. 처음에는 동작을 확장하는 것과 코드를 수정하지 않는 것이 서로 대립되는 개
념으로 보일 수도 있을 것이다. 일반적으로 애플리케이션의 동작을 확장하기 위해서는 코드를 수정하
지 않는가? 어떻게 코드를 수정하지 않고도 새로운 동작을 추가할 수 있단 말인가?

컴파일타임 의존성을 고정시키고 런타임 의존성을 변경하라

사실 개방—폐쇄 원칙은 런타임 의존성과 컴파일타임 의존성에 관한 이야기다. 런타임 의존성은 실행
시에 협력에 참여하는 객체들 사이의 관계다. 컴파일타임 의존성은 코드에서 드러나는 클래스들 사이
의 관계다. 그리고 앞 장에서 살펴본 것처럼 유연하고 재사용 가능한 설계에서 런타임 의존성과 컴파일
타임 의존성은 서로 다른 구조를 가진다.

영화 예매 시스템의 할인 정책을 의존성 관점에서 다시 한번 살펴보자. 컴파일타임 의존성 관점에서
Movie 클래스는 추상 클래스인 DiscountPolicy에 의존한다. 런타임 의존성 관점에서 Movie 인스턴스는
AmountDiscountPolicy와 PercentDiscountPolicy 인스턴스에 의존한다. 그림 9.1에서 알 수 있는 것처럼
Movie의 관점에서 DiscountPolicy에 대한 컴파일타임 의존성과 런타임 의존성은 동일하지 않다.

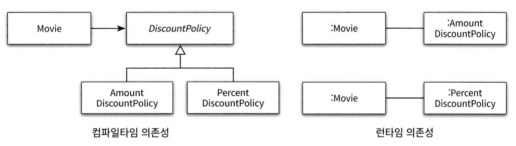

컴파일타임 의존성   런타임 의존성

그림 9.1 할인 정책에서의 컴파일타임 의존성과 런타임 의존성의 차이

사실 할인 정책 설계는 이미 개방—폐쇄 원칙을 따르고 있다. 앞 장에서 금액 할인 정책과 비율 할인
정책을 동시에 적용할 수 있게 중복 할인 정책을 추가했던 기억을 떠올려 보자. 중복 할인 정책을 추
가하기 위해 한 일은 DiscountPolicy의 자식 클래스로 OverlappedDiscountPolicy 클래스를 추가한 것
뿐이다. 기존의 Movie, DiscountPolicy, AmountDiscountPolicy, PercentDiscountPolicy 중 어떤 코드
도 수정하지 않았다. NoneDiscountPolicy의 구현 역시 마찬가지다. 기존 코드는 전혀 손대지 않은 채
NoneDiscountPolicy 클래스를 추가하는 것만으로 할인 정책이 적용되지 않는 영화를 구현할 수 있었다.

두 경우 모두 기존 클래스는 전혀 수정하지 않은 채 애플리케이션의 동작을 확장했다. 단순히 새로운
클래스를 추가하는 것만으로 Movie를 새로운 컨텍스트에 사용되도록 확장할 수 있었던 것이다.

현재의 설계는 새로운 할인 정책을 추가해서 기능을 확장할 수 있도록 허용한다. 따라서 '확장에 대해서는 열려 있다'. 현재의 설계는 기존 코드를 수정할 필요 없이 새로운 클래스를 추가하는 것만으로 새로운 할인 정책을 확장할 수 있다. 따라서 '수정에 대해서는 닫혀 있다'. 이것이 개방–폐쇄 원칙이 의미하는 것이다.

개방–폐쇄 원칙을 수용하는 코드는 컴파일타임 의존성을 수정하지 않고도 런타임 의존성을 쉽게 변경할 수 있다. 그림 9.2에서 알 수 있는 것처럼 중복 할인 정책을 구현하는 OverlappedDiscountPolicy 클래스를 추가하더라도 Movie 클래스는 여전히 DiscountPolicy 클래스에만 의존한다. 따라서 컴파일타임 의존성은 변하지 않는다. 하지만 런타임에 Movie 인스턴스는 OverlappedDiscountPolicy 인스턴스와 협력할 수 있다. 따라서 런타임 의존성은 변경된다. 의존성 관점에서 개방–폐쇄 원칙을 따르는 설계란 컴파일타임 의존성은 유지하면서 런타임 의존성의 가능성을 확장하고 수정할 수 있는 구조라고 할 수 있다.

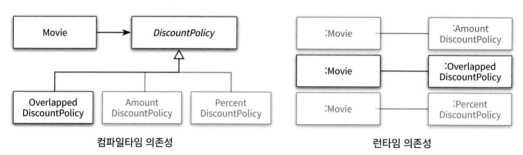

컴파일타임 의존성   런타임 의존성

그림 9.2 확장에는 열려 있고 수정에는 닫혀 있는 할인 정책 설계

추상화가 핵심이다

개방–폐쇄 원칙의 핵심은 **추상화에 의존하는 것**이다. 여기서 '추상화'와 '의존'이라는 두 개념 모두가 중요하다.

추상화란 핵심적인 부분만 남기고 불필요한 부분은 생략함으로써 복잡성을 극복하는 기법이다. 추상화 과정을 거치면 문맥이 바뀌더라도 변하지 않는 부분만 남게 되고 문맥에 따라 변하는 부분은 생략된다. 추상화를 사용하면 생략된 부분을 문맥에 적합한 내용으로 채워넣음으로써 각 문맥에 적합하게 기능을 구체화하고 확장할 수 있다.

개방–폐쇄 원칙의 관점에서 생략되지 않고 남겨지는 부분은 다양한 상황에서의 공통점을 반영한 추상화의 결과물이다. 공통적인 부분은 문맥이 바뀌더라도 변하지 않아야 한다. 다시 말해서 수정할 필요가 없어야 한다. 따라서 추상화 부분은 수정에 대해 닫혀 있다. 추상화를 통해 생략된 부분은 확장의 여지를 남긴다. 이것이 추상화가 개방–폐쇄 원칙을 가능하게 만드는 이유다.

이해를 돕기 위해 DiscountPolicy의 코드를 살펴보자.

```
public abstract class DiscountPolicy {
  private List<DiscountCondition> conditions = new ArrayList<>();

  public DiscountPolicy(DiscountCondition... conditions) {
    this.conditions = Arrays.asList(conditions);
  }

  public Money calculateDiscountAmount(Screening screening) {
    for (DiscountCondition each : conditions) {
      if (each.isSatisfiedBy(screening)) {
        return getDiscountAmount(screening);
      }
    }

    return screening.getMovieFee();
  }

  abstract protected Money getDiscountAmount(Screening Screening);
}
```

DiscountPolicy는 할인 여부를 판단해서 요금을 계산하는 calculateDiscountAmount 메서드와 조건을 만족할 때 할인된 요금을 계산하는 추상 메서드인 getDiscountAmount 메서드로 구성돼 있다. 여기서 변하지 않는 부분은 할인 여부를 판단하는 로직이고 변하는 부분은 할인된 요금을 계산하는 방법이다. 따라서 DiscountPolicy는 추상화다. 추상화 과정을 통해 생략된 부분은 할인 요금을 계산하는 방법이다. 우리는 상속을 통해 생략된 부분을 구체화함으로써 할인 정책을 확장할 수 있는 것이다.

여기서 변하지 않는 부분을 고정하고 변하는 부분을 생략하는 추상화 메커니즘이 개방-폐쇄 원칙의 기반이 된다는 사실에 주목하라. 언제라도 추상화의 생략된 부분을 채워넣음으로써 새로운 문맥에 맞게 기능을 확장할 수 있다. 따라서 추상화는 설계의 확장을 가능하게 한다.

단순히 어떤 개념을 추상화했다고 해서 수정에 대해 닫혀 있는 설계를 만들 수 있는 것은 아니다. 개방-폐쇄 원칙에서 폐쇄를 가능하게 하는 것은 의존성의 방향이다. 수정에 대한 영향을 최소화하기 위해서는 모든 요소가 추상화에 의존해야 한다. Movie 클래스를 살펴보자.

```
public class Movie {
  ...
  private DiscountPolicy discountPolicy;

  public Movie(String title, Duration runningTime, Money fee, DiscountPolicy discountPolicy) {
    ...
    this.discountPolicy = discountPolicy;
  }

  public Money calculateMovieFee(Screening screening) {
    return fee.minus(discountPolicy.calculateDiscountAmount(screening));
  }
}
```

Movie는 할인 정책을 추상화한 DiscountPolicy에 대해서만 의존한다. 의존성은 변경의 영향을 의미하고 DiscountPolicy는 변하지 않는 추상화라는 사실에 주목하라. Movie는 안정된 추상화인 DiscountPolicy에 의존하기 때문에 할인 정책을 추가하기 위해 DiscountPolicy의 자식 클래스를 추가하더라도 영향을 받지 않는다. 따라서 Movie와 DiscountPolicy는 수정에 대해 닫혀 있다.

그림 9.3 추상화는 확장을 가능하게 하고 추상화에 대한 의존은 폐쇄를 가능하게 한다

앞 장에서 설명한 것처럼 명시적 의존성과 의존성 해결 방법을 통해 컴파일타임 의존성을 런타임 의존성으로 대체함으로써 실행 시에 객체의 행동을 확장할 수 있다. 비록 이런 기법들이 개방-폐쇄 원칙을 따르는 코드를 작성하는 데 중요하지만 핵심은 추상화라는 것을 기억하라. 올바른 추상화를 설계하고 추상화에 대해서만 의존하도록 관계를 제한함으로써 설계를 유연하게 확장할 수 있다.

여기서 주의할 점은 추상화를 했다고 해서 모든 수정에 대해 설계가 폐쇄되는 것은 아니라는 것이다. 수정에 대해 닫혀 있고 확장에 대해 열려 있는 설계는 공짜로 얻어지지 않는다. 변경에 의한 파급효과를 최대한 피하기 위해서는 변하는 것과 변하지 않는 것이 무엇인지를 이해하고 이를 추상화의 목적으로 삼아야만 한다. 추상화가 수정에 대해 닫혀 있을 수 있는 이유는 변경되지 않을 부분을 신중하게 결정하고 올바른 추상화를 주의 깊게 선택했기 때문이라는 사실을 기억하라.

02 생성 사용 분리

Movie가 오직 DiscountPolicy라는 추상화에만 의존하기 위해서는 Movie 내부에서 AmountDiscountPolicy 같은 구체 클래스의 인스턴스를 생성해서는 안 된다. 아래 코드에서 Movie의 할인 정책을 비율 할인 정책으로 변경할 수 있는 방법은 단 한 가지밖에 없다. 바로 AmountDiscountPolicy의 인스턴스를 생성하는 부분을 PercentDiscountPolicy의 인스턴스를 생성하도록 직접 코드를 수정하는 것뿐이다. 이것은 동작을 추가하거나 변경하기 위해 기존의 코드를 수정하도록 만들기 때문에 개방-폐쇄 원칙을 위반한다.

```java
public class Movie {
  ...
  private DiscountPolicy discountPolicy;

  public Movie(String title, Duration runningTime, Money fee) {
    ...
    this.discountPolicy = new AmountDiscountPolicy(...);
  }

  public Money calculateMovieFee(Screening screening) {
    return fee.minus(discountPolicy.calculateDiscountAmount(screening));
  }

}
```

결합도가 높아질수록 개방-폐쇄 원칙을 따르는 구조를 설계하기가 어려워진다. 알아야 하는 지식이 많으면 결합도도 높아진다. 특히 객체 생성에 대한 지식은 과도한 결합도를 초래하는 경향이 있다. 객체의 타입과 생성자에 전달해야 하는 인자에 대한 과도한 지식은 코드를 특정한 컨텍스트에 강하게 결합시킨다. 컨텍스트를 바꾸기 위한 유일한 방법은 코드 안에 명시돼 있는 컨텍스트에 대한 정보를 직접 수정하는 것뿐이다.

물론 객체 생성을 피할 수는 없다. 어딘가에서는 반드시 객체를 생성해야 한다. 문제는 객체 생성이 아니다. 부적절한 곳에서 객체를 생성한다는 것이 문제다. Movie의 코드를 자세히 살펴보면 생성자 안에서는 DiscountPolicy의 인스턴스를 생성하고, calculateMovieFee 메서드 안에서는 이 객체에게 메시지를 전송한다는 것을 알 수 있다.

메시지를 전송하지 않고 객체를 생성하기만 한다면 아무런 문제가 없었을 것이다. 또는 객체를 생성하지 않고 메시지를 전송하기만 했다면 괜찮았을 것이다. 동일한 클래스 안에서 객체 생성과 사용이라는 두 가지 이질적인 목적을 가진 코드가 공존하는 것이 문제인 것이다.

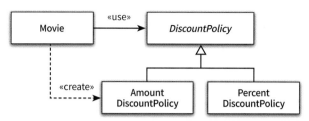

그림 9.4 생성과 사용의 책임을 함께 맡고 있는 Movie

유연하고 재사용 가능한 설계를 원한다면 객체와 관련된 두 가지 책임을 서로 다른 객체로 분리해야 한다. 하나는 객체를 생성하는 것이고, 다른 하나는 객체를 사용하는 것이다. 한 마디로 말해서 객체에 대한 **생성과 사용을 분리**(separating use from creation)[Bain08]해야 한다.

> 소프트웨어 시스템은 (응용 프로그램 객체를 제작하고 의존성을 서로 "연결"하는) 시작 단계와 (시작 단계 이후에 이어지는) 실행 단계를 분리해야 한다[Martin08].

사용으로부터 생성을 분리하는 데 사용되는 가장 보편적인 방법은 객체를 생성할 책임을 클라이언트로 옮기는 것이다. 다시 말해서 Movie의 클라이언트가 적절한 DiscountPolicy 인스턴스를 생성한 후 Movie에게 전달하게 하는 것이다.

조금만 생각해보면 이 방법이 타당하다는 사실을 알 수 있는데, Movie에게 금액 할인 정책을 적용할지, 비율 할인 정책을 적용할지를 알고 있는 것은 그 시점에 Movie와 협력할 클라이언트이기 때문이다. 현재의 컨텍스트에 관한 결정권을 가지고 있는 클라이언트로 컨텍스트에 대한 지식을 옮김으로써 Movie는 특정한 클라이언트에 결합되지 않고 독립적일 수 있다.

```java
public class Client {
  public Money getAvatarFee() {
    Movie avatar = new Movie("아바타",
                        Duration.ofMinutes(120),
                        Money.wons(10000),
                        new AmountDiscountPolicy(...));
    return avatar.getFee();
  }
}
```

그림 9.5는 생성에 관한 책임을 Movie의 클라이언트로 옮길 경우의 의존성을 나타낸 것이다. 그림 9.5를 그림 9.4와 비교해 보기 바란다. 그림 9.4에서 Movie는 AmountDiscountPolicy에 대한 의존성 때문에 금액 할인 정책이라는 구체적인 컨텍스트에 묶여 있다. 반면 그림 9.5에서는 AmountDiscountPolicy의 인스턴스를 생성하는 책임을 클라이언트에게 맡김으로써 구체적인 컨텍스트와 관련된 정보는 클라이언트로 옮기고 Movie는 오직 DiscountPolicy의 인스턴스를 사용하는 데만 주력하고 있다.

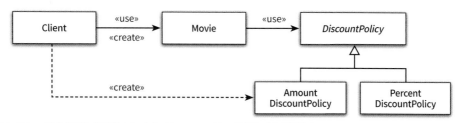

그림 9.5 Client에게 생성을 위임하고 Movie는 DiscountPolicy의 사용에만 집중한다

Movie의 의존성을 추상화인 DiscountPolicy로만 제한하기 때문에 확장에 대해서는 열려 있으면서도 수정에 대해서는 닫혀 있는 코드를 만들 수 있는 것이다.

FACTORY 추가하기

생성 책임을 Client로 옮긴 배경에는 Movie는 특정 컨텍스트에 묶여서는 안 되지만 Client는 묶여도 상관이 없다는 전제가 깔려 있다. 하지만 Movie를 사용하는 Client도 특정한 컨텍스트에 묶이지 않기를 바란다고 가정해보자.

Client의 코드를 다시 살펴보면 Movie의 인스턴스를 생성하는 동시에 getFee 메시지도 함께 전송한다는 것을 알 수 있다. Client 역시 생성과 사용의 책임을 함께 지니고 있는 것이다.

Movie의 문제를 해결했던 방법과 동일한 방법을 이용해서 이 문제를 해결할 수 있다. Movie를 생성하는 책임을 Client의 인스턴스를 사용할 문맥을 결정할 클라이언트로 옮기는 것이다. 하지만 객체 생성과 관련된 지식이 Client와 협력하는 클라이언트에게까지 새어나가기를 원하지 않는다고 가정해보자.

이 경우 객체 생성과 관련된 책임만 전담하는 별도의 객체를 추가하고 Client는 이 객체를 사용하도록 만들 수 있다. 이처럼 생성과 사용을 분리하기 위해 객체 생성에 특화된 객체를 FACTORY라고 부른다 [Evans03].

```java
public class Factory {
  public Movie createAvatarMovie() {
    return new Movie("아바타",
                Duration.ofMinutes(120),
                Money.wons(10000),
                new AmountDiscountPolicy(...));
  }
}
```

이제 Client는 Factory를 *사용*해서 생성된 Movie의 인스턴스를 반환받아 *사용*하기만 하면 된다.

```java
public class Client {
  private Factory factory;

  public Client(Factory factory) {
    this.factory = factory;
  }

  public Money getAvatarFee() {
    Movie avatar = factory.createAvatarMovie();
    return avatar.getFee();
  }
}
```

FACTORY를 사용하면 Movie와 AmountDiscountPolicy를 생성하는 책임 모두를 FACTORY로 이동할 수 있다. 이제 Client에는 사용과 관련된 책임만 남게 되는데 하나는 FACTORY를 통해 생성된 Movie 객체를 얻기 위한 것이고 다른 하나는 Movie를 통해 가격을 계산하기 위한 것이다. Client는 오직 사용과 관련된 책임만 지고 생성과 관련된 어떤 지식도 가지지 않을 수 있다.

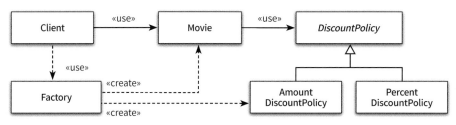

그림 9.6 객체 생성을 전담하는 FACTORY를 추가한 후의 의존성

순수한 가공물에게 책임 할당하기

5장에서 책임 할당 원칙을 패턴의 형태로 기술한 GRASP 패턴에 관해 살펴봤다. 책임 할당의 가장 기본이 되는 원칙은 책임을 수행하는 데 필요한 정보를 가장 많이 알고 있는 INFORMATION EXPERT에게 책임을 할당하는 것이다. 도메인 모델은 INFORMATION EXPERT를 찾기 위해 참조할 수 있는 일차적인 재료다. 어떤 책임을 할당하고 싶다면 제일 먼저 도메인 모델 안의 개념 중에서 적절한 후보가 존재하는지 찾아봐야 한다.

눈치가 빠른 사람이라면 방금 전에 추가한 FACTORY는 도메인 모델에 속하지 않는다는 사실을 알아챘을 것이다. FACTORY를 추가한 이유는 순수하게 기술적인 결정이다. 전체적으로 결합도를 낮추고 재사용성을 높이기 위해 도메인 개념에게 할당돼 있던 객체 생성 책임을 도메인 개념과는 아무런 상관이 없는 가공의 객체로 이동시킨 것이다.

크레이그 라만은 시스템을 객체로 분해하는 데는 크게 두 가지 방식이 존재한다고 설명한다. 하나는 **표현적 분해**(representational decomposition)이고 다른 하나는 **행위적 분해**(behavioral decomposition)다[Larman04].

표현적 분해는 도메인에 존재하는 사물 또는 개념을 표현하는 객체들을 이용해 시스템을 분해하는 것이다. 표현적 분해는 도메인 모델에 담겨 있는 개념과 관계를 따르며 도메인과 소프트웨어 사이의 표현적 차이를 최소화하는 것을 목적으로 한다. 따라서 표현적 분해는 객체지향 설계를 위한 가장 기본적인 접근법이다.

그러나 종종 도메인 개념을 표현하는 객체에게 책임을 할당하는 것만으로는 부족한 경우가 발생한다. 도메인 모델은 설계를 위한 중요한 출발점이지만 단지 출발점이라는 사실을 명심해야 한다. 실제로 동작하는 애플리케이션은 데이터베이스 접근을 위한 객체와 같이 도메인 개념들을 초월하는 기계적인 개념들을 필요로 할 수 있다.

모든 책임을 도메인 객체에게 할당하면 낮은 응집도, 높은 결합도, 재사용성 저하와 같은 심각한 문제점에 봉착하게 될 가능성이 높아진다. 이 경우 도메인 개념을 표현한 객체가 아닌 설계자가 편의를 위해 임의로 만들어낸 가공의 객체에게 책임을 할당해서 문제를 해결해야 한다. 크레이그 라만은 이처럼 책임을 할당하기 위해 창조되는 도메인과 무관한 인공적인 객체를 PURE FABRICATION(**순수한 가공물**)이라고 부른다[Larman04].

어떤 행동을 추가하려고 하는데 이 행동을 책임질 마땅한 도메인 개념이 존재하지 않는다면 PURE FABRICATION을 추가하고 이 객체에게 책임을 할당하라. 그 결과로 추가된 PURE FABRICATION은 보통 특정한 행동을 표현하는 것이 일반적이다. 따라서 PURE FABRICATION은 표현적 분해보다는 행위적 분해에 의해 생성되는 것이 일반적이다.

이런 측면에서 객체지향이 실세계의 모방이라는 말은 옳지 않다. 객체지향 애플리케이션은 도메인 개념뿐만 아니라 설계자들이 임의적으로 창조한 인공적인 추상화들을 포함하고 있다. 애플리케이션 내에서 인공적으로 창조한 객체들이 도메인 개념을 반영하는 객체들보다 오히려 더 많은 비중을 차지하는 것이 일반적이다. 객체지향 애플리케이션의 대부분은 실제 도메인에서 발견할 수 없는 순수한 인공물로 가득 차 있다. 이것은 현대적인 도시가 자연물보다는 건물이나 도로와 같은 인공물로 가득 차 있는 것과 유사하다. 도시의 본질은 그 안에 뿌리를 내리고 살아가는 자연과 인간에게 있지만 도시의 대부분은 인간의 생활을 편리하게 만들기 위한 수많은 인공물들로 채워져 있다.

설계자로서의 우리의 역할은 도메인 추상화를 기반으로 애플리케이션 로직을 설계하는 동시에 품질의 측면에서 균형을 맞추는 데 필요한 객체들을 창조하는 것이다. 레베카 워프스브록의 말을 빌리자면 "애플리케이션 모델은 사용자에게 반응하고, 실행을 제어하며, 외부 리소스에 연결하는 컴퓨터 객체를 이용해 도메인 모델을 보충한다[Wirfs-Brock03]". 도메인 개념을 표현하는 객체와 순수하게 창조된 가공의 객체들이 모여 자신의 역할과 책임을 다하고 조화롭게 협력하는 애플리케이션을 설계하는 것이 목표여야 한다.

먼저 도메인의 본질적인 개념을 표현하는 추상화를 이용해 애플리케이션을 구축하기 시작하라. 만약 도메인 개념이 만족스럽지 못하다면 주저하지 말고 인공적인 객체를 창조하라. 객체지향이 실세계를 모방해야 한다는 헛된 주장에 현혹될 필요가 없다. 우리가 애플리케이션을 구축하는 것은 사용자들이 원하는 기능을 제공하기 위해서지 실세계를 모방하거나 시뮬레이션하기 위한 것이 아니다. 도메인을 반영하는 애플리케이션의 구조라는 제약 안에서 실용적인 창조성을 발휘할 수 있는 능력은 훌륭한 설계자가 갖춰야 할 기본적인 자질이다.

PURE FABRICATION 패턴

객체지향 설계는 문제 도메인 상의 개념을 소프트웨어 객체로 구현하고 책임을 할당한다. 하지만 만약 도메인 객체에 책임을 할당할 경우 HIGH COHESION, LOW COUPLING, 재사용성 등의 목적을 위반한다면 어떻게 해야 하는가?

문제 도메인 개념을 표현하지 않는, 인위적으로 또는 편의상 만든 클래스에 매우 응집된 책임을 할당하라. 이들 클래스는 문제 도메인 상에는 존재하지 않지만 순수하게 전체 설계의 품질을 높이기 위해 설계자의 임의에 따라 추가한 상상 속의 가공물이다.

PURE FABRICATION은 INFORMATION EXPERT 패턴에 따라 책임을 할당한 결과가 바람직하지 않을 경우 대안으로 사용된다. 어떤 객체가 책임을 수행하는 데 필요한 많은 정보를 가졌지만 해당 책임을 할당할 경우 응집도가 낮아지고 결합도가 높아진다면 가공의 객체를 추가해서 책임을 옮기는 것을 고민하라. 순수한 가공물(pure fabrication)이라는 표현은 적절한 대안이 없을 때 사람들이 창조적인 무언가를 만들어낸다는 것을 의미하는 관용적인 표현이다.

도메인 모델에서 출발해서 설계에 유연성을 추가하기 위해 책임을 이리저리 옮기다 보면 많은 **PURE FABRICATION**을 추가하게 된다는 사실을 알게 될 것이다. **FACTORY**는 객체의 생성 책임을 할당할 만한 도메인 객체가 존재하지 않을 때 선택할 수 있는 **PURE FABRICATION**이다. 14장에서 살펴보 겠지만 대부분의 디자인 패턴은 **PURE FABRICATION**을 포함한다.

03 의존성 주입

생성과 사용을 분리하면 Movie에는 오로지 인스턴스를 사용하는 책임만 남게 된다. 이것은 외부의 다른 객체가 Movie에게 생성된 인스턴스를 전달해야 한다는 것을 의미한다. 이처럼 사용하는 객체가 아닌 외부의 독립적인 객체가 인스턴스를 생성한 후 이를 전달해서 의존성을 해결하는 방법을 **의존성 주입** (Dependency Injection)[Fowler04]이라고 부른다. 이 기법을 의존성 주입이라고 부르는 이유는 외부에서 의존성의 대상을 해결한 후 이를 사용하는 객체 쪽으로 주입하기 때문이다.

의존성 주입은 근본적으로 8장에서 설명한 의존성 해결 방법과 관련이 깊다. 의존성 해결은 컴파일타임 의존성과 런타임 의존성의 차이점을 해소하기 위한 다양한 메커니즘을 포괄한다. 의존성 주입은 의존성을 해결하기 위해 의존성을 객체의 퍼블릭 인터페이스에 명시적으로 드러내서 외부에서 필요한 런타임 의존성을 전달할 수 있도록 만드는 방법을 포괄하는 명칭이다. 따라서 의존성 주입에서는 의존성을 해결하는 세 가지 방법을 가리키는 별도의 용어를 정의한다.

- **생성자 주입**(constructor injection): 객체를 생성하는 시점에 생성자를 통한 의존성 해결
- **setter 주입**(setter injection): 객체 생성 후 setter 메서드를 통한 의존성 해결
- **메서드 주입**(method injection): 메서드 실행 시 인자를 이용한 의존성 해결

다음은 Movie 생성자의 인자로 AmountDiscountPolicy의 인스턴스를 전달해서 DiscountPolicy 클래스에 대한 컴파일타임 의존성을 런타임 의존성으로 대체하는 예를 나타낸 것이다. 이 예에서는 Movie의 생성자를 이용해 의존성을 주입하기 때문에 생성자 주입이라고 부른다.

```
Movie avatar = new Movie("아바타",
                    Duration.ofMinutes(120),
                    Money.wons(10000),
                    new AmountDiscountPolicy(...));
```

setter 주입은 이미 생성된 Movie에 대해 setter 메서드를 이용해 의존성을 해결한다. setter 주입의 장점은 의존성의 대상을 런타임에 변경할 수 있다는 것이다. 생성자 주입을 통해 설정된 인스턴스는 객체의 생명주기 전체에 걸쳐 관계를 유지하는 반면, setter 주입을 사용하면 언제라도 의존 대성을 교체할 수 있다.

```
avatar.setDiscountPolicy(new AmountDiscountPolicy(...));
```

setter 주입의 단점은 객체가 올바로 생성되기 위해 어떤 의존성이 필수적인지를 명시적으로 표현할 수 없다는 것이다. setter 메서드는 객체가 생성된 후에 호출돼야 하기 때문에 setter 메서드 호출을 누락한다면 객체는 비정상적인 상태로 생성될 것이다.

메서드 주입은 **메서드 호출 주입(method call injection)**이라고도 부르며 메서드가 의존성을 필요로 하는 유일한 경우일 때 사용할 수 있다[Hall14]. 생성자 주입을 통해 의존성을 전달받으면 객체가 올바른 상태로 생성되는 데 필요한 의존성을 명확하게 표현할 수 있다는 장점이 있지만 주입된 의존성이 한두 개의 메서드에서만 사용된다면 각 메서드의 인자로 전달하는 것이 더 나은 방법일 수 있다.

```
avatar.calculateDiscountAmount(screening, new AmountDiscountPolicy(...));
```

메서드 주입을 의존성 주입의 한 종류로 볼 것인가에 대해서는 논란의 여지가 있다. 개인적으로는 외부에서 객체가 필요로 하는 의존성을 해결한다는 측면에서 의존성 주입의 한 종류로 간주한다.

프로퍼티 주입과 인터페이스 주입

setter 주입이라는 용어는 속성을 설정하는 메서드를 구현하는 자바 언어의 방식에서 유래했다. JavaBeans 명세는 속성을 설정하는 메서드는 set이라는 접두사로 시작해야 한다고 규정하고 있으며 자바 진영에서는 이런 메서드를 가리켜 setter 메서드라고 부른다.

C#에서는 자바의 setter 메서드를 대체할 수 있는 프로퍼티(property)라는 기능을 제공한다. 따라서 C# 진영에서는 setter 주입 대신 **프로퍼티 주입(property injection)**이라는 용어를 사용한다. setter 주입과 프로퍼티 주입은 두 언어 사이의 차이점을 제외하고 나면 개념적으로 동일하기 때문에 같은 기법으로 간주해도 무방하다.

다음은 C#에서 프로퍼티 주입을 구현하는 방법을 나타낸 것이다.

```
class Movie
{
  public DiscountPolicy DiscountPolicy { set; }
}
```

이제 외부에서는 DiscountPolicy라는 프로퍼티에 원하는 할인 정책을 대입할 수 있다. 코드 상으로는 내부의 인스턴스 변수에 대입하는 것처럼 보이지만 C#에서 프로퍼티 할당은 자바에서의 setter 메서드처럼 실제로는 메서드 호출로 변경된다.

```
movie.DiscountPolicy = new AmountDiscountPolicy(...);
```

본문에는 설명하지 않았지만 **인터페이스 주입**(interface injection)이라는 의존성 주입 기법도 있다. 인터페이스 주입의 기본 개념은 주입할 의존성을 명시하기 위해 인터페이스를 사용하는 것이다. 예를 들어 Movie에 DiscountPolicy의 인스턴스를 주입하고 싶다면 다음과 같이 DiscountPolicy를 주입하기 위한 인터페이스를 정의해야 한다.

```
public interface DiscountPolicyInjectable {
  public void inject(DiscountPolicy discountPolicy)
}
```

DiscountPolicy를 주입받기 위해 Movie는 이 인터페이스를 구현해야 한다.

```
public class Movie implements DiscountPolicyInjectable {
  private DiscountPolicy discountPolicy;

  @Override
  public void inject(DiscountPolicy discountPolicy) {
    this.discountPolicy = discountPolicy;
  }
}
```

위 예에서 알 수 있는 것처럼 인터페이스 주입은 근본적으로 setter 주입이나 프로퍼티 주입과 동일하다. 단지 어떤 대상을 어떻게 주입할 것인지를 인터페이스를 통해 명시적으로 선언한다는 차이만 있을 뿐이다. 인터페이스 주입은 의존성 주입이 도입되던 초창기에 자바 진영에서 만들어진 몇몇 프레임워크에서 의존성 대상을 좀 더 명시적으로 정의하고 편하게 관리하기 위해 도입한 방법이다. 따라서 약간의 구현적인 관점을 덜어내고 의존성 주입이 가지는 목적과 용도라는 본질적인 측면에서 바라보면 인터페이스 주입은 setter 주입과 프로퍼티 주입의 변형으로 볼 수 있다.

숨겨진 의존성은 나쁘다

의존성 주입 외에도 의존성을 해결할 수 있는 다양한 방법이 존재한다. 그중에서 가장 널리 사용되는 대표적인 방법은 SERVICE LOCATOR 패턴[Alur03]이다. SERVICE LOCATOR는 의존성을 해결할 객체들을 보관하는 일종의 저장소다. 외부에서 객체에게 의존성을 전달하는 의존성 주입과 달리 SERVICE LOCATOR의 경우 객체가 직접 SERVICE LOCATOR에게 의존성을 해결해줄 것을 요청한다.

SERVICE LOCATOR 패턴은 서비스를 사용하는 코드로부터 서비스가 누구인지(서비스를 구현한 구체 클래스의 타입이 무엇인지), 어디에 있는지(클래스 인스턴스를 어떻게 얻을지)를 몰라도 되게 해준다[Nystrom14].

예를 들어 ServiceLocator라는 클래스가 **SERVICE LOCATOR**의 역할을 수행한다고 가정하자. **SERVICE LOCATOR** 버전의 Movie는 직접 ServiceLocator의 메서드를 호출해서 DiscountPolicy에 대한 의존성을 해결한다.

```java
public class Movie {
  ...
  private DiscountPolicy discountPolicy;

  public Movie(String title, Duration runningTime, Money fee) {
    this.title = title;
    this.runningTime = runningTime;
    this.fee = fee;
    this.discountPolicy = ServiceLocator.discountPolicy();
  }
}
```

ServiceLocator는 DiscountPolicy의 인스턴스를 등록하고 반환할 수 있는 메서드를 구현한 저장소다. ServiceLocator는 DiscountPolicy의 인스턴스를 등록하기 위한 provide 메서드와 인스턴스를 반환하는 discountPolicy 메서드를 구현한다.

```java
public class ServiceLocator {
  private static ServiceLocator soleInstance = new ServiceLocator();
  private DiscountPolicy discountPolicy;

  public static DiscountPolicy discountPolicy() {
    return soleInstance.discountPolicy;
  }

  public static void provide(DiscountPolicy discountPolicy) {
    soleInstance.discountPolicy = discountPolicy;
  }

  private ServiceLocator() {
  }
}
```

Movie의 인스턴스가 AmountDiscountPolicy의 인스턴스에 의존하기를 원한다면 다음과 같이 ServiceLocator에 인스턴스를 등록한 후 Movie를 생성하면 된다.

```
ServiceLocator.provide(new AmountDiscountPolicy(...));
Movie avatar = new Movie("아바타",
                         Duration.ofMinutes(120),
                         Money.wons(10000));
```

ServiceLocator에 PercentDiscountPolicy의 인스턴스를 등록하면 이후에 생성되는 모든 Movie는 비율 할인 정책을 기반으로 할인 요금을 계산한다.

```
ServiceLocator.provide(new PercentDiscountPolicy(...));
Movie avatar = new Movie("아바타",
                         Duration.ofMinutes(120),
                         Money.wons(10000));
```

여기까지만 보면 **SERVICE LOCATOR** 패턴은 의존성을 해결할 수 있는 가장 쉽고 간단한 도구인 것처럼 보인다. 하지만 개인적으로 **SERVICE LOCATOR** 패턴을 선호하지 않는다. **SERVICE LOCATOR** 패턴의 가장 큰 단점은 의존성을 감춘다는 것이다. Movie는 DiscountPolicy에 의존하고 있지만 Movie의 퍼블릭 인터페이스 어디에도 이 의존성에 대한 정보가 표시돼 있지 않다. 의존성은 암시적이며 코드 깊숙한 곳에 숨겨져 있다.

숨겨진 의존성이 나쁜 이유를 이해하기 위해 다음과 같이 Movie를 생성하는 코드와 마주쳤다고 가정해 보자.

```
Movie avatar = new Movie("아바타",
                         Duration.ofMinutes(120),
                         Money.wons(10000));
```

위 코드를 읽는 개발자는 인스턴스 생성에 필요한 모든 인자를 Movie의 생성자에 전달하고 있기 때문에 Movie는 온전한 상태로 생성될 것이라고 예상할 것이다. 하지만 아래 코드를 실행해보면 NullPointerException 예외가 던져진다.

```
avatar.calculateMovieFee(screening);
```

디버깅을 시작한 개발자는 인스턴스 변수인 discountPolicy의 값이 null이라는 사실을 알게 되고 코드를 분석하기 시작할 것이다. 그리고 마침내 Movie의 생성자가 ServiceLocator를 이용해 의존성을 해결한다는 사실을 알게 되고 Movie의 인스턴스를 생성하기 바로 전에 다음과 같은 코드를 추가해서 문제를 해결할 것이다.

```
ServiceLocator.provide(new PercentDiscountPolicy(...));
Movie avatar = new Movie("아바타",
                         Duration.ofMinutes(120),
                         Money.wons(10000));
```

위 예제로부터 의존성을 구현 내부로 감출 경우 의존성과 관련된 문제가 컴파일타임이 아닌 런타임에 가서야 발견된다는 사실을 알 수 있다. 숨겨진 의존성이 이해하기 어렵고 디버깅하기 어려운 이유는 문제점을 발견할 수 있는 시점을 코드 작성 시점이 아니라 실행 시점으로 미루기 때문이다.

의존성을 숨기는 코드는 단위 테스트 작성도 어렵다. 일반적인 단위 테스트 프레임워크는 테스트 케이스 단위로 테스트에 사용될 객체들을 새로 생성하는 기능을 제공한다. 하지만 위에서 구현한 ServiceLocator는 내부적으로 정적 변수를 사용해 객체들을 관리하기 때문에 모든 단위 테스트 케이스에 걸쳐 ServiceLocator의 상태를 공유하게 된다. 이것은 각 단위 테스트는 서로 고립돼야 한다는 단위 테스트의 기본 원칙을 위반한 것이다[Meszaros07].

먼저 실행되는 테스트 케이스에서 금액 할인 정책을 테스트하기 위해 AmountDiscountPolicy를 ServiceLocator에 추가했다고 가정하자. 이 상태에서 비율 할인 정책을 테스트하는 테스트 케이스에서 ServiceLocator에 PercentDiscountPolicy의 인스턴스를 추가하지 않았다면 이 테스트 케이스는 원하는 결괏값을 내놓지 못할 것이다. 따라서 단위 테스트가 서로 간섭 없이 실행되기 위해서는 Movie를 테스트하는 모든 단위 테스트 케이스에서 Movie를 생성하기 전에 ServiceLocator에 필요한 DiscountPolicy의 인스턴스를 추가하고 끝날 때마다 추가된 인스턴스를 제거해야 한다.

문제의 원인은 숨겨진 의존성이 캡슐화를 위반했기 때문이다. 단순히 인스턴스 변수의 가시성을 private으로 선언하고 변경되는 내용을 숨겼다고 해서 캡슐화가 지켜지는 것은 아니다.

캡슐화는 코드를 읽고 이해하는 행위와 관련이 있다. 클래스의 퍼블릭 인터페이스만으로 사용 방법을 이해할 수 있는 코드가 캡슐화의 관점에서 훌륭한 코드다. 클래스의 사용법을 익히기 위해 구현 내부를 샅샅이 뒤져야 한다면 그 클래스의 캡슐화는 무너진 것이다.

숨겨진 의존성이 가지는 가장 큰 문제점은 의존성을 이해하기 위해 코드의 내부 구현을 이해할 것을 강요한다는 것이다. 따라서 숨겨진 의존성은 캡슐화를 위반한다. 결과적으로 의존성을 구현 내부로 감추도록 강요하는 **SERVICE LOCATOR**는 캡슐화를 위반할 수밖에 없다.

숨겨진 의존성은 의존성의 대상을 설정하는 시점과 의존성이 해결되는 시점을 멀리 떨어트려 놓는다. 이것은 코드를 이해하고 디버깅하기 어렵게 만든다. ServiceLocator의 provide 메서드를 실행하는 코드와 Movie의 인스턴스를 실행하는 코드가 멀리 떨어져 있다고 가정해보자. 그리고 코드를 실행한 결과, Movie에 연결된 DiscountPolicy의 인스턴스가 예상했던 할인 정책이 아니라고 가정해보자. 이 문제를 해결할 수 있는 유일한 방법은 SeviceLocator에 DiscountPolicy의 인스턴스를 설정하는 부분을 찾아 수정하는 것이다. 이것은 어떤 환경에서 개발을 하느냐에 따라 단순히 코드를 검색하는 차원을 뛰어넘는 문제일 수도 있다.

의존성 주입은 이 문제를 깔끔하게 해결한다. 필요한 의존성은 클래스의 퍼블릭 인터페이스에 명시적으로 드러난다. 의존성을 이해하기 위해 코드 내부를 읽을 필요가 없기 때문에 의존성 주입은 객체의 캡슐을 단단하게 보호한다. 의존성과 관련된 문제도 최대한 컴파일타임에 잡을 수 있다. 필요한 의존성을 인자에 추가하지 않을 경우 컴파일 에러가 발생하기 때문이다. 단위 테스트를 작성할 때 ServiceLocator에 객체를 추가하거나 제거할 필요도 없다. 그저 필요한 인자를 전달해서 필요한 객체를 생성하면 된다.

이야기의 핵심은 의존성 주입이 SERVICE LOCATOR 패턴보다 좋다가 아니라 명시적인 의존성이 숨겨진 의존성보다 좋다는 것이다. 가급적 의존성을 객체의 퍼블릭 인터페이스에 노출하라. 의존성을 구현 내부에 숨기면 숨길수록 코드를 이해하기도, 수정하기도 어려워진다.

어쩔 수 없이 SERVICE LOCATOR 패턴을 사용해야 하는 경우도 있다. 의존성 주입을 지원하는 프레임워크를 사용하지 못하는 경우나 깊은 호출 계층에 걸쳐 동일한 객체를 계속해서 전달해야 하는 고통을 견디기 어려운 경우에는 어쩔 수 없이 SERVICE LOCATOR 패턴을 사용하는 것을 고려하라.

접근해야 할 객체가 있다면 전역 메커니즘 대신, 필요한 객체를 인수로 넘겨줄 수는 없는지부터 생각해보자. 이 방법은 굉장히 쉬운 데다 결합을 명확하게 보여줄 수 있다. 대부분은 이렇게만 해도 충분하다.

하지만 직접 객체를 넘기는 방식이 불필요하거나 도리어 코드를 읽기 어렵게 하기도 한다. 로그나 메모리 관리 같은 정보가 모듈의 공개 API에 포함돼 있어서는 안 된다. 렌더링 함수 매개변수에는 렌더링에 관련된 것만 있어야 하며 로그 같은 것이 섞여 있어서는 곤란하다.

또한 어떤 시스템은 본질적으로 하나뿐이다. 대부분의 게임 플랫폼에는 오디오나 디스플레이 시스템이 하나만 있다. 이런 환경적인 특징을 10겹의 메서드 계층을 통해 가장 깊숙이 들어있는 함수에 전달하는 것은 쓸데없이 복잡성을 늘리는 셈이다[Nystrom14].

가능하다면 의존성을 명시적으로 표현할 수 있는 기법을 사용하라. 의존성 주입은 의존성을 명시적으로 명시할 수 있는 방법 중 하나일 뿐이다. 요점은 명시적인 의존성에 초점을 맞추는 것이다. 그리고 이 방법이 유연성을 향상시키는 가장 효과적인 방법이다.

04 의존성 역전 원칙

추상화와 의존성 역전

이제 여러분은 다음과 같이 Movie를 구현했을 때 어떤 문제가 발생할지를 예상할 수 있을 것이다. Movie는 구체 클래스에 대한 의존성으로 인해 결합도가 높아지고 재사용성과 유연성이 저해된다.

```
public class Movie {
  private AmountDiscountPolicy discountPolicy;
}
```

이 설계가 변경에 취약한 이유는 요금을 계산하는 상위 정책이 요금을 계산하는 데 필요한 구체적인 방법에 의존하기 때문이다. Movie는 가격 계산이라는 더 높은 수준의 개념을 구현한다. 그에 비해 AmountDiscountPolicy는 영화의 가격에서 특정한 금액만큼을 할인해주는 더 구체적인 수준의 메커니즘을 담당하고 있다. 다시 말해서 상위 수준 클래스인 Movie가 하위 수준 클래스인 AmountDiscountPolicy에 의존하는 것이다.

그림 9.7 상위 수준 클래스인 Movie가 하위 수준 클래스인 AmountDiscountPolicy에 의존한다

객체 사이의 협력이 존재할 때 그 협력의 본질을 담고 있는 것은 상위 수준의 정책이다. Movie와 AmountDiscountPolicy 사이의 협력이 가지는 본질은 영화의 가격을 계산하는 것이다. 어떻게 할인 금액을 계산할 것인지는 협력의 본질이 아니다. 다시 말해서 어떤 협력에서 중요한 정책이나 의사결정, 비즈니스의 본질을 담고 있는 것은 상위 수준의 클래스다.

그러나 이런 상위 수준의 클래스가 하위 수준의 클래스에 의존한다면 하위 수준의 변경에 의해 상위 수준 클래스가 영향을 받게 될 것이다. 하위 수준의 AmountDiscountPolicy를 PercentDiscountPolicy로 변경한다고 해서 상위 수준의 Movie가 영향을 받아서는 안 된다. 상위 수준의 Movie의 변경으로 인해 하위 수준의 AmountDiscountPolicy가 영향을 받아야 한다.

의존성은 변경의 전파와 관련된 것이기 때문에 설계는 변경의 영향을 최소화하도록 의존성을 관리해야 한다. 그림 9.7의 문제점은 의존성의 방향이 잘못됐다는 것이다. 의존성은 Movie에서 AmountDiscountPolicy로 흘러서는 안 된다. AmountDiscountPolicy에서 Movie로 흘러야 한다. 상위 수준의 클래스는 어떤 식으로든 하위 수준의 클래스에 의존해서는 안 되는 것이다.

이 설계는 재사용성에도 문제가 있다. Movie를 재사용하기 위해서는 Movie가 의존하는 AmountDiscountPolicy 역시 함께 재사용해야 한다. 대부분의 경우 우리가 재사용하려는 대상은 상위 수준의 클래스라는 점을 기억하라. 상위 수준의 클래스가 하위 수준의 클래스에 의존하면 상위 수준의 클래스를 재사용할 때 하위 수준의 클래스도 필요하기 때문에 재사용하기가 어려워진다.

중요한 것은 상위 수준의 클래스다. 상위 수준의 변경에 의해 하위 수준이 변경되는 것은 납득할 수 있지만 하위 수준의 변경으로 인해 상위 수준이 변경돼서는 곤란하다. 하위 수준의 이슈로 인해 상위 수준에 위치하는 클래스들을 재사용하는 것이 어렵다면 이것 역시 문제가 된다.

이 경우에도 해결사는 **추상화**다. Movie와 AmountDiscountPolicy 모두가 추상화에 의존하도록 수정하면 하위 수준 클래스의 변경으로 인해 상위 수준의 클래스가 영향을 받는 것을 방지할 수 있다. 또한 상위 수준을 재사용할 때 하위 수준의 클래스에 얽매이지 않고도 다양한 컨텍스트에서 재사용이 가능하다.

이것이 Movie와 AmountDiscountPolicy 사이에 추상 클래스인 DiscountPolicy가 자리 잡고 있는 이유다. 그림 9.8에서 의존성의 방향을 살펴보기 바란다. Movie는 추상 클래스인 DiscountPolicy에 의존한다. AmountDiscountPolicy도 추상 클래스인 DiscountPolicy에 의존한다. 다시 말해서 상위 수준의 클래스와 하위 수준의 클래스 모두 추상화에 의존한다.

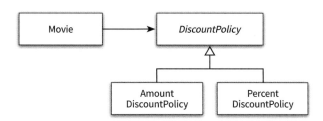

그림 9.8 코드 작성 시점의 Movie와 DiscountPolicy 사이의 의존성

가장 중요한 조언은 추상화에 의존하라는 것이다. 유연하고 재사용 가능한 설계를 원한다면 모든 의존성의 방향이 추상 클래스나 인터페이스와 같은 추상화를 따라야 한다. 구체 클래스는 의존성의 시작점이어야 한다. 의존성의 목적지가 돼서는 안 된다.

이제 지금까지 살펴본 내용들을 정리해보자.

1. 상위 수준의 모듈은 하위 수준의 모듈에 의존해서는 안 된다. 둘 모두 추상화에 의존해야 한다.

2. 추상화는 구체적인 사항에 의존해서는 안 된다. 구체적인 사항은 추상화에 의존해야 한다.

이를 **의존성 역전 원칙(Dependency Inversion Principle, DIP)**[Martin02]이라고 부른다. 이 용어를 최초로 착안한 로버트 마틴은 '역전(inversion)'이라는 단어를 사용한 이유에 대해 의존성 역전 원칙을 따르는 설계는 의존성의 방향이 전통적인 절차형 프로그래밍과는 반대 방향으로 나타나기 때문이라고 설명한다.

> 수년 동안, 많은 사람들이 왜 필자가 이 원칙의 이름에 '역전'이란 단어를 사용했는지 질문해 왔다. 이것은 구조적 분석 설계와 같은 좀 더 전통적인 소프트웨어 개발 방법에서는 소프트웨어 구조에서 상위 수준의 모듈이 하위 수준의 모듈에 의존하는, 그리고 정책이 구체적인 것에 의존하는 경향이 있었기 때문이다. 실제로 이런 방법의 목표 중 하나는 상위 수준의 모듈이 하위 수준의 모듈을 호출하는 방법을 묘사하는 서브프로그램의 계층 구조를 정의하는 것이었다. … 잘 설계된 객체지향 프로그램의 의존성 구조는 전통적인 절차적 방법에 의해 일반적으로 만들어진 의존성 구조에 대해 '역전'된 것이다[Martin02].

의존성 역전 원칙과 패키지

의존성 역전 원칙과 관련해서 한 가지 더 언급할 가치가 있는 내용이 있다. 역전은 의존성의 방향뿐만 아니라 인터페이스의 소유권에도 적용된다는 것이다. 객체지향 프로그래밍 언어에서 어떤 구성 요소의 소유권을 결정하는 것은 모듈이다. 자바는 패키지를 이용해 모듈을 구현하고, C#이나 C++는 네임스페이스를 이용해 모듈을 구현한다.

할인 정책과 관련된 패키지의 구조가 그림 9.9와 같다고 가정해 보자.

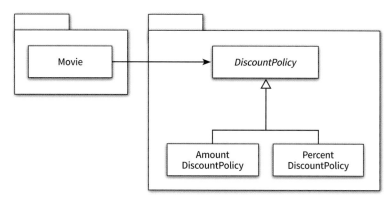

그림 9.9 인터페이스가 서버 모듈 쪽에 위치하는 전통적인 모듈 구조

이 그림에서 구체 클래스인 Movie, AmountDiscountPolicy, PercentDiscountPolicy는 모두 추상 클래스인 DiscountPolicy에 의존한다. 따라서 개방-폐쇄 원칙을 준수할뿐만 아니라 의존성 역전 원칙도 따르고 있기 때문에 이 설계가 유연하고 재사용 가능하다고 생각할 것이다. 하지만 Movie를 다양한 컨텍스트에서 재사용하기 위해서는 불필요한 클래스들이 Movie와 함께 배포돼야만 한다.

Movie가 DiscountPolicy에 의존하고 있다는 사실에 주목하라. Movie를 정상적으로 컴파일하기 위해서는 DiscountPolicy 클래스가 필요하다. 사실 코드의 컴파일이 성공하기 위해 함께 존재해야 하는 코드를 정의하는 것이 바로 컴파일타임 의존성이다. 문제는 DiscountPolicy가 포함돼 있는 패키지 안에 AmountDiscountPolicy 클래스와 PercentDiscountPolicy 클래스가 포함돼 있다는 것이다. 이것은 DiscountPolicy 클래스에 의존하기 위해서는 반드시 같은 패키지에 포함된 AmountDiscountPolicy 클래스와 PercentDiscountPolicy 클래스도 함께 존재해야 한다는 것을 의미한다.

C++ 같은 언어에서는 같은 패키지 안에 존재하는 불필요한 클래스들로 인해 빈번한 재컴파일과 재배포가 발생할 수 있다. 의존성의 정의에 따라 Movie는 DiscountPolicy를 수정하지 않을 경우에는 영향을 받지 말아야 한다.

하지만 이것은 코드 수정에 있어서는 사실이지만 컴파일 측면에서는 사실이 아니다. DiscountPolicy가 포함된 패키지 안의 어떤 클래스가 수정되더라도 패키지 전체가 재배포돼야 한다. 이로 인해 이 패키지에 의존하는 Movie 클래스가 포함된 패키지 역시 재컴파일돼야 한다. Movie에 의존하는 또 다른 패키지가 있다면 컴파일은 의존성의 그래프를 타고 애플리케이션 코드 전체로 번져갈 것이다. 따라서 불필요한 클래스들을 같은 패키지에 두는 것은 전체적인 빌드 시간을 가파르게 상승시킨다.

Movie의 재사용을 위해 필요한 것이 DiscountPolicy뿐이라면 DiscountPolicy를 Movie와 같은 패키지로 모으고 AmountDiscountPolicy와 PercentDiscountPolicy를 별도의 패키지에 위치시켜 의존성 문제를 해

결할 수 있다. 따라서 그림 9.10과 같이 추상화를 별도의 독립적인 패키지가 아니라 클라이언트가 속한 패키지에 포함시켜야 한다. 그리고 함께 재사용될 필요가 없는 클래스들은 별도의 독립적인 패키지에 모아야 한다. 마틴 파울러는 이 기법을 가리켜 SEPARATED INTERFACE 패턴[Fowler02]이라고 부른다.

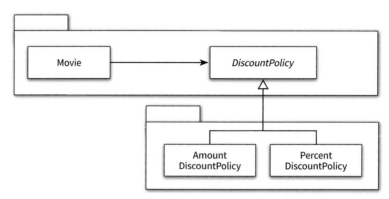

그림 9.10 인터페이스의 소유권을 역전시킨 객체지향적인 모듈 구조

Movie와 추상 클래스인 DiscountPolicy를 하나의 패키지로 모으는 것은 Movie를 특정한 컨텍스트로부터 완벽하게 독립시킨다. Movie를 다른 컨텍스트에서 재사용하기 위해서는 단지 Movie와 DiscountPolicy 가 포함된 패키지만 재사용하면 된다. 새로운 할인 정책을 위해 새로운 패키지를 추가하고 새로운 DiscountPolicy의 자식 클래스를 구현하기만 하면 상위 수준의 협력 관계를 재사용할 수 있다. 불필요한 AmountDiscountPolicy 클래스와 PercentDiscountPolicy 클래스를 함께 배포할 필요가 없다.

따라서 의존성 역전 원칙에 따라 상위 수준의 협력 흐름을 재사용하기 위해서는 추상화가 제공하는 인터페이스의 소유권 역시 역전시켜야 한다. 전통적인 설계 패러다임은 그림 9.9와 같이 인터페이스의 소유권을 클라이언트 모듈이 아닌 서버 모듈에 위치시키는 반면 잘 설계된 객체지향 애플리케이션에서는 그림 9.10과 같이 인터페이스의 소유권을 서버가 아닌 클라이언트에 위치시킨다. 이것은 나중에 살펴보겠지만 객체지향 프레임워크의 모듈 구조를 설계하는 데 가장 중요한 핵심 원칙이다.

정리하자. 유연하고 재사용 가능하며 컨텍스트에 독립적인 설계는 전통적인 패러다임이 고수하는 의존성의 방향을 역전시킨다. 전통적인 패러다임에서는 상위 수준 모듈이 하위 수준 모듈에 의존했다면 객체지향 패러다임에서는 상위 수준 모듈과 하위 수준 모듈이 모두 추상화에 의존한다. 전통적인 패러다임에서는 인터페이스가 하위 수준 모듈에 속했다면 객체지향 패러다임에서는 인터페이스가 상위 수준 모듈에 속한다.

훌륭한 객체지향 설계를 위해서는 의존성을 역전시켜야 한다. 그리고 의존성을 역전시켜야만 유연하고 재사용 가능한 설계를 얻을 수 있다. 이것이 핵심이다.

05 유연성에 대한 조언

유연한 설계는 유연성이 필요할 때만 옳다

유연하고 재사용 가능한 설계란 런타임 의존성과 컴파일타임 의존성의 차이를 인식하고 동일한 컴파일타임 의존성으로부터 다양한 런타임 의존성을 만들 수 있는 코드 구조를 가지는 설계를 의미한다. 하지만 유연하고 재사용 가능한 설계가 항상 좋은 것은 아니다. 설계의 미덕은 단순함과 명확함으로부터 나온다. 단순하고 명확한 설계를 가진 코드는 읽기 쉽고 이해하기도 편하다. 유연한 설계는 이와는 다른 길을 걷는다. 변경하기 쉽고 확장하기 쉬운 구조를 만들기 위해서는 단순함과 명확함의 미덕을 버리게 될 가능성이 높다.

유연한 설계라는 말의 이면에는 복잡한 설계라는 의미가 숨어 있다. 유연한 설계의 이런 양면성은 객관적으로 설계를 판단하기 어렵게 만든다. 이 설계가 복잡한 이유는 무엇인가? 어떤 변경에 대비하기 위해 설계를 복잡하게 만들었는가? 정말 유연성이 필요한가? 정보가 제한적인 상황에서 이런 질문에 대답하는 것은 공학이라기보다는 심리학에 가깝다. 변경은 예상이 아니라 현실이어야 한다. 미래에 변경이 일어날지도 모른다는 막연한 불안감은 불필요하게 복잡한 설계를 낳는다. 아직 일어나지 않은 변경은 변경이 아니다.

유연성은 항상 복잡성을 수반한다. 유연하지 않은 설계는 단순하고 명확하다. 유연한 설계는 복잡하고 암시적이다. 객체지향에 입문한 개발자들이 가장 이해하기 어려워하는 부분이 바로 코드 상에 표현된 정적인 클래스의 구조와 실행 시점의 동적인 객체 구조가 다르다는 사실이다. 절차적인 프로그래밍 방식으로 작성된 코드는 코드에 표현된 정적인 구조가 곧 실행 시점의 동적인 구조를 의미한다. 객체지향 코드에서 클래스의 구조는 발생 가능한 모든 객체 구조를 담는 틀일 뿐이다. 특정 시점의 객체 구조를 파악하는 유일한 방법은 클래스를 사용하는 클라이언트 코드 내에서 객체를 생성하거나 변경하는 부분을 직접 살펴보는 것뿐이다.

설계가 유연할수록 클래스 구조와 객체 구조 사이의 거리는 점점 멀어진다. 따라서 유연함은 단순성과 명확성의 희생 위에서 자라난다. 유연한 설계를 단순하고 명확하게 만드는 유일한 방법은 사람들 간의 긴밀한 커뮤니케이션뿐이다. 복잡성이 필요한 이유와 합리적인 근거를 제시하지 않는다면 어느 누구도 설계를 만족스러운 해법으로 받아들이지 않을 것이다.

불필요한 유연성은 불필요한 복잡성을 낳는다. 단순하고 명확한 해법이 그런대로 만족스럽다면 유연성을 제거하라. 유연성은 코드를 읽는 사람들이 복잡함을 수용할 수 있을 때만 가치가 있다. 하지만 복잡성에 대한 걱정보다 유연하고 재사용 가능한 설계의 필요성이 더 크다면 코드의 구조와 실행 구조를 다르게 만들어라.

내 두 번째 주장은 우리의 지적 능력은 정적인 관계에 더 잘 들어맞고, 시간에 따른 진행 과정을 시각화하는 능력은 상대적으로 덜 발달했다는 점이다. 이러한 이유로 우리는 (자신의 한계를 알고 있는 현명한 프로그래머로서) 정적인 프로그램과 동적인 프로세스 사이의 간극을 줄이기 위해 최선을 다해야 하며, 이를 통해 프로그램(텍스트 공간에 흩뿌려진)과 (시간에 흩뿌려진) 진행 과정 사이를 가능한 한 일치시켜야 한다[Dijkstra68].

협력과 책임이 중요하다

마지막으로 하고 싶은 말은 객체의 협력과 책임이 중요하다는 것이다. 지금까지 클래스를 중심으로 구현 메커니즘 관점에서 의존성을 설명했지만 설계를 유연하게 만들기 위해서는 협력에 참여하는 객체가 다른 객체에게 어떤 메시지를 전송하는지가 중요하다.

Movie가 다양한 할인 정책과 협력할 수 있는 이유는 무엇인가? 모든 할인 정책이 Movie가 전송하는 calculateDiscountAmount 메시지를 이해할 수 있기 때문이다. 이들 모두 요금을 계산하기 위한 협력에 참여하면서 할인 요금을 계산하는 책임을 수행할 수 있으며 Movie의 입장에서 동일한 역할을 수행할 수 있다.

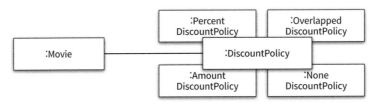

그림 9.11 Movie의 관점에서 동일한 역할을 수행하는 객체들

설계를 유연하게 만들기 위해서는 먼저 역할, 책임, 협력에 초점을 맞춰야 한다. 다양한 컨텍스트에서 협력을 재사용할 필요가 없다면 설계를 유연하게 만들 당위성도 함께 사라진다. 객체들이 메시지 전송자의 관점에서 동일한 책임을 수행하는지 여부를 판단할 수 없다면 공통의 추상화를 도출할 수 없다. 동일한 역할을 통해 객체들을 대체 가능하게 만들지 않았다면 협력에 참여하는 객체들을 교체할 필요가 없다.

초보자가 자주 저지르는 실수 중 하나는 객체의 역할과 책임이 자리를 잡기 전에 너무 성급하게 객체 생성에 집중하는 것이다. 이것은 객체 생성과 관련된 불필요한 세부사항에 객체를 결합시킨다. 객체를 생성할 책임을 담당할 객체나 객체 생성 메커니즘을 결정하는 시점은 책임 할당의 마지막 단계로 미뤄야만 한다. 중요한 비즈니스 로직을 처리하기 위해 책임을 할당하고 협력의 균형을 맞추는 것이 객체 생성에 관한 책임을 할당하는 것보다 우선이다. 책임 관점에서 객체들 간에 균형이 잡혀 있는 상태라면 생성과 관련된 책임을 지게 될 객체를 선택하는 것은 간단한 작업이 된다.

책임의 불균형이 심화되고 있는 상태에서 객체의 생성 책임을 지우는 것은 설계를 하부의 특정한 메커니즘에 종속적으로 만들 확률이 높다. 불필요한 **SINGLETON** 패턴[GOF94]은 객체 생성에 관해 너무 이른 시기에 고민하고 결정할 때 도입되는 경향이 있다. 핵심은 객체를 생성하는 방법에 대한 결정은 모든 책임이 자리를 잡은 후 가장 마지막 시점에 내리는 것이 적절하다는 것이다.

> 프로젝트를 진행하는 동안, 필자의 설계 접근법들을 반영하고 있었다. 필자는 거의 무의식적으로 시종일관 수행했던 일들을 알아냈다. 그것은 바로 객체가 무엇이 되고 싶은지를 알게 될 때까지 객체들을 어떻게 인스턴스화할 것인지에 대해 전혀 신경 쓰지 않았다는 것이다. 이때 가장 중요한 관심거리는 마치 객체가 이미 존재하는 것처럼 이들 간의 관계를 신경 쓰는 일이다. 필자는 때가 되면 이러한 관계에 맞게 객체를 생성할 수 있을 것이라고 추측했다.
>
> 이렇게 추측했던 이유는 설계 동안 머릿속에 기억해야 할 객체 수를 최소화해야 하기 때문이다. 보통 요구사항을 충족시킬 수 있는 객체를 인스턴스화하는 방법에 대해 생각하는 것을 뒤로 미룰 때 위험을 최소화한 상태로 작업할 수 있다. 너무 일찍 결정하는 것은 비생산적이다.
>
> ...... 객체를 생성하는 방법을 여러분 자신이 신경 쓰기 전에 시스템에 필요한 것[책임]들을 생각하자 [Shalloway01].

의존성을 관리해야 하는 이유는 역할, 책임, 협력의 관점에서 설계가 유연하고 재사용 가능해야 하기 때문이다. 따라서 역할, 책임, 협력에 먼저 집중하라. 이번 장에서 설명한 다양한 기법들을 적용하기 전에 역할, 책임, 협력의 모습이 선명하게 그려지지 않는다면 의존성을 관리하는 데 들이는 모든 노력이 물거품이 될 수도 있다는 사실을 명심하라.

상속과 코드 재사용

객체지향 프로그래밍의 장점 중 하나는 코드를 재사용하기가 용이하다는 것이다. 전통적인 패러다임에서 코드를 재사용하는 방법은 코드를 복사한 후 수정하는 것이다. 객체지향은 조금 다른 방법을 취한다. 객체지향에서는 코드를 재사용하기 위해 '새로운' 코드를 추가한다. 객체지향에서 코드는 일반적으로 클래스 안에 작성되기 때문에 객체지향에서 클래스를 재사용하는 전통적인 방법은 새로운 클래스를 추가하는 것이다.

이번 장에서는 클래스를 재사용하기 위해 새로운 클래스를 추가하는 가장 대표적인 기법인 **상속**에 관해 살펴보기로 한다. 재사용 관점에서 상속이란 클래스 안에 정의된 인스턴스 변수와 메서드를 자동으로 새로운 클래스에 추가하는 구현 기법이다.

객체지향에서는 상속 외에도 코드를 효과적으로 재사용할 수 있는 방법이 한 가지 더 있다. 새로운 클래스의 인스턴스 안에 기존 클래스의 인스턴스를 포함시키는 방법으로 흔히 **합성**이라고 부른다. 이어지는 11장에서는 합성에 관해 자세히 살펴보고 상속과 합성의 장단점을 비교할 것이다.

코드를 재사용하려는 강력한 동기 이면에는 중복된 코드를 제거하려는 욕망이 숨어 있다. 따라서 상속에 대해 살펴보기 전에 중복 코드가 초래하는 문제점을 살펴보는 것이 유용할 것이다.

01 상속과 중복 코드

중복 코드는 사람들의 마음속에 의심과 불신의 씨앗을 뿌린다. 눈 앞에 펼쳐진 코드가 기억 속의 어떤 코드와 비슷하다고 느끼는 순간 우리의 뇌는 혼란 속으로 내던져진다. 두 코드가 정말 동일한 것인가? 유사한 코드가 이미 존재하는데도 새로운 코드를 만든 이유는 무엇일까? 의도적으로 그렇게 한 것인가, 아니면 단순한 실수인가? 두 코드가 중복이기는 한 걸까? 중복을 없애도 문제가 없을까? 양쪽을 수정하기보다는 한쪽 코드만 수정하는 게 더 안전한 방법이 아닐까?

중복 코드는 우리를 주저하게 만들뿐만 아니라 동료들을 의심하게 만든다. 이것만으로도 중복 코드를 제거해야 할 충분한 이유가 되고도 남겠지만 결정적인 이유는 따로 있다.

DRY 원칙

중복 코드는 변경을 방해한다. 이것이 중복 코드를 제거해야 하는 가장 큰 이유다. 프로그램의 본질은 비즈니스와 관련된 지식을 코드로 변환하는 것이다. 안타깝게도 이 지식은 항상 변한다. 그에 맞춰 지식을 표현하는 코드 역시 변경해야 한다. 그 이유가 무엇이건 일단 새로운 코드를 추가하고 나면 언젠가는 변경될 것이라고 생각하는 것이 현명하다.

중복 코드가 가지는 가장 큰 문제는 코드를 수정하는 데 필요한 노력을 몇 배로 증가시킨다는 것이다. 우선 어떤 코드가 중복인지를 찾아야 한다. 일단 중복 코드의 묶음을 찾았다면 찾아낸 모든 코드를 일관되게 수정해야 한다. 모든 중복 코드를 개별적으로 테스트해서 동일한 결과를 내놓는지 확인해야만 한다. 중복 코드는 수정과 테스트에 드는 비용을 증가시킬뿐만 아니라 시스템과 여러분을 공황상태로 몰아넣을 수도 있다.

중복 여부를 판단하는 기준은 변경이다. 요구사항이 변경됐을 때 두 코드를 함께 수정해야 한다면 이 코드는 중복이다. 함께 수정할 필요가 없다면 중복이 아니다. 중복 코드를 결정하는 기준은 코드의 모양이 아니다. 모양이 유사하다는 것은 단지 중복의 징후일 뿐이다. 중복 여부를 결정하는 기준은 코드가 변경에 반응하는 방식이다.

신뢰할 수 있고 수정하기 쉬운 소프트웨어를 만드는 효과적인 방법 중 하나는 중복을 제거하는 것이다. 앤드류 헌트와 데이비드 토마스의 말을 인용하자면 프로그래머들은 **DRY 원칙**을 따라야 한다. DRY는 '반복하지 마라'라는 뜻의 **Don't Repeat Yourself**의 첫 글자를 모아 만든 용어로 간단히 말해 동일한 지식을 중복하지 말라는 것이다.

> **DRY 원칙**[1]
>
> 모든 지식은 시스템 내에서 단일하고, 애매하지 않고, 정말로 믿을 만한 표현 양식을 가져야 한다[Hunt99].

DRY 원칙은 **한 번, 단 한번**(Once and Only Once) 원칙[Beck96] 또는 **단일 지점 제어**(Single-Point Control) **원칙**[Glass06b]이라고도 부른다. 원칙의 이름이 무엇이건 핵심은 코드 안에 중복이 존재해서는 안 된다는 것이다.

중복과 변경

중복 코드 살펴보기

중복 코드의 문제점을 이해하기 위해 한 달에 한 번씩 가입자별로 전화 요금을 계산하는 간단한 애플리케이션을 개발해 보자. 전화 요금을 계산하는 규칙은 간단한데 통화 시간을 단위 시간당 요금으로 나눠주면 된다. 10초당 5원의 통화료를 부과하는 요금제에 가입돼 있는 가입자가 100초 동안 통화를 했다면 요금으로 100 / 10 * 5 = 50원이 부과된다.

먼저 개별 통화 기간을 저장하는 Call 클래스가 필요하다. Call은 통화 시작 시간(from)과 통화 종료 시간(to)을 인스턴스 변수로 포함한다.

```java
public class Call {
  private LocalDateTime from;
  private LocalDateTime to;

  public Call(LocalDateTime from, LocalDateTime to) {
    this.from = from;
    this.to = to;
  }

  public Duration getDuration() {
    return Duration.between(from, to);
  }
}
```

---

1 반대말은 WET 원칙으로 Write Everything Twice 또는 We Enjoy Typing의 약자다.

```
  public LocalDateTime getFrom() {
    return from;
  }
}
```

이제 통화 요금을 계산할 객체가 필요하다. 언제나 그런 것처럼 전체 통화 목록에 대해 알고 있는 정보 전문가에게 요금을 계산할 책임을 할당해야 한다. 일반적으로 통화 목록은 전화기 안에 보관된다. 따라서 Call의 목록을 관리할 정보 전문가는 Phone이다.

Phone 인스턴스는 요금 계산에 필요한 세 가지 인스턴스 변수를 포함한다. 첫 번째는 단위요금을 저장하는 amount이고, 두 번째는 단위시간을 저장하는 seconds다. 사용자가 '10초당 5원'씩 부과되는 요금제에 가입돼 있을 경우 amount의 값은 5원이 되고 seconds의 값은 10초가 된다. 세 번째 인스턴스 변수인 calls는 전체 통화 목록을 저장하고 있는 Call의 리스트다. calculateFee 메서드는 amount, seconds, calls를 이용해 전체 통화 요금을 계산한다.

```
public class Phone {
  private Money amount;
  private Duration seconds;
  private List<Call> calls = new ArrayList<>();

  public Phone(Money amount, Duration seconds) {
    this.amount = amount;
    this.seconds = seconds;
  }

  public void call(Call call) {
    calls.add(call);
  }

  public List<Call> getCalls() {
    return calls;
  }

  public Money getAmount() {
    return amount;
  }
```

```
  public Duration getSeconds() {
    return seconds;
  }

  public Money calculateFee() {
    Money result = Money.ZERO;

    for(Call call : calls) {
      result = result.plus(amount.times(call.getDuration().getSeconds() / seconds.getSeconds()));
    }

    return result;
  }
}
```

다음은 Phone을 이용해 '10초당 5원'씩 부과되는 요금제에 가입한 사용자가 각각 1분 동안 두 번 통화를 한 경우의 통화 요금을 계산하는 방법을 코드로 나타낸 것이다.

```
Phone phone = new Phone(Money.wons(5), Duration.ofSeconds(10));
phone.call(new Call(LocalDateTime.of(2018, 1, 1, 12, 10, 0),
                    LocalDateTime.of(2018, 1, 1, 12, 11, 0)));
phone.call(new Call(LocalDateTime.of(2018, 1, 2, 12, 10, 0),
                    LocalDateTime.of(2018, 1, 2, 12, 11, 0)));

phone.calculateFee(); //=> Money.wons(60)
```

여기부터가 재미있는 부분이다. 요구사항은 항상 변한다. 그리고 우리의 애플리케이션 역시 예외일 수는 없다. 애플리케이션이 성공적으로 출시되고 시간이 흘러 '심야 할인 요금제'라는 새로운 요금 방식을 추가해야 한다는 요구사항이 접수됐다. 심야 할인 요금제는 밤 10시 이후의 통화에 대해 요금을 할인해 주는 방식이다. 이제부터 Phone에 구현된 기존 요금제는 심야 할인 요금제와 구분하기 위해 '일반 요금제'라고 부르겠다.

이 요구사항을 해결할 수 있는 쉽고도 가장 빠른 방법은 Phone의 코드를 복사해서 NightlyDiscountPhone 이라는 새로운 클래스를 만든 후 수정하는 것이다.

```
public class NightlyDiscountPhone {
  private static final int LATE_NIGHT_HOUR = 22;

  private Money nightlyAmount;
  private Money regularAmount;
  private Duration seconds;
  private List<Call> calls = new ArrayList<>();

  public NightlyDiscountPhone(Money nightlyAmount, Money regularAmount, Duration seconds) {
    this.nightlyAmount = nightlyAmount;
    this.regularAmount = regularAmount;
    this.seconds = seconds;
  }

  public Money calculateFee() {
    Money result = Money.ZERO;

    for(Call call : calls) {
      if (call.getFrom().getHour() >= LATE_NIGHT_HOUR) {
        result = result.plus(
            nightlyAmount.times(call.getDuration().getSeconds() / seconds.getSeconds()));
      } else {
        result = result.plus(
            regularAmount.times(call.getDuration().getSeconds() / seconds.getSeconds()));
      }
    }

    return result;
  }
}
```

심야 할인 요금제를 구현하는 NightlyDiscountPhone은 밤 10시 이전에 적용할 통화요금(regularAmount)
과 밤 10시 이후에 적용할 통화요금(nightlyAmount), 단위시간(seconds)을 인스턴스 변수로 포함한
다. 예를 들어, 심야 할인 요금제가 10시 이전에는 10초당 5원이고 10시 이후에는 10초당 2원이라면
seconds는 10초, regularAmount는 5원, nightlyAmount는 2원의 값을 저장하고 있을 것이다.

NightlyDiscountPhone은 밤 10시를 기준으로 regularAmount와 nightlyAmount 중에서 기준 요금을 결정한
다는 점을 제외하고는 Phone과 거의 유사하다. Phone의 코드를 복사해서 NightlyDiscountPhone을 추가하

는 방법은 심야 시간에 요금을 할인해야 한다는 요구사항을 아주 짧은 시간 안에 구현할 수 있게 해준다.

하지만 구현 시간을 절약한 대가로 지불해야 하는 비용은 예상보다 크다. 사실 Phone과 NightlyDiscount Phone 사이에는 중복 코드가 존재하기 때문에 언제 터질지 모르는 시한폭탄을 안고 있는 것과 같다. 언젠가 코드를 변경해야 할 때 폭탄의 뇌관이 당겨질지, 아니면 아무 일 없었다는 듯이 평화롭게 지나갈지는 그 누구도 알지 못한다.

중복 코드 수정하기

중복 코드가 코드 수정에 미치는 영향을 살펴보기 위해 새로운 요구사항을 추가해 보자. 이번에 추가할 기능은 통화 요금에 부과할 세금을 계산하는 것이다. 부과되는 세율은 가입자의 핸드폰마다 다르다고 가정할 것이다. 현재 통화 요금을 계산하는 로직은 Phone과 NightlyDiscountPhone 양쪽 모두에 구현돼 있기 때문에 세금을 추가하기 위해서는 두 클래스를 함께 수정해야 한다.

Phone 클래스부터 수정하자. 가입자의 핸드폰별로 세율이 서로 달라야 하기 때문에 Phone은 세율을 저장할 인스턴스 변수인 taxRate를 포함해야 한다. taxRate의 값을 이용해 통화 요금에 세금을 부과하도록 Phone의 calculateFee 메서드를 수정하자.

```java
public class Phone {
  ...
  private double taxRate;

  public Phone(Money amount, Duration seconds, double taxRate) {
    ...
    this.taxRate = taxRate;
  }

  public Money calculateFee() {
    Money result = Money.ZERO;

    for(Call call : calls) {
      result = result.plus(amount.times(call.getDuration().getSeconds() / seconds.getSeconds()));
    }

    return result.plus(result.times(taxRate));
  }
}
```

NightlyDiscountPhone도 동일한 방식으로 수정하자.

```java
public class NightlyDiscountPhone  {
  ...
  private double taxRate;

  public NightlyDiscountPhone(Money nightlyAmount, Money regularAmount,
      Duration seconds, double taxRate) {
    ...
    this.taxRate = taxRate;
  }

  public Money calculateFee() {
    Money result = Money.ZERO;

    for(Call call : calls) {
      if (call.getFrom().getHour() >= LATE_NIGHT_HOUR) {
        result = result.plus(
            nightlyAmount.times(call.getDuration().getSeconds() / seconds.getSeconds()));
      } else {
        result = result.plus(
            regularAmount.times(call.getDuration().getSeconds() / seconds.getSeconds()));
      }
    }

    return result.minus(result.times(taxRate));
  }
}
```

이 예제는 중복 코드가 가지는 단점을 잘 보여준다. 많은 코드 더미 속에서 어떤 코드가 중복인지를 파악하는 일은 쉬운 일이 아니다. 중복 코드는 항상 함께 수정돼야 하기 때문에 수정할 때 하나라도 빠트린다면 버그로 이어질 것이다. Phone은 수정했지만 NightlyDiscountPhone은 수정하지 않은 채 코드가 배포됐다고 생각해보라. 심야 할인 요금제의 모든 가입자에게 세금이 부과되지 않는 장애가 발생할 것이다.

한 발 양보해서 모든 중복 코드를 식별했고 함께 수정했다고 하자. 더 큰 문제는 중복 코드를 서로 다르게 수정하기가 쉽다는 것이다. Phone의 calculateFee 메서드에서는 반환 시에 result에 plus 메서드를 호출해서 세금을 더했지만 NightlyDiscountPhone의 calculateFee 메서드에서는 plus 대신 minus 메서드를 호출하고 있다는 사실을 눈치 챈 사람이 있는가?

지금 살펴본 것처럼 중복 코드는 새로운 중복 코드를 부른다. 중복 코드를 제거하지 않은 상태에서 코드를 수정할 수 있는 유일한 방법은 새로운 중복 코드를 추가하는 것뿐이다. 새로운 중복 코드를 추가하는 과정에서 코드의 일관성이 무너질 위험이 항상 도사리고 있다. 더 큰 문제는 중복 코드가 늘어날수록 애플리케이션은 변경에 취약해지고 버그가 발생할 가능성이 높아진다는 것이다. 중복 코드의 양이 많아질수록 버그의 수는 증가하며 그에 비례해 코드를 변경하는 속도는 점점 더 느려진다.

민첩하게 변경하기 위해서는 중복 코드를 추가하는 대신 제거해야 한다. 기회가 생길 때마다 코드를 DRY하게 만들기 위해 노력하라.

타입 코드 사용하기

두 클래스 사이의 중복 코드를 제거하는 한 가지 방법은 클래스를 하나로 합치는 것이다. 다음과 같이 요금제를 구분하는 타입 코드를 추가하고 타입 코드의 값에 따라 로직을 분기시켜 Phone과 NightlyDiscountPhone을 하나로 합칠 수 있다. 하지만 계속 강조했던 것처럼 타입 코드를 사용하는 클래스는 낮은 응집도와 높은 결합도라는 문제에 시달리게 된다.

```java
public class Phone {
    private static final int LATE_NIGHT_HOUR = 22;
    enum PhoneType { REGULAR, NIGHTLY }

    private PhoneType type;

    private Money amount;
    private Money regularAmount;
    private Money nightlyAmount;
    private Duration seconds;
    private List<Call> calls = new ArrayList<>();

    public Phone(Money amount, Duration seconds) {
        this(PhoneType.REGULAR, amount, Money.ZERO, Money.ZERO, seconds);
    }

    public Phone(Money nightlyAmount, Money regularAmount, Duration seconds) {
        this(PhoneType.NIGHTLY, Money.ZERO, nightlyAmount, regularAmount, seconds);
    }
```

```java
    public Phone(PhoneType type, Money amount, Money nightlyAmount,
        Money regularAmount, Duration seconds) {
      this.type = type;
      this.amount = amount;
      this.regularAmount = regularAmount;
      this.nightlyAmount = nightlyAmount;
      this.seconds = seconds;
    }

    public Money calculateFee() {
      Money result = Money.ZERO;

      for(Call call : calls) {
        if (type == PhoneType.REGULAR) {
          result = result.plus(
              amount.times(call.getDuration().getSeconds() / seconds.getSeconds()));
        } else {
          if (call.getFrom().getHour() >= LATE_NIGHT_HOUR) {
            result = result.plus(
              nightlyAmount.times(call.getDuration().getSeconds() / seconds.getSeconds()));
          } else {
            result = result.plus(
              regularAmount.times(call.getDuration().getSeconds() / seconds.getSeconds()));
          }
        }
      }

      return result;
    }
  }
```

객체지향 프로그래밍 언어는 타입 코드를 사용하지 않고도 중복 코드를 관리할 수 있는 효과적인 방법을 제공한다. 이 방법은 너무나 유명해서 객체지향 프로그래밍을 대표하는 기법으로 일컬어지기도 한다. 상속이 바로 그것이다.

상속을 이용해서 중복 코드 제거하기

상속의 기본 아이디어는 매우 간단하다. 이미 존재하는 클래스와 유사한 클래스가 필요하다면 코드를 복사하지 말고 상속을 이용해 코드를 재사용하라는 것이다. 앞에서 살펴본 것처럼 Nightly DiscountPhone 클래스의 코드 대부분은 Phone 클래스의 코드와 거의 유사하다. 따라서 NightlyDiscount Phone 클래스가 Phone 클래스를 상속받게 만들면 코드를 중복시키지 않고도 Phone 클래스의 코드 대부분을 재사용할 수 있다.

```java
public class NightlyDiscountPhone extends Phone {
  private static final int LATE_NIGHT_HOUR = 22;

  private Money nightlyAmount;

  public NightlyDiscountPhone(Money nightlyAmount, Money regularAmount, Duration seconds) {
    super(regularAmount, seconds);
    this.nightlyAmount = nightlyAmount;
  }

  @Override
  public Money calculateFee() {
    // 부모 클래스의 calculateFee 호출
    Money result = super.calculateFee();

    Money nightlyFee = Money.ZERO;
    for(Call call : getCalls()) {
      if (call.getFrom().getHour() >= LATE_NIGHT_HOUR) {
        nightlyFee = nightlyFee.plus(
          getAmount().minus(nightlyAmount).times(
            call.getDuration().getSeconds() / getSeconds().getSeconds()));
      }
    }

    return result.minus(nightlyFee);
  }
}
```

NightlyDiscountPhone 클래스의 calculateFee 메서드를 자세히 살펴보면 이상한 부분이 눈에 띌 것이다.

super 참조를 통해 부모 클래스인 Phone의 calculateFee 메서드를 호출해서 일반 요금제에 따라 통화 요금을 계산한 후 이 값에서 통화 시작 시간이 10시 이후인 통화의 요금을 빼주는 부분이다.

이렇게 구현된 이유를 이해하기 위해서는 개발자가 Phone의 코드를 재사용하기 위해 세운 가정을 이해하는 것이 중요하다. NightlyDiscountPhone을 구현한 개발자는 Phone의 코드를 최대한 많이 재사용하고 싶었다. 개발자는 Phone이 구현하고 있는 일반 요금제는 1개의 요금 규칙으로 구성돼 있는 데 비해 NightlyDiscountPhone으로 구현할 심야 할인 요금제는 10시를 기준으로 분리된 2개의 요금제로 구성돼 있다고 분석했다. 10시 이전의 요금제는 Phone에 구현된 일반 요금제와 동일하다. 따라서 10시 이전의 통화 요금을 계산하는 경우에는 Phone에 구현된 로직을 재사용하고 10시 이후의 통화 요금을 계산하는 경우에 대해서만 NightlyDiscountPhone에서 구현하기로 결정한 것이다.

개발자는 10시 이전의 요금을 Phone에서 처리하기로 결정했고 그 결과 NightlyDiscountPhone의 생성자에서 10시 이전의 요금을 계산하는 데 필요한 regularAmount와 seconds를 Phone의 생성자에 전달한 것이다. 그리고 부모 클래스의 calculateFee 메서드를 호출해서 모든 통화에 대해 10시 이전의 요금 규칙을 적용해서 계산한 후 10시 이후의 통화 요금을 전체 요금에서 차감한 것이다. 값을 차감한 이유는 심야 할인 요금제의 특성상 10시 이전의 요금이 10시 이후의 요금보다 더 비싸기 때문이다.

이해를 돕기 위해 심야 할인 요금제의 규칙이 다음과 같다고 해보자.

- 밤 10시 이전 : 10초당 5원(regularAmount = 5원, seconds = 10초)
- 밤 10시 이후 : 10초당 2원(nightlyAmount = 2원, seconds = 10초)

어떤 가입자가 두 번 통화했고 각 통화시간은 40초와 50초라고 가정하자. 이 통화가 밤 10시 이전에 일어났다면 통화요금은 45원이 된다.

(40초/10초*5원) + (50초/10초*5원) = 45원

만약 이 통화가 10시 이후에 일어났다면 통화요금은 18원이 된다.

(40초/10초* 2원) + (50초/10초* 2원)= 18원

만약 전체 통화 시간 중 처음 40초 동안은 10시 이전에, 나머지 50초 동안은 10시 이후에 이뤄졌다면 통화요금은 다음과 같이 30원이 될 것이다.

(40초/10초*5원) + (50/10초*2원) = 30원

30원을 구하는 또 다른 방법이 있다. 일단 40초와 50초 모두에 대해 10시 이전 기준으로 요금을 계산한다. 그리고 10시 이전 기본 요금(5원)에서 10시 이후 기본 요금(2원)을 뺀 후 이 값을 이용해서 10시 이후의 통화 요금을 계산한다. 앞의 값에서 뒤의 값을 빼주면 요금을 구할 수 있다.

(40초/10초*5원) + (50초/10초*5원) − (50초/10초*(5원−2원)) = 30원

이제 위 코드가 이해되는가? 이해가 안 되더라도 상관은 없다. 중요한 것은 개발자의 가정을 이해하기 전에는 코드를 이해하기 어렵다는 점이다.

이 예를 통해 알 수 있는 것처럼 상속을 염두에 두고 설계되지 않은 클래스를 상속을 이용해 재사용하는 것은 생각처럼 쉽지 않다. 개발자는 재사용을 위해 상속 계층 사이에 무수히 많은 가정을 세웠을지도 모른다. 그리고 그 가정은 코드를 이해하기 어렵게 만들뿐만 아니라 직관에도 어긋날 수 있다.

우리가 기대한 것은 10시 이전의 요금에서 10시 이후의 요금을 차감하는 것이 아니라 10시 이전의 요금과 10시 이후의 요금을 더하는 것이다. 요구사항과 구현 사이의 차이가 크면 클수록 코드를 이해하기 어려워진다. 잘못 사용된 상속은 이 차이를 더 크게 벌린다.

이 예제가 비현실적이라고 생각되는가? 그렇다. 비현실적이다. 이 코드가 비현실적인 이유는 지나치게 깔끔하고 그나마 이해하기 쉽기 때문이다. 실제 프로젝트에서 마주치게 될 코드는 여기서 설명한 예보다 훨씬 더 엉망일 확률이 높다. 여기서는 단지 두 클래스 사이의 상속 관계만 살펴봤지만 실제 프로젝트에서 마주치게 될 클래스의 상속 계층은 매우 깊을 것이다. 깊고 깊은 상속 계층의 계단을 하나 내려올 때마다 이해하기 어려운 가정과 마주하게 된다고 생각해보라.

4장에서 결합도를 하나의 모듈이 다른 모듈에 대해 얼마나 많은 지식을 갖고 있는지를 나타내는 정도로 정의했다. 이 예제에서 볼 수 있는 것처럼 상속을 이용해 코드를 재사용하기 위해서는 부모 클래스의 개발자가 세웠던 가정이나 추론 과정을 정확하게 이해해야 한다. 이것은 자식 클래스의 작성자가 부모 클래스의 구현 방법에 대한 정확한 지식을 가져야 한다는 것을 의미한다.

따라서 상속은 결합도를 높인다. 그리고 상속이 초래하는 부모 클래스와 자식 클래스 사이의 강한 결합이 코드를 수정하기 어렵게 만든다.

강하게 결합된 Phone과 NightlyDiscountPhone

부모 클래스와 자식 클래스 사이의 결합이 문제인 이유를 살펴보자. NightlyDiscountPhone은 부모 클래스인 Phone의 caculateFee 메서드를 오버라이딩한다. 또한 메서드 안에서 super 참조를 이용해 부모 클

래스의 메서드를 호출한다. NightlyDiscountPhone의 calculateFee 메서드는 자신이 오버라이딩한 Phone
의 calculateFee 메서드가 모든 통화에 대한 요금의 총합을 반환한다는 사실에 기반하고 있다.

하지만 앞에서 설명했던 세금을 부과하는 요구사항이 추가된다면 어떻게 될까? Phone은 앞에서 구현했
던 것처럼 세율(taxRate)을 인스턴스 변수로 포함하고 calculateFee 메서드에서 값을 반환할 때 taxRate
를 이용해 세금을 부과해야 한다.

```java
public class Phone {
  ...
  private double taxRate;

  public Phone(Money amount, Duration seconds, double taxRate) {
    ...
    this.taxRate = taxRate;
  }

  public Money calculateFee() {
    ...
    return result.plus(result.times(taxRate));
  }

  public double getTaxRate() {
    return taxRate;
  }
}
```

NightlyDiscountPhone은 생성자에서 전달받은 taxRate를 부모 클래스인 Phone의 생성자로 전달해야 한
다. 또한 Phone과 동일하게 값을 반환할 때 taxRate를 이용해 세금을 부과해야 한다.

```java
public class NightlyDiscountPhone extends Phone {
  public NightlyDiscountPhone(Money nightlyAmount, Money regularAmount,
      Duration seconds, double taxRate) {
    super(regularAmount, seconds, taxRate);
    ...
  }

  @Override
  public Money calculateFee() {
    ...
```

```
        return result.minus(nightlyFee.plus(nightlyFee.times(getTaxRate())));
    }
}
```

이제 Phone과 NightlyDiscountPhone의 상속 계층이 가지는 문제점이 또렷해졌을 것이다. NightlyDiscountPhone을 Phone의 자식 클래스로 만든 이유는 Phone의 코드를 재사용하고 중복 코드를 제거하기 위해서다. 하지만 세금을 부과하는 로직을 추가하기 위해 Phone을 수정할 때 유사한 코드를 NightlyDiscountPhone에도 추가해야 했다. 다시 말해서 코드 중복을 제거하기 위해 상속을 사용했음에도 세금을 계산하는 로직을 추가하기 위해 새로운 중복 코드를 만들어야 하는 것이다.

이것은 NightlyDiscountPhone이 Phone의 구현에 너무 강하게 결합돼 있기 때문에 발생하는 문제다. 따라서 우리는 상속을 사용할 때 다음과 같은 경고에 귀 기울일 필요가 있다.

상속을 위한 경고 1

자식 클래스의 메서드 안에서 super 참조를 이용해 부모 클래스의 메서드를 직접 호출할 경우 두 클래스는 강하게 결합된다. super 호출을 제거할 수 있는 방법을 찾아 결합도를 제거하라.

지금까지 살펴본 예제들은 자식 클래스가 부모 클래스의 구현에 강하게 결합될 경우 부모 클래스의 변경에 의해 자식 클래스가 영향을 받는다는 사실을 잘 보여준다. 상속을 사용하면 적은 노력으로도 새로운 기능을 쉽고, 빠르게 추가할 수 있다. 하지만 그로 인해 커다란 대가를 치러야 할 수도 있다.

이처럼 상속 관계로 연결된 자식 클래스가 부모 클래스의 변경에 취약해지는 현상을 가리켜 취약한 기반 클래스 문제라고 부른다. 취약한 기반 클래스 문제는 코드 재사용을 목적으로 상속을 사용할 때 발생하는 가장 대표적인 문제다. 먼저 취약한 기반 클래스 문제가 발생하는 몇 가지 사례를 살펴본 후 다시 NightlyDiscountPhone의 문제로 돌아오자.

02 취약한 기반 클래스 문제

지금까지 살펴본 것처럼 상속은 자식 클래스와 부모 클래스의 결합도를 높인다. 이 강한 결합도로 인해 자식 클래스는 부모 클래스의 불필요한 세부사항에 엮이게 된다. 부모 클래스의 작은 변경에도 자식 클래스는 컴파일 오류와 실행 에러라는 고통에 시달려야 할 수도 있다.

이처럼 부모 클래스의 변경에 의해 자식 클래스가 영향을 받는 현상을 **취약한 기반 클래스 문제** (**Fragile Base Class Problem, Brittle Base Class Problem**)[Holub04]라고 부른다. 이 문제는 상속을 사용한다면 피할 수 없는 객체지향 프로그래밍의 근본적인 취약성이다.

> 이제 결합도의 개념을 상속에 적용해보자. 구현을 상속한 경우(extends를 사용한 경우) 파생 클래스는 기반 클래스에 강하게 결합되며, 이 둘 사이의 밀접한 연결은 바람직하지 않다. 설계자들은 이런 현상에 대해 "취약한 기반 클래스 문제"라는 명칭을 붙였다. 겉으로 보기에는 안전한 방식으로 기반 클래스를 수정한 것처럼 보이더라도 이 새로운 행동이 파생 클래스에게 상속될 경우 파생 클래스의 잘못된 동작을 초래할 수 있기 때문에 기반 클래스는 "취약하다". 단순히 기반 클래스의 메서드들만을 조사하는 것만으로는 기반 클래스를 변경하는 것이 안전하다고 확신할 수 없다. 모든 파생 클래스들을 살펴봐야(그리고 테스트까지 해야) 한다. 나아가 기반 클래스와 파생 클래스를 사용하는 모든 코드가 새로운 코드로 인해 영향을 받지 않는지 점검해야 한다. 핵심적인 기반 클래스에 대한 단순한 변경이 전체 프로그램을 불안정한 상태로 만들어버릴 수도 있다[Holub04].

취약한 기반 클래스 문제는 상속이라는 문맥 안에서 결합도가 초래하는 문제점을 가리키는 용어다. 상속 관계를 추가할수록 전체 시스템의 결합도가 높아진다는 사실을 알고 있어야 한다. 상속은 자식 클래스를 점진적으로 추가해서 기능을 확장하는 데는 용이하지만 높은 결합도로 인해 부모 클래스를 점진적으로 개선하는 것은 어렵게 만든다. 최악의 경우에는 모든 자식 클래스를 동시에 수정하고 테스트해야 할 수도 있다.

취약한 기반 클래스 문제는 캡슐화를 약화시키고 결합도를 높인다. 상속은 자식 클래스가 부모 클래스의 구현 세부사항에 의존하도록 만들기 때문에 캡슐화를 약화시킨다[Snyder86]. 이것이 상속이 위험한 이유인 동시에 우리가 상속을 피해야 하는 첫 번째 이유다.

객체를 사용하는 이유는 구현과 관련된 세부사항을 퍼블릭 인터페이스 뒤로 캡슐화할 수 있기 때문이다. 캡슐화는 변경에 의한 파급효과를 제어할 수 있기 때문에 가치가 있다. 객체는 변경될지도 모르는 불안정한 요소를 캡슐화함으로써 파급효과를 걱정하지 않고도 자유롭게 내부를 변경할 수 있다.

안타깝게도 상속을 사용하면 부모 클래스의 퍼블릭 인터페이스가 아닌 구현을 변경하더라도 자식 클래스가 영향을 받기 쉬워진다. 상속 계층의 상위에 위치한 클래스에 가해지는 작은 변경만으로도 상속 계층에 속한 모든 자손들이 급격하게 요동칠 수 있다.

객체지향의 기반은 캡슐화를 통한 변경의 통제다. 상속은 코드의 재사용을 위해 캡슐화의 장점을 희석시키고 구현에 대한 결합도를 높임으로써 객체지향이 가진 강력함을 반감시킨다. 이제 몇 가지 예제를 통해 상속이 가지는 문제점을 구체적으로 살펴보자.

불필요한 인터페이스 상속 문제

자바의 초기 버전에서 상속을 잘못 사용한 대표적인 사례는 java.util.Properties와 java.util.Stack이다. 두 클래스의 공통점은 부모 클래스에서 상속받은 메서드를 사용할 경우 자식 클래스의 규칙이 위반될 수 있다는 것이다. 먼저 Stack을 살펴보자.

Stack은 가장 나중에 추가된 요소가 가장 먼저 추출되는(Last In First Out, LIFO) 자료 구조인 스택을 구현한 클래스다. Vector는 임의의 위치에서 요소를 추출하고 삽입할 수 있는 리스트 자료 구조의 구현체로서 java.util.List의 초기 버전이라고 할 수 있다. 자바의 초기 컬렉션 프레임워크 개발자들은 요소의 추가, 삭제 오퍼레이션을 제공하는 Vector를 재사용하기 위해 Stack을 Vector의 자식 클래스로 구현했다.

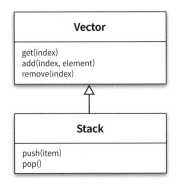

그림 10.1 Vector와 Stack의 상속 관계

그림 10.1의 퍼블릭 인터페이스를 살펴보면 이 상속 관계가 가지는 문제점을 잘 알 수 있다. Vector는 임의의 위치(index)에서 요소를 조회하고, 추가하고, 삭제할 수 있는 get, add, remove 오퍼레이션을 제공한다. 이에 비해 Stack은 맨 마지막 위치에서만 요소를 추가하거나 제거할 수 있는 push, pop 오퍼레이션을 제공한다.

안타깝게도 Stack이 Vector를 상속받기 때문에 Stack의 퍼블릭 인터페이스에 Vector의 퍼블릭 인터페이스가 합쳐진다. 따라서 Stack에게 상속된 Vector의 퍼블릭 인터페이스를 이용하면 임의의 위치에서 요소를 추가하거나 삭제할 수 있다. 따라서 맨 마지막 위치에서만 요소를 추가하거나 제거할 수 있도록 허용하는 Stack의 규칙을 쉽게 위반할 수 있다.

```
Stack<String> stack = new Stack<>();
stack.push("1st");
stack.push("2nd");
stack.push("3rd");

stack.add(0, "4th");

assertEquals("4th", stack.pop());           // 에러!
```

위 코드에서 Stack에 마지막으로 추가한 값은 "4th"지만 pop 메서드의 반환값은 "3rd"다. 그 이유는 Vector의 add 메서드를 이용해서 스택의 맨 앞에 "4th"를 추가했기 때문이다.

문제의 원인은 Stack이 규칙을 무너뜨릴 여지가 있는 위험한 Vector의 퍼블릭 인터페이스까지도 함께 상속받았기 때문이다. 물론 Stack을 사용하는 개발자들이 Vector에서 상속받은 add 메서드를 사용하지 않으면 된다고 생각할 수도 있다. 하지만 인터페이스 설계는 제대로 쓰기엔 쉽게, 엉터리로 쓰기엔 어렵게 만들어야 한다[Meyers05]. Stack 개발자 한 사람의 일시적인 편의를 위해 인터페이스를 사용해야 하는 무수한 사람들이 가슴을 졸여야 하는 상황을 초래하는 것은 어떤 경우에도 정당화하기 어렵다.

java.util.Properties 클래스는 잘못된 유산을 물려받는 또 다른 클래스다. Properties 클래스는 키와 값의 쌍을 보관한다는 점에서는 Map과 유사하지만 다양한 타입을 저장할 수 있는 Map과 달리 키와 값의 타입으로 오직 String만 가질 수 있다.

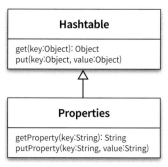

그림 10.2 Properties와 Hashtable의 상속 관계

이 클래스는 Map의 조상인 Hashtable을 상속받는데 자바에 제네릭(generic)이 도입되기 이전에 만들어졌기 때문에 컴파일러가 키와 값의 타입이 String인지 여부를 체크할 수 있는 방법이 없었다. 따라서 Hashtable의 인터페이스에 포함돼 있는 put 메서드를 이용하면 String 타입 이외의 키와 값이라도 Propreties에 저장할 수 있다.

```
Properties properties = new Properties();
properties.setProperty("Bjarne Stroustrup", "C++");
properties.setProperty("James Gosling", "Java");

properties.put("Dennis Ritchie", 67);

assertEquals("C", properties.getProperty("Dennis Ritchie"));    //  에러!
```

위 코드를 실행해 보면 "Dennis Ritchie"를 키로 검색할 경우 null이 반환된다는 사실을 알 수 있다. 그 이유는 Properties의 getProperty 메서드가 반환할 값의 타입이 String이 아닐 경우 null을 반환하도록 구현돼 있기 때문이다. 분명히 "Dennis Ritchie"라는 키의 값으로 67을 넣는 데 성공했는데도 말이다.

Stack과 Properties의 예는 퍼블릭 인터페이스에 대한 고려 없이 단순히 코드 재사용을 위해 상속을 이용하는 것이 얼마나 위험한지를 잘 보여준다. 객체지향의 핵심은 객체들의 협력이다. 단순히 코드를 재사용하기 위해 불필요한 오퍼레이션이 인터페이스에 스며들도록 방치해서는 안 된다.

따라서 상속을 사용할 때 알아둬야 하는 두 번째 주의사항은 다음과 같다.

> **상속을 위한 경고 2**
>
> 상속받은 부모 클래스의 메서드가 자식 클래스의 내부 구조에 대한 규칙을 깨트릴 수 있다.

메서드 오버라이딩의 오작용 문제

조슈아 블로치(Joshua Bloch)는 《이펙티브 자바》[Bloch08]에서 HashSet의 구현에 강하게 결합된 InstrumentedHashSet 클래스를 소개한다. InstrumentedHashSet은 HashSet의 내부에 저장된 요소의 수를 셀 수 있는 기능을 추가한 클래스로서 HashSet의 자식 클래스로 구현돼 있다.

```
public class InstrumentedHashSet<E> extends HashSet<E> {
  private int addCount = 0;

  @Override
  public boolean add(E e) {
    addCount++;
    return super.add(e);
  }
}
```

```
  @Override
  public boolean addAll(Collection<? extends E> c) {
    addCount += c.size();
    return super.addAll(c);
  }
}
```

InstrumentedHashSet은 요소를 추가한 횟수를 기록하기 위해 addCount라는 인스턴스 변수를 포함한다. InstrumentedHashSet은 요소가 추가될 때마다 추가되는 요소의 개수만큼 addCount의 값을 증가시키기 위해 하나의 요소를 추가하는 add 메서드와 다수의 요소들을 한 번에 추가하는 addAll 메서드를 오버라 이딩한다. add 메서드와 addAll 메서드는 먼저 addCount를 증가시킨 후 super 참조를 이용해 부모 클래스의 메서드를 호출해서 요소를 추가한다는 것을 알 수 있다.

InstrumentedHashSet의 구현에는 아무런 문제가 없어 보인다. 적어도 다음과 같은 코드를 실행하기 전까지는 말이다.

```
InstrumentedHashSet<String> languages = new InstrumentedHashSet<>();
languages.addAll(Arrays.asList("Java", "Ruby", "Scala"));
```

대부분의 사람들은 위 코드를 실행한 후에 addCount의 값이 3이 될 거라고 예상할 것이다. 하지만 실제로 실행한 후의 addCount의 값은 6이다. 그 이유는 부모 클래스인 HashSet의 addAll 메서드 안에서 add 메서드를 호출하기 때문이다.

먼저 InstrumentedHashSet의 addAll 메서드가 호출돼서 addCount에 3이 더해진다. 그 후 super.addAll 메서드가 호출되고 제어는 부모 클래스인 HashSet으로 이동한다. 불행하게도 HashSet은 각각의 요소를 추가하기 위해 내부적으로 add 메서드를 호출하고 결과적으로 InstrumentedHashSet의 add 메서드가 세 번 호출되어 addCount에 3이 더해지는 것이다. 따라서 최종 결과는 6이 된다.

이 문제를 해결할 수 있는 방법은 InstrumentedHashSet의 addAll 메서드를 제거하는 것이다. 이러면 컬렉션을 파라미터로 전달하는 경우에는 자동으로 HashSet의 addAll 메서드가 호출되고 내부적으로 추가하려는 각 요소에 대해 InstrumentedHashSet의 add 메서드가 호출되어 예상했던 결과가 나올 것이다.

하지만 이 방법 역시 문제가 될 수 있다. 나중에 HashSet의 addAll 메서드가 add 메시지를 전송하지 않도록 수정된다면 addAll 메서드를 이용해 추가되는 요소들에 대한 카운트가 누락될 것이기 때문이다.

미래의 수정까지 감안한 더 좋은 해결책은 InstrumentedHashSet의 addAll 메서드를 오버라이딩하고 추가되는 각 요소에 대해 한 번씩 add 메시지를 호출하는 것이다. 이제 미래에 HashSet의 addAll 메서드가 add 메시지를 전송하지 않도록 수정되더라도 InstrumentedHashSet의 행동에는 아무런 영향도 없을 것이다.

```
public class InstrumentedHashSet<E> extends HashSet<E> {
  @Override
  public boolean add(E e) {
    addCount++;
    return super.add(e);
  }

  @Override
  public boolean addAll(Collection<? extends E> c) {
    boolean modified = false;
    for (E e : c)
      if (add(e))
        modified = true;
    return modified;
  }
}
```

하지만 이 방법에도 문제가 없는 것은 아니다. 바로 오버라이딩된 addAll 메서드의 구현이 HashSet의 것과 동일하다는 것이다. 즉, 미래에 발생할지 모르는 위험을 방지하기 위해 코드를 중복시킨 것이다. 게다가 부모 클래스의 코드를 그대로 가져오는 방법이 항상 가능한 것도 아니다. 소스코드에 대한 접근 권한이 없을 수도 있고 부모 클래스의 메서드에서 private 변수나 메서드를 사용하고 있을 수도 있다.

> **상속을 위한 경고 3**
>
> 자식 클래스가 부모 클래스의 메서드를 오버라이딩할 경우 부모 클래스가 자신의 메서드를 사용하는 방법에 자식 클래스가 결합될 수 있다.

조수아 블로치는 클래스가 상속되기를 원한다면 상속을 위해 클래스를 설계하고 문서화해야 하며, 그렇지 않은 경우에는 상속을 금지시켜야 한다고 주장한다. 상속이 초래하는 문제점을 보완하면서 코드 재사용의 장점을 극대화하기 위해서는 조수아 블로치의 주장에 귀를 기울일 가치가 충분하다.

우선, 그런 클래스에서는 메서드 오버라이딩으로 인한 파급 효과를 분명하게 문서화해야 한다. 달리 말해, 오버라이딩 가능한 메서드들의 자체 사용(self-use), 즉, 그 메서드들이 같은 클래스의 다른 메서드를 호출하는지에 대해 반드시 문서화해야 한다. 이와는 반대로, 각각의 public이나 protected 메서드 및 생성자가 어떤 오버라이딩 가능한 메서드를 호출하는지, 어떤 순서로 하는지, 호출한 결과가 다음 처리에 어떤 영향을 주는지에 대해서도 반드시 문서화해야 한다. 더 일반적으로 말하면 오버라이딩 가능한 메서드를 호출할 수 있는 어떤 상황에 대해서도 문서화해야 한다는 것이다[Bloch08].

지금 블로치는 여러분에게 내부 구현을 문서화하라고 말하고 있다. 객체지향의 핵심이 구현을 캡슐화하는 것인데도 이렇게 내부 구현을 공개하고 문서화하는 것이 옳은가?

그러나 잘된 API 문서는 메서드가 무슨 일(what)을 하는지를 기술해야 하고, 어떻게 하는지(how)를 설명해서는 안 된다는 통념을 어기는 것은 아닐까? 그렇다, 어기는 것이다! 이것은 결국 상속이 캡슐화를 위반함으로써 초래된 불행인 것이다. 서브클래스가 안전할 수 있게끔 클래스를 문서화하려면 클래스의 상세 구현 내역을 기술해야 한다[Bloch08].

설계는 트레이드오프 활동이라는 사실을 기억하라. 상속은 코드 재사용을 위해 캡슐화를 희생한다. 완벽한 캡슐화를 원한다면 코드 재사용을 포기하거나 상속 이외의 다른 방법을 사용해야 한다.

부모 클래스와 자식 클래스의 동시 수정 문제

음악 목록을 추가할 수 있는 플레이리스트를 구현한다고 가정하자. 필요한 것은 음악 정보를 저장할 Song 클래스와 음악 목록을 저장할 Playlist 클래스다. 먼저 Song 클래스는 가수의 이름(singer)과 노래 제목(title)을 인스턴스 변수로 포함한다.

```
public class Song {
  private String singer;
  private String title;

  public Song(String singer, String title) {
    this.singer = singer;
    this.title = title;
  }
```

```
  public String getSinger() {
    return singer;
  }

  public String getTitle() {
    return title;
  }
}
```

Playlist는 트랙에 노래를 추가할 수 있는 append 메서드를 구현한다.

```
public class Playlist {
  private List<Song> tracks = new ArrayList<>();

  public void append(Song song) {
    getTracks().add(song);
  }

  public List<Song> getTracks() {
    return tracks;
  }
}
```

이제 플레이리스트에서 노래를 삭제할 수 있는 기능이 추가된 PersonalPlaylist가 필요하다고 가정해보자. PersonalPlaylist를 구현하는 가장 빠른 방법은 상속을 통해 Playlist의 코드를 재사용하는 것이다.

```
public class PersonalPlaylist extends Playlist {
  public void remove(Song song) {
    getTracks().remove(song);
  }
}
```

문제는 지금부터다. 요구사항이 변경돼서 Playlist에서 노래의 목록뿐만 아니라 가수별 노래의 제목도 함께 관리해야 한다고 가정하자. 다음과 같이 노래를 추가한 후에 가수의 이름을 키로 노래의 제목을 추가하도록 Playlist의 append 메서드를 수정해야 할 것이다.

```java
public class Playlist {
  private List<Song> tracks = new ArrayList<>();
  private Map<String, String> singers = new HashMap<>();

  public void append(Song song) {
    tracks.add(song);
    singers.put(song.getSinger(), song.getTitle());
  }

  public List<Song> getTracks() {
    return tracks;
  }

  public Map<String, String> getSingers() {
    return singers;
  }
}
```

안타깝게도 위 수정 내용이 정상적으로 동작하려면 PersonalPlaylist의 remove 메서드도 함께 수정해야 한다. 만약 PersonalPlaylist를 수정하지 않는다면 Playlist의 tracks에서는 노래가 제거되지만 singers 에는 남아있을 것이기 때문이다. 따라서 Playlist와 함께 PersonalPlaylist를 수정해야 한다.

```java
public class PersonalPlaylist extends Playlist {
  public void remove(Song song) {
    getTracks().remove(song);
    getSingers().remove(song.getSinger());
  }
}
```

이 예는 자식 클래스가 부모 클래스의 메서드를 오버라이딩하거나 불필요한 인터페이스를 상속받지 않 았음에도 부모 클래스를 수정할 때 자식 클래스를 함께 수정해야 할 수도 있다는 사실을 잘 보여준다. 상속을 사용하면 자식 클래스가 부모 클래스의 구현에 강하게 결합되기 때문에 이 문제를 피하기는 어 렵다.

결합도란 다른 대상에 대해 알고 있는 지식의 양이다. 상속은 기본적으로 부모 클래스의 구현을 재사 용한다는 기본 전제를 따르기 때문에 자식 클래스가 부모 클래스의 내부에 대해 속속들이 알도록 강요한다. 따라서 코드 재사용을 위한 상속은 부모 클래스와 자식 클래스를 강하게 결합시키기 때문에 함께 수정해야 하는 상황 역시 빈번하게 발생할 수밖에 없는 것이다.

조슈아 블로치는 이 문제에 대해서 다음과 같이 조언한다.

> 다시 말해, 서브클래스는 올바른 기능을 위해 슈퍼클래스의 세부적인 구현에 의존한다. 슈퍼클래스의 구현은 릴리스를 거치면서 변경될 수 있고, 그에 따라 서브클래스의 코드를 변경하지 않더라도 깨질 수 있다. 결과적으로, 슈퍼클래스의 작성자가 확장될 목적으로 특별히 그 클래스를 설계하지 않았다면 서브클래스는 슈퍼클래스와 보조를 맞춰서 진화해야 한다[Bloch08].

따라서 상속과 관련된 마지막 주의사항은 다음과 같다.

> **상속을 위한 경고 4**
>
> 클래스를 상속하면 결합도로 인해 자식 클래스와 부모 클래스의 구현을 영원히 변경하지 않거나, 자식 클래스와 부모 클래스를 동시에 변경하거나 둘 중 하나를 선택할 수밖에 없다.

03 Phone 다시 살펴보기

지금까지 상속으로 인해 발생하는 취약한 기반 클래스 문제의 다양한 예를 살펴봤다. 이제 다시 Phone과 NightlyDiscountPhone의 문제로 돌아와 상속으로 인한 피해를 최소화할 수 있는 방법을 찾아보자. 취약한 기반 클래스 문제를 완전히 없앨 수는 없지만 어느 정도까지 위험을 완화시키는 것은 가능하다. 문제 해결의 열쇠는 바로 추상화다.

추상화에 의존하자

NightlyDiscountPhone의 가장 큰 문제점은 Phone에 강하게 결합돼 있기 때문에 Phone이 변경될 경우 함께 변경될 가능성이 높다는 것이다. 이 문제를 해결하는 가장 일반적인 방법은 자식 클래스가 부모 클래스의 구현이 아닌 추상화에 의존하도록 만드는 것이다. 정확하게 말하면 부모 클래스와 자식 클래스 모두 추상화에 의존하도록 수정해야 한다.

개인적으로 코드 중복을 제거하기 위해 상속을 도입할 때 따르는 두 가지 원칙이 있다.

- 두 메서드가 유사하게 보인다면 차이점을 메서드로 추출하라. 메서드 추출을 통해 두 메서드를 동일한 형태로 보이도록 만들 수 있다[Feathers04].
- 부모 클래스의 코드를 하위로 내리지 말고 자식 클래스의 코드를 상위로 올려라. 부모 클래스의 구체적인 메서드를 자식 클래스로 내리는 것보다 자식 클래스의 추상적인 메서드를 부모 클래스로 올리는 것이 재사용성과 응집도 측면에서 더 뛰어난 결과를 얻을 수 있다[Metz12].

차이를 메서드로 추출하라

가장 먼저 할 일은 중복 코드 안에서 차이점을 별도의 메서드로 추출하는 것이다. 이것은 흔히 말하는 "변하는 것으로부터 변하지 않는 것을 분리하라", 또는 "변하는 부분을 찾고 이를 캡슐화하라"라는 조언을 메서드 수준에서 적용한 것이다.

중복 코드를 가진 Phone과 NightlyDiscountPhone 클래스에서 시작하자. Phone 클래스의 현재 모습은 다음과 같다.

```java
public class Phone {
  private Money amount;
  private Duration seconds;
  private List<Call> calls = new ArrayList<>();

  public Phone(Money amount, Duration seconds) {
    this.amount = amount;
    this.seconds = seconds;
  }

  public Money calculateFee() {
    Money result = Money.ZERO;

    for(Call call : calls) {
      result = result.plus(amount.times(call.getDuration().getSeconds() / seconds.getSeconds()));
    }

    return result;
  }
}
```

NightlyDiscountPhone 클래스는 Phone과 유사하지만 calculateFee 메서드의 구현 일부와 인스턴스 변수의 목록이 조금 다르다.

```
public class NightlyDiscountPhone {
  private static final int LATE_NIGHT_HOUR = 22;

  private Money nightlyAmount;
  private Money regularAmount;
  private Duration seconds;
  private List<Call> calls = new ArrayList<>();

  public NightlyDiscountPhone(Money nightlyAmount, Money regularAmount, Duration seconds) {
    this.nightlyAmount = nightlyAmount;
    this.regularAmount = regularAmount;
    this.seconds = seconds;
  }

  public Money calculateFee() {
    Money result = Money.ZERO;

    for(Call call : calls) {
      if (call.getFrom().getHour() >= LATE_NIGHT_HOUR) {
        result = result.plus(
            nightlyAmount.times(call.getDuration().getSeconds() / seconds.getSeconds()));
      } else {
        result = result.plus(
            regularAmount.times(call.getDuration().getSeconds() / seconds.getSeconds()));
      }
    }

    return result;
  }
}
```

먼저 할 일은 두 클래스의 메서드에서 다른 부분을 별도의 메서드로 추출하는 것이다. 이 경우에는 calculateFee의 for 문 안에 구현된 요금 계산 로직이 서로 다르다는 사실을 알 수 있다. 이 부분을 동일한 이름을 가진 메서드로 추출하자. 이 메서드는 하나의 Call에 대한 통화 요금을 계산하는 것이므로 메서드의 이름으로는 calculateCallFee가 좋을 것 같다.

먼저 Phone에서 메서드를 추출하자.

```java
public class Phone {
  ...
  public Money calculateFee() {
    Money result = Money.ZERO;

    for(Call call : calls) {
        result = result.plus(calculateCallFee(call));
    }

    return result;
  }

  private Money calculateCallFee(Call call) {
    return amount.times(call.getDuration().getSeconds() / seconds.getSeconds());
  }
}
```

NightlyDiscountPhone의 경우에도 동일한 방식으로 메서드를 추출하자.

```java
public class NightlyDiscountPhone {
  ...
  public Money calculateFee() {
    Money result = Money.ZERO;

      for(Call call : calls) {
          result = result.plus(calculateCallFee(call));
      }

      return result;
  }

  private Money calculateCallFee(Call call) {
    if (call.getFrom().getHour() >= LATE_NIGHT_HOUR) {
      return nightlyAmount.times(call.getDuration().getSeconds() / seconds.getSeconds());
    } else {
      return regularAmount.times(call.getDuration().getSeconds() / seconds.getSeconds());
    }
  }
}
```

두 클래스의 calculateFee 메서드는 완전히 동일해졌고 추출한 calculateCallFee 메서드 안에 서로 다른 부분을 격리시켜 놓았다. 이제 같은 코드를 부모 클래스로 올리는 일만 남았다.

중복 코드를 부모 클래스로 올려라

부모 클래스를 추가하자. 목표는 모든 클래스들이 추상화에 의존하도록 만드는 것이기 때문에 이 클래스는 추상 클래스로 구현하는 것이 적합할 것이다. 새로운 부모 클래스의 이름은 AbstractPhone으로 하고 Phone과 NightlyDiscountPhone이 AbstractPhone을 상속받도록 수정하자.

```
public abstract class AbstractPhone {}

public class Phone extends AbstractPhone { ... }

public class NightlyDiscountPhone extends AbstractPhone { ... }
```

이제 Phone과 NightlyDiscountPhone의 공통 부분을 부모 클래스로 이동시키자. 공통 코드를 옮길 때 인스턴스 변수보다 메서드를 먼저 이동시키는 게 편한데, 메서드를 옮기고 나면 그 메서드에 필요한 메서드나 인스턴스 변수가 무엇인지를 컴파일 에러를 통해 자동으로 알 수 있기 때문이다. 컴파일 에러를 바탕으로 메서드와 인스턴스 변수를 이동시키면 불필요한 부분은 자식 클래스에 둔 채로 부모 클래스에 꼭 필요한 코드만 이동시킬 수 있다.

두 클래스 사이에서 완전히 동일한 코드는 calculateFee 메서드이므로 calculateFee 메서드를 AbstractPhone으로 이동시키고 Phone과 NightlyDiscountPhone에서 이 메서드를 제거하자.

```
public abstract class AbstractPhone {
  public Money calculateFee() {
    Money result = Money.ZERO;

    for(Call call : calls) {
      result = result.plus(calculateCallFee(call));
    }

    return result;
  }
}
```

calculateFee 메서드를 이동시키고 나면 calls가 존재하지 않는다는 에러가 발생한다. Phone과 NightlyDiscountPhone에서 인스턴스 변수인 calls를 AbstractPhone으로 이동시키자.

```
public abstract class AbstractPhone {

  private List<Call> calls = new ArrayList<>();

  public Money calculateFee() {
    Money result = Money.ZERO;

    for(Call call : calls) {
      result = result.plus(calculateCallFee(call));
    }

    return result;
  }
}
```

calls를 이동시키고 나면 calculateCallFee 메서드를 찾을 수 없다는 에러가 발생한다. 이번에는 앞의 경우와 양상이 조금 다른데 Phone과 NightlyDiscountPhone의 calculateCallFee 메서드의 경우 시그니처는 동일하지만 내부 구현이 서로 다르기 때문이다. 따라서 메서드의 구현은 그대로 두고 공통 부분인 시그니처만 부모 클래스로 이동시켜야 한다. 시그니처만 이동시키는 것이므로 calculateCallFee 메서드를 추상 메서드로 선언하고 자식 클래스에서 오버라이딩할 수 있도록 protected로 선언하자.

```
public abstract class AbstractPhone {

  private List<Call> calls = new ArrayList<>();

  public Money calculateFee() {
    Money result = Money.ZERO;

    for(Call call : calls) {
      result = result.plus(calculateCallFee(call));
    }

    return result;
  }
```

```
  abstract protected Money calculateCallFee(Call call);
}
```

공통 코드를 모두 AbstractPhone으로 옮겼다. 이제 Phone에는 일반 요금제를 처리하는 데 필요한 인스턴스 변수와 메서드만 존재한다.

```java
public class Phone extends AbstractPhone {
  private Money amount;
  private Duration seconds;

  public Phone(Money amount, Duration seconds) {
    this.amount = amount;
    this.seconds = seconds;
  }

  @Override
  protected Money calculateCallFee(Call call) {
    return amount.times(call.getDuration().getSeconds() / seconds.getSeconds());
  }
}
```

NightlyDiscountPhone에는 심야 할인 요금제와 관련된 인스턴스 변수와 메서드만 존재하게 된다.

```java
public class NightlyDiscountPhone extends AbstractPhone {
  private static final int LATE_NIGHT_HOUR = 22;

  private Money nightlyAmount;
  private Money regularAmount;
  private Duration seconds;

  public NightlyDiscountPhone(Money nightlyAmount, Money regularAmount, Duration seconds) {
    this.nightlyAmount = nightlyAmount;
    this.regularAmount = regularAmount;
    this.seconds = seconds;
  }

  @Override
  protected Money calculateCallFee(Call call) {
```

```
    if (call.getFrom().getHour() >= LATE_NIGHT_HOUR) {
      return nightlyAmount.times(call.getDuration().getSeconds() / seconds.getSeconds());
    }

    return regularAmount.times(call.getDuration().getSeconds() / seconds.getSeconds());
  }
}
```

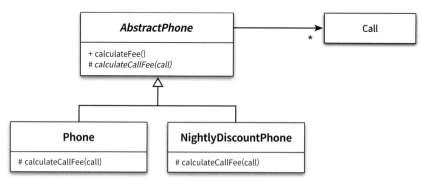

그림 10.3 리팩터링 후의 상속 계층

지금까지 살펴본 것처럼 자식 클래스들 사이의 공통점을 부모 클래스로 옮김으로써 실제 코드를 기반으로 상속 계층을 구성할 수 있다. 이제 우리의 설계는 추상화에 의존하게 된다. 이 말의 의미를 살펴보자.

'위로 올리기' 전략은 실패했더라도 수정하기 쉬운 문제를 발생시킨다. 문제는 쉽게 찾을 수 있고 쉽게 고칠 수 있다. 추상화하지 않고 빼먹은 코드가 있더라도 하위 클래스가 해당 행동을 필요로 할 때가 오면 이 문제는 바로 눈에 띈다. 모든 하위 클래스가 이 행동을 할 수 있게 만들려면 여러 개의 중복 코드를 양산하거나 이 행동을 상위 클래스로 올리는 수밖에 없다. 가장 초보적인 프로그래머라도 중복 코드를 양산하지 말라고 배웠기 때문에 나중에 누가 이 애플리케이션을 관리하든 이 문제는 쉽게 눈에 띈다. 위로 올리기에서 실수하더라도 추상화할 코드는 눈에 띄고 결국 상위 클래스로 올려지면서 코드의 품질이 높아진다. … 하지만 이 리팩터링을 반대 방향으로 진행한다면, 다시 말해 구체적인 구현을 아래로 내리는 방식으로 현재 클래스를 구체 클래스에서 추상 클래스로 변경하려 한다면 작은 실수 한 번으로도 구체적인 행동을 상위 클래스에 남겨 놓게 된다[Metz12].

추상화가 핵심이다

공통 코드를 이동시킨 후에 각 클래스는 서로 다른 변경의 이유를 가진다는 것에 주목하라. Abstract Phone은 전체 통화 목록을 계산하는 방법이 바뀔 경우에만 변경된다. Phone은 일반 요금제의 통화 한 건을 계산하는 방식이 바뀔 경우에만 변경된다. NightlyDiscountPhone은 심야 할인 요금제의 통화 한 건을 계산하는 방식이 바뀔 경우에만 변경된다. 세 클래스는 각각 하나의 변경 이유만을 가진다. 이 클래스들은 단일 책임 원칙을 준수하기 때문에 응집도가 높다.

설계를 변경하기 전에는 자식 클래스인 NightlyDiscountPhone이 부모 클래스인 Phone의 구현에 강하게 결합돼 있었기 때문에 Phone의 구현을 변경하더라도 NightlyDiscountPhone도 함께 영향을 받았었다는 점을 기억하라. 변경 후에 자식 클래스인 Phone과 NightlyDiscountPhone은 부모 클래스인 AbstractPhone의 구체적인 구현에 의존하지 않는다. 오직 추상화에만 의존한다. 정확하게는 부모 클래스에서 정의한 추상 메서드인 calculateCallFee에만 의존한다. calculateCallFee 메서드의 시그니처가 변경되지 않는 한 부모 클래스의 내부 구현이 변경되더라도 자식 클래스는 영향을 받지 않는다. 이 설계는 낮은 결합 도를 유지하고 있다.

사실 부모 클래스 역시 자신의 내부에 구현된 추상 메서드를 호출하기 때문에 추상화에 의존한다 고 말할 수 있다. 의존성 역전 원칙도 준수하는데, 요금 계산과 관련된 상위 수준의 정책을 구현하는 AbstractPhone이 세부적인 요금 계산 로직을 구현하는 Phone과 NightlyDiscountPhone에 의존하지 않고 그 반대로 Phone과 NightlyDiscountPhone이 추상화인 AbstractPhone에 의존하기 때문이다.

새로운 요금제를 추가하기도 쉽다는 사실 역시 주목하라. 새로운 요금제가 필요하다면 AbstractPhone을 상속받는 새로운 클래스를 추가한 후 calculateCallFee 메서드만 오버라이딩하면 된다. 다른 클래스를 수정할 필요가 없다. 현재의 설계는 확장에는 열려 있고 수정에는 닫혀 있기 때문에 개방-폐쇄 원칙 역 시 준수한다.

지금까지 살펴본 모든 장점은 클래스들이 추상화에 의존하기 때문에 얻어지는 장점이다. 상속 계층이 코드를 진화시키는 데 걸림돌이 된다면 추상화를 찾아내고 상속 계층 안의 클래스들이 그 추상화에 의존하도록 코드를 리팩터링하라. 차이점을 메서드로 추출하고 공통적인 부분은 부모 클래스로 이동 하라.

의도를 드러내는 이름 선택하기

한 가지 아쉬운 점이 있다. 바로 클래스의 이름과 관련된 부분이다. NightlyDiscountPhone이라는 이름은 심야 할인 요금제와 관련된 내용을 구현한다는 사실을 명확하게 전달한다. 그에 반해 Phone은 일반 요금제와 관련된 내용을 구현한다는 사실을 명시적으로 전달하지 못한다. 게다가 NightlyDiscountPhone과 Phone은 사용자가 가입한 전화기의 한 종류지만 AbstractPhone이라는 이름은 전화기를 포괄한다는 의미를 명확하게 전달하지 못한다. 따라서 AbstractPhone은 Phone으로, Phone은 RegularPhone으로 변경하는 것이 적절할 것이다.

```java
public abstract class Phone { ... }

public class RegularPhone extends Phone { ... }

public class NightlyDiscountPhone extends Phone { ... }
```

그림 10.4는 현재의 설계를 다이어그램으로 표현한 것이다. 자식 클래스인 RegularPhone과 NightlyDiscountPhone이 추상화에 의존한다는 사실에 주목하라. 두 클래스 모두 추상 클래스인 Phone과 추상 메서드인 calculateCallFee에 의존한다. 이 예는 좋은 상속 계층을 구성하기 위해서는 상속 계층 안에 속한 클래스들이 구현이 아닌 추상화에 의존해야 한다는 사실을 잘 보여준다.

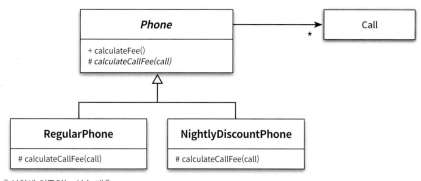

그림 10.4 추상화에 의존하는 상속 계층

세금 추가하기

수정된 코드는 이전 코드보다 더 쉽게 변경할 수 있을까? 실제로 해보기 전까지는 장담할 수 없다. 통화 요금에 세금을 부과하는 요구사항을 반영해 보고 효과를 판단해 보자.

세금은 모든 요금제에 공통으로 적용돼야 하는 요구사항이라는 사실을 기억하라. 따라서 공통 코드를 담고 있는 추상 클래스인 Phone을 수정하면 모든 자식 클래스 간에 수정 사항을 공유할 수 있을 것이다. 인스턴스 변수인 taxRate를 추가하고 요금에 세금이 부과되도록 calculateFee 메서드를 수정하자.

```java
public abstract class Phone {
  private double taxRate;
  private List<Call> calls = new ArrayList<>();

  public Phone(double taxRate) {
    this.taxRate = taxRate;
  }

  public Money calculateFee() {
    Money result = Money.ZERO;

    for(Call call : calls) {
      result = result.plus(calculateCallFee(call));
    }

    return result.plus(result.times(taxRate));
  }

  protected abstract Money calculateCallFee(Call call);
}
```

자, 이것으로 모든 것이 끝난 걸까? 안타깝게도 그렇지는 않다. 우리는 Phone에 인스턴스 변수인 taxRate를 추가했고 두 인스턴스 변수의 값을 초기화하는 생성자를 추가했다. 이로 인해 Phone의 자식 클래스인 RegularPhone과 NightlyDiscountPhone의 생성자 역시 taxRate를 초기화하기 위해 수정해야 한다.

```java
public class RegularPhone extends Phone {
  ...
  public RegularPhone(Money amount, Duration seconds, double taxRate) {
    super(taxRate);
    this.amount = amount;
    this.seconds = seconds;
  }
  ...
}
```

```
public class NightlyDiscountPhone extends Phone {
  ...
  public NightlyDiscountPhone(Money nightlyAmount, Money regularAmount,
    Duration seconds, double taxRate) {
    super(taxRate);
    this.nightlyAmount = nightlyAmount;
    this.regularAmount = regularAmount;
    this.seconds = seconds;
  }
  ...
}
```

클래스라는 도구는 메서드뿐만 아니라 인스턴스 변수도 함께 포함한다. 따라서 클래스 사이의 상속은 자식 클래스가 부모 클래스가 구현한 행동뿐만 아니라 인스턴스 변수에 대해서도 결합되게 만든다.

인스턴스 변수의 목록이 변하지 않는 상황에서 객체의 행동만 변경된다면 상속 계층에 속한 각 클래스들을 독립적으로 진화시킬 수 있다. 하지만 인스턴스 변수가 추가되는 경우는 다르다. 자식 클래스는 자신의 인스턴스를 생성할 때 부모 클래스에 정의된 인스턴스 변수를 초기화해야 하기 때문에 자연스럽게 부모 클래스에 추가된 인스턴스 변수는 자식 클래스의 초기화 로직에 영향을 미치게 된다. 결과적으로 책임을 아무리 잘 분리하더라도 인스턴스 변수의 추가는 종종 상속 계층 전반에 걸친 변경을 유발한다.

하지만 인스턴스 초기화 로직을 변경하는 것이 두 클래스에 동일한 세금 계산 코드를 중복시키는 것보다는 현명한 선택이다. 8장을 주의깊게 읽었다면 객체 생성 로직이 변경됐을 때 영향을 받는 부분을 최소화하기 위해 노력해야 한다는 사실을 잘 알고 있을 것이다. 객체 생성 로직의 변경에 유연하게 대응할 수 있는 다양한 방법이 존재한다. 따라서 객체 생성 로직에 대한 변경을 막기보다는 핵심 로직의 중복을 막아라. 핵심 로직은 한 곳에 모아 놓고 조심스럽게 캡슐화해야 한다. 그리고 공통적인 핵심 로직은 최대한 추상화해야 한다.

지금까지 살펴본 것처럼 상속으로 인한 클래스 사이의 결합을 피할 수 있는 방법은 없다. 상속은 어떤 방식으로든 부모 클래스와 자식 클래스를 결합시킨다. 메서드 구현에 대한 결합은 추상 메서드를 추가함으로써 어느 정도 완화할 수 있지만 인스턴스 변수에 대한 잠재적인 결합을 제거할 수 있는 방법은 없다. 우리가 원하는 것은 행동을 변경하기 위해 인스턴스 변수를 추가하더라도 상속 계층 전체에 걸쳐 부작용이 퍼지지 않게 막는 것이다.

04 차이에 의한 프로그래밍

지금까지 살펴본 것처럼 상속을 사용하면 이미 존재하는 클래스의 코드를 기반으로 다른 부분을 구현함으로써 새로운 기능을 쉽고 빠르게 추가할 수 있다. 상속이 강력한 이유는 익숙한 개념을 이용해서 새로운 개념을 쉽고 빠르게 추가할 수 있기 때문이다.

이처럼 기존 코드와 다른 부분만을 추가함으로써 애플리케이션의 기능을 확장하는 방법을 **차이에 의한 프로그래밍**(programming by difference)[Feathers 2004]이라고 부른다. 상속을 이용하면 이미 존재하는 클래스의 코드를 쉽게 재사용할 수 있기 때문에 애플리케이션의 점진적인 정의(incremental definition)가 가능해진다[Taivalsaari96].

차이에 의한 프로그래밍의 목표는 중복 코드를 제거하고 코드를 재사용하는 것이다. 사실 중복 코드 제거와 코드 재사용은 동일한 행동을 가리키는 서로 다른 단어다. 중복을 제거하기 위해서는 코드를 재사용 가능한 단위로 분해하고 재구성해야 한다. 코드를 재사용하기 위해서는 중복 코드를 제거해서 하나의 모듈로 모아야 한다. 프로그래밍의 세계에서 중복 코드는 악의 근원이다. 따라서 중복 코드를 제거하기 위해 최대한 코드를 재사용해야 한다.

코드를 재사용하는 것은 단순히 문자를 타이핑하는 수고를 덜어주는 수준의 문제가 아니다. 재사용 가능한 코드란 심각한 버그가 존재하지 않는 코드다. 따라서 코드를 재사용하면 코드의 품질은 유지하면서도 코드를 작성하는 노력과 테스트는 줄일 수 있다.

객체지향 세계에서 중복 코드를 제거하고 코드를 재사용할 수 있는 가장 유명한 방법은 상속이다. 기본 아이디어는 간단하다. 여러 클래스에 공통적으로 포함돼 있는 중복 코드를 하나의 클래스로 모은다. 원래 클래스들에서 중복 코드를 제거한 후 중복 코드가 옮겨진 클래스를 상속 관계로 연결한다. 코드를 컴파일하면 무대 뒤에서 마법이 일어나 상속 관계로 연결된 코드들이 하나로 합쳐진다. 따라서 상속을 사용하면 여러 클래스 사이에서 재사용 가능한 코드를 하나의 클래스 안으로 모을 수 있다.

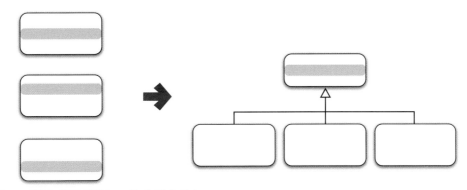

그림 10.5 상속을 이용하면 중복 코드를 제거할 수 있다

상속은 강력한 도구다. 상속을 이용하면 새로운 기능을 추가하기 위해 직접 구현해야 하는 코드의 양을 최소화할 수 있다. 상속은 너무나도 매력적이기 때문에 객체지향 프로그래밍에 갓 입문한 프로그래머들은 상속의 매력에 도취된 나머지 모든 설계에 상속을 적용하려고 시도한다.

시간이 흐르고 객체지향에 대한 이해가 깊어지면서 사람들은 코드를 재사용하기 위해 맹목적으로 상속을 사용하는 것이 위험하다는 사실을 깨닫기 시작했다. 상속이 코드 재사용이라는 측면에서 매우 강력한 도구인 것은 사실이지만 강력한 만큼 잘못 사용할 경우에 돌아오는 피해 역시 크다는 사실을 뼈저리게 경험한 것이다. 상속의 오용과 남용은 애플리케이션을 이해하고 확장하기 어렵게 만든다. 정말로 필요한 경우에만 상속을 사용하라.

상속은 코드 재사용과 관련된 대부분의 경우에 우아한 해결 방법이 아니다. 객체지향에 능숙한 개발자들은 상속의 단점을 피하면서도 코드를 재사용할 수 있는 더 좋은 방법이 있다는 사실을 알고 있다. 바로 합성이다.

합성과 유연한 설계

상속과 합성은 객체지향 프로그래밍에서 가장 널리 사용되는 코드 재사용 기법이다. 상속이 부모 클래스와 자식 클래스를 연결해서 부모 클래스의 코드를 재사용하는 데 비해 합성은 전체를 표현하는 객체가 부분을 표현하는 객체를 포함해서 부분 객체의 코드를 재사용한다. 상속에서 부모 클래스와 자식 클래스 사이의 의존성은 컴파일타임에 해결되지만 합성에서 두 객체 사이의 의존성은 런타임에 해결된다. 상속 관계는 is-a 관계라고 부르고 합성 관계는 has-a 관계라고 부른다. 상속과 합성은 코드 재사용이라는 동일한 목적을 가진다는 점을 제외하면 구현 방법부터 변경을 다루는 방식에 이르기까지 모든 면에서 도드라진 차이를 보인다.

상속을 이용하면 자식 클래스의 정의에 부모 클래스의 이름을 덧붙이는 것만으로 부모 클래스의 코드를 재사용할 수 있게 된다. 상속을 통해 자식 클래스는 부모 클래스의 정의 대부분을 물려받게 되며 부모 클래스와 다른 부분만 추가하거나 재정의함으로써 기존 코드를 쉽게 확장할 수 있다. 그러나 상속을 제대로 활용하기 위해서는 부모 클래스의 내부 구현에 대해 상세하게 알아야 하기 때문에 자식 클래스와 부모 클래스 사이의 결합도가 높아질 수밖에 없다. 결과적으로 상속은 코드를 재사용할 수 있는 쉽고 간단한 방법일지는 몰라도 우아한 방법이라고 할 수는 없다.

합성은 구현에 의존하지 않는다는 점에서 상속과 다르다. 합성은 내부에 포함되는 객체의 구현이 아닌 퍼블릭 인터페이스에 의존한다. 따라서 합성을 이용하면 포함된 객체의 내부 구현이 변경되더라도 영향을 최소화할 수 있기 때문에 변경에 더 안정적인 코드를 얻을 수 있게 된다.

상속 관계는 클래스 사이의 정적인 관계인 데 비해 합성 관계는 객체 사이의 동적인 관계다. 이 차이점은 생각보다 중요한데, 코드 작성 시점에 결정한 상속 관계는 변경이 불가능하지만 합성 관계는 실행 시점에 동적으로 변경할 수 있기 때문이다. 따라서 상속 대신 합성을 사용하면 변경하기 쉽고 유연한 설계를 얻을 수 있다.

물론 상속보다 합성을 이용하는 것이 구현 관점에서 좀 더 번거롭고 복잡하게 느껴질 수도 있다. 하지만 설계는 변경과 관련된 것이라는 점을 기억하라. 변경에 유연하게 대처할 수 있는 설계가 대부분의 경우에 정답일 가능성이 높다. 따라서 다음과 같이 정리할 수 있다.

> [코드 재사용을 위해서는] 객체 합성이 클래스 상속보다 더 좋은 방법이다[GOF94].

상속과 합성은 재사용의 대상이 다르다. 상속은 부모 클래스 안에 구현된 코드 자체를 재사용하지만 합성은 포함되는 객체의 퍼블릭 인터페이스를 재사용한다. 따라서 상속 대신 합성을 사용하면 구현에 대한 의존성을 인터페이스에 대한 의존성으로 변경할 수 있다. 다시 말해서 클래스 사이의 높은 결합도를 객체 사이의 낮은 결합도로 대체할 수 있는 것이다.

> 객체지향 시스템에서 기능을 재사용할 수 있는 가장 대표적인 기법은 클래스 상속(class inheritance)과 객체 합성(object composition)이다. … 클래스 상속은 다른 클래스를 이용해서 한 클래스의 구현을 정의하는 것이다. 서브클래싱에 의한 재사용을 화이트박스 재사용(white-box reuse)이라고 부른다. 화이트박스라는 말은 가시성 때문에 나온 말이다. 상속을 받으면 부모 클래스의 내부가 자식 클래스에 공개되기 때문에 화이트박스인 셈이다.
>
> 객체 합성은 클래스 상속의 대안이다. 새로운 기능을 위해 객체들을 합성한다. 객체를 합성하려면 합성할 객체들의 인터페이스를 명확하게 정의해야만 한다. 이런 스타일의 재사용을 블랙박스 재사용(black-box reuse)이라고 하는데, 객체의 내부는 공개되지 않고 인터페이스를 통해서만 재사용되기 때문이다[GOF94].

01 상속을 합성으로 변경하기

10장에서 코드 재사용을 위해 상속을 남용했을 때 직면할 수 있는 세 가지 문제점을 살펴봤다.

불필요한 인터페이스 상속 문제

자식 클래스에게는 부적합한 부모 클래스의 오퍼레이션이 상속되기 때문에 자식 클래스 인스턴스의 상태가 불안정해지는 문제. JDK에 포함된 `java.util.Properties`와 `java.util.Stack`의 예를 살펴봤다.

메서드 오버라이딩의 오작용 문제

자식 클래스가 부모 클래스의 메서드를 오버라이딩할 때 자식 클래스가 부모 클래스의 메서드 호출 방법에 영향을 받는 문제. `java.util.HasSet`을 상속받은 `InstrumentedHashSet`을 예로 들었다.

부모 클래스와 자식 클래스의 동시 수정 문제

부모 클래스와 자식 클래스 사이의 개념적인 결합으로 인해 부모 클래스를 변경할 때 자식 클래스도 함께 변경해야 하는 문제. `Playlist`를 상속받은 `PersonalPlaylist`의 예를 살펴봤다.

합성을 사용하면 상속이 초래하는 세 가지 문제점을 해결할 수 있다. 상속을 합성으로 바꾸는 방법은 매우 간단한데 자식 클래스에 선언된 상속 관계를 제거하고 부모 클래스의 인스턴스를 자식 클래스의 인스턴스 변수로 선언하면 된다.

이제 10장에서 소개한 상속 예제를 합성 관계로 바꿔보자.

불필요한 인터페이스 상속 문제: java.util.Properties와 java.util.Stack

먼저 `Hashtable` 클래스와 `Properties` 클래스 사이의 상속 관계를 합성 관계로 바꿔보자. `Properties` 클래스에서 상속 관계를 제거하고 `Hashtable`을 `Properties`의 인스턴스 변수로 포함시키면 합성 관계로 변경할 수 있다.

```java
public class Properties {
  private Hashtable<String, String> properties = new Hashtable ◇();

  public String setProperty(String key, String value) {
    return properties.put(key, value);
  }

  public String getProperty(String key) {
    return properties.get(key);
  }
}
```

이제 더 이상 불필요한 `Hashtable`의 오퍼레이션들이 `Properties` 클래스의 퍼블릭 인터페이스를 오염시키지 않는다. 클라이언트는 오직 `Properties`에서 정의한 오퍼레이션만 사용할 수 있다. `Properties`의 클라이언트는 모든 타입의 키와 값을 저장할 수 있는 Hashtable의 오퍼레이션을 사용할 수 없기 때문에 String 타입의 키와 값만 허용하는 Properties의 규칙을 어길 위험성은 사라진다.

내부 구현에 밀접하게 결합되는 상속과 달리 합성으로 변경한 Properties는 Hashtable의 내부 구현에 관해 알지 못한다. 단지 Properties는 get과 set 오퍼레이션이 포함된 퍼블릭 인터페이스를 통해서만 Hashtable과 협력할 수 있을 뿐이다.

Vector를 상속받는 Stack 역시 Vector의 인스턴스 변수를 Stack 클래스의 인스턴스 변수로 선언함으로써 합성 관계로 변경할 수 있다.

```java
public class Stack<E> {
  private Vector<E> elements = new Vector<>();

  public E push(E item) {
    elements.addElement(item);
    return item;
  }

  public E pop() {
    if (elements.isEmpty()) {
      throw new EmptyStackException();
    }
    return elements.remove(elements.size() - 1);
  }
}
```

이제 Stack의 퍼블릭 인터페이스에는 불필요한 Vector의 오퍼레이션들이 포함되지 않는다. 클라이언트는 더 이상 임의의 위치에 요소를 추가하거나 삭제할 수 없다. 따라서 마지막 위치에서만 요소를 추가하거나 삭제할 수 있다는 Stack의 규칙을 어길 수 없게 된다. 합성 관계로 변경함으로써 클라이언트가 Stack을 잘못 사용할 수도 있다는 가능성을 깔끔하게 제거한 것이다.

메서드 오버라이딩의 오작용 문제: InstrumentedHashSet

InstrumentedHashSet도 같은 방법을 사용해서 합성 관계로 변경할 수 있다. HashSet 인스턴스를 내부에 포함한 후 HashSet의 퍼블릭 인터페이스에서 제공하는 오퍼레이션들을 이용해 필요한 기능을 구현하면 된다.

```java
public class InstrumentedHashSet<E> {
  private int addCount = 0;
  private Set<E> set;

  public InstrumentedHashSet(Set<E> set) {
    this.set = set;
  }

  public boolean add(E e) {
    addCount++;
    return set.add(e);
  }

  public boolean addAll(Collection<? extends E> c) {
    addCount += c.size();
    return set.addAll(c);
  }

  public int getAddCount() {
    return addCount;
  }
}
```

여기까지만 보면 앞에서 살펴본 Properties와 Stack을 변경하던 과정과 동일하게 보일 것이다. 하지만, InstrumentedHashSet의 경우에는 다른 점이 한 가지 있다. Properties와 Stack을 합성으로 변경한 이유는 불필요한 오퍼레이션들이 퍼블릭 인터페이스에 스며드는 것을 방지하기 위해서다. 하지만 InstrumentedHashSet의 경우에는 HashSet이 제공하는 퍼블릭 인터페이스를 그대로 제공해야 한다.

HashSet에 대한 구현 결합도는 제거하면서도 퍼블릭 인터페이스는 그대로 상속받을 수 있는 방법은 없을까? 다행스럽게도 자바의 인터페이스를 사용하면 이 문제를 해결할 수 있다. HashSet은 Set 인터페이스를 실체화하는 구현체 중 하나이며, InstrumentedHashSet이 제공해야 하는 모든 오퍼레이션들은 Set 인터페이스에 정의돼 있다. 따라서 InstrumentedHashSet이 Set 인터페이스를 실체화하면서 내부에 HashSet의 인스턴스를 합성하면 HashSet에 대한 구현 결합도는 제거하면서도 퍼블릭 인터페이스는 그대로 유지할 수 있다.

```java
public class InstrumentedHashSet<E> implements Set<E> {
  private int addCount = 0;
  private Set<E> set;

  public InstrumentedHashSet(Set<E> set) {
    this.set = set;
  }

  @Override
  public boolean add(E e) {
    addCount++;
    return set.add(e);
  }

  @Override
  public boolean addAll(Collection<? extends E> c) {
    addCount += c.size();
    return set.addAll(c);
  }

  public int getAddCount() {
    return addCount;
  }

  @Override public boolean remove(Object o) { return set.remove(o); }
  @Override public void clear() { set.clear(); }
  @Override public boolean equals(Object o) { return set.equals(o); }
  @Override public int hashCode() { return set.hashCode(); }
  @Override public Spliterator<E> spliterator() { return set.spliterator(); }
  @Override public int size() { return set.size(); }
  @Override public boolean isEmpty() { return set.isEmpty(); }
  @Override public boolean contains(Object o) { return set.contains(o); }
  @Override public Iterator<E> iterator() { return set.iterator(); }
  @Override public Object[] toArray() { return set.toArray(); }
  @Override public <T> T[] toArray(T[] a) { return set.toArray(a);}
  @Override public boolean containsAll(Collection<?> c) { return set.containsAll(c); }
  @Override public boolean retainAll(Collection<?> c) { return set.retainAll(c); }
  @Override public boolean removeAll(Collection<?> c) { return set.removeAll(c); }
}
```

InstrumentedHashSet의 코드를 보면 Set의 오퍼레이션을 오버라이딩한 인스턴스 메서드에서 내부의 HashSet 인스턴스에게 동일한 메서드 호출을 그대로 전달한다는 것을 알 수 있다. 이를 **포워딩(forwarding)**이라 부르고 동일한 메서드를 호출하기 위해 추가된 메서드를 **포워딩 메서드(forwarding method)**[Bloch08]라고 부른다. 포워딩은 기존 클래스의 인터페이스를 그대로 외부에 제공하면서 구현에 대한 결합 없이 일부 작동 방식을 변경하고 싶은 경우에 사용할 수 있는 유용한 기법이다.

부모 클래스와 자식 클래스의 동시 수정 문제: PersonalPlaylist

안타깝게도 Playlist의 경우에는 합성으로 변경하더라도 가수별 노래 목록을 유지하기 위해 Playlist와 PersonalPlaylist를 함께 수정해야 하는 문제가 해결되지는 않는다.

```
public class PersonalPlaylist {
  private Playlist playlist = new Playlist();

  public void append(Song song) {
    playlist.append(song);
  }

  public void remove(Song song) {
    playlist.getTracks().remove(song);
    playlist.getSingers().remove(song.getSinger());
  }
}
```

그렇다고 하더라도 여전히 상속보다는 합성을 사용하는 게 더 좋은데, 향후에 Playlist의 내부 구현을 변경하더라도 파급효과를 최대한 PersonalPlaylist 내부로 캡슐화할 수 있기 때문이다. 대부분의 경우 구현에 대한 결합보다는 인터페이스에 대한 결합이 더 좋다는 사실을 기억하라.

> **몽키 패치**
>
> **몽키 패치(Monkey Patch)**란 현재 실행 중인 환경에만 영향을 미치도록 지역적으로 코드를 수정하거나 확장하는 것을 가리킨다. 여러분에게 Playlist의 코드를 수정할 권한이 없거나 소스코드가 존재하지 않는다고 하더라도 몽키 패치가 지원되는 환경이라면 Playlist에 직접 remove 메서드를 추가하는 것이 가능하다.

루비 같은 동적 타입 언어에서는 이미 완성된 클래스에도 기능을 추가할 수 있는 열린 클래스(Open Class)라는 개념을 제공하는데, 이 역시 몽키 패치의 일종으로 볼 수 있다. C#의 확장 메서드(Extension Method)와 스칼라의 암시적 변환(implicit conversion) 역시 몽키 패치를 위해 사용할 수 있다. 자바는 언어 차원에서 몽키 패치를 지원하지 않기 때문에 바이트코드를 직접 변환하거나 AOP(Aspect-Oriented Programming)를 이용해 몽키 패치를 구현하고 있다.

이번 장을 시작할 때 상속과 비교해서 합성은 안정성과 유연성이라는 장점을 제공한다고 말했다. 지금까지는 합성을 사용해서 변경에 불안정한 코드를 안정적으로 유지하는 방법을 살펴봤다. 이제 두 번째 장점인 유연성을 살펴보자. 이 경우에도 핵심은 동일하다. 구현이 아니라 인터페이스에 의존하면 설계가 유연해진다는 것이다.

02 상속으로 인한 조합의 폭발적인 증가

상속으로 인해 결합도가 높아지면 코드를 수정하는 데 필요한 작업의 양이 과도하게 늘어나는 경향이 있다. 가장 일반적인 상황은 작은 기능들을 조합해서 더 큰 기능을 수행하는 객체를 만들어야 하는 경우다. 일반적으로 다음과 같은 두 가지 문제점이 발생한다.

- 하나의 기능을 추가하거나 수정하기 위해 불필요하게 많은 수의 클래스를 추가하거나 수정해야 한다.
- 단일 상속만 지원하는 언어에서는 상속으로 인해 오히려 중복 코드의 양이 늘어날 수 있다.

합성을 사용하면 상속으로 인해 발생하는 클래스의 증가와 중복 코드 문제를 간단하게 해결할 수 있다. 코드를 통해 살펴보자.

기본 정책과 부가 정책 조합하기

10장에서 소개했던 핸드폰 과금 시스템에 새로운 요구사항을 추가해보자. 현재 시스템에는 일반 요금제와 심야 할인 요금제라는 두 가지 종류의 요금제가 존재한다. 새로운 요구사항은 이 두 요금제에 부가 정책을 추가하는 것이다. 지금부터는 핸드폰 요금제가 '기본 정책'과 '부가 정책'을 조합해서 구성된다고 가정할 것이다.

기본 정책		부가 정책	
일반 요금제	심야 할인 요금제	세금 정책	기본 요금 할인 정책

그림 11.1 기본 정책과 부가 정책의 종류

기본 정책은 가입자의 통화 정보를 기반으로 한다. 기본 정책은 가입자의 한달 통화량을 기준으로 부과할 요금을 계산한다. 앞 장에서 소개한 '일반 요금제'와 '심야 할인 요금제'는 통화량을 기반으로 요금을 계산하기 때문에 기본 정책으로 분류된다.

부가 정책은 통화량과 무관하게 기본 정책에 선택적으로 추가할 수 있는 요금 방식을 의미한다. 10장에서 살펴봤던 세금을 부과하는 정책이 바로 부가 정책에 해당한다. 앞으로 이 정책을 '세금 정책'이라고 부를 것이다. 부가 정책에는 세금 정책 외에도 최종 계산된 요금에서 일정 금액을 할인해 주는 '기본 요금 할인 정책'도 존재한다.

이번 주제를 이해하기 위해서는 부가 정책이 다음과 같은 특성을 가진다는 것을 기억해야 한다.

기본 정책의 계산 결과에 적용된다

세금 정책은 기본 정책인 RegularPhone이나 NightlyDiscountPhone의 계산이 끝난 결과에 세금을 부과한다.

선택적으로 적용할 수 있다

기본 정책의 계산 결과에 세금 정책을 적용할 수도 있고 적용하지 않을 수도 있다.

조합 가능하다

기본 정책에 세금 정책만 적용하는 것도 가능하고, 기본 요금 할인 정책만 적용하는 것도 가능하다. 또한 세금 정책과 기본 요금 할인 정책을 함께 적용하는 것도 가능해야 한다.

부가 정책은 임의의 순서로 적용 가능하다

기본 정책에 세금 정책과 기본 요금 할인 정책을 함께 적용할 경우 세금 정책을 적용한 후에 기본 요금 할인 정책을 적용할 수도 있고, 기본 요금 할인 정책을 적용한 후에 세금 정책을 적용할 수도 있다.

그림 11.2는 현재의 기본 정책과 부가 정책을 조합해서 만들 수 있는 모든 요금 정책의 종류를 그림으로 표현한 것이다. 그림을 통해 알 수 있는 것처럼 이 요구사항을 구현하는 데 가장 큰 장벽은 기본 정책과 부가 정책의 조합 가능한 수가 매우 많다는 것이다. 따라서 설계는 다양한 조합을 수용할 수 있도록 유연해야 한다.

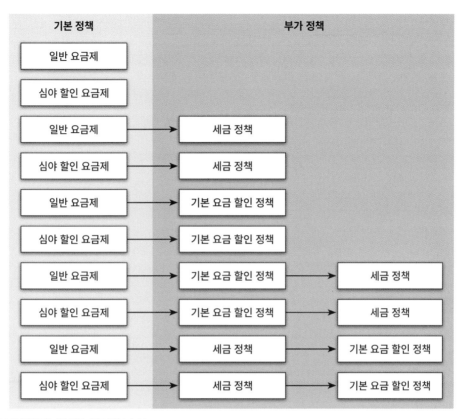

그림 11.2 조합 가능한 모든 요금 계산 순서

상속을 이용해서 기본 정책 구현하기

상속을 이용해서 기본 정책과 부가 정책을 구현해보자. 기본 정책은 Phone 추상 클래스를 루트로 삼는 기존의 상속 계층을 그대로 이용할 것이다. 일반 요금제를 구현하는 RegularPhone과 심야 할인 요금제를 구현하는 NightlyDiscountPhone은 Phone의 자식 클래스로 구현한다.

아래 코드는 10장에서 구현한 Phone 상속 계층을 그대로 옮겨온 것으로서 기본 정책은 아래의 세 클래스로 구성된다.

```
public abstract class Phone {
    private List<Call> calls = new ArrayList<>();

    public Money calculateFee() {
        Money result = Money.ZERO;
```

```java
    for(Call call : calls) {
      result = result.plus(calculateCallFee(call));
    }

    return result;
  }

  abstract protected Money calculateCallFee(Call call);
}

public class RegularPhone extends Phone {
  private Money amount;
  private Duration seconds;

  public RegularPhone(Money amount, Duration seconds) {
    this.amount = amount;
    this.seconds = seconds;
  }

  @Override
  protected Money calculateCallFee(Call call) {
    return amount.times(call.getDuration().getSeconds() / seconds.getSeconds());
  }
}

public class NightlyDiscountPhone extends Phone {
  private static final int LATE_NIGHT_HOUR = 22;

  private Money nightlyAmount;
  private Money regularAmount;
  private Duration seconds;

  public NightlyDiscountPhone(Money nightlyAmount, Money regularAmount, Duration seconds) {
    this.nightlyAmount = nightlyAmount;
    this.regularAmount = regularAmount;
    this.seconds = seconds;
  }

  @Override
  protected Money calculateCallFee(Call call) {
    if (call.getFrom().getHour() >= LATE_NIGHT_HOUR) {
```

```
      return nightlyAmount.times(call.getDuration().getSeconds() / seconds.getSeconds());
    }

    return regularAmount.times(call.getDuration().getSeconds() / seconds.getSeconds());
  }
}
```

RegularPhone과 NightlyDiscountPhone의 인스턴스만 단독으로 생성한다는 것은 부가 정책은 적용하지 않고 오직 기본 정책만으로 요금을 계산한다는 것을 의미한다.

기본 정책에 세금 정책 조합하기

만약 일반 요금제에 세금 정책을 조합해야 한다면 어떻게 해야 할까? 가장 간단한 방법은 RegularPhone 클래스를 상속받은 TaxableRegularPhone 클래스를 추가하는 것이다. TaxableRegularPhone 클래스는 부모 클래스의 calculateFee 메서드를 오버라이딩한 후 super 호출을 통해 부모 클래스에게 calculateFee 메시지를 전송한다. RegularPhone의 calculateFee 메서드는 일반 요금제 규칙에 따라 계산된 요금을 반환하므로 이 반환값에 세금을 부과해서 반환하면 일반 요금제와 세금 정책을 조합한 요금을 계산할 수 있다.

```java
public class TaxableRegularPhone extends RegularPhone {
  private double taxRate;

  public TaxableRegularPhone(Money amount, Duration seconds, double taxRate) {
    super(amount, seconds);
    this.taxRate = taxRate;
  }

  @Override
  public Money calculateFee() {
    Money fee = super.calculateFee();
    return fee.plus(fee.times(taxRate));
  }
}
```

부모 클래스의 메서드를 재사용하기 위해 super 호출을 사용하면 원하는 결과를 쉽게 얻을 수는 있지만 자식 클래스와 부모 클래스 사이의 결합도가 높아지고 만다. 결합도를 낮추는 방법은 자식 클래스가 부모 클래스의 메서드를 호출하지 않도록 부모 클래스에 추상 메서드를 제공하는 것이다. 부모 클래스가 자신이 정의한 추상 메서드를 호출하고 자식 클래스가 이 메서드를 오버라이딩해서 부모 클래스가 원하는 로직을 제공하도록 수정하면 부모 클래스와 자식 클래스 사이의 결합도를 느슨하게 만들 수 있다. 이 방법은 자식 클래스가 부모 클래스의 구체적인 구현이 아니라 필요한 동작의 명세를 기술하는 추상화에 의존하도록 만든다.

먼저 Phone 클래스에 새로운 추상 메서드인 afterCalculated를 추가하자. 이 메서드는 자식 클래스에게 전체 요금을 계산한 후에 수행할 로직을 추가할 수 있는 기회를 제공한다.

```java
public abstract class Phone {
  private List<Call> calls = new ArrayList<>();

  public Money calculateFee() {
    Money result = Money.ZERO

    for(Call call : calls) {
      result = result.plus(calculateCallFee(call));
    }

    return afterCalculated(result);
  }

  protected abstract Money calculateCallFee(Call call);
  protected abstract Money afterCalculated(Money fee);
}
```

자식 클래스는 afterCalculated 메서드를 오버라이딩해서 계산된 요금에 적용할 작업을 추가한다. 일반 요금제를 구현하는 RegularPhone은 요금을 수정할 필요가 없기 때문에 afterCalculated 메서드에서 파라미터로 전달된 요금을 그대로 반환하도록 구현한다.

```java
public class RegularPhone extends Phone {
  private Money amount;
  private Duration seconds;

  public RegularPhone(Money amount, Duration seconds) {
    this.amount = amount;
    this.seconds = seconds;
  }
```

```
    @Override
    protected Money calculateCallFee(Call call) {
      return amount.times(call.getDuration().getSeconds() / seconds.getSeconds());
    }

    @Override
    protected Money afterCalculated(Money fee) {
      return fee;
    }
}
```

심야 할인 요금제를 구현하는 NightlyDiscountPhone 클래스 역시 수정해야 한다.

```
public class NightlyDiscountPhone extends Phone {
  private static final int LATE_NIGHT_HOUR = 22;

  private Money nightlyAmount;
  private Money regularAmount;
  private Duration seconds;

  public NightlyDiscountPhone(Money nightlyAmount, Money regularAmount, Duration seconds) {
    this.nightlyAmount = nightlyAmount;
    this.regularAmount = regularAmount;
    this.seconds = seconds;
  }

  @Override
  protected Money calculateCallFee(Call call) {
    if (call.getFrom().getHour() >= LATE_NIGHT_HOUR) {
      return nightlyAmount.times(call.getDuration().getSeconds() / seconds.getSeconds());
    } else {
      return regularAmount.times(call.getDuration().getSeconds() / seconds.getSeconds());
    }
  }

  @Override
  protected Money afterCalculated(Money fee) {
    return fee;
  }
}
```

위 코드에서 알 수 있는 것처럼 부모 클래스에 추상 메서드를 추가하면 모든 자식 클래스들이 추상 메서드를 오버라이딩해야 하는 문제가 발생한다. 자식 클래스의 수가 적다면 큰 문제가 아니겠지만 자식 클래스의 수가 많을 경우에는 꽤나 번거로운 일이 될 수밖에 없다.

모든 추상 메서드의 구현이 동일하다는 사실에도 주목하기 바란다. 유연성은 유지하면서도 중복 코드를 제거할 수 있는 방법은 Phone에서 afterCalculated 메서드에 대한 기본 구현을 함께 제공하는 것이다. 이제 RegularPhone과 NightlyDiscountPhone 클래스에서는 afterCalculated 메서드를 오버라이딩할 필요가 없다.

```
public abstract class Phone {
  ...
  protected Money afterCalculated(Money fee) {
    return fee;
  }

  protected abstract Money calculateCallFee(Call call);
}
```

추상 메서드와 훅 메서드

개방-폐쇄 원칙을 만족하는 설계를 만들 수 있는 한 가지 방법은 부모 클래스에 새로운 추상 메서드를 추가하고 부모 클래스의 다른 메서드 안에서 호출하는 것이다. 자식 클래스는 추상 메서드를 오버라이딩하고 자신만의 로직을 구현해서 부모 클래스에서 정의한 플로우에 개입할 수 있게 된다. 처음에 Phone 클래스에서 추상 메서드인 calculateFee와 afterCalculated를 선언하고 자식 클래스에서 두 메서드를 오버라이딩한 것 역시 이 방식을 응용한 것이다.

추상 메서드의 단점은 상속 계층에 속하는 모든 자식 클래스가 추상 메서드를 오버라이딩해야 한다는 것이다. 대부분의 자식 클래스가 추상 메서드를 동일한 방식으로 구현한다면 상속 계층 전반에 걸쳐 중복 코드가 존재하게 될 것이다. 해결 방법은 메서드에 기본 구현을 제공하는 것이다. 이처럼 추상 메서드와 동일하게 자식 클래스에서 오버라이딩할 의도로 메서드를 추가했지만 편의를 위해 기본 구현을 제공하는 메서드를 **훅 메서드**(hook method)라고 부른다. 예제에서 기본 구현을 가지도록 수정된 afterCalculated 메서드가 바로 훅 메서드다.

TaxableRegularPhone을 수정할 차례다. TaxableRegularPhone은 RegularPhone이 계산한 요금에 세금을 부과한다. 다음과 같이 afterCalculated 메서드를 오버라이딩한 후 fee에 세금을 더해서 반환하도록 구현하자.

```
public class TaxableRegularPhone extends RegularPhone {
  private double taxRate;

  public TaxableRegularPhone(Money amount, Duration seconds, double taxRate) {
    super(amount, seconds);
    this.taxRate = taxRate;
  }

  @Override
  protected Money afterCalculated(Money fee) {
    return fee.plus(fee.times(taxRate));
  }
}
```

이제 심야 할인 요금제인 NightlyDiscountPhone에도 세금을 부과할 수 있도록 NightlyDiscountPhone의 자식 클래스인 TaxableNightlyDiscountPhone을 추가하자.

```
public class TaxableNightlyDiscountPhone extends NightlyDiscountPhone {
  private double taxRate;

  public TaxableNightlyDiscountPhone(Money nightlyAmount,
      Money regularAmount, Duration seconds, double taxRate) {
    super(nightlyAmount, regularAmount, seconds);
    this.taxRate = taxRate;
  }

  @Override
  protected Money afterCalculated(Money fee) {
    return fee.plus(fee.times(taxRate));
  }
}
```

그림 11.3은 Phone의 상속 계층에 세금 정책을 추가한 상속 계층을 다이어그램으로 표현한 것이다. 세금을 부과하지 않고 일반 요금제 단독으로 사용하고 싶다면 RegularPhone 인스턴스를 생성하면 된다. 일반 요금제에 세금 정책을 조합하고 싶다면 TaxableRegularPhone 인스턴스를 생성하면 된다. 세금을 부과하지 않고 심야 할인 요금제만 단독으로 사용하고 싶다면 NightlyDiscountPhone 인스턴스를 생성하면 된다. 심야 할인 요금제에 세금을 조합하고 싶다면 TaxableNightlyDiscountPhone 인스턴스를 생성하면 된다.

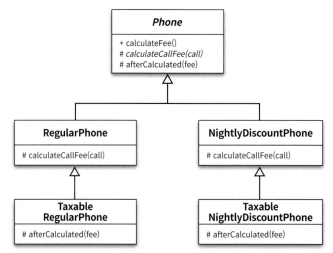

그림 11.3 요금제에 세금 정책을 추가한 상속 계층

문제는 TaxableNightlyDiscountPhone과 TaxableRegularPhone 사이에 코드를 중복했다는 것이다. 두 클래스의 코드를 자세히 살펴보면 부모 클래스의 이름을 제외하면 대부분의 코드가 거의 동일하다는 사실을 알 수 있을 것이다. 사실 자바를 비롯한 대부분의 객체지향 언어는 단일 상속만 지원하기 때문에 상속으로 인해 발생하는 중복 코드 문제를 해결하기가 쉽지 않다.

기본 정책에 기본 요금 할인 정책 조합하기

이번에는 두 번째 부가 정책인 기본 요금 할인 정책을 Phone의 상속 계층에 추가해보자. 기본 요금 할인 정책이란 매달 청구되는 요금에서 고정된 요금을 차감하는 부가 정책을 가리킨다. 예를 들어, 매달 1000원을 할인해주는 요금제가 있다면 이 요금제에는 부가 정책으로 기본 요금 할인 정책이 조합돼 있다고 볼 수 있다.

일반 요금제와 기본 요금 할인 정책을 조합하고 싶다면 RegularPhone을 상속받는 RateDiscountableRegularPhone 클래스를 추가하면 된다.

```java
public class RateDiscountableRegularPhone extends RegularPhone {
    private Money discountAmount;

    public RateDiscountableRegularPhone(Money amount, Duration seconds, Money discountAmount) {
        super(amount, seconds);
        this.discountAmount = discountAmount;
    }
```

```
  @Override
  protected Money afterCalculated(Money fee) {
    return fee.minus(discountAmount);
  }
}
```

심야 할인 요금제와 기본 요금 할인 정책을 조합하고 싶다면 `NightlyDiscountPhone`을 상속받는 `RateDisc`
`ountableNightlyDiscountPhone` 클래스를 추가하면 된다.

```
public class RateDiscountableNightlyDiscountPhone extends NightlyDiscountPhone {
  private Money discountAmount;

  public RateDiscountableNightlyDiscountPhone(Money nightlyAmount,
      Money regularAmount, Duration seconds, Money discountAmount) {
    super(nightlyAmount, regularAmount, seconds);
    this.discountAmount = discountAmount;
  }

  @Override
  protected Money afterCalculated(Money fee) {
    return fee.minus(discountAmount);
  }
}
```

그림 11.4는 기본 요금 할인 정책을 추가한 후의 상속 계층을 표현한 것이다. 세금 정책과 마찬가지로
어떤 클래스를 선택하느냐에 따라 적용하는 요금제의 조합이 결정된다는 사실을 알 수 있다.

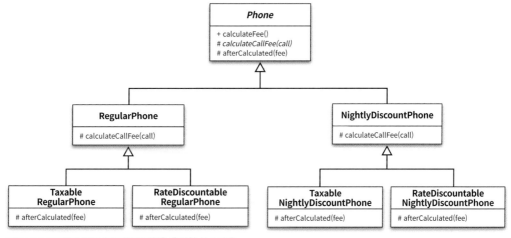

그림 11.4 요금제에 기본 요금 할인 정책을 추가한 상속 계층

하지만 이번에도 부가 정책을 구현한 RateDiscountableRegularPhone 클래스와 RateDiscountableNightlyDiscountPhone 클래스 사이에 중복 코드를 추가했다. 이제 이 중복 코드가 어떤 문제를 초래하는지 살펴보자.

중복 코드의 덫에 걸리다

부가 정책은 자유롭게 조합할 수 있어야 하고 적용되는 순서 역시 임의로 결정할 수 있어야 한다. 이 요구사항에 따르면 앞에서 구현한 세금 정책과 기본 요금 할인 정책을 함께 적용하는 것도 가능해야 하고, 세금 정책을 적용한 후에 기본 요금 할인 정책을 적용하거나 기본 요금 할인 정책을 적용한 후에 세금 정책을 적용하는 것도 가능해야 한다.

상속을 이용한 해결 방법은 모든 가능한 조합별로 자식 클래스를 하나씩 추가하는 것이다. 만약 일반 요금제의 계산 결과에 세금 정책을 조합한 후 기본 요금 할인 정책을 추가하고 싶다면 TaxableRegularPhone을 상속받는 새로운 자식 클래스인 TaxableAndRateDiscountableRegularPhone을 추가해야 한다.

```
public class TaxableAndRateDiscountableRegularPhone extends TaxableRegularPhone {
  private Money discountAmount;

  public TaxableAndRateDiscountableRegularPhone(Money amount,
      Duration seconds, double taxRate, Money discountAmount) {
    super(amount, seconds, taxRate);
    this.discountAmount = discountAmount;
  }

  @Override
  protected Money afterCalculated(Money fee) {
    return super.afterCalculated(fee).minus(discountAmount);
  }
}
```

TaxableAndRateDiscountableRegularPhone의 afterCalculated 메서드는 부모 클래스인 TaxableRegularPhone의 afterCalculated 메서드를 호출해서 세금이 부과된 요금을 계산한 후 기본 요금 할인 정책을 적용한다. 따라서 세금을 부과하고 나서 기본 요금 할인을 적용하는 순서로 정책을 조합할 수 있다.

표준 요금제에 기본 요금 할인 정책을 먼저 적용한 후 세금을 나중에 부과하고 싶다면 RateDiscountable
RegularPhone을 상속받는 RateDiscountableAndTaxableRegularPhone 클래스를 추가하면 된다.

```java
public class RateDiscountableAndTaxableRegularPhone extends RateDiscountableRegularPhone {
  private double taxRate;

  public RateDiscountableAndTaxableRegularPhone(Money amount,
      Duration seconds, Money discountAmount, double taxRate) {
    super(amount, seconds, discountAmount);
    this.taxRate = taxRate;
  }

  @Override
  protected Money afterCalculated(Money fee) {
    return super.afterCalculated(fee).plus(fee.times(taxRate));
  }
}
```

TaxableAndDiscountableNightlyDiscountPhone 클래스는 심야 할인 요금제의 계산 결과에 세금 정책을 적
용한 후 기본 요금 할인 정책을 적용하는 케이스를 구현한다.

```java
public class TaxableAndDiscountableNightlyDiscountPhone extends TaxableNightlyDiscountPhone {
  private Money discountAmount;

  public TaxableAndDiscountableNightlyDiscountPhone(Money nightlyAmount,
      Money regularAmount, Duration seconds, double taxRate, Money discountAmount) {
    super(nightlyAmount, regularAmount, seconds, taxRate);
    this.discountAmount = discountAmount;
  }

  @Override
  protected Money afterCalculated(Money fee) {
    return super.afterCalculated(fee).minus(discountAmount);
  }
}
```

마지막으로 RateDiscountableAndTaxableNightlyDiscountPhone 클래스는 심야 할인 요금제의 계산 결과
에 기본 요금 할인 정책을 적용한 후 세금 정책을 적용한다.

```
public class RateDiscountableAndTaxableNightlyDiscountPhone
    extends RateDiscountableNightlyDiscountPhone {
  private double taxRate;

  public RateDiscountableAndTaxableNightlyDiscountPhone(Money nightlyAmount, Money regularAmount,
      Duration seconds, Money discountAmount, double taxRate) {
    super(nightlyAmount, regularAmount, seconds, discountAmount);
    this.taxRate = taxRate;
  }

  @Override
  protected Money afterCalculated(Money fee) {
    return super.afterCalculated(fee).plus(fee.times(taxRate));
  }
}
```

그림 11.5는 현재까지 구현된 상속 계층을 그림으로 표현한 것이다. 꽤 복잡해 보이지 않는가? 하지만 복잡성보다 더 큰 문제가 있다. 바로 새로운 정책을 추가하기가 어렵다는 것이다. 현재의 설계에 새로운 정책을 추가하기 위해서는 불필요하게 많은 수의 클래스를 상속 계층 안에 추가해야 한다.

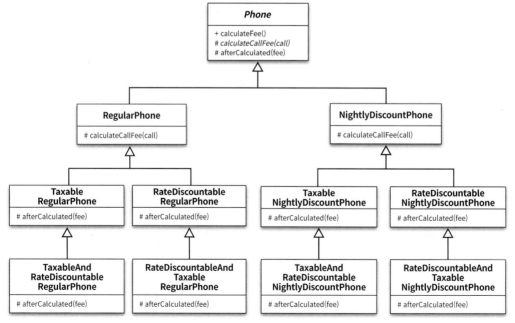

그림 11.5 요금과 관련된 모든 기본 정책과 부가 정책의 조합이 가능한 상속 계층

그림 11.5의 상속 계층에 새로운 기본 정책을 추가해야 한다고 가정해보자. 추가할 기본 정책은 '고정 요금제'로 FixedRatePhone이라는 클래스로 구현할 것이다. 모든 부가 정책은 기본 정책에 적용 가능해야 하며 조합 순서 역시 자유로워야 한다. 따라서 새로운 기본 정책을 추가하면 그에 따라 조합 가능한 부가 정책의 수만큼 새로운 클래스를 추가해야 한다.

그림 11.6은 새로운 기본 정책을 추가한 결과를 다이어그램으로 표현한 것이다. 그림에서 짙은 음영으로 표현한 클래스가 새로 추가된 클래스로서 고정 요금제 하나를 추가하기 위해 5개의 새로운 클래스를 추가했다는 것을 알 수 있다.

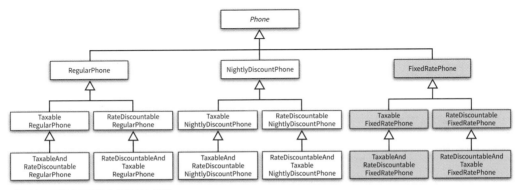

그림 11.6 고정 요금제를 추가한 상속 계층

이번에는 새로운 부가 정책을 추가하는 경우를 생각해보자. 여기서는 새로운 부가 정책으로 개통 후 일정 기간 동안 요금 일부를 할인해 주는 '약정 할인 정책'을 추가한다고 가정해보자. 문제는 기본 정책을 구현하는 RegularPhone, NightlyDiscountPhone, FixedRatePhone에 약정 할인 정책을 선택적으로 적용할 수 있어야 할뿐만 아니라 다른 부가 정책인 세금 정책, 기본 요금 할인 정책과도 임의 순서로 조합 가능해야 한다는 것이다. 그림 11.6의 상속 계층 안에 약정 할인 정책을 추가할 경우 몇 개의 클래스를 추가해야 하는지 고민해 보기 바란다.

이처럼 상속의 남용으로 하나의 기능을 추가하기 위해 필요 이상으로 많은 수의 클래스를 추가해야 하는 경우를 가리켜 **클래스 폭발(class explosion)**[Shalloway01] 문제 또는 **조합의 폭발 (combinational explosion)** 문제라고 부른다. 클래스 폭발 문제는 자식 클래스가 부모 클래스의 구현에 강하게 결합되도록 강요하는 상속의 근본적인 한계 때문에 발생하는 문제다. 컴파일타임에 결정된 자식 클래스와 부모 클래스 사이의 관계는 변경될 수 없기 때문에 자식 클래스와 부모 클래스의 다양한 조합이 필요한 상황에서 유일한 해결 방법은 조합의 수만큼 새로운 클래스를 추가하는 것뿐이다.

클래스 폭발 문제는 새로운 기능을 추가할 때뿐만 아니라 기능을 수정할 때도 문제가 된다. 만약 세금 정책을 변경해야 한다면 어떻게 해야 할까? 세금 정책과 관련된 코드가 여러 클래스 안에 중복돼 있기 때문에 세금 정책과 관련된 모든 클래스를 찾아 동일한 방식으로 수정해야 할 것이다. 이 클래스 중에서 하나라도 누락한다면 세금이 부과되지 않는 버그가 발생하고 말 것이다.

이 문제를 해결할 수 있는 최선의 방법은 상속을 포기하는 것이다.

03 합성 관계로 변경하기

상속 관계는 컴파일타임에 결정되고 고정되기 때문에 코드를 실행하는 도중에는 변경할 수 없다. 따라서 여러 기능을 조합해야 하는 설계에 상속을 이용하면 모든 조합 가능한 경우별로 클래스를 추가해야 한다. 이것이 바로 핸드폰 과금 시스템의 설계 과정에서 직면했던 클래스 폭발 문제다.

합성은 컴파일타임 관계를 런타임 관계로 변경함으로써 이 문제를 해결한다. 합성을 사용하면 구현이 아닌 퍼블릭 인터페이스에 대해서만 의존할 수 있기 때문에 런타임에 객체의 관계를 변경할 수 있다.

8장에서 컴파일타임 의존성과 런타임 의존성의 거리가 멀수록 설계가 유연해진다고 했던 것을 기억하라. 상속을 사용하는 것은 컴파일타임의 의존성과 런타임의 의존성을 동일하게 만들겠다고 선언하는 것이다. 따라서 상속을 사용하면 부모 클래스와 자식 클래스 사이의 관계가 정적으로 고정되기 때문에 실행 시점에 동적으로 관계를 변경할 수 있는 방법이 없다.

상속과 달리 합성 관계는 런타임에 동적으로 변경할 수 있다. 합성을 사용하면 컴파일타임 의존성과 런타임 의존성을 다르게 만들 수 있다. 사실 8장에서 살펴본 유연한 설계를 만들기 위한 대부분의 의존성 관리 기법은 상속이 아닌 합성을 기반으로 한다. 클래스 폭발 문제를 해결하기 위해 합성을 사용하는 이유는 런타임에 객체 사이의 의존성을 자유롭게 변경할 수 있기 때문이다.

사실 우리는 이미 행동을 조합하기 위해 합성을 이용하는 개념적인 방법에 관해 살펴본 적이 있다. 앞으로 돌아가 그림 11.2를 다시 살펴보자. 그림 11.2에서 기본 정책과 부가 정책을 독립적인 박스로 표현하고 순서에 따라 조합했다는 것에 주목하라.

이것이 바로 합성의 본질이다. 합성을 사용하면 구현 시점에 정책들의 관계를 고정시킬 필요가 없으며 실행 시점에 정책들의 관계를 유연하게 변경할 수 있게 된다. 상속이 조합의 결과를 개별 클래스 안으로 밀어 넣는 방법이라면 합성은 조합을 구성하는 요소들을 개별 클래스로 구현한 후 실행 시점에 인스턴스를 조립하는 방법을 사용하는 것이라고 할 수 있다. 컴파일 의존성에 속박되지 않고 다양한 방식의 런타임 의존성을 구성할 수 있다는 것이 합성이 제공하는 가장 커다란 장점인 것이다.

물론 컴파일타임 의존성과 런타임 의존성의 거리가 멀면 멀수록 설계의 복잡도가 상승하기 때문에 코드를 이해하기 어려워지는 것 역시 사실이다. 하지만 설계는 변경과 유지보수를 위해 존재한다는 사실을 기억하라. 설계는 트레이드오프의 산물이다. 대부분의 경우에는 단순한 설계가 정답이지만 변경에 따르는 고통이 복잡성으로 인한 혼란을 넘어서고 있다면 유연성의 손을 들어주는 것이 현명한 판단일 확률이 높다.

아이러니하게도 변경하기 편리한 설계를 만들기 위해 복잡성을 더하고 나면 원래의 설계보다 단순해지는 경우를 종종 볼 수 있다. 상속을 합성으로 변경한 핸드폰 과금 시스템이 바로 그런 경우다. 그 이유를 살펴보자.

기본 정책 합성하기

가장 먼저 해야 할 일은 각 정책을 별도의 클래스로 구현하는 것이다. 분리된 정책들을 연결할 수 있도록 합성 관계를 이용해서 구조를 개선하면 그림 11.2와 같이 실행 시점에 정책들을 조합할 수 있게 된다. 이를 위해서는 핸드폰이라는 개념으로부터 요금 계산 방법이라는 개념을 분리해야 한다.

먼저 기본 정책과 부가 정책을 포괄하는 RatePolicy 인터페이스를 추가하자. RatePolicy는 Phone을 인자로 받아 계산된 요금을 반환하는 calculateFee 오퍼레이션을 포함하는 간단한 인터페이스다.

```
public interface RatePolicy {
    Money calculateFee(Phone phone);
}
```

기본 정책부터 구현하자. 기본 정책을 구성하는 일반 요금제와 심야 할인 요금제는 개별 요금을 계산하는 방식을 제외한 전체 처리 로직이 거의 동일하다. 이 중복 코드를 담을 추상 클래스 BasicRatePolicy를 추가하자.

```
public abstract class BasicRatePolicy implements RatePolicy {
    @Override
    public Money calculateFee(Phone phone) {
        Money result = Money.ZERO;

        for(Call call : phone.getCalls()) {
            result.plus(calculateCallFee(call));
        }

        return result;
```

```
  }

  protected abstract Money calculateCallFee(Call call);
}
```

BasicRatePolicy의 기본 구현은 상속 버전의 Phone 클래스와 거의 동일하다. BasicRatePolicy의 자식 클래스는 추상 메서드인 calculateCallFee를 오버라이딩해서 Call의 요금을 계산하는 자신만의 방식을 구현할 수 있다.

먼저 일반 요금제를 구현하자. BasicRatePolicy의 자식 클래스로 RegularPolicy를 추가하자.

```
public class RegularPolicy extends BasicRatePolicy {
  private Money amount;
  private Duration seconds;

  public RegularPolicy(Money amount, Duration seconds) {
    this.amount = amount;
    this.seconds = seconds;
  }

  @Override
  protected Money calculateCallFee(Call call) {
    return amount.times(call.getDuration().getSeconds() / seconds.getSeconds());
  }
}
```

심야 할인 요금제를 구현하는 NightlyDiscountPolicy 클래스 역시 유사한 방식으로 구현할 수 있다.

```
public class NightlyDiscountPolicy extends BasicRatePolicy {
  private static final int LATE_NIGHT_HOUR = 22;

  private Money nightlyAmount;
  private Money regularAmount;
  private Duration seconds;

  public NightlyDiscountPolicy(Money nightlyAmount, Money regularAmount, Duration seconds) {
    this.nightlyAmount = nightlyAmount;
    this.regularAmount = regularAmount;
```

```
    this.seconds = seconds;
  }

  @Override
  protected Money calculateCallFee(Call call) {
    if (call.getFrom().getHour() >= LATE_NIGHT_HOUR) {
      return nightlyAmount.times(call.getDuration().getSeconds() / seconds.getSeconds());
    }

    return regularAmount.times(call.getDuration().getSeconds() / seconds.getSeconds());
  }
}
```

이제 기본 정책을 이용해 요금을 계산할 수 있도록 Phone을 수정하자.

```
public class Phone {
  private RatePolicy ratePolicy;
  private List<Call> calls = new ArrayList◇();

  public Phone(RatePolicy ratePolicy) {
    this.ratePolicy = ratePolicy;
  }

  public List<Call> getCalls() {
    return Collections.unmodifiableList(calls);
  }

  public Money calculateFee() {
    return ratePolicy.calculateFee(this);
  }
}
```

Phone 내부에 RatePolicy에 대한 참조자가 포함돼 있다는 것에 주목하라. 이것이 바로 합성이다. Phone
이 다양한 요금 정책과 협력할 수 있어야 하므로 요금 정책의 타입이 RatePolicy라는 인터페이스로 정
의돼 있다는 것에도 주목하라. Phone은 이 컴파일타임 의존성을 구체적인 런타임 의존성으로 대체하기
위해 생성자를 통해 RatePolicy의 인스턴스에 대한 의존성을 주입받는다. Phone의 경우처럼 다양한 종
류의 객체와 협력하기 위해 합성 관계를 사용하는 경우에는 합성하는 객체의 타입을 인터페이스나 추

상 클래스로 선언하고 의존성 주입을 사용해 런타임에 필요한 객체를 설정할 수 있도록 구현하는 것이 일반적이다.

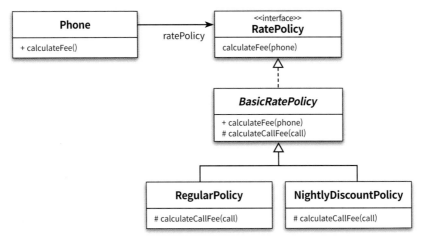

그림 11.7 합성 관계를 사용한 기본 정책의 전체적인 구조

일반 요금제의 규칙에 따라 통화 요금을 계산하고 싶다면 다음과 같이 Phone과 BasicRatePolicy의 인스턴스를 합성하면 된다.

```
Phone phone = new Phone(new RegularPolicy(Money.wons(10), Duration.ofSeconds(10)));
```

심야 할인 요금제의 규칙에 따라 통화 요금을 계산하고 싶다면 다음과 같이 Phone과 NightlyDiscountPolicy의 인스턴스를 합성하면 된다.

```
Phone phone = new Phone(new NightlyDiscountPolicy(Money.wons(5),
                        Money.wons(10), Duration.ofSeconds(10)));
```

합성을 사용하면 Phone과 연결되는 RatePolicy 인터페이스의 구현 클래스가 어떤 타입인지에 따라 요금을 계산하는 방식이 달라진다. 여기까지만 보면 단순히 원하는 클래스를 선택하는 상속보다 더 복잡해졌다는 생각이 들 수도 있을 것이다. 상속을 사용한 경우에는 어떤 클래스의 인스턴스를 조합해야 하는지 고민할 필요 없이 기본 요금제를 적용하고 싶은 경우에는 RegularPhone을, 심야 할인 요금제를 적용하고 싶은 경우에는 NightlyDiscountPhone의 인스턴스를 생성하면 됐기 때문이다. 하지만 현재의 설계에 부가 정책을 추가해 보면 합성의 강력함을 실감할 수 있을 것이다.

부가 정책 적용하기

일반 요금제를 적용한 경우에 생성된 인스턴스의 관계를 살펴보자. 그림 11.8에서 알 수 있는 것처럼 컴파일 시점의 Phone 클래스와 RatePolicy 인터페이스 사이의 관계가 런타임에 Phone 인스턴스와 RegularPolicy 인스턴스 사이의 관계로 대체됐다는 것을 알 수 있다.

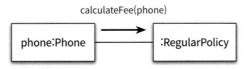

그림 11.8 기본 요금제의 인스턴스 관계

지금부터 할 일은 여기에 부가 정책을 추가하는 것이다. 부가 정책은 기본 정책에 대한 계산이 끝난 후에 적용된다는 것을 기억하라. 만약 그림 11.8에 세금 정책을 추가한다면 세금 정책은 RegularPolicy의 계산이 끝나고 Phone에게 반환되기 전에 적용돼야 한다. 따라서 그림 11.9와 같이 RegularPolicy와 Phone 사이에 세금 정책을 구현하는 TaxablePolicy 인스턴스를 연결해야 한다.

그림 11.9 기본 요금제에 세금 정책을 부과한 인스턴스 관계

만약 일반 요금제에 기본 요금 할인 정책을 적용한 후에 세금 정책을 적용해야 한다면 그림 11.10과 같은 순서로 인스턴스들을 연결해야 한다.

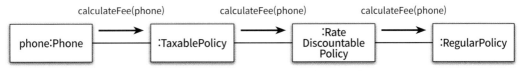

그림 11.10 기본 요금제에 기본 요금 할인 정책을 적용한 후 세금 정책을 부과한 인스턴스 관계

그림 11.9와 그림 11.10은 다음의 두 가지 제약에 따라 부가 정책을 구현해야 한다는 사실을 잘 보여준다.

- 부가 정책은 기본 정책이나 다른 부가 정책의 인스턴스를 참조할 수 있어야 한다. 다시 말해서 부가 정책의 인스턴스는 어떤 종류의 정책과도 합성될 수 있어야 한다.

- Phone의 입장에서는 자신이 기본 정책의 인스턴스에게 메시지를 전송하고 있는지, 부가 정책의 인스턴스에게 메시지를 전송하고 있는지를 몰라야 한다. 다시 말해서 기본 정책과 부가 정책은 협력 안에서 동일한 '역할'을 수행해야 한다. 이것은 부가 정책이 기본 정책과 동일한 RatePolicy 인터페이스를 구현해야 한다는 것을 의미한다.

요약하면 부가 정책은 RatePolicy 인터페이스를 구현해야 하며, 내부에 또 다른 RatePolicy 인스턴스를 합성할 수 있어야 한다.

부가 정책을 AdditionalRatePolicy 추상 클래스로 구현하자.

```java
public abstract class AdditionalRatePolicy implements RatePolicy {
  private RatePolicy next;

  public AdditionalRatePolicy(RatePolicy next) {
    this.next = next;
  }

  @Override
  public Money calculateFee(Phone phone) {
    Money fee = next.calculateFee(phone);
    return afterCalculated(fee) ;
  }

  abstract protected Money afterCalculated(Money fee);
}
```

Phone의 입장에서 AdditionalRatePolicy는 RatePolicy의 역할을 수행하기 때문에 RatePolicy 인터페이스를 구현한다. 또한 다른 요금 정책과 조합될 수 있도록 RatePolicy 타입의 next라는 이름을 가진 인스턴스 변수를 내부에 포함한다. AdditionalRatePolicy는 컴파일타임 의존성을 런타임 의존성으로 쉽게 대체할 수 있도록 RatePolicy 타입의 인스턴스를 인자로 받는 생성자를 제공한다. 생성자 내부에서는 next에 전달된 인스턴스에 대한 의존성을 주입한다.

AdditionalRatePolicy의 calculateFee 메서드는 먼저 next가 참조하고 있는 인스턴스에게 calculateFee 메시지를 전송한다. 그 후 반환된 요금에 부가 정책을 적용하기 위해 afterCalculated 메서드를 호출한다. AdditionalRatePolicy를 상속받은 자식 클래스는 calculateFee 메서드를 오버라이딩해서 적절한 부가 정책을 구현할 수 있다.

먼저 세금 정책부터 구현하자.

```java
public class TaxablePolicy extends AdditionalRatePolicy {
  private double taxRatio;

  public TaxablePolicy(double taxRatio, RatePolicy next) {
    super(next);
```

```
      this.taxRatio = taxRatio;
  }

  @Override
  protected Money afterCalculated(Money fee) {
    return fee.plus(fee.times(taxRatio));
  }
}
```

기본 요금 할인 정책을 추가하는 것도 간단하다.

```
public class RateDiscountablePolicy extends AdditionalRatePolicy {
  private Money discountAmount;

  public RateDiscountablePolicy(Money discountAmount, RatePolicy next) {
    super(next);
    this.discountAmount = discountAmount;
  }

  @Override
  protected Money afterCalculated(Money fee) {
    return fee.minus(discountAmount);
  }
}
```

그림 11.11은 모든 요금 계산과 관련된 모든 클래스 사이의 관계를 다이어그램으로 표현한 것이다.

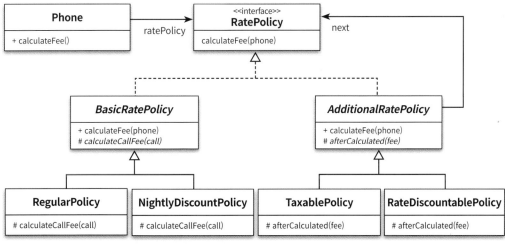

그림 11.11 기본 정책과 부가 정책을 조합할 수 있는 상속 구조

모든 준비가 끝났다. 이제 구현된 정책들을 합성해보자.

기본 정책과 부가 정책 합성하기

이제 다양한 방식으로 정책들을 조합할 수 있는 설계가 준비됐다. 남은 일은 원하는 정책의 인스턴스를 생성한 후 의존성 주입을 통해 다른 정책의 인스턴스에 전달하는 것뿐이다.

다음은 일반 요금제에 세금 정책을 조합할 경우의 Phone 인스턴스를 생성하는 방법을 나타낸 것이다.

```
Phone phone = new Phone(
                new TaxablePolicy(0.05,
                    new RegularPolicy(...));
```

일반 요금제에 기본 요금 할인 정책을 조합한 결과에 세금 정책을 조합하고 싶다면 다음과 같이 Phone 을 생성하면 된다.

```
Phone phone = new Phone(
                new TaxablePolicy(0.05,
                    new RateDiscountablePolicy(Money.wons(1000),
                        new RegularPolicy(...)));
```

혹시 세금 정책과 기본 요금 할인 정책이 적용되는 순서를 바꾸고 싶은가? 문제 없다.

```
Phone phone = new Phone(
                new RateDiscountablePolicy(Money.wons(1000),
                    new TaxablePolicy(0.05,
                        new RegularPolicy(...)));
```

동일한 정책을 심야 할인 요금제에도 적용하고 싶은가? 간단하다.

```
Phone phone = new Phone(
                new RateDiscountablePolicy(Money.wons(1000),
                    new TaxablePolicy(0.05,
                        new NightlyDiscountPolicy(...)));
```

어떤가? 그림 11.11을 보면 상속을 사용한 설계보다 복잡하고 정해진 규칙에 따라 객체를 생성하고 조합해야 하기 때문에 처음에는 코드를 이해하기 어려울 수도 있다. 하지만 일단 설계에 익숙해지고 나면 객체를 조합하고 사용하는 방식이 상속을 사용한 방식보다 더 예측 가능하고 일관성이 있다는 사실을 알게 될 것이다.

하지만 합성의 장점은 여기서 끝나지 않는다. 합성의 진가는 새로운 클래스를 추가하거나 수정하는 시점이 돼서야 비로소 알 수 있다.

새로운 정책 추가하기

그림 11.6에서 살펴본 것처럼 상속을 기반으로 한 설계에 새로운 부가 정책을 추가하기 위해서는 상속 계층에 불필요할 정도로 많은 클래스를 추가해야만 했다. 합성을 기반으로 한 설계에서는 이 문제를 간단하게 해결할 수 있다. 고정 요금제가 필요하다면 고정 요금제를 구현한 클래스 '하나'만 추가한 후 원하는 방식으로 조합하면 된다.

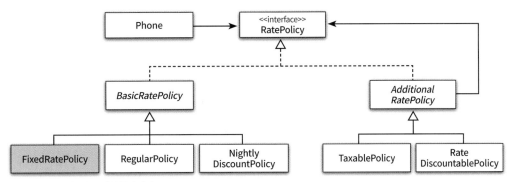

그림 11.12 새로운 기본 정책 추가하기

약정 할인 정책이라는 새로운 부가 정책이 필요한가? 역시 클래스 '하나'만 추가하면 된다.

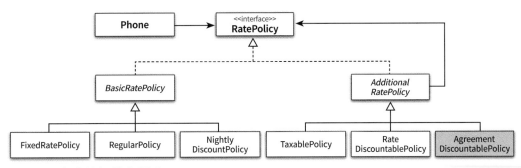

그림 11.13 새로운 부가 정책 추가하기

우리는 오직 하나의 클래스만 추가하고 런타임에 필요한 정책들을 조합해서 원하는 기능을 얻을 수 있다. 이 설계를 필요한 조합의 수만큼 매번 새로운 클래스를 추가해야 했던 상속과 비교해보라. 왜 많은 사람들이 그렇게 코드 재사용을 위해 상속보다는 합성을 사용하라고 하는지 그 이유를 이해할 수 있을 것이다.

더 중요한 것은 요구사항을 변경할 때 오직 하나의 클래스만 수정해도 된다는 것이다. 세금 정책을 변경한다고 생각해보라. 세금 정책을 다루는 코드가 상속 계층 여기저기에 중복돼 있던 그림 11.5에서는 세금 정책을 변경하기 위해 한번에 여러 클래스를 수정해야 한다. 그에 비해 그림 11.13에서는 오직 TaxablePolicy 클래스 하나만 변경하면 된다. 변경 후의 설계는 단일 책임 원칙을 준수하고 있는 것이다.

객체 합성이 클래스 상속보다 더 좋은 방법이다

객체지향에서 코드를 재사용하기 위해 가장 널리 사용되는 방법은 상속이다. 하지만 상속은 코드 재사용을 위한 우아한 해결책은 아니다. 상속은 부모 클래스의 세부적인 구현에 자식 클래스를 강하게 결합시키기 때문에 코드의 진화를 방해한다.

코드를 재사용하면서도 건전한 결합도를 유지할 수 있는 더 좋은 방법은 합성을 이용하는 것이다. 상속이 구현을 재사용하는 데 비해 합성은 객체의 인터페이스를 재사용한다.

여기서 한 가지 의문이 들 것이다. 그렇다면 상속은 사용해서는 안 되는 것인가? 상속을 사용해야 하는 경우는 언제인가? 이 의문에 대답하기 위해서는 먼저 상속을 구현 상속과 인터페이스 상속의 두 가지로 나눠야 한다는 사실을 이해해야 한다. 그리고 이번 장에서 살펴본 상속에 대한 모든 단점들은 구현 상속에 국한된다는 점 또한 이해해야 한다.

13장에서는 인터페이스 상속이 이번 장에서 살펴본 구현 상속과 어떤 면에서 다른지 살펴볼 것이다. 13장을 읽고 나면 구현 상속을 피하고 인터페이스 상속을 사용해야 하는 이유를 이해하게 될 것이다.

다음 장으로 넘어가기 전에 코드를 재사용할 수 있는 유용한 기법을 한 가지 더 살펴보기로 하자. 믹스인이라는 이름으로 널리 알려져 있는 이 기법은 상속과 합성의 특성을 모두 보유하고 있는 독특한 코드 재사용 방법이다. 믹스인을 이해하고 나면 상속과 합성의 장단점에 관해 좀 더 깊이 있게 이해하게 될 것이다.

04 믹스인

앞에서 살펴본 것처럼 상속을 사용하면 다른 클래스를 간편하게 재사용하고 점진적으로 확장할 수 있지만 부모 클래스와 자식 클래스가 강하게 결합되기 때문에 수정과 확장에 취약한 설계를 낳게 된다. 우리가 원하는 것은 코드를 재사용하면서도 납득할 만한 결합도를 유지하는 것이다. 합성이 상속과 같은 문제점을 초래하지 않는 이유는 클래스의 구체적인 구현이 아니라 객체의 추상적인 인터페이스에 의존하기 때문이다.

상속과 클래스를 기반으로 하는 재사용 방법을 사용하면 클래스의 확장과 수정을 일관성 있게 표현할 수 있는 추상화의 부족으로 인해 변경하기 어려운 코드를 얻게 된다[Flatt98]. 따라서 구체적인 코드를 재사용하면서도 낮은 결합도를 유지할 수 있는 유일한 방법은 재사용에 적합한 추상화를 도입하는 것이다.

믹스인(mixin)은 객체를 생성할 때 코드 일부를 클래스 안에 섞어 넣어 재사용하는 기법을 가리키는 용어다. 합성이 실행 시점에 객체를 조합하는 재사용 방법이라면 믹스인은 컴파일 시점에 필요한 코드 조각을 조합하는 재사용 방법이다.

여기까지 설명을 듣고 나면 믹스인과 상속이 유사한 것처럼 보이겠지만 믹스인은 상속과는 다르다. 비록 상속의 결과로 부모 클래스의 코드를 재사용할 수 있기는 하지만 상속의 진정한 목적은 자식 클래스를 부모 클래스와 동일한 개념적인 범주로 묶어 is-a 관계를 만들기 위한 것이다. 반면 믹스인은 말 그대로 코드를 다른 코드 안에 섞어 넣기 위한 방법이다.

하지만 상속이 클래스와 클래스 사이의 관계를 고정시키는 데 비해 믹스인은 유연하게 관계를 재구성할 수 있다. 뒤에서 살펴보겠지만 믹스인은 코드 재사용에 특화된 방법이면서도 상속과 같은 결합도 문제를 초래하지 않는다. 믹스인은 합성처럼 유연하면서도 상속처럼 쉽게 코드를 재사용할 수 있는 방법이다.

항상 그런 것처럼 개념을 이해할 수 있는 가장 좋은 방법은 실제로 동작하는 코드를 구현해보는 것이다. 처음 믹스인을 접하면 개념을 이해하기가 다소 어려울 수도 있는데 코드를 섞어 넣는다는 기본 개념을 구현하는 방법이 언어마다 다르기 때문이다. 어떤 언어는 믹스인을 위한 구성 요소를 언어 차원에서 직접 지원하는 데 비해 어떤 언어는 다른 용도로 고안된 요소를 이용해 믹스인을 구현하기도 한다. 그 방법이 무엇이건 코드를 다른 코드 안에 유연하게 섞어 넣을 수 있다면 믹스인이라고 부를 수 있다.

믹스인은 Flavors라는 언어에서 처음으로 도입됐고 이후 Flavors의 특징을 흡수한 CLOS(Common Lisp Object System)에 의해 대중화됐다. 여기서는 스칼라 언어에서 제공하는 **트레이트(trait)**를 이용해 믹스인을 구현해 보겠다. 스칼라의 트레이트는 CLOS에서 제공했던 믹스인의 기본 철학을 가장 유사한 형태로 재현하고 있다.

기본 정책 구현하기

핸드폰 과금 시스템에서 우리가 원했던 것은 기본 정책에 부가 정책을 자유롭게 조합할 수 있는 설계다. 따라서 기본 정책을 구현한 후 부가 정책과 관련된 코드를 기본 정책에 어떻게 믹스인할 수 있는지를 고민해야 한다.

기본 정책을 구현하는 방법은 자바를 이용해 구현했던 예제와 거의 유사하다. 기본 정책을 구현하는 BasicRatePolicy는 기본 정책에 속하는 전체 요금제 클래스들이 확장할 수 있도록 추상 클래스로 구현한다.

```scala
abstract class BasicRatePolicy {

  def calculateFee(phone: Phone): Money =
      phone.calls.map(calculateCallFee(_)).reduce(_ + _)

  protected def calculateCallFee(call: Call): Money;
}
```

표준 요금제를 구현하는 RegularPolicy는 BasicRatePolicy를 상속받아 개별 Call의 요금을 계산하는 calculateCallFee 메서드를 오버라이딩한다.

```scala
class RegularPolicy(val amount: Money, val seconds: Duration) extends BasicRatePolicy {

  override protected def calculateCallFee(call: Call): Money =
        amount * (call.duration.getSeconds / seconds.getSeconds)
}
```

심야 할인 요금제를 구현하기 위한 NightlyDiscountPolicy 역시 BasicRatePolicy를 상속받아 calculateCallFee 메서드를 오버라이딩한다.

```scala
class NightlyDiscountPolicy(
    val nightlyAmount: Money,
    val regularAmount: Money,
    val seconds: Duration) extends BasicRatePolicy {

  override protected def calculateCallFee(call: Call): Money =
    if (call.from.getHour >= NightltDiscountPolicy.LateNightHour) {
      nightlyAmount * (call.duration.getSeconds / seconds.getSeconds)
    } else {
      regularAmount * (call.duration.getSeconds / seconds.getSeconds)
    }
}

object NightltDiscountPolicy {
  val LateNightHour: Integer = 22
}
```

트레이트로 부가 정책 구현하기

기본 정책을 구현한 상속 계층을 완성했다. 여기까지는 자바로 구현한 예제와 거의 유사하다. 차이점은 부가 정책의 코드를 기본 정책 클래스에 섞어 넣을 때 두드러진다.

스칼라에서는 다른 코드와 조합해서 확장할 수 있는 기능을 트레이트로 구현할 수 있다. 여기서 기본 정책에 조합하려는 코드는 부가 정책을 구현하는 코드들이다. 트레이트로 구현된 기능들을 섞어 넣게 될 대상은 기본 정책에 해당하는 RegularPolicy와 NightlyDiscountPolicy다.

먼저 부가 정책 중에서 세금 정책에 해당하는 TaxablePolicy 트레이트를 먼저 구현해 보자.

```scala
trait TaxablePolicy extends BasicRatePolicy {

  def taxRate: Double

  override def calculateFee(phone: Phone): Money = {
    val fee = super.calculateFee(phone)
    return fee + fee * taxRate
  }
}
```

위 코드에서 TaxablePolicy 트레이트가 BasicRatePolicy를 확장한다는 점에 주목하라. 이것은 상속의 개념이 아니라 TaxablePolicy가 BasicRatePolicy나 BasicRatePolicy의 자손에 해당하는 경우에만 믹스인될 수 있다는 것을 의미한다. 우리는 기본 정책의 기능에 대해서만 부가 정책을 적용하기를 원하기 때문에 이 제약을 코드로 표현하는 것은 의미를 명확하게 전달할뿐만 아니라 TaxablePolicy 트레이트를 사용하는 개발자의 실수를 막을 수 있다는 장점이 있다.

부가 정책은 항상 기본 정책의 처리가 완료된 후에 실행돼야 한다. 다시 말해서 TaxablePolicy는 BasicRatePolicy의 요금 계산이 끝난 후 결과로 반환된 요금에 세금을 부과해야 한다. 따라서 BasicRatePolicy의 calculateFee 메서드를 오버라이딩한 후 super 호출을 통해 먼저 BasicRatePolicy의 calculateFee 메서드를 실행한 후 자신의 처리를 수행한다.

이 시점이 되면 조금 의아하다는 생각이 들 것이다. BasicRatePolicy를 상속받는다고? 이건 그냥 앞에서 클래스로 구현했던 상속 계층과 차이점이 거의 없는 것 아닌가? 게다가 앞에서 super 호출을 사용하지 말라고 이야기했으면서 왜 여기서는 super 호출을 사용하는 것인가? 이렇게 되면 다시 TaxablePolicy와 BasicRatePolicy 사이에 결합도가 높아지는 것 아닌가?

해명하겠다. TaxablePolicy 트레이트가 BasicRatePolicy를 상속하도록 구현했지만 실제로 TaxablePolicy가 BasicRatePolicy의 자식 트레이트가 되는 것은 아니다. 위 코드에서의 extends 문은 단지 TaxablePolicy가 사용될 수 있는 문맥을 제한할 뿐이다. TaxablePolicy는 BasicRatePolicy를 상속받은 경우에만 믹스인될 수 있다. 따라서 RegularPolicy와 NightlyDiscountPolicy에 믹스인될 수 있으며 심지어 미래에 추가될 새로운 BasicRatePolicy의 자손에게도 믹스인될 수 있지만 다른 클래스나 트레이트에는 믹스인될 수 없다.

이 사실은 믹스인과 상속의 가장 큰 차이점을 보여준다. 상속은 정적이지만 믹스인은 동적이다. 상속은 부모 클래스와 자식 클래스의 관계를 코드를 작성하는 시점에 고정시켜 버리지만 믹스인은 제약을 둘 뿐 실제로 어떤 코드에 믹스인될 것인지를 결정하지 않는다.

우리의 TaxablePolicy 트레이트는 어떤 코드에 믹스인될 것인가? 알 수 없다. 실제로 트레이트를 믹스인하는 시점에 가서야 믹스인할 대상을 결정할 수 있다. 부가 정책과 기본 정책을 부모 클래스와 자식 클래스라는 관계로 결합시켜야 했던 상속과 달리 부가 정책과 기본 정책을 구현한 코드 사이에 어떤 관계도 존재하지 않는다. 이들은 독립적으로 작성된 후 원하는 기능을 구현하기 위해 조합된다.

이제 super 호출을 살펴보자. 방금 전에 트레이트가 부모 클래스를 고정시키지 않는다고 했다. 따라서 super로 참조되는 코드 역시 고정되지 않는다. super 호출로 실행되는 calculateFee 메서드를 보관한 코드는 실제로 트레이트가 믹스인되는 시점에 결정된다.

TaxablePolicy 트레이트의 경우에 super 호출을 통해 실행되는 코드는 어떤 메서드인가? Regular Policy에 믹스인되는 경우에는 RegularPolicy의 calculateFee 메서드가 호출될 것이다. 믹스인 대상이 NightlyDiscountPolicy라면 NightlyDiscountPolicy의 calculateFee 메서드가 호출될 것이다.

이 말은 super 참조가 가리키는 대상이 컴파일 시점이 아닌 실행 시점에 결정된다는 것을 의미한다. 상속의 경우에 일반적으로 this 참조는 동적으로 결정되지만 super 참조는 컴파일 시점에 결정된다. 따라서 상속에서는 부모 클래스와 자식 클래스 관계를 변경할 수 있는 방법은 없다. 하지만 스칼라의 트레이트에서 super 참조는 동적으로 결정된다. 따라서 트레이트의 경우 this 호출뿐만 아니라 super 호출역시 실행 시점에 바인딩된다.

이것이 트레이트를 사용한 믹스인이 클래스를 사용한 상속보다 더 유연한 재사용 기법인 이유다. 상속은 재사용 가능한 문맥을 고정시키지만 트레이트는 문맥을 확장 가능하도록 열어 놓는다.

이런 면에서 믹스인은 상속보다는 합성과 유사하다. 합성은 독립적으로 작성된 객체들을 실행 시점에 조합해서 더 큰 기능을 만들어내는 데 비해 믹스인은 독립적으로 작성된 트레이트와 클래스를 코드 작성 시점에 조합해서 더 큰 기능을 만들어낼 수 있다.

이제 두 번째 부가 정책인 비율 할인 정책을 RateDiscountablePolicy 트레이트로 구현하자. TaxablePolicy 트레이트를 이해했다면 코드를 이해하는 데 큰 문제가 없을 것이다.

```scala
trait RateDiscountablePolicy extends BasicRatePolicy {

  val discountAmount: Money

  override def calculateFee(phone: Phone): Money = {
    val fee = super.calculateFee(phone)
    fee - discountAmount
  }
}
```

이제 부가 정책 트레이트들의 구현이 완료됐으므로 이것들을 기본 정책 클래스에 믹스인하자.

부가 정책 트레이트 믹스인하기

스칼라는 트레이트를 클래스나 다른 트레이트에 믹스인할 수 있도록 extends와 with 키워드를 제공한다. 믹스인하려는 대상 클래스의 부모 클래스가 존재하는 경우 부모 클래스는 extends를 이용해 상속받고 트레이트는 with를 이용해 믹스인해야 한다. 이를 **트레이트 조합**(trait composition)[Odersky11]이라고 부른다.

먼저 표준 요금제에 세금 정책을 조합해보자. 이 경우 믹스인할 트레이트는 TaxablePolicy이고 조합될 클래스는 RegularPolicy다. 따라서 extends를 이용해 RegularPolicy 클래스를 상속받고 with를 이용해 TaxablePolicy 트레이트를 믹스인한 새로운 클래스를 만들 수 있다.

```
class TaxableRegularPolicy(
    amount: Money,
    seconds: Duration,
    val taxRate: Double)
  extends RegularPolicy(amount, seconds)
  with TaxablePolicy
```

이 객체의 인스턴스에 calculateFee 메시지를 전송했을 때 어떤 메서드가 실행될까? 스칼라는 특정 클래스에 믹스인한 클래스와 트레이트를 **선형화(linearization)**해서 어떤 메서드를 호출할지 결정한다. 클래스의 인스턴스를 생성할 때 스칼라는 클래스 자신과 조상 클래스, 트레이트를 일렬로 나열해서 순서를 정한다. 그리고 실행 중인 메서드 내부에서 super 호출을 하면 다음 단계에 위치한 클래스나 트레이트의 메서드가 호출된다.

여기서는 예제를 이해할 수 있을 정도로만 간단히 선형화 규칙을 살펴보자. 선형화를 할 때 항상 맨 앞에는 구현한 클래스 자기 자신이 위치한다. 예제의 경우 맨 앞에는 TaxableRegularPolicy가 위치할 것이다. 그 후에 오른쪽에 선언된 트레이트를 그다음 자리에 위치시키고 왼쪽 방향으로 가면서 순서대로 그 자리에 위치시킨다. 예제의 경우 TaxableRegularPolicy 다음에 TaxablePolicy 트레이트, 그 다음에 RegularPolicy를 위치시킨다.

TaxableRegularPolicy의 인스턴스가 calculateFee 메시지를 수신했다고 하자. 먼저 TaxableRegular Policy 클래스에서 메시지를 처리할 메서드를 찾는다. 이 경우 메서드를 발견할 수 없기 때문에 다음 단계에 위치한 TaxablePolicy에서 메서드를 찾는다. TaxablePolicy에 calculateFee 메서드가 구현돼 있기 때문에 해당 메서드를 실행한다. 메서드 구현 안에 super 호출이 있기 때문에 상속 계층의 다음 단계에 위치한 RegularPolicy에 calculateFee 메서드가 존재하는지 검색한다. RegularPolicy에 calculateFee 메서드를 발견할 수 없기 때문에 다음 단계인 BasicRatePolicy의 calculateFee 메서드가 호출되고 표준 요금제에 따라 요금이 계산될 것이다. 이제 제어는 TaxablePolicy 트레이트로 돌아오고 super 호출 이후의 코드가 실행되고 요금에 세금이 부과된 후 반환된다.

여기서 중요한 것은 믹스인되기 전까지는 상속 계층 안에서 TaxablePolicy 트레이트의 위치가 결정되지 않는다는 것이다. 어떤 클래스에 믹스인할지에 따라 TaxablePolicy 트레이트의 위치는 동적으로 변경된다.

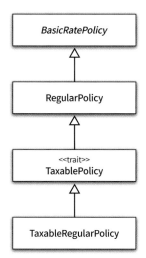

그림 11.14 선형화 후의 TaxableRegularPolicy 계층 구조

이번에는 심야 할인 요금제를 구현한 NightlyDiscountPolicy 클래스에 RateDiscountablePolicy 트레이트를 믹스인해보자. 이 경우에는 extends를 이용해 NightlyDiscountPolicy 클래스를 상속받고 with를 이용해 RateDiscountablePolicy 트레이트를 믹스인한 새로운 클래스를 만들면 된다.

```scala
class RateDiscountableNightlyDiscountPolicy(
    nightlyAmount: Money,
    regularAmount: Money,
    seconds: Duration,
    val discountAmount: Money)
  extends NightlyDiscountPolicy(nightlyAmount, regularAmount, seconds)
  with RateDiscountablePolicy
```

쉬운 문제를 해결했으니 이제 어려운 문제를 해결해보자. 세금 정책과 비율 할인 정책은 임의의 순서에 따라 조합될 수 있어야 한다. 이 경우에도 선형화의 힘을 빌리면 문제를 간단히 해결할 수 있다.

먼저 표준 요금제에 세금 정책을 적용한 후에 비율 할인 정책을 적용하는 경우를 살펴보자. 우리가 원하는 것은 RegularPolicy의 calculateFee 메서드가 실행된 후 결과에 TaxablePolicy 트레이트를 적용하고 마지막으로 RateDiscountablePolicy 트레이트를 적용하는 것이다. 따라서 그림 11.15와 같이 RateDiscountablePolicy 위에 TaxablePolicy를 위치시켜야만 super 호출에 의해 세금 정책이 먼저 적용될 수 있다.

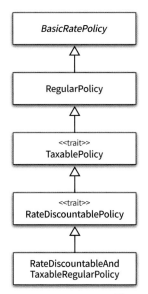

그림 11.15 선형화 후의 RateDiscountableAndTaxableRegularPolicy 계층 구조

앞에서 트레이트를 선형화할 때 자기 자신을 맨 앞에 두고 그다음부터는 오른쪽부터 트레이트를 쌓아올린다고 했던 것을 기억하라. 그림 11.15와 같은 선형화 구조를 만들기 위해서는 맨 오른쪽에 RateDiscountablePolicy 트레이트를 위치시키고 그 왼쪽에 TaxablePolicy 트레이트를 위치시키면 된다.

```
class RateDiscountableAndTaxableRegularPolicy(
    amount: Money,
    seconds: Duration,
    val discountAmount: Money,
    val taxRate: Double)
  extends RegularPolicy(amount, seconds)
  with TaxablePolicy
  with RateDiscountablePolicy
```

반대로 표준 요금제에 비율 할인 정책을 적용한 후에 세금 정책을 적용하고 싶다면 어떻게 해야 할까? 간단하다. 트레이트의 순서만 바꾸면 된다.

```
class TaxableAndRateDiscountableRegularPolicy(
    amount: Money,
    seconds: Duration,
    val discountAmount: Money,
```

```
    val taxRate: Double)
  extends RegularPolicy(amount, seconds)
  with RateDiscountablePolicy
  with TaxablePolicy
```

이 예제를 통해 트레이트 믹스인이 상속에 비해 코드 재사용과 확장의 관점에서 얼마나 편리한지를 알 수 있을 것이다. 믹스인은 재사용 가능한 코드를 독립적으로 작성한 후 필요한 곳에서 쉽게 조합할 수 있게 해준다.

어떤 사람들은 믹스인을 사용하더라도 상속에서 클래스의 숫자가 기하급수적으로 늘어나는 클래스 폭발 문제는 여전히 남아있는 것이 아니냐고 반문할지 모르겠다. 사실 클래스 폭발 문제의 단점은 클래스가 늘어난다는 것이 아니라 클래스가 늘어날수록 중복 코드도 함께 기하급수적으로 늘어난다는 점이다. 믹스인에는 이런 문제가 발생하지 않는다.

만약 클래스를 만들어야 하는 것이 불만이라면 클래스를 만들지 않고 다음과 같이 인스턴스를 생성할 때 트레이트를 믹스인할 수도 있다.

```
new RegularPolicy(Money(100), Duration.ofSeconds(10))
    with RateDiscountablePolicy
    with TaxablePolicy {
  val discountAmount = Money(100)
  val taxRate = 0.02
}
```

이 방법은 RateDiscountablePolicy와 TaxablePolicy를 RegularPolicy에 믹스인한 인스턴스가 오직 한 군데에서만 필요한 경우에 사용할 수 있다. 하지만 코드 여러 곳에서 동일한 트레이트를 믹스인해서 사용해야 한다면 명시적으로 클래스를 정의하는 것이 좋다.

쌓을 수 있는 변경

이제 여러분은 믹스인을 어떤 경우에 사용해야 하는지 알 수 있을 것이다. 전통적으로 믹스인은 특정한 클래스의 메서드를 재사용하고 기능을 확장하기 위해 사용돼 왔다. 핸드폰 과금 시스템의 경우에는 BasicRatePolicy의 calculateFee 메서드의 기능을 확장하기 위해 믹스인을 사용했다.

믹스인은 상속 계층 안에서 확장한 클래스보다 더 하위에 위치하게 된다. 다시 말해서 믹스인은 대상 클래스의 자식 클래스처럼 사용될 용도로 만들어지는 것이다. TaxablePolicy와 RateDiscountablePolicy

는 BasicRatePolicy에 조합되기 위해 항상 상속 계층의 하위에 믹스인됐다는 것을 기억하라. 따라서 믹스인을 **추상 서브클래스(abstract subclass)**라고 부르기도 한다[Brach90].

> 믹스인의 주요 아이디어는 매우 간단하다. 객체지향 언어에서 슈퍼클래스는 서브클래스를 명시하지 않고도 정의될 수 있다. 그러나 이것은 대칭적이지는 않다. 서브클래스가 정의될 때는 슈퍼클래스를 명시해야 한다. 믹스인(추상 서브클래스라고도 한다)은 결론적으로는 슈퍼클래스로부터 상속될 클래스를 명시하는 메커니즘을 표현한다. 따라서 하나의 믹스인은 매우 다양한 클래스를 도출하면서 서로 다른 서브클래스를 이용해 인스턴스화될 수 있다. 믹스인의 이런 특성은 다중 클래스를 위한 단일의 점진적인 확장을 정의하는 데 적절하게 만든다. 이 클래스들 중 하나를 슈퍼클래스로 삼아 믹스인이 인스턴스화될 때 추가적인 행위가 확장된 클래스를 생성한다[Smaragdakis98].

믹스인을 사용하면 특정한 클래스에 대한 변경 또는 확장을 독립적으로 구현한 후 필요한 시점에 차례대로 추가할 수 있다. 마틴 오더스키(Martin Odersky)는 믹스인의 이러한 특징을 **쌓을 수 있는 변경(stackable modification)**이라고 부른다.

> 스칼라에서 트레이트는 코드 재사용의 근간을 이루는 단위다. 트레이트로 메서드와 필드 정의를 캡슐화하면 트레이트를 조합한 클래스에서 그 메서드나 필드를 재사용할 수 있다. 하나의 부모 클래스만 갖는 클래스의 상속과 달리 트레이트의 경우 몇 개라도 믹스인될 수 있다. … 클래스와 트레이트의 또 다른 차이는 클래스에서는 super 호출을 정적으로 바인딩하지만, 트레이트에서는 동적으로 바인딩한다는 것이다. super.toString이라는 표현을 어떤 클래스에서 사용하면 어떤 메서드 구현을 호출할지 정확하게 알 수 있다. 하지만 트레이트에 같은 내용을 작성해도 트레이트를 정의하는 시점에는 super가 호출할 실제 메서드 구현을 알 수 없다. 호출할 메서드의 구현은 트레이트를 클래스 구현에 믹스인할 때마다 (클래스에 따라) 새로 정해진다. super가 이렇게 동작하기 때문에 트레이트를 이용해 변경 위에 변경을 쌓아 올리는 쌓을 수 있는 변경이 가능해진다[Odersky11].

지금까지 재사용이 용이하고 변경에 유연한 설계를 만들기 위해 상속 대신 사용할 수 있는 합성과 믹스인을 살펴봤다. 동일한 요구사항을 상속, 합성, 믹스인으로 구현해 보면서 막연하게나마 코드의 구성 방식이 변경에 큰 영향을 미친다는 사실을 이해했을 것이다.

다음 장에서는 객체에 메시지를 전송했을 때 메서드를 탐색하는 과정에 관해 자세히 살펴보겠다. 메서드 탐색 과정을 이해하면 메시지와 다형성 사이의 관계를 이해하기가 좀 더 수월해질 것이다.

다형성

11장에서 살펴본 것처럼 코드 재사용을 목적으로 상속을 사용하면 변경하기 어렵고 유연하지 못한 설계에 이를 확률이 높아진다. 상속의 목적은 코드 재사용이 아니다. 상속은 타입 계층을 구조화하기 위해 사용해야 한다. 뒤에서 살펴보겠지만 타입 계층은 객체지향 프로그래밍의 중요한 특성 중 하나인 다형성의 기반을 제공한다.

상속을 이용해 자식 클래스를 추가하려 한다면 스스로에게 다음과 같은 질문을 해보기 바란다. 상속을 사용하려는 목적이 단순히 코드를 재사용하기 위해서인가? 아니면 클라이언트 관점에서 인스턴스들을 동일하게 행동하는 그룹으로 묶기 위해서인가? 첫 번째 질문에 대한 답이 '예'라면 상속을 사용하지 말아야 한다.

객체지향 패러다임이 주목받기 시작하던 초기에 상속은 타입 계층과 다형성을 구현할 수 있는 거의 유일한 방법이었다. 여기에 더해 상속을 사용하면 코드를 쉽게 재사용할 수 있다는 과대광고가 널리 퍼지면서 상속에 대한 맹신과 추종이 자라났다. 많은 시간이 흐른 지금도 여전히 상속은 다형성을 구현할 수 있는 가장 일반적인 방법이다. 하지만 최근의 언어들은 상속 이외에도 다형성을 구현할 수 있는 다양한 방법들을 제공하고 있기 때문에 과거에 비해 상속의 중요성이 많이 낮아졌다고 할 수 있다.

이번 장에서는 상속의 관점에서 다형성이 구현되는 기술적인 메커니즘을 살펴보기로 한다. 이번 장을 읽고 나면 다형성이 런타임에 메시지를 처리하기에 적합한 메서드를 동적으로 탐색하는 과정을 통해 구현되며, 상속이 이런 메서드를 찾기 위한 일종의 탐색 경로를 클래스 계층의 형태로 구현하기 위한 방법이라는 사실을 이해하게 될 것이다. 이어지는 13장에서는 타입 계층의 개념을 자세히 살펴보고 다형적인 타입 계층을 구현하는 방법과 올바른 타입 계층을 구성하기 위해 고려해야 하는 원칙에 관해 알아볼 것이다.

01 다형성

다형성(Polymorphism)이라는 단어는 그리스어에서 '많은'을 의미하는 'poly'와 '형태'를 의미하는 'morph'의 합성어로 '많은 형태를 가질 수 있는 능력'을 의미한다. 컴퓨터 과학에서는 다형성을 하나의 추상 인터페이스에 대해 코드를 작성하고 이 추상 인터페이스에 대해 서로 다른 구현을 연결할 수 있는 능력으로 정의한다[Czarnecki00]. 간단하게 말해서 다형성은 여러 타입을 대상으로 동작할 수 있는 코드를 작성할 수 있는 방법이라고 할 수 있다.

객체지향 프로그래밍에서 사용되는 다형성은 그림 12.1과 같이 **유니버설(Universal) 다형성**과 **임시(Ad Hoc) 다형성**으로 분류할 수 있다. 유니버설 다형성은 다시 **매개변수(Parametric) 다형성**과 **포함(Inclustion) 다형성**으로 분류할 수 있고, 임시 다형성은 **오버로딩(Overloading) 다형성**과 **강제(Coercion) 다형성**으로 분류할 수 있다.

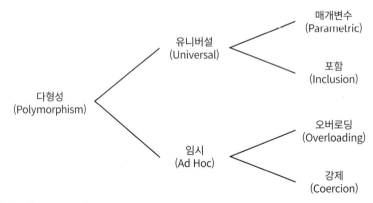

그림 12.1 다형성의 분류[Czarnecki00]

일반적으로 하나의 클래스 안에 동일한 이름의 메서드가 존재하는 경우를 가리켜 **오버로딩 다형성**이라고 부른다. Money 클래스 안에 서로 다른 타입의 파라미터를 받아 금액을 증가시키는 메서드들이 plus라는 동일한 이름을 가지는 경우가 오버로딩에 해당한다.

```
public class Money {
  public Money plus(Money amount) { ... }
  public Money plus(BigDecimal amount) { ... }
  public Money plus(long amount) { ... }
}
```

메서드 오버로딩을 사용하면 plus_money, plus_bigdecimal, plus_long이라는 이름을 모두 기억할 필요 없이 plus라는 하나의 이름만 기억하면 된다. 따라서 유사한 작업을 수행하는 메서드의 이름을 통일할 수 있기 때문에 기억해야 하는 이름의 수를 극적으로 줄일 수 있다.

강제 다형성은 언어가 지원하는 자동적인 타입 변환이나 사용자가 직접 구현한 타입 변환을 이용해 동일한 연산자를 다양한 타입에 사용할 수 있는 방식을 가리킨다. 예를 들어 자바에서 이항 연산자인 '+' 는 피연산자가 모두 정수일 경우에는 정수에 대한 덧셈 연산자로 동작하지만 하나는 정수형이고 다른 하나는 문자열인 경우에는 연결 연산자로 동작한다. 이때 정수형 피연산자는 문자열 타입으로 강제 형 변환된다. 일반적으로 오버로딩 다형성과 강제 다형성을 함께 사용하면 모호해질 수 있는데 실제로 어떤 메서드가 호출될지를 판단하기가 어려워지기 때문이다.

매개변수 다형성은 **제네릭 프로그래밍**과 관련이 높은데 클래스의 인스턴스 변수나 메서드의 매개변수 타입을 임의의 타입으로 선언한 후 사용하는 시점에 구체적인 타입으로 지정하는 방식을 가리킨다. 예를 들어, 자바의 List 인터페이스는 컬렉션에 보관할 요소의 타입을 임의의 타입 T로 지정하고 있으며 실제 인스턴스를 생성하는 시점에 T를 구체적인 타입으로 지정할 수 있게 하고 있다. 따라서 List 인터페이스는 다양한 타입의 요소를 다루기 위해 동일한 오퍼레이션을 사용할 수 있다.

포함 다형성은 메시지가 동일하더라도 수신한 객체의 타입에 따라 실제로 수행되는 행동이 달라지는 능력을 의미한다. 포함 다형성은 **서브타입(Subtype) 다형성**이라고도 부른다. 포함 다형성은 객체지향 프로그래밍에서 가장 널리 알려진 형태의 다형성이기 때문에 특별한 언급 없이 다형성이라고 할 때는 포함 다형성을 의미하는 것이 일반적이다.

아래 코드는 포함 다형성의 전형적인 예를 잘 보여준다. Movie 클래스는 discountPolicy에게 calculateDiscountAmount 메시지를 전송하지만 실제로 실행되는 메서드는 메시지를 수신한 객체의 타입에 따라 달라진다.

```
public class Movie {
  private DiscountPolicy discountPolicy;
```

```
  public Money calculateMovieFee(Screening screening) {
    return fee.minus(discountPolicy.calculateDiscountAmount(screening));
  }
}
```

포함 다형성을 구현하는 가장 일반적인 방법은 상속을 사용하는 것이다. 두 클래스를 상속 관계로 연결하고 자식 클래스에서 부모 클래스의 메서드를 오버라이딩한 후 클라이언트는 부모 클래스만 참조하면 포함 다형성을 구현할 수 있다.

포함 다형성을 서브타입 다형성이라고 부른다는 사실에서 예상할 수 있겠지만 포함 다형성을 위한 전제조건은 자식 클래스가 부모 클래스의 서브타입이어야 한다는 것이다. 그리고 상속의 진정한 목적은 코드 재사용이 아니라 다형성을 위한 서브타입 계층을 구축하는 것이다.

이어지는 13장에서는 서브타입을 목적으로 상속을 사용할 때 고려해야 하는 규칙과 원칙에 관해 알아볼 것이다. 그리고 상속 외에도 서브타입 관계를 만들 수 있는 다양한 방법이 존재한다는 사실도 알게될 것이다. 이번 장에서는 상속의 일차적인 목적이 코드 재사용이 아닌 서브타입의 구현이라는 사실을 이해하는 것만으로도 충분하다.

포함 다형성을 위해 상속을 사용하는 가장 큰 이유는 상속이 클래스들을 계층으로 쌓아 올린 후 상황에 따라 적절한 메서드를 선택할 수 있는 메커니즘을 제공하기 때문이다. 객체가 메시지를 수신하면 객체지향 시스템은 메시지를 처리할 적절한 메서드를 상속 계층 안에서 탐색한다. 실행할 메서드를 선택하는 기준은 어떤 메시지를 수신했는지에 따라, 어떤 클래스의 인스턴스인지에 따라, 상속 계층이 어떻게 구성돼 있는지에 따라 달라진다.

이번 장에서는 다형성의 다양한 측면 중에서 포함 다형성에 관해 중점적으로 다룬다. 오버로딩에 대해서도 약간의 지면을 할애하고는 있지만 대부분의 초점은 포함 다형성의 메커니즘을 설명하는 데 맞출 것이다. 이번 장의 목표는 포함 다형성의 관점에서 런타임에 상속 계층 안에서 적절한 메서드를 선택하는 방법을 이해하는 것이다. 비록 상속 관계를 기준으로 설명을 진행하지만 이번 장에서 다루는 내용은 상속 이외에도 포함 다형성을 구현할 수 있는 다양한 방법에 공통적으로 적용할 수 있는 개념이라는 사실을 기억하기 바란다.

02 상속의 양면성

객체지향 패러다임의 근간을 이루는 아이디어는 데이터와 행동을 객체라고 불리는 하나의 실행 단위 안으로 통합하는 것이다. 따라서 객체지향 프로그램을 작성하기 위해서는 항상 데이터와 행동이라는 두 가지 관점을 함께 고려해야 한다.

상속 역시 예외는 아니다. 상속을 이용하면 부모 클래스에서 정의한 모든 데이터를 자식 클래스의 인스턴스에 자동으로 포함시킬 수 있다. 이것이 데이터 관점의 상속이다. 데이터뿐만 아니라 부모 클래스에서 정의한 일부 메서드 역시 자동으로 자식 클래스에 포함시킬 수 있다. 이것이 행동 관점의 상속이다. 단순히 데이터와 행동의 관점에서만 바라보면 상속이란 부모 클래스에서 정의한 데이터와 행동을 자식 클래스에서 자동적으로 공유할 수 있는 재사용 메커니즘으로 보일 것이다. 하지만 이 관점은 상속을 오해한 것이다.

상속의 목적은 코드 재사용이 아니다. 상속은 프로그램을 구성하는 개념들을 기반으로 다형성을 가능하게 하는 타입 계층을 구축하기 위한 것이다. 타입 계층에 대한 고민 없이 코드를 재사용하기 위해 상속을 사용하면 이해하기 어렵고 유지보수하기 버거운 코드가 만들어질 확률이 높다. 문제를 피할 수 있는 유일한 방법은 상속이 무엇이고 언제 사용해야 하는지를 이해하는 것뿐이다.

이번 장에서는 상속의 메커니즘을 이해하는 데 필요한 몇 가지 개념을 살펴보겠다.

- 업캐스팅
- 동적 메서드 탐색
- 동적 바인딩
- self 참조
- super 참조

이 개념들을 이해하고 나면 상속의 내부 메커니즘뿐만 아니라 타입 계층을 기반으로 한 다형성의 동작 방식을 이해할 수 있게 될 것이다. 상속을 사용하는 간단한 예제 하나를 살펴보는 것으로 시작하자.

상속을 사용한 강의 평가

Lecture 클래스 살펴보기

이번 장에서는 수강생들의 성적을 계산하는 간단한 예제 프로그램을 구현해 보자. 프로그램은 다음과 같은 형식으로 전체 수강생들의 성적 통계를 출력한다.

```
Pass:3 Fail:2, A:1 B:1 C:1 D:0 F:2
```

출력은 두 부분으로 구성된다. 앞부분의 "Pass:3 Fail:2"는 강의를 이수한 학생의 수와 낙제한 학생의 수를 나타낸 것이고, 뒷부분의 "A:1 B:1 C:1 D:0 F:2"는 등급별로 학생들의 분포 현황을 나타낸 것이다. 위 통계자료를 통해 총 5명의 학생 중에서 3명이 강의를 이수했고, 2명이 낙제했으며, A, B, C학점을 받은 학생이 각각 1명씩 있고 F학점을 받은 학생이 2명이라는 사실을 알 수 있다.

다행히도 프로젝트에는 다음과 같은 형식으로 통계를 출력하는 Lecture 클래스가 이미 존재하고 있었다. 이 형식은 우리가 원하는 출력 형식의 앞부분과 정확하게 일치하기 때문에 Lecture 클래스를 재사용하면 원하는 기능을 쉽고 빠르게 구현할 수 있을 것이다.

```
Pass:3 Fail:2
```

먼저 Lecture 클래스의 구현을 살펴보자. Lecture 클래스는 과목명(title)과 학생들의 성적을 보관할 리스트(scores)를 인스턴스 변수로 가진다. 인스턴스 변수인 pass는 이수 여부를 판단할 기준 점수를 저장한다. 만약 학생의 성적이 pass에 저장된 값보다 크거나 같을 경우에는 강의를 이수한 것으로 판단한다. average 메서드는 전체 학생들의 평균 성적을 계산하고, evaluate 메서드는 강의를 이수한 학생의 수와 낙제한 학생의 수를 앞에서 설명한 형식에 맞게 구성한 후 반환한다. getScores 메서드는 전체 학생들의 성적을 반환한다.

```java
public class Lecture {
    private int pass;
    private String title;
    private List<Integer> scores = new ArrayList<>();

    public Lecture(String title, int pass, List<Integer> scores) {
        this.title = title;
        this.pass = pass;
        this.scores = scores;
```

```
    }

    public double average() {
      return scores.stream()
              .mapToInt(Integer::intValue)
              .average().orElse(0);
    }

    public List<Integer> getScores() {
      return Collections.unmodifiableList(scores);
    }

    public String evaluate() {
      return String.format("Pass:%d Fail:%d", passCount(), failCount());
    }

    private long passCount() {
      return scores.stream().filter(score -> score >= pass).count();
    }

    private long failCount() {
      return scores.size() - passCount();
    }
  }
```

다음은 이수 기준이 70점인 객체지향 프로그래밍 과목의 수강생 5명에 대한 성적 통계를 구하는 코드를 나타낸 것이다.

```
Lecture lecture = new Lecture("객체지향 프로그래밍",
                              70,
                              Arrays.asList(81, 95, 75, 50, 45));
String evaluration = lecture.evaluate();  // 결과 => "Pass:3 Fail:2"
```

상속을 이용해 Lecture 클래스 재사용하기

Lecture 클래스는 새로운 기능을 구현하는 데 필요한 대부분의 데이터와 메서드를 포함하고 있다. 따라서 Lecture 클래스를 상속받으면 새로운 기능을 쉽고 빠르게 추가할 수 있을 것이다. 원하는 기능은

Lecture의 출력 결과에 등급별 통계를 추가하는 것이므로 클래스의 이름으로는 GradeLecture가 적절할 것 같다. GradeLecture 클래스에는 Grade 인스턴스들을 리스트로 보관하는 인스턴스 변수 grades를 추가하자.

```java
public class GradeLecture extends Lecture {
  private List<Grade> grades;

  public GradeLecture(String name, int pass, List<Grade> grades, List<Integer> scores) {
    super(name, pass, scores);
    this.grades = grades;
  }
}
```

Grade 클래스는 등급의 이름과 각 등급 범위를 정의하는 최소 성적과 최대 성적을 인스턴스 변수로 포함한다. include 메서드는 수강생의 성적이 등급에 포함되는지를 검사한다.

```java
public class Grade {
  private String name;
  private int upper, lower;

  private Grade(String name, int upper, int lower) {
    this.name = name;
    this.upper = upper;
    this.lower = lower;
  }

  public String getName() {
    return name;
  }

  public boolean isName(String name) {
    return this.name.equals(name);
  }

  public boolean include(int score) {
    return score >= lower && score <= upper;
  }
}
```

이제 GradeLecture 클래스에 학생들의 이수 여부와 등급별 통계를 함께 반환하도록 evaluate 메서드를 재정의하자.

```java
public class GradeLecture extends Lecture {
  @Override
  public String evaluate() {
    return super.evaluate() + ", " + gradesStatistics();
  }

  private String gradesStatistics() {
    return grades.stream()
                .map(grade -> format(grade))
                .collect(joining(" "));
  }

  private String format(Grade grade) {
    return String.format("%s:%d", grade.getName(), gradeCount(grade));
  }

  private long gradeCount(Grade grade) {
    return getScores().stream()
                    .filter(grade::include)
                    .count();
  }
}
```

GradeLecture의 evaluate 메서드에서는 예약어 super를 이용해 Lecture 클래스의 evaluate 메서드를 먼저 실행한다는 사실을 눈여겨보기 바란다. 뒤에서 super의 정확한 의미에 관해 설명할 때까지는 super가 부모 클래스를 가리키도록 설정된 변수라는 정도만 이해하기 바란다. 일반적으로 super는 자식 클래스 내부에서 부모 클래스의 인스턴스 변수나 메서드에 접근하는 데 사용된다[1].

여기서 주목할 부분은 GradeLecture와 Lecture에 구현된 두 evaluate 메서드의 시그니처가 완전히 동일하다는 것이다. 부모 클래스와 자식 클래스에 동일한 시그니처를 가진 메서드가 존재할 경우 자식 클래스의 메서드 우선순위가 더 높다. 여기서 우선순위가 더 높다는 것은 메시지를 수신했을 때 부모 클래스의 메서드가 아닌 자식 클래스의 메서드가 실행된다는 것을 의미한다.

1 정확하게 말하면 가시성이 public이나 protected인 인스턴스 변수와 메서드만 접근이 가능하다. 가시성이 private인 경우에는 접근이 불가능하다.

결과적으로 동일한 시그니처를 가진 자식 클래스의 메서드가 부모 클래스의 메서드를 가리게 된다. 이처럼 자식 클래스 안에 상속받은 메서드와 동일한 시그니처의 메서드를 재정의해서 부모 클래스의 구현을 새로운 구현으로 대체하는 것을 **메서드 오버라이딩**이라고 부른다.

GradeLecture 클래스의 인스턴스 변수에게 evaluate 메시지를 전송하면 Lecture의 evaluate 메서드를 오버라이딩한 GradeLecture의 evaluate 메서드가 실행된다.

```
Lecture lecture = new GradeLecture("객체지향 프로그래밍",
                    70,
                    Arrays.asList(new Grade("A",100, 95),
                            new Grade("B",94, 80),
                            new Grade("C",79, 70),
                            new Grade("D",69, 50),
                            new Grade("F",49, 0)),
                    Arrays.asList(81, 95, 75, 50, 45));

// 결과 => "Pass:3 Fail:2, A:1 B:1 C:1 D:1 F:1"
lecture.evaluate();
```

자식 클래스에 부모 클래스에는 없던 새로운 메서드를 추가하는 것도 가능하다. 예를 들어, 다음과 같이 등급별 평균 성적을 구하는 average 메서드를 추가할 수 있다.

```
public class GradeLecture extends Lecture {
  public double average(String gradeName) {
    return grades.stream()
            .filter(each -> each.isName(gradeName))
            .findFirst()
            .map(this::gradeAverage)
            .orElse(0d);
  }

  private double gradeAverage(Grade grade) {
    return getScores().stream()
            .filter(grade::include)
            .mapToInt(Integer::intValue)
            .average()
            .orElse(0);
  }
}
```

evaluate 메서드와 달리 GradeLecture의 average 메서드는 부모 클래스인 Lecture에 정의된 average 메서드와 이름은 같지만 시그니처는 다르다. 두 메서드의 시그니처가 다르기 때문에 GradeLecture의 average 메서드는 Lecture의 average 메서드를 대체하지 않으며, 결과적으로 두 메서드는 사이좋게 공존할 수 있다. 다시 말해서 클라이언트는 두 메서드 모두를 호출할 수 있다는 것이다. 이처럼 부모 클래스에서 정의한 메서드와 이름은 동일하지만 시그니처는 다른 메서드를 자식 클래스에 추가하는 것을 **메서드 오버로딩**이라고 부른다.

Lecture와 GradeLecture에서 알 수 있는 것처럼 상속을 사용하면 새로운 기능을 쉽고 빠르게 추가할 수 있다. 새로운 클래스를 자식 클래스로 정의하는 것만으로도 원래 클래스가 가지고 있는 데이터와 메서드를 새로운 클래스의 것으로 만들 수 있다.

상속을 설명하는 데 필요한 예제가 준비됐으므로 이 예제를 이용해 데이터와 행동이라는 두 가지 관점에서 상속이 가지는 특성을 살펴보자. 다시 한번 강조하지만 상속을 사용하는 일차적인 목표는 코드 재사용이 아니다. 이 예제는 상속과 관련된 다양한 개념들을 설명하기 위해 코드 재사용을 전면에 내세운 것 뿐이지 실제 코드를 작성할 때는 코드 재사용을 목적으로 상속을 사용해서는 안 된다.

데이터 관점의 상속

다음과 같이 Lecture의 인스턴스를 생성했다고 가정하자.

```
Lecture lecture = new Lecture("객체지향 프로그래밍",
                              70,
                              Arrays.asList(81, 95, 75, 50, 45));
```

Lecture의 인스턴스를 생성하면 시스템은 인스턴스 변수 title, pass, scores를 저장할 수 있는 메모리 공간을 할당하고 생성자의 매개변수를 이용해 값을 설정한 후 생성된 인스턴스의 주소를 lecture라는 이름의 변수에 대입한다. 그림 12.2는 메모리 상에 생성된 객체의 모습을 개념적으로 표현한 것이다. 인스턴스 변수인 scores가 가리키는 실제 객체는 List지만 그림을 단순화하기 위해 배열처럼 '[' ~ ']' 안에 요소들을 나열하는 것으로 표현했다.

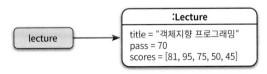

그림 12.2 생성된 인스턴스의 메모리 상태

이번에는 GradeLecture의 인스턴스를 생성했다고 가정하자. GradeLecture 클래스의 인스턴스는 직접 정의한 인스턴스 변수뿐만 아니라 부모 클래스인 Lecture가 정의한 인스턴스 변수도 함께 포함한다.

```
Lecture lecture = new GradeLecture("객체지향 프로그래밍",
                    70,
                    Arrays.asList(new Grade("A",100, 95),
                            new Grade("B",94, 80),
                            new Grade("C",79, 70),
                            new Grade("D",69, 50),
                            new Grade("F",49, 0)),
                    Arrays.asList(81, 95, 75, 50, 45));
```

메모리 상에 생성된 GradeLecture의 인스턴스는 그림 12.3과 같이 표현할 수 있다. 상속을 인스턴스 관점에서 바라볼 때는 개념적으로 자식 클래스의 인스턴스 안에 부모 클래스의 인스턴스가 포함되는 것으로 생각하는 것이 유용하다. 인스턴스를 참조하는 lecture는 GradeLecture의 인스턴스를 가리키기 때문에 특별한 방법을 사용하지 않으면 GradeLecture 안에 포함된 Lecture의 인스턴스에 직접 접근할 수 없다.

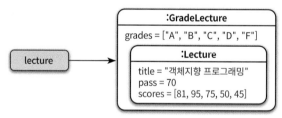

그림 12.3 부모 클래스의 인스턴스를 포함하는 자식 클래스

그림 12.3을 자식 클래스의 인스턴스에서 부모 클래스의 인스턴스로 접근 가능한 링크가 존재하는 그림 12.4처럼 생각해도 무방하다.

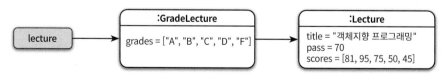

그림 12.4 인스턴스 간의 링크로 표현된 상속 관계

그림 12.3과 그림 12.4는 인스턴스 관점에서 상속 관계를 이해하기 쉽게 단순화해서 표현한 것 뿐이지 실제로 객체를 메모리에 생성하는 방식이나 구조는 언어나 실행 환경에 따라 다르다는 사실에 주의하라.

요약하면 데이터 관점에서 상속은 자식 클래스의 인스턴스 안에 부모 클래스의 인스턴스를 포함하는 것으로 볼 수 있다. 따라서 자식 클래스의 인스턴스는 자동으로 부모 클래스에서 정의한 모든 인스턴스 변수를 내부에 포함하게 되는 것이다.

행동 관점의 상속

데이터 관점의 상속이 자식 클래스의 인스턴스 안에 부모 클래스의 인스턴스를 포함하는 개념이라면 행동 관점의 상속은 부모 클래스가 정의한 일부 메서드를 자식 클래스의 메서드로 포함시키는 것을 의미한다.

부모 클래스에 정의된 어떤 메서드가 자식 클래스에 포함될지는 언어의 종류와 각 언어가 정의하는 접근 제어자의 의미에 따라 다르지만 공통적으로 부모 클래스의 모든 퍼블릭 메서드는 자식 클래스의 퍼블릭 인터페이스에 포함된다. 따라서 외부의 객체가 부모 클래스의 인스턴스에게 전송할 수 있는 모든 메시지는 자식 클래스의 인스턴스에게도 전송할 수 있다. 앞에서 부모 클래스인 Lecture 클래스에서 evaluate를 구현하고 있기 때문에 자식 클래스인 GradeLecture에서 evaluate 메서드를 구현하지 않더라도 evaluate 메시지를 처리할 수 있는 이유가 바로 이 때문이다.

부모 클래스의 퍼블릭 인터페이스가 자식 클래스의 퍼블릭 인터페이스에 합쳐진다고 표현했지만 실제로 클래스의 코드를 합치거나 복사하는 작업이 수행되는 것은 아니다. 그렇다면 어떻게 부모 클래스에서 구현한 메서드를 자식 클래스의 인스턴스에서 수행할 수 있는 것일까? 그 이유는 런타임에 시스템이 자식 클래스에 정의되지 않은 메서드가 있을 경우 이 메서드를 부모 클래스 안에서 탐색하기 때문이다.

이처럼 행동 관점에서 상속과 다형성의 기본적인 개념을 이해하기 위해서는 상속 관계로 연결된 클래스 사이의 메서드 탐색 과정을 이해하는 것이 가장 중요하다. 자세한 메서드 탐색 과정은 뒤에서 좀 더 상세히 살펴보기로 하고 여기서는 행동 관점의 상속을 이해하는 데 유용한 객체와 클래스 사이의 관계에 초점을 맞추도록 하자.

객체의 경우에는 서로 다른 상태를 저장할 수 있도록 각 인스턴스별로 독립적인 메모리를 할당받아야 한다. 하지만 메서드의 경우에는 동일한 클래스의 인스턴스끼리 공유가 가능하기 때문에 클래스는 한 번만 메모리에 로드하고 각 인스턴스별로 클래스를 가리키는 포인터를 갖게 하는 것이 경제적이다.

그림 12.5는 두 개의 Lecture 인스턴스를 생성한 후의 메모리 상태를 개념적으로 표현한 것이다. 그림에서 오른쪽에 위치한 사각형들은 메모리에 로드된 클래스를 표현한다. 인스턴스는 두 개가 생성됐지만 클래스는 단 하나만 메모리에 로드됐다는 사실에 주목하라. 각 객체는 자신의 클래스인 Lecture의

위치를 가리키는 class라는 이름의 포인터를 가지며 이 포인터를 이용해 자신의 클래스 정보에 접근할 수 있다. Lecture 클래스가 자신의 부모 클래스인 Object의 위치를 가리키는 parent라는 이름의 포인터를 가진다는 사실에도 주목하라. 이 포인터를 이용하면 클래스의 상속 계층을 따라 부모 클래스의 정의로 이동하는 것이 가능하다.

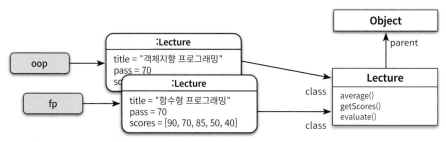

그림 12.5 클래스와 인스턴스의 개념적인 관계

이제 자식 클래스의 인스턴스를 통해 어떻게 부모 클래스에 정의된 메서드를 실행할 수 있는지 살펴보자. 메시지를 수신한 객체는 class 포인터로 연결된 자신의 클래스에서 적절한 메서드가 존재하는지를 찾는다. 만약 메서드가 존재하지 않으면 클래스의 parent 포인터를 따라 부모 클래스를 차례대로 훑어가면서 적절한 메서드가 존재하는지를 검색한다.

자식 클래스에서 부모 클래스로의 메서드 탐색이 가능하기 때문에 자식 클래스는 마치 부모 클래스에 구현된 메서드의 복사본을 가지고 있는 것처럼 보이게 된다. 따라서 각 객체에 포함된 class 포인터와 클래스에 포함된 parent 포인터를 조합하면 현재 인스턴스의 클래스에서 최상위 부모 클래스에 이르기까지 모든 부모 클래스에 접근하는 것이 가능하다.

마지막으로 GradeLecture 클래스의 인스턴스를 생성했을 때의 메모리 구조를 살펴보자. GradeLecure 클래스는 Lecture 클래스의 자식 클래스이기 때문에 그림 12.6에서 볼 수 있는 것처럼 GradeLecture의 인스턴스는 Lecture의 인스턴스를 내부에 포함한다. GradeLecture 인스턴스의 class 포인터를 따라가면 GradeLecture 클래스에 이르고 GradeLecture 클래스의 parent 포인터를 따라가면 부모 클래스인 Lecture 클래스에 이르게 된다. Lecture 클래스의 parent 포인터는 자바에서 모든 클래스의 부모 클래스인 Object를 가리키기 때문에 상속 계층은 여기서 끝나게 된다.

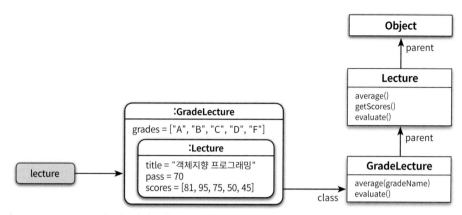

그림 12.6 GradeLecture 인스턴스의 메모리 구조

다시 한번 강조하지만 이 그림은 상속을 이해하기 쉽도록 표현한 개념적인 그림일 뿐이다. 구체적인 구현 방법이나 메모리 구조는 언어나 플랫폼에 따라 다르다. 이 그림은 언어에 독립적으로 상속의 다양한 측면을 설명하기 위해 단순화한 것이라는 사실에 주의하라. 이제 이 구조를 바탕으로 객체가 실행 시점에 메서드를 탐색하는 과정을 자세히 살펴보자.

03 업캐스팅과 동적 바인딩

같은 메시지, 다른 메서드

실행 시점에 메서드를 탐색하는 과정을 자세히 살펴보기 위해 지금까지 작성한 성적 계산 프로그램에 각 교수별로 강의에 대한 성적 통계를 계산하는 기능을 추가해 보자. 통계를 계산하는 책임은 Professor 클래스가 맡도록 하자. Professor 클래스의 compileStatistics 메서드는 통계 정보를 생성하기 위해 Lecture의 evaluate 메서드와 average 메서드를 호출한다.

```java
public class Professor {
  private String name;
  private Lecture lecture;

  public Professor(String name, Lecture lecture) {
    this.name = name;
    this.lecture = lecture;
  }
```

```
  public String compileStatistics() {
    return String.format("[%s] %s - Avg: %.1f", name,
      lecture.evaluate(), lecture.average());
  }
}
```

다음은 다익스트라 교수가 강의하는 알고리즘 과목의 성적 통계를 계산하는 코드다.

```
Professor professor = new Professor("다익스트라",
                          new Lecture("알고리즘",
                                70,
                                Arrays.asList(81, 95, 75, 50, 45)));

//결과 => "[다익스트라] Pass:3 Fail:2 - Avg: 69.2"
String statistics = professor.compileStatistics();
```

위 코드에서 Professor 클래스의 인스턴스를 생성할 때 생성자의 두 번째 인자로 Lecture 클래스의 인스턴스를 전달했다. 만약 Lecture 클래스 대신 자식 클래스인 GradeLecture의 인스턴스를 전달하면 어떻게 될까?

```
Professor professor = new Professor("다익스트라",
                        new GradeLecture("알고리즘",
                              70,
                              Arrays.asList(new Grade("A",100, 95),
                                      new Grade("B",94, 80),
                                      new Grade("C",79, 70),
                                      new Grade("D",69, 50),
                                      new Grade("F",49, 0)),
                              Arrays.asList(81, 95, 75, 50, 45)));

//결과 => "[다익스트라] Pass:3 Fail:2, A:1 B:1 C:1 D:1 F:1 - Avg: 69.2"
String statistics = professor.compileStatistics();
```

생성자의 인자 타입은 Lecture로 선언돼 있지만 GradeLecture의 인스턴스를 전달하더라도 아무 문제 없이 실행된다는 사실을 알 수 있다. 위 예제는 동일한 객체 참조인 lecture에 대해 동일한 evaluate 메시지를 전송하는 동일한 코드 안에서 서로 다른 클래스 안에 구현된 메서드를 실행할 수 있다는 사실을 알 수 있다.

이처럼 코드 안에서 선언된 참조 타입과 무관하게 실제로 메시지를 수신하는 객체의 타입에 따라 실행되는 메서드가 달라질 수 있는 것은 업캐스팅과 동적 바인딩이라는 메커니즘이 작용하기 때문이다.

- 부모 클래스(Lecture) 타입으로 선언된 변수에 자식 클래스(GradeLecture)의 인스턴스를 할당하는 것이 가능하다. 이를 **업캐스팅**이라고 부른다.
- 선언된 변수의 타입이 아니라 메시지를 수신하는 객체의 타입에 따라 실행되는 메서드가 결정된다. 이것은 객체지향 시스템이 메시지를 처리할 적절한 메서드를 컴파일 시점이 아니라 실행 시점에 결정하기 때문에 가능하다. 이를 **동적 바인딩**이라고 부른다.

동일한 수신자에게 동일한 메시지를 전송하는 동일한 코드를 이용해 서로 다른 메서드를 실행할 수 있는 이유는 업캐스팅과 동적 메서드 탐색이라는 기반 메커니즘이 존재하기 때문이다. 업캐스팅은 서로 다른 클래스의 인스턴스를 동일한 타입에 할당하는 것을 가능하게 해준다. 따라서 부모 클래스에 대해 작성된 코드를 전혀 수정하지 않고도 자식 클래스에 적용할 수 있다. 동적 메서드 탐색은 부모 클래스의 타입에 대해 메시지를 전송하더라도 실행 시에는 실제 클래스를 기반으로 실행될 메서드가 선택되게 해준다. 따라서 코드를 변경하지 않고도 실행되는 메서드를 변경할 수 있다.

개방-폐쇄 원칙과 의존성 역전 원칙

업캐스팅과 동적 메서드 탐색에 대한 설명을 읽다 보면 자연스럽게 머릿속에서 개방-폐쇄 원칙이 떠오를 것이다. 업캐스팅과 동적 메서드 탐색은 코드를 변경하지 않고도 기능을 추가할 수 있게 해주며 이것은 개방-폐쇄 원칙의 의도와도 일치한다.

개방-폐쇄 원칙은 유연하고 확장 가능한 코드를 만들기 위해 의존관계를 구조화하는 방법을 설명한다. 업캐스팅과 동적 메서드 탐색은 상속을 이용해 개방-폐쇄 원칙을 따르는 코드를 작성할 때 하부에서 동작하는 기술적인 내부 메커니즘을 설명한다. 개방-폐쇄 원칙이 목적이라면 업캐스팅과 동적 메서드 탐색은 목적에 이르는 방법이다.

아마 바로 전에 살펴본 Professor 예제가 의존성 역전 원칙을 따른다고 생각할지도 모르겠다. 하지만 Professor는 추상화가 아닌 구체 클래스인 Lecture에 의존하기 때문에 의존성 역전 원칙을 따른다고 말하기는 어렵다. 사실 현재의 코드가 개방-폐쇄 원칙을 따르는 코드를 만들기 위해 상속을 올바르게 사용했다고 말하기도 어려운데 개방-폐쇄 원칙의 중심에는 추상화가 위치하고 있기 때문이다.

업캐스팅

상속을 이용하면 부모 클래스의 퍼블릭 인터페이스가 자식 클래스의 퍼블릭 인터페이스에 합쳐지기 때문에 부모 클래스의 인스턴스에게 전송할 수 있는 메시지를 자식 클래스의 인스턴스에게 전송할 수 있다. 부모 클래스의 인스턴스 대신 자식 클래스의 인스턴스를 사용하더라도 메시지를 처리하는 데는 아무런 문제가 없으며, 컴파일러는 명시적인 타입 변환 없이도 자식 클래스가 부모 클래스를 대체할 수 있게 허용한다.

이런 특성을 활용할 수 있는 대표적인 두 가지가 대입문과 메서드의 파라미터 타입이다. 모든 객체지향 언어는 명시적으로 타입을 변환하지 않고도 부모 클래스 타입의 참조 변수에 자식 클래스의 인스턴스를 대입할 수 있게 허용한다.

```
Lecture lecture = new GradeLecture(...);
```

부모 클래스 타입으로 선언된 파라미터에 자식 클래스의 인스턴스를 전달하는 것도 가능하다.

```
public class Professor {
  public Professor(String name, Lecture lecture) { ... }
}

Professor professor = new Professor("다익스트라", new GradeLecture(...));
```

반대로 부모 클래스의 인스턴스를 자식 클래스 타입으로 변환하기 위해서는 명시적인 타입 캐스팅이 필요한데 이를 **다운캐스팅**(downcasting)이라고 부른다.

```
Lecture lecture = new GradeLecture(...);
GradeLecture GradeLecture = (GradeLecture)lecture;
```

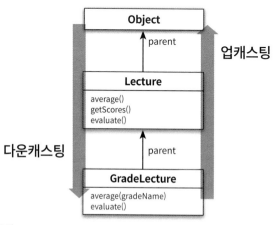

그림 12.7 업캐스팅과 다운캐스팅

컴파일러의 관점에서 자식 클래스는 아무런 제약 없이 부모 클래스를 대체할 수 있기 때문에 부모 클래스와 협력하는 클라이언트는 다양한 자식 클래스의 인스턴스와도 협력하는 것이 가능하다. 여기서 자식 클래스는 현재 상속 계층에 존재하는 자식 클래스뿐만 아니라 앞으로 추가될지도 모르는 미래의 자식 클래스들을 포함한다. Lecture의 모든 자식 클래스는 evaluate 메시지를 이해할 수 있기 때문에 Professor는 Lecture를 상속받는 어떤 자식 클래스와도 협력할 수 있는 무한한 확장 가능성을 가진다. 따라서 이 설계는 유연하며 확장이 용이하다.

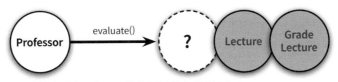

그림 12.8 업캐스팅으로 인해 미래의 자식 클래스들도 협력에 참여할 수 있게 된다

동적 바인딩

전통적인 언어에서 함수를 실행하는 방법은 함수를 호출하는 것이다. 객체지향 언어에서 메서드를 실행하는 방법은 메시지를 *전송*하는 것이다. 함수 호출과 메시지 전송 사이의 차이는 생각보다 큰데 프로그램 안에 작성된 함수 호출 구문과 실제로 실행되는 코드를 연결하는 언어적인 메커니즘이 완전히 다르기 때문이다.

함수를 호출하는 전통적인 언어들은 호출될 함수를 컴파일타임에 결정한다. 코드 상에서 bar 함수를 호출하는 구문이 나타난다면 실제로 실행되는 코드는 바로 그 bar라는 함수다. bar 이외의 어떤 코드도 아니다. 다시 말해 코드를 작성하는 시점에 호출될 코드가 결정된다. 이처럼 컴파일타임에 호출할 함수를 결정하는 방식을 **정적 바인딩**(static binding), **초기 바인딩**(early binding), 또는 **컴파일타임 바인딩**(compile-time binding)이라고 부른다.

객체지향 언어에서는 메시지를 수신했을 때 실행될 메서드가 런타임에 결정된다. foo.bar()라는 코드를 읽는 것만으로는 실행되는 bar가 어떤 클래스의 어떤 메서드인지를 판단하기 어렵다. foo가 가리키는 객체가 실제로 어떤 클래스의 인스턴스인지를 알아야 하고 bar 메서드가 해당 클래스의 상속 계층의 어디에 위치하는지를 알아야 한다. 이처럼 실행될 메서드를 런타임에 결정하는 방식을 **동적 바인딩**(dynamic binding) 또는 **지연 바인딩**(late binding)이라고 부른다.

Professor의 compileStatistics 메서드가 호출하는 lecture의 evaluate 메서드는 어떤 클래스에 정의돼 있는가? 클래스 정의를 살펴보는 것만으로는 정확한 메서드를 알 수 없다. 실행 시점에 어떤 클래스의 인스턴스를 생성해서 전달하는지를 알아야만 실제로 실행되는 메서드를 알 수 있다.

객체지향 언어가 제공하는 업캐스팅과 동적 바인딩을 이용하면 부모 클래스 참조에 대한 메시지 전송을 자식 클래스에 대한 메서드 호출로 변환할 수 있다. 그렇다면 객체지향 언어는 어떤 규칙에 따라 메서드 전송과 메서드 호출을 바인딩하는 것일까?

04 동적 메서드 탐색과 다형성

객체지향 시스템은 다음 규칙에 따라 실행할 메서드를 선택한다.

- 메시지를 수신한 객체는 먼저 자신을 생성한 클래스에 적합한 메서드가 존재하는지 검사한다. 존재하면 메서드를 실행하고 탐색을 종료한다.

- 메서드를 찾지 못했다면 부모 클래스에서 메서드 탐색을 계속한다. 이 과정은 적합한 메서드를 찾을 때까지 상속 계층을 따라 올라가며 계속된다.

- 상속 계층의 가장 최상위 클래스에 이르렀지만 메서드를 발견하지 못한 경우 예외를 발생시키며 탐색을 중단한다.

메시지 탐색과 관련해서 이해해야 하는 중요한 변수가 하나 있다. **self 참조**(self reference)가 바로 그것이다. 객체가 메시지를 수신하면 컴파일러는 self 참조라는 임시 변수를 자동으로 생성한 후 메시지를 수신한 객체를 가리키도록 설정한다. 동적 메서드 탐색은 self가 가리키는 객체의 클래스에서 시작해서 상속 계층의 역방향으로 이뤄지며 메서드 탐색이 종료되는 순간 self 참조는 자동으로 소멸된다. 시스템은 앞에서 설명한 class 포인터와 parent 포인터와 함께 self 참조를 조합해서 메서드를 탐색한다.

> **self와 this**
>
> 정적 타입 언어에 속하는 C++, 자바, C#에서는 self 참조를 this라고 부른다. 동적 타입 언어에 속하는 스몰토크, 루비에서는 self 참조를 나타내는 키워드로 self를 사용한다. 파이썬에서는 self 참조의 이름을 임의로 정할 수 있지만 대부분의 개발자들은 전통을 존중해서 self라는 이름을 사용한다.

간단한 예를 통해 메서드 탐색 과정을 살펴보자. 그림 12.9는 메시지를 수신한 시점의 GradeLecture 인스턴스의 메모리 상태를 나타낸 것이다. 시스템은 메시지를 처리할 메서드를 탐색하기 위해 self 참조가 가리키는 메모리로 이동한다. 이 메모리에는 객체의 현재 상태를 표현하는 데이터와 객체의 클래스를 가리키는 class 포인터가 존재한다. class 포인터를 따라 이동하면 메모리에 로드된 GradeLecture 클래스의 정보를 읽을 수 있다. 클래스 정보 안에는 클래스 안에 구현된 전체 메서드의 목록이 포함돼 있다. 이 목록 안에 메시지를 처리할 적절한 메서드가 존재하면 해당 메서드를 실행한 후 동적 메서드 탐색을 종료한다.

GradeLecture 클래스에서 적절한 메서드를 찾지 못했다면 parent 참조를 따라 부모 클래스인 Lecture 클래스로 이동한 후 탐색을 계속한다. 시스템은 상속 계층을 따라 최상위 클래스인 Object 클래스에 이를 때까지 메서드를 탐색한다. 최상위 클래스에 이르러서도 적절한 메서드를 찾지 못한 경우에는 에러를 발생시키고 메서드 탐색을 종료한다.

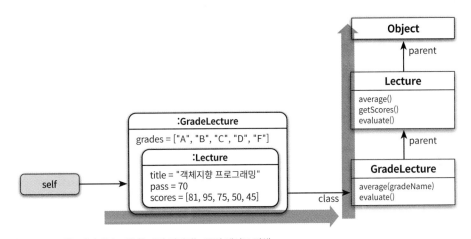

그림 12.9 self 참조에서 상속 계층을 따라 이뤄지는 동적 메서드 탐색

메서드 탐색은 자식 클래스에서 부모 클래스의 방향으로 진행된다. 따라서 항상 자식 클래스의 메서드가 부모 클래스의 메서드보다 먼저 탐색되기 때문에 자식 클래스에 선언된 메서드가 부모 클래스의 메서드보다 더 높은 우선순위를 가지게 된다.

지금까지의 설명을 종합해보면 동적 메서드 탐색은 두 가지 원리로 구성된다는 것을 알 수 있다. 첫 번째 원리는 **자동적인 메시지 위임**이다. 자식 클래스는 자신이 이해할 수 없는 메시지를 전송받은 경우 상속 계층을 따라 부모 클래스에게 처리를 위임한다. 클래스 사이의 위임은 프로그래머의 개입 없이 상속 계층을 따라 자동으로 이뤄진다.

두 번째 원리는 메서드를 탐색하기 위해 **동적인 문맥**을 사용한다는 것이다. 메시지를 수신했을 때 실제로 어떤 메서드를 실행할지를 결정하는 것은 컴파일 시점이 아닌 실행 시점에 이뤄지며, 메서드를 탐색하는 경로는 self 참조를 이용해서 결정한다.

메시지가 처리되는 문맥을 이해하기 위해서는 정적인 코드를 분석하는 것만으로는 충분하지 않다. 런 타임에 실제로 메시지를 수신한 객체가 어떤 타입인지를 추적해야 한다. 이 객체의 타입에 따라 메서드 를 탐색하는 문맥이 동적으로 결정되며, 여기서 가장 중요한 역할을 하는 것이 바로 self 참조다.

자동적인 메시지 위임

동적 메서드 탐색의 입장에서 상속 계층은 메시지를 수신한 객체가 자신이 이해할 수 없는 메시지를 부 모 클래스에게 전달하기 위한 물리적인 경로를 정의하는 것으로 볼 수 있다. 상속 계층 안의 클래스는 메시지를 처리할 방법을 알지 못할 경우 메시지에 대한 처리를 부모 클래스에게 위임한다. 메시지 처리 를 위임받은 부모 클래스 역시 수신한 메시지를 이해할 수 없다면 자신의 부모 클래스에게 메시지를 전 달한다. 여기서 핵심은 적절한 메서드를 찾을 때까지 상속 계층을 따라 부모 클래스로 처리가 위임된다 는 것이다.

상속을 이용할 경우 프로그래머가 메시지 위임과 관련된 코드를 명시적으로 작성할 필요가 없음에 주 목하라. 메시지는 상속 계층을 따라 부모 클래스에게 *자동으로 위임된다*[Metz12]. 이런 관점에서 상속 계층을 정의하는 것은 메서드 탐색 경로를 정의하는 것과 동일하다.

일부 언어들은 상속이 아닌 다른 방법을 이용해 메시지를 자동으로 위임할 수 있는 메커니즘을 제 공하기도 한다. 루비의 모듈(module), 스몰토크와 스칼라의 트레이트(trait), 스위프트의 프로토콜 (protocol)과 확장(extension) 메커니즘은 상속 계층에 독립적으로 메시지를 위임할 수 있는 대표적 인 장치다. 여기서는 메시시가 위임되는 과정을 설명하기 위해 상속을 사용하고 있지만 자동적인 메시 지 위임을 지원하는 방법은 언어에 따라 다를 수 있다는 사실을 기억하기 바란다.

자식 클래스에서 부모 클래스의 방향으로 자동으로 메시지 처리가 위임되기 때문에 자식 클래스에서 어떤 메서드를 구현하고 있느냐에 따라 부모 클래스에 구현된 메서드의 운명이 결정되기도 한다. 메서 드 오버라이딩은 자식 클래스의 메서드가 동일한 시그니처를 가진 부모 클래스의 메서드보다 먼저 탐 색되기 때문에 벌어지는 현상이다.

동일한 시그니처를 가지는 자식 클래스의 메서드는 부모 클래스의 메서드를 감추지만 이름만 같고 시 그니처가 완전히 동일하지 않은 메서드들은 상속 계층에 걸쳐 사이좋게 공존할 수도 있다. 이것이 바로 메서드 오버로딩이다. 뒤에서 살펴보겠지만 메서드 오버라이딩은 모든 객체지향 언어에서 유사하게 동 작하는 데 비해 메서드 오버로딩은 언어에 따라 조금씩 달라질 수 있다.

메서드 오버라이딩

메서드 오버라이딩을 이해하기 위해 Lecture 클래스의 인스턴스에 evaluate 메시지를 전송하는 코드를
예로 들어 살펴보자.

```
Lecture lecture = new Lecture(...);
lecture.evaluate();
```

그림 12.10은 Lecture 인스턴스에게 evaluate 메시지를 전송한 시점의 메모리 상태를 나타낸 것이다.
런타임에 자동으로 self 참조가 메시지 수신 객체를 가리키도록 설정된다는 사실을 기억하라.

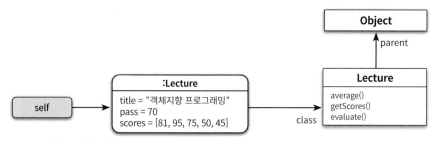

그림 12.10 Lecture의 인스턴스를 가리키는 self 참조

지금까지 사용했던 이 표기법은 항상 객체의 상태와 클래스를 함께 표현하기 때문에 다소 장황한 측면
이 있다. 지금부터는 그림 12.11처럼 인스턴스의 상태를 생략하고 self와 클래스만을 이용해서 메서드
탐색을 위한 문맥을 단순하게 표현할 것이다.

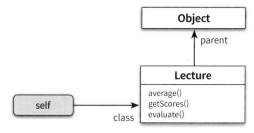

그림 12.11 데이터 측면을 생략한 그림 12.10의 간략한 표현

이제 evaluate 메시지를 수신했을 때 실행될 메서드를 결정하는 과정을 따라가 보자. 그림 12.12는 이
과정을 그림으로 나타낸 것이다. 메서드 탐색은 self 참조가 가리키는 객체의 클래스인 Lecture에서 시
작하게 된다. 다행스럽게도 Lecture 클래스 안에 evaluate 메서드가 존재하기 때문에 시스템은 메서드
를 실행한 후 메서드 탐색을 종료한다.

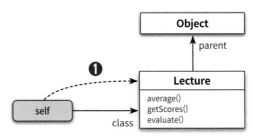

그림 12.12 Lecture 인스턴스에 대한 동적 메서드 탐색

이번에는 Lecture의 자식 클래스인 GradeLecture 인스턴스에 evaluate 메시지를 전송할 경우의 메서드 탐색 과정을 살펴보자.

```
Lecture lecture = new GradeLecture(...);
lecture.evaluate();
```

이 예제가 우리의 흥미를 끄는 이유는 부모 클래스인 Lecture에서 정의한 evaluate 메서드와 시그니처가 동일한 메서드를 자식 클래스인 GradeLecture에서 재정의하고 있기 때문이다. 그리고 실행 결과는 예상했던 것처럼 lecture의 타입인 Lecture에 정의된 메서드가 아닌 실제 객체를 생성한 클래스인 GradeLecture에 정의된 메서드가 실행된다. 동적 메서드 탐색은 self 참조가 가리키는 객체의 클래스인 GradeLecture에서 시작되고 GradeLecture 클래스 안에 evaluate 메서드가 구현돼 있기 때문에 먼저 발견된 메서드가 실행되는 것이다.

동적 메서드 탐색이 자식 클래스에서 부모 클래스의 순서로 진행된다는 사실을 떠올려보면 실행 결과를 쉽게 이해할 수 있을 것이다. 자식 클래스와 부모 클래스 양쪽 모두에 동일한 시그니처를 가진 메서드가 구현돼 있다면 자식 클래스의 메서드가 먼저 검색된다. 따라서 자식 클래스의 메서드가 부모 클래스의 메서드를 감추는 것처럼 보이게 된다.

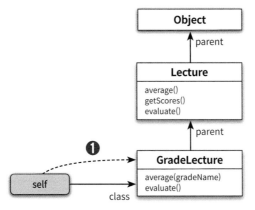

그림 12.13 GradeLecture 클래스 안에서 종료되는 evaluate()에 대한 동적 메서드 탐색

이와 같이 자식 클래스가 부모 클래스의 메서드를 오버라이딩하면 자식 클래스에서 부모 클래스로 향하는 메서드 탐색 순서 때문에 자식 클래스의 메서드가 부모 클래스의 메서드를 *감추게 된다.*

메서드 오버로딩

GradeLecture 인스턴스에 average(String grade) 메시지를 전송하는 경우를 살펴보자.

```
GradeLecture lecture = new GradeLecture(...);
lecture.average("A");
```

이 경우에는 메시지에 응답할 수 있는 average 메서드를 GradeLecture 클래스에서 발견할 수 있기 때문에 동적 메서드 탐색은 탐색이 시작되는 첫 번째 클래스인 GradeLecture에서 종료된다.

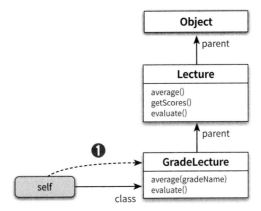

그림 12.14 GradeLecture 클래스에서 종료되는 average(grade) 메서드에 대한 탐색

이번에는 GradeLecture 클래스의 인스턴스에 이름은 동일하지만 파라미터를 갖지 않는 average() 메시지를 전송하는 경우를 살펴보자.

```
Lecture lecture = new GradeLecture(...);
lecture.average();
```

앞의 경우와 동일하게 동적 메서드 탐색은 메시지를 수신한 객체의 클래스인 GradeLecture에서 시작된다. 하지만 이번에는 GradeLecture 클래스 안에서 메시지에 응답할 수 있는 적절한 메서드를 발견하지 못하기 때문에 부모 클래스인 Lecture 클래스에서 메서드를 찾으려고 시도한다. 다행히 Lecture 클래스 안에는 적절한 시그니처를 가진 average() 메서드가 존재하기 때문에 해당 메서드를 실행한 후 메서드 탐색을 종료한다.

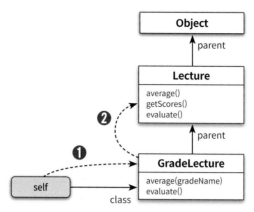

그림 12.15 GradeLecture에서 시작해 Lecture에서 끝나는 average()에 대한 동적 메서드 탐색

메서드 오버라이딩은 자식 클래스가 부모 클래스에 존재하는 메서드와 동일한 시그니처를 가진 메서드를 재정의해서 부모 클래스의 메서드를 감추는 현상을 가리킨다. 하지만 average() 메서드와 average(String grade) 메서드는 이름은 같지만 시그니처가 다르다.

이처럼 시그니처가 다르기 때문에 동일한 이름의 메서드가 공존하는 경우를 메서드 오버로딩이라고 부른다. 메서드 오버라이딩은 메서드를 감추지만 메서드 오버로딩은 사이좋게 공존한다. 다시 말해서 클라이언트의 관점에서 오버로딩된 모든 메서드를 호출할 수 있는 것이다.

대부분의 사람들은 하나의 클래스 안에서 같은 이름을 가진 메서드들을 정의하는 것은 메서드 오버로딩으로 생각하고 상속 계층 사이에서 같은 이름을 가진 메서드를 정의하는 것은 메서드 오버로딩으로 생각하지 않는 경향이 있다. 이것은 일부 언어에서 상속 계층 사이의 메서드 오버로딩을 지원하지 않기 때문이다. C++가 가장 대표적이다.

C++ 언어를 사용하는 프로그래머라면 위 자바 예제가 정상적으로 실행된다는 사실이 조금은 당황스러울 수도 있을 것이다. C++에서는 부모 클래스의 메서드와 동일한 이름의 메서드를 자식 클래스에서 오버로딩하면 그 이름을 가진 모든 부모 클래스의 메서드를 감춰버린다. C++는 같은 클래스 안에서의 메서드 오버로딩은 허용하지만 자바와 달리 상속 계층 사이에서의 메서드 오버로딩은 금지한다.

다음은 Lecture 클래스를 C++로 구현한 것이다.

```
class Lecture
{
public:
```

```
    virtual int average();
    virtual int average(std::string grade);
    virtual int average(std::string grade, int base);
};
```

Lecture 클래스 안에는 이름은 동일하지만 시그니처는 다른 세 개의 average 메서드가 오버로딩돼 있다. 이제 다음과 같이 Lecture 클래스를 상속받는 GradeLecture 클래스에서 부모 클래스에서 정의한 메서드와 동일한 이름을 가진 average(char grade) 메서드를 오버로딩했다고 가정하자.

```
class GradeLecture: public Lecture
{
public:
    virtual int average(char grade);
};
```

이 경우 아래와 같이 GradeLecture 클래스의 인스턴스에 대해 부모 클래스에 선언된 메서드를 호출하면 에러가 발생한다.

```
GradeLecture *lecture = new GradeLecture();
lecture->average('A');
lecture->average();                 // 에러!
lecture->average("A");              // 에러!
lecture->average("A", 70);          // 에러!
```

C++는 상속 계층 안에서 동일한 이름을 가진 메서드가 공존해서 발생하는 혼란을 방지하기 위해 부모 클래스에 선언된 이름이 동일한 메서드 전체를 숨겨서 클라이언트가 호출하지 못하도록 막는다. 이를 **이름 숨기기(name hiding)**라고 부른다[Eckel03].

이름 숨기기 문제를 해결하는 방법은 부모 클래스에 정의된 모든 메서드를 자식 클래스에서 오버로딩하는 것이다.

```cpp
class GradeLecture: public Lecture
{
public:
  virtual int average();
  virtual int average(std::string grade);
  virtual int average(std::string, int base);
  virtual int average(char grade);
};
```

또는 부모 클래스에 정의된 average라는 이름을 자식 클래스의 네임스페이스에 합칠 수도 있다.

```cpp
class GradeLecture: public Lecture
{
public:
  using Lecture::average;
  virtual int average(char grade);
};
```

여기서 이야기하려는 요점은 동적 메서드 탐색과 관련된 규칙이 언어마다 다를 수 있다는 점이다. 따라서 여러분이 사용하는 언어의 문법과 메서드 탐색 규칙을 주의깊게 살펴보기 바란다.

동적인 문맥

이제 여러분은 lecture.evaluate()라는 메시지 전송 코드만으로는 어떤 클래스의 어떤 메서드가 실행될지를 알 수 없다는 사실을 이해했을 것이다. 여기서 중요한 것은 메시지를 수신한 객체가 무엇이냐에 따라 메서드 탐색을 위한 문맥이 동적으로 바뀐다는 것이다. 그리고 이 동적인 문맥을 결정하는 것은 바로 메시지를 수신한 객체를 가리키는 self 참조다.

self 참조가 Lecture의 인스턴스를 가리키고 있다면 메서드를 탐색할 문맥은 Lecture 클래스에서 시작해서 Object 클래스에서 종료되는 상속 계층이 된다. self 참조가 GradeLecture의 인스턴스를 가리키고 있다면 메서드 탐색의 문맥은 GradeLecture 클래스에서 시작해서 Object 클래스에서 종료되는 상속 계층이 된다.

동일한 코드라고 하더라도 self 참조가 가리키는 객체가 무엇인지에 따라 메서드 탐색을 위한 상속 계층의 범위가 동적으로 변한다. 따라서 self 참조가 가리키는 객체의 타입을 변경함으로써 객체가 실행될 문맥을 동적으로 바꿀 수 있다.

self 참조가 동적 문맥을 결정한다는 사실은 종종 어떤 메서드가 실행될지를 예상하기 어렵게 만든다. 대표적인 경우가 자신에게 다시 메시지를 전송하는 **self 전송(self send)**이다. self 전송의 특성을 이해하기 위해 Lecture와 GradeLecture 클래스에 평가 기준에 대한 정보를 반환하는 stats 메서드를 추가하자. Lecture 클래스에서는 stats 메서드 안에서 자신의 getEvaluationMethod 메서드를 호출한다는 사실을 주의깊게 살펴보기 바란다.

```
public class Lecture {
  public String stats() {
    return String.format("Title: %s, Evaluation Method: %s", title, getEvaluationMethod());
  }

  public String getEvaluationMethod() {
    return "Pass or Fail";
  }
}
```

자신의 getEvaluationMethod 메서드를 호출한다고 표현했지만 사실 이 말은 정확하지는 않다. getEvaluationMethod()라는 구문은 현재 클래스의 메서드를 호출하는 것이 아니라 현재 객체에게 getEvaluationMethod 메시지를 전송하는 것이다. 다시 한번 강조하겠다. 현재 클래스의 메서드를 호출하는 것이 아니라 *현재 객체에게 메시지를 전송하는 것이다.*

그렇다면 현재 객체란 무엇인가? 바로 self 참조가 가리키는 객체다. 이 객체는 처음에 stats 메시지를 수신했던 바로 그 객체다. 이처럼 self 참조가 가리키는 자기 자신에게 메시지를 전송하는 것을 self 전송이라고 부른다. self 전송을 이해하기 위해서는 self 참조가 가리키는 바로 그 객체에서부터 메시지 탐색을 다시 시작한다는 사실을 기억해야 한다.

self 전송을 이해하기 위해 stats 메서드 탐색 과정을 따라가보자. Lecture의 인스턴스가 stats 메시지를 수신하면 self 참조는 메시지를 수신한 Lecture 인스턴스를 가리키도록 자동으로 할당된다. 시스템은 이 객체의 클래스인 Lecture에서 stats 메서드를 발견하고는 이를 실행시킬 것이다.

stats 메서드를 실행하던 중에 getEvaluationMethod 메서드 호출 구문을 발견하면 시스템은 self 참조가 가리키는 현재 객체에게 메시지를 전송해야 한다고 판단한다. 결과적으로 stats 메시지를 수신한 동일한 객체에게 getEvaluationMethod 메시지를 전송할 것이다. 결과적으로 self 참조가 가리키는 Lecture 클래스에서부터 다시 메서드 탐색이 시작되고 Lecture의 getEvaluationMethod 메서드를 실행한 후에 메서드 탐색을 종료한다.

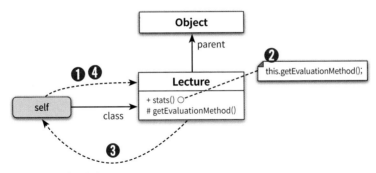

그림 12.16 self 전송을 통한 메서드 탐색

여기서 중요한 것은 getEvaluationMethod( )라는 문장이 Lecture 클래스의 getEvaluationMethod 메서드를 실행시키라는 의미가 아니라 self가 참조하는 현재 객체에 getEvaluationMethod 메시지를 전송하라는 의미라는 것이다. 그리고 메서드 탐색은 처음에 메시지 탐색을 시작했던 self 참조가 가리키는 바로 그 클래스에서부터 다시 시작한다는 것이다.

여기까지는 단순하다. 하지만 상속이 끼어들면 이야기가 달라진다. 이번에는 Lecture 클래스를 상속받는 GradeLecture 클래스에서 다음과 같이 getEvaluationMethod 메서드를 오버라이딩해보자.

```
public class GradeLecture extends Lecture {
  @Override
  public String getEvaluationMethod() {
    return "Grade";
  }
}
```

GradeLecture에 stats 메시지를 전송하면 self 참조는 GradeLecture의 인스턴스를 가리키도록 설정되고 메서드 탐색은 GradeLecture 클래스에서부터 시작된다. GradeLecture 클래스에는 stats 메시지를 처리할 수 있는 적절한 메서드가 존재하지 않기 때문에 부모 클래스인 Lecture에서 메서드 탐색을 계속하고 Lecture 클래스의 stats 메서드를 발견하고는 이를 실행할 것이다.

Lecture 클래스의 stats 메서드를 실행하는 중에 self 참조가 가리키는 객체에게 getEvaluationMethod 메시지를 전송하는 구문과 마주치게 된다. 이제 메서드 탐색은 self 참조가 가리키는 객체에서 시작된다. 여기서 self 참조가 가리키는 객체는 바로 GradeLecture의 인스턴스다. 따라서 메시지 탐색은 Lecture 클래스를 벗어나 self 참조가 가리키는 GradeLecture에서부터 다시 시작된다.

시스템은 GradeLecture 클래스에서 getEvaluationMethod 메서드를 발견하고 실행한 후 동적 메서드 탐색을 종료한다. 그 결과 Lecture 클래스의 stats 메서드와 GradeLecture 클래스의 getEvaluationMethod 메서드의 실행 결과를 조합한 문자열이 반환될 것이다.

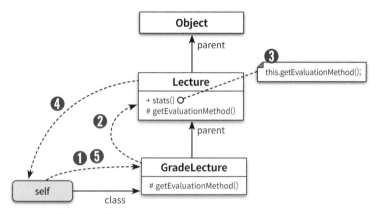

그림 12.17 self 전송은 self 참조부터 탐색을 다시 시작하게 만든다

self 전송은 자식 클래스에서 부모 클래스 방향으로 진행되는 동적 메서드 탐색 경로를 다시 self 참조가 가리키는 원래의 자식 클래스로 이동시킨다. 이로 인해 최악의 경우에는 실제로 실행될 메서드를 이해하기 위해 상속 계층 전체를 훑어가며 코드를 이해해야 하는 상황이 발생할 수도 있다. 결과적으로 self 전송이 깊은 상속 계층과 계층 중간중간에 함정처럼 숨겨져 있는 메서드 오버라이딩과 만나면 극단적으로 이해하기 어려운 코드가 만들어진다.

이해할 수 없는 메시지

지금까지 살펴본 것처럼 클래스는 자신이 처리할 수 없는 메시지를 수신하면 부모 클래스로 처리를 위임한다. 하지만 상속 계층의 정상에 오고 나서야 자신이 메시지를 처리할 수 없다는 사실을 알게 됐다면 어떻게 할까? 다시 말해서 객체가 메시지를 이해할 수 없다면 어떻게 할까? 이해할 수 없는 메시지를 처리하는 방법은 프로그래밍 언어가 정적 타입 언어에 속하는지, 동적 타입 언어에 속하는지에 따라 달라진다.

정적 타입 언어와 이해할 수 없는 메시지

정적 타입 언어에서는 코드를 컴파일할 때 상속 계층 안의 클래스들이 메시지를 이해할 수 있는지 여부를 판단한다. 따라서 상속 계층 전체를 탐색한 후에도 메시지를 처리할 수 있는 메서드를 발견하지 못했다면 컴파일 에러를 발생시킨다.

예를 들어 정적 타입 언어인 자바에서 Lecture의 인스턴스가 이해할 수 없는 unknownMessage 메시지를 전송했다고 가정해 보자.

```
Lecture lecture = new GradeLecture(...);
lecture.unknownMessage();       // 컴파일 에러!
```

이 경우 컴파일러는 lecture가 가리키는 객체의 타입인 GradeLecture 클래스의 상속 계층을 따라가면서 unknownMessage 메시지를 처리할 수 있는 메서드가 존재하는지 검색한다. Lecture 클래스 안에서는 적절한 메서드를 찾을 수 없기 때문에 부모 클래스인 Object에서 메서드를 검색한다. Object 클래스 역시 메시지를 이해할 수 없고 더 이상 부모 클래스가 존재하지 않기 때문에 컴파일 에러를 발생시켜 메시지를 처리할 수 없다는 사실을 프로그래머에게 알린다.

동적 타입 언어와 이해할 수 없는 메시지

동적 타입 언어 역시 메시지를 수신한 객체의 클래스부터 부모 클래스의 방향으로 메서드를 탐색한다. 차이점이라면 동적 타입 언어에는 컴파일 단계가 존재하지 않기 때문에 실제로 코드를 실행해보기 전에는 메시지 처리 가능 여부를 판단할 수 없다는 점이다.

몇 가지 동적 타입 언어는 최상위 클래스까지 메서드를 탐색한 후에 메서드를 처리할 수 없다는 사실을 발견하면 self 참조가 가리키는 현재 객체에게 메시지를 이해할 수 없다는 메시지를 전송한다. 대표적인 동적 타입 언어인 스몰토크에서는 메시지를 찾지 못했을 때 doesNotUnderstand 메시지를 전송한다. 루비의 경우 method_missing 메시지를 전송한다.

이 메시지들 역시 보통의 메시지처럼 self 참조가 가리키는 객체의 클래스에서부터 시작해서 상속 계층을 거슬러 올라가며 메서드를 탐색한다. 만약 상속 계층 안의 어떤 클래스도 메시지를 처리할 수 없다면 메서드 탐색은 다시 한번 최상위 클래스에 이르게 되고 최종적으로 예외가 던져진다. 스몰토크의 최상위 클래스인 Object는 doesNotUnderstand 메시지에 대한 기본 처리로 MessageNotUnderstood 예외를 던진다. 루비의 최상위 클래스인 Object는 method_missing 메시지에 대한 기본 처리로 NoMethodError 예외를 던진다.

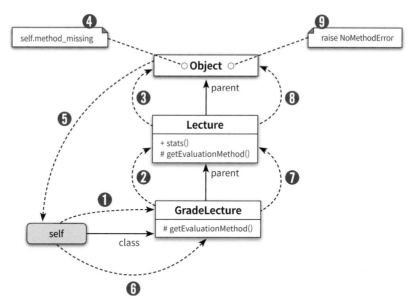

그림 12.18 이해할 수 없는 메시지를 위한 루비 언어의 메서드 탐색 메커니즘

하지만 동적 타입 언어에서는 이해할 수 없는 메시지에 대해 예외를 던지는 것 외에도 선택할 수 있는 방법이 하나 더 있다. doesNotUnderstand나 method_missing 메시지에 응답할 수 있는 메서드를 구현하는 것이다. 이 경우 객체는 자신의 인터페이스에 정의되지 않은 메시지를 처리하는 것이 가능해진다.

이해할 수 없는 메시지를 처리할 수 있는 동적 타입 언어는 좀 더 순수한 관점에서 객체지향 패러다임을 구현한다고 볼 수 있다. 협력을 위해 메시지를 전송하는 객체는 메시지를 수신한 객체의 내부 구현에 대해서는 알지 못한다. 단지 객체가 메시지를 처리할 수 있다고 믿고 메시지를 전송할 뿐이다. 객체가 해당하는 메서드를 구현하고 있건, method_missing 메서드를 재정의하건 상관없이 클라이언트는 단지 전송한 메시지가 성공적으로 처리됐다는 사실만 알 수 있을 뿐이다.

동적 타입 언어는 이해할 수 없는 메시지를 처리할 수 있는 능력을 가짐으로써 메시지가 선언된 인터페이스와 메서드가 정의된 구현을 분리할 수 있다. 메시지 전송자는 자신이 원하는 메시지를 전송하고 메시지 수신자는 스스로의 판단에 따라 메시지를 처리한다. 이것은 메시지를 기반으로 협력하는 자율적인 객체라는 순수한 객체지향의 이상에 좀 더 가까운 것이다. 그러나 동적 타입 언어의 이러한 동적인 특성과 유연성은 코드를 이해하고 수정하기 어렵게 만들뿐만 아니라 디버깅 과정을 복잡하게 만들기도 한다.

정적 타입 언어에는 이런 유연성이 부족하지만 좀 더 안정적이다. 모든 메시지는 컴파일타임에 확인되고 이해할 수 없는 메시지는 컴파일 에러로 이어진다. 컴파일 시점에 수신 가능한 메시지를 체크하기 때문에 이해할 수 없는 메시지를 처리할 수 있는 유연성은 잃게 되지만 실행 시점에 오류가 발생할 가능성을 줄임으로써 프로그램이 좀 더 안정적으로 실행될 수 있는 것이다.

이제 self 참조가 메시지 탐색을 위한 문맥을 동적으로 결정한다는 사실을 이해했을 것이다. 지금까지 설명한 것처럼 업캐스팅과 동적 바인딩이라는 언어적인 특성과 실행 시점에 적절한 메서드를 선택하는 동적 메서드 탐색을 혼합해서 동일한 코드를 이용해 서로 다른 메서드를 실행하는 것이 가능해진다. 객체지향 프로그래밍 언어는 이와 같은 메커니즘의 도움을 받아 동일한 메시지에 대해 서로 다른 메서드를 실행할 수 있는 다형성을 구현하는 것이다.

이해할 수 없는 메시지와 도메인-특화 언어

이해할 수 없는 메시지를 처리할 수 있는 동적 타입 언어의 특징은 메타 프로그래밍 영역에서 진가를 발휘한다. 특히 동적 타입 언어의 이러한 특징으로 인해 동적 타입 언어는 정적 타입 언어보다 더 쉽고 강력한 **도메인-특화 언어**(Domain-Specific Language, DSL)를 개발할 수 있는 것으로 간주된다. 마틴 파울러는 동적 타입 언어의 이러한 특징을 이용해 도메인-특화 언어를 개발하는 방식을 **동적 리셉션**(dynamic reception)[Fowler10]이라고 부른다.

---

self 대 super

self 참조의 가장 큰 특징은 동적이라는 점이다. self 참조는 메시지를 수신한 객체의 클래스에 따라 메서드 탐색을 위한 문맥을 실행 시점에 결정한다. self의 이런 특성과 대비해서 언급할 만한 가치가 있는 것이 바로 **super 참조**(super reference)다.

자식 클래스에서 부모 클래스의 구현을 재사용해야 하는 경우가 있다. 대부분의 객체지향 언어들은 자식 클래스에서 부모 클래스의 인스턴스 변수나 메서드에 접근하기 위해 사용할 수 있는 super 참조라는 내부 변수를 제공한다.

앞에서 구현한 GradeLecture의 evaluate 메서드는 오버라이딩된 Lecture의 evaluate 메서드 구현을 재사용하기 위해 super 참조를 이용해 부모 클래스에게 evaluate 메시지를 전송한다.

```java
public class GradeLecture extends Lecture {
  @Override
  public String evaluate() {
    return super.evaluate() + ", " + gradesStatistics();
  }
}
```

바로 전 문장에서 '메서드를 호출'한다고 표현하지 않고 super 참조를 이용해 '메시지를 전송'한다고
표현했던 것을 눈치챘는가? 대부분의 사람들은 super.evaluate()라는 문장이 단순히 부모 클래스의
evaluate 메서드를 호출한다고 생각할 것이다. 하지만 super.evaluate()에 의해 호출되는 메서드는 부
모 클래스의 메서드가 아니라 더 상위에 위치한 조상 클래스의 메서드일 수도 있다.

이해를 돕기 위해 GradeLecture의 자식 클래스인 FormattedGradeLecture 클래스에 super.average() 문장
을 추가하자.

```java
public class FormattedGradeLecture extends GradeLecture {
  public FormattedGradeLecture(String name, int pass, List<Grade> grades, List<Integer> scores) {
    super(name, pass, grades, scores);
  }

  public String formatAverage() {
    return String.format("Avg: %1.1f", super.average());
  }
}
```

super가 부모 클래스의 메서드를 호출하는 것이라면 위 코드는 정상적으로 실행될 수 없을 것이다. 부
모 클래스인 GradeLecture에는 average 메서드가 정의돼 있지 않기 때문이다. 하지만 위 코드는 정상
적으로 실행된다. 그리고 super.average()에 의해 실행되는 메서드는 GradeLecture의 부모 클래스인
Lecture의 average 메서드다.

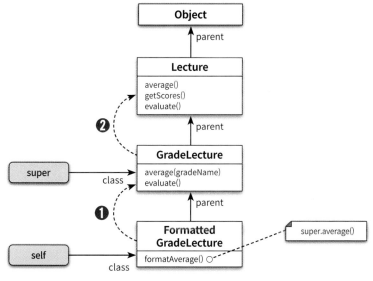

그림 12.19 super 전송은 부모 클래스에서부터 메서드 탐색을 시작하게 한다

사실 super 참조의 용도는 부모 클래스에 정의된 메서드를 실행하기 위한 것이 아니다. super 참조의 정확한 의도는 '지금 이 클래스의 부모 클래스에서부터 메서드 탐색을 시작하세요'다. 만약 부모 클래스에서 원하는 메서드를 찾지 못한다면 더 상위의 부모 클래로 이동하면서 메서드가 존재하는지 검사한다.

이것은 super 참조를 통해 실행하고자 하는 메서드가 반드시 부모 클래스에 위치하지 않아도 되는 유연성을 제공한다. 그 메서드가 조상 클래스 어딘가에 있기만 하면 성공적으로 탐색될 것이기 때문이다.

부모 클래스의 메서드를 호출하는 것과 부모 클래스에서 메서드 탐색을 시작하는 것은 의미가 매우 다르다. 부모 클래스의 메서드를 호출한다는 것은 그 메서드가 반드시 부모 클래스 안에 정의돼 있어야 한다는 것을 의미한다. 그에 비해 부모 클래스에서 메서드 탐색을 시작한다는 것은 그 클래스의 조상 어딘가에 그 메서드가 정의돼 있기만 하면 실행할 수 있다는 것을 의미한다.

이처럼 super 참조를 통해 메시지를 전송하는 것은 마치 부모 클래스의 인스턴스에게 메시지를 전송하는 것처럼 보이기 때문에 이를 **super 전송**(super send)이라고 부른다.

---

super 참조의 문법

대부분의 객체지향 언어는 부모 클래스에서부터 메서드 탐색이 시작하게 하는 super 참조를 위한 의사변수를 제공한다. 자바에서는 이 의사 변수를 가리키기 위해 super라는 예약어를 사용하고 C#은 base라는 예약어를 사용한다. C++의 경우 부모 클래스 이름과 범위 지정 연산자인 "::"를 조합해서 부모 클래스에서부터 메서드 탐색을 시작하게 할 수 있다.

---

self 전송이 메시시를 수신하는 객체의 클래스에 따라 메서드를 탐색할 시작 위치를 동적으로 결정하는 데 비해 super 전송은 항상 메시지를 전송하는 클래스의 부모 클래스에서부터 시작된다 [Nierstrasz09]. 이를 앞에서 self 참조를 통해 getEvaluationMethod 메시지를 전송했던 self 전송의 예와 비교해보라. self 전송은 어떤 클래스에서 메시지 탐색이 시작될지 알지 못한다. Lecture일 수도 있고 GradeLecture일 수도 있고 미래에 추가될 새로운 자식 클래스일 수도 있다.

super 전송은 다르다. super 전송은 항상 해당 클래스의 부모 클래스에서부터 메서드 탐색을 시작한다. self 전송에서 메시지 탐색을 시작하는 클래스는 미정이지만 super 전송에서는 미리 정해진다는 것이다. 따라서 self 전송의 경우 메서드 탐색을 시작할 클래스를 반드시 실행 시점에 동적으로 결정해야 하지만 super 전송의 경우에는 컴파일 시점에 미리 결정해 놓을 수 있다.

> **super 전송과 동적 바인딩**
>
> 상속에서 super가 컴파일 시점에 미리 결정된다고 설명했지만 super를 런타임에 결정하는 경우도 있다. 11장에서 믹스인을 설명하면서 예로 들었던 스칼라의 트레이트는 super의 대상을 믹스인되는 순서에 따라 동적으로 결정한다. 따라서 사용하는 언어의 특성에 따라 컴파일 시점이 아닌 실행 시점에 super의 대상이 결정될 수도 있다는 점을 기억하기 바란다. 하지만 비록 스칼라와 같이 예외적인 경우가 있기는 하지만 대부분의 객체지향 언어에서 상속을 사용하는 경우에는 super가 컴파일타임에 결정된다.

지금까지 살펴본 것처럼 동적 바인딩, self 참조, super 참조는 상속을 이용해 다형성을 구현하고 코드를 재사용하기 위한 가장 핵심적인 재료다. 동적 바인딩과 self 참조는 동일한 메시지를 수신하더라도 객체의 타입에 따라 적합한 메서드를 동적으로 선택할 수 있게 한다. super 참조는 부모 클래스의 코드에 접근할 수 있게 함으로써 중복 코드를 제거할 수 있게 한다.

05 상속 대 위임

지금까지 살펴본 것처럼 다형성은 self 참조가 가리키는 현재 객체에게 메시지를 전달하는 특성을 기반으로 한다. 동일한 타입의 객체 참조에게 동일한 메시지를 전송하더라도 self 참조가 가리키는 객체의 클래스가 무엇이냐에 따라 메서드 탐색을 위한 문맥이 달라진다.

일단 self 참조가 동적인 문맥을 결정한다는 사실을 이해하고 나면 상속을 바라보는 새로운 시각이 형성된다. 바로 자식 클래스에서 부모 클래스로 self 참조를 전달하는 메커니즘으로 상속을 바라보는 것이다.

위임과 self 참조

자식 클래스의 인스턴스를 생성할 경우 그림 12.20과 같이 개념적으로 자식 클래스의 인스턴스 안에 부모 클래스의 인스턴스를 포함하는 것으로 표현할 수 있다. 이 그림을 보고 다음 질문에 답해보자. GradeLecture 인스턴스의 입장에서 self 참조는 무엇을 가리키는가? 당연히 GradeLecture 인스턴스 자신이다.

그렇다면 GradeLecture 인스턴스에 포함된 Lecture 인스턴스의 입장에서 self 참조는 무엇을 가리킬까? 처음에는 다소 의아하게 생각될 수도 있겠지만 이 경우에도 GradeLecture의 인스턴스다. self 참조는 항상 메시지를 수신한 객체를 가리키기 때문이다.

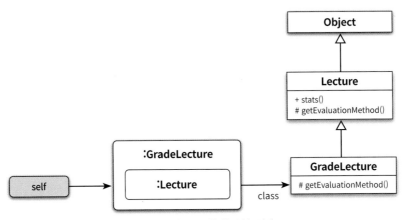

그림 12.20 자식 클래스의 인스턴스가 부모 클래스의 인스턴스를 포함하는 상속 관계

따라서 메서드 탐색 중에는 자식 클래스의 인스턴스와 부모 클래스의 인스턴스가 동일한 self 참조를 공유하는 것으로 봐도 무방하다. 앞의 그림 12.4에서 포함관계로 표현된 인스턴스들을 인스턴스 사이의 링크를 가진 연결관계로 표현할 수 있다고 했던 것을 기억하라. 따라서 그림 12.20을 그림 12.21과 같이 바꿀 수 있다. 그리고 상속 계층을 구성하는 객체들 사이에서 self 참조를 공유하기 때문에 개념적으로 각 인스턴스에서 self 참조를 공유하는 self라는 변수를 포함하는 것처럼 표현할 수 있다.

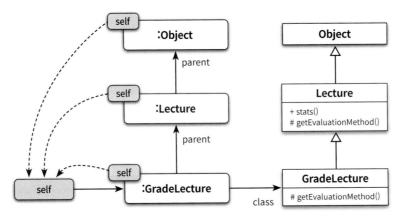

그림 12.21 부모 링크를 가진 객체 사이의 관계로 표현된 상속 관계

개념을 좀 더 쉽게 설명하기 위해 GradeLecture에서 Lecture로 self 참조가 공유되는 과정을 상속을 사용하지 않고 직접 코드로 구현해보자. 여기서는 루비를 이용해 이 과정을 구현해 보겠다. 먼저 Lecture 클래스의 코드를 살펴보자.

```ruby
class Lecture
  def initialize(name, scores)
    @name = name
    @scores = scores
  end

  def stats(this)
    "Name: #{@name}, Evaluation Method: #{this.getEvaluationMethod()}"
  end

  def getEvaluationMethod()
    "Pass or Fail"
  end
end
```

이 코드에서 눈여겨볼 부분은 stats 메서드의 인자로 this를 전달받는다는 것이다. 이 this에는 메시지를 수신한 객체를 가리키는 self 참조가 보관된다. 루비에서는 self가 예약어이므로 여기서는 self 참조의 이름으로 self 대신 this를 사용했다. 모든 객체지향 언어는 자동으로 self 참조를 생성하고 할당하기 때문에 우리가 작성한 코드처럼 메서드의 첫 번째 파라미터로 this를 받을 필요가 없다는 사실을 명심하라. 여기서는 단지 self 참조가 상속 계층을 따라 전달되는 상황을 재현하기 위해 인위적으로 this를 전달하고 있는 것이다.

stats 메서드는 인자로 전달된 this에게 getEvaluationMethod 메시지를 전송한다. 이 코드는 실제로 실행되는 메서드가 Lecture의 getEvaluationMethod 메서드가 아닐 수도 있다는 사실을 명시적으로 드러낸다. this에 전달되는 객체가 Lecture의 인스턴스라면 Lecture의 getEvaluationMethod 메서드가 실행되겠지만 getEvaluationMethod 메서드를 정의한 다른 객체가 전달된다면 해당 객체의 메서드가 실행될 수도 있을 것이다.

아래 코드에서는 명시적으로 객체가 실행될 문맥인 lecture를 stats 메서드의 인자로 전달한다. 이제 Lecture의 stats 메서드가 실행되고, 이어서 this.getEvaluationMethod() 구문이 실행될 것이다. 현재 this는 Lecture의 인스턴스이므로 Lecture의 getEvaluationMethod 메서드가 실행될 것이다.

```ruby
lecture = Lecture.new("OOP", [1,2,3])
puts lecture.stats(lecture)
```

이제 Lecure를 상속받는 GradeLecture 클래스의 코드를 추가하자.

```
class GradeLecture
  def initialize(name, canceled, scores)
    @parent = Lecture.new(name, scores)
    @canceled = canceled
  end

  def stats(this)
    @parent.stats(this)
  end

  def getEvaluationMethod()
    "Grade"
  end
end
```

GradeLecture 클래스는 전통적인 상속 관계를 나타내는 구문을 사용하지 않고 그림 12.21에서 표현한 것처럼 자식 클래스의 인스턴스가 부모 클래스의 인스턴스에 대한 링크를 포함하는 것으로 상속 관계를 흉내 내고 있다. 여기서는 인스턴스 변수인 @parent에 부모 클래스인 Lecture의 인스턴스를 할당하고 있다.

Lecture처럼 GradeLecture의 stats 메서드를 호출하기 위해서는 실행 문맥인 GradeLecture의 인스턴스를 직접 전달해야 한다.

```
grade_lecture = GradeLecture.new("OOP", false, [1,2,3])
puts grade_lecture.stats(grade_lecture)
```

위 코드에서 중요한 부분은 네 가지다.

첫째, GradeLecture는 인스턴스 변수인 @parent에 Lecture의 인스턴스를 생성해서 저장한다. 따라서 그림 12.21처럼 GradeLecture의 인스턴스에서 Lecture의 인스턴스로 이동할 수 있는 명시적인 링크가 추가된다. 우리는 이 링크를 통해 컴파일러가 제공해주던 동적 메서드 탐색 메커니즘을 직접 구현한다.

둘째, GradeLecture의 stats 메서드는 추가적인 작업 없이 @parent에게 요청을 그대로 전달한다. 이것은 자식 클래스에 메서드가 존재하지 않을 경우에 부모 클래스에서 메서드 탐색을 계속하는 동적 메서드 탐색 과정을 흉내 낸 것이다. 동적 메서드 탐색은 런타임에 클래스의 메타 정보를 이용해 자동으로 처리를 위임하지만 우리의 경우에는 메시지 전달 과정을 직접 구현하고 있다는 차이가 있을 뿐이다. 이를 위해 부모 클래스와 동일한 메시지를 수신하기 위해 부모 클래스의 퍼블릭 메서드를 그대로 선언하고 요청을 전달하는 코드를 구현하고 있는 것이다. 이때 실행 문맥을 자식 클래스에서 부모 클래스로 전달하는 상속 관계를 흉내 내기 위해 인자로 전달받은 this를 그대로 전달한다는 점에 주목하라.

셋째, GradeLecture의 getEvaluationMethod 메서드는 stats 메서드처럼 요청을 @parent에 전달하지 않고 자신만의 방법으로 메서드를 구현하고 있다. 이제 GradeLecture의 외부에서는 Lecture의 getEvaluationMethod 메서드가 감춰진다. 부모 클래스의 메서드와 동일한 메서드를 구현하고 부모 클래스와는 다른 방식으로 메서드를 구현하는 것은 상속에서의 메서드 오버라이딩과 동일하다.

넷째, GradeLecture의 stats 메서드는 인자로 전달된 this를 그대로 Lecture의 stats 메서드에 전달한다. Lecture의 stats 메서드는 인자로 전달된 this에게 getEvaluationMethod 메시지를 전송하기 때문에 Lecture의 getEvaluationMethod 메서드가 아니라 GradeLecture의 getEvaluationMethod 메서드가 실행된다. 이 과정은 그림 12.17에서 살펴본 self 전송에 의한 동적 메서드 탐색 과정과 완전히 동일하다.

GradeLecture의 stats 메서드는 메시지를 직접 처리하지 않고 Lecture의 stats 메서드에게 요청을 전달한다는 것에 주목하라. 이처럼 자신이 수신한 메시지를 다른 객체에게 동일하게 전달해서 처리를 요청하는 것을 **위임**(delegation)이라고 부른다.

위임은 본질적으로는 자신이 정의하지 않거나 처리할 수 없는 속성 또는 메서드의 탐색 과정을 다른 객체로 이동시키기 위해 사용한다. 이를 위해 위임은 항상 현재의 실행 문맥을 가리키는 self 참조를 인자로 전달한다. 바로 이것이 self 참조를 전달하지 않는 포워딩과 위임의 차이점이다.

포워딩과 위임

객체가 다른 객체에게 요청을 처리할 때 인자로 self를 전달하지 않을 수도 있다. 이것은 요청을 전달받은 최초의 객체에 다시 메시지를 전송할 필요는 없고 단순히 코드를 재사용하고 싶은 경우라고 할 수 있다. 이처럼 처리를 요청할 때 self 참조를 전달하지 않는 경우를 포워딩이라고 부른다. 이와 달리 self 참조를 전달하는 경우에는 위임이라고 부른다. 위임의 정확한 용도는 클래스를 이용한 상속 관계를 객체 사이의 합성 관계로 대체해서 다형성을 구현하는 것이다.

이제 여러분은 위임이 객체 사이의 동적인 연결 관계를 이용해 상속을 구현하는 방법이라는 사실을 이해했을 것이다. 상속이 매력적인 이유는 우리가 직접 구현해야 하는 이런 번잡한 과정을 자동으로 처리해 준다는 점이다. 간단히 GradeLecture를 Lecture의 자식 클래스로 선언하면 실행 시에 인스턴스들 사이에서 self 참조가 자동으로 전달된다. 이 self 참조의 전달은 결과적으로 자식 클래스의 인스턴스와 부모 클래스의 인스턴스 사이에 동일한 실행 문맥을 공유할 수 있게 해준다.

위임이라는 용어는 헨리 리버맨(Henry Lieberman)이 《Using Prototypical Objects to Implement Shared Behavior in Object Oriented Systems》[Lieberman96]라는 논문에서 처음 사용했다. 리버맨은 도형을 그리기 위한 GUI 도구를 예로 들어 위임이라는 용어를 소개했다. 아래는 리버맨의 글에서 발췌한 것이다.

> 객체지향 시스템에서 지식 공유를 위해 프로토타입 접근법을 구현하는 것은 위임이라고 불리는 대체 메커니즘으로 … 위임은 클래스와 인스턴스 간의 차이를 제거한다. 어떤 객체도 프로토타입이 될 수 있다. 프로토타입과 지식을 공유하는 객체를 생성하기 위해 다른 객체와 공유할지도 모르는 프로퍼티를 지닌 프로토타입의 목록과 객체 자신에게 특유한 개인적인 행위를 지닌 확장(extension) 객체를 구축한다. 확장 객체가 메시지를 수신했을 때 먼저 개인적인 부분에 저장된 행위를 사용해 메시지에 응답하려고 시도한다. 만약 객체의 개인적인 특징이 메시지에 응답하는 데 부적합하다면 객체는 응답할 수 있는지 여부를 알기 위해 메시지를 프로토타입에 포워딩한다. 이런 포워딩을 메시지 위임(delegating message)이라고 한다. … 만약 메시지가 계속해서 위임된다면 변수의 값에 대한 모든 질문이나 메시지에 응답할 모든 요청들은 메시지를 위임했던 원래의 객체에 의해 먼저 추론돼야 한다[Lieberman96].

이번 절을 시작할 때 상속 관계로 연결된 클래스 사이에는 자동적인 메시지 위임이 일어난다고 설명했었다. 이제 왜 *위임*이라는 단어를 사용했는지 이해할 수 있을 것이다. 상속은 동적으로 메서드를 탐색하기 위해 현재의 실행 문맥을 가지고 있는 self 참조를 전달한다. 그리고 이 객체들 사이에서 메시지를 전달하는 과정은 자동으로 이뤄진다. 따라서 *자동적인 메시지 위임*이라고 부르는 것이다.

지금까지 살펴본 것처럼 클래스 기반의 객체지향 언어에서 객체 사이의 위임을 직접 구현하는 것은 생각보다 쉽지 않다. 하지만 클래스 기반의 객체지향 언어가 클래스 사이의 메시지 위임을 자동으로 처리해주는 것처럼 프로토타입 기반의 객체지향 언어는 객체 사이의 메시지 위임을 자동으로 처리해준다.

프로토타입 기반의 객체지향 언어

헨리 리버맨의 논문에서 **프로토타입(prototype)**이라는 용어가 반복해서 나왔다는 점에 주목하라. 우리는 클래스가 아닌 객체를 이용해서도 상속을 흉내 낼 수 있다는 사실을 알게 됐다. 사실 클래스가 존재하지 않고 오직 객체만 존재하는 프로토타입 기반의 객체지향 언어에서 상속을 구현하는 유일한 방법은 객체 사이의 위임을 이용하는 것이다.

클래스 기반의 객체지향 언어들이 상속을 이용해 클래스 사이에 self 참조를 자동으로 전달하는 것처럼 프로토타입 기반의 객체지향 언어들 역시 위임을 이용해 객체 사이에 self 참조를 자동으로 전달한다. 여기서는 현재 가장 널리 사용되는 프로토타입 기반의 객체지향 언어인 자바스크립트를 이용해 객체 사이의 상속이 어떻게 이뤄지는지 살펴보겠다.

자바스크립트의 모든 객체들은 다른 객체를 가리키는 용도로 사용되는 prototype이라는 이름의 링크를 가진다. prototype 은 앞에서 위임을 직접 구현했던 예제에서 부모 객체를 가리키기 위해 사용했던 인스턴스 변수 @parent와 동일한 것으로 봐도 무방하다. 차이점이라면 prototype은 언어 차원에서 제공되기 때문에 self 참조를 직접 전달하거나 메시지 포워딩을 번거롭게 직접 구현할 필요가 없다는 점이다.

자바스크립트에서 인스턴스는 메시지를 수신하면 먼저 메시지를 수신한 객체의 prototype 안에서 메시지에 응답할 적절한 메서드가 존재하는지 검사한다. 만약 메서드가 존재하지 않는다면 prototype이 가리키는 객체를 따라 메시지 처리를 자동적으로 위임한다. 이것은 상속에서 클래스 사이에 메시지를 위임했던 것과 유사하다. 이와 같이 자바스크립트에서는 prototype 체인으로 연결된 객체 사이에 메시지를 위임함으로써 상속을 구현할 수 있다.

예제를 살펴보자. 자바스크립트에서 객체를 생성하는 고전적인 방법은 생성자 함수에 대해 new 연산자를 호출하는 것이다. Lecture 함수를 정의하고 이 함수로부터 생성될 객체들이 공유할 stats 메서드와 getEvaluationMethod 메서드를 구현하자[2].

```
function Lecture(name, scores) {
  this.name = name;
  this.scores = scores;
}


Lecture.prototype.stats = function() {
  return "Name: "+ this.name + ", Evaluation Method: "+ this.getEvaluationMethod();
}


Lecture.prototype.getEvaluationMethod = function() {
  return "Pass or Fail"
}
```

---

2 ECMAScript5 명세부터는 prototype 체인을 간단하게 설정할 수 있는 Object.create 함수를 제공하지만 여기서는 객체 간의 연결 관계를 명시적으로 표현하기 위해 prototype을 직접 설정하는 자바스크립트의 고전적인 방법을 사용하기로 한다.

메서드를 Lecture의 prototype이 참조하는 객체에 정의했다는 점에 주목하라. Lecture를 이용해서 생성된 모든 객체들은 prototype 객체에 정의된 메서드를 상속받는다. 특별한 작업을 하지 않는 한 prototype에 할당되는 객체는 자바스크립트의 최상위 객체 타입인 Object다. 따라서 Lecture를 이용해서 생성되는 모든 객체들은 prototype이 참조하는 Object에 정의된 모든 속성과 메서드를 상속받는다.

이제 GradeLecture가 Lecture를 상속받게 하고 getEvaluationMethod 메서드를 오버라이딩하자.

```
function GradeLecture(name, canceled, scores) {
  Lecture.call(this, name, scores);
  this.canceled = canceled;
}


GradeLecture.prototype = new Lecture();


GradeLecture.prototype.constructor = GradeLecture;


GradeLecture.prototype.getEvaluationMethod = function() {
    return "Grade"
}
```

GradeLecture의 prototype에 Lecture의 인스턴스를 할당했다는 것에 주목하라. 이 과정을 통해 GradeLecture를 이용해 생성된 모든 객체들이 prototype을 통해 Lecture에 정의된 모든 속성과 함수에 접근할 수 있게 된다. 결과적으로 GradeLecture의 모든 인스턴스들은 Lecture의 특성을 자동으로 상속받게 된다. 이제 메시지를 전송하면 prototype으로 연결된 객체 사이의 경로를 통해 객체 사이의 메서드 탐색이 자동으로 이뤄진다.

아래와 같이 GradeLecture의 인스턴스를 생성한 후 stats 메시지를 전송해보자.

```
var grade_lecture = new GradeLecture("OOP", false, [1, 2, 3]);
grade_lecture.stats();
```

메시지를 수신한 인스턴스는 먼저 GradeLecture에 stats 메서드가 존재하는지 검사한다. GradeLecture에는 stats 메서드가 존재하지 않기 때문에 다시 prototype을 따라 Lecture의 인스턴스에 접근한 후 stats 메서드가 존재하는지 살펴본다. 이 경우에는 메서드를 발견한다. 이제 Lecture의 stats 메서드가 실행될 것이다.

자바스크립트 실행환경은 Lecture의 stats 메서드를 실행하는 도중에 this.getEvaluationMethod() 문장을 발견한다. 이 경우에도 상속과 마찬가지로 self 참조가 가리키는 현재 객체에서부터 다시 메서드 탐색을 시작한다. 메서드 탐색 결과, 현재 객체의 prototype이 참조하는 GradeLecture의 인스턴스에서 getEvaluationMethod 메서드를 발견하고 이 메서드를 실행함으로써 동적 메서드 탐색이 종료된다.

위 설명에서 알 수 있는 것처럼 메서드를 탐색하는 과정은 클래스 기반 언어의 상속과 거의 동일하다. 단지 정적인 클래스 간의 관계가 아니라 동적인 객체 사이의 위임을 통해 상속을 구현하고 있을 뿐이다. 자바스크립트는 prototype으로 연결된 객체들의 체인을 거슬러 올라가며 자동적으로 메시지에 대한 위임을 처리한다.

클래스 기반 언어에서의 상속과 동일하게 객체 사이에 self 참조가 전달된다는 점 역시 눈여겨보기 바란다. Lecture의 stats 메서드 안의 this는 Lecture의 인스턴스가 아니다. 메시지를 수신한 현재 객체를 가리킨다.

그림 12.22는 프로토타입 체인을 통해 자동적으로 메시지 위임이 발생하는 구조를 그림으로 표현한 것이다. 그림에서 클래스가 나타나지 않는다는 점도 눈여겨보기 바란다. 자바스크립트에는 클래스가 존재하지 않기 때문에 오직 객체들 사이의 메시지 위임만을 이용해 다형성을 구현한다. 이것은 객체지향 패러다임에서 클래스가 필수 요소가 아니라는 점을 잘 보여준다. 또한 상속 이외의 방법으로도 다형성을 구현할 수 있다는 사실 역시 잘 보여준다.

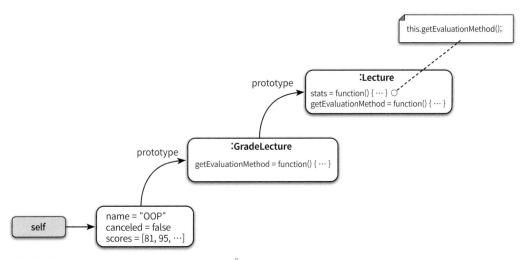

그림 12.22 프로토타입 체인을 통한 자동적인 메시지 위임[3]

---

3 이 그림은 이해를 돕기 위해 단순화한 것이며 실제 실행 시의 자바스크립트 객체의 메모리 모델은 매우 다르다. 단순히 위임과 상속 사이의 개념적 유사성이라는 관점에서 그림을 이해하기 바란다.

객체지향은 객체를 지향하는 것이다. 클래스는 객체를 편리하게 정의하고 생성하기 위해 제공되는 프로그래밍 구성 요소일 뿐이며 중요한 것은 메시지와 협력이다. 클래스 없이도 객체 사이의 협력 관계를 구축하는 것이 가능하며 상속 없이도 다형성을 구현하는 것이 가능하다.

지금까지 살펴본 것처럼 프로토타입 기반의 객체지향 언어는 객체 사이의 자동적인 메시지 위임을 통해 상속을 구현한다. 이제 여러분은 상속이 단지 클래스 사이의 정적인 관계로만 구현되는 것이 아니라는 사실을 깨달았을 것이다. 현재 대부분의 객체지향 언어들이 클래스에 기반하고 있기 때문에 다형성을 위해 클래스 기반의 상속이 널리 사용되지만 프로토타입 언어처럼 위임을 통해 객체 수준에서 상속을 구현하는 언어들도 존재한다는 사실을 기억하기 바란다. 심지어 클래스 기반의 객체지향 언어를 사용하고 있더라도 클래스라는 제약을 벗어나기 위해 위임 메커니즘을 사용할 수 있다.

중요한 것은 클래스 기반의 상속과 객체 기반의 위임 사이에 기본 개념과 메커니즘을 공유한다는 점이다. 이 사실을 이해하면 다형성과 상속, 나아가 객체지향 언어를 바라보는 여러분의 시각이 달라질 것이다.

서브클래싱과 서브타이핑

객체지향 커뮤니티에 널리 퍼진 상속에 대한 해묵은 불신과 오해를 풀기 위해서는 상속이 두 가지 용도로 사용된다는 사실을 이해하는 것이 중요하다.

상속의 첫 번째 용도는 **타입 계층**을 구현하는 것이다. 타입 계층 안에서 부모 클래스는 일반적인 개념을 구현하고 자식 클래스는 특수한 개념을 구현한다. 타입 계층의 관점에서 부모 클래스는 자식 클래스의 **일반화**(generalization)이고 자식 클래스는 부모 클래스의 **특수화**(specialization)다.

상속의 두 번째 용도는 **코드 재사용**이다. 상속은 간단한 선언만으로 부모 클래스의 코드를 재사용할 수 있는 마법의 주문과도 같다. 상속을 사용하면 점진적으로 애플리케이션의 기능을 확장할 수 있다. 하지만 재사용을 위해 상속을 사용할 경우 부모 클래스와 자식 클래스가 강하게 결합되기 때문에 변경하기 어려운 코드를 얻게 될 확률이 높다.

상속을 사용하는 일차적인 목표는 코드 재사용이 아니라 타입 계층을 구현하는 것이어야 한다. 상속은 코드를 쉽게 재사용할 수 있는 방법을 제공하지만 부모 클래스와 자식 클래스를 강하게 결합시키기 때문에 설계의 변경과 진화를 방해한다. 반면 타입 계층을 목표로 상속을 사용하면 다형적으로 동작하는 객체들의 관계에 기반해 확장 가능하고 유연한 설계를 얻을 수 있게 된다.

결론부터 말하자면 동일한 메시지에 대해 서로 다르게 행동할 수 있는 다형적인 객체를 구현하기 위해서는 객체의 행동을 기반으로 타입 계층을 구성해야 한다. 상속의 가치는 이러한 타입 계층을 구현할 수 있는 쉽고 편안한 방법을 제공한다는 데 있다. 타입 사이의 관계를 고려하지 않은 채 단순히 코드를 재사용하기 위해 상속을 사용해서는 안 된다.

이번 장에서는 올바른 타입 계층을 구성하는 원칙을 살펴보기로 한다. 이번 장을 읽고 나면 상속이 서브타입 다형성과 동적 메서드 탐색에 밀접하게 연관돼 있다는 사실을 알게 될 것이다.

그렇다면 타입 계층이란 무엇인가? 상속을 이용해 타입 계층을 구현한다는 것이 무엇을 의미하는가? 이 질문의 답을 찾기 위해 먼저 타입과 타입 계층의 개념을 알아보자.

객체지향 프로그래밍과 객체기반 프로그래밍

객체기반 프로그래밍(Object-Based Programming)이란 상태와 행동을 캡슐화한 객체를 조합해서 프로그램을 구성하는 방식을 가리킨다. 이 정의에 따르면 **객체지향 프로그래밍(Object-Oriented Programming)** 역시 객체기반 프로그래밍의 한 종류다. 객체지향 프로그래밍은 객체기반 프로그래밍과 마찬가지로 객체들을 조합해서 애플리케이션을 개발하지만 **상속**과 **다형성**을 지원한다는 점에서 객체기반 프로그래밍과 차별화된다. 간단히 말해서 객체지향 프로그래밍은 상속과 다형성을 지원하지만 객체기반 프로그래밍은 지원하지 않는다.

초기 버전의 비주얼 베이직(Visual Basic)의 경우 객체라는 개념은 존재하지만 클래스 사이의 상속 관계와 다형성은 지원하지 않았기 때문에 객체기반 프로그래밍 언어로 분류된다. 반면 C++, 자바, 루비, C# 등의 언어는 상속과 다형성을 지원하기 때문에 객체지향 프로그래밍 언어로 분류된다.

종종 객체기반 프로그래밍이 다른 의미로 사용되기 때문에 혼란을 초래하는 경우가 있다. 객체기반 프로그래밍이 자바스크립트와 같이 클래스가 존재하지 않는 **프로토타입 기반 언어(Prototype-Based Language)**를 사용한 프로그래밍 방식을 가리키기 위해 사용되는 경우가 바로 그것이다. 이 관점에서 객체지향 프로그래밍이란 클래스를 사용하는 프로그래밍 방식을 의미하고 객체기반 프로그래밍이란 클래스 없이 오직 객체만을 사용하는 프로그래밍 방식을 가리킨다.

---

01 타입

객체지향 프로그래밍에서 타입의 의미를 이해하려면 프로그래밍 언어 관점에서의 타입과 개념 관점에서의 타입을 함께 살펴볼 필요가 있다.

개념 관점의 타입

개념 관점에서 타입이란 우리가 인지하는 세상의 사물의 종류를 의미한다. 다시 말해 우리가 인식하는 객체들에 적용하는 개념이나 아이디어를 가리켜 타입이라고 부른다. 타입은 사물을 분류하기 위한 틀로 사용된다. 예를 들어, 자바, 루비, 자바스크립트, C를 프로그래밍 언어라고 부를 때 우리는 이것들을 프로그래밍 언어라는 타입으로 분류하고 있는 것이다.

어떤 대상이 타입으로 분류될 때 그 대상을 타입의 **인스턴스(instance)**라고 부른다. 자바, 루비, 자바스크립트, C는 프로그래밍 언어의 인스턴스다. 일반적으로 타입의 인스턴스를 **객체**라고 부른다.

지금까지의 설명을 통해 타입이 심볼, 내연, 외연의 세 가지 요소로 구성된다는 사실을 알 수 있다 [Martin98, Larman04].

- **심볼(symbol)**이란 타입에 이름을 붙인 것이다. 앞에서 '프로그래밍 언어'가 타입의 심볼에 해당한다.

- **내연(intension)**이란 타입의 정의로서 타입에 속하는 객체들이 가지는 공통적인 속성이나 행동을 가리킨다. '프로그래밍 언어'의 정의인 '컴퓨터에게 특정한 작업을 지시하기 위한 어휘와 문법적 규칙의 집합'이 바로 내연에 속한다. 일반적으로 타입에 속하는 객체들이 공유하는 속성과 행동의 집합이 내연을 구성한다.

- **외연(extension)**이란 타입에 속하는 객체들의 집합이다. '프로그래밍 언어' 타입의 경우에는 자바, 루비, 자바스크립트, C 가 속한 집합이 외연을 구성한다.

프로그래밍 언어 관점의 타입

프로그래밍 언어 관점에서 타입은 연속적인 비트에 의미와 제약을 부여하기 위해 사용된다. 하드웨어는 데이터를 0과 1로 구성된 일련의 비트 조합으로 취급한다. 하지만 비트 자체에는 타입이라는 개념이 존재하지 않는다. 비트에 담긴 데이터를 문자열로 다룰지, 정수로 다룰지는 전적으로 데이터를 사용하는 애플리케이션에 의해 결정된다. 따라서 프로그래밍 언어의 관점에서 타입은 비트 묶음에 의미를 부여하기 위해 정의된 제약과 규칙을 가리킨다.

프로그래밍 언어에서 타입은 두 가지 목적을 위해 사용된다[Scott05].

타입에 수행될 수 있는 유효한 오퍼레이션의 집합을 정의한다

자바에서 '+' 연산자는 원시형 숫자 타입이나 문자열 타입의 객체에는 사용할 수 있지만 다른 클래스의 인스턴스에 대해서는 사용할 수 없다. 하지만 C++와 C#에서는 연산자 오버로딩을 통해 '+' 연산자를 사용하는 것이 가능하다. 여기서 중요한 것은 모든 객체지향 언어들은 객체의 타입에 따라 적용 가능한 연산자의 종류를 제한함으로써 프로그래머의 실수를 막아준다는 것이다.

타입에 수행되는 오퍼레이션에 대해 미리 약속된 문맥을 제공한다

예를 들어 자바에서 a + b라는 연산이 있을 때 a와 b의 타입이 int라면 두 수를 더할 것이다. 하지만 a와 b의 타입이 String이라면 두 문자열을 하나의 문자열로 합칠 것이다. 따라서 a와 b에 부여된 타입이 '+' 연산자의 문맥을 정의한다. 비슷한 예로 자바와 C#의 new 연산자는 타입에 정의된 크기만큼 저장 공간을 할당하고 생성된 객체를 초기화하기 위해 타입의 생성자를 자동으로 호출한다. 이 경우 객체를 생성하는 방법에 대한 문맥을 결정하는 것은 바로 객체의 타입이다.

정리하면 타입은 적용 가능한 오퍼레이션의 종류와 의미를 정의함으로써 코드의 의미를 명확하게 전달하고 개발자의 실수를 방지하기 위해 사용된다. 이제 타입의 개념을 객체지향 패러다임의 관점에서 확장해보자.

객체지향 패러다임 관점의 타입

지금까지의 내용을 바탕으로 타입을 다음과 같은 두 가지 관점에서 정의할 수 있다.

- 개념 관점에서 타입이란 공통의 특징을 공유하는 대상들의 분류다.
- 프로그래밍 언어 관점에서 타입이란 동일한 오퍼레이션을 적용할 수 있는 인스턴스들의 집합이다.

이제 이 두 정의를 객체지향 패러다임의 관점에서 조합해보자. 프로그래밍 언어의 관점에서 타입은 호출 가능한 오퍼레이션의 집합을 정의한다. 객체지향 프로그래밍에서 오퍼레이션은 객체가 수신할 수 있는 메시지를 의미한다. 따라서 객체의 타입이란 객체가 수신할 수 있는 메시지의 종류를 정의하는 것이다.

우리는 이미 객체가 수신할 수 있는 메시지의 집합을 가리키는 멋진 용어를 알고 있다. 바로 **퍼블릭 인터페이스**가 그것이다. 객체지향 프로그래밍에서 타입을 정의하는 것은 객체의 퍼블릭 인터페이스를 정의하는 것과 동일하다.

개념 관점에서 타입은 공통의 특성을 가진 객체들을 분류하기 위한 기준이다. 그렇다면 여기서 공통의 특성이란 무엇인가? 타입이 오퍼레이션을 정의한다는 사실을 기억하면 쉽게 답을 구할 수 있을 것이다. 객체지향에서는 객체가 수신할 수 있는 메시지를 기준으로 타입을 분류하기 때문에 동일한 퍼블릭 인터페이스를 가지는 객체들은 동일한 타입으로 분류할 수 있다.

객체지향 프로그래밍 관점에서 타입을 다음과 같이 정의할 수 있다.

> 객체의 퍼블릭 인터페이스가 객체의 타입을 결정한다. 따라서 동일한 퍼블릭 인터페이스를 제공하는 객체들은 동일한 타입으로 분류된다.

타입의 정의는 지금까지 줄곧 강조해왔던 객체에 관한 한 가지 사실을 다시 한번 강조한다. 객체에게 중요한 것은 속성이 아니라 행동이라는 사실이다. 어떤 객체들이 동일한 상태를 가지고 있더라도 퍼블릭 인터페이스가 다르다면 이들은 서로 다른 타입으로 분류된다. 반대로 어떤 객체들이 내부 상태는 다르지만 동일한 퍼블릭 인터페이스를 공유한다면 이들은 동일한 타입으로 분류된다.

객체를 바라볼 때는 항상 객체가 외부에 제공하는 행동에 초점을 맞춰야 한다. 객체의 타입을 결정하는 것은 내부의 속성이 아니라 객체가 외부에 제공하는 행동이라는 사실을 기억하라.

02 타입 계층

타입 사이의 포함관계

수학에서 집합은 다른 집합을 포함할 수 있다. 타입 역시 객체들의 집합이기 때문에 다른 타입을 포함하는 것이 가능하다. 타입 안에 포함된 객체들을 좀 더 상세한 기준으로 묶어 새로운 타입을 정의하면 이 새로운 타입은 자연스럽게 기존 타입의 부분집합이 된다.

앞에서 예로 든 자바, 루비, 자바스크립트, C는 '프로그래밍 언어' 타입의 인스턴스다. 따라서 이들을 그림 13.1과 같이 '프로그래밍 언어' 집합의 원소로 표현할 수 있다.

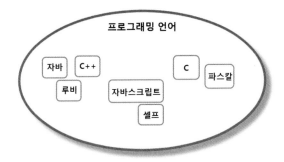

그림 13.1 프로그래밍 언어 타입의 인스턴스 집합

이 집합의 원소들을 좀 더 상세한 기준에 따라 분류할 수 있다. 자바, 루비, 자바스크립트는 '객체지향 언어'로 분류할 수 있고, C는 '절차적 언어'로 분류할 수 있다. 더 나아가 자바와 루비는 '클래스 기반 언어'로, 자바스크립트는 '프로토타입 기반 언어'로 분류할 수 있다.

그림 13.2에서 알 수 있는 것처럼 타입은 집합의 관점에서 더 세분화된 타입의 집합을 부분집합으로 포함할 수 있다. '프로그래밍 언어' 타입은 '객체지향 언어' 타입과 '절차적 언어' 타입을 포함하고, '객체지향 언어' 타입은 '클래스 기반 언어' 타입과 '프로토타입 기반 언어' 타입을 포함한다.

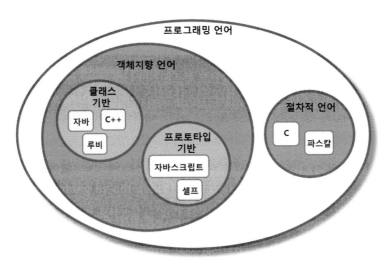

그림 13.2 타입은 공통적인 특성을 가진 객체들을 포함하는 집합이다

타입이 다른 타입에 포함될 수 있기 때문에 동일한 인스턴스가 하나 이상의 타입으로 분류되는 것도 가능하다. 자바는 '프로그래밍 언어'인 동시에 '객체지향 언어'에 속하며 더 세부적으로 '클래스 기반 언어' 타입에 속한다.

다른 타입을 포함하는 타입은 포함되는 타입보다 좀 더 일반화된 의미를 표현할 수 있다. 반면 포함되는 타입은 좀 더 특수하고 구체적이다. '프로그래밍 언어' 타입은 '객체지향 언어' 타입보다 더 일반적이고 '객체지향 언어' 타입은 '클래스 기반 언어' 타입보다 더 일반적이다.

다른 타입을 포함하는 타입은 포함되는 타입보다 더 많은 인스턴스를 가진다. 그림 13.2에서 '프로그래밍 언어' 타입은 7개의 인스턴스를 포함하지만 '클래스 기반 언어' 타입은 이보다 적은 3개의 인스턴스만 포함한다.

다시 말해서 포함하는 타입은 외연 관점에서는 더 크고 내연 관점에서는 더 일반적이다. 이와 반대로 포함되는 타입은 외연 관점에서는 더 작고 내연 관점에서는 더 특수하다. 이것은 포함 관계로 연결된 타입 사이에 개념적으로 일반화와 특수화 관계가 존재한다는 것을 의미한다.

타입들을 그림 13.3과 같이 일반화와 특수화 관계를 가진 계층으로 표현할 수 있다. 타입 계층을 표현할 때는 더 일반적인 타입을 위쪽에, 더 특수한 타입을 아래쪽에 배치하는 것이 관례다.

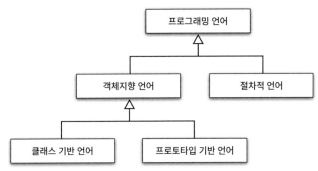

그림 13.3 일반화/특수화 관계로 연결된 타입 계층

타입 계층을 구성하는 두 타입 간의 관계에서 더 일반적인 타입을 **슈퍼타입**(supertype)이라고 부르고 더 특수한 타입을 **서브타입**(subtype)이라고 부른다. '프로그래밍 언어' 타입은 '객체지향 언어' 타입과 '절차적 언어' 타입의 슈퍼타입이고, '객체지향 언어' 타입은 '클래스 기반 언어' 타입과 '프로토타입 기반 언어' 타입의 슈퍼타입이다.

이제 내연과 외연의 관점에서 일반화와 특수화를 정의해보자. 객체의 정의를 의미하는 내연 관점에서 일반화란 어떤 타입의 정의를 좀 더 보편적이고 추상적으로 만드는 과정을 의미한다. 반대로 특수화란 어떤 타입의 정의를 좀 더 구체적이고 문맥 종속적으로 만드는 과정을 의미한다.

내연의 관점에서 특수한 타입의 정의는 일반적인 타입의 정의를 좀 더 구체화한 것이다. 예를 들어, '객체지향 언어'의 내연은 '컴퓨터에게 특정한 작업을 지시하기 위해 객체를 생성하고 객체 사이의 메시지 전송을 통한 협력관계를 구성할 수 있는 어휘와 문법적 규칙의 집합'으로 정의할 수 있는데, 이것은 앞에서 살펴본 '프로그래밍 언어' 타입의 정의에 의미를 명확하게 하기 위한 설명을 덧붙여 구체화한 것이다.

집합을 의미하는 외연의 관점에서 일반적인 타입의 인스턴스 집합은 특수한 타입의 인스턴스 집합을 포함하는 슈퍼셋(superset)이다. 반대로 특수한 타입의 인스턴스 집합은 일반적인 타입의 인스턴스 집합에 포함된 서브셋(subset)이다. 따라서 특수한 타입에 속한 인스턴스는 동시에 더 일반적인 타입의 인스턴스이기도 하다.

일반화와 특수화를 다음과 같이 정의할 수 있다[Martin98].

> 일반화는 다른 타입을 완전히 포함하거나 내포하는 타입을 식별하는 행위 또는 그 행위의 결과를 가리킨다.

> 특수화는 다른 타입 안에 전체적으로 포함되거나 완전히 내포되는 타입을 식별하는 행위 또는 그 행위의 결과를 가리킨다.

쉽게 예상할 수 있겠지만 슈퍼타입과 서브타입이라는 용어는 슈퍼셋과 서브셋으로부터 유래한 것이다. 내연의 관점에서 서브타입의 정의가 슈퍼타입의 정의보다 더 구체적이고 외연의 관점에서 서브타입에 속하는 객체들의 집합이 슈퍼타입에 속하는 객체들의 집합에 포함된다는 사실을 알 수 있다. 따라서 내연과 외연의 관점에서 서브타입과 슈퍼타입을 다음과 같이 정의할 수 있다[Martin98].

슈퍼타입은 다음과 같은 특징을 가지는 타입을 가리킨다.

- 집합이 다른 집합의 모든 멤버를 포함한다.

- 타입 정의가 다른 타입보다 좀 더 일반적이다.

서브타입은 다음과 같은 특징을 가지는 타입을 가리킨다.

- 집합에 포함되는 인스턴스들이 더 큰 집합에 포함된다.

- 타입 정의가 다른 타입보다 좀 더 구체적이다.

객체지향 프로그래밍과 타입 계층

이제 객체지향 프로그래밍 관점에서 타입 정의가 더 일반적이고 더 특수하다는 사실이 어떤 의미를 가지는지 살펴보자. 객체의 타입을 결정하는 것은 퍼블릭 인터페이스다. 일반적인 타입이란 비교하려는 타입에 속한 객체들의 퍼블릭 인터페이스보다 더 일반적인 퍼블릭 인터페이스를 가지는 객체들의 타입을 의미한다. 특수한 타입이란 비교하려는 타입에 속한 객체들의 퍼블릭 인터페이스보다 더 특수한 퍼블릭 인터페이스를 가지는 객체들의 타입을 의미한다. 따라서 퍼블릭 인터페이스의 관점에서 슈퍼타입과 서브타입을 다음과 같이 정의할 수 있다.

슈퍼타입이란 서브타입이 정의한 퍼블릭 인터페이스를 일반화시켜 상대적으로 범용적이고 넓은 의미로 정의한 것이다.

서브타입이란 슈퍼타입이 정의한 퍼블릭 인터페이스를 특수화시켜 상대적으로 구체적이고 좁은 의미로 정의한 것이다.

뒤에서 일반적인 퍼블릭 인터페이스와 특수한 퍼블릭 인터페이스의 의미를 살펴볼 것이다. 일단 여기서는 일반적인 타입과 구체적인 타입 간의 관계를 형성하는 기준이 '퍼블릭 인터페이스'라는 사실만 알고 있어도 무방하다.

더 일반적인 퍼블릭 인터페이스를 가지는 객체들은 더 특수한 퍼블릭 인터페이스를 가지는 객체들의 슈퍼타입이다. 서브타입의 인스턴스 집합은 슈퍼타입의 인스턴스 집합의 부분집합이기 때문에 더 특수한 퍼블릭 인터페이스를 가지는 객체들은 동시에 더 일반적인 퍼블릭 인터페이스를 가지는 객체들의 집합에 포함된다.

다시 한번 강조하겠다. 서브타입의 인스턴스는 슈퍼타입의 인스턴스로 간주될 수 있다. 이 사실이 이번 장의 핵심이다. 그리고 상속과 다형성의 관계를 이해하기 위한 출발점이다.

03 서브클래싱과 서브타이핑

객체지향 프로그래밍 언어에서 타입을 구현하는 일반적인 방법은 클래스를 이용하는 것이다. 그리고 타입 계층을 구현하는 일반적인 방법은 상속을 이용하는 것이다. 상속을 이용해 타입 계층을 구현한다는 것은 부모 클래스가 슈퍼타입의 역할을, 자식 클래스가 서브타입의 역할을 수행하도록 클래스 사이의 관계를 정의한다는 것을 의미한다.

그렇다면 어떤 타입이 다른 타입의 서브타입이 되기 위해서는 어떤 조건을 만족해야 할까? 서브타입의 퍼블릭 인터페이스가 슈퍼타입의 퍼블릭 인터페이스보다 더 특수하다는 것은 어떤 의미일까?

이제부터 타입 계층을 구현할 때 지켜야 하는 제약사항을 클래스와 상속의 관점에서 살펴보자.

언제 상속을 사용해야 하는가?

반복해서 강조하지만 상속의 올바른 용도는 타입 계층을 구현하는 것이다. 그렇다면 어떤 조건을 만족시켜야만 타입 계층을 위해 올바르게 상속을 사용했다고 말할 수 있을까? 마틴 오더스키는 다음과 같은 질문을 해보고 두 질문에 모두 '예'라고 답할 수 있는 경우에만 상속을 사용하라고 조언한다 [Odersky11].

상속 관계가 is-a 관계를 모델링하는가?

이것은 애플리케이션을 구성하는 어휘에 대한 우리의 관점에 기반한다. 일반적으로 "[자식 클래스]는 [부모 클래스]다"라고 말해도 이상하지 않다면 상속을 사용할 후보로 간주할 수 있다.

클라이언트 입장에서 부모 클래스의 타입으로 자식 클래스를 사용해도 무방한가?

상속 계층을 사용하는 클라이언트의 입장에서 부모 클래스와 자식 클래스의 차이점을 몰라야 한다. 이를 자식 클래스와 부모 클래스 사이의 **행동 호환성**이라고 부른다.

설계 관점에서 상속을 적용할지 여부를 결정하기 위해 첫 번째 질문보다는 두 번째 질문에 초점을 맞추는 것이 중요하다. 뒤에서 자세히 살펴보겠지만 클라이언트의 관점에서 두 클래스에 대해 기대하는 행동이 다르다면 비록 그것이 어휘적으로 is-a 관계로 표현할 수 있다고 하더라도 상속을 사용해서는 안된다.

is-a 관계

마틴 오더스키의 조언에 따르면 두 클래스가 어휘적으로 **is-a 관계**를 모델링할 경우에만 상속을 사용해야 한다. 어떤 타입 S가 다른 타입 T의 일종이라면 당연히 "타입 S는 타입 T다(S is-a T)"라고 말할 수 있어야 한다. "객체지향 언어는 프로그래밍 언어다"라고 표현할 수 있고 "클래스 기반 언어는 객체지향 언어다"라고 표현할 수 있기 때문에 '프로그래밍 언어', '객체지향 언어', '클래스 기반 언어'는 is-a 관계를 만족시킨다.

하지만 is-a 관계가 생각처럼 직관적이고 명쾌한 것은 아니다. 스콧 마이어스(Scott Meyers)는 《이펙티브 C++》[Meyers05]에서 새와 펭귄의 예를 들어 is-a 관계가 직관을 쉽게 배신할 수 있다는 사실을 보여준다.

먼저 익숙한 두 가지 사실에서 이야기를 시작해보자.

- 펭귄은 새다

- 새는 날 수 있다

두 가지 사실을 조합하면 아래와 유사한 코드를 얻게 된다.

```
public class Bird {
  public void fly() { ... }
  ...
}

public class Penguin extends Bird {
  ...
}
```

안타깝게도 이 코드의 반은 맞고 반은 틀리다. 펭귄은 분명 새지만 날 수 없는 새다. 하지만 코드는 분명히 "펭귄은 새고, 따라서 날 수 있다"라고 주장하고 있다.

이 예는 어휘적인 정의가 아니라 기대되는 행동에 따라 타입 계층을 구성해야 한다는 사실을 잘 보여준다. 어휘적으로 펭귄은 새지만 만약 새의 정의에 날 수 있다는 행동이 포함된다면 펭귄은 새의 서브타입이 될 수 없다. 만약 새의 정의에 날 수 있다는 행동이 포함되지 않는다면 펭귄은 새의 서브타입이 될 수 있다. 이 경우에는 어휘적인 관점과 행동 관점이 일치하게 된다.

따라서 타입 계층의 의미는 행동이라는 문맥에 따라 달라질 수 있다. 그에 따라 올바른 타입 계층이라는 의미 역시 문맥에 따라 달라질 수 있다. 어떤 애플리케이션에서 새에게 날 수 있다는 행동을 기대하지 않고 단지 울음 소리를 낼 수 있다는 행동만 기대한다면 새와 펭귄을 타입 계층으로 묶어도 무방하다. 따라서 슈퍼타입과 서브타입 관계에서는 is-a보다 행동 호환성이 더 중요하다.

이 예는 is-a라는 말을 너무 단편적으로 받아들일 경우에 어떤 혼란이 벌어질 수 있는지를 잘 보여준다. 스콧 마이어스의 말을 인용하자면 지금 우리는 명확하지 않은 자연어, 즉 사람의 말에 소위 '낚인' 것이다[Meyers05]. 따라서 어떤 두 대상을 언어적으로 is-a라고 표현할 수 있더라도 일단은 상속을 사용할 예비 후보 정도로만 생각하라. 너무 성급하게 상속을 적용하려고 서두르지 마라. 여러분의 애플리케이션 안에서 두 가지 후보 개념이 어떤 방식으로 사용되고 협력하는지 살펴본 후에 상속의 적용 여부를 결정해도 늦지 않다.

행동 호환성

펭귄이 새가 아니라는 사실을 받아들이기 위한 출발점은 타입이 행동과 관련이 있다는 사실에 주목하는 것이다. 타입의 이름 사이에 개념적으로 어떤 연관성이 있다고 하더라도 행동에 연관성이 없다면 is-a 관계를 사용하지 말아야 한다.

분명 펭귄과 새라는 단어가 풍기는 향기는 두 타입을 is-a 관계로 묶고 싶을 만큼 매혹적인 것이 사실이다. 하지만 새와 펭귄의 서로 다른 행동 방식은 이 둘을 동일한 타입 계층으로 묶어서는 안 된다고 강하게 경고한다. 이 경고에 귀 기울이기 바란다.

결론은 두 타입 사이에 행동이 호환될 경우에만 타입 계층으로 묶어야 한다는 것이다. 그렇다면 행동이 호환된다는 것은 무슨 의미일까? 단순히 동일한 메서드를 구현하고 있으면 행동이 호환되는 것일까?

여기서 중요한 것은 행동의 호환 여부를 판단하는 기준은 **클라이언트의 관점**이라는 것이다. 클라이언트가 두 타입이 동일하게 행동할 것이라고 기대한다면 두 타입을 타입 계층으로 묶을 수 있다. 클라이언트가 두 타입이 동일하게 행동하지 않을 것이라고 기대한다면 두 타입을 타입 계층으로 묶어서는 안 된다.

Penguin이 Bird의 서브타입이 아닌 이유는 클라이언트 입장에서 모든 새가 날 수 있다고 가정하기 때문이다. 단순히 is-a라고 표현할 수 있다고 해서 두 타입이 올바른 타입 계층을 구성한다고 말할 수 없다. 중요한 것은 클라이언트의 기대다. 타입 계층을 이해하기 위해서는 그 타입 계층이 사용될 문맥을 이해하는 것이 중요한 것이다.

다음과 같이 클라이언트가 날 수 있는 새만을 원한다고 가정해보자.

```
public void flyBird(Bird bird) {
  // 인자로 전달된 모든 bird는 날 수 있어야 한다
  bird.fly();
}
```

현재 Penguin은 Bird의 자식 클래스이기 때문에 컴파일러는 업캐스팅을 허용한다. 따라서 flyBird 메서드의 인자로 Penguin의 인스턴스가 전달되는 것을 막을 수 있는 방법이 없다. 하지만 Penguin은 날 수 없고 클라이언트는 모든 bird가 날 수 있기를 기대하기 때문에 flyBird 메서드로 전달돼서는 안 된다. Penguin은 클라이언트의 기대를 저버리기 때문에 Bird의 서브타입이 아니다. 따라서 이 둘을 상속 관계로 연결한 위 설계는 수정돼야 한다.

하지만 대부분의 사람들은 "펭귄이 새다"라는 말에 현혹당한 채 상속 계층을 유지할 수 있는 해결 방법을 찾으려 할 것이다. 상속 관계를 유지하면서 문제를 해결하기 위해 시도해 볼 수 있는 세 가지 방법이 있다.

첫 번째 방법은 Penguin의 fly 메서드를 오버라이딩해서 내부 구현을 비워두는 것이다.

```
public class Penguin extends Bird {
  ...
  @Override
  public void fly() {}
}
```

이제 Penguin에게 fly 메시지를 전송하더라도 아무 일도 일어나지 않는다. 따라서 Penguin은 날 수 없게 된다. 하지만 이 방법은 어떤 행동도 수행하지 않기 때문에 모든 bird가 날 수 있다는 클라이언트의 기대를 만족시키지 못한다. 따라서 올바른 설계라고 할 수 없다. 이 설계에서 Penguin과 Bird의 행동은 호환되지 않기 때문에 올바른 타입 계층이라고 할 수 없다.

두 번째 방법은 Penguin의 fly 메서드를 오버라이딩한 후 예외를 던지게 하는 것이다.

```
public class Penguin extends Bird {
  ...
  @Override
  public void fly() {
    throw new UnsupportedOperationException();
  }
}
```

하지만 이 경우에는 flyBird 메서드에 전달되는 인자의 타입에 따라 메서드가 실패하거나 성공하게 된다. flyBird 메서드는 모든 bird가 날 수 있다고 가정한다는 사실에 주목하라. flyBird 메서드는 fly 메시지를 전송한 결과로 UnsupportedOperationException 예외가 던져질 것이라고는 기대하지 않았을 것이다. 따라서 이 방법 역시 클라이언트의 관점에서 Bird와 Penguin의 행동이 호환되지 않는다.

세 번째 방법은 flyBird 메서드를 수정해서 인자로 전달된 bird의 타입이 Penguin이 아닐 경우에만 fly 메시지를 전송하도록 하는 것이다.

```
public void flyBird(Bird bird) {
  // 인자로 전달된 모든 bird가 Penguin의 인스턴스가 아닐 경우에만
  // fly() 메시지를 전송한다
  if (!(bird instanceof Penguin)) {
    bird.fly();
  }
}
```

하지만 이 방법 역시 문제가 있다. 만약 Penguin 이외에 날 수 없는 또 다른 새가 상속 계층에 추가된다면 어떻게 할 것인가? flyBird 메서드 안에서 instanceof를 이용해 새로운 타입을 체크하는 코드를 추가해야 할 것이다. 이것은 new 연산자와 마찬가지로 구체적인 클래스에 대한 결합도를 높인다. 일반적으로 instanceof처럼 객체의 타입을 확인하는 코드는 새로운 타입을 추가할 때마다 코드 수정을 요구하기 때문에 개방-폐쇄 원칙을 위반한다.

클라이언트의 기대에 따라 계층 분리하기

지금까지 살펴본 것처럼 행동 호환성을 만족시키지 않는 상속 계층을 그대로 유지한 채 클라이언트의 기대를 충족시킬 수 있는 방법을 찾기란 쉽지 않다. 문제를 해결할 수 있는 방법은 클라이언트의 기대에 맞게 상속 계층을 분리하는 것뿐이다.

flyBird 메서드는 파라미터로 전달되는 모든 새가 날 수 있다고 가정하기 때문에 flyBird 메서드와 협력하는 모든 객체는 fly 메시지에 대해 올바르게 응답할 수 있어야 한다. 따라서 Penguin의 인스턴스는 flyBird 메서드에 전달돼서는 안 된다. 반면 Penguin과 협력하는 클라이언트는 날 수 없는 새와 협력할 것이라고 가정할 것이다. 따라서 날 수 있는 새와 날 수 없는 새를 명확하게 구분할 수 있게 상속 계층을 분리하면 서로 다른 요구사항을 가진 클라이언트를 만족시킬 수 있을 것이다.

다음 코드는 새에는 날 수 없는 새와 날 수 있는 새의 두 부류가 존재하며, 그중 펭귄은 날 수 없는 새에 속한다는 사실을 분명하게 표현한다.

```java
public class Bird {
  ...
}

public class FlyingBird extends Bird {
  public void fly() { ... }
  ...
}

public class Penguin extends Bird {
  ...
}
```

이제 flyBird 메서드는 FlyingBird 타입을 이용해 날 수 있는 새만 인자로 전달돼야 한다는 사실을 코드에 명시할 수 있다. 만약 날 수 없는 새와 협력하는 메서드가 존재한다면 파라미터의 타입을 Bird로 선언하면 된다.

```java
public void flyBird(FlyingBird bird) {
  bird.fly();
}
```

그림 13.4는 클라이언트의 기대에 따라 상속 계층을 분리한 후의 클래스 구조를 나타낸 것이다. 변경 후에는 모든 클래스들이 행동 호환성을 만족시킨다는 사실을 알 수 있다. Bird의 클라이언트는 자신과 협력하는 객체들이 fly라는 행동을 수행할 수 없다는 사실을 잘 알고 있다. 따라서 Penguin이 Bird를 대체하더라도 놀라지 않을 것이다. FlyingBird 역시 Bird와 행동적인 측면에서 호환 가능한데 Bird의 클라이언트는 fly 메시지를 전송할 수 없기 때문에 Bird 대신 FlyingBird 인스턴스를 전달하더라도 문제가 되지 않기 때문이다.

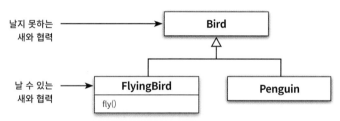

그림 13.4 클라이언트의 기대에 따라 상속 계층을 분리

이제 FlyingBird 타입의 인스턴스만이 fly 메시지를 수신할 수 있다. 날 수 없는 Bird의 서브타입인 Penguin의 인스턴스에게 fly 메시지를 전송할 수 있는 방법은 없다. 따라서 잘못된 객체와 협력해서 기대했던 행동이 수행되지 않거나 예외가 던져지는 일은 일어나지 않을 것이다.

이 문제를 해결하는 다른 방법은 클라이언트에 따라 인터페이스를 분리하는 것이다. 만약 Bird가 날 수 있으면서 걸을 수도 있어야 하고, Penguin은 오직 걸을 수만 있다고 가정하자. 다시 말해 Bird는 fly와 walk 메서드를 함께 구현하고 Penguin은 오직 walk 메서드만 구현해야 한다는 것이다. 그리고 오직 fly 메시지만 전송하는 클라이언트와 오직 walk 메시지만 전송하는 또 다른 클라이언트가 존재한다고 가정해보자.

인터페이스는 클라이언트가 기대하는 바에 따라 분리돼야 한다는 것을 기억하라. 하나의 클라이언트가 오직 fly 메시지만 전송하기를 원한다면 이 클라이언트에게는 fly 메시지만 보여야 한다. 다른 클라이언트가 오직 walk 메시지만 전송하기를 원한다면 이 클라이언트에게는 walk 메시지만 보여야 한다. 따라서 가장 좋은 방법은 fly 오퍼레이션을 가진 Flyer 인터페이스와 walk 오퍼레이션을 가진 Walker 인터페이스로 분리하는 것이다. 이제 Bird와 Penguin은 자신이 수행할 수 있는 인터페이스만 구현할 수 있다.

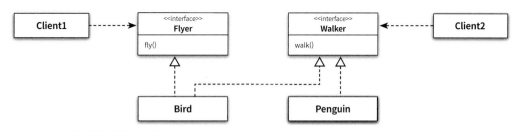

그림 13.5 클라이언트의 기대에 따른 인터페이스 분리

만약 Penguin이 Bird의 코드를 재사용해야 한다면 어떻게 해야 할까? Penguin이 하나의 인터페이스만 구현하고 있기 때문에 문법상으로는 Penguin이 Bird를 상속받더라도 문제가 안 되겠지만 Penguin의 퍼블릭 인터페이스에 fly 오퍼레이션이 추가되기 때문에 이 방법을 사용할 수는 없다. 게다가 재사용을 위한 상속은 위험하다고 계속 이야기하지 않았던가?

더 좋은 방법은 합성을 사용하는 것이다. 물론 Bird의 퍼블릭 인터페이스를 통해 재사용 가능하다는 전제를 만족시켜야 한다. 만약 Bird의 퍼블릭 인터페이스를 통해 재사용하기 어렵다면 Bird를 약간 수정해야 할 수도 있을 것이다. 대부분의 경우에 불안정한 상속 계층을 계속 껴안고 가는 것보다는 Bird를 재사용 가능하도록 수정하는 것이 더 좋은 방법이다.

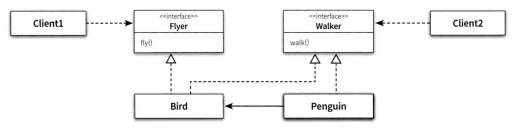

그림 13.6 합성을 이용한 코드 재사용

클라이언트에 따라 인터페이스를 분리하면 변경에 대한 영향을 더 세밀하게 제어할 수 있게 된다. 대부분의 경우 인터페이스는 클라이언트의 요구가 바뀜에 따라 변경된다. 클라이언트에 따라 인터페이스를 분리하면 각 클라이언트의 요구가 바뀌더라도 영향의 파급 효과를 효과적으로 제어할 수 있게 된다.

그림 13.5에서 Client1의 기대가 바뀌어서 Flyer의 인터페이스가 변경돼야 한다고 가정해보자. 이 경우 Flyer에 의존하고 있는 Bird가 영향을 받게 된다. 하지만 변경의 영향은 Bird에서 끝난다. Client2는 Flyer나 Bird에 대해 전혀 알지 못하기 때문에 영향을 받지 않는다.

이처럼 인터페이스를 클라이언트의 기대에 따라 분리함으로써 변경에 의해 영향을 제어하는 설계 원칙을 **인터페이스 분리 원칙**(Interface Segregation Principle, ISP)이라고 부른다.

> 이 원칙은 '비대한' 인터페이스의 단점을 해결한다. 비대한 인터페이스를 가지는 클래스는 응집성이 없는 인터페이스를 가지는 클래스다. 즉, 이런 클래스의 인터페이스는 메서드의 그룹으로 분해될 수 있고, 각 그룹은 각기 다른 클라이언트 집합을 지원한다.
>
> … 비대한 클래스는 그 클라이언트 사이에 이상하고 해로운 결합이 생기게 만든다. 한 클라이언트가 이 비대한 클래스에 변경을 가하면, 나머지 모든 클래스가 영향을 받게 된다. 그러므로 클라이언트는 자신이 실제로 호출하는 메서드에만 의존해야만 한다. 이것은 이 비대한 클래스의 인터페이스를 여러 개의 클라이언트에 특화된 인터페이스로 분리함으로써 성취될 수 있다. … 이렇게 하면 호출하지 않는 메서드에 대한 클라이언트의 의존성을 끊고, 클라이언트가 서로에 대해 독립적이게 만들 수 있다[Martin02].

이제 변경 후의 설계는 날 수 있는 새와 날 수 없는 새가 존재한다는 현실 세계를 정확하게 반영한다. 하지만 여기서 한 가지 주의해야 할 점이 있다. 설계가 꼭 현실 세계를 반영할 필요는 없다는 것이다. 중요한 것은 설계가 반영할 도메인의 요구사항이고 그 안에서 클라이언트가 객체에게 요구하는 행동이다.

현재의 요구사항이 날 수 있는 행동에 관심이 없다면 상속 계층에 FlyingBird를 추가하는 것은 설계를 불필요하게 복잡하게 만든다. 현실을 정확하게 묘사하는 것이 아니라 요구사항을 실용적으로 수용하는 것을 목표로 삼아야 한다.

다음에 인용하는 스콧 마이어스의 조언은 이 같은 상황에서 어떤 자세를 취해야 하는지에 대한 유용한 기준을 제시한다.

> 이 점은 모든 소프트웨어에 이상적인 설계 같은 것은 없다는 사실을 간단히 반증하는 예라고 할 수 있다. 최고의 설계는 제작하려는 소프트웨어 시스템이 기대하는 바에 따라 달라진다. 오늘도 그렇고 미래에도 마찬가지다. 여러분이 지금 만드는 애플리케이션이 비행에 대한 지식을 전혀 쓰지 않으며 나중에도 쓸 일이 없을 것이라면, 날 수 있는 새와 날지 않는 새를 구분하지 않는 것이 탁월한 선택일 수 있다. 실제로 이런 것들을 잘 구분해서 설계하는 쪽이 바람직하다. 나는 새도 있고 날 수 없는 새도 있다는 사실은 여러분이 본뜨려고 하는 세계가 어떤 것이냐에 따라 고려해도 되고 고려하지 않아도 되기 때문이다[Meyers 2005].

요점은 자연어에 현혹되지 말고 요구사항 속에서 클라이언트가 기대하는 행동에 집중하라는 것이다. 클래스의 이름 사이에 어떤 연관성이 있다는 사실은 아무런 의미도 없다. 두 클래스 사이에 행동이 호환되지 않는다면 올바른 타입 계층이 아니기 때문에 상속을 사용해서는 안 된다.

서브클래싱과 서브타이핑

그래서 언제 상속을 사용해야 하는가? 어떤 상속이 올바른 상속이고, 어떤 상속이 올바르지 않은 상속인가? 질문에 대한 답을 찾기 위해서는 이번 장을 처음 시작할 때 언급한 것처럼 상속이 두 가지 목적을 위해 사용된다는 사실을 이해해야 한다. 하나는 코드 재사용을 위해서고, 다른 하나는 타입 계층을 구성하기 위해서다. 사람들은 상속을 사용하는 두 가지 목적에 특별한 이름을 붙였는데 **서브클래싱**과 **서브타이핑**이 그것이다.

- **서브클래싱(subclassing):** 다른 클래스의 코드를 재사용할 목적으로 상속을 사용하는 경우를 가리킨다. 자식 클래스와 부모 클래스의 행동이 호환되지 않기 때문에 자식 클래스의 인스턴스가 부모 클래스의 인스턴스를 대체할 수 없다. 서브클래싱을 **구현 상속(implementation inheritance)** 또는 **클래스 상속(class inheritance)**이라고 부르기도 한다.

- **서브타이핑(subtyping):** 타입 계층을 구성하기 위해 상속을 사용하는 경우를 가리킨다. 영화 예매 시스템에서 구현한 DiscountPolicy 상속 계층이 서브타이핑에 해당한다. 서브타이핑에서는 자식 클래스와 부모 클래스의 행동이 호환되기 때문에 자식 클래스의 인스턴스가 부모 클래스의 인스턴스를 대체할 수 있다. 이때 부모 클래스는 자식 클래스의 슈퍼타입이 되고 자식 클래스는 부모 클래스의 서브타입이 된다. 서브타이핑을 **인터페이스 상속(interface inheritance)**이라고 부르기도 한다.

서브클래싱과 서브타이핑을 나누는 기준은 상속을 사용하는 목적이다. 자식 클래스가 부모 클래스의 코드를 재사용할 목적으로 상속을 사용했다면 그것은 서브클래싱이다. 부모 클래스의 인스턴스 대신 자식 클래스의 인스턴스를 사용할 목적으로 상속을 사용했다면 그것은 서브타이핑이다.

지금까지 상속이라는 용어를 다소 모호하게 사용했다는 사실을 고백해야겠다. 사실 10장에서 나쁜 설계의 예로 든 대부분의 상속은 구현을 재사용하기 위해 사용된 서브클래싱에 속한다.

> 클래스 상속은 객체의 구현을 정의할 때 이미 정의된 객체의 구현을 바탕으로 한다. 즉, 코드 공유의 방법이다. 이에 비해 인터페이스 상속(서브 타이핑)은 객체가 다른 곳에서 사용될 수 있음을 의미한다. … 인터페이스 상속 관계를 갖는 경우 프로그램에는 슈퍼타입으로 정의하지만 런타임에 서브타입의 객체로 대체할 수 있다. … 대부분의 프로그래밍 언어들은 인터페이스와 구현 상속을 구분하고 있지 않지만, 프로그래머들은 실제로 구분해서 사용하고 있다. 스몰토크 프로그래머들은 서브클래스를 서브타입으로 사용하고 있고, C++ 프로그래머들은 구체적인 클래스를 정의하고 요청을 보내기보다 추상 클래스의 객체에게 메시지를 보내도록 프로그래밍한다. 이렇게 하면 런타임에 구체 클래스의 인스턴스로 대체할 수 있다. 즉, 추상 클래스를 상속한다는 것은 단순한 코드의 재사용을 위한 상속이 아니라 추상 클래스가 정의하고 있는 인터페이스를 상속하겠다는 의미인 것이다[GOF 1994].

타입을 설명할 때 강조했던 것처럼 슈퍼타입과 서브타입 사이의 관계에서 가장 중요한 것은 퍼블릭 인터페이스다. 슈퍼타입 인스턴스를 요구하는 모든 곳에서 서브타입의 인스턴스를 대신 사용하기 위해 만족해야 하는 최소한의 조건은 서브타입의 퍼블릭 인터페이스가 슈퍼타입에서 정의한 퍼블릭 인터페이스와 동일하거나 더 많은 오퍼레이션을 포함해야 한다는 것이다. 따라서 개념적으로 서브타입이 슈퍼타입의 퍼블릭 인터페이스를 상속받는 것처럼 보이게 된다. 이것이 서브타이핑을 인터페이스 상속이라고 부르는 이유다. 그에 반해 서브클래싱은 클래스의 내부 구현 자체를 상속받는 것에 초점을 맞추기 때문에 구현 상속 또는 클래스 상속이라고 부른다.

서브타이핑 관계가 유지되기 위해서는 서브타입이 슈퍼타입이 하는 모든 행동을 동일하게 할 수 있어야 한다. 즉, 어떤 타입이 다른 타입의 서브타입이 되기 위해서는 **행동 호환성(behavioral substitution)**[Riel96, Jacobson92, Taivalsaari96]을 만족시켜야 한다.

자식 클래스가 부모 클래스를 대신할 수 있기 위해서는 자식 클래스가 부모 클래스가 사용되는 모든 문맥에서 자식 클래스와 동일하게 행동할 수 있어야 한다. 그리고 행동 호환성을 만족하는 상속 관계는 부모 클래스를 새로운 자식 클래스로 대체하더라도 시스템이 문제없이 동작할 것이라는 것을 보장해야 한다. 다시 말해서 자식 클래스와 부모 클래스 사이의 행동 호환성은 부모 클래스에 대한 자식 클래스의 **대체 가능성(substitutability)**을 포함한다.

행동 호환성과 대체 가능성은 올바른 상속 관계를 구축하기 위해 따라야 할 지침이라고 할 수 있다. 오랜 시간 동안 이 지침은 리스코프 치환 원칙이라는 이름으로 정리되어 소개돼 왔다. 이제 리스코프 치환 원칙을 통해 지금까지 살펴본 is-a 관계와 행동 호환성의 의미를 다시 한번 정리해 보자.

04 리스코프 치환 원칙

1988년 바바라 리스코프는 올바른 상속 관계의 특징을 정의하기 위해 **리스코프 치환 원칙(Liskov Substitution Principle, LSP)**[Liskov88]을 발표했다. 바바라 리스코프에 의하면 상속 관계로 연결한 두 클래스가 서브타이핑 관계를 만족시키기 위해서는 다음의 조건을 만족시켜야 한다.

> 여기서 요구되는 것은 다음의 치환 속성과 같은 것이다. S형의 각 객체 o1에 대해 T형의 객체 o2가 하나 있고, T에 의해 정의된 모든 프로그램 P에서 T가 S로 치환될 때, P의 동작이 변하지 않으면 S는 T의 서브타입이다[Liskov88].

리스코프 치환 원칙을 한마디로 정리하면 "서브타입은 그것의 기반 타입에 대해 대체 가능해야 한다[Martin 2002a]"는 것으로 클라이언트가 "차이점을 인식하지 못한 채 기반 클래스의 인터페이스를 통해 서브클래스를 사용할 수 있어야 한다[Hunt99]"는 것이다. 리스코프 치환 원칙은 앞에서 논의한 행동 호환성을 설계 원칙으로 정리한 것이다. 리스코프 치환 원칙에 따르면 자식 클래스가 부모 클래스와 행동 호환성을 유지함으로써 부모 클래스를 대체할 수 있도록 구현된 상속 관계만을 서브타이핑이라고 불러야 한다.

10장에서 살펴본 Stack과 Vector는 리스코프 치환 원칙을 위반하는 전형적인 예다. 클라이언트가 부모 클래스인 Vector에 대해 기대하는 행동을 Stack에 대해서는 기대할 수 없기 때문에 행동 호환성을 만족시키지 않기 때문이다. is-a 관계의 애매모호함을 설명하기 위해 예로 들었던 Penguin과 Bird 역시 리스코프 치환 원칙을 위반한다.

이번에 살펴볼 예제는 좀 더 미묘하다. 대부분의 사람들은 "정사각형은 직사각형이다(Square is-a Rectangle)"라는 이야기를 당연하게 생각한다. 하지만 정사각형은 직사각형이 아닐 수 있다. 사실 정사각형과 직사각형의 상속 관계는 리스코프 치환 원칙을 위반하는 고전적인 사례 중 하나다[Martin02, Feathers04, Meyers05].

먼저 직사각형을 구현한 Rectangle부터 살펴보자.

```java
public class Rectangle {
  private int x, y, width, height;

  public Rectangle(int x, int y, int width, int height) {
    this.x = x;
    this.y = y;
    this.width = width;
    this.height = height;
  }

  public int getWidth() {
    return width;
  }

  public void setWidth(int width) {
    this.width = width;
  }

  public int getHeight() {
    return height;
  }
```

```java
  public void setHeight(int height) {
    this.height = height;
  }

  public int getArea() {
    return width * height;
  }
}
```

Rectangle은 왼쪽 상단 모서리 위치(x, y), 너비(width), 높이(height)를 인스턴스 변수로 포함한다. setWidth 메서드와 setHeight 메서드는 직사각형의 너비와 높이를 변경하고 getArea 메서드는 직사각형의 너비를 반환한다.

이제 이 애플리케이션에 Square를 추가하자. 개념적으로 정사각형은 직사각형의 특수한 경우이고 직사각형은 정사각형의 일반적인 경우이기 때문에 정사각형과 직사각형 사이에 *어휘적으로* is-a 관계가 성립한다. 이미 알고 있는 것처럼 is-a 관계를 구현하는 가장 간단한 방법은 상속을 사용하는 것이다.

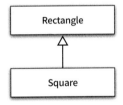

그림 13.7 상속 관계로 구현된 "Square is-a Rectangle"

정사각형은 너비와 높이가 동일해야 한다. 따라서 Square 클래스는 width와 height를 동일하게 설정해야 한다. 구현된 Square 클래스는 Square의 제약 사항을 강제할 수 있도록 생성자에서 width 하나만 인자로 취하며 height의 값을 width와 동일한 값으로 설정한다. 또한 Rectangle의 setWidth 메서드와 setHeight 메서드를 오버라이딩해서 너비와 높이가 항상 같도록 보장한다.

```java
public class Square extends Rectangle {
  public Square(int x, int y, int size) {
    super(x, y, size, size);
  }

  @Override
  public void setWidth(int width) {
```

```
    super.setWidth(width);
    super.setHeight(width);
  }

  @Override
  public void setHeight(int height) {
    super.setWidth(height);
    super.setHeight(height);
  }
}
```

Square는 Rectangle의 자식 클래스이기 때문에 Rectangle이 사용되는 모든 곳에서 Rectangle로 업캐스팅될 수 있다. 문제는 여기서 발생한다. Rectangle과 협력하는 클라이언트는 직사각형의 너비와 높이가 다르다고 가정한다. 따라서 아래의 예제 코드처럼 직사각형의 너비와 높이를 서로 다르게 설정하도록 프로그래밍할 것이다.

```
public void resize(Rectangle rectangle, int width, int height) {
  rectangle.setWidth(width);
  rectangle.setHeight(height);
  assert rectangle.getWidth() == width && rectangle.getHeight() == height;
}
```

그러나 위 코드에서 resize 메서드의 인자로 Rectangle 대신 Square를 전달한다고 가정해보자. Square의 setWidth 메서드와 setHeight 메서드는 항상 정사각형의 너비와 높이를 같게 설정한다. 위 코드에 따르면 Sqaure의 너비와 높이는 항상 더 나중에 설정된 heght의 값으로 설정된다. 따라서 다음과 같이 width와 height 값을 다르게 설정할 경우 메서드 실행이 실패하고 말 것이다.

```
Square square = new Square(10, 10, 10);
resize(square, 50, 100);
```

직사각형은 너비와 높이가 다를 수 있다고 가정한다. 정사각형은 너비와 높이가 항상 동일하다고 가정한다. resize 메서드의 구현은 Rectangle이 세운 가정에 기반하기 때문에 직사각형의 너비와 높이를 독립적으로 변경할 수 있다고 가정한다. 하지만 Rectangle의 자리에 Square를 전달할 경우 이 가정은 무너지고 만다.

resize 메서드의 관점에서 Rectangle 대신 Square를 사용할 수 없기 때문에 Square는 Rectangle이 아니다. Square는 Rectangle의 구현을 재사용하고 있을 뿐이다. 두 클래스는 리스코프 치환 원칙을 위반하기 때문에 서브타이핑 관계가 아니라 서브클래싱 관계다.

Rectangle은 is-a라는 말이 얼마나 우리의 직관에서 벗어날 수 있는지를 잘 보여준다. 중요한 것은 클라이언트 관점에서 행동이 호환되는지 여부다. 그리고 행동이 호환될 경우에만 자식 클래스가 부모 클래스 대신 사용될 수 있다.

클라이언트와 대체 가능성

Square가 Rectangle을 대체할 수 없는 이유는 클라이언트의 관점에서 Square와 Rectangle이 다르기 때문이다. Square와 Rectangle의 문제는 본질적으로 Stack과 Vector가 가지고 있던 문제와 동일하다. 클라이언트 입장에서 정사각형을 추상화한 Square는 직사각형을 추상화한 Rectangle과 동일하지 않다는 점이다.

Rectangle을 사용하는 클라이언트는 Rectangle의 너비와 높이가 다를 수 있다는 가정하에 코드를 개발한다. 반면 Square는 너비와 높이가 항상 같다. 너비와 높이가 다르다는 가정하에 개발된 클라이언트 코드에서 Rectangle을 Square로 대체할 경우 Rectangle에 대해 세워진 가정을 위반할 확률이 높다. 결국 코드는 예상한 대로 작동하지 않으며 개발자는 밤을 새워 디버깅해야 하는 악몽과도 같은 상황에 빠져버리고 말 것이다.

리스코프 치환 원칙은 자식 클래스가 부모 클래스를 대체하기 위해서는 부모 클래스에 대한 클라이언트의 가정을 준수해야 한다는 것을 강조한다. Square를 Rectangle의 자식 클래스로 만드는 것은 Rectangle에 대해 클라이언트가 세운 가정을 송두리째 뒤흔드는 것이다.

Stack과 Vector가 서브타이핑 관계가 아니라 서브클래싱 관계인 이유도 마찬가지다. Stack과 Vector가 리스코프 치환 원칙을 위반하는 가장 큰 이유는 상속으로 인해 Stack에 포함돼서는 안 되는 Vector의 퍼블릭 인터페이스가 Stack의 퍼블릭 인터페이스에 포함됐기 때문이다.

Vector를 사용하는 클라이언트의 관점에서 Stack의 행동은 Vector의 행동과 호환되지 않는다. Vector의 클라이언트는 임의의 위치에 요소를 추가하거나 임의의 위치에 있는 요소를 추출할 것이라고 예상한다. 그러나 Stack의 클라이언트는 Stack이 임의의 위치에서의 조회나 추가를 금지할 것이라고 예상한다.

Stack과 협력하는 클라이언트와 Vector와 협력하는 클라이언트는 Stack과 Vector 각각에 대해 전송할 수 있는 메시지와 기대하는 행동이 서로 다르다. 이것은 Stack과 Vector가 서로 다른 클라이언트와 협력해야 한다는 것을 의미한다.

리스코프 치환 원칙은 "클라이언트와 격리한 채로 본 모델은 의미 있게 검증하는 것이 불가능하다 [Martin02]"는 아주 중요한 결론을 이끈다. 어떤 모델의 유효성은 클라이언트의 관점에서만 검증 가능하다는 것이다.

다른 정보 없이 그림 13.7과 마주하는 어떤 사람이라도 Square가 Rectangle의 서브타입이라고 입을 모을 것이다. 그러나 일단 클라이언트와의 협력 관계 속으로 모델을 밀어넣는 순간 지금까지 올바르다고 생각했던 서브타입이 올바르지 않다는 사실을 깨닫게 될 것이다.

리스코프 치환 원칙은 상속 관계에 있는 두 클래스 사이의 관계를 클라이언트와 떨어트려 놓고 판단하지 말라고 속삭인다. 상속 관계는 클라이언트의 관점에서 자식 클래스가 부모 클래스를 대체할 수 있을 때만 올바르다.

행동 호환성과 리스코프 치환 원칙에서 한 가지만 기억해야 한다면 이것을 기억하라. 대체 가능성을 결정하는 것은 클라이언트다.

is-a 관계 다시 살펴보기

상속이 적합한지를 판단하기 위해 마틴 오더스키가 제안한 두 질문을 다시 떠올려 보자. 상속 관계가 어휘적으로 is-a 관계를 모델링한 것인가? 클라이언트 입장에서 부모 클래스 대신 자식 클래스를 사용할 수 있는가?

사실 이 두 질문을 별개로 취급할 필요는 없다. 클라이언트 관점에서 자식 클래스의 행동이 부모 클래스의 행동과 호환되지 않고 그로 인해 대체가 불가능하다면 어휘적으로 is-a라고 말할 수 있다고 하더라도 그 관계를 is-a 관계라고 할 수 없다. is-a는 클라이언트 관점에서 is-a일 때만 참이다. 정사각형은 직사각형인가? 클라이언트가 이 둘을 동일하게 취급할 수 있을 때만 그렇다. 펭귄은 새인가? 클라이언트가 이 둘을 동일하게 취급할 수 있을 때만 그렇다.

is-a 관계로 표현된 문장을 볼 때마다 문장 앞에 "클라이언트 입장에서"라는 말이 빠져 있다고 생각하라. (클라이언트 입장에서) 정사각형은 직사각형이다. (클라이언트 입장에서) 펭귄은 새다. 클라이언트를 배제한 is-a 관계는 여러분을 혼란으로 몰아갈 가능성이 높다.

is-a 관계는 객체지향에서 중요한 것은 객체의 속성이 아니라 객체의 행동이라는 점을 강조한다. 일반적으로 클라이언트를 고려하지 않은 채 개념과 속성의 측면에서 상속 관계를 정할 경우 리스코프 치환 원칙을 위반하는 서브클래싱에 이르게 될 확률이 높다.

오더스키가 설명한 is-a 관계를 행동이 호환되는 타입에 어떤 이름을 붙여야 하는지를 설명하는 가이드라고 생각하는 것이 좋다. 슈퍼타입과 서브타입이 클라이언트 입장에서 행동이 호환된다면 두 타입을 is-a로 연결해 문장을 만들어도 어색하지 않은 단어로 타입의 이름을 정하라는 것이다. 행동을 고려하지 않은 두 타입의 이름이 단순히 is-a로 연결 가능하다고 해서 상속 관계로 연결하지 마라. 이름이 아니라 행동이 먼저다. 객체지향과 관련된 대부분의 규칙이 그런 것처럼 is-a 관계 역시 행동이 우선이다.

결론적으로 상속이 서브타이핑을 위해 사용될 경우에만 is-a 관계다. 서브클래싱을 구현하기 위해 상속을 사용했다면 is-a 관계라고 말할 수 없다.

리스코프 치환 원칙은 유연한 설계의 기반이다

지금까지 살펴본 것처럼 리스코프 치환 원칙은 클라이언트가 어떤 자식 클래스와도 안정적으로 협력할 수 있는 상속 구조를 구현할 수 있는 가이드라인을 제공한다. 새로운 자식 클래스를 추가하더라도 클라이언트의 입장에서 동일하게 행동하기만 한다면 클라이언트를 수정하지 않고도 상속 계층을 확장할 수 있다. 다시 말해서 클라이언트의 입장에서 퍼블릭 인터페이스의 행동 방식이 변경되지 않는다면 클라이언트의 코드를 변경하지 않고도 새로운 자식 클래스와 협력할 수 있게 된다는 것이다.

리스코프 치환 원칙을 따르는 설계는 유연할뿐만 아니라 확장성이 높다. 8장에서 중복 할인 정책을 구현하기 위해 기존의 DiscountPolicy 상속 계층에 새로운 자식 클래스인 OverlappedDiscountPolicy를 추가하더라도 클라이언트를 수정할 필요가 없었던 것을 기억하는가?

```java
public class OverlappedDiscountPolicy extends DiscountPolicy {
  private List<DiscountPolicy> discountPolicies = new ArrayList<>();

  public OverlappedDiscountPolicy(DiscountPolicy ... discountPolicies) {
    this. discountPolicies = Arrays.asList(discountPolicies);
  }

  @Override
  protected Money getDiscountAmount(Screening screening) {
    Money result = Money.ZERO;
    for(DiscountPolicy each : discountPolicies) {
      result = result.plus(each.calculateDiscountAmount(screening));
    }
    return result;
  }
}
```

사실 이 설계는 의존성 역전 원칙과 개방-폐쇄 원칙, 리스코프 치환 원칙이 한데 어우러져 설계를 확장 가능하게 만든 대표적인 예다. 그림 13.8을 보면서 각 원칙이 어떻게 적용됐는지 살펴보자.

- **의존성 역전 원칙**: 구체 클래스인 Movie와 OverlappedDiscountPolicy 모두 추상 클래스인 DiscountPolicy에 의존한다. 상위 수준의 모듈인 Movie와 하위 수준의 모듈인 OverlappedDiscountPolicy는 모두 추상 클래스인 DiscountPolicy에 의존한다. 따라서 이 설계는 DIP를 만족한다.

- **리스코프 치환 원칙**: DiscountPolicy와 협력하는 Movie의 관점에서 DiscountPolicy 대신 OverlappedDiscountPolicy와 협력하더라도 아무런 문제가 없다. 다시 말해서 OverlappedDiscountPolicy는 클라이언트에 대한 영향 없이도 DiscountPolicy를 대체할 수 있다. 따라서 이 설계는 LSP를 만족한다.

- **개방-폐쇄 원칙**: 중복 할인 정책이라는 새로운 기능을 추가하기 위해 DiscountPolicy의 자식 클래스인 OverlappedDiscountPolicy를 추가하더라도 Movie에는 영향을 끼치지 않는다. 다시 말해서 기능 확장을 하면서 기존 코드를 수정할 필요는 없다. 따라서 이 설계는 OCP를 만족한다.

리스코프 치환 원칙이 어떻게 개방-폐쇄 원칙을 지원하는지 눈여겨보기 바란다. 자식 클래스가 클라이언트의 관점에서 부모 클래스를 대체할 수 있다면 기능 확장을 위해 자식 클래스를 추가하더라도 코드를 수정할 필요가 없어진다. 따라서 리스코프 치환 원칙은 개방-폐쇄 원칙을 만족하는 설계를 위한 전제 조건이다. 일반적으로 리스코프 치환 원칙 위반은 잠재적인 개방-폐쇄 원칙 위반이다[Martin02].

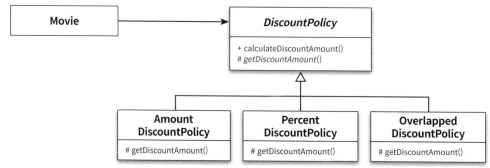

그림 13.8 DIP, LSP, OCP가 조합된 유연한 설계

타입 계층과 리스코프 치환 원칙

한 가지 잊지 말아야 하는 사실은 클래스 상속은 타입 계층을 구현할 수 있는 다양한 방법 중 하나일 뿐이라는 것이다. 자바와 C#의 인터페이스나 스칼라의 트레이트, 동적 타입 언어의 덕 타이핑 등의 기법을 사용하면 클래스 사이의 상속을 사용하지 않고 서브타이핑 관계를 구현할 수 있다. 물론 이런 기법

을 사용하는 경우에도 리스코프 치환 원칙을 준수해야만 서브타이핑 관계라고 말할 수 있다. 구현 방법은 중요하지 않다. 핵심은 구현 방법과 무관하게 클라이언트의 관점에서 슈퍼타입에 대해 기대하는 모든 것이 서브타입에게도 적용돼야 한다는 것이다.

리스코프 치환 원칙을 위반하는 예를 설명하는 데 클래스 상속을 자주 사용하는 이유는 대부분의 객체지향 언어가 구현 단위로서 클래스를 사용하고 코드 재사용의 목적으로 상속을 지나치게 남용하는 경우가 많기 때문이다. 상속이 아닌 다른 방법을 이용하더라도 클라이언트의 관점에서 서로 다른 구성 요소를 동일하게 다뤄야 한다면 서브타이핑 관계의 제약을 고려해서 리스코프 치환 원칙을 준수해야 한다.

마지막 질문만이 남았다. 클라이언트 관점에서 자식 클래스가 부모 클래스를 대체할 수 있다는 것은 무엇을 의미하는가? 클라이언트 관점에서 자식 클래스가 부모 클래스의 행동을 보존한다는 것은 무엇을 의미하는가?

05 계약에 의한 설계와 서브타이핑

클라이언트와 서버 사이의 협력을 의무(obligation)와 이익(benefit)으로 구성된 계약의 관점에서 표현하는 것을 **계약에 의한 설계**(Design By Contract, DBC)라고 부른다. 계약에 의한 설계는 클라이언트가 정상적으로 메서드를 실행하기 위해 만족시켜야 하는 **사전조건**(precondition)과 메서드가 실행된 후에 서버가 클라이언트에게 보장해야 하는 **사후조건**(postcondition), 메서드 실행 전과 실행 후에 인스턴스가 만족시켜야 하는 **클래스 불변식**(class invariant)의 세 가지 요소로 구성된다. 만약 계약에 의한 설계의 개념이 익숙하지 않다면 부록 A "계약에 의한 설계"를 참고하기 바란다.

리스코프 치환 원칙은 어떤 타입이 서브타입이 되기 위해서는 슈퍼타입의 인스턴스와 협력하는 '클라이언트'의 관점에서 서브타입의 인스턴스가 슈퍼타입을 대체하더라도 협력에 지장이 없어야 한다는 것을 의미한다. 따라서 계약에 의한 설계를 사용하면 리스코프 치환 원칙이 강제하는 조건을 계약의 개념을 이용해 좀 더 명확하게 설명할 수 있다.

리스코프 치환 원칙과 계약에 의한 설계 사이의 관계를 다음과 같은 한 문장으로 요약할 수 있다.

> 서브타입이 리스코프 치환 원칙을 만족시키기 위해서는 클라이언트와 슈퍼타입 간에 체결된 '계약'을 준수해야 한다.

이해를 돕기 위해 영화 예매 시스템에서 DiscountPolicy와 협력하는 Movie 클래스를 예로 들어보자.

```
public class Movie {
  ...
  public Money calculateMovieFee(Screening screening) {
    return fee.minus(discountPolicy.calculateDiscountAmount(screening));
  }
}
```

Movie는 DiscountPolicy의 인스턴스에게 calculateDiscountAmount 메시지를 전송하는 클라이언트다. DiscountPolicy는 Movie의 메시지를 수신한 후 할인 가격을 계산해서 반환한다.

```
public abstract class DiscountPolicy {
  public Money calculateDiscountAmount(Screening screening) {
    for(DiscountCondition each : conditions) {
      if (each.isSatisfiedBy(screening)) {
        return getDiscountAmount(screening);
      }
    }

    return screening.getMovieFee();
  }

  abstract protected Money getDiscountAmount(Screening screening);
}
```

계약에 의한 설계에 따르면 협력하는 클라이언트와 슈퍼타입의 인스턴스 사이에는 어떤 계약이 맺어져 있다. 클라이언트와 슈퍼타입은 이 계약을 준수할 때만 정상적으로 협력할 수 있다.

리스코프 치환 원칙은 서브타입이 그것의 슈퍼타입을 대체할 수 있어야 하고 클라이언트가 차이점을 인식하지 못한 채 슈퍼타입의 인터페이스를 이용해 서브타입과 협력할 수 있어야 한다고 말한다. 클라이언트의 입장에서 서브타입은 정말 슈퍼타입의 '한 종류'여야 하는 것이다.

이제 여러분은 서브클래스와 서브타입은 서로 다른 개념이라는 사실을 잘 알고 있을 것이다. 어떤 클래스가 다른 클래스를 상속받으면 그 클래스의 자식 클래스 또는 서브클래스가 되지만 모든 서브클래스가 서브타입인 것은 아니다. 코드 재사용을 위해 상속을 사용했다면, 그리고 클라이언트의 관점에서 자식 클래스가 부모 클래스를 대체할 수 없다면 서브타입이라고 할 수 없다.

서브타입이 슈퍼타입처럼 보일 수 있는 유일한 방법은 클라이언트가 슈퍼타입과 맺은 계약을 서브타입
이 준수하는 것뿐이다.

지금까지는 Movie와 DiscountPolicy 사이의 계약에 대해서는 크게 상관하지 않았다. 하지만 코드를 살
펴보면 직접적으로 언급을 하지 않았을 뿐 암묵적인 사전조건과 사후조건이 존재한다는 사실을 알 수
있다.

먼저 사전조건부터 살펴보자. DiscountPolicy의 calculateDiscountAmount 메서드는 인자로 전달된
screening이 null인지 여부를 확인하지 않는다. 하지만 screening에 null이 전달된다면 screening.
getMovieFee()가 실행될 때 NullPointerException 예외가 던져질 것이다.

Screening에 null이 전달되는 것은 우리가 기대했던 것이 아니다. calculateDiscountAmount 메서드는 클
라이언트가 전달하는 screening의 값이 null이 아니고 영화 시작 시간이 아직 지나지 않았다고 가정할
것이다. 따라서 단정문(assertion)을 사용해 사전조건을 다음과 같이 표현할 수 있다.

```
assert screening != null && screening.getStartTime().isAfter(LocalDateTime.now());
```

Movie의 calculateMovieFee 메서드를 살펴보면 DiscountPolicy의 calculateDiscountAmount 메서드의 반
환값에 어떤 처리도 하지 않고 fee에서 차감하고 있음을 알 수 있다. 따라서 calculateDiscountAmount
메서드의 반환값은 항상 null이 아니어야 한다. 추가로 반환되는 값은 청구되는 요금이기 때문에 최소
한 0원보다는 커야 한다. 따라서 사후조건은 다음과 같다.

```
assert amount != null && amount.isGreaterThanOrEqual(Money.ZERO);
```

다음은 calculateDiscountAmount 메서드에 사전조건과 사후조건을 추가한 것이다. 사전조건은
checkPrecondition 메서드로, 사후조건은 checkPostcondition 메서드로 구현돼 있다.

```
public abstract class DiscountPolicy {
  public Money calculateDiscountAmount(Screening screening) {
    checkPrecondition(screening);

    Money amount = Money.ZERO;
    for(DiscountCondition each : conditions) {
      if (each.isSatisfiedBy(screening)) {
        amount = getDiscountAmount(screening);
        checkPostcondition(amount);
```

```
        return amount;
      }
    }

    amount = screening.getMovieFee();
    checkPostcondition(amount);
    return amount;
  }

  protected void checkPrecondition(Screening screening) {
    assert screening != null && screening.getStartTime().isAfter(LocalDateTime.now());
  }

  protected void checkPostcondition(Money amount) {
    assert amount != null && amount.isGreaterThanOrEqual(Money.ZERO);
  }

  abstract protected Money getDiscountAmount(Screening screening);
}
```

calculateDiscountAmount 메서드가 정의한 사전조건을 만족시키는 것은 Movie의 책임이다. 따라서 Movie
는 사전조건을 위반하는 screening을 전달해서는 안 된다.

```
public class Movie {
  public Money calculateMovieFee(Screening screening) {
    if (screening == null || screening.getStartTime().isBefore(LocalDateTime.now())) {
      throw new InvalidScreeningException();
    }

    return fee.minus(discountPolicy.calculateDiscountAmount(screening));
  }
}
```

그림 13.8에 표현된 DiscountPolicy의 자식 클래스인 AmountDiscountPolicy, PercentDiscountPolicy,
OverlappedDiscountPolicy는 Movie와 DiscountPolicy 사이에 체결된 계약을 만족시키는가? 이 클래스들
은 DiscountPolicy의 calculateDiscountAmount 메서드를 그대로 상속받기 때문에 계약을 변경하지 않는

다. 따라서 Movie의 입장에서 이 클래스들은 DiscountPolicy를 대체할 수 있기 때문에 서브타이핑 관계
라고 할 수 있다.

서브타입과 계약

물론 모든 상황이 이렇게 행복한 것만은 아니다. 계약의 관점에서 상속이 초래하는 가장 큰 문제는 자
식 클래스가 부모 클래스의 메서드를 오버라이딩할 수 있다는 것이다.

예를 들어 보자. DiscountPolicy를 상속받은 BrokenDiscountPolicy 클래스는 calculateDiscountAmount 메
서드를 오버라이딩한 후 여기에 새로운 사전조건을 추가한다. 새로운 사전조건은 checkStrongerPrecon
dition 메서드로 구현돼 있으며 종료 시간이 자정을 넘는 영화를 예매할 수 없다는 것이다. 따라서
DiscountPolicy보다 더 강화된 사전조건을 정의한다.

```java
public class BrokenDiscountPolicy extends DiscountPolicy {

  public BrokenDiscountPolicy(DiscountCondition ... conditions) {
    super(conditions);
  }

  @Override
  public Money calculateDiscountAmount(Screening screening) {
    checkPrecondition(screening);                    // 기존의 사전조건
    checkStrongerPrecondition(screening);            // 더 강력한 사전조건

    Money amount = screening.getMovieFee();
    checkPostcondition(amount);                      // 기존의 사후조건
    return amount;
  }

  private void checkStrongerPrecondition(Screening screening) {
    assert screening.getEndTime().toLocalTime().isBefore(LocalTime.MIDNIGHT);
  }

  @Override
  protected Money getDiscountAmount(Screening screening) {
    return Money.ZERO;
  }
}
```

BrokenDiscountPolicy 클래스가 DiscountPolicy 클래스의 자식 클래스이기 때문에 컴파일러는 아무런 제약 없이 업캐스팅을 허용한다. 따라서 Movie는 BrokenDiscountPolicy를 DiscountPolicy로 간주할 것이다.

문제는 Movie가 오직 DiscountPolicy의 사전조건만 알고 있다는 점이다. Movie는 DiscountPolicy가 정의하고 있는 사전조건을 만족시키기 위해 null이 아니면서 시작시간이 현재 시간 이후인 Screening을 전달할 것이다. 따라서 자정이 지난 후에 종료되는 Screening을 전달하더라도 문제가 없다고 가정할 것이다.

안타깝게도 BrokenDiscountPolicy의 사전조건은 이를 허용하지 않기 때문에 협력은 실패하고 만다. 다시 말해서 BrokenDiscountPolicy는 클라이언트의 관점에서 DiscountPolicy를 대체할 수 없기 때문에 서브타입이 아니다. 따라서 자식 클래스가 부모 클래스의 서브타입이 되기 위해서는 다음 조건을 만족시켜야 한다.

> 서브타입에 더 강력한 사전조건을 정의할 수 없다.

더 강력한 사전조건을 정의하는 경우가 문제라면 그 반대로 사전조건을 제거해서 약화시킨다면 어떻게 될까?

```
public class BrokenDiscountPolicy extends DiscountPolicy {
  ...
  @Override
  public Money calculateDiscountAmount(Screening screening) {
    // checkPrecondition(screening);          // 기존의 사전조건 제거
    Money amount = screening.getMovieFee();
    checkPostcondition(amount);                // 기존의 사후조건
    return amount;
  }
  ...
}
```

BrokenDiscountPolicy는 Screening에 대한 사전조건을 체크하지 않지만 Movie는 DiscountPolicy가 정의한 사전조건을 만족시키기 위해 null이 아니며 현재 시간 이후에 시작하는 Screening을 전달한다는 것을 보장하고 있다. 클라이언트는 이미 자신의 의무를 충실히 수행하고 있기 때문에 이 조건을 체크하지

않는 것이 기존 협력에 어떤 영향도 미치지 않는다. 이 경우에는 아무런 문제도 발생하지 않는 것이다. 따라서 다음과 같은 사실을 알 수 있다.

> 서브타입에 슈퍼타입과 같거나 더 약한 사전조건을 정의할 수 있다.

만약 사후조건을 강화한다면 어떨까?

```java
public class BrokenDiscountPolicy extends DiscountPolicy {
  ...
  @Override
  public Money calculateDiscountAmount(Screening screening) {
    checkPrecondition(screening);              // 기존의 사전조건

    Money amount = screening.getMovieFee();

    checkPostcondition(amount);                // 기존의 사후조건
    checkStrongerPostcondition(amount);        // 더 강력한 사후조건
    return amount;
  }

  private void checkStrongerPostcondition(Money amount) {
    assert amount.isGreaterThanOrEqual(Money.wons(1000));
  }
}
```

BrokenDiscountPolicy는 DiscountPolicy에 정의된 사후조건인 amount가 null이 아니고 0원보다는 커야 한다는 제약에 최소 1000원 이상은 돼야 한다는 새로운 사후조건을 추가한다. 다시 말해서 사후조건을 강화하고 있다.

Movie는 DiscountPolicy의 사후조건만 알고 있다. Movie는 최소한 0원보다 큰 금액을 반환받기만 하면 협력이 정상적으로 수행됐다고 가정한다. 따라서 BrokenDiscountPolicy가 1000원 이상의 금액을 반환하는 것은 Movie와 DiscountPolicy 사이에 체결된 계약을 위반하지 않는다. 이 예로부터 다음과 같은 사실을 알 수 있다.

> 서브타입에 슈퍼타입과 같거나 더 강한 사후조건을 정의할 수 있다.

사후조건을 약하게 정의하면 어떻게 될까? checkPostcondition 메서드를 호출하는 부분을 제거해서 사후조건을 체크하지 않도록 변경해보자.

```java
public class BrokenDiscountPolicy extends DiscountPolicy {
  ...
  @Override
  public Money calculateDiscountAmount(Screening screening) {
    checkPrecondition(screening);              // 기존의 사전조건

    Money amount = screening.getMovieFee();

    // checkPostcondition(amount);             // 기존의 사후조건 제거
    checkWeakerPostcondition(amount);          // 더 약한 사후조건

    return amount;
  }

  private void checkWeakerPostcondition(Money amount) {
    assert amount != null;
  }
}
```

변경된 코드에서는 요금 계산 결과가 마이너스라도 그대로 반환할 것이다. Movie는 자기와 협력하는 객체가 DiscountPolicy의 인스턴스라고 생각하기 때문에 반환된 금액이 0원보다는 크다고 믿고 예매 요금으로 사용할 것이다. 이것은 예매 금액으로 마이너스 금액이 설정되는, 원하지 않았던 결과로 이어지고 만다. 이 예로부터 다음과 같은 사실을 알 수 있다.

서브타입에 더 약한 사후조건을 정의할 수 없다.

지금까지 살펴본 것처럼 리스코프 치환 원칙을 설명하기 위해 계약에 의한 설계 개념을 이용할 수 있다. 어떤 타입이 슈퍼타입에서 정의한 사전조건보다 더 약한 사전조건을 정의하고 있다면 그 타입은 서브타입이 될 수 있지만 더 강한 사전조건을 정의한다면 서브타입이 될 수 없다. 어떤 타입이 슈퍼타입에서 정의한 사후조건보다 더 강한 사후조건을 정의하더라도 그 타입은 여전히 서브타입이지만 더 약한 사후조건을 정의한다면 서브타입의 조건이 깨지고 만다.

계약에 의한 설계는 클라이언트 관점에서의 대체 가능성을 계약으로 설명할 수 있다는 사실을 잘 보여준다. 따라서 서브타이핑을 위해 상속을 사용하고 있다면 부모 클래스가 클라이언트와 맺고 있는 계약에 관해 깊이 있게 고민하기 바란다.

여기서는 계약에 의한 설계와 관련된 내용 중 일부만 살펴봤지만 좀 더 상세한 내용이 궁금하다면 부록 A "계약에 의한 설계"를 읽어보기를 권한다. 부록에서는 11장에서 소개했던 핸드폰 과금 시스템을 구성하는 RatePolicy 상속 계층을 예로 들어 계약에 의한 설계와 리스코프 치환 원칙 사이의 관계에 관해 좀 더 깊이있게 다룬다.

상속은 타입 계층을 구현할 수 있는 전통적인 방법이지만 유일한 방법은 아니다. 상속을 사용하지 않고도 타입 계층을 구현할 수 있는 다양한 방법이 존재한다. 또한 타입과 타입 계층을 구현하는 방법은 사용하는 프로그래밍 언어나 타입 체크의 시점에 따라 달라질 수 있다. 타입 계층을 구현할 수 있는 다양한 방법이 궁금하다면 부록 B "타입 계층의 구현"을 읽어보기 바란다. 타입과 클래스의 차이점과 같은 유용한 정보도 포함돼 있으므로 객체지향 언어를 바라보는 관점을 확장하는 데도 도움이 될 것이다.

일관성 있는 협력

객체는 협력을 위해 존재한다. 협력은 객체가 존재하는 이유와 문맥을 제공한다. 잘 설계된 애플리케이션은 이해하기 쉽고, 수정이 용이하며, 재사용 가능한 협력의 모임이다. 객체지향 설계의 목표는 적절한 책임을 수행하는 객체들의 협력을 기반으로 결합도가 낮고 재사용 가능한 코드 구조를 창조하는 것이다.

애플리케이션을 개발하다 보면 유사한 요구사항을 반복적으로 추가하거나 수정하게 되는 경우가 있다. 이때 객체들의 협력 구조가 서로 다른 경우에는 코드를 이해하기도 어렵고 코드 수정으로 인해 버그가 발생할 위험성도 높아진다. 유사한 요구사항을 계속 추가해야 하는 상황에서 각 협력이 서로 다른 패턴을 따를 경우에는 전체적인 설계의 일관성이 서서히 무너지게 된다.

객체지향 패러다임의 장점은 설계를 재사용할 수 있다는 것이다. 하지만 재사용은 공짜로 얻어지지 않는다. 재사용을 위해서는 객체들의 협력 방식을 일관성 있게 만들어야 한다. 일관성은 설계에 드는 비용을 감소시킨다. 과거의 해결 방법을 반복적으로 사용해서 유사한 기능을 구현하는 데 드는 시간과 노력을 대폭 줄일 수 있기 때문이다. 일관성 있는 설계가 가져다 주는 더 큰 이익은 코드가 이해하기 쉬워진다는 것이다. 특정한 문제를 유사한 방법으로 해결하고 있다는 사실을 알면 문제를 이해하는 것만으로도 코드의 구조를 예상할 수 있게 된다.

가능하면 유사한 기능을 구현하기 위해 유사한 협력 패턴을 사용하라. 객체들의 협력이 전체적으로 일관성 있는 유사한 패턴을 따른다면 시스템을 이해하고 확장하기 위해 요구되는 정신적인 부담을 크게 줄일 수 있다. 지금 보고 있는 코드가 얼마 전에 봤던 코드와 유사하다는 사실을 아는 순간 새로운 코드가 직관적인 모습으로 다가오는 것을 느끼게 될 것이다. 유사한 기능을 구현하기 위해 유사한 협력 방식을 따를 경우 코드를 이해하기 위해 필요한 것은 약간의 기억력과 적응력뿐이다.

일관성 있는 협력 패턴을 적용하면 여러분의 코드가 이해하기 쉽고 직관적이며 유연해진다는 것이 이번 장의 주제다. 언제나 그런 것처럼 코드를 살펴보는 것으로 시작하자.

01 핸드폰 과금 시스템 변경하기

기본 정책 확장

11장에서 구현한 핸드폰 과금 시스템의 요금 정책을 수정해야 한다고 가정하자. 지금까지 기본 정책에는 일반 요금제와 심야 할인 요금제의 두 가지 종류가 있었다. 이번 장에서는 기본 정책을 표 14.1과 같이 4가지 방식으로 확장할 것이다. 부가 정책에 대한 요구사항은 변화가 없다.

표 14.1 변경된 기본 정책의 종류

유 형	형 식	예
고정요금 방식	A초당 B원	10초당 18원
시간대별 방식	A시부터 B시까지 C초당 D원 B시부터 C시까지 C초당 E원	00시부터 19시까지 10초당 18원 19시부터 24시까지 10초당 15원
요일별 방식	평일에는 A초당 B원 공휴일에는 A초당 C원	평일에는 10초당 38원 공휴일에는 10초당 19원
구간별 방식	초기 A분 동안 B초당 C원 A분 ~ D분까지 B초당 D원 D분 초과 시 B초당 E원	초기 1분 동안 10초당 50원 초기 1분 이후 10초당 20원

기본 정책을 구성하는 4가지 방식에 관해 간단히 살펴보자.

- **고정요금 방식**: 일정 시간 단위로 동일한 요금을 부과하는 방식이다. 모든 통화에 대해 동일하게 10초당 9원을 부과하는 방식이 고정요금 방식의 예에 해당한다. 기존의 '일반 요금제'와 동일하다.

- **시간대별 방식**: 하루 24시간을 특정한 시간 구간으로 나눈 후 각 구간별로 서로 다른 요금을 부과하는 방식이다. 예를 들어, 0시 ~ 19시까지는 10초당 18원을, 19시부터 24시까지는 10초당 15원의 요금을 부과하는 방식이다. 기존의 '심야 할인 요금제'는 밤 10시를 기준으로 요금을 부과한 시간대별 방식이다.

- **요일별 방식**: 요일별로 요금을 차등 부과하는 방식이다. 이 방식을 사용하면 월요일부터 금요일까지는 10초당 38원을, 토요일과 일요일에는 10초당 19원을 부과하는 요금제를 만들 수 있다.

- **구간별 방식**: 전체 통화 시간을 일정한 통화 시간에 따라 나누고 각 구간별로 요금을 차등 부과하는 방식이다. 예를 들어, 통화 구간을 초기 1분과 1분 이후로 나눈 후 초기 1분 동안은 10초당 50원을, 그 이후에는 10초당 20원을 부과하는 방식이 구간별 방식에 해당한다. 만약 어떤 사용자의 전체 통화 시간이 60분이라면 처음 1분에 대해서는 10초당 50원이 부과되고 나머지 59분에 대해서는 10초당 20원의 요금을 부과될 것이다.

그림 1.41은 11장에서 요금 정책을 설명하면서 사용한 그림을 수정한 것으로서 새로운 기본 정책을 적용할 때 조합 가능한 모든 경우의 수를 나타낸 것이다.

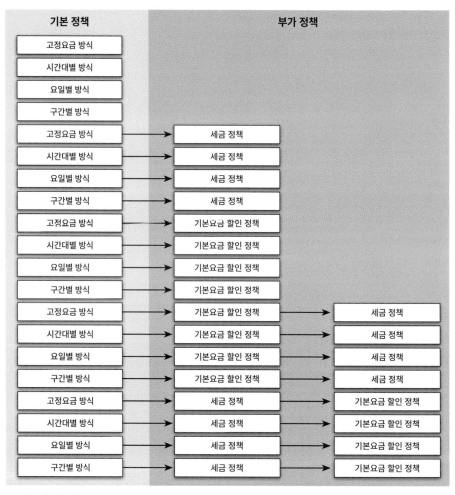

그림 14.1 조합 가능한 모든 요금 계산 순서

그림 14.2는 이번 장에서 구현하게 될 클래스 구조를 그림으로 나타낸 것이다. 짙은 색으로 표현된 클래스들이 새로운 기본 정책을 구현한 클래스들이다. 고정요금 방식은 FixedFeePolicy, 시간대별 방식은 TimeOfDayDiscountPolicy, 요일별 방식은 DayOfWeekDiscountPolicy, 구간별 방식은 DurationDiscountPolicy라는 이름의 클래스로 구현할 것이다.

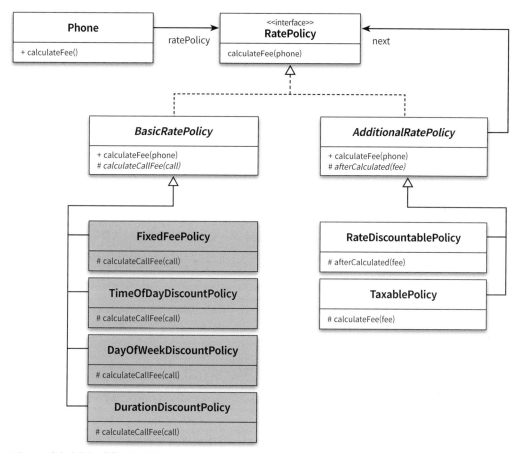

그림 14.2 이번 장에서 구현할 기본 정책의 클래스 구조

고정요금 방식 구현하기

가장 간단한 고정요금 방식부터 시작해보자. 고정요금 방식은 기존의 일반요금제와 동일하기 때문에 기존의 RegularPolicy 클래스의 이름을 FixedFeePolicy로 수정하기만 하면 된다.

```java
public class FixedFeePolicy extends BasicRatePolicy {
  private Money amount;
  private Duration seconds;

  public FixedFeePolicy(Money amount, Duration seconds) {
    this.amount = amount;
    this.seconds = seconds;
  }

  @Override
  protected Money calculateCallFee(Call call) {
    return amount.times(call.getDuration().getSeconds() / seconds.getSeconds());
  }
}
```

시간대별 방식 구현하기

시간대별 방식에 따라 요금을 계산하기 위해서는 통화 기간을 정해진 시간대별로 나눈 후 각 시간대별로 서로 다른 계산 규칙을 적용해야 한다. 그림 14.3은 0시부터 19시까지의 통화에 대해서는 10초당 18원의 요금을 부과하고, 19시부터 24시까지는 10초당 15원의 요금을 부과하는 시간대별 방식을 나타낸 것이다. 가입자가 18시부터 20시까지 2시간 동안 통화를 했다면 18시부터 19시까지 1시간 동안의 통화에 대해시는 10초당 18원의 요금이 부과되고, 19시부터 20시까지 1시간 동안의 통화에 대해서는 10초당 15원의 요금이 부과된다.

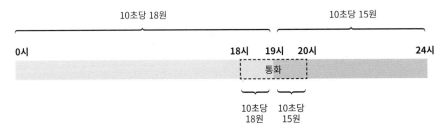

그림 14.3 시간대별 방식의 적용 예

여기서 한 가지 고려해야 할 조건이 있다. 만약 통화가 여러 날에 걸쳐서 이뤄진다면 어떻게 될까? 그림 14.4처럼 3일에 걸쳐 통화를 한 가입자가 있다고 가정해보자.

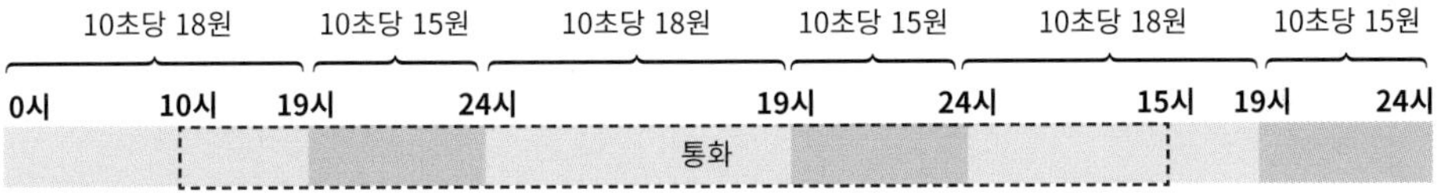

그림 14.4 여러 날에 걸친 통화에 대한 시간대별 방식 적용 예

이 경우 시간대별 방식에 따라 요금을 구현하려면 규칙에 정의된 구간별로 통화를 구분해야 한다. 즉, 위 그림의 통화는 그림 14.5와 같이 통화 구간을 분리한 후 각 구간에 대해 개별적으로 계산된 요금을 합해야 한다.

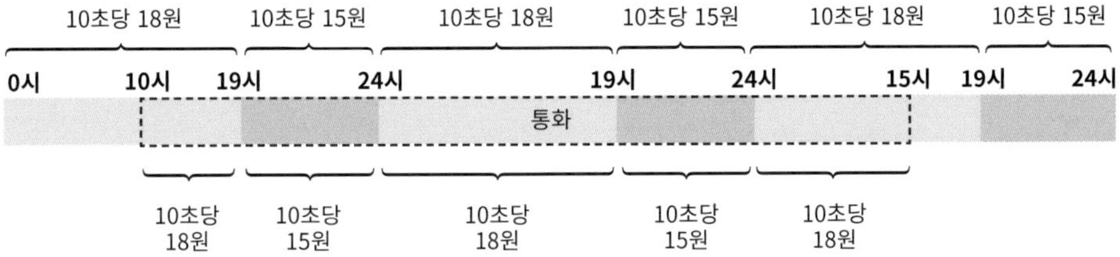

그림 14.5 시간뿐만 아니라 날짜까지 고려해야 하는 시간대별 방식

여기서 이야기하고 싶은 것은 시간대별 방식의 통화 요금을 계산하기 위해서는 통화의 시작 시간과 종료 시간뿐만 아니라 시작 일자와 종료 일자도 함께 고려해야 한다는 것이다. 사실 11장에서 구현한 심야할인 요금제의 경우에는 일자에 대한 고려가 돼 있지 않았기 때문에 여러 날에 걸친 통화에 대해서는 정확한 요금 계산이 불가능한 버그가 있었다.

시간대별 방식을 구현하는 데 있어 핵심은 규칙에 따라 통화 시간을 분할하는 방법을 결정하는 것이다. 이를 위해 기간을 편하게 관리할 수 있는 DateTimeInterval 클래스를 추가하자. DateTimeInterval은 시작 시간(from)과 종료 시간(to)을 인스턴스 변수로 포함하며, 객체 생성을 위한 정적 메서드인 of, toMidnight, fromMidnight, during을 제공한다.

```java
public class DateTimeInterval {
  private LocalDateTime from;
  private LocalDateTime to;

  public static DateTimeInterval of(LocalDateTime from, LocalDateTime to) {
    return new DateTimeInterval(from, to);
  }
}
```

```java
public static DateTimeInterval toMidnight(LocalDateTime from) {
  return new DateTimeInterval(
      from,
      LocalDateTime.of(from.toLocalDate(), LocalTime.of(23, 59, 59)));
}

public static DateTimeInterval fromMidnight(LocalDateTime to) {
  return new DateTimeInterval(
      LocalDateTime.of(to.toLocalDate(), LocalTime.of(0, 0)),
      to);
}

public static DateTimeInterval during(LocalDate date) {
  return new DateTimeInterval(
      LocalDateTime.of(date, LocalTime.of(0, 0)),
      LocalDateTime.of(date, LocalTime.of(23, 59, 59)));
}

private DateTimeInterval(LocalDateTime from, LocalDateTime to) {
  this.from = from;
  this.to = to;
}

public Duration duration() {
  return Duration.between(from, to);
}

public LocalDateTime getFrom() {
  return from;
}

public LocalDateTime getTo() {
  return to;
}
}
```

기존의 Call 클래스는 통화 기간을 저장하기 위해 from과 to라는 두 개의 LocalDateTime 타입의 인스턴스 변수를 포함하고 있었다.

```java
public class Call {
  private LocalDateTime from;
  private LocalDateTime to;
}
```

이제 기간을 하나의 단위로 표현할 수 있는 DateTimeInterval 타입을 사용할 수 있으므로 from과 to를 interval이라는 하나의 인스턴스 변수로 묶을 수 있다.

```java
public class Call {
  private DateTimeInterval interval;

  public Call(LocalDateTime from, LocalDateTime to) {
    this.interval = DateTimeInterval.of(from, to);
  }

  public Duration getDuration() {
    return interval.duration();
  }

  public LocalDateTime getFrom() {
    return interval.getFrom();
  }

  public LocalDateTime getTo() {
    return interval.getTo();
  }

  public DateTimeInterval getInterval() {
    return interval;
  }
}
```

그림 14.5처럼 전체 통화 시간을 일자와 시간 기준으로 분할해서 계산해보자. 이를 위해 요금 계산 로직을 다음과 같이 두 개의 단계로 나눠 구현할 필요가 있다.

- 통화 기간을 일자별로 분리한다.

- 일자별로 분리된 기간을 다시 시간대별 규칙에 따라 분리한 후 각 기간에 대해 요금을 계산한다.

두 작업을 객체의 책임으로 할당해 보자. 책임을 할당하는 기본 원칙은 책임을 수행하는 데 필요한 정보를 가장 잘 알고 있는 정보 전문가에게 할당하는 것이다. 통화 기간을 일자 단위로 나누는 작업의 정보 전문가는 누구인가? 통화 기간에 대한 정보를 가장 잘 알고 있는 객체는 Call이다. 하지만 Call은 통화 기간은 잘 알지 몰라도 기간 자체를 처리하는 방법에 대해서는 전문가가 아니다. 기간을 처리하는 방법에 대한 전문가는 바로 DateTimeInterval이다. 따라서 통화 기간을 일자 단위로 나누는 책임은 DateTimeInterval에게 할당하고 Call이 DateTimeInterval에게 분할을 요청하도록 협력을 설계하는 것이 적절할 것이다.

두 번째 작업인 시간대별로 분할하는 작업의 정보 전문가는 누구인가? 시간대별 기준을 잘 알고 있는 요금 정책이며 여기서는 TimeOfDayDiscountPolicy라는 이름의 클래스로 구현할 것이다.

전체 통화 시간을 분할하는 작업은 그림 14.6과 같이 TimeOfDayDiscountPolicy, Call, DateTimeInterval 사이의 협력으로 구현할 수 있다. 먼저 TimeOfDayDiscountPolicy는 통화 기간을 알고 있는 Call에게 일자별로 통화 기간을 분리할 것을 요청한다. Call은 이 요청을 DateTimeInterval에게 위임한다. DateTimeInterval은 기간을 일자 단위로 분할한 후 분할된 목록을 반환한다. Call은 반환된 목록을 그대로 TimeOfDayDiscountPolicy에게 반환한다. TimeOfDayDiscountPolicy는 일자별 기간의 목록을 대상으로 루프를 돌리면서 각 시간대별 기준에 맞는 시작시간(from)과 종료시간(to)을 얻는다.

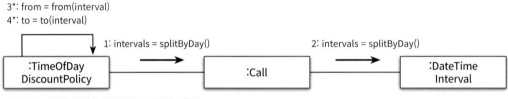

그림 14.6 기간을 일자와 시간대별로 분할하는 협력

이해를 돕기 위해 구체적인 예를 통해 분할 과정을 살펴보자. 0시부터 19시까지는 10초당 18원의 요금을 부과하고, 19시부터 24시까지 10초당 15원의 요금을 부과하는 시간대별 방식 요금제에 가입한 사용자가 1월 1일 10시부터 1월 3일 15시까지 3일에 걸쳐 통화를 했다고 가정해보자.

앞에서 설명한 것처럼 시간대별 방식으로 요금을 계산하기 위해서는 우선 날짜별로 통화 시간을 분리해야 한다. Call은 기간을 저장하고 있는 DateTimeInterval 타입의 인스턴스 변수인 interval에게 splitByDay 메서드를 호출한다. splitByDay 메서드는 그림 14.7처럼 '1월 1일 10시 ~ 24시', '1월 2일 0시 ~ 24시', '1월 3일 0시 ~ 15시'를 저장하는 3개의 DateTimeInterval 인스턴스를 포함하는 List를 반환할 것이다.

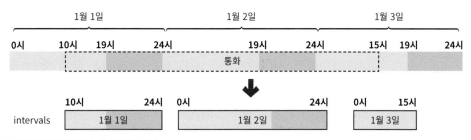

그림 14.7 일자별로 분리된 Call의 통화 기간

Call은 이렇게 분리된 List를 시간대별 방식을 위한 TimeOfDayDiscountPolicy 클래스에게 반환한다. TimeOfDayDiscountPolicy 클래스는 일자별로 분리된 각 DateTimeInterval 인스턴스들을 요금 정책에 정의된 각 시간대별로 분할한 후 요금을 부과해야 한다.

첫 번째 통화 구간과 두 번째 통화 구간은 조금 복잡한데 '1월 1일 10시 ~ 24시'와 '1월 2일 0시 ~ 24시'가 두 요금 규칙의 시간대에 걸쳐 있기 때문이다. 이 요금을 계산하기 위해서는 반환된 통화 구간을 다시 시간대별로 나눈 후 나뉘어진 시간대별로 요금을 계산한 합을 구해야 한다. 따라서 통화 구간을 19시 기준으로 나누고 '1월 1일 10시 ~ 19시'와 '1월 2일 0시~ 19시'는 10초당 18원으로, '1월 1일 19시 ~ 24시'와 '1월 2일 19시 ~ 24시'까지는 10초당 15원으로 요금을 계산해야 한다. 세 번째 통화 구간인 '1월 3일 0시 ~ 15시'는 전체가 0시부터 19시 사이에 포함되기 때문에 전체 구간에 대해 '10초당 18원의 요금' 규칙을 적용하면 될 것이다.

결과적으로 1월 1일 10시부터 1월 3일 15시까지의 통화 요금을 계산하기 위한 전체 통화 기간은 그림 14.8에서 알 수 있는 것처럼 '1월 1일 10시 ~ 19시', '1월 1일 19시 ~ 24시', '1월 2일 0시 ~ 19시', '1월 2일 19시 ~ 24시', '1월 3일 0시 ~ 15시'의 5개로 분리된다.

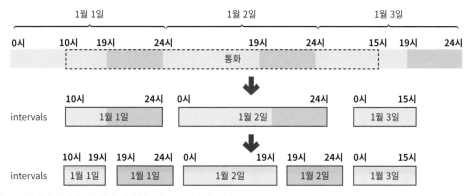

그림 14.8 일자와 시간대별 규칙에 따라 분리된 Call의 통화 기간

이제 대략적인 로직을 살펴봤으므로 TimeOfDayDiscountPolicy 클래스를 구현해보자. 이 클래스에서 가장 중요한 것은 시간에 따라 서로 다른 요금 규칙을 정의하는 방법을 결정하는 것이다. 하나의 통화 시간대를 구성하는 데는 시작 시간, 종료 시간, 단위 시간, 단위 요금이 필요하다. 앞의 예에서 살펴본 0시부터 19시까지의 통화 시간에 대해서는 10초당 18원의 요금을 부과하는 규칙에서 시작 시간은 0시, 종료 시간은 19시, 단위 시간은 10초, 단위 요금은 18원이 된다. 그리고 시간대별 방식은 하나 이상의 시간대로 구성되기 때문에 이 4가지 요소가 하나 이상 존재해야 한다.

시간대별 방식을 담당한 개발자는 이 문제를 4개의 서로 다른 List를 가지는 것으로 해결했다. TimeOfDayDiscountPolicy 클래스는 시작 시간의 List, 종료 시간의 List, 단위 시간의 List, 단위 요금의 List를 포함하며 같은 규칙에 포함된 요소들은 List 안에서 동일한 인덱스에 위치하게 된다.

```java
public class TimeOfDayDiscountPolicy extends BasicRatePolicy {
  private List<LocalTime> starts = new ArrayList<>();
  private List<LocalTime> ends = new ArrayList<>();
  private List<Duration> durations = new ArrayList<>();
  private List<Money>  amounts = new ArrayList<>();
}
```

그림 14.9는 0시부터 19시까지의 통화에 대해서는 10초당 18원의 요금을 부과하고, 19시부터 24시까지는 10초당 15원의 요금을 부과하는 시간대별 방식 요금제를 4개의 리스트로 구성한 예를 표현한 것이다. 같은 규칙에 속하는 요소들이 시작 시간의 List인 starts, 종료 시간의 List인 ends, 단위 시간의 List인 durations, 단위 요금의 List인 amounts 안에서 같은 인덱스에 위치한다는 것을 알 수 있을 것이다.

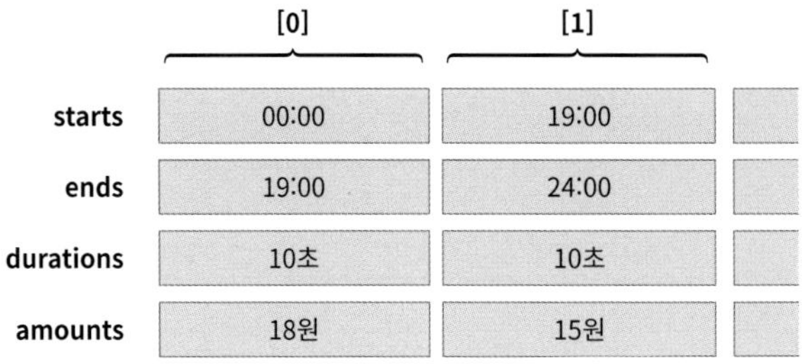

	[0]	**[1]**	
starts	00:00	19:00	
ends	19:00	24:00	
durations	10초	10초	
amounts	18원	15원	

그림 14.9 시간대별 요금 방식을 구성하는 4개의 List

다음은 TimeOfDayDiscountPolicy 클래스의 전체 코드를 나타낸 것이다. 지금까지 설명한 내용을 이해했다면 큰 무리없이 코드를 이해할 수 있을 것이다.

```java
public class TimeOfDayDiscountPolicy extends BasicRatePolicy {
  private List<LocalTime> starts = new ArrayList<>();
  private List<LocalTime> ends = new ArrayList<>();
  private List<Duration> durations = new ArrayList<>();
  private List<Money>  amounts = new ArrayList<>();

  @Override
  protected Money calculateCallFee(Call call) {
    Money result = Money.ZERO;
    for(DateTimeInterval interval : call.splitByDay()) {
      for(int loop=0; loop < starts.size(); loop++) {
        result.plus(amounts.get(loop).times(
          Duration.between(from(interval, starts.get(loop)), to(interval, ends.get(loop)))
                  .getSeconds() / durations.get(loop).getSeconds()));
      }
    }
    return result;
  }

  private LocalTime from(DateTimeInterval interval, LocalTime from) {
    return interval.getFrom().toLocalTime().isBefore(from) ?
          from :
          interval.getFrom().toLocalTime();
  }

  private LocalTime to(DateTimeInterval interval, LocalTime to) {
    return interval.getTo().toLocalTime().isAfter(to) ?
          to :
          interval.getTo().toLocalTime();
  }
}
```

Call의 splitByDay 메서드는 DateTimeInterval에 요청을 전달한 후 응답을 반환하는 간단한 위임 메서드다.

```java
public class Call {
  public List<DateTimeInterval> splitByDay() {
    return interval.splitByDay();
  }
}
```

DateTimeInterval 클래스의 splitByDay 메서드는 통화 기간을 일자별로 분할해서 반환한다. days 메서드
는 from과 to 사이에 포함된 날짜 수를 반환한다. 만약 days 메서드의 반환값이 1보다 크다면(여러 날에
걸쳐 있는 경우라면) split 메서드를 호출해서 날짜 수만큼 분리한다. 만약 days 메서드의 반환값이 1
이라면(하루 안의 기간이라면) 현재의 DateTimeInterval 인스턴스를 리스트에 담아 그대로 반환한다.

```java
public class DateTimeInterval {
  public List<DateTimeInterval> splitByDay() {
    if (days() > 1) {
        return splitByDay(days());
    }

    return Arrays.asList(this);
  }

  private int days() {
    return Period.between(from.toLocalDate(),to.toLocalDate())
                 .plusDays(1)
                 .getDays();
  }

  private List<DateTimeInterval> splitByDay(int days) {
    List<DateTimeInterval> result = new ArrayList<>();
    addFirstDay(result);
    addMiddleDays(result, days);
    addLastDay(result);
    return result;
  }

  private void addFirstDay(List<DateTimeInterval> result) {
    result.add(DateTimeInterval.toMidnight(from));
  }

  private void addMiddleDays(List<DateTimeInterval> result, int days) {
    for(int loop=1; loop < days; loop++) {
      result.add(DateTimeInterval.during(from.toLocalDate().plusDays(loop)));
    }
  }
```

```
  private void addLastDay(List<DateTimeInterval> result) {
    result.add(DateTimeInterval.fromMidnight(to));
  }
}
```

요일별 방식 구현하기

요일별 방식은 요일별로 요금 규칙을 다르게 설정할 수 있다. 각 규칙은 요일의 목록, 단위 시간, 단위 요금이라는 세 가지 요소로 구성된다. 요일별 방식을 사용하면 월요일부터 금요일까지는 10초당 38원을, 토요일과 일요일에는 10초당 19원을 부과하는 식으로 요금 정책을 설정할 수 있다.

먼저 요일별 방식을 구성하는 규칙들을 구현해야 한다. 시간대별 방식을 개발한 프로그래머는 4개의 List를 이용해서 규칙을 정의했지만 요일별 방식을 개발하는 프로그래머는 규칙을 DayOfWeekDiscount Rule이라는 하나의 클래스로 구현하는 것이 더 나은 설계라고 판단했다.

예상할 수 있겠지만 DayOfWeekDiscountRule 클래스는 규칙을 정의하기 위해 필요한 요일의 목록 (dayOfWeeks), 단위 시간(duration), 단위 요금(amount)을 인스턴스 변수로 포함한다. calculate 메서드는 파라미터로 전달된 interval이 요일 조건을 만족시킬 경우 단위 시간과 단위 요금을 이용해 통화 요금을 계산한다.

```
public class DayOfWeekDiscountRule {
  private List<DayOfWeek> dayOfWeeks = new ArrayList<>();
  private Duration duration = Duration.ZERO;
  private Money  amount = Money.ZERO;

  public DayOfWeekDiscountRule(List<DayOfWeek> dayOfWeeks, Duration duration, Money  amount) {
    this.dayOfWeeks = dayOfWeeks;
    this.duration = duration;
    this.amount = amount;
  }

  public Money calculate(DateTimeInterval interval) {
    if (dayOfWeeks.contains(interval.getFrom().getDayOfWeek())) {
      return amount.times(interval.duration().getSeconds() / duration.getSeconds());
    }

    return Money.ZERO;
  }
}
```

요일별 방식 역시 통화 기간이 여러 날에 걸쳐있을 수 있다는 사실에 주목하라. 따라서 시간대별 방식과 동일하게 통화 기간을 날짜 경계로 분리하고 분리된 각 통화 기간을 요일별로 설정된 요금 정책에 따라 적절하게 계산해야 한다. 시간대별 방식을 이해했다면 요일별 방식을 구현한 `DayOfWeekDiscountPolicy` 클래스의 코드를 이해하는 데 큰 어려움은 없을 것이다.

```java
public class DayOfWeekDiscountPolicy extends BasicRatePolicy {
  private List<DayOfWeekDiscountRule> rules = new ArrayList<>();

  public DayOfWeekDiscountPolicy(List<DayOfWeekDiscountRule> rules) {
      this.rules = rules;
  }

  @Override
  protected Money calculateCallFee(Call call) {
    Money result = Money.ZERO;
    for(DateTimeInterval interval : call.getInterval().splitByDay()) {
      for(DayOfWeekDiscountRule rule: rules) {
        result.plus(rule.calculate(interval));
      }
    }
    return result;
  }
}
```

구간별 방식 구현하기

이제 구간별 방식만 남았다. 잠시 숨을 고르고 지금까지 작업한 고정요금 방식, 시간대별 방식, 요일별 방식의 구현 클래스를 천천히 살펴보자. `FixedFeePolicy`, `TimeOfDayDiscountPolicy`, `DayOfWeekDiscountPolicy`의 세 클래스는 통화 요금을 정확하게 계산하고 있고 응집도와 결합도 측면에서도 특별히 문제는 없어 보인다. 클래스들을 따로 떨어트려 놓고 살펴보면 그럭저럭 괜찮은 구현으로 보이기까지 한다. 하지만 이 클래스들을 함께 모아놓고 보면 그동안 보이지 않던 문제점이 보이기 시작한다.

뒤에서 좀 더 자세히 살펴보겠지만 현재 구현의 가장 큰 문제점은 이 클래스들이 유사한 문제를 해결하고 있음에도 불구하고 설계에 일관성이 없다는 것이다. 이 클래스들은 기본 정책을 구현한다는 공통의 목적을 공유한다. 하지만 정책을 구현하는 방식은 완전히 다르다. 다시 말해서 개념적으로는 연관돼 있지만 구현 방식에 있어서는 완전히 제각각이라는 것이다.

비일관성은 두 가지 상황에서 발목을 잡는다. 하나는 새로운 구현을 추가해야 하는 상황이고, 또 다른 하나는 기존의 구현을 이해해야 하는 상황이다. 그리고 이 장애물이 문제인 이유는 개발자로서 우리가 수행하는 대부분의 활동이 코드를 추가하고 이해하는 일과 깊숙이 연관돼 있기 때문이다.

먼저 새로운 구현을 추가해야 하는 경우에 발생하는 문제점부터 살펴보자. 여러분이 구간별 방식을 추가해야 하는 개발자라고 가정해보자. 어떻게 구현을 시작하겠는가? 우선 BasicRatePolicy를 상속받는 DurationDiscountPolicy 클래스를 추가할 것이다. 그리고 calculateCallFee 메서드를 오버라이딩하고 나서 메서드 내부를 채우기 시작할 것이다.

이제 기본 정책 설계에서 가장 중요한 문제인 여러 개의 규칙을 구성하는 방법을 결정해야 한다. 구간별 방식은 전체 통화 시간을 일정한 시간 간격으로 분할한 후 분할된 구간별로 규칙을 다르게 부과할 수 있어야 한다.

앞에서 구현한 시간대별 방식, 요일별 방식의 경우에도 여러 개의 규칙이 필요했다는 것을 기억하라. 시간대별 방식을 구현한 TimeOfDayDiscountPolicy는 규칙을 구성하는 시작 일자와 종료 일자, 단위 시간, 단위 요금 각각을 별도의 List로 관리했다. 요일별 방식을 구현한 DayOfWeekDiscountPolicy는 DayOfWeekDiscountRule이라는 별도의 클래스를 사용했다.

이 두 클래스는 요구사항의 관점에서는 여러 개의 규칙을 사용한다는 공통점을 공유하지만 구현 방식은 완전히 다르다. 여기에 고정요금 방식을 구현한 FixedFeePolicy 클래스를 함께 놓고 보면 상황은 더 복잡해진다. FixedFeePolicy는 오직 하나의 규칙으로만 구성되기 때문에 전혀 다른 구현 방식을 따른다. 결과적으로 세 가지 기본 정책에 대한 세 가지 서로 다른 구현 방식이 존재하는 것이다.

여러분이라면 구간별 방식을 어떻게 구현하겠는가? TimeOfDayDiscountPolicy처럼 각 요소를 저장하는 다수의 List를 유지하겠는가? 아니면 DayOfWeekDiscountPolicy처럼 규칙을 구현하는 독립적인 객체를 추가하겠는가? 아니면 FixedFeePolicy처럼 전혀 다른 새로운 방법을 고안하겠는가? 결정이 어려운 이유는 어떤 방식을 선택하더라도 구간별 방식을 구현하는 데는 문제가 없다는 것이다. 하지만 전체적인 일관성이라는 측면에서 보면 어떤 방식을 따르더라도 문제가 더 커지게 된다. 현재의 설계는 새로운 기본 정책을 추가하면 추가할수록 코드 사이의 일관성은 점점 더 어긋나게 되는 것이다.

일관성 없는 코드가 가지는 두 번째 문제점은 코드를 이해하기 어렵다는 것이다. 요일별 방식의 구현을 이해하면 시간대별 방식을 이해하는 게 쉬운가? 그렇지 않다. 요일별 방식의 구현을 이해한 후에 고정요금 방식의 구현을 본다면 구조를 분석하기가 쉬운가? 전혀 아니다. 서로 다른 구현 방식이 코드를 이해하는 데 오히려 방해가 될 뿐이다.

대부분의 사람들은 유사한 요구사항을 구현하는 코드는 유사한 방식으로 구현될 것이라고 예상한다. 하지만 유사한 요구사항이 서로 다른 방식으로 구현돼 있다면 요구사항이 유사하다는 사실 자체도 의심하게 될 것이다. 이 코드가 정말 유사한 요구사항을 구현한 것이라면 왜 이렇게 다른 방식으로 구현한 것일까? 유사한 요구사항을 구현하는 서로 다른 구조의 코드는 코드를 이해하는 데 심리적인 장벽을 만든다.

결론은 유사한 기능을 서로 다른 방식으로 구현해서는 안 된다는 것이다. 일관성 없는 설계와 마주한 개발자는 여러 가지 해결 방법 중에서 현재의 요구사항을 해결하기에 가장 적절한 방법을 찾아야 하는 부담을 안게 된다.

유사한 기능은 유사한 방식으로 구현해야 한다. 객체지향에서 기능을 구현하는 유일한 방법은 객체 사이의 협력을 만드는 것뿐이므로 유지보수 가능한 시스템을 구축하는 첫걸음은 협력을 일관성 있게 만드는 것이다.

다시 구간별 방식을 구현하는 문제로 돌아오자. 여러분이라면 구간별 방식을 어떻게 구현하겠는가? 이미 설명한 것처럼 어떤 방법을 선택하더라도 문제가 크게 달라지지 않는다. 여기서는 구간별 방식의 구현을 담당하고 있는 개발자가 기존 방법과는 전혀 다른 새로운 방법으로 구간별 방식을 구현하기로 결정했다고 가정하겠다.

이 개발자는 요일별 방식의 경우처럼 규칙을 정의하는 새로운 클래스를 추가하기로 결정했다. 요일별 방식과 다른 점은 코드를 재사용하기 위해 `FixedFeePolicy` 클래스를 상속한다는 것이다. `DurationDiscountRule` 클래스의 calculate 메서드 안에서 부모 클래스의 calculateFee 메서드를 호출하는 부분을 눈여겨보기 바란다.

```java
public class DurationDiscountRule extends FixedFeePolicy {
  private Duration from;
  private Duration to;

  public DurationDiscountRule(Duration from, Duration to, Money amount, Duration seconds) {
    super(amount, seconds);
    this.from = from;
    this.to = to;
  }

  public Money calculate(Call call) {
    if (call.getDuration().compareTo(to) > 0) {
      return Money.ZERO;
    }
```

```
    if (call.getDuration().compareTo(from) < 0) {
      return Money.ZERO;
    }

    // 부모 클래스의 calculateFee(phone)은 Phone 클래스를 파라미터로 받는다.
    // calculateFee(phone)을 재사용하기 위해
    // 데이터를 전달할 용도로 임시 Phone을 만든다.
    Phone phone = new Phone(null);
    phone.call(new Call(call.getFrom().plus(from),
              call.getDuration().compareTo(to) > 0 ? call.getFrom().plus(to) : call.getTo()));

    return super.calculateFee(phone);
  }
}
```

이제 여러 개의 DurationDiscountRule을 이용해 DurationDiscountPolicy를 구현할 수 있다.

```
public class DurationDiscountPolicy extends BasicRatePolicy {
  private List<DurationDiscountRule> rules = new ArrayList<>();

  public DurationDiscountPolicy(List<DurationDiscountRule> rules) {
    this.rules = rules;
  }

  @Override
  protected Money calculateCallFee(Call call) {
    Money result = Money.ZERO;
    for(DurationDiscountRule rule: rules) {
      result.plus(rule.calculate(call));
    }
    return result;
  }
}
```

DurationDiscountPolicy 클래스는 할인 요금을 정상적으로 계산하고, 각 클래스는 하나의 책임만을 수행한다. 하지만 이 설계를 훌륭하다고 말하기는 어려운데 기본 정책을 구현하는 기존 클래스들과 일관성이 없기 때문이다. 기존의 설계가 어떤 가이드도 제공하지 않기 때문에 새로운 기본 정책을 구현해야하는 상황에서 또 다른 개발자는 또 다른 방식으로 기본 정책을 구현할 가능성이 높다. 아마 시간이 흐를수록 설계의 일관성은 더욱더 어긋나게 될 것이다.

지금까지 기본 정책이라는 구체적인 예를 통해 일관성을 고려하지 않은 설계가 가지는 문제점에 관해 살펴봤다. 아마 지금까지 설명했던 구현에 문제가 있다는 사실이 잘 이해되지 않는 사람들도 있을 것이다. 궁금증을 해결할 수 있는 가장 빠르고 확실한 방법은 지금까지 구현한 코드와 일관성 있게 작성한 코드를 비교해 보는 것이다.

코드 재사용을 위한 상속은 해롭다

10장을 주의 깊게 읽었다면 DurationDiscountRule 클래스가 상속을 잘못 사용한 경우라는 사실을 눈치챘을 것이다.

문제는 부모 클래스인 FixedFeePolicy는 상속을 위해 설계된 클래스가 아니고 DurationDiscountRule은 FixedFee Policy의 서브타입이 아니라는 점이다. DurationDiscountRule이 FixedFeePolicy를 상속받는 이유는 FixedFee Policy 클래스에 선언된 인스턴스 변수인 amount, seconds와 calculateFee 메서드를 재사용하기 위해서다. 다시 말해서 코드 재사용을 위해 상속을 사용한 것이다. 두 클래스 사이의 강한 결합도는 설계 개선과 새로운 기능의 추가를 방해한다.

이 코드는 이해하기도 어려운데 FixedFeePolicy의 calculateFee 메서드를 재사용하기 위해 DurationDiscountRule의 calculate 메서드 안에서 Phone과 Call의 인스턴스를 생성하는 것이 꽤나 부자연스러워 보이기 때문이다. 이것은 상속을 위해 설계된 클래스가 아닌 FixedFeePolicy를 재사용하기 위해 억지로 코드를 비튼 결과다. 만약 이런 배경지식을 모르는 상태에서 이 코드와 처음 대면했다면 새로운 Phone과 Call의 인스턴스를 생성한 이유를 쉽게 이해할 수 없을 것이다.

---

02 설계에 일관성 부여하기

일관성 있는 설계를 만드는 데 가장 훌륭한 조언은 다양한 설계 경험을 익히라는 것이다. 풍부한 설계 경험을 가진 사람은 어떤 변경이 중요한지, 그리고 그 변경을 어떻게 다뤄야 하는지에 대한 통찰력을 가지게 된다. 따라서 설계 경험이 풍부하면 풍부할수록 어떤 위치에서 일관성을 보장해야 하고 일관성을 제공하기 위해 어떤 방법을 사용해야 하는지를 직관적으로 결정할 수 있다. 하지만 이런 설계 경험을 단기간에 쌓아 올리는 것은 생각보다 어려운 일이다.

일관성 있는 설계를 위한 두 번째 조언은 널리 알려진 디자인 패턴을 학습하고 변경이라는 문맥 안에서 디자인 패턴을 적용해 보라는 것이다. 다음 장에서 설명하겠지만 디자인 패턴은 특정한 변경에 대해 일관성 있는 설계를 만들 수 있는 경험 법칙을 모아놓은 일종의 설계 템플릿이다. 디자인 패턴을 학습하면 빠른 시간 안에 전문가의 경험을 흡수할 수 있다.

비록 디자인 패턴이 반복적으로 적용할 수 있는 설계 구조를 제공한다고 하더라도 모든 경우에 적합한 패턴을 찾을 수 있는 것은 아니다. 따라서 협력을 일관성 있게 만들기 위해 다음과 같은 기본 지침을 따르는 것이 도움이 될 것이다.

- 변하는 개념을 변하지 않는 개념으로부터 분리하라.

- 변하는 개념을 캡슐화하라.

사실 이 두 가지 지침은 훌륭한 구조를 설계하기 위해 따라야 하는 기본적인 원칙이기도 하다. 지금까지 이 책에서 설명했던 모든 원칙과 개념들 역시 대부분 변경의 캡슐화라는 목표를 향한다.

언제나 그런 것처럼 원칙을 이해하는 가장 좋은 방법은 코드를 살펴보는 것이다. 영화 예매 시스템으로 다시 돌아가보자.

애플리케이션에서 달라지는 부분을 찾아내고, 달라지지 않는 부분으로부터 분리시킨다. 이것은 여러 설계 원칙 중에서 첫 번째 원칙이다. 즉, 코드에서 새로운 요구사항이 있을 때마다 바뀌는 부분이 있다면 그 행동을 바뀌지 않는 다른 부분으로부터 골라내서 분리해야 한다는 것을 알 수 있다. 이 원칙은 다음과 같은 식으로 생각할 수도 있다.

"바뀌는 부분을 따로 뽑아서 캡슐화한다. 그렇게 하면 나중에 바뀌지 않는 부분에는 영향을 미치지 않은 채로 그 부분만 고치거나 확장할 수 있다[Freeman04]."

조건 로직 대 객체 탐색

다음은 4장에서 절차적인 방식으로 구현했던 ReservationAgency의 기본 구조를 정리한 것이다.

```java
public class ReservationAgency {
  public Reservation reserve(Screening screening, Customer customer, int audienceCount) {
    for(DiscountCondition condition : movie.getDiscountConditions()) {
      if (condition.getType() == DiscountConditionType.PERIOD) {
        // 기간 조건인 경우
      } else {
        // 회차 조건인 경우
      }
    }
```

```
    if (discountable) {
      switch(movie.getMovieType()) {
        case AMOUNT_DISCOUNT:
          // 금액 할인 정책인 경우
        case PERCENT_DISCOUNT:
          // 비율 할인 정책인 경우
        case NONE_DISCOUNT:
          // 할인 정책이 없는 경우
      }
    } else {
      // 할인 적용이 불가능한 경우
    }
  }
}
```

위 코드에는 두 개의 조건 로직이 존재한다. 하나는 할인 조건의 종류를 결정하는 부분이고 다른 하나는 할인 정책을 결정하는 부분이다. 이 설계가 나쁜 이유는 변경의 주기가 서로 다른 코드가 한 클래스 안에 뭉쳐있기 때문이다. 또한 새로운 할인 정책이나 할인 조건을 추가하기 위해서는 기존 코드의 내부를 수정해야 하기 때문에 오류가 발생할 확률이 높아진다.

할인 조건과 할인 정책의 종류를 판단하는 두 개의 if 문이 존재하며 새로운 조건이 필요하면 우리는 이 if 문들에 새로운 else 절을 추가하게 될 것이다. 따라서 조건에 따라 분기되는 어떤 로직들이 있다면 이 로직들이 바로 개별적인 변경이라고 볼 수 있다. 절차지향 프로그램에서 변경을 처리하는 전통적인 방법은 이처럼 조건문의 분기를 추가하거나 개별 분기 로직을 수정하는 것이다.

객체지향은 조금 다른 접근방법을 취한다. 객체지향에서 변경을 다루는 전통적인 방법은 조건 로직을 객체 사이의 이동으로 바꾸는 것이다. 아래 코드를 보면 Movie는 현재의 할인 정책이 어떤 종류인지 확인하지 않는다. 단순히 현재의 할인 정책을 나타내는 discountPolicy에 필요한 메시지를 전송할 뿐이다. 할인 정책의 종류를 체크하던 조건문이 discountPolicy로의 객체 이동으로 대체된 것이다.

```
public class Movie {
  private DiscountPolicy discountPolicy;

  public Money calculateMovieFee(Screening screening) {
    return fee.minus(discountPolicy.calculateDiscountAmount(screening));
  }
}
```

다형성은 바로 이런 조건 로직을 객체 사이의 이동으로 바꾸기 위해 객체지향이 제공하는 설계 기법이다. 할인 금액을 계산하는 구체적인 방법은 메시지를 수신하는 discountPolicy의 구체적인 타입에 따라 결정된다. Movie는 discountPolicy가 자신의 요청을 잘 처리해줄 것이라고 믿고 메시지를 전송할 뿐이다.

DiscountPolicy와 할인 조건을 구현하는 DiscountCondition 사이의 협력 역시 마찬가지다. DicountPolicy는 DiscountCondition을 믿고 isSatisfiedBy 메시지를 전송한다.

```java
public abstract class DiscountPolicy {
  private List<DiscountCondition> conditions = new ArrayList<>();

  public Money calculateDiscountAmount(Screening screening) {
    for(DiscountCondition each : conditions) {
      if (each.isSatisfiedBy(screening)) {
        return getDiscountAmount(screening);
      }
    }

    return screening.getMovieFee();
  }
}
```

DiscountPolicy와 DiscountCondition은 협력에 참여하는 객체들이 수행하는 역할이다. 추상적인 수준에서 협력은 그림 14.10과 같이 역할을 따라 흐른다.

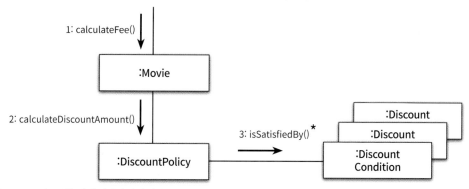

그림 14.10 조건 로직을 객체 사이의 탐색 과정으로 변경한 객체지향 설계

하지만 실제로 협력에 참여하는 주체는 구체적인 객체다. 이 객체들은 협력 안에서 DiscountPolicy와 DiscountCondition을 대체할 수 있어야 한다. 다시 말해서 DiscountPolicy와 DiscountCondition의 서브타입이어야 한다. 그림 14.11은 클래스와 인터페이스를 이용해 이 타입 계층을 구현한 것이다.

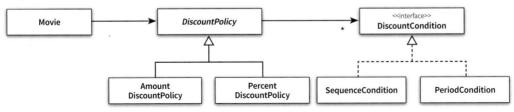

그림 14.11 역할과 타입 계층의 구현

Movie는 현재의 할인 정책이 어떤 종류인지 판단하지 않는다. 단지 DiscountPolicy로 향하는 참조를 통해 메시지를 전달할 뿐이다. 할인 정책의 구체적인 종류는 메시지를 수신한 객체의 타입에 따라 달라지며 실행할 메서드를 결정하는 것은 순전히 메시지를 수신한 객체의 책임이다. DiscountPolicy 역시 할인 조건의 종류를 판단하지 않는다. 단지 DiscountCondition으로 향하는 참조를 통해 메시지를 전달할 뿐이다. 객체지향적인 코드는 조건을 판단하지 않는다. 단지 다음 객체로 이동할 뿐이다.

지금까지 살펴본 것처럼 조건 로직을 객체 사이의 이동으로 대체하기 위해서는 커다란 클래스를 더 작은 클래스들로 분리해야 한다. 그렇다면 클래스를 분리하기 위해 어떤 기준을 따르는 것이 좋을까? 가장 중요한 기준은 변경의 이유와 주기다. 클래스는 명확히 단 하나의 이유에 의해서만 변경돼야 하고 클래스 안의 모든 코드는 함께 변경돼야 한다. 간단하게 말해서 단일 책임 원칙을 따르도록 클래스를 분리해야 한다는 것이다.

큰 메서드 안에 뭉쳐있던 조건 로직들을 변경의 압력에 맞춰 작은 클래스들로 분리하고 나면 인스턴스들 사이의 협력 패턴에 일관성을 부여하기가 더 쉬워진다. 유사한 행동을 수행하는 작은 클래스들이 자연스럽게 역할이라는 추상화로 묶이게 되고 역할 사이에서 이뤄지는 협력 방식이 전체 설계의 일관성을 유지할 수 있게 이끌어주기 때문이다.

Movie와 DiscountPolicy, DiscountCondition 사이의 협력 패턴은 변경을 기준으로 클래스를 분리함으로써 어떻게 일관성 있는 협력을 얻을 수 있는지를 잘 보여준다. 이 협력 패턴은 말 그대로 일관성이 있기 때문에 이해하기 쉽다. Movie, DiscountPolicy, DiscountCondition 사이의 협력 방식을 이해하면 새로운 할인 정책에 마주치더라도 설계를 쉽게 이해할 수 있다.

이 설계는 새로운 할인 정책과 할인 조건을 추가하기도 용이하다. 새로운 할인 정책은 DiscountPolicy 의 자식 클래스로, 할인 조건은 DiscountCondition 인터페이스를 실체화하는 클래스로 구현해야 한다는 가이드를 제공하기 때문이다. 게다가 기존 코드를 수정할 필요도 없다.

따라서 협력을 일관성 있게 만들기 위해 따라야 하는 첫 번째 지침은 다음과 같다.

> **일관성 있는 협력을 위한 지침 1**
>
> 변하는 개념을 변하지 않는 개념으로부터 분리하라.

할인 정책과 할인 조건의 타입을 체크하는 하나하나의 조건문이 개별적인 변경이었다는 점을 기억하라. 우리는 각 조건문을 개별적인 객체로 분리했고 이 객체들과 일관성 있게 협력하기 위해 타입 계층을 구성했다. 그리고 이 타입 계층을 클라이언트로 분리하기 위해 역할을 도입하고, 최종적으로 이 역할을 추상 클래스와 인터페이스로 구현했다. 결과적으로 변하는 개념을 별도의 서브타입으로 분리한 후 이 서브타입들을 클라이언트로부터 캡슐화한 것이다.

따라서 일관성 있는 협력을 만들기 위한 두 번째 지침은 다음과 같다.

> **일관성 있는 협력을 위한 지침 2**
>
> 변하는 개념을 캡슐화하라.

Movie로부터 할인 정책을 분리한 후 추상 클래스인 DiscountPolicy를 부모로 삼아 상속 계층을 구성한 이유가 바로 Movie로부터 구체적인 할인 정책들을 캡슐화하기 위해서다. 실행 시점에 Movie는 자신과 협력하는 객체의 구체적인 타입에 대해 알지 못한다. Movie가 알고 있는 사실은 협력하는 객체가 단지 DiscountPolicy 클래스의 인터페이스에 정의된 calculateDiscountAmount 메시지를 이해할 수 있다는 것 뿐이다. 메시지 수신자의 타입은 Movie에 대해 완벽하게 캡슐화된다.

핵심은 훌륭한 추상화를 찾아 추상화에 의존하도록 만드는 것이다. 추상화에 대한 의존은 결합도를 낮추고 결과적으로 대체 가능한 역할로 구성된 협력을 설계할 수 있게 해준다. 따라서 선택하는 추상화의 품질이 캡슐화의 품질을 결정한다.

타입을 캡슐화하고 낮은 의존성을 유지하기 위해서는 지금까지 살펴본 다양한 기법들이 필요하다. 6장에서 살펴본 인터페이스 설계 원칙들을 적용하면 구현을 효과적으로 캡슐화하는 코드를 구현할 수 있다. 8장과 9장에서 설명한 의존성 관리 기법은 타입을 캡슐화하기 위해 낮은 결합도를 유지할 수 있는 방법을 잘 보여준다. 타입을 캡슐화하기 위해서가 아니라 코드 재사용을 위해 상속을 사용하고 있다면 10장의 주의사항을 살펴보기 바란다. 상속 대신 11장에서 설명한 합성을 사용하는 것도 캡슐화를 보장할 수 있는 훌륭한 방법이다. 13장에서 설명한 원칙을 따르면 리스코프 치환 원칙을 준수하는 타입 계층을 구현하는 데 상속을 이용할 수 있을 것이다.

변경에 초점을 맞추고 캡슐화의 관점에서 설계를 바라보면 일관성 있는 협력 패턴을 얻을 수 있다. 다음 장에서 살펴볼 디자인 패턴은 이 같은 접근법을 통해 우리가 얻을 수 있는 훌륭한 설계에 대한 경험의 산물이다.

> 구성 요소를 캡슐화하는 실행 지침은 객체지향의 핵심 덕목 중 하나다: 시스템을 책임을 캡슐화한 섬들로 분리하고 그 섬들 간의 결합도를 제한하라.
>
> 이 실행 지침이 드러나는 또 다른 주제가 패턴이다. GOF에 의하면 인터페이스에 대해 설계해야 한다고 조언하는데, 이것은 결합도가 느슨해질 수 있도록 엔티티 사이의 관계가 추상적인 수준에서 정해져야 한다는 사실을 다르게 표현한 것이다. 이 특성이 패턴들의 공통적인 경향이라는 것을 알게 될 것이다. 패턴은 매우 빈번하게 요소들이 관계를 맺을 수 있는 대상을 추상적인 기반 타입으로 제한한다[Bain08].

캡슐화 다시 살펴보기

많은 사람들은 객체의 캡슐화에 관한 이야기를 들으면 반사적으로 **데이터 은닉**(data hiding)을 떠올린다. 데이터 은닉이란 오직 외부에 공개된 메서드를 통해서만 객체의 내부에 접근할 수 있게 제한함으로써 객체 내부의 상태 구현을 숨기는 기법을 가리킨다. 간단하게 말해서 클래스의 모든 인스턴스 변수는 private으로 선언해야 하고 오직 해당 클래스의 메서드만이 인스턴스 변수에 접근할 수 있어야 한다는 것이다.

그러나 캡슐화는 데이터 은닉 이상이다. GOF가 저술한 《GoF의 디자인 패턴》[GOF94]은 설계와 관련된 풍부하고 가치 있는 조언들로 가득 찬 보물과 같은 책이다. 이 책에는 캡슐화와 관련해서 우리의 관심을 끌 만한 중요한 조언이 들어 있다.

> 설계에서 무엇이 변화될 수 있는지 고려하라. 이 접근법은 재설계의 원인에 초점을 맞추는 것과 반대되는 것이다. 설계에 변경을 강요하는 것이 무엇인지에 대해 고려하기보다는 재설계 없이 변경할 수 있는 것이 무엇인지 고려하라. 여기서의 초점은 많은 디자인 패턴의 주제인 변화하는 개념을 캡슐화하는 것이다[GOF94].

GOF의 조언에 따르면 캡슐화란 단순히 데이터를 감추는 것이 아니다. 소프트웨어 안에서 변할 수 있는 모든 '개념'을 감추는 것이다. 개념이라는 말이 다소 추상적으로 들린다면 간단히 다음처럼 생각하라.

캡슐화란 변하는 어떤 것이든 감추는 것이다[Bain08, Shalloway01].

캡슐화를 단순히 데이터 숨기기로만 생각한다면 이 말이 조금은 이상하게 들릴 것이다. 하지만 실제로 설계라는 맥락에서 캡슐화를 논의할 때는 그 안에 항상 변경이라는 주제가 녹아 있다.

캡슐화의 가장 대표적인 예는 객체의 퍼블릭 인터페이스와 구현을 분리하는 것이다. 객체를 구현한 개발자는 필요할 때 객체의 내부 구현을 수정하기를 원한다. 객체와 협력하는 클라이언트의 개발자는 객체의 인터페이스가 변하지 않기를 원한다. 따라서 자주 변경되는 내부 구현을 안정적인 퍼블릭 인터페이스 뒤로 숨겨야 한다.

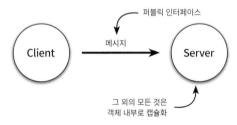

그림 14.12 메시지에 의해 정의된 퍼블릭 인터페이스는 객체 내부를 캡슐화한다

다시 한번 강조하자면 캡슐화란 단순히 데이터를 감추는 것이 아니다. 소프트웨어 안에서 변할 수 있는 어떤 '개념'이라도 감추는 것이다. 이 사실을 기억하면서 그림 14.13을 살펴보자.

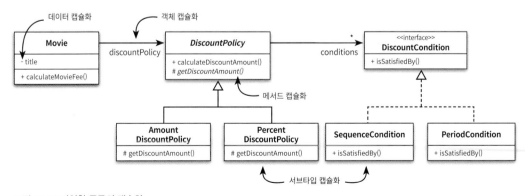

그림 14.13 다양한 종류의 캡슐화

그림 14.13에는 다음과 같은 다양한 종류의 캡슐화가 공존한다.

- **데이터 캡슐화**: Movie 클래스의 인스턴스 변수 title의 가시성은 private이기 때문에 외부에서 직접 접근할 수 없다. 이 속성에 접근할 수 있는 유일한 방법은 메서드를 이용하는 것뿐이다. 다시 말해 클래스는 내부에 관리하는 데이터를 캡슐화한다.

- **메서드 캡슐화**: DiscountPolicy 클래스에서 정의돼 있는 getDiscountAmount 메서드의 가시성은 protected다. 클래스의 외부에서는 이 메서드에 직접 접근할 수 없고 클래스 내부와 서브클래스에서만 접근이 가능하다. 따라서 클래스 외부에 영향을 미치지 않고 메서드를 수정할 수 있다. 다시 말해 클래스의 내부 행동을 캡슐화하고 있는 것이다.

- **객체 캡슐화**: Movie 클래스는 DiscountPolicy 타입의 인스턴스 변수 discountPolicy를 포함한다. 이 인스턴스 변수는 private 가시성을 가지기 때문에 Movie와 DiscountPolicy 사이의 관계를 변경하더라도 외부에는 영향을 미치지 않는다. 다시 말해서 객체와 객체 사이의 관계를 캡슐화한다. 눈치가 빠른 사람이라면 객체 캡슐화가 합성을 의미한다는 것을 눈치챘을 것이다.

- **서브타입 캡슐화**: Movie는 DiscountPolicy에 대해서는 알고 있지만 AmountDiscountPolicy와 PercentDiscountPolicy에 대해서는 알지 못한다. 그러나 실제로 실행 시점에는 이 클래스들의 인스턴스와 협력할 수 있다. 이것은 기반 클래스인 DiscountPolicy와의 추상적인 관계가 AmountDiscountPolicy와 PercentDiscountPolicy의 존재를 감추고 있기 때문이다. 다시 말해 서브타입의 종류를 캡슐화하고 있는 것이다. 눈치가 빠른 사람이라면 서브타입 캡슐화가 다형성의 기반이 된다는 것을 알 수 있을 것이다.

캡슐화란 단지 데이터 은닉을 의미하는 것이 아니다. 코드 수정으로 인한 파급효과를 제어할 수 있는 모든 기법이 캡슐화의 일종이다. 일반적으로 데이터 캡슐화와 메서드 캡슐화는 개별 객체에 대한 변경을 관리하기 위해 사용하고 객체 캡슐화와 서브타입 캡슐화는 협력에 참여하는 객체들의 관계에 대한 변경을 관리하기 위해 사용한다.

변경을 캡슐화할 수 있는 다양한 방법이 존재하지만 협력을 일관성 있게 만들기 위해 가장 일반적으로 사용하는 방법은 서브타입 캡슐화와 객체 캡슐화를 조합하는 것이다. 그림 14.13에서 알 수 있는 것처럼 서브타입 캡슐화는 인터페이스 상속을 사용하고, 객체 캡슐화는 합성을 사용한다.

서브타입 캡슐화와 객체 캡슐화를 적용하는 방법은 다음과 같다.

변하는 부분을 분리해서 타입 계층을 만든다

변하지 않는 부분으로부터 변하는 부분을 분리한다. 변하는 부분들의 공통적인 행동을 추상 클래스나 인터페이스로 추상화한 후 변하는 부분들이 이 추상 클래스나 인터페이스를 상속받게 만든다. 이제 변하는 부분은 변하지 않는 부분의 서브타입이 된다. 영화 예매 시스템에서 DiscountPolicy를 추상 클래스로, DiscountCondition을 인터페이스로 구현한 점을 눈여겨보기 바란다.

변하지 않는 부분의 일부로 타입 계층을 합성한다

앞에서 구현한 타입 계층을 변하지 않는 부분에 합성한다. 변하지 않는 부분에서는 변경되는 구체적인 사항에 결합돼서는 안된다. 의존성 주입과 같이 결합도를 느슨하게 유지할 수 있는 방법을 이용해 오직 추상화에만 의존하게 만든다. 이제 변하지 않는 부분은 변하는 부분의 구체적인 종류에 대해서는 알지 못할 것이다. 변경이 캡슐화된 것이다. Movie가 DiscountPolicy를 합성 관계로 연결하고 생성자를 통해 의존성을 해결한 이유가 바로 이 때문이다.

여기서 설명한 방법은 조건 로직을 객체 이동으로 대체함으로써 변경을 캡슐화할 수 있는 다양한 방법 중에서 가장 대표적인 방법일 뿐이다. 변경의 이유에 따라 캡슐화할 수 있는 다양한 방법이 궁금하다면 디자인 패턴을 살펴보기 바란다.

03 일관성 있는 기본 정책 구현하기

변경 분리하기

일관성 있는 협력을 만들기 위한 첫 번째 단계는 변하는 개념과 변하지 않는 개념을 분리하는 것이다. 그렇다면 핸드폰 과금 시스템의 기본 정책에서 변하는 부분과 변하지 않는 부분은 무엇인가? 이 질문에 답하기 위해서는 기본 정책의 요구사항을 정리해 볼 필요가 있다.

표 14.2는 기본 정책을 구성하는 각 방식별 요금 규칙을 정리한 것이다. 표시된 시간대별, 요일별, 구간별 방식의 패턴을 살펴보면 어느 정도 유사한 형태를 띤다는 것을 알 수 있다. 고정요금 방식은 이 세 가지 방식과는 조금 다르기 때문에 뒤에서 다시 살펴보겠다.

표 14.2 고정요금, 시간대별, 요일별, 구간별 방식의 규칙 패턴

방 식	예	규칙
고정요금 방식	10초당 18원	[단위시간]당 [요금]원
시간대별 방식	00시~19시까지 10초당 18원 19시~24시까지 10초당 15원	[시작시간]~[종료시간]까지 [단위시간]당 [요금]원
요일별 방식	평일 10초당 38원 공휴일 10초당 19원	[요일]별 [단위시간]당 [요금]원
구간별 방식	초기 1분 동안 1분당 50원 초기 1분 이후 10초당 20원	[통화구간] 동안 [단위시간]당 [요금]원

먼저 시간대별, 요일별, 구간별 방식의 공통점은 각 기본 정책을 구성하는 방식이 유사하다는 점이다.

- 기본 정책은 한 개 이상의 '규칙'으로 구성된다

- 하나의 '규칙'은 '적용조건'과 '단위요금'의 조합이다

이해를 돕기 위해 그림 14.14를 보자.

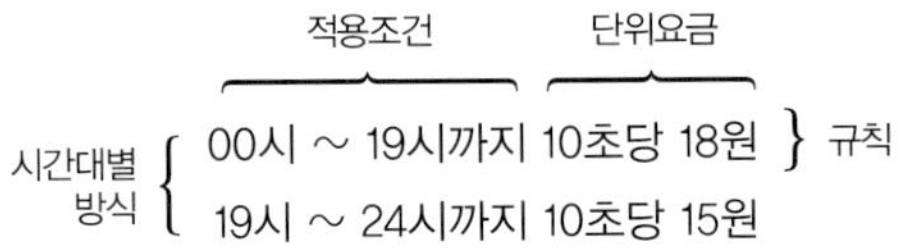

그림 14.14 기본 요금 정책의 구성

'단위요금'은 말 그대로 단위시간당 요금 정보를 의미한다. '적용조건'은 통화 요금을 계산하는 조건을 의미한다. '단위요금'과 '적용조건'이 모여 하나의 '규칙'을 구성한다. 그림에서 볼 수 있는 것처럼 시간대별, 요일별, 구간별 방식은 하나 이상의 '규칙'들의 집합이라는 공통점을 가진다.

이미 눈치챘겠지만 시간대별, 요일별, 구간별 방식의 차이점은 각 기본 정책별로 요금을 계산하는 '적용조건'의 형식이 다르다는 것이다. 모든 규칙에 '적용조건'이 포함된다는 사실은 변하지 않지만 실제 조건의 세부적인 내용은 다르다. 시간대별 방식은 통화 시간이 특정 시간 구간에 포함될 경우에만 요금을 계산한다. 요일별 방식은 특정 요일에 해당할 경우에만 요금을 계산한다. 구간별 방식은 통화 시간의 구간이 경과 시간 안에 포함될 경우에만 요금을 계산한다. 조건의 세부 내용이 바로 변화에 해당한다.

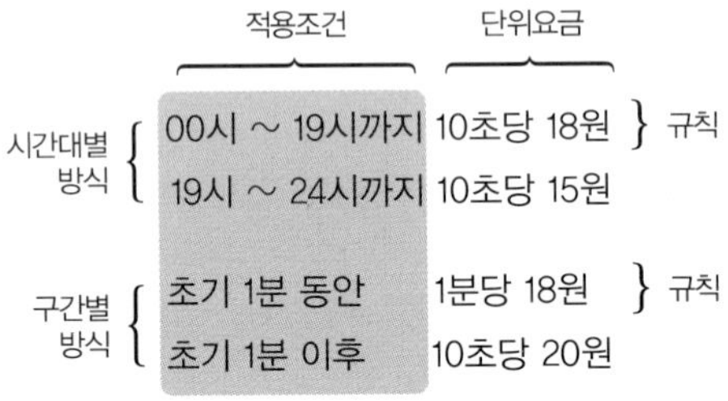

그림 14.15 변하는 부분인 적용조건

공통점은 변하지 않는 부분이다. 차이점은 변하는 부분이다. 우리의 목적은 변하지 않는 것과 변하는 것을 분리하는 것이라는 점을 기억하라. 따라서 변하지 않는 '규칙'으로부터 변하는 '적용조건'을 분리해야 한다.

변경 캡슐화하기

협력을 일관성 있게 만들기 위해서는 변경을 캡슐화해서 파급효과를 줄여야 한다. 변경을 캡슐화하는 가장 좋은 방법은 변하지 않는 부분으로부터 변하는 부분을 분리하는 것이다. 물론 변하는 부분의 공통점을 추상화하는 것도 잊어서는 안 된다. 이제 변하지 않는 부분이 오직 이 추상화에만 의존하도록 관계를 제한하면 변경을 캡슐화할 수 있게 된다.

여기서 변하지 않는 것은 '규칙'이다. 변하는 것은 '적용조건'이다. 따라서 '규칙'으로부터 '적용조건'을 분리해서 추상화한 후 시간대별, 요일별, 구간별 방식을 이 추상화의 서브타입으로 만든다. 이것이 서브타입 캡슐화다. 그 후에 규칙이 적용조건을 표현하는 추상화를 합성 관계로 연결한다. 이것이 객체 캡슐화다.

그림 14.16은 개별 '규칙'을 구성하는 데 필요한 클래스들의 관계를 나타낸 것이다. 하나의 기본 정책은 하나 이상의 '규칙'들로 구성된다. 따라서 기본 정책을 표현하는 BasicRatePolicy는 FeeRule의 컬렉션을 포함한다.

FeeRule은 '규칙'을 구현하는 클래스이며 '단위요금'은 FeeRule의 인스턴스 변수인 feePerDuration에 저장돼 있다. FeeCondition은 '적용조건'을 구현하는 인터페이스이며 변하는 부분을 캡슐화하는 추상화다. 각 기본 정책별로 달라지는 부분은 각각의 서브타입으로 구현된다. 이름에서 예상할 수 있는 것처럼 TimeOfDayFeeCondition은 시간대별 방식, DayOfWeekFeeCondition은 요일별 방식, DurationFeeCondition은 구간별 방식을 구현한다.

FeeRule이 FeeCondition을 합성 관계로 연결하고 있다는 점에 주목하라. FeeRule이 오직 FeeCondition에만 의존하고 있다는 점도 주목하라. FeeRule은 FeeCondition의 어떤 서브타입도 알지 못한다. 따라서 변하는 FeeCondition의 서브타입은 변하지 않는 FeeRule로부터 캡슐화된다.

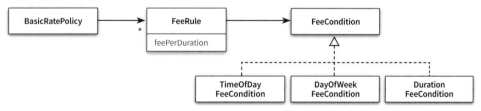

그림 14.16 변경을 캡슐화하는 기본 정책과 관련된 초기 도메인 모델

정리해보자. 이 도메인 모델은 앞에서 설명한 것처럼 변하지 않는 부분으로부터 변하는 부분을 효과적으로 분리한다. 변하지 않는 부분은 기본 정책이 여러 '규칙'들의 집합이며, 하나의 '규칙'은 '적용조건'과 '단위요금'으로 구성된다는 것이다. 이 관계는 BasicRatePolicy, FeeRule, FeeCondition의 조합

으로 구현된다. 변하는 부분은 '적용조건'의 세부적인 내용이다. 이것은 FeeCondition의 서브타입인 TimeOfDayFeeCondition, DayOfWeekFeeCondition, DurationFeeCondition으로 구현된다. 그리고 FeeRule은 추상화인 FeeCondition에 대해서만 의존하기 때문에 '적용조건'이 변하더라도 영향을 받지 않는다. 즉, '적용조건'이라는 변경에 대해 캡슐화돼 있다.

협력 패턴 설계하기

이제 객체들의 협력 방식을 고민해보자. 변하는 부분과 변하지 않는 부분을 분리하고, 변하는 부분을 적절히 추상화하고 나면 변하는 부분을 생략한 채 변하지 않는 부분만을 이용해 객체 사이의 협력을 이야기할 수 있다. 추상화만으로 구성한 협력은 추상화를 구체적인 사례로 대체함으로써 다양한 상황으로 확장할 수 있게 된다. 다시 말해서 재사용 가능한 협력 패턴이 선명하게 드러나는 것이다. 그림 14.17은 그림 14.16에서 이런 변하지 않는 추상화만을 남긴 것이다.

그림 14.17 변하지 않는 요소와 추상화만으로 표현된 모델

그림 14.18은 이 추상화들이 참여하는 협력을 나타낸 것이다. 협력은 BasicRatePolicy가 calculateFee 메시지를 수신했을 때 시작된다. BasicRatePolicy의 calculateFee 메서드는 인자로 전달받은 통화 목록(List<Call> 타입)의 전체 요금을 계산한다. BasicRatePolicy는 목록에 포함된 각 Call별로 FeeRule의 calculateFee 메서드를 실행한다. 하나의 BasicRatePolicy는 하나 이상의 FeeRule로 구성되기 때문에 Call 하나당 FeeRule에 다수의 calculateFee 메시지가 전송된다.

그림 14.18 BasicRatePolicy와 FeeRule 사이의 협력

FeeRule은 하나의 Call에 대해 요금을 계산하는 책임을 수행한다. 현재 FeeRule은 단위 시간당 요금인 feePerDuration과 요금을 적용할 조건을 판단하는 적용조건인 FeeCondition의 인스턴스를 알고 있다.

하나의 Call 요금을 계산하기 위해서는 두 개의 작업이 필요하다. 하나는 전체 통화 시간을 각 '규칙'의 '적용조건'을 만족하는 구간들로 나누는 것이다. 다른 하나는 이렇게 분리된 통화 구간에 '단위요금'을 적용해서 요금을 계산하는 것이다.

이해를 돕기 위해 그림 14.19처럼 '00시 ~ 19시까지 10초당 18원'과 '19시 ~ 24시까지 10초당 15원'을 부과하는 두 개의 '규칙'으로 구성된 시간대별 방식이 있다고 가정하자. 이 요금제에 가입한 사용자가 1월 1일 10시부터 1월 3일 15시까지 통화를 한 경우 통화 요금을 계산하기 위해 먼저 전체 통화 시간을 두 '규칙'의 '적용기준'인 00시 ~ 19시, 19시 ~ 24시 기준으로 나눈다. 그 결과, 그림 14.19와 같이 00시 ~ 19시 사이에 포함되는 세 개의 기간과, 19시 ~ 2시 사이에 포함되는 두 개의 구간을 얻게 된다. 이제 각 구간에 포함된 요소들에 대해 '요금기준'인 10초당 18원, 10초당 15원을 적용해서 요금을 계산한 후 모두 더하면 최종 요금을 얻게 된다.

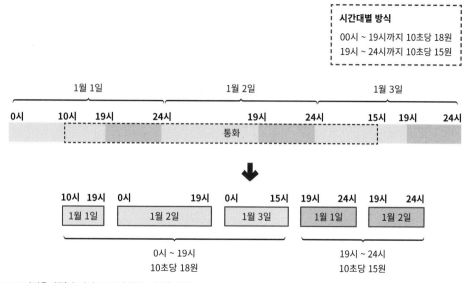

그림 14.19 '적용기준'에 따라 Call의 통화 시간을 분리

객체지향에서는 모든 작업을 객체의 책임으로 생각하기 때문에 이 두 개의 책임을 객체에게 할당하자. 전체 통화 시간을 각 '규칙'의 '적용조건'을 만족하는 구간들로 나누는 첫 번째 작업은 '적용조건'을 가장 잘 알고 있는 있는 정보 전문가인 FeeCondition에게 할당하는 것이 적절할 것이다. 이렇게 분리된 통화 구간에 '단위요금'을 적용해서 요금을 계산하는 두 번째 작업은 '요금기준'의 정보 전문가인 FeeRule이 담당하는 것이 적절할 것이다.

그림 14.20은 이 협력 과정을 그림으로 나타낸 것이다. FeeRule은 FeeCondition의 인스턴스에게 findTimeIntervals 메시지를 전송한다. findTimeIntervals는 통화 기간 중에서 '적용조건'을 만족하는 구간을 가지는 DateTimeInterval의 List를 반환한다. FeeRule은 feePerDuration 정보를 이용해 반환받은 기간만큼의 통화 요금을 계산한 후 반환한다.

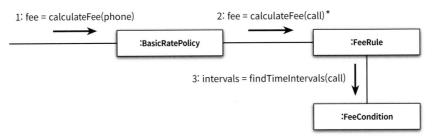

그림 14.20 기본 정책의 요금 계산을 위한 추상적인 협력

이 협력에 FeeCondition이라는 추상화가 참여하고 있다는 것에 주목하라. 만약 기간별 방식으로 요금을 계산하고 싶다면 그림 14.21처럼 TimeOfDayFeeCondition의 인스턴스가 FeeCondition의 자리를 대신할 것이다.

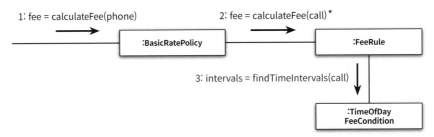

그림 14.21 기간별 방식으로 요금을 계산하는 구체적인 협력

이 협력 구조가 잘 작동할까? 그렇다고 믿고 싶지만 확신할 수는 없다. 올바른 방향으로 나아가고 있는지 확인할 수 있는 유일한 방법은 협력을 직접 구현해 보는 것뿐이다.

추상화 수준에서 협력 패턴 구현하기

먼저 '적용조건'을 표현하는 추상화인 FeeCondition에서 시작하자. FeeCondition은 findTimeIntervals라는 단 하나의 오퍼레이션을 포함하는 간단한 인터페이스다. 이 오퍼레이션은 인자로 전달된 Call의 통화 기간 중에서 '적용조건'을 만족하는 기간을 구한 후 List에 담아 반환한다.

```
public interface FeeCondition {
  List<DateTimeInterval> findTimeIntervals(Call call);
}
```

FeeRule은 '단위요금(feePerDuration)'과 '적용조건(feeCondition)'을 저장하는 두 개의 인스턴스 변수로 구성된다. FeeRule의 calculateFee 메서드는 FeeCondition에게 findTimeIntervals 메시지를 전송해서 조건을 만족하는 시간의 목록을 반환받은 후 feePerDuration의 값을 이용해 요금을 계산한다.

```java
public class FeeRule {
  private FeeCondition feeCondition;
  private FeePerDuration feePerDuration;

  public FeeRule(FeeCondition feeCondition, FeePerDuration feePerDuration) {
    this.feeCondition = feeCondition;
    this.feePerDuration = feePerDuration;
  }

  public Money calculateFee(Call call) {
    return feeCondition.findTimeIntervals(call)
            .stream()
            .map(each -> feePerDuration.calculate(each))
            .reduce(Money.ZERO, (first, second) -> first.plus(second));
  }
}
```

FeePerDuration 클래스는 "단위 시간당 요금"이라는 개념을 표현하고 이 정보를 이용해 일정 기간 동안의 요금을 계산하는 calculate 메서드를 구현한다.

```java
public class FeePerDuration {
  private Money fee;
  private Duration duration;

  public FeePerDuration(Money fee, Duration duration) {
    this.fee = fee;
    this.duration = duration;
  }

  public Money calculate(DateTimeInterval interval) {
    return fee.times(interval.duration().getSeconds() / duration.getSeconds());
  }
}
```

이제 BasicRatePolicy가 FeeRule의 컬렉션을 이용해 전체 통화 요금을 계산하도록 수정할 수 있다.

```java
public class BasicRatePolicy implements RatePolicy {
  private List<FeeRule> feeRules = new ArrayList<>();

  public BasicRatePolicy(FeeRule ... feeRules) {
    this.feeRules = Arrays.asList(feeRules);
  }

  @Override
  public Money calculateFee(Phone phone) {
    return phone.getCalls()
              .stream()
              .map(call -> calculate(call))
              .reduce(Money.ZERO, (first, second) -> first.plus(second));
  }

  private Money calculate(Call call) {
    return feeRules
              .stream()
              .map(rule -> rule.calculateFee(call))
              .reduce(Money.ZERO, (first, second) -> first.plus(second));
  }
}
```

지금까지 구현한 클래스와 인터페이스는 모두 변하지 않는 추상화에 해당한다. 이 요소들을 조합하면 전체적인 협력 구조가 완성된다. 다시 말해서 변하지 않는 요소와 추상적인 요소만으로도 요금 계산에 필요한 전체적인 협력 구조를 설명할 수 있다는 것이다. 이것이 핵심이다. 변하는 것과 변하지 않는 것을 분리하고 변하는 것을 캡슐화한 코드는 오로지 변하지 않는 것과 추상화에 대한 의존성만으로도 전체적인 협력을 구현할 수 있다. 변하는 것은 추상화 뒤에 캡슐화되어 숨겨져 있기 때문에 전체적인 협력의 구조에 영향을 미치지 않는다.

이제 여러분은 추상적인 수준에서 협력을 완성했다. 하지만 협력이 동작하기 위해서는 구체적이고 살아있는 컨텍스트로 확장돼야 한다. 이 목표는 FeeCondition이라는 추상화의 서브타입을 추가함으로써 달성할 수 있다.

구체적인 협력 구현하기

현재의 요금제가 시간대별 정책인지, 요일별 정책인지, 구간별 정책인지를 결정하는 기준은 FeeCondition을 대체하는 객체의 타입이 무엇인가에 달려있다. 다시 말해서 FeeCondition 인터페이스를 실체화하는 클래스에 따라 기본 정책의 종류가 달라진다.

시간대별 정책

시간대별 정책의 적용조건을 구현하는 TimeOfDayFeeCondition에서 시작하자. TimeOfDayFeeCondition의 인스턴스는 협력 안에서 FeeCondition을 대체할 수 있어야 한다. 따라서 FeeCondition의 인터페이스를 구현하는 서브타입으로 만들어야 한다. 시간대별 정책의 적용조건은 "시작시간부터 종료시간까지" 패턴으로 구성되기 때문에 시작시간(from)과 종료시간(to)을 인스턴스 변수로 포함한다.

```java
public class TimeOfDayFeeCondition implements FeeCondition {
  private LocalTime from;
  private LocalTime to;

  public TimeOfDayFeeCondition(LocalTime from, LocalTime to) {
    this.from = from;
    this.to = to;
  }
}
```

findTimeIntervals 메서드는 인자로 전달된 Call의 통화 기간 중에서 TimeOfDayFeeCondition의 from과 to 사이에 포함되는 시간 구간을 반환한다. 이를 위해 DateTimeInterval의 splitByDay 메서드를 호출해서 날짜별로 시간 간격을 분할한 후 from과 to 사이의 시간대를 구하면 된다.

```java
public class TimeOfDayFeeCondition implements FeeCondition {
  private LocalTime from;
  private LocalTime to;

  public TimeOfDayFeeCondition(LocalTime from, LocalTime to) {
    this.from = from;
    this.to = to;
  }
```

```
@Override
public List<DateTimeInterval> findTimeIntervals(Call call) {
  return call.getInterval().splitByDay()
    .stream()
    .map(each ->
        DateTimeInterval.of(
            LocalDateTime.of(each.getFrom().toLocalDate(), from(each)),
            LocalDateTime.of(each.getTo().toLocalDate(), to(each))))
    .collect(Collectors.toList());
}

private LocalTime from(DateTimeInterval interval) {
  return interval.getFrom().toLocalTime().isBefore(from) ?
            from : interval.getFrom().toLocalTime();
}

private LocalTime to(DateTimeInterval interval) {
  return interval.getTo().toLocalTime().isAfter(to) ?
            to : interval.getTo().toLocalTime();
}
}
```

요일별 정책

요일별 정책의 적용조건은 DayOfWeekFeeCondition 클래스로 구현한다. 이 클래스 역시 FeeCondition 인터페이스를 구현한다. 요일별 정책은 평일이나 주말처럼 서로 인접한 다수의 요일들을 하나의 단위로 묶어 적용하는 것이 일반적이다. 따라서 여러 요일을 하나의 단위로 관리할 수 있도록 DayOfWeek의 컬렉션을 인스턴스 변수로 포함한다.

```
public class DayOfWeekFeeCondition implements FeeCondition {
  private List<DayOfWeek> dayOfWeeks = new ArrayList<>();

  public DayOfWeekFeeCondition(DayOfWeek ... dayOfWeeks) {
    this.dayOfWeeks = Arrays.asList(dayOfWeeks);
  }
}
```

findTimeIntervals 메서드는 Call의 기간 중에서 요일에 해당하는 기간만을 추출해 반환하면 된다.

```java
public class DayOfWeekFeeCondition implements FeeCondition {
  private List<DayOfWeek> dayOfWeeks = new ArrayList<>();

  public DayOfWeekFeeCondition(DayOfWeek ... dayOfWeeks) {
    this.dayOfWeeks = Arrays.asList(dayOfWeeks);
  }

  @Override
  public List<DateTimeInterval> findTimeIntervals(Call call) {
    return call.getInterval()
            .splitByDay()
            .stream()
            .filter(each -> dayOfWeeks.contains(each.getFrom().getDayOfWeek()))
            .collect(Collectors.toList());
  }
}
```

구간별 정책

처음 설계에서 구간별 정책을 추가할 때 겪었던 어려움을 떠올려보자. 이전의 설계에서는 새로운 기본 정책을 추가하기 위해 따라야 하는 지침이 존재하지 않았기 때문에 개발자는 자신이 선호하는 방식으로 구간별 정책을 추가해야 했다. 이처럼 유사한 기능을 서로 다른 방식으로 구현하면 협력의 일관성을 유지하기 어렵기 때문에 이해하고 유지보수하기 어려운 코드가 만들어질 수밖에 없다는 사실을 알 수 있었다.

협력을 일관성 있게 만들면 문제를 해결할 수 있다. 간단하게 FeeCondition 인터페이스를 구현하는 DurationFeeCondition 클래스를 추가한 후 findTimeIntervals 메서드를 오버라이딩하면 된다.

```java
public class DurationFeeCondition implements FeeCondition {
  private Duration from;
  private Duration to;

  public DurationFeeCondition(Duration from, Duration to) {
    this.from = from;
    this.to = to;
  }
```

```
@Override
public List<DateTimeInterval> findTimeIntervals(Call call) {
  if (call.getInterval().duration().compareTo(from) < 0) {
    return Collections.emptyList();
  }

  return Arrays.asList(DateTimeInterval.of(
            call.getInterval().getFrom().plus(from),
            call.getInterval().duration().compareTo(to) > 0 ?
                call.getInterval().getFrom().plus(to) :
                call.getInterval().getTo()));
  }
}
```

이 예제는 변경을 캡슐화해서 협력을 일관성 있게 만들면 어떤 장점을 얻을 수 있는지를 잘 보여준다. 변하는 부분을 변하지 않는 부분으로부터 분리했기 때문에 변하지 않는 부분을 재사용할 수 있다. 그리고 새로운 기능을 추가하기 위해 오직 변하는 부분만 구현하면 되기 때문에 원하는 기능을 쉽게 완성할 수 있다. 따라서 코드의 재사용성이 향상되고 테스트해야 하는 코드의 양이 감소한다. 기능을 추가할 때 따라야 하는 구조를 강제할 수 있기 때문에 기능을 추가하거나 변경할 때도 설계의 일관성이 무너지지 않는다. 새로운 기본 정책을 추가하고 싶다면 FeeCondition 인터페이스를 구현하는 클래스를 구현하고 FeeRule과 연결하기만 하면 된다.

기본 정책을 추가하기 위해 규칙을 지키는 것보다 어기는 것이 더 어렵다는 점에 주목하라. 일관성 있는 협력은 개발자에게 확장 포인트를 강제하기 때문에 정해진 구조를 우회하기 어렵게 만든다. 개발자는 코드의 형태로 주어진 제약 안에 머물러야 하지만 작은 문제에 집중할 수 있는 자유를 얻는다. 그리고 이 작은 문제에 대한 해결책을 전체 문맥에 연결함으로써 협력을 확장하고 구체화할 수 있다.

변경 전의 설계는 전체적으로 일관성이 떨어지기 때문에 코드에 대해 가지고 있던 기존의 지식이 유사한 기능을 이해하는 데 아무런 도움도 되지 않았다. 오히려 기존 코드에 대한 선입견이 이해에 걸림돌로 작용했다.

협력을 일관성 있게 만들면 상황이 달라진다. 변하지 않는 부분은 모든 기본 정책에서 공통적이라는 것을 기억하라. 이 공통 코드의 구조와 협력 패턴은 모든 기본 정책에 걸쳐 동일하기 때문에 코드를 한 번 이해하면 이 지식을 다른 코드를 이해하는 데 그대로 적용할 수 있다.

일단 일관성 있는 협력을 이해하고 나면 변하는 부분만 따로 떼어내어 독립적으로 이해하더라도 전체적인 구조를 쉽게 이해할 수 있다. 그림 14.20의 협력 흐름을 이해하고 있고 변하는 부분이 FeeCondition이라는 것을 알고 있다고 가정해보자. 이제 TimeOfDayFeeCondition이라는 하나의 클래스만 이해하면 시간대별 정책에 대한 전체적인 흐름을 이해할 수 있다. DayOfWeekFeeCondition 클래스를 이해하는 것만으로 요일별 정책 전체를 이해할 수 있다. DurationFeeCondition을 이해하면 기간별 정책의 나머지를 이해할 필요가 없다.

유사한 기능에 대해 유사한 협력 패턴을 적용하는 것은 객체지향 시스템에서 **개념적 무결성 (Conceptual Integrity)**[Brooks95]을 유지할 수 있는 가장 효과적인 방법이다. 개념적 무결성을 일관성과 동일한 뜻으로 간주해도 무방하다. 시스템이 일관성 있는 몇 개의 협력 패턴으로 구성된다면 시스템을 이해하고, 수정하고, 확장하는 데 필요한 노력과 시간을 아낄 수 있다. 따라서 협력을 설계하고 있다면 항상 기존의 협력 패턴을 따를 수는 없는지 고민하라. 그것이 시스템의 개념적 무결성을 지키는 최선의 방법일 것이다.

> 저자는 개념적 무결성(Conceptual Integrity)이 시스템 설계에서 가장 중요하다고 감히 주장한다. 좋은 기능들이긴 하지만 서로 독립적이고 조화되지 못한 아이디어들을 담고 있는 시스템보다는 여러 가지 다양한 기능이나 갱신된 내용은 비록 빠졌더라도 하나로 통합된 일련의 설계 아이디어를 반영하는 시스템이 훨씬 좋다 [Brooks95].

협력 패턴에 맞추기

이제 고정요금 정책만 남았다. 여러 개의 '규칙'으로 구성되고 '규칙'이 '적용조건'과 '단위요금'의 조합으로 구성되는 시간대별, 요일별, 기간별 정책과 달리 고정요금 정책은 '규칙'이라는 개념이 필요하지 않고 '단위요금' 정보만 있으면 충분하다. 고정요금 정책은 기존의 협력 방식에서 벗어날 수밖에 없는 것이다. 우리는 벽에 부딪히고 말았다.

이런 경우에 또 다른 협력 패턴을 적용하는 것이 최선의 선택인가? 그렇지 않다. 가급적 기존의 협력 패턴에 맞추는 것이 가장 좋은 방법이다. 비록 설계를 약간 비트는 것이 조금은 이상한 구조를 낳더라도 전체적으로 일관성을 유지할 수 있는 설계를 선택하는 것이 현명하다.

고정요금 정책을 어떻게 하면 기존 협력에 맞출 수 있을까? 그림 14.16에서 유일하게 할 수 있는 일은 FeeCondition의 서브타입을 추가하는 것뿐이다. 나머지는 변하지 않는 부분이므로 수정할 수 없다.

따라서 이 문제를 해결할 수 있는 유일한 방법은 고정요금 방식의 FeeCondition을 추가하고 인자로 전달된 Call의 전체 통화 시간을 반환하게 하는 것이다. 이 컬렉션을 반환받은 FeeRule은 단위 시간당 요금 정보를 이용해 전체 통화 기간에 대한 요금을 계산할 것이다.

FixedFeeCondition 클래스를 추가하자.

```java
public class FixedFeeCondition implements FeeCondition {
  @Override
  public List<DateTimeInterval> findTimeIntervals(Call call) {
    return Arrays.asList(call.getInterval());
  }
}
```

개념적으로는 불필요한 FixedFeeCondition 클래스를 추가하고 findTimeIntervals 메서드의 반환 타입이 List임에도 항상 단 하나의 DateTimeInterval 인스턴스를 반환한다는 사실이 마음에 조금 걸리지만 개념적 무결성을 무너뜨리는 것보다는 약간의 부조화를 수용하는 편이 더 낫다.

그림 14.22는 핸드폰 과금 시스템의 기본 정책과 부가 정책을 아우르는 전체 클래스 다이어그램을 나타낸 것이다. 추상화와 함께 합성과 상속이 변경을 어떻게 캡슐화하고 있는지 다시 한번 음미해 보기 바란다.

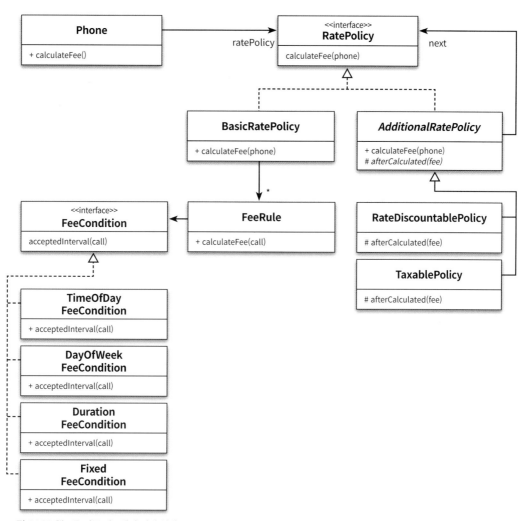

그림 14.22 핸드폰 과금 시스템의 전체 설계

지속적으로 개선하라

처음에는 일관성을 유지하는 것처럼 보이던 협력 패턴이 시간이 흐르면서 새로운 요구사항이 추가되는 과정에서 일관성의 벽에 조금씩 금이 가는 경우를 자주 보게 된다. 협력을 설계하는 초기 단계에서 모든 요구사항을 미리 예상할 수 없기 때문에 이것은 잘못이 아니며 꽤나 자연스러운 현상이다. 오히려 새로운 요구사항을 수용할 수 있는 협력 패턴을 향해 설계를 진화시킬 수 있는 좋은 신호로 받아들여야 한다.

협력은 고정된 것이 아니다. 만약 현재의 협력 패턴이 변경의 무게를 지탱하기 어렵다면 변경을 수용할 수 있는 협력 패턴을 향해 과감하게 리팩터링하라. 요구사항의 변경에 따라 협력 역시 지속적으로 개선해야 한다. 중요한 것은 현재의 설계에 맹목적으로 일관성을 맞추는 것이 아니라 달라지는 변경의 방향에 맞춰 지속적으로 코드를 개선하려는 의지다.

패턴을 찾아라

지금까지 살펴본 것처럼 일관성 있는 협력의 핵심은 변경을 분리하고 캡슐화하는 것이다. 변경을 캡슐화하는 방법이 협력에 참여하는 객체들의 역할과 책임을 결정하고 이렇게 결정된 협력이 코드의 구조를 결정한다. 따라서 훌륭한 설계자가 되는 첫걸음은 변경의 방향을 파악할 수 있는 날카로운 감각을 기르는 것이다. 그리고 이 변경에 탄력적으로 대응할 수 있는 다양한 캡슐화 방법과 설계 방법을 익히는 것 역시 중요하다.

애플리케이션에서 유사한 기능에 대한 변경이 지속적으로 발생하고 있다면 변경을 캡슐화할 수 있는 적절한 추상화를 찾은 후, 이 추상화에 변하지 않는 공통적인 책임을 할당하라. 현재의 구조가 변경을 캡슐화하기에 적합하지 않다면 코드를 수정하지 않고도 원하는 변경을 수용할 수 있도록 협력과 코드를 리팩터링하라. 변경을 수용할 수 있는 적절한 역할과 책임을 찾다 보면 협력의 일관성이 서서히 윤곽을 드러낼 것이다.

협력을 일관성 있게 만드는 과정은 유사한 기능을 구현하기 위해 반복적으로 적용할 수 있는 협력의 구조를 찾아가는 기나긴 여정이다. 따라서 협력을 일관성 있게 만든다는 것은 유사한 변경을 수용할 수 있는 협력 패턴을 발견하는 것과 동일하다.

> 객체지향 설계는 객체의 행동과 그것을 지원하기 위한 구조를 계속 수정해 나가는 작업을 반복해 나가면서 다듬어진다. 객체, 역할, 책임은 계속 진화해 나가는 것이다. 협력자들 간에 부하를 좀 더 균형 있게 배분하는 방법을 새로 만들어내면 나눠줄 책임이 바뀌게 된다. 만약 객체들이 서로 통신하는 방법을 개선해냈다면 이들 간의 상호작용은 재정의돼야 한다. 이 같은 과정을 거치면서 객체들이 자주 통신하는 경로는 더욱 효율적이게 되고, 주어진 작업을 수행하는 표준 방안이 정착된다. 협력 패턴이 드러나는 것이다![Wirfs-Brock03]

협력 패턴과 관련해서 언급할 가치가 있는 두 가지 개념이 있다. 하나는 패턴이고 다른 하나는 프레임워크다. 이어지는 장에서 두 개념을 간단하게 살펴보자.

디자인 패턴과 프레임워크

애플리케이션을 설계하다 보면 어떤 요구사항을 해결하기 위해 과거에 경험했던 유사한 해결 방법을 다시 사용하는 경우가 있다. 이처럼 소프트웨어 설계에서 반복적으로 발생하는 문제에 대해 반복적으로 적용할 수 있는 해결 방법을 **디자인 패턴**이라고 부른다. 디자인 패턴의 목적은 설계를 재사용하는 것이다. 디자인 패턴은 다양한 변경을 다루기 위해 반복적으로 재사용할 수 있는 설계의 묶음이다. 일단 디자인 패턴을 익히고 나면 변경의 방향과 주기를 이해하는 것만으로도 필요한 역할과 책임, 역할들의 협력 방식을 순간적으로 떠올릴 수 있게 된다.

디자인 패턴이 설계를 재사용하기 위한 것이라면 **프레임워크**는 설계와 코드를 함께 재사용하기 위한 것이다. 프레임워크는 애플리케이션의 아키텍처를 구현 코드의 형태로 제공한다. 프레임워크가 제공하는 아키텍처가 요구사항에 적합하다면 다양한 환경에서 테스트를 거친 견고한 구현 코드를 쉽고 빠르게 재사용할 수 있다. 프레임워크는 각 애플리케이션 요구에 따라 적절하게 커스터마이징할 수 있는 확장 포인트를 제공한다.

디자인 패턴과 프레임워크 모두 14장에서 살펴본 일관성 있는 협력과 관련이 있다. 디자인 패턴은 특정한 변경을 일관성 있게 다룰 수 있는 협력 템플릿을 제공한다. 프레임워크는 특정한 변경을 일관성 있게 다룰 수 있는 확장 가능한 코드 템플릿을 제공한다. 디자인 패턴이 협력을 일관성 있게 만들기 위해 재사용할 수 있는 설계의 묶음이라면, 프레임워크는 일관성 있는 협력을 제공하는 확장 가능한 코드라고 할 수 있다. 결론적으로 디자인 패턴과 프레임워크 모두 협력을 일관성 있게 만들기 위한 방법이다.

01 디자인 패턴과 설계 재사용

소프트웨어 패턴

워드 커닝험과 켄트 벡이 크리스토퍼 알렉산더(Christopher Alexander)의 패턴 개념을 소프트웨어 개발 커뮤니티에 소개한 때부터 패턴은 항상 소프트웨어 개발에 있어 중요한 화두가 돼 왔다. GOF가 저술한 《GoF의 디자인 패턴》[GOF94]에 의해 패턴이 대중화된 이후 소프트웨어와 관련된 패턴을 다루는 수많은 저작물이 쏟아져 나왔으며 그에 비례해서 패턴의 정의 역시 다양하고 풍부해져 왔다. 패턴이라는 거대한 숲 속에서 길을 잃지 않기 위해서는 패턴의 정의보다는 패턴이라는 용어 자체가 풍기는 미묘한 뉘앙스를 이해하는 것이 중요하다.

패턴이란 무엇인가를 논의할 때면 반복적으로 언급되는 몇 가지 핵심적인 특징이 있다.

- 패턴은 반복적으로 발생하는 문제와 해법의 쌍으로 정의된다[Buschman96].
- 패턴을 사용함으로써 이미 알려진 문제와 이에 대한 해법을 문서로 정리할 수 있으며, 이 지식을 다른 사람과 의사소통할 수 있다[Alur03].
- 패턴은 추상적인 원칙과 실제 코드 작성 사이의 간극을 메워주며 실질적인 코드 작성을 돕는다[Beck07].
- 패턴의 요점은 패턴이 실무에서 탄생했다는 점이다[Fowler02].

글을 쓰고 있는 지금 이 시간에도 여전히 많은 사람들이 다양한 각도에서 패턴의 개념을 정립하고 있다. 개인적으로 가장 선호하는 패턴의 정의는 마틴 파울러의 《Analysis Patterns》[Fowler96]에서 발췌한 다음 단락에 함축돼 있다.

> 내가 사용하는 패턴 정의는 하나의 실무 컨텍스트(practical context)에서 유용하게 사용해 왔고 다른 실무 컨텍스트에서도 유용할 것이라고 예상되는 아이디어(idea)다. 아이디어라는 용어를 사용하는 이유는 어떤 것도 패턴이 될 수 있기 때문이다. 패턴은 "GOF"에서 이야기하는 것처럼 협력하는 객체 그룹일 수도 있고, 코플리엔(Coplien)의 프로젝트 조직 원리일 수도 있다. 실무 컨텍스트라는 용어는 패턴이 실제 프로젝트의 실무 경험에서 비롯됐다는 사실을 반영한다. 흔히 패턴을 '발명했다'고 하지 않고 '발견했다'고 말한다. 모델의 유용성이 널리 받아들여지는 경우에만 패턴으로 인정할 수 있기 때문에 이 말은 타당하다. 실무 프로젝트가 패턴보다 먼저지만 그렇다고 해서 실무 프로젝트의 모든 아이디어가 패턴인 것은 아니다: 패턴은 개발자들이 다른 컨텍스트에서도 유용할 것이라고 생각하는 어떤 것이다[Fowler96].

패턴은 한 컨텍스트에서 유용한 동시에 다른 컨텍스트에서도 유용한 '아이디어'다. 일반적으로 패턴으로 인정하기 위한 조건으로 '3의 규칙(Rule of Three)[Alur03]'을 언급한다. 이 규칙에 따르면 최소 세 가지의 서로 다른 시스템에 특별한 문제 없이 적용할 수 있고 유용한 경우에만 패턴으로 간주할 수 있다.

패턴이 지닌 가장 큰 가치는 경험을 통해 축적된 실무 지식을 효과적으로 요약하고 전달할 수 있다는 점이다. 패턴은 경험의 산물이다. 책상 위에서 탄생한 이론이나 원리와 달리 패턴은 치열한 실무 현장의 역학관계 속에서 검증되고 입증된 자산이다. 따라서 실무 경험이 적은 초보자라고 하더라도 패턴을 익히고 반복적으로 적용하는 과정 속에서 유연하고 품질 높은 소프트웨어를 개발하는 방법을 익힐 수 있게 된다.

패턴은 지식 전달과 커뮤니케이션의 수단으로 활용할 수 있기 때문에 패턴에서 가장 중요한 요소는 패턴의 '이름'이다. 패턴의 이름은 커뮤니티가 공유할 수 있는 중요한 어휘집을 제공한다. 잘 알려진 이름을 사용함으로써 "인터페이스를 하나 추가하고 이 인터페이스를 구체화하는 클래스를 만든 후 객체의 생성자나 setter 메서드에 할당해서 런타임 시에 알고리즘을 바꿀 수 있게 하자"는 장황한 대화가 **STRATEGY** 패턴을 적용하자는 단순한 대화로 바뀐다. 패턴의 이름은 높은 수준의 대화를 가능하게 하는 원천이다.

마틴 파울러가 언급한 것처럼 패턴의 범위가 소프트웨어 개발과 직접적인 연관성을 가진 분석, 설계, 구현 영역만으로 한정되는 것은 아니다. 다양한 크기의 프로젝트 조직을 구성하는 방법, 프로젝트 일정을 추정하는 방법, 스토리 카드나 백로그를 통해 요구사항을 관리하는 방법과 같이 반복적인 규칙을 발견할 수 있는 모든 영역이 패턴의 대상이 될 수 있다.

패턴은 홀로 존재하지 않는다. 특정 패턴 내에 포함된 컴포넌트와 컴포넌트 간의 관계는 더 작은 패턴에 의해 서술될 수 있으며, 패턴들을 포함하는 더 큰 패턴 내에 통합될 수 있다[Buschman96]. 크리스토퍼 알렉산더는 연관된 패턴들의 집합들이 모여 하나의 **패턴 언어(Pattern Language)**를 구성한다고 정의하고 있다. 패턴 언어는 연관된 패턴 카테고리뿐만 아니라 패턴의 생성 규칙과 함께 패턴 언어에 속한 다른 패턴과의 관계 및 협력 규칙을 포함한다. POSA1[Buschman96]에서는 패턴 언어라는 용어가 지닌 제약 조건을 완화하기 위해 **패턴 시스템(Pattern System)**이라는 특수한 용어의 사용을 제안하기도 했으나 현재 두 용어는 거의 동일한 의미로 사용되고 있다.

패턴 분류

패턴을 분류하는 가장 일반적인 방법은 패턴의 범위나 적용 단계에 따라 **아키텍처 패턴**(Architecture Pattern), **분석 패턴**(Analysis Pattern), **디자인 패턴**(Design Pattern), **이디엄**(Idiom)의 4가지로 분류하는 것이다. 4가지 중에서 가장 널리 알려진 것은 디자인 패턴이다. 디자인 패턴은 특정 정황 내에서 일반적인 설계 문제를 해결하며, 협력하는 컴포넌트들 사이에서 반복적으로 발생하는 구조를 서술한다[GOF94]. 디자인 패턴은 중간 규모의 패턴으로, 특정한 설계 문제를 해결하는 것을 목적으로 하며, 프로그래밍 언어나 프로그래밍 패러다임에 독립적이다.

디자인 패턴의 상위에는 소프트웨어의 전체적인 구조를 결정하기 위해 사용할 수 있는 **아키텍처 패턴**이 위치한다. 아키텍처 패턴은 미리 정의된 서브시스템들을 제공하고, 각 서브시스템들의 책임을 정의하며, 서브시스템들 사이의 관계를 조직화하는 규칙과 가이드라인을 포함한다[Buschman96]. 아키텍처 패턴은 구체적인 소프트웨어 아키텍처를 위한 템플릿을 제공하며, 디자인 패턴과 마찬가지로 프로그래밍 언어나 프로그래밍 패러다임에 독립적이다.

디자인 패턴의 하위에는 **이디엄**이 위치한다. 이디엄은 특정 프로그래밍 언어에만 국한된 하위 레벨 패턴으로, 주어진 언어의 기능을 사용해 컴포넌트, 혹은 컴포넌트 간의 특정 측면을 구현하는 방법을 서술한다[Buschman96]. 이디엄은 언어에 종속적이기 때문에 특정 언어의 이디엄이 다른 언어에서는 무용지물이 될 수 있다. 예를 들어, 객체가 스스로 자신을 참조하는 객체들의 개수를 카운트해서 더 이상 자신이 참조되지 않을 경우 스스로를 삭제하는 C++의 **COUNT POINTER** 이디엄[Buschman96]은 가상 머신이 참조되지 않는 객체를 자동으로 삭제하는 가비지 컬렉션 메커니즘을 가진 자바에서는 유용하지 않다.

아키텍처 패턴, 디자인 패턴, 이디엄이(반드시 그런 것은 아니지만) 주로 기술적인 문제를 해결하는 데 초점을 맞추고 있다면 **분석 패턴**은 도메인 내의 개념적인 문제를 해결하는 데 초점을 맞춘다. 분석 패턴은 업무 모델링 시에 발견되는 공통적인 구조를 표현하는 개념들의 집합이다[Fowler96]. 분석 패턴은 단 하나의 도메인에 대해서만 적절할 수도 있고 여러 도메인에 걸쳐 적용할 수도 있다.

패턴과 책임-주도 설계

객체지향 설계에서 가장 중요한 일은 올바른 책임을 올바른 객체에게 할당하고 객체 간의 유연한 협력 관계를 구축하는 일이다. 책임과 협력의 윤곽은 캡슐화, 크기, 의존성, 유연성, 성능, 확장 가능성, 재사용성 등의 다양한 요소들의 트레이드오프를 통해 결정된다. 가끔씩 책임과 협력을 결정하는 작업이 손쉽게 진행될 때도 있지만 대부분의 경우에는 훌륭한 품질의 설계를 얻기 위해 많은 시간과 노력을 들여야만 한다. 어떤 책임이 필요한가? 이 책임을 어떤 객체에게 할당해야 하는가? 유연하고 확장 가능한 협력 관계를 구축하기 위해서는 객체와 객체 간에 어떤 의존성이 존재해야 하는가?

패턴은 공통으로 사용할 수 있는 역할, 책임, 협력의 템플릿이다. 패턴은 반복적으로 발생하는 문제를 해결하기 위해 사용할 수 있는 공통적인 역할과 책임, 협력의 훌륭한 예제를 제공한다. 《GoF의 디자인 패턴》[GOF94]에 정리된 패턴을 예로 들어 설명하면 **STRATEGY** 패턴은 다양한 알고리즘을 동적으로 교체할 수 있는 역할과 책임의 집합을 제공한다. **BRIDGE** 패턴은 추상화의 조합으로 인한 클래스의 폭발적인 증가 문제를 해결하기 위해 역할과 책임을 추상화와 구현의 두 개의 커다란 집합으로 분해함으로써 설계를 확장 가능하게 만든다. **OBSERVER** 패턴은 유연한 통지 메커니즘을 구축하기 위해 객체 간의 결합도를 낮출 수 있는 역할과 책임의 집합을 제공한다.

여기서 언급한 패턴들의 세부적인 내용이 중요한 것이 아니다. 중요한 것은 패턴을 따르면 특정한 상황에 적용할 수 있는 설계를 쉽고 빠르게 떠올릴 수 있다는 사실이다. 특정한 상황에 적용 가능한 패턴을 잘 알고 있다면 책임 주도 설계의 절차를 하나하나 따르지 않고도 시스템 안에 구현할 객체들의 역할과 책임, 협력 관계를 빠르고 손쉽게 구성할 수 있다.

패턴의 구성 요소는 클래스가 아니라 '역할'이다. 예를 들어, 클라이언트가 개별 객체와 복합 객체를 동일하게 취급할 수 있는 **COMPOSITE** 패턴을 살펴보자. 그림 15.1은 《GoF의 디자인 패턴》[GOF94]에 수록된 **COMPOSITE** 패턴의 일반적인 구조를 표현한 것이다. 패턴의 구성 요소인 Component, Composite, Leaf는 클래스가 아니라 협력에 참여하는 객체들의 역할이다. Component는 역할이기 때문에 Component가 제공하는 오퍼레이션을 구현하는 어떤 객체라도 Component의 역할을 수행할 수 있다.

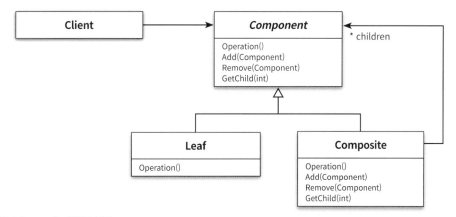

그림 15.1 Composite 패턴의 구조

패턴을 구성하는 요소가 클래스가 아니라 역할이라는 사실은 패턴 템플릿을 구현할 수 있는 다양한 방법이 존재한다는 사실을 암시한다. 역할은 동일한 오퍼레이션에 대해 응답할 수 있는 책임의 집합을 암시하기 때문에 그림 15.2와 같이 하나의 객체가 세 가지 역할 모두를 수행하더라도 문제가 없다.

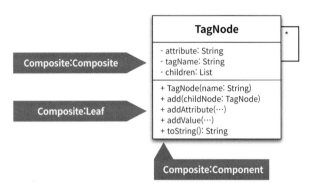

그림 15.2 하나의 클래스가 Composite, Leaf, Component 역할 모두를 수행[Kerievsky04]

반대로 다수의 클래스가 동일한 역할을 구현할 수도 있다. 그림 15.3은 8장에서 살펴본 중복 할인 정책의 구조를 다이어그램으로 표현한 것이다. 중복 할인 설계의 기본 구조는 **COMPOSITE** 패턴을 따른다. OverlappedDiscountPolicy는 Composite의 역할을 수행하고 AmountDiscountPolicy와 PercentDiscountPolicy가 Leaf의 역할을 수행한다. 여기서는 서로 다른 두 클래스인 AmountDiscount Policy와 PercentDiscountPolicy가 동일한 Leaf라는 역할을 수행한다는 점에 주목하라.

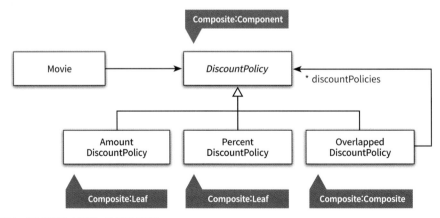

그림 15.3 Leaf의 역할을 수행하는 두 개의 클래스

디자인 패턴의 구성요소가 클래스와 메서드가 아니라 역할과 책임이라는 사실을 이해하는 것이 중요하다. 어떤 구현 코드가 어떤 디자인 패턴을 따른다고 이야기할 때는 역할, 책임, 협력의 관점에서 유사

성을 공유한다는 것이지 특정한 구현 방식을 강제하는 것은 아니라는 점을 이해하는 것 역시 중요하다. 디자인 패턴은 단지 역할과 책임, 협력의 템플릿을 제안할 뿐 구체적인 구현 방법에 대해서는 제한을 두지 않는다.

그림 15.2와 그림 15.3 모두 올바른 COMPOSITE 패턴이다. 두 가지 모두 COMPOSITE 패턴에서 제공하는 기본적인 역할과 책임, 협력 관계를 준수한다. 이것은 패턴을 적용하기 위해서는 패턴에서 제시하는 구조를 그대로 표현하는 것이 아니라 패턴의 기본 구조로부터 출발해서 현재의 요구에 맞게 구조를 수정해야 한다는 것을 의미한다.

캡슐화와 디자인 패턴

몇 가지 이례적인 경우를 제외하면 널리 알려진 대부분의 디자인 패턴은 협력을 일관성 있고 유연하게 만드는 것을 목적으로 한다. 따라서 각 디자인 패턴은 특정한 변경을 캡슐화하기 위한 독자적인 방법을 정의하고 있다.

영화 예매 시스템에서 Movie가 DiscountPolicy 상속 계층을 합성 관계로 유지해야 하는 다양한 설계 원칙과 이유에 대해 장황하게 설명했지만 사실 이 설계는 STRATEGY 패턴을 적용한 예다. STRATEGY 패턴의 목적은 알고리즘의 변경을 캡슐화하는 것이고 이를 구현하기 위해 객체 합성을 이용한다.

그림 15.4는 STRATEGY 패턴을 적용한 영화 예매 시스템 설계를 표현한 것이다. 영화에 적용될 할인 정책의 종류는 Movie가 참조하는 DiscountPolicy의 서브클래스가 무엇이냐에 따라 결정된다. 그리고 STRATEGY 패턴을 이용하면 Movie와 DiscountPolicy 사이의 결합도를 낮게 유지할 수 있기 때문에 런타임에 알고리즘을 변경할 수 있다.

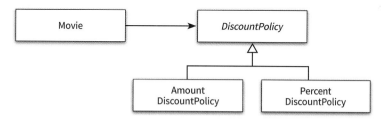

그림 15.4 STRATEGY 패턴에 기반한 설계

물론 변경을 캡슐화하는 방법이 합성만 있는 것은 아니다. 상속을 이용할 수도 있다. 그림 15.5는 Movie의 인터페이스 측면에서는 그림 15.4와 동일하지만 변경을 캡슐화하기 위해 상속을 사용한 예다. 여기서 변하지 않는 부분은 Movie고 변하는 부분은 AmountDiscountMovie와 PercentDiscountMovie다. 그리고 변경하지 않는 부분은 부모 클래스로, 변하는 부분은 자식 클래스로 분리함으로써 변경을 캡슐화한다. 이처럼 알고리즘을 캡슐화하기 위해 합성 관계가 아닌 상속 관계를 사용하는 것을 TEMPLATE METHOD 패턴이라고 부른다.

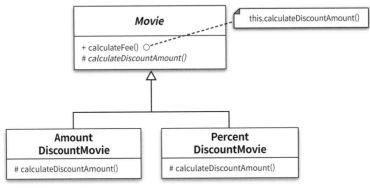

그림 15.5 TEMPLATE METHOD 패턴에 기반한 설계

추상 클래스나 인터페이스를 사용해 변경을 캡슐화하는 합성과 달리 상속을 사용할 경우에는 추상 메서드를 이용해 변경을 캡슐화해야 한다. 그림 15.5에서 calculateDiscountAmount 메서드가 바로 서브클래스의 변경을 캡슐화하기 위해 사용되는 추상 메서드다. 부모 클래스의 calculateFee 메서드 안에서 추상 메서드인 calculateDiscountAmount를 호출하고 자식 클래스들이 이 메서드를 오버라이딩해서 변하는 부분을 구현한다는 것이 중요하다. 이것은 TEMPLATE METHOD 패턴의 전형적인 구현 방법이다.

이처럼 TEMPLATE METHOD 패턴은 부모 클래스가 알고리즘의 기본 구조를 정의하고 구체적인 단계는 자식 클래스에서 정의하게 함으로써 변경을 캡슐화할 수 있는 디자인 패턴이다. 다만 합성보다는 결합도가 높은 상속을 사용했기 때문에 STRATEGY 패턴처럼 런타임에 객체의 알고리즘을 변경하는 것은 불가능하다. 하지만 알고리즘 교체와 같은 요구사항이 없다면 상대적으로 STRATEGY 패턴보다 복잡도를 낮출 수 있다는 면에서는 장점이라고 할 수 있다.

그림 15.6의 핸드폰 과금 시스템 설계는 DECORATOR 패턴을 기반으로 한다. DECORATOR 패턴은 객체의 행동을 동적으로 추가할 수 있게 해주는 패턴으로서 기본적으로 객체의 행동을 결합하기 위해 객체 합성을 사용한다. DECORATOR 패턴은 선택적인 행동의 개수와 순서에 대한 변경을 캡슐화할 수 있다.

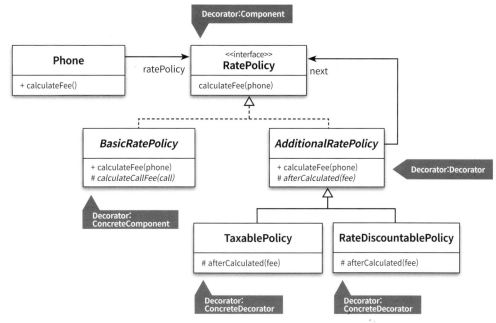

그림 15.6 DECORATOR 패턴에 기반한 핸드폰 과금 시스템의 설계

대부분의 디자인 패턴의 목적은 특정한 변경을 캡슐화함으로써 유연하고 일관성 있는 협력을 설계할 수 있는 경험을 공유하는 것이다. 디자인 패턴에서 중요한 것은 디자인 패턴의 구현 방법이나 구조가 아니다. 어떤 디자인 패턴이 어떤 변경을 캡슐화하는지를 이해하는 것이 중요하다. 그리고 각 디자인 패턴이 변경을 캡슐화하기 위해 어떤 방법을 사용하는지를 이해하는 것이 더 중요하다.

> **객체의 수를 캡슐화하는 COMPOSITE 패턴**
>
> OverlappedDiscountPolicy의 예를 통해 살펴본 COMPOSITE 패턴은 개별 객체와 복합 객체라는 객체의 수와 관련된 변경을 캡슐화하는 것이 목적이다. 그림 15.3에서 Movie는 자신과 협력해야 하는 DiscountPolicy 인스턴스가 단일 객체인지 복합 객체인지를 알 필요가 없다. 다시 말해서 협력하는 객체의 수를 변경하더라도 Movie에 영향을 미치지 않는다.

패턴은 출발점이다

패턴은 출발점이지 목적지가 아니다. 많은 전문가들은 널리 요구되는 유연성이나 공통적으로 발견되는 특정한 설계 이슈를 해결하기 위해 적절한 디자인 패턴을 이용해 설계를 시작한다. 그러나 패턴은 설계의 목표가 돼서는 안 된다. 패턴은 단지 목표로 하는 설계에 이를 수 있는 방향을 제시하는 나침반에 불과하다. 디자인 패턴이 현재의 요구사항이나 적용 기술, 프레임워크에 적합하지 않다면 패턴을 그대로 따르지 말고 목적에 맞게 패턴을 수정하라.

패턴을 사용하면서 부딪히게 되는 대부분의 문제는 패턴을 맹목적으로 사용할 때 발생한다. 대부분의 패턴 입문자가 빠지기 쉬운 함정은 패턴을 적용하는 컨텍스트의 적절성은 무시한 채 패턴의 구조에만 초점을 맞추는 것이다. 망치를 들면 모든 것이 못으로 보인다는 격언처럼 패턴을 익힌 후에는 모든 설계 문제를 패턴으로 해결하려고 시도하기 쉽다. 조슈아 케리에브스키는 이를 '패턴 만능주의'라고 부른다[Kerievsky04].

해결하려는 문제가 아니라 패턴이 제시하는 구조를 맹목적으로 따르는 것은 불필요하게 복잡하고, 난해하며, 유지보수하기 어려운 시스템을 낳는다. 따라서 부적절한 상황에서 부적절하게 사용된 패턴으로 인해 소프트웨어의 엔트로피가 증가하는 부작용을 낳기 쉽다. 패턴을 남용하지 않기 위해서는 다양한 트레이드오프 관계 속에서 패턴을 적용하고 사용해 본 경험이 필요하다.

《GoF의 디자인 패턴》[GOF94]에서 저자들은 초심자와 전문가의 차이점으로 어떤 문제를 해결하기 위해 과거의 경험을 활용할 수 있는 능력을 보유했는지 여부를 들고 있다. 그러나 전문가와 초심자의 또 다른 차이점은 전문가는 다양한 실무 경험을 통해 어떤 컨텍스트에서 어떤 패턴을 적용해야 하는지, 그리고 이보다 더 중요한 것으로 어떤 패턴을 적용해서는 안 되는지에 대한 감각을 익히고 있다는 점이다.

패턴에 처음 입문한 사람들은 패턴의 강력함에 매료된 나머지 아무리 사소한 설계라도 패턴을 적용해 보려고 시도한다. 그러나 명확한 트레이드오프 없이 패턴을 남용하면 설계가 불필요하게 복잡해지게 된다. 과거에 수많은 패턴이 조합된 설계와 마주친 적이 있다. 오랜 시간 코드를 읽었는데도 그 설계를 쉽게 이해할 수 없었는데 그 설계에는 패턴을 사용할 이유가 전혀 없었기 때문이다. 나중에 그 코드를 작성한 사람에게 그 이유를 물어보니 패턴을 공부한 지 얼마 되지 않아 패턴을 적용해 보고 싶은 의욕이 앞섰다는 답을 들었다. 타당한 이유 없이 패턴을 적용하면 패턴에 익숙한 사람들의 경우에는 설계의 의도를 이해하지 못하게 되고, 패턴을 알지 못하는 사람들은 불필요하게 복잡한 설계를 따라가느라 시간을 낭비하게 된다.

정당한 이유 없이 사용된 모든 패턴은 설계를 복잡하게 만드는 장애물이다. 패턴은 복잡성의 가치가 단순성을 넘어설 때만 정당화돼야 한다. 패턴을 적용할 때는 항상 설계를 좀 더 단순하고 명확하게 만들 수 있는 방법이 없는지를 고민해야 한다. 또한 코드를 공유하는 모든 사람들이 적용된 패턴을 알고 있어야 한다. 패턴을 알고 있는 사람들은 코드를 쉽게 이해할 수 있지만 그렇지 못한 사람들은 복잡한 구조로 인해 코드를 쉽게 이해할 수 없게 된다. 패턴을 적용할 때는 함께 작업하는 사람들이 패턴에 익숙한지 여부를 확인하고, 그렇지 않다면 설계에 대한 지식과 더불어 패턴에 대한 지식도 함께 공유하는 것이 필요하다.

조슈아 케리에브스키는 패턴을 가장 효과적으로 적용하는 방법은 패턴을 지향하거나 패턴을 목표로 리팩터링하는 것이라고 이야기한다. 그는 패턴이 적용된 최종 결과를 이해하는 것보다는 패턴을 목표로 리팩터링하는 이유를 이해하는 것이 훨씬 가치 있으며, 훌륭한 소프트웨어 설계가 발전해 온 과정을 공부하는 것이 훌륭한 설계 자체를 공부하는 것보다 훨씬 중요하다고 이야기한다. 조슈아 케리에브스키의 저서인 《패턴을 활용한 리팩터링》[Kerievsky04]은 패턴을 향해 리팩터링하기 위해 참조할 수 있는 다양한 리팩터링 카탈로그를 제공한다.

패턴은 출발점이다. 패턴은 공통적인 문제에 적절한 해법을 제공하지만 공통적인 해법이 우리가 직면한 문제에 적합하지 않을 수도 있다. 문제를 분석하고 창의력을 발휘함으로써 패턴을 현재의 문제에 적합하도록 적절하게 수정하라. 비록 패턴이 현재의 문제에 딱 들어맞지 않는다고 해도 참조할 수 있는 모범적인 역할과 책임의 집합을 알고 있는 것은 큰 도움이 될 것이다.

02 프레임워크와 코드 재사용

코드 재사용 대 설계 재사용

디자인 패턴은 프로그래밍 언어에 독립적으로 재사용 가능한 설계 아이디어를 제공하는 것을 목적으로 한다. 따라서 언어에 종속적인 구현 코드를 정의하지 않기 때문에 디자인 패턴을 적용하기 위해서는 설계 아이디어를 프로그래밍 언어의 특성에 맞춰 가공해야 하고 매번 구현 코드를 재작성해야 한다는 단점이 있다.

재사용 관점에서 설계 재사용보다 더 좋은 방법은 코드 재사용이다. 오랜 시간 동안 개발자들은 부품을 조립해서 제품을 만드는 것처럼 별도의 프로그래밍 없이 기존 컴포넌트를 조립해서 애플리케이션을 구축하는 방법을 추구해왔다. 아쉽게도 컴포넌트 기반의 재사용 방법이라는 아이디어 자체는 이상적이지만 실제로 적용하는 과정에서 현실적이지 않다는 사실이 드러났다.

로버트 L. 글래스는 컴포넌트 기반의 재사용과 관련된 논쟁의 핵심은 '소프트웨어 다양성'이라고 불리는 주제와 관련이 있다고 생각했다[Glass02]. 그의 주장에 따르면 만약 여러 프로젝트나 도메인 사이에 비슷한 문제가 충분히 많이 존재한다면 컴포넌트 기반의 접근법이 효과가 있을 수 있겠지만 애플리케이션과 도메인의 다양성으로 인해 두 가지 문제가 아주 비슷한 경우는 거의 없다고 한다. 따라서 가장 기본이 되는 아주 적은 부분만이 일반화될 수 있을 것이다. 결국 다양한 도메인에 재사용 가능한 컴포넌트라는 개념은 비현실적이라고 할 수 있다.

가장 이상적인 형태의 재사용 방법은 설계 재사용과 코드 재사용을 적절한 수준으로 조합하는 것이다. 코드 재사용만을 강조하는 컴포넌트는 실패했다. 추상적인 수준에서의 설계 재사용을 강조하는 디자인 패턴은 재사용을 위해 매번 유사한 코드를 작성해야만 한다. 설계를 재사용하면서도 유사한 코드를 반복적으로 구현하는 문제를 피할 수 있는 방법은 없을까? 이 질문에 대한 객체지향 커뮤니티의 대답이 바로 프레임워크다.

프레임워크란 '추상 클래스나 인터페이스를 정의하고 인스턴스 사이의 상호작용을 통해 시스템 전체 혹은 일부를 구현해 놓은 재사용 가능한 설계', 또는 '애플리케이션 개발자가 현재의 요구사항에 맞게 커스터마이징할 수 있는 애플리케이션의 골격(skeleton)'을 의미한다. 첫 번째 정의가 프레임워크의 구조적인 측면에 초점을 맞추고 있다면 두 번째 정의는 코드와 설계의 재사용이라는 프레임워크의 사용 목적에 초점을 맞춘다[Johnson97a].

프레임워크는 코드를 재사용함으로써 설계 아이디어를 재사용한다. 프레임워크는 애플리케이션의 아키텍처를 제공하며 문제 해결에 필요한 설계 결정과 이에 필요한 기반 코드를 함께 포함한다. 또한 애플리케이션을 확장할 수 있도록 부분적으로 구현된 추상 클래스와 인터페이스 집합뿐만 아니라 추가적인 작업 없이도 재사용 가능한 다양한 종류의 컴포넌트도 함께 제공한다.

> 프레임워크는 애플리케이션에 대한 아키텍처를 제공한다. 즉, 프레임워크는 클래스와 객체들의 분할, 전체 구조, 클래스와 객체들 간의 상호작용, 객체와 클래스 조합 방법, 제어 흐름에 대해 미리 정의한다. 프레임워크는 설계의 가변성을 미리 정의해 놓기 때문에 애플리케이션 설계지나 구현자는 애플리케이션에 종속된 부분에 대해서만 설계하면 된다. 프레임워크는 애플리케이션 영역에 걸쳐 공통의 클래스들을 정의해서 일반적인 설계 결정을 미리 내려 둔다. 비록 프레임워크가 즉시 업무에 투입할 수 있는 구체적인 서브클래스를 포함하고 있기는 하지만 프레임워크는 코드의 재사용보다는 설계 자체의 재사용을 중요시한다[GOF94].

상위 정책과 하위 정책으로 패키지 분리하기

프레임워크의 핵심은 추상 클래스나 인터페이스와 같은 추상화라고 할 수 있다. 그렇다면 추상 클래스와 인터페이스가 가지는 어떤 특징이 프레임워크의 재사용성을 향상시키는 것일까? 이 질문의 답은 일관성 있는 협력이라는 주제와 관련이 있다.

추상 클래스와 인터페이스가 일관성 있는 협력을 만드는 핵심 재료라는 것을 기억하라. 협력을 일관성 있고 유연하게 만들기 위해서는 추상화를 이용해 변경을 캡슐화해야 한다. 그리고 협력을 구현하는 코드 안의 의존성은 가급적이면 추상 클래스나 인터페이스와 같은 추상화를 향하도록 작성해야 한다.

그림 15.7은 핸드폰 과금 시스템에서 추상화에 해당하는 부분을 짙은 색으로 표시한 것이다. 그림에서
알 수 있는 것처럼 구체적인 클래스들은 RatePolicy, AdditionalRatePolicy, FeeCondition에 의존하지만
추상화들은 구체 클래스에 의존하지 않는다는 것을 알 수 있다. 이 설계는 9장에서 살펴본 의존성 역전
원칙에 기반하고 있는 것이다.

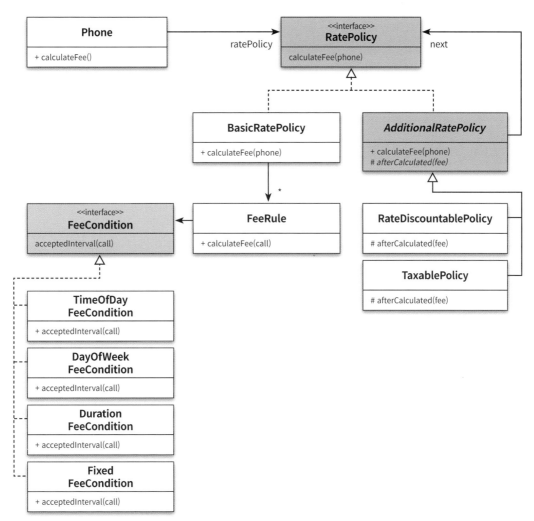

그림 15.7 대부분의 의존성이 추상화를 향하는 일관성 있는 협력

객체지향 이전의 구조적인 설계와 같은 전통적인 소프트웨어 개발 방법의 경우 상위 레벨 모듈이 하위
레벨 모듈에, 그리고 상위 정책이 구체적인 세부적인 사항에 의존하도록 소프트웨어를 구성한다.

하지만 상위 정책은 상대적으로 변경에 안정적이지만 세부 사항은 자주 변경된다. 핸드폰 과금 시스템에서 상위 정책은 요금제가 기본 정책과 부가 정책으로 구성되고, 이 정책들이 다양한 순서로 조합될 수 있다는 점이다. 그에 비해 세부 사항은 시간대별 방식, 요일별 방식, 기간별 방식과 같은 세부적인 정책의 종류다. 만약 변하지 않는 상위 정책이 자주 변하는 세부 사항에 의존한다면 변경에 대한 파급 효과로 인해 상위 정책이 불안정해질 것이다.

그리고 상위 정책이 세부 사항에 비해 재사용될 가능성이 높다. 기본 정책과 부가 정책을 조합하는 규칙은 모든 요금 계산 시에 재사용돼야 하는 협력 패턴이다. 그에 비해 시간대별 방식으로 요금을 계산하거나 세금을 부과하는 것은 특수한 경우에만 사용되는 기본 정책과 부가 정책의 한 예라고 할 수 있다.

요점은 상위 정책이 세부 사항보다 더 다양한 상황에서 재사용될 수 있어야 한다는 것이다. 하지만 상위 정책이 세부 사항에 의존하게 되면 상위 정책이 필요한 모든 경우에 세부 사항도 항상 함께 존재해야 하기 때문에 상위 정책의 재사용성이 낮아진다. 이 문제를 해결할 수 있는 가장 좋은 방법은 의존성 역전 원칙에 맞게 상위 정책과 세부 사항 모두 추상화에 의존하게 만드는 것이다.

의존성 역전 원칙의 관점에서 세부 사항은 '변경'을 의미한다. 이제 핸드폰 과금 시스템의 설계를 요금을 계산하는 다양한 애플리케이션에 걸쳐 재사용하고 싶다고 가정해보자. 여기서 키워드는 '다양한 애플리케이션'이다. 동일한 역할을 수행하는 객체들 사이의 협력 구조를 다양한 애플리케이션 안에서 재사용하는 것이 핵심이다.

이를 위해서는 변하는 것과 변하지 않는 것을 서로 분리해야 한다. 여기서 변하지 않는 것은 상위 정책에 속하는 역할들의 협력 구조다. 변하는 것은 구체적인 세부 사항이다. 프레임워크는 여러 애플리케이션에 걸쳐 재사용 가능해야 하기 때문에 변하는 것과 변하지 않는 것들을 서로 다른 주기로 배포할 수 있도록 별도의 '배포 단위'로 분리해야 한다.

이를 위한 첫걸음은 변하는 부분과 변하지 않는 부분을 별도의 패키지로 분리하는 것이다. 그림 15.8은 상위 정책을 구현하는 패키지와 세부 사항을 구현하는 클래스들을 서로 다른 패키지로 분리한 것이다. 물론 실제 애플리케이션에서는 패키지 단위의 결합도와 응집도를 고려해서 패키지 단위를 좀 더 세분화하겠지만 여기서는 설명을 위해 단지 두 개의 패키지만 이용해 구조를 단순화했다. 실제로는 다양한 패키지들이 중첩돼 있다고 생각하기 바란다.

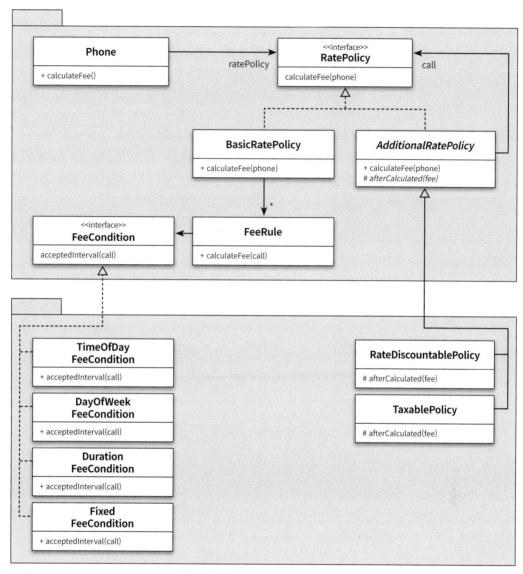

그림 15.8 상위 정책과 하위 정책을 별도의 패키지로 분리

중요한 것은 패키지 사이의 의존성 방향이다. 의존성 역전 원리에 따라 추상화에만 의존하도록 의존성의 방향을 조정하고 추상화를 경계로 패키지를 분리했기 때문에 세부 사항을 구현한 패키지는 항상 상위 정책을 구현한 패키지에 의존해야 한다.

이제 상위 정책을 구현하고 있는 패키지가 세부 사항을 구현한 패키지로부터 완벽하게 분리됐다. 다시 말해 상위 정책을 구현하고 있는 패키지를 다른 애플리케이션에 재사용할 수 있다는 것이다. 이것은 8장에서 설명한 컨텍스트 독립성의 패키지 버전이다.

좀 더 나아가 상위 정책을 구현하고 있는 패키지가 충분히 안정적이고 성숙했다면 하위 정책 패키지로 부터 완벽히 분리해서 별도의 배포 단위로 만들 수 있다. 상위 정책 패키지와 하위 정책 패키지를 물리적으로 완전히 분리하고 나면 상위 정책 패키지를 여러 애플리케이션에서 재사용할 수 있는 기반이 마련된 것이다. 다시 말해 재사용 가능한 요금 계산 로직을 구현한 프레임워크가 만들어진 것이다.

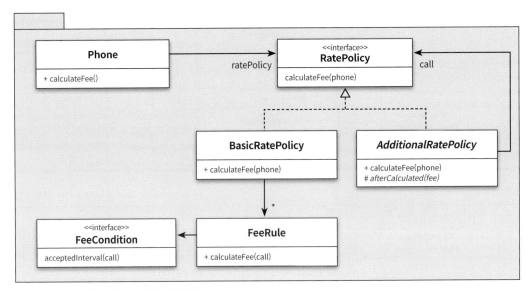

그림 15.9 별도의 배포 단위로 분리된 프레임워크

이 예제를 통해 일관성 있는 협력과 프레임워크 사이의 관계를 이해했을 것이다. 프레임워크는 여러 애플리케이션에 걸쳐 일관성 있는 협력을 구현할 수 있게 해준다. 그리고 일관성 있는 협력이 제공하는 다양한 장점들은 프레임워크에 대해서도 여전히 적용된다. 우리는 동일한 프레임워크를 사용하는 여러 애플리케이션에 걸쳐 일관성 있게 코드를 설계하고 구현할 수 있다. 동일한 프레임워크를 사용하는 애플리케이션은 구현 방식에 일관성이 있기 때문에 이해하기도 쉽다. 추가적으로 설계와 함께 코드 역시 재사용할 수 있다.

제어 역전 원리

상위 정책을 재사용한다는 것은 결국 도메인에 존재하는 핵심 개념들 사이의 협력 관계를 재사용한다는 것을 의미한다. 객체지향 설계의 재사용성은 개별 클래스가 아니라 객체들 사이의 공통적인 협력 흐름으로부터 나온다. 그리고 그 뒤에는 항상 의존성 역전 원리라는 강력한 지원군이 존재한다. 의존성 역전 원리는 전통적인 설계 방법과 객체지향을 구분하는 가장 핵심적인 원리다. 의존성 역전 원리에 따라 구축되지 않은 시스템은 협력 흐름을 재사용할 수도 없으며 변경에 유연하게 대처할 수도 없다.

시스템이 진화하는 방향에는 항상 의존성 역전 원리를 따르는 설계가 존재해야 한다. 만약 요구사항이 빠르게 진화하는 코드에서 의존성 역전 원리가 적절하게 지켜지지 않고 있다면 그곳에는 변경을 적절하게 수용할 수 없는 하향식의 절차적인 코드가 존재할 수밖에 없다.

로버트 마틴은 훌륭한 객체지향 설계는 의존성이 역전된 설계라는 점을 강조한다.

> 사실, 좋은 객체지향 설계의 증명이 바로 이와 같은 의존성의 역전이다. 프로그램이 어떤 언어로 작성됐는가는 상관없다. 프로그램의 의존성이 역전돼 있다면, 이것은 객체지향 설계를 갖는 것이다. 그 의존성이 역전돼 있지 않다면, 절차적 설계를 갖는 것이다. 의존성 역전의 원칙은 객체지향 기술에서 당연하게 요구되는 많은 이점 뒤에 있는 하위 수준에서의 기본 메커니즘이다. 재사용 가능한 프레임워크를 만들기 위해서는 이것의 적절한 응용이 필수적이다. 이 원칙은 또한 변경에 탄력적인 코드를 작성하는 데 있어 결정적으로 중요하다. 추상화와 구체적인 사항이 서로 고립돼 있기 때문에 이 코드는 유지보수하기가 훨씬 쉽다[Martin02].

의존성 역전 원리는 프레임워크의 가장 기본적인 설계 메커니즘이다. 의존성 역전은 의존성의 방향뿐만 아니라 제어 흐름의 주체 역시 역전시킨다. 앞서 설명한 것처럼 상위 정책이 구체적인 세부사항에 의존하는 전통적인 구조에서는 상위 정책의 코드가 하부의 구체적인 코드를 호출한다. 즉, 애플리케이션의 코드가 재사용 가능한 라이브러리나 툴킷(toolkit)의 코드를 호출한다.

그러나 의존성을 역전시킨 객체지향 구조에서는 반대로 프레임워크가 애플리케이션에 속하는 서브클래스의 메서드를 호출한다. 따라서 프레임워크를 사용할 경우 개별 애플리케이션에서 프레임워크로 제어 흐름의 주체가 이동한다. 즉, 의존성을 역전시키면 제어 흐름의 주체 역시 역전된다. 이를 **제어 역전(Inversion of Control) 원리**, 또는 **할리우드(Hollywood) 원리**라고 한다.

그림 15.10은 핸드폰 과금 시스템의 프레임워크의 요소들을 이용해 기본 정책의 협력을 나타낸 것이다. 그림에서 전체적인 협력 흐름은 프레임워크에 정의돼 있다. 특정한 기본 정책을 구현하는 개발자는 FeeCondition을 대체할 서브타입만 개발하면 프레임워크에 정의된 플로우에 따라 요금이 계산된다.

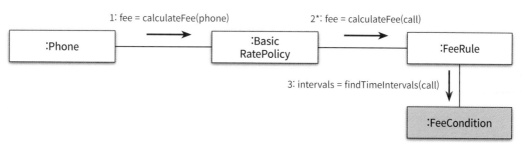

그림 15.10 호출 시점을 제어하는 프레임워크

프레임워크에서는 일반적인 해결책만 제공하고 애플리케이션에 따라 달라질 수 있는 특정한 동작은 비워둔다. 그리고 이렇게 완성되지 않은 채로 남겨진 동작을 훅(hook)이라고 부른다. 훅의 구현 방식은 애플리케이션의 컨텍스트에 따라 달라진다[Wirfs-Brock03]. 훅은 프레임워크 코드에서 호출하는 프레임워크의 특정 부분이다. 재정의된 훅은 제어 역전 원리에 따라 프레임워크가 원하는 시점에 호출된다.

여기서 협력을 제어하는 것은 프레임워크라는 것에 주목하라. 우리는 프레임워크가 적절한 시점에 실행할 것으로 예상되는 코드를 작성할 뿐이다. 과거의 좋았던 시절에는 우리가 직접 라이브러리의 코드를 호출했지만 객체지향의 시대에는 그저 프레임워크가 호출하는 코드를 작성해야만 한다. 제어가 우리에게서 프레임워크로 넘어가 버린 것이다. 다시 말해서 제어가 역전된 것이다.

우리의 코드는 수동적인 존재다. 프레임워크가 우리의 코드를 호출해줄 때까지 그저 넋 놓고 기다리고 있을 수밖에 없다. 할리우드에서 캐스팅 담당자가 오디션을 보러 온 배우에게 "먼저 연락하지 마세요. 저희가 연락 드리겠습니다"라고 말하는 것처럼 프레임워크는 자신을 찾지 말라고 이야기한다.

> 설계 수준의 재사용은 애플리케이션과 기반이 되는 소프트웨어 간에 제어를 바꾸게 한다. 라이브러리를 사용해서 애플리케이션을 작성하면 애플리케이션이 필요한 라이브러리의 코드를 호출한다. 즉, 애플리케이션 자체가 언제 어떤 라이브러리를 사용할 것인지를 스스로 제어한다. 그러나 프레임워크를 재사용할 때는 프레임워크가 제공하는 메인 프로그램을 재사용하고 이 메인 프로그램이 호출하는 코드를 애플리케이션 개발자가 작성해야 한다. 따라서 언제 자신이 작성한 코드가 호출될 것인지를 스스로 제어할 수 없다. 제어 주체는 자신이 아닌 프레임워크로 넘어간 것이다. 즉, 제어가 역전된 것이다. 개발자는 이미 특정 이름과 호출 방식이 결정된 오퍼레이션을 작성해야 하지만 결정해야 하는 설계 개념은 줄어들고 애플리케이션별로 구체적인 오퍼레이션의 구현만 남게 된다[GOF94].

만약 프레임워크를 처음 사용한다면 제어 흐름이 손가락 사이로 스멀스멀 빠져나가는 듯한 느낌에 불안해질 수도 있다. 그러나 이러한 제어의 역전이 프레임워크의 핵심 개념인 동시에 코드의 재사용을 가능하게 하는 힘이라는 사실을 이해해야 한다.

나아가기

앨리스터 코어번(Alistair Cockburn)은 사람들이 새로운 기술을 학습하기 위해서는 일반적으로 세 가지 단계를 거치게 된다고 설명한다. 코어번은 이 세 가지 단계를 '따라 하는 수준', '분리 수준', '거침없는 수준'이라고 부른다[Cockburn01].

어떤 기술을 처음 학습하려는 사람은 '따라 하는 수준'에서 시작한다. 이 단계에 있는 사람은 제대로 활용할 수 있는 단 하나의 절차를 찾는다. 적합한 열 가지의 절차가 있더라도 모든 절차를 한번에 습득하는 것은 불가능하기 때문에 가장 쉽게 배울 수 있는 단 한 가지 절차를 학습하고 그대로 모방한다. 이 단계에서 학습자에게 중요한 것은 절차를 모방했을 때 얻어지는 성공의 달콤함이다. '따라 하는 수준'에 있는 학습자에게 주어질 수 있는 최고의 보상은 주어진 절차를 따르면 만족할 만한 결과물을 얻을 수 있다는 안정감이다.

다음 단계인 '분리 수준'의 사람들은 오직 단 하나의 절차만으로는 모든 문제를 해결할 수 없다는 사실을 깨닫고 다양한 절차를 학습하고 트레이드오프한다. 이 단계는 절차의 한계를 배우는 수준이라고 할 수 있다. 이 단계에서는 모든 절차를 배우게 되고 어떤 절차가 어떤 상황에 적절하고 어떤 상황에는 적절하지 않은지를 배운다. '분리 수준' 단계를 거친 학습자들은 모든 경우에 올바른 절차란 존재하지 않는다는 사실을 이해하고 각 상황에 따라 적절한 절차를 적용할 수 있는 판단력과 유연함을 익힌다.

마지막 단계인 '거침없는 수준'에 이르면 이제 절차는 중요하지 않게 된다. '거침없는 수준'에 이른 사람은 많은 학습과 경험을 통해 즉시 적절한 해법을 직관적으로 떠올릴 수 있을뿐만 아니라 때로는 자신만의 방법에 따라 문제를 해결하기도 한다. 이 단계에 이르면 특정한 절차나 방법을 따르는지 여부를 크게 개의치 않는다. 단지 무엇을 해야 하는지를 이해하고 그것을 달성하기 위해 자신만의 절차와 방법을 적용한다. 이 단계에 이르면 과거에 익혔던 모든 절차를 트레이드오프하는 수준을 벗어나 자신에게 가장 적합한 절차를 정하게 된다.

이 책은 여러분이 학습의 첫 번째 단계인 '따라 하는 수준'이라고 가정하고 가장 이상적인 절차와 방법을 통해 객체지향 설계를 설명했다. 중간중간 설계 트레이드오프에 관해 언급하기도 했지만 제한된 지면과 책이라는 매체의 표현적 한계로 인해 실무에서 프로그래밍하면서 직면하게 될 다양한 문제와 해결 방법에 관해서는 만족스러울 정도로 살펴보지는 못했다. 따라서 이 책에서 설명하는 원칙과 기법들을 여러분의 실무에 적용하기 위해서는 다양한 상황을 트레이드오프할 수 있는 능력을 길러야 한다. 여러분은 '따라 하는 수준'에서 벗어나 다양한 상황을 트레이드오프할 수 있는 '분리 단계'로 나아가야 한다. 이 책에서 설명한 기법과 원칙들을 이해하고 다양한 실무 프로젝트에서 적용해본 후 피드백을 통해 여러분만의 설계 기준을 잡기 바란다.

소프트웨어 설계를 설명하기 어려운 이유는 설계 방법이 다양할뿐만 아니라 설계 절차를 정형화된 단계로 설명하는 것이 어렵기 때문이다. 소프트웨어 설계는 머리로 고민하고, 고민한 결과를 스케치하고, 스케치한 결과를 코드로 옮기는 논리적인 단계를 따르지 않는다. 설계자는 머릿속에서 얽히고설킨 다양한 가능성의 실타래를 풀기 위해 다양한 방법을 시도한다. 실제로 완성된 설계는 절차에 따라 매끄럽게 진행된 것이 아니라 다양한 시행착오와 실패가 누적된 결과물이다.

소프트웨어를 설계하는 단 하나의 방법이란 존재하지 않는다. 동일한 요구사항이라도 소프트웨어를 설계하는 절차와 방법, 결과물은 수행하는 사람마다 다르며, 사람이 동일하다고 하더라도 환경과 도메인에 따라 달라진다. 빌 커티스(Bill Curtis)의 말처럼 최고의 설계자들이 모인 방에서 두 명의 설계자가 동의한다면 그것이 다수 의견이다.

한마디로 말하자면 설계를 논리적으로 설명하는 것은 어렵다. 실무자들은 학습의 마지막 단계인 '거침없는 수준'에 이른 상태이기 때문에 심지어 실무자들의 옆에 앉아 설계가 진행되는 과정을 지켜보더라도 설계자가 따르는 절차와 찰나의 순간에 머릿속에 떠올랐던 트레이드오프 과정을 완벽하게 이해할 수 없다. 실무자들은 정해진 절차를 따르지 않는다. 단지 결과물을 완성한 후에 미리 정해진 절차와 방법을 따라 작업한 것처럼 논리적으로 설명하는 것 뿐이다. 설계자들은 '거침없는 수준'에서 완료한 작업을 역으로 '분리 수준' 관점에서 트레이드오프한 후 '따라 하는 수준'에 있는 사람들도 이해할 수 있도록 설계 문서의 형태로 풀어서 설명하는 것이다.

여러분이 이 책을 순서대로 읽고 이번 장에 도달했다면 이 책에서 설명하는 특정한 절차와 원칙을 따르면 훌륭한 객체지향 설계를 할 수 있고, 더 나아가 유연한 객체지향 프로그램을 작성할 수 있다고 생각할 것이다. 안타깝게도 여러분이 '따라 하는 수준'에 머물러 있다면 이 책에서 다루는 다양한 원칙과 기법들을 적용하기가 생각보다 쉽지 않다는 사실을 알 수 있을 것이다. 따라서 다음과 같은 방법들을 통해 다양한 설계 기법을 익히고 통찰력을 길러 '분리 수준'을 향해 나아가기 바란다.

- **디자인 패턴(Design Pattern)**: 반복적으로 발생하는 문제와 해법의 쌍을 담고 있기 때문에 문제에 적합한 디자인 패턴을 고른다면 고품질의 설계를 짧은 시간에 얻을 수 있는 지름길을 제공한다. 15장에서 이 책에서 사용한 디자인 패턴들을 살펴봤지만 실무에서는 여러분이 생각하는 것 이상으로 다양한 종류의 디자인 패턴이 있다. 디자인 패턴을 익히고 적용해보는 것은 설계를 트레이드오프할 수 있는 능력을 기를 수 있는 가장 좋은 방법인 동시에 훌륭한 객체지향 설계의 특징을 배울 수 있는 훌륭한 참고 자료다.

- **리팩터링(Refactoring)**: 리팩터링은 코드의 행동은 변경하지 않은 채 코드의 구조를 개선하는 활동을 의미한다. 설계는 코드의 배치이므로 코드의 구조를 개선한다는 것은 곧 설계를 개선한다는 것을 의미한다. 따라서 리팩터링은 관점을 '구현 전에 설계하기'에서 '항상 설계하기'로 바꾼다. 리팩터링은 구현 전에 설계를 완성해야 한다는 절차에 대한 강박관념에서 우리를 해방시켜준다. 리팩터링에 익숙해지고 나면 일단 동작하는 코드를 완성한 후에 리팩터링을 통해 코드를 개선해가며 원하는 설계에 이를 수 있는 융통성을 얻게 된다.

- **테스트-주도 개발(Test-Driven Development)**: 테스트-주도 개발은 마지막 단계인 '거침없는 수준'에 이른 사람들이 제시한 독창적인 설계 방법 중 하나다. 테스트-주도 개발은 전통적인 설계-구현-테스트의 순서로 수행되는 구현 절차를 테스트-구현-설계의 순서로 바꾼다. 테스트-주도 개발은 테스트를 먼저 작성하고 테스트를 통과하는 가장 간단한 코드를 구현한 후 설계를 리팩터링해서 설계를 완성한다. 테스트-주도 개발은 메시지를 먼저 선택하고 메시지가 객체를 선택하게 한다는 책임-주도 설계 방법과도 잘 어울린다.

책임 주도 설계가 '따라 하는 수준'에 있는 사람들을 위한 가이드라면 위의 기법들은 책임 주도 설계를 벗어나 '분리 수준'으로 나아가는 사람들을 위한 기법이다. 다양한 기법을 적용하고 실험해봄으로써 여러분의 실력을 향상시켜 나가기 바란다.

한 가지 강조할 점은 어떤 기법도 홀로 존재하지 않는다는 것이다. 책임 주도 설계에서 제공하는 다양한 책임 관점의 시각을 테스트 주도 개발에 적용할 수 있다. 책임 주도 설계에서 이야기하는 올바른 역할, 책임, 협력의 분리를 향해 리팩터링해 나아갈 수 있다. 디자인 패턴은 역할, 책임, 협력에 관한 일종의 템플릿 집합이다. 다양한 기법들을 혼합하라. 여러분만의 기준과 절차를 찾아라. 가장 중요한 것으로 코드를 작성하는 매순간마다 끊임없이 고민하고 트레이드오프하라. 여러분이 '거침없는 수준'에 이르게 될 그 순간까지 다양한 방법을 시도해보라.

한 가지 위안이 되는 사실이 있다. 어떤 경우에도 이 책에서 배운 캡슐화, 응집도, 결합도의 정의와 원칙은 유효하며 객체지향 패러다임의 중심에는 역할, 책임, 협력이 위치한다는 것이다. 여러분이 해야 할 일은 이 책에서 제시하는 원칙이 적합하지 않은 지점을 만났을 때 이상이 현실 안에 안전하게 정착하도록 여러분의 설계를 약간 비트는 것뿐이다.

계약에 의한 설계

6장에서 설명한 원칙에 따라 의도를 드러내도록 인터페이스를 다듬고 명령과 쿼리를 분리했다고 하더라도 명령으로 인해 발생하는 부수효과를 명확하게 표현하는 데는 한계가 있다. 주석으로 부수효과를 서술하는 것도 가능하겠지만 파급효과를 명확하게 전달하기가 쉽지 않을뿐더러 시간이 흐를수록 구현을 정확하게 반영하지 못할 가능성도 높다.

물론 메서드의 구현이 단순하다면 내부를 살펴보는 것만으로도 부수효과를 쉽게 이해할 수 있을 것이다. 하지만 구현이 복잡하고 부수효과를 가진 다수의 메서드들을 연이어 호출하는 코드를 분석하는 경우에는 실행 결과를 예측하기 어려울 수밖에 없다. 캡슐화의 가치는 사라지고 개발자는 복잡하게 얽히고설킨 로직을 이해하기 위해 코드의 구석구석을 파헤쳐야 하는 운명에 처하고 만다.

여기서 말하고 싶은 것은 인터페이스만으로는 객체의 행동에 관한 다양한 관점을 전달하기 어렵다는 것이다. 우리에게 필요한 것은 명령의 부수효과를 쉽고 명확하게 표현할 수 있는 커뮤니케이션 수단이다. 이 시점이 되면 **계약에 의한 설계**(Design By Contract, DBC)가 주는 혜택으로 눈을 돌릴 때가 된 것이다.

계약에 의한 설계를 사용하면 협력에 필요한 다양한 제약과 부수효과를 명시적으로 정의하고 문서화할 수 있다. 클라이언트 개발자는 오퍼레이션의 구현을 살펴보지 않더라도 객체의 사용법을 쉽게 이해할 수 있다. 계약은 실행 가능하기 때문에 구현에 동기화돼 있는지 여부를 런타임에 검증할 수 있다. 따라서 주석과 다르게 시간의 흐름에 뒤처질 걱정을 할 필요가 없다. 계약에 의한 설계는 클래스의 부수효과를 명시적으로 문서화하고 명확하게 커뮤니케이션할 수 있을뿐만 아니라 실행 가능한 검증 도구로써 사용할 수 있다.

이번 장에 소개할 예제 일부는 C# 언어로 작성돼 있으며 계약에 위한 설계 라이브러리로 Code Contracts를 사용한다. 이 책을 쓰는 현재, 최신 버전의 .NET 프레임워크에서는 더 이상 공식적으로 Code Contracts를 지원하지 않지만 계약에 의한 설계 개념을 가장 쉽게 설명할 수 있는 라이브러리라고 생각한다.

이번 장에서 중요한 것은 코드가 아니라 개념이다. 코드를 구현하는 방법보다는 계약에 의한 설계를 사용하는 이유와 장점을 이해하는 것이 이번 장의 목표다.

01 협력과 계약

부수효과를 명시적으로

객체지향의 핵심은 협력 안에서 객체들이 수행하는 행동이다. 안타깝게도 프로그래밍 언어로 작성된 인터페이스는 객체가 수신할 수 있는 메시지는 정의할 수 있지만 객체 사이의 의사소통 방식은 명확하게 정의할 수 없다. 메시지의 이름과 파라미터 목록은 시그니처를 통해 전달할 수 있지만 협력을 위해 필요한 약속과 제약은 인터페이스를 통해 전달할 수 없기 때문에 협력과 관련된 상당한 내용이 암시적인 상태로 남게 된다.

여기서는 6장에서 명령-쿼리 분리 원칙을 설명하기 위해 소개했던 일정 관리 프로그램의 C# 버전을 이용해 계약에 의한 설계 개념을 설명하기로 한다. 명령과 쿼리를 분리했기 때문에 Event 클래스의 클라이언트는 먼저 IsSatisfied 메서드를 호출해서 RecurringSchedule의 조건을 만족시키는지 여부를 확인한 후에 Reschedule 메서드를 호출해야 한다. 인터페이스만으로는 메서드의 순서와 관련된 제약을 설명하기 쉽지 않지만 계약에 의한 설계 라이브러리인 Code Contracts를 사용하면 IsSatisfied 메서드의 실행 결과가 true일 때만 Reschedule 메서드를 호출할 수 있다는 사실을 명확하게 표현할 수 있다.

```
class Event
{
  public bool IsSatisfied(RecurringSchedule schedule) { ... }
```

```
public void Reschedule(RecurringSchedule schedule)
{
  Contract.Requires(IsSatisfied(schedule));
  ...
}
}
```

이 코드가 if 문을 사용한 일반적인 파라미터 체크 방식과 크게 다르지 않다고 생각할 수도 있을 것이다. 하지만 뒤에 설명하는 내용들을 살펴보면 공통점보다는 차이점이 더 크다는 사실을 알게 될 것이다.

대표적인 차이점으로 문서화를 들 수 있다. 일반적인 정합성 체크 로직은 코드의 구현 내부에 숨겨져 있어 실제로 코드를 분석하지 않는 한 정확하게 파악하기가 쉽지 않다. 게다가 일반 로직과 조건을 기술한 로직을 구분하기도 쉽지 않다.

하지만 Code Contracts와 같이 계약에 의한 설계 개념을 지원하는 라이브러리나 언어들은 일반 로직과 구분할 수 있도록 제약 조건을 명시적으로 표현하는 것이 가능하다. 위 코드에서 Contract.Requires는 메서드를 호출하기 전에 true여야 하는 조건을 표현하기 위해 Code Contracts에서 제공하는 API로 IsSatisfied 메서드의 반환값이 true일 경우에만 Reschedule 메서드를 호출할 수 있다는 사실을 명확하게 표현한다.

이렇게 작성된 계약은 문서화로 끝나는 것이 아니라 제약 조건의 만족 여부를 실행 중에 체크할 수 있다. 또한 이 조건들을 코드로부터 추출해서 문서를 만들어주는 자동화 도구도 제공한다. 따라서 계약에 의한 설계를 사용하면 제약 조건을 명시적으로 표현하고 자동으로 문서화할 수 있을뿐만 아니라 실행을 통해 검증할 수 있다.

계약

현재 살고 있는 집을 리모델링하고 싶다고 가정해보자. 여러분에게는 리모델링할 수 있는 전문적인 지식이 부족하기 때문에 적절한 인테리어 전문가에게 작업을 위탁하고 계약을 체결할 것이다.

계약의 세부적인 내용은 상황에 따라 다르겠지만 일반적으로 다음과 같은 특성을 가진다.

- 각 계약 당사자는 계약으로부터 **이익(benefit)**을 기대하고 이익을 얻기 위해 **의무(obligation)**를 이행한다.
- 각 계약 당사자의 이익과 의무는 계약서에 **문서화**된다.

여기서 눈여겨볼 부분은 한쪽의 의무가 반대쪽의 권리가 된다는 것이다. 리모델링을 위탁하는 여러분의 입장에서 의무는 인테리어 전문가에게 대금을 지급하는 것이다. 그로 인해 얻게 되는 이익은 원하는 품질로 리모델링된 집을 얻는 것이다. 리모델링 작업을 수행하는 인테리어 전문가의 입장에서 의무는 고객이 원하는 품질로 집을 리모델링하는 것이다. 그로 인한 이익은 대금을 지급받는 것이다.

두 계약 당사자 중 어느 한쪽이라도 계약서에 명시된 내용을 위반한다면 계약은 정상적으로 완료되지 않을 것이다. 인테리어 전문가가 자신의 의무인 리모델링 작업을 완료하지 못했다면 이익으로 명시된 대금을 지급받지 못할 것이다. 인테리어 전문가가 리모델링 작업을 완료했는데도 고객이 자신의 의무인 대금 지급을 하지 못한다면 고객의 이익인 리모델링된 집에서의 생활은 물거품이 될 것이다.

비록 여러분이 계약상 고용주라고 하더라도 인테리어 전문가가 계약을 이행하는 구체적인 방식에 대해서는 간섭하지 않는다는 사실도 기억하라. 리모델링 공사를 진행하는 구체적인 방법은 인테리어 전문가가 자유롭게 결정할 수 있다. 작업 방식과 상관없이 리모델링 결과가 만족스럽다면 여러분은 인테리어 전문가가 계약을 정상적으로 이행한 것으로 간주할 것이다.

이처럼 계약은 협력을 명확하게 정의하고 커뮤니케이션할 수 있는 범용적인 아이디어다. 그리고 사람들이 협력을 위해 사용하는 계약이라는 아이디어를 객체들이 협력하는 방식에도 적용할 수 있지 않을까라는 의문을 품은 사람이 있다.

02 계약에 의한 설계

버트란드 마이어는 Eiffel 언어를 만들면서 사람들 사이의 계약에 착안해 계약에 의한 설계 기법을 고안했다[Meyer00]. 버트란드 마이어가 제시한 계약의 개념은 사람들 사이의 계약과 유사하다. 계약은 협력에 참여하는 두 객체 사이의 의무와 이익을 문서화한 것이다.

- 협력에 참여하는 각 객체는 계약으로부터 **이익**을 기대하고 이익을 얻기 위해 **의무**를 이행한다.
- 협력에 참여하는 각 객체의 이익과 의무는 객체의 인터페이스 상에 **문서화**된다.

계약에 의한 설계 개념은 "인터페이스에 대해 프로그래밍하라"는 원칙을 확장한 것이다. 계약에 의한 설계를 이용하면 오퍼레이션의 시그니처를 구성하는 다양한 요소들을 이용해 협력에 참여하는 객체들이 지켜야 하는 제약 조건을 명시할 수 있다. 이 제약 조건을 인터페이스의 일부로 만듦으로써 코드를 분석하지 않고도 인터페이스의 사용법을 이해할 수 있다.

그림 A.1은 자바 언어로 작성된 reserve 메서드의 구성요소를 표현한 것으로, 협력을 위한 다양한 정보를 제공한다. 이 메서드는 public 가시성을 가지기 때문에 외부에서 호출 가능하다. 이 메서드를 사용하기 위해서는 Customer 타입과 int 타입의 인자를 전달해야 한다. 메서드 실행이 성공하면 반환 타입으로 Reservation 인스턴스를 반환한다는 사실도 알 수 있다.

그림 A.1 오퍼레이션 시그니처에 명시된 제약 조건

우리는 메서드의 이름과 매개변수의 이름을 통해 오퍼레이션이 클라이언트에게 어떤 것을 제공하려고 하는지를 충분히 설명할 수 있다. 6장에서 설명한 **의도를 드러내는 인터페이스**를 만들면 오퍼레이션의 시그니처만으로도 어느 정도까지는 클라이언트와 서버가 협력을 위해 수행해야 하는 제약조건을 명시할 수 있다.

계약은 여기서 한걸음 더 나아간다. reserve 메서드를 호출할 때 클라이언트 개발자는 customer의 값으로 null을 전달할 수 있고 audienceCount의 값으로 음수를 포함한 어떤 정수도 전달할 수 있다고 가정할지 모른다. 하지만 사실 이 메서드는 고객의 예약 정보를 생성하는 것이기 때문에 한 명 이상의 예약자에 대해 예약 정보를 생성해야 한다. 따라서 customer는 null이어서는 안 되고 audienceCount의 값은 1보다 크거나 최소한 같아야 한다. 클라이언트가 이 조건을 만족하는 인자를 전달했다면 reserve 메서드가 반환하는 Reservation 인스턴스는 null이 아니어야 한다.

협력하는 클라이언트는 정상적인 상태를 가진 객체와 협력해야 한다. 그림 A.2와 같이 정상적인 Screening은 movie가 null이 아니어야 하고 sequence는 1보다는 크거나 같아야 하며, whenScreened는 현재 시간 이후의 값을 가지고 있어야 한다. 이 조건을 만족하지 않는 Screening은 예매할 수 없다. 따라서 어떤 Screening 인스턴스가 이 조건을 만족하지 않는다면 reserve 메서드를 호출할 수 없어야 한다.

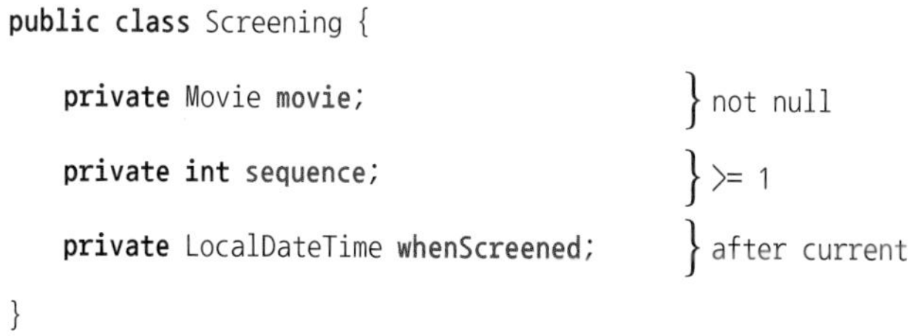

```
public class Screening {
    private Movie movie;                        } not null
    private int sequence;                       } >= 1
    private LocalDateTime whenScreened;         } after current
}
```

그림 A.2 Screening이 항상 만족시켜야 하는 상태에 대한 제약조건

서버는 자신이 처리할 수 있는 범위의 값들을 클라이언트가 전달할 것이라고 기대한다. 클라이언트는 자신이 원하는 값을 서버가 반환할 것이라고 예상한다. 클라이언트는 메시지 전송 전과 후의 서버의 상태가 정상일 것이라고 기대한다. 이 세 가지 기대가 바로 계약에 의한 설계를 구성하는 세 가지 요소에 대응된다. 이 요소들을 순서대로 사전조건, 사후조건, 불변식이라고 부른다.

- **사전조건(precondition)**: 메서드가 호출되기 위해 만족돼야 하는 조건. 이것은 메서드의 요구사항을 명시한다. 사전조건이 만족되지 않을 경우 메서드가 실행돼서는 안 된다. 사전조건을 만족시키는 것은 메서드를 실행하는 클라이언트의 의무다.

- **사후조건(postcondition)**: 메서드가 실행된 후에 클라이언트에게 보장해야 하는 조건. 클라이언트가 사전조건을 만족시켰다면 메서드는 사후조건에 명시된 조건을 만족시켜야 한다. 만약 클라이언트가 사전조건을 만족시켰는데도 사후조건을 만족시키지 못한 경우에는 클라이언트에게 예외를 던져야 한다. 사후조건을 만족시키는 것은 서버의 의무다.

- **불변식(invariant)**: 항상 참이라고 보장되는 서버의 조건. 메서드가 실행되는 도중에는 불변식을 만족시키지 못할 수도 있지만 메서드를 실행하기 전이나 종료된 후에 불변식은 항상 참이어야 한다.

사전조건, 사후조건, 불변식을 기술할 때는 실행 절차를 기술할 필요 없이 상태 변경만을 명시하기 때문에 코드를 이해하고 분석하기 쉬워진다. 클라이언트 개발자는 사전조건에 명시된 조건을 만족시키지 않으면 메서드가 실행되지 않을 것이라는 사실을 잘 알고 있다. 불변식을 사용하면 클래스의 의미를 쉽게 설명할 수 있고 클라이언트 개발자가 객체를 더욱 쉽게 예측할 수 있다. 사후조건을 믿는다면 객체가 내부적으로 어떤 방식으로 동작하는지 걱정할 필요가 없다. 사전조건, 사후조건, 불변식에는 클라이언트 개발자가 알아야 하는 모든 것이 포함돼 있을 것이다.

항상 그런 것처럼 개념을 이해하는 가장 빠른 방법은 코드를 살펴보는 것이다. 여기서는 Screening에 대한 제약조건을 사전조건, 사후조건, 불변식으로 구현할 것이다. 안타깝게도 예제 프로그램을 개발하기 위해 사용했던 자바의 경우 언어 차원에서 계약에 의한 설계 개념을 지원하지 않기 때문에 여기서는 .NET 프레임워크 4.0에 표준으로 추가된 Code Contracts를 이용해 C#으로 작성된 예제를 살펴볼 것이다. 앞에서 설명한 것처럼 Code Contracts의 사용법을 익히는 것은 전혀 중요하지 않다. 핵심은 계약에 의한 설계의 개념과 장점을 이해하는 것이다.

사전조건

사전조건이란 메서드가 정상적으로 실행되기 위해 만족해야 하는 조건이다. 사전조건을 만족시키는 것은 메서드를 실행하는 클라이언트의 의무다. 따라서 사전조건을 만족시키지 못해서 메서드가 실행되지 않을 경우 클라이언트에 버그가 있다는 것을 의미한다. 사전조건이 만족되지 않을 경우 서버는 메서드를 실행할 의무가 없다.

일반적으로 사전조건은 메서드에 전달된 인자의 정합성을 체크하기 위해 사용된다. 예를 들어, Reserve 메서드의 경우 인자로 전달된 customer가 null이 아니어야 하고 audienceCount의 값은 1보다 크거나 같아야 한다. 이 조건을 만족시키지 못할 경우 Reserve 메서드는 실행되지 말아야 한다. 따라서 이 조건을 메서드의 사전조건으로 정의함으로써 메서드가 잘못된 값을 기반으로 실행되는 것을 방지할 수 있다.

Code Contracts에서 제공하는 대부분의 메서드는 System.Diagnostics.Contracts 네임스페이스의 static 클래스인 Contract가 제공한다. 그중에서 메서드의 사전조건을 정의하기 위해 사용하는 메서드는 Contract의 Requires 메서드다.

```
public Reservation Reserve(Customer customer, int audienceCount)
{
  Contract.Requires(customer != null);
  Contract.Requires(audienceCount >= 1);
  return new Reservation(customer, this, calculateFee(audienceCount), audienceCount);
}
```

사전 조건을 만족시킬 책임은 Reserve 메서드를 호출하는 클라이언트에게 있다는 사실을 기억하라. 클라이언트가 사전조건을 만족시키지 못할 경우 Reserve 메서드는 최대한 빨리 실패해서 클라이언트에게 버그가 있다는 사실을 알린다. Contract.Requires 메서드는 클라이언트가 계약에 명시된 조건을 만족시키지 못할 경우 ContractException 예외를 발생시킨다. 다음과 같이 Reserve 메서드를 호출할 때 사전조건을 위반하도록 Customer에 null을 전달하면 ContractException 예외가 발생하는 것을 확인할 수 있다.

```
var reservation = screening.Reserve(null, 2);
```

이 예제는 계약에 의한 설계의 장점이 무엇인지 잘 보여준다. 계약에 의한 설계를 사용하면 계약만을 위해 준비된 전용 표기법을 사용해 계약을 명확하게 표현할 수 있다. 또한 계약을 일반 로직과 분리해서 서술함으로써 계약을 좀 더 두드러지게 강조할 수 있다. 또한 계약이 메서드의 일부로 실행되도록 함으로써 계약을 강제할 수 있다. 비록 이 예제가 C#으로 작성돼 있지만 계약에 위한 설계를 지원하는 모든 언어와 라이브러리들은 동일한 장점을 제공한다.

사후조건

사후조건은 메서드의 실행 결과가 올바른지를 검사하고 실행 후에 객체가 유효한 상태로 남아 있는지를 검증한다. 간단히 말해서 사후조건을 통해 메서드를 호출한 후에 어떤 일이 일어났는지를 설명할 수 있는 것이다. 클라이언트가 사전조건을 만족시켰는데도 서버가 사후조건을 만족시키지 못한다면 서버에 버그가 있음을 의미한다.

일반적으로 사후조건은 다음과 같은 세 가지 용도로 사용된다.

- 인스턴스 변수의 상태가 올바른지를 서술하기 위해

- 메서드에 전달된 파라미터의 값이 올바르게 변경됐는지를 서술하기 위해

- 반환값이 올바른지를 서술하기 위해

다음과 같은 두 가지 이유로 인해 사전조건보다 사후조건을 정의하는 것이 더 어려울 수 있다.

한 메서드 안에서 return 문이 여러 번 나올 경우

모든 return 문마다 결괏값이 올바른지 검증하는 코드를 추가해야 한다. 다행히도 계약에 의한 설계를 지원하는 대부분의 라이브러리는 결괏값에 대한 사후조건을 한 번만 기술할 수 있게 해준다.

실행 전과 실행 후의 값을 비교해야 하는 경우

실행 전의 값이 메서드 실행으로 인해 다른 값으로 변경됐을 수 있기 때문에 두 값을 비교하기 어려울 수 있다. 다행히 계약에 의한 설계를 지원하는 대부분의 라이브러리는 실행 전의 값에 접근할 수 있는 간편한 방법을 제공한다.

Code Contracts에서 사후조건을 정의하기 위해서는 Contract.Ensures 메서드를 제공한다. Reserve 메서드의 사후조건은 반환값인 Reservation 인스턴스가 null이어서는 안 된다는 것이다. 따라서 다음과 같이 사후조건을 추가할 수 있다.

```
public Reservation Reserve(Customer customer, int audienceCount)
{
  Contract.Requires(customer != null);
  Contract.Requires(audienceCount >= 1);
  Contract.Ensures(Contract.Result<Reservation>() != null);
  return new Reservation(customer, this, calculateFee(audienceCount), audienceCount);
}
```

Ensures 메서드 안에서 사용된 Contract.Result<T> 메서드가 바로 Reserve 메서드의 실행 결과에 접근할 수 있게 해주는 메서드다. 이 메서드는 제너릭 타입으로 메서드의 반환 타입에 대한 정보를 명시할 것을 요구한다.

Contract.Result<T> 메서드는 하나 이상의 종료 지점을 가지는 메서드에 대한 사후조건을 정의할 때 유용하게 사용할 수 있다. 다음 메서드를 살펴보자.

```
public decimal Buy(Ticket ticket)
{
  if (bag.Invited)
  {
    bag.Ticket = ticket;
    return 0;
  }
  else
  {
    bag.Ticket = ticket;
    bag.MinusAmount(ticket.Fee);
    return ticket.Fee;
  }
}
```

Buy 메서드는 초대장이 있을 경우에는 0원을, 초대장이 없을 경우에는 티켓의 요금을 반환한다. 이 메서드에는 두 개의 return 문이 존재한다는 점에 주목하라. 만약 Code Contracts를 사용하지 않는다면 사후조건을 두 개의 return 문 모두에 중복해서 작성해야 했을 것이다. Contract.Result<T> 메서드는 이런 경우에 우리의 수고를 덜어준다. Contract.Result<T>는 메서드 실행이 끝난 후에 실제로 반환되는 값을 전달하기 때문에 몇 번의 return 문이 나오더라도 다음과 같이 한 번만 기술하면 된다.

```
public decimal Buy(Ticket ticket)
{
  Contract.Requires(ticket != null);
  Contract.Ensures(Contract.Result<decimal>() >= 0);
  if (bag.Invited)
  {
    bag.Ticket = ticket;
    return 0;
  }
```

```
  else
  {
    bag.Ticket = ticket;
    bag.MinusAmount(ticket.Fee);
    return ticket.Fee;
  }
}
```

Contract.OldValue<T>를 이용하면 메서드 실행 전의 상태에도 접근할 수 있다. 이 메서드를 이용하면 실행 중에 값이 변경되더라도 사후조건에서 변경 이전의 값을 이용할 수 있게 해준다. 아래 코드에서 파라미터로 전달된 text의 값이 메서드 실행 중에 변경되기 때문에 text의 값을 이용하는 사후조건이 정상적으로 체크되지 않는다.

```
public string Middle(string text)
{
  Contract.Requires(text != null && text.Length >= 2);
  Contract.Ensures(Contract.Result<string>().Length < text.Length);
  text = text.Substring(1, text.Length - 2);
  return text.Trim();
}
```

이 경우 Contract.OldValue<T>를 이용하면 메서드를 실행할 때의 text의 값에 접근할 수 있다. 따라서 위 코드를 다음과 같이 변경하면 문제 없이 사후조건을 검증할 수 있다.

```
public string Middle(string text)
{
  Contract.Requires(text != null && text.Length >= 2);
  Contract.Ensures(Contract.Result<string>().Length < Contract.OldValue<string>(text).Length);
  text = text.Substring(1, text.Length - 2);
  return text.Trim();
}
```

불변식

사전조건과 사후조건은 각 메서드마다 달라지는 데 반해 불변식은 인스턴스 생명주기 전반에 걸쳐 지켜져야 하는 규칙을 명세한다. 일반적으로 불변식은 객체의 내부 상태와 관련이 있다.

불변식은 다음과 같은 두 가지 특성을 가진다.

- 불변식은 클래스의 모든 인스턴스가 생성된 후에 만족돼야 한다. 이것은 클래스에 정의된 모든 생성자는 불변식을 준수해야 한다는 것을 의미한다.

- 불변식은 클라이언트에 의해 호출 가능한 모든 메서드에 의해 준수돼야 한다. 메서드가 실행되는 중에는 객체의 상태가 불안정한 상태로 빠질 수 있기 때문에 불변식을 만족시킬 필요는 없지만 메서드 실행 전과 메서드 종료 후에는 항상 불변식을 만족하는 상태가 유지돼야 한다.

불변식은 클래스의 모든 메서드의 사전조건과 사후조건에 추가되는 공통의 조건으로 생각할 수 있다. 불변식은 메서드가 실행되기 전에 사전조건과 함께 실행되며, 메서드가 실행된 후에 사후조건과 함께 실행된다. 만약 불변식을 수작업으로 작성한다면 모든 메서드에 동일한 불변식을 추가해야 할 것이다[1]. 물론 대부분의 라이브러리들은 불변식을 한 번만 작성하면 모든 사전조건과 사후조건에 자동으로 합쳐주는 기능을 제공한다.

Code Contracts에서는 Contract.Invariant 메서드를 이용해 불변식을 정의할 수 있다. 불변식은 생성자 실행 후, 메서드 실행 전, 메서드 실행 후에 호출돼야 한다는 점을 기억하라. 만약 여러분이 직접 불변식을 코딩하고 관리해야 한다면 모든 생성자의 마지막 위치와, 메서드 시작 지점, 메서드 종료 지점에 불변식을 호출하도록 일일이 코드를 작성해야 할 것이다. 다행스럽게도 Code Contracts는 ContractInvariantMethod 애튜리뷰트가 지정된 메서드를 불변식을 체크해야 하는 모든 지점에 자동으로 추가한다.

이제 Screening에 불변식을 추가해 보자. Screening의 인스턴스가 생성되면 movie는 null이 아니어야 하고 sequence는 1보다 크거나 같아야 하며, whenScreened는 현재 시간 이후여야 한다. 이 불변식을 ContractInvariantMethod 애튜리뷰트가 지정된 메서드 안에 구현하자.

```
public class Screening
{
```

---

1 《Thinking in Java 3판》[Eckel02]에서 브루스 에켈(Bruce Ekel)은 특별한 라이브러리를 사용하지 않고 계약에 의한 설계 개념을 설명하기 위해 자바의 assert를 이용해 불변식을 체크하는 코드를 모든 메서드에서 직접 호출하는 예제를 소개한다.

```
  private Movie movie;
  private int sequence;
  private DateTime whenScreened;

  [ContractInvariantMethod]
  private void Invariant() {
    Contract.Invariant(movie != null);
    Contract.Invariant(sequence >= 1);
    Contract.Invariant(whenScreened > DateTime.Now);
  }
}
```

Code Contracts 덕분에 객체의 생성자나 메서드 실행 전후에 불변식을 직접 호출해야 하는 수고를 들일 필요가 없다. Code Contracts가 우리 대신 적절한 타이밍에 자동으로 메서드를 호출해서 객체가 불변식을 유지하고 있는지를 검증해 줄 것이다.

03 계약에 의한 설계와 서브타이핑

지금까지 살펴본 것처럼 계약에 의한 설계의 핵심은 클라이언트와 서버 사이의 견고한 협력을 위해 준수해야 하는 규약을 정의하는 것이다. 여기서 우리의 눈길을 잡아 끄는 단어가 있다. 바로 '클라이언트'가 그것이다. 계약에 의한 설계는 클라이언트가 만족시켜야 하는 사전조건과 클라이언트의 관점에서 서버가 만족시켜야 하는 사후조건을 기술한다. 계약에 의한 설계와 리스코프 치환 원칙이 만나는 지점이 바로 이곳이다. 리스코프 치환 원칙은 슈퍼타입의 인스턴스와 협력하는 클라이언트의 관점에서 서브타입의 인스턴스가 슈퍼타입을 대체하더라도 협력에 지장이 없어야 한다는 것을 의미한다. 따라서 다음과 같이 정리할 수 있다.

> 서브타입이 리스코프 치환 원칙을 만족시키기 위해서는 클라이언트와 슈퍼타입 간에 체결된 계약을 준수해야 한다.

리스코프 치환 원칙의 규칙을 두 가지 종류로 세분화할 수 있다. 첫 번째 규칙은 협력에 참여하는 객체에 대한 기대를 표현하는 **계약 규칙**이고, 두 번째 규칙은 교체 가능한 타입과 관련된 **가변성 규칙**이다 [Hall14].

계약 규칙(contract rules)은 슈퍼타입과 서브타입 사이의 사전조건, 사후조건, 불변식에 대해 서술할 수 있는 제약에 관한 규칙이다.

- 서브타입에 더 강력한 사전조건을 정의할 수 없다.

- 서브타입에 더 완화된 사후조건을 정의할 수 없다.

- 슈퍼타입의 불변식은 서브타입에서도 반드시 유지돼야 한다.

가변성 규칙(variance rules)은 파라미터와 리턴 타입의 변형과 관련된 규칙이다.

- 서브타입의 메서드 파라미터는 반공변성을 가져야 한다.

- 서브타입의 리턴 타입은 공변성을 가져야 한다.

- 서브타입은 슈퍼타입이 발생시키는 예외와 다른 타입의 예외를 발생시켜서는 안 된다.

대부분의 객체지향 언어에서 공변성과 반공변성이 중요해지는 곳은 상속이 제네릭 프로그래밍과 만나는 지점이다. 여기서의 초점은 일반적인 클래스의 상속에 맞춰져 있으므로 제네릭 프로그래밍과 관련된 가변성 규칙은 다루지 않는다.

지금부터는 11장에서 살펴본 핸드폰 과금 시스템의 합성 버전을 예제로 사용할 것이다. 이번 예제는 자바로 작성돼 있으며 C#의 Code Contracts와 같은 라이브러리를 사용하는 대신 자바에서 기본적으로 제공하는 단정문인 assert를 사용해 사전조건, 사후조건, 불변식을 직접 구현하겠다.

이것은 계약에 의한 설계가 특정한 라이브러리나 프레임워크와는 상관이 없는 설계 개념이라는 사실을 강조하기 위한 것이다. 계약에 의한 설계는 협력을 올바르게 설계하기 위해 고려해야 하는 설계 원칙과 설계 방법이지 특정한 구현 메커니즘이 아니다. 비록 계약에 의한 설계를 위한 적절한 라이브러리가 존재하지 않거나 언어 차원에서 지원하지 않는다고 하더라도 계약에 의한 설계를 적용하는 것은 가능하다는 사실을 이해하게 될 것이다.

계약 규칙

핸드폰 과금 시스템에서 RatePolicy는 그림 A.3에서 알 수 있는 것처럼 기본 정책과 부가 정책을 구현하는 모든 객체들이 실체화해야 하는 인터페이스다.

```java
public interface RatePolicy {
    Money calculateFee(List<Call> calls);
}
```

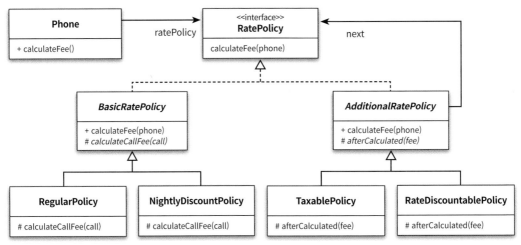

그림 A.3 RatePolicy 인터페이스를 구현하는 클래스들의 상속 계층

여기서 한 가지 질문을 해보자. 이 클래스들은 정말로 RatePolicy의 서브타입인가? 다시 말해서 리스코프 치환 원칙을 만족하는가? 이 질문에 답하기 위해서는 RatePolicy 인터페이스의 구현 클래스들이 RatePolicy의 클라이언트인 Phone과 체결한 계약을 준수하는지 살펴봐야 한다.

이해를 돕기 위해 요금 청구서를 발생하는 publishBill 메서드를 Phone에 추가하자. 청구서의 개념을 구현한 Bill 클래스는 요금 청구의 대상인 핸드폰(phone)과 통화 요금(fee)을 인스턴스 변수로 포함한다.

```java
public class Bill {
  private Phone phone;
  private Money fee;

  public Bill(Phone phone, Money fee) {
    if (phone == null) {
      throw new IllegalArgumentException();
    }

    if (fee.isLessThan(Money.ZERO)) {
      throw new IllegalArgumentException();
    }

    this.phone = phone;
    this.fee = fee;
  }
}
```

Phone 클래스의 publishBill 메서드는 가입자에게 청구할 요금을 담은 Bill 인스턴스를 생성한 후 반환한다.

```
public class Phone {
  private RatePolicy ratePolicy;
  private List<Call> calls = new ArrayList◇();

  public Phone(RatePolicy ratePolicy) {
    this.ratePolicy = ratePolicy;
  }

  public void call(Call call) {
    calls.add(call);
  }

  public Bill publishBill() {
    return new Bill(this, ratePolicy.calculateFee(calls));
  }
}
```

publishBill 메서드에서 calculateFee의 반환값을 Bill의 생성자에 전달한다는 부분에 주목하라. 청구서의 요금은 최소한 0원보다 크거나 같아야 하므로 calculateFee의 반환값은 0원보다 커야 한다. 따라서 RatePolicy의 calculateFee의 사후조건을 아래와 같이 정의할 수 있다.

```
assert result.isGreaterThanOrEqual(Money.ZERO);
```

이번에는 calculateFee 오퍼레이션을 호출할 때 클라이언트인 Phone이 보장해야 하는 사전조건을 살펴보자. calculateFee 오퍼레이션은 파라미터로 전달된 Call 목록에 대한 요금의 총합을 계산한다. 이를 위해서는 파라미터인 calls가 null이 아니어야 한다. 따라서 calculateFee 오퍼레이션의 사전조건을 다음과 같이 정의할 수 있다.

```
assert calls != null;
```

RatePolicy 인터페이스를 구현하는 클래스가 RatePolicy의 서브타입이 되기 위해서는 위에서 정의한 사전조건과 사후조건을 만족해야 한다. 먼저 기본 정책을 구현하는 추상 클래스인 BasicRatePolicy에 사전조건과 사후조건을 추가하자.

```
public abstract class BasicRatePolicy implements RatePolicy {
  @Override
  public Money calculateFee(List<Call> calls) {
    // 사전조건
    assert calls != null;

    Money result = Money.ZERO;

    for(Call call : calls) {
      result.plus(calculateCallFee(call));
    }

    // 사후조건
    assert result.isGreaterThanOrEqual(Money.ZERO);

    return result;
  }

  protected abstract Money calculateCallFee(Call call);
}
```

부가 정책을 구현하는 추상 클래스인 AdditionalRatePolicy에도 사전조건과 사후조건을 추가해야 한다.

```
public abstract class AdditionalRatePolicy implements RatePolicy {
  private RatePolicy next;

  public AdditionalRatePolicy(RatePolicy next) {
    this.next = next;
  }

  @Override
  public Money calculateFee(List<Call> calls) {
    // 사전조건
    assert calls != null;

    Money fee = next.calculateFee(calls);
    Money result = afterCalculated(fee);

    // 사후조건
    assert result.isGreaterThanOrEqual(Money.ZERO);
```

```
      return result;
   }

   abstract protected Money afterCalculated(Money fee);
}
```

지금까지 BasicRatePolicy와 AdditionalRatePolicy 를 RatePolicy의 서브타입으로 만들었다. 지금부터는
이 예제를 이용해 앞에서 설명한 계약 규칙과 가변성 규칙에 관해 자세히 살펴보자.

서브타입에 더 강력한 사전조건을 정의할 수 없다

한 번도 통화가 발생하지 않은 Phone에 대한 청구서를 발행하는 시나리오를 고려해보자.

```
Phone phone = new Phone(new RegularPolicy(Money.wons(100), Duration.ofSeconds(10)));
Bill bill = phone.publishBill();
```

Phone의 코드를 보면 내부적으로 통화 목록을 유지하는 인스턴스 변수인 calls를 선언하는 동시에 빈
리스트로 초기화한다는 사실을 알 수 있다. 따라서 위 코드처럼 한 번도 call 메서드가 호출되지 않은
경우 RatePolicy의 calculateFee 메서드 인자로 빈 리스트가 전달될 것이다. calculateFee의 사전조건에
서는 인자가 null인 경우를 제외하고는 모든 값을 허용하기 때문에 위 코드는 사전조건을 위반하지 않
는다.

하지만 RegularPolicy의 부모 클래스인 BasicRatePolicy에 calls가 빈 리스트여서는 안 된다는 사전조건
을 추가하면 어떻게 될까? Phone을 생성한 후에 곧장 publishBill 메서드를 호출하는 앞의 예제는 사전
조건을 만족시키지 않게 되기 때문에 정상적으로 실행되지 않을 것이다.

```
public abstract class BasicRatePolicy implements RatePolicy {
  @Override
  public Money calculateFee(List<Call> calls) {
    // 사전조건
    assert calls != null;
    assert !calls.isEmpty();
    ...
  }
}
```

사전조건을 만족시키는 것은 클라이언트의 책임이다. 클라이언트인 Phone은 오직 RatePolicy 인터페이스만 알고 있기 때문에 RatePolicy가 null을 제외한 어떤 calls라도 받아들인다고 가정한다. 따라서 빈 List를 전달하더라도 문제가 발생하지 않는다고 예상할 것이다.

하지만 BasicRatePolicy는 사전조건에 새로운 조건을 추가함으로써 Phone과 RatePolicy 사이에 맺은 계약을 위반한다. Phone의 입장에서 더 이상 RatePolicy와 BasicRatePolicy는 동일하지 않다. 하나는 원래의 약속을 지키는 신뢰할 수 있는 협력자이고, 다른 하나는 약속을 파기한 배신자다. 클라이언트의 관점에서 BasicRatePolicy는 RatePolicy를 대체할 수 없기 때문에 리스코프 치환 원칙을 위반한다. BasicRatePolicy는 RatePolicy의 서브타입이 아닌 것이다.

이 예에서 알 수 있는 것처럼 서브타입이 슈퍼타입에 정의된 사전조건을 강화하면 기존에 체결된 계약을 위반하게 된다. 계약서에 명시된 의무보다 더 많은 의무를 짊어져야 한다는 사실을 순순히 납득하는 클라이언트는 없을 것이다. 결국 사전조건을 강화한 서브타입은 클라이언트의 입장에서 수용이 불가능하기 때문에 슈퍼타입을 대체할 수 없게 된다. 따라서 사전조건 강화는 리스코프 치환 원칙 위반이다.

반대로 사전조건을 완화시키는 경우는 어떨까? 다음과 같이 사전조건을 완화해서 calls가 null인 인자를 전달해도 예외가 발생하지 않도록 수정해보자.

```java
public abstract class BasicRatePolicy implements RatePolicy {
  @Override
  public Money calculateFee(List<Call> calls) {
    if (calls == null) {
      return Money.ZERO;
    }
    ...
  }
}
```

다시 한번 강조하지만 사전조건을 보장해야 하는 책임은 클라이언트에게 있다. 그리고 이미 클라이언트인 Phone은 RatePolicy의 calculateFee 오퍼레이션을 호출할 때 인자가 null이 아닌 값을 전달하도록 보장하고 있을 것이다. 따라서 항상 인자는 null이 아닐 것이고 null 여부를 체크하는 조건문은 무시되기 때문에 수정된 사전조건은 협력에 영향을 미치지 않게 된다. 결과적으로 사전조건을 완화시키는 것은 리스코프 치환 원칙을 위반하지 않는다.

서브타입에 더 완화된 사후조건을 정의할 수 없다

이번에는 RatePolicy의 calculateFee 오퍼레이션의 반환값이 0원보다 작은 경우를 다뤄보자. 다음은 10초당 100원을 부과하는 일반 요금제(RegularPolicy)에 1000원을 할인해주는 기본 요금 할인 정책 (RateDiscountablePolicy)을 적용하는 시나리오를 구현한 것이다.

```
Phone phone = new Phone(
                new RateDiscountablePolicy(Money.wons(1000),
                    new RegularPolicy(Money.wons(100), Duration.ofSeconds(10))));
phone.call(new Call(LocalDateTime.of(2017, 1, 1, 10, 10),
                    LocalDateTime.of(2017, 1, 1, 10, 11)));
Bill bill = phone.publishBill();
```

가입자의 통화 목록에는 단 한 번의 통화 내역만 존재하고 통화 시간은 1분이다. 이 사용자는 통화시간 10초당 100원을 부과하는 요금제에 가입돼 있기 때문에 통화 요금은 600원일 것이다. 문제는 이 사용자의 요금제에 1000원의 기본 요금 할인 정책이 추가돼 있다는 것이다. 따라서 할인 금액을 반영한 최종 청구 금액은 600원에서 1000원을 뺀 −400원이 될 것이다.

calculateFee 오퍼레이션은 반환값이 0원보다 커야 한다는 사후조건을 정의하고 있다. 사후조건을 만족시킬 책임은 클라이언트가 아니라 서버에 있다. Phone은 반환된 요금이 0원보다 큰지를 확인할 의무가 없으며 사후조건을 위반한 책임은 전적으로 서버인 RateDiscountablePolicy가 져야 한다. RateDiscountablePolicy는 계약을 만족시킬 수 없다는 사실을 안 즉시 예외를 발생시키기 때문에 calculateFee 오퍼레이션은 정상적으로 실행되지 않고 종료된다.

이제 calculateFee 오퍼레이션이 정상적으로 실행되도록 RateDiscountablePolicy의 부모 클래스인 AdditionalRatePolicy에서 사후조건을 완화시킨다고 가정해보자. 다음과 같이 사후조건을 주석으로 처리해서 마이너스 요금이 반환되더라도 예외가 발생하지 않도록 수정해보자.

```
public abstract class AdditionalRatePolicy implements RatePolicy {
  @Override
  public Money calculateFee(List<Call> calls) {
    assert calls != null;

    Money fee = next.calculateFee(calls);
    Money result = calculate(fee);
```

```
    // 사후조건
    // assert result.isGreaterThanOrEqual(Money.ZERO);

    return result;
  }

  abstract protected Money calculate(Money fee);
}
```

이제 AdditionalRatePolicy는 마이너스 금액도 반환할 수 있기 때문에 Phone과의 협력을 문제 없이 처리할 수 있다. 하지만 엉뚱하게도 Bill의 생성자에서 예외가 발생한다. Bill의 생성자에서는 인자로 전달된 fee가 마이너스 금액일 경우 예외를 던지도록 구현돼 있기 때문이다.

```
public class Bill {
  public Bill(Phone phone, Money fee) {
    if (fee.isLessThan(Money.ZERO)) {
      throw new IllegalArgumentException();
    }
    ...
  }
}
```

문제는 AdditionalRatePolicy가 마이너스 금액을 반환했다는 것이다. 하지만 예외 스택 트레이스는 Bill의 생성자가 문제라고 지적한다. 우리는 스택 트레이스의 메시지를 근거로 Bill에 전달된 마이너스 금액을 계산해낸 위치를 추적해야 할 것이다.

여기서 문제는 Bill이 아니다. Bill의 입장에서 요금이 0원보다 크거나 같다고 가정하는 것은 자연스럽다. 문제는 AdditionalRatePolicy가 사후조건을 완화함으로써 기존에 Phone과 RatePolicy 사이에 체결된 계약을 위반했기 때문에 발생한 것이다. 사후조건을 완화한다는 것은 서버가 클라이언트에게 제공하겠다고 보장한 계약을 충족시켜주지 못한다는 것을 의미한다. 서버는 계약을 위반했기 때문에 이제 계약은 더 이상 유효하지 않다. 클라이언트인 Phone의 입장에서 AdditionalRatePolicy는 더 이상 RatePolicy가 아니다. 다시 말해서 AdditionalRatePolicy는 더 이상 RatePolicy의 서브타입이 아니다.

이 예에서 알 수 있는 것처럼 계약의 관점에서 사후조건은 완화할 수 없다. 계약서에 명시된 이익보다 더 적은 이익을 받게 된다는 사실을 납득할 수 있는 클라이언트가 있을까? 결국 사후조건을 완화시키는 서버는 클라이언트의 관점에서 수용할 수 없기 때문에 슈퍼타입을 대체할 수 없다. 사후조건 완화는 리스코프 치환 원칙 위반이다.

반대로 사후조건을 강화하는 경우는 어떨까? calculateFee 메서드가 100원보다 크거나 같은 금액을 반환하도록 사후조건을 강화해보자.

```java
public abstract class AdditionalRatePolicy implements RatePolicy {
  @Override
  public Money calculateFee(List<Call> calls) {
    ...
    // 사후조건
    assert result.isGreaterThanOrEqual(Money.wons(100));

    return result;
  }

  abstract protected Money calculate(Money fee);
}
```

Phone 은 반환된 요금이 0원보다 크기만 하다면 아무런 불만도 가지지 않기 때문에 위 변경은 클라이언트에게 아무런 영향도 미치지 않는다. 요금이 100원보다 크다고 하더라도 어차피 그 금액은 0원보다는 큰 것이다. 따라서 사후조건 강화는 계약에 영향을 미치지 않는다.

일찍 실패하기(Fail Fast)

처음에는 의아하게 생각될 수도 있지만 마이너스 금액을 그대로 사용하는 것보다 처리를 종료하는 것이 올바른 선택이다. 사후조건은 서버가 보장해야 한다는 것을 기억하라. 클라이언트인 Phone은 서버인 RatePolicy가 계약에 명시된 사후조건을 만족시킬 것이라고 가정하기 때문에 반환값을 체크할 필요가 없다. 따라서 Phone은 RatePolicy가 항상 플러스 금액을 반환할 것이라고 가정하고 별도의 확인 없이 반환값을 그대로 Bill의 생성자에게 전달한다. 그리고 그 결과, 원인에서 멀리 떨어진 엉뚱한 곳에서 경보음이 울리게 되는 것이다.

Phone과 RatePolicy 사이의 협력을 종료시키지 않더라도 반환된 값을 이용하는 어딘가에서는 문제가 발생할 것이다. 게다가 문제가 발생한 Bill의 생성자는 마이너스 금액을 계산한 로직이 위치한 곳이 아니다. 문제의 원인을 제공한 위치로부터 너무나도 멀리 떨어져 있다.

Phone과 RatePolicy 사이에서 예외를 발생시키면 이 문제를 해결할 수 있다. 예외가 발생한 그 지점이 바로 문제가 발생한 바로 그곳이다. 우리는 문제가 발생할 경우 원인이 어디인지를 빠르게 알기를 원한다. 지금의 편안함을 위해 오류를 감춰서는 안 된다.

차라리 문제가 발생한 그 위치에서 프로그램이 실패하도록 만들어라. 문제의 원인을 파악할 수 있는 가장 빠른 방법은 문제가 발생하자마자 프로그램이 일찍 실패하게 만드는 것이다.

> 가능한 한 빨리 문제를 발견하게 되면 좀 더 일찍 시스템을 멈출 수 있다는 이득이 있다. 게다가 프로그램을 멈추는 것이 할 수 있는 최선일 때가 많다. … 방금 불가능한 뭔가가 발생했다는 것을 코드가 발견한다면 프로그램은 더 이상 유효하지 않다고 할 수 있다. 이 시점 이후로 하는 일은 모두 수상쩍게 된다. 되도록 빨리 종료해야 한다. 일반적으로, 죽은 프로그램이 입히는 피해는 절름발이 프로그램이 끼치는 것보다 훨씬 덜한 법이다[Hunt99].

슈퍼타입의 불변식은 서브타입에서도 반드시 유지돼야 한다

불변식은 메서드가 실행되기 전과 후에 반드시 만족시켜야 하는 조건이다. 모든 객체는 객체가 생성된 직후부터 소멸될 때까지 불변식을 만족시켜야 한다. 하지만 메서드를 실행하는 도중에는 만족시키지 않아도 무방하다. 생성자의 경우 시작 시점에는 불변식을 만족시키지 않겠지만 생성자가 종료되는 시점에는 불변식을 만족시켜야 한다.

AdditionalRatePolicy에서 다음 요금제를 가리키는 next는 null이어서는 안 된다. 따라서 AdditionalRatePolicy의 모든 메서드 실행 전과 후, 그리고 생성자의 마지막 지점에서 next가 null이어서는 안 된다는 불변식을 만족시켜야 한다.

```
public abstract class AdditionalRatePolicy implements RatePolicy {
  protected RatePolicy next;

  public AdditionalRatePolicy(RatePolicy next) {
    this.next = next;
    // 불변식
    assert next != null;
  }

  @Override
  public Money calculateFee(List<Call> calls) {
    // 불변식
    assert next != null;
    // 사전조건
    assert calls != null;

    ...

    // 사후조건
```

```
            assert result.isGreaterThanOrEqual(Money.ZERO);
            // 불변식
            assert next != null;

            return result;
        }
    }
```

하지만 위 코드에는 불변식을 위반할 수 있는 취약점이 존재한다. 인스턴스 변수인 next가 private이 아니라 protected 변수라는 사실을 눈치챘는가? AdditionalRatePolicy의 자식 클래스는 부모 클래스 몰래 next의 값을 수정하는 것이 가능하다

수정된 RateDiscountablePolicy의 코드를 보자. next는 protected 변수이기 때문에 RateDiscountable Policy는 changeNext 메서드를 이용해 언제라도 next의 값을 변경할 수 있다.

```
public class RateDiscountablePolicy extends AdditionalRatePolicy {
    public void changeNext(RatePolicy next) {
        this.next = next;
    }
}
```

문제는 changeNext 메서드를 이용해 next의 값을 null로 변경할 수 있다는 것이다. 이 경우 불변식이 유지되지 않는다.

```
RateDiscountablePolicy policy = new RateDiscountablePolicy(
        Money.wons(1000),
        new RegularPolicy(Money.wons(100), Duration.ofSeconds(10))));
policy.changeNext(null);     // 불변식 위반
```

이 예는 계약의 관점에서 캡슐화의 중요성을 잘 보여준다. 자식 클래스가 계약을 위반할 수 있는 코드를 작성하는 것을 막을 수 있는 유일한 방법은 인스턴스 변수의 가시성을 protected가 아니라 private으로 만드는 것뿐이다. protected 인스턴스 변수를 가진 부모 클래스의 불변성은 자식 클래스에 의해 언제라도 쉽게 무너질 수 있다. 모든 인스턴스 변수의 가시성은 private으로 제한돼야 한다.

그렇다면 자식 클래스에서 인스턴스 변수의 상태를 변경하고 싶다면 어떻게 해야 할까? 부모 클래스에 protected 메서드를 제공하고 이 메서드를 통해 불변식을 체크하게 해야 한다.

```java
public abstract class AdditionalRatePolicy implements RatePolicy {
  private RatePolicy next;

  public AdditionalRatePolicy(RatePolicy next) {
    changeNext(next);
  }

  protected void changeNext(RatePolicy next) {
    this.next = next;
    // 불변식
    assert next != null;
  }
}
```

지금까지 리스코프 치환 원칙과 관련된 계약 규칙을 살펴봤다. 사실 계약에 의한 설계와 리스코프 치환 원칙의 중요한 내용 대부분은 지금까지 살펴본 계약 규칙에 포함돼 있다.

지금부터는 중요도에 비해 대부분의 사람들이 크게 관심을 가지지는 않는 가변성 규칙에 관해 살펴보 겠다. 비록 가변성 규칙이 계약 규칙에 비해 인지도가 낮다고 하더라도 리스코프 치환 원칙의 깊은 부 분까지 이해하기 위해서는 가변성 규칙을 이해하는 것이 좋다. 특히 에외와 관련된 규칙은 알아둘 만한 가치가 있다.

가변성 규칙

서브타입은 슈퍼타입이 발생시키는 예외와 다른 타입의 예외를 발생시켜서는 안 된다

RatePolicy의 calculateFee 오퍼레이션이 인자로 빈 리스트를 전달받았을 때 EmptyCallException 예외를 던지도록 계약을 수정해보자.

```java
public class EmptyCallException extends RuntimeException { ... }

public interface RatePolicy {
  Money calculateFee(List<Call> calls) throws EmptyCallException;
}
```

이제 BasicRatePolicy는 슈퍼타입의 계약을 준수하기 위해 다음과 같이 구현될 것이다.

```java
public abstract class BasicRatePolicy implements RatePolicy {
  @Override
  public Money calculateFee(List<Call> calls) {
    if (calls == null || calls.isEmpty()) {
      throw new EmptyCallException();
    }
    ...
  }
}
```

RatePolicy와 협력하는 메서드가 있다고 가정하자. 이 메서드는 EmptyCallException 예외가 던져질 경우
이를 캐치한 후 0원을 반환한다.

```java
public void calculate(RatePolicy policy, List<Call> calls) {
  try {
    return policy.calculateFee(calls);
  } catch(EmptyCallException ex) {
    return Money.ZERO;
  }
}
```

하지만 RatePolicy를 구현하는 클래스가 EmptyCallException 예외가 아닌 다른 예외를 던진다면 어떻게
될까? 예를 들어 AdditionalRatePolicy 클래스가 다음과 같이 NoneElementException을 던진다고 가정해
보자.

```java
public abstract class AdditionalRatePolicy implements RatePolicy {
  @Override
  public Money calculateFee(List<Call> calls) {
    if (calls == null || calls.isEmpty()) {
      throw new NoneElementException();
    }
    ...
  }
}
```

만약 NoneElementException 클래스가 다음과 같이 EmptyCallException 클래스의 자식 클래스라면
AdditionalRatePolicy는 RatePolicy를 대체할 수 있을 것이다.

```
public class EmptyCallException extends RuntimeException { ... }

public class NoneElementException extends EmptyCallException { ... }
```

하지만 다음과 같이 상속 계층이 다르다면 하나의 catch 문으로 두 예외 모두를 처리할 수 없기 때문에 NoneElementException은 예외 처리에서 잡히지 않게 된다. 결과적으로 클라이언트 입장에서 협력의 결과가 예상을 벗어났기 때문에 AdditionalRatePolicy는 RatePolicy를 대체할 수 없다.

```
public class NoneElementException extends RuntimeException { ... }

public class EmptyCallException extends RuntimeException { ... }
```

일반적으로 부모 클래스가 던지는 예외가 속한 상속 계층이 아닌 다른 상속 계층에 속하는 예외를 던질 경우 자식 클래스는 부모 클래스를 대체할 수 없다. 따라서 서브타입이 아니다.

이 규칙의 변형이 존재한다. 하나는 자식 클래스에서 부모 클래스에서 정의하지 않은 예외를 발생시키는 경우로서 13장에서 소개한 Bird를 상속받는 Penguin의 예가 이 경우에 해당한다. Bird의 자식 클래스인 Penguin은 fly 메서드 안에서 UnsupportedOperationException 예외를 던진다. 개발자는 코드를 재사용하기 위해 Bird를 상속받았지만 Penguin은 날 수 없다는 제약조건을 만족시켜야 했기 때문에 fly 메서드의 실행을 막아야 했던 것이다.

```
public class Bird {
  public void fly() { ... }
}

public class Penguin extends Bird {
  @Override
  public void fly() {
    throw new UnsupportedOperationException()
  }
}
```

예외를 던짐으로써 날 수 있는 행동을 정상적으로 동작하지 않도록 만들었기 때문에 Penguin의 입장에서는 원하는 결과를 얻은 것이라고 생각할 수도 있다. 하지만 클라이언트는 협력하는 모든 Bird가 날 수 있다고 생각할 것이다. 클라이언트는 Bird의 인스턴스에게 fly 메시지를 전송했을 때 UnsupportedOperationException 예외가 던져지리라고 기대하지 않았을 것이다. 따라서 클라이언트의 관점에서 Penguin은 Bird를 대체할 수 없다.

계약을 위반하는 또 다른 예는 fly 메서드의 기능을 퇴화시키는 경우다. 다음 코드처럼 Penguin의 fly 메서드를 아무것도 하지 않게 만듦으로써 fly 메시지에는 응답할 수 있지만 나는 기능 자체는 제거할 수 있다. 하지만 이 경우도 모든 Bird가 날 수 있다고 가정하는 클라이언트의 관점에서는 올바르지 않다.

```java
public class Penguin extends Bird {
  ...
  @Override
  public void fly() {
  }
}
```

위 두 가지 예에는 예외를 던지느냐, 아무것도 하지 않느냐의 차이는 있지만 클라이언트의 관점에서 자식 클래스가 부모 클래스가 하는 일보다 더 적은 일을 수행한다는 공통점이 있다. 클라이언트의 관점에서 부모 클래스에 대해 기대했던 것보다 더 적은 일을 수행하는 자식 클래스는 부모 클래스와 동일하지 않다. 부모 클래스보다 못한 자식 클래스는 서브타입이 아니다.

서브타입의 리턴 타입은 공변성을 가져야 한다

대부분의 사람들은 제네릭 프로그래밍과 상속을 함께 사용하는 시점에 이르러서야 비로소 공변성과 반공변성에 관심을 가진다. 하지만 제네릭 프로그래밍을 고려하지 않고도 상속이라는 문맥 안에서 공변성과 반공변성의 의미를 살펴보는 것은 의미가 있다. 먼저 공변성, 반공변성, 무공변성의 개념을 살펴본 후 서브타이핑과 공변성, 반공변성 사이의 관계를 살펴보자.

먼저 S가 T의 서브타입이라고 하자. 이때 프로그램의 어떤 위치에서 두 타입 사이의 치환 가능성을 다음과 같이 나눠볼 수 있다.

- **공변성(covariance)**: S와 T 사이의 서브타입 관계가 그대로 유지된다. 이 경우 해당 위치에서 서브타입인 S가 슈퍼타입인 T 대신 사용될 수 있다. 우리가 흔히 이야기하는 리스코프 치환 원칙은 공변성과 관련된 원칙이라고 생각하면 된다.

- **반공변성(contravariance)**: S와 T 사이의 서브타입 관계가 역전된다. 이 경우 해당 위치에서 슈퍼타입인 T가 서브타입인 S 대신 사용될 수 있다.

- **무공변성(invariance)**: S와 T 사이에는 아무런 관계도 존재하지 않는다. 따라서 S 대신 T를 사용하거나 T 대신 S를 사용할 수 없다.

이해를 돕기 위해 그림 A.4와 같이 서브타입 관계를 구현한 세 개의 상속 계층을 살펴보자. 세 개의 상속 계층 모두 리스코프 치환 원칙을 만족하도록 구현돼 있다고 가정하자.

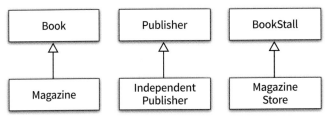

그림 A.4 예제에서 사용할 세 개의 서브타입 관계

책을 출판하는 출판사를 나타내는 Publisher 클래스는 독립출판사를 구현하는 IndependentPublisher 클래스의 슈퍼타입이다.

```
public class Publisher {}
```

```
public class IndependentPublisher extends Publisher {}
```

Book은 Magazine의 부모 클래스다. Book은 책이나 잡지를 출판하는 Publisher에 대한 참조를 보관한다.

```
public class Book {
  private Publisher publisher;

  public Book(Publisher publisher) {
    this.publisher = publisher;
  }
}
```

Magazine은 Book의 자식 클래스다.

```
public class Magazine extends Book {
  public Magazine(Publisher publisher) {
    super(publisher);
  }
}
```

Book과 Magazine을 판매하는 판매처는 두 종류가 존재하며 하나는 거리에서 책을 판매하는 가판대를 구현한 BookStall이고 다른 하나는 전문적으로 잡지를 판매하는 MagazineStore다. BookStall은 독립출판사인 IndependentPublisher에 의해 출간된 Book만 판매할 수 있다.

```java
public class BookStall {
  public Book sell(IndependentPublisher independentPublisher) {
    return new Book(independentPublisher);
  }
}
```

MagazineStore 역시 독립출판사가 출간한 Magazine만 판매할 수 있다고 가정할 것이다.

```java
public class MagazineStore extends BookStall {
  @Override
  public Book sell(IndependentPublisher independentPublisher) {
    return new Magazine(independentPublisher);
  }
}
```

이제 책을 구매하는 Customer의 코드를 살펴보자. Customer는 BookStall에게 sell 메시지를 전송해 책을 구매한다.

```java
public class Customer {
  private Book book;

  public void order(BookStall bookStall) {
    this.book = bookStall.sell(new IndependentPublisher());
  }
}
```

그림 A.5는 클래스 사이의 관계를 그림으로 표현한 것이다.

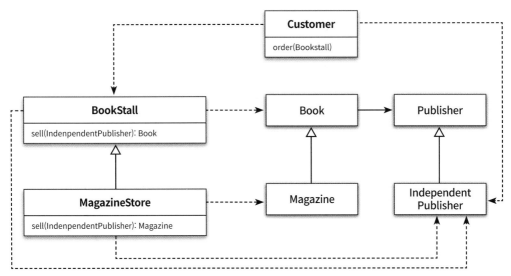

그림 A.5 클래스 사이의 관계

지금까지 살펴본 서브타이핑은 단순히 서브타입이 슈퍼타입의 모든 위치에서 대체 가능하다는 것이다. 하지만 공변성과 반공변성의 영역으로 들어서기 위해서는 타입의 관계가 아니라 메서드의 리턴 타입과 파라미터 타입에 초점을 맞춰야 한다.

먼저 리턴 타입 공변성부터 살펴보자. BookStall의 sell 메서드는 Book의 인스턴스를 리턴하고, MagazineStore의 sell 메서드는 Magazine의 인스턴스를 리턴한다 여기서 우리의 눈길을 끄는 것은 슈퍼 타입인 BookStall이 슈퍼타입인 Book을 반환하고, 서브타입인 MagazineStore가 서브타입인 Magazine을 반환한다는 것이다.

리스코프 치환 원칙이 클라이언트 관점에서의 치환 가능성이므로 BookStall의 클라이언트 관점에서 리 턴 타입 공변성의 개념을 살펴볼 필요가 있다. Customer 클래스의 order 메서드를 살펴보면 BookStall에 게 sell 메시지를 전송하는 것을 알 수 있다.

다음과 같이 Customer가 BookStall에서 책을 구매하는 다음의 코드를 보자.

```
new Customer().order(new BookStall());
```

Customer의 order 메서드는 BookStall에게 sell 메시지를 전송한 후 Book 타입의 인스턴스 변수에 반환 값을 저장한다. BookStall의 sell 메서드의 리턴 타입이 Book 타입으로 선언돼 있기 때문에 이 코드는 직관적이다.

```
public class Customer {

    public void order(BookStall bookStall) {
        this.book = bookStall.sell(new IndependentPublisher());
    }
}
```

:BookStall

:Book

그림 A.6 BookStall의 리턴값인 Book 인스턴스를 Book 참조자에 대입

MagazineStore는 BookStall의 서브타입이므로 BookStall을 대신해서 협력할 수 있다. 따라서 Customer가 BookStall에서 책을 구매할 수 있다면 자연스럽게 서브타입인 MagazineStore에서도 책을 구매할 수 있다.

```
new Customer().order(new MagazineStore());
```

MagazineStore의 sell 메서드는 Magazine의 인스턴스를 반환한다. 그리고 Customer의 order 메서드는 반환된 Magazine을 Book 타입의 인스턴스 변수에 대입한다. 업캐스팅에 의해 Magazine 역시 Book이기 때문에 Customer의 입장에서는 둘 사이의 차이를 알지 못할 것이다. Magazine의 인스턴스가 반환되더라도 Customer의 입장에서는 Magazine 역시 Book의 일종이기 때문에 MagazineStore로 BookStall을 치환하더라도 문제가 없는 것이다.

```
public class Customer {

    public void order(BookStall bookStall) {
        this.book = bookStall.sell(new IndependentPublisher());
    }
}
```

:MagazineStore

:Magazine

그림 A.7 MagazineStore의 리턴값인 Magazine 인스턴스를 Book 참조자에 대입

따라서 sell 메서드의 리턴 타입을 Book에서 Magazine으로 변경하더라도 Customer의 입장에서는 동일하다. MagazineStore의 sell 메서드는 비록 반환 타입은 다르지만 정확하게 BookStall의 sell 메서드를 대체할 수 있다.

이처럼 부모 클래스에서 구현된 메서드를 자식 클래스에서 오버라이딩할 때 부모 클래스에서 선언한 반환타입의 서브타입으로 지정할 수 있는 특성을 **리턴 타입 공변성**(return type covariance)이라고 부른다. 간단하게 말해서 리턴 타입 공변성이란 메서드를 구현한 클래스의 타입 계층 방향과 리턴 타입의 타입 계층 방향이 동일한 경우를 가리킨다.

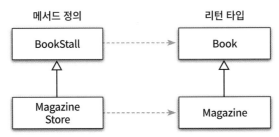

그림 A.8 리턴 타입 공변성은 메서드의 구현 계층과 리턴 타입의 계층이 동일한 방향을 가진다

앞에서 리스코프 치환 원칙과 관련된 계약 규칙을 설명할 때 서브타입에서 메서드의 사후조건이 강화
되더라도 클라이언트 입장에서는 영향이 없다고 했던 것을 기억하라. 슈퍼타입 대신 서브타입을 반환
하는 것은 더 강력한 사후조건을 정의하는 것과 같다. 따라서 리턴 타입 공변성은 계약에 의한 설계 관
점에서 계약을 위반하지 않는다. 앞의 예에서 메서드를 구현한 슈퍼타입(BookStall)이 리턴값의 슈퍼타
입(Book)을 반환할 경우 메서드를 오버라이딩하는 서브타입(MagazineStore)이 슈퍼타입에서 사용한 리턴
타입의 서브타입을 리턴 타입으로 사용하더라도 클라이언트의 입장(Customer)에서 대체 가능한 것이다.

한 가지 기억해야 하는 사항은 공변성과 반공변성의 지원 여부는 언어에 따라 다르다는 것이다. 따라서
여러분이 사용하는 언어가 공변성과 반공변성을 어느 정도로 지원하는지를 정확하게 이해한 후 사용해
야 한다. 예를 들어 자바는 리턴 타입 공변성을 지원하지만 C#은 리턴 타입 공변성을 지원하지 않는다.
다음과 같이 Book 대신 Magazine을 리턴하도록 구현할 경우 C#으로 작성된 MagazineStore는 컴파일 에
러를 출력한다.

```
public class BookStall
{
  public virtual Book sell(IndependentPublisher publisher)
  {
    return new Book(publisher);
  }
}

public class MagazineStore : BookStall
{
  public override Magazine sell(IndependentPublisher publisher)
  {
    return new Magazine(publisher);
  }
}
```

C#에서 Book 타입을 반환하는 BookStall의 sell 메서드는 Magazine 타입을 반환하는 MagazineStore의 sell 메서드와는 아무런 상관도 없다. 이처럼 타입 사이에 어떤 관계도 없는 것을 **무공변성(invariance)**이라고 부른다. 자바는 리턴 타입에 대해 공변적이지만 C#은 리턴 타입에 대해 무공변적이다.

이론적으로는 메서드의 리턴 타입을 공변적으로 정의하면 리스코프 치환 원칙을 만족시킬 수 있지만 실제적으로는 언어의 지원 여부에 따라 리턴 타입 공변성을 사용하지 못할 수도 있다.

서브타입의 메서드 파라미터는 반공변성을 가져야 한다

이제 파라미터 반공변성에 대해 살펴보자. Customer는 BookStall의 sell 메서드를 호출할 때 파라미터로 IndependentPublisher 인스턴스를 전달한다. 그리고 BookStall의 서브타입인 MagazineStore의 sell 메서드 역시 IndependentPublisher 타입의 인스턴스를 파라미터로 전달받도록 정의돼 있다.

여기서는 IndependentPublisher가 Publisher의 서브타입이라는 사실을 기억해야 한다. 우리는 이미 업캐스팅의 개념을 통해 메서드의 파라미터가 Publisher 타입으로 정의돼 있더라도 그 서브타입인 IndependentPublisher의 인스턴스를 전달하더라도 메서드가 정상적으로 동작한다는 것을 잘 알고 있다.

먼저 주의할 점은 현재 자바 언어에서는 파라미터 반공변성을 허용하지 않기 때문에 아래에 소개한 코드가 정상적으로 컴파일되지 않는다는 사실이다. 여기서는 설명을 위해 자바가 파라미터 반공변성을 허용한다고 가정할 것이다.

BookStall의 자식 클래스인 MagazineStore에서 sell 메서드의 파라미터를 그림 A.9와 같이 IndependentPublisher의 슈퍼타입인 Publisher로 변경할 수 있다면 어떨까?

```java
public class MagazineStore extends BookStall {
  @Override
  public Magazine sell(Publisher publisher) {
    return new Magazine(publisher);
  }
}
```

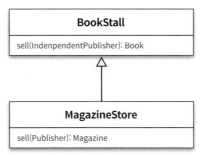

그림 A.9 파라미터 반공변성을 허용한다고 가정할 경우의 메서드 시그니처

Customer의 order 메서드는 BookStall의 sell 메서드에 IndependentPublisher 인스턴스를 전달한다. BookStall 대신 MagazineStore 인스턴스와 협력한다면 IndependentPublisher 인스턴스가 MagazineStore 의 sell 메서드의 파라미터로 전달될 것이다. 이때 파라미터 타입이 슈퍼타입인 Publisher 타입으로 선 언돼 있기 때문에 IndependentPublisher 인스턴스가 전달되더라도 문제가 없다.

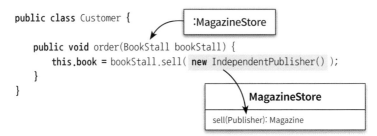

그림 A.10 서브타입 인스턴스를 슈퍼타입 파라미터로 전달

이처럼 부모 클래스에서 구현된 메서드를 자식 클래스에서 오버라이딩할 때 파라미터 타입을 부 모 클래스에서 사용한 파라미터의 슈퍼타입으로 지정할 수 있는 특성을 **파라미터 타입 반공변성** (parameter type contravariance)이라고 부른다. 간단하게 말해서 파라미터 타입 반공변성이란 메 서드를 정의한 클래스의 타입 계층과 파라미터의 타입 계층의 방향이 반대인 경우 서브타입 관계를 만 족한다는 것을 의미한다.

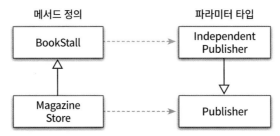

그림 A.11 파라미터 타입 반공변성은 메서드의 구현 계층과 리턴 타입의 계층이 반대 방향을 가진다

앞에서 리스코프 치환 원칙과 관련된 계약 규칙을 설명할 때 서브타입에서 메서드의 사전조건이 약화되더라도 클라이언트 입장에서는 영향이 없다고 했던 것을 기억하라. 서브타입 대신 슈퍼타입을 파라미터로 받는 것은 더 약한 사후조건을 정의하는 것과 같다. 따라서 파라미터 타입 반공변성은 계약에 의한 설계 관점에서 계약을 위반하지 않는다. 앞의 예에서 메서드를 구현한 슈퍼타입(BookStall)이 어떤 서브타입(IndependentPublisher)을 파라미터로 받을 경우 메서드를 오버라이딩하는 서브타입(MagazineStore)이 슈퍼타입에서 사용한 파라미터 타입의 슈퍼타입을 파라미터 타입으로 사용하더라도 클라이언트의 입장(Customer)에서 대체 가능한 것이다.

앞에서 언급한 것처럼 자바는 파라미터 반공변성을 지원하지 않는다. 따라서 앞의 MagazineStore는 @Override 어노테이션으로 인해 정상적으로 컴파일되지 않는다. 만약 컴파일을 위해 @Override 어노테이션을 제거한다면 자바 컴파일러는 오버라이딩이 아니라 이름만 같고 실제로는 서로 다른 메서드인 오버로딩으로 판단한다. 따라서 MagazineStore는 BookStall을 대체할 수 없게 된다.

리턴 타입 공변성과 파라미터 타입 반공변성을 사전조건과 사후조건의 관점에서 설명할 수도 있다. 서브타입은 슈퍼타입에서 정의한 것보다 더 강력한 사전조건을 정의할 수는 없지만 사전조건을 완화할 수는 있다.

사전조건은 파라미터에 대한 제약조건이므로 이것은 슈퍼타입에서 정의한 파라미터 타입에 대한 제약을 좀 더 완화할 수 있다는 것을 의미한다. 따라서 좀 더 완화된 슈퍼타입을 파라미터로 받을 수 있는 것이다.

리턴 타입은 사후조건과 관련이 있으며 서브타입은 슈퍼타입에서 정의된 사후조건을 완화시킬 수는 없지만 강화할 수는 있다는 사실을 기억하라. 따라서 슈퍼타입에서 정의한 리턴 타입보다 더 강화된 서브타입 인스턴스를 반환하는 것이 가능한 것이다.

사실 객체지향 언어 중에서 파라미터 반공변성을 지원하는 언어는 거의 없다고 봐도 무방하다. 여기서 파라미터 반공변성에 대해 언급하는 이유는 제네릭 프로그래밍에서는 파라미터 반공변성이 중요한 의미를 가지기 때문에 이번 장에서 설명한 기본적인 내용을 알아두는 것은 제네릭 프로그래밍을 공부하는 데 도움이 될 것이기 때문이다.

함수 타입과 서브타이핑

최근의 객체지향 언어들은 이름 없는 메서드를 정의할 수 있게 허용한다. 이들은 다양한 언어에서 **익명 함수**(anonymous function), **함수 리터럴**(function literal), **람다 표현식**(lambda expression) 등의 다양한 이름으로 불린다.

스칼라에서 파라미터 타입이 IndependentPublisher이고 Book의 인스턴스를 반환하는 sell 메서드는 다음과 같이 정의한다.

```
def sell(publisher:IndependentPublisher): Book = new Book(publisher)
```

만약 이 메서드의 이름을 통해 참조하거나 호출할 필요가 없다고 가정하자. 이 경우 함수 리터럴 표기법을 이용하면 파라미터와 리턴 타입만으로도 메서드의 타입을 정의할 수 있다.

```
(publisher: IndependentPublisher) => new Book(publisher)
```

이름 없이 메서드를 정의하는 것을 허용하는 언어들은 객체의 타입뿐만 아니라 메서드의 타입을 정의할 수 있게 허용한다. 그리고 타입에서 정의한 시그니처를 준수하는 메서드들을 이 타입의 인스턴스로 간주한다. sell 메서드와 이 메서드의 익명 함수 형태의 경우 파라미터 타입과 리턴 타입이 동일하기 때문에 모두 같은 타입의 인스턴스다.

스칼라에서는 다음과 같은 형식으로 파라미터 타입과 리턴 타입을 이용해 함수 타입을 정의할 수 있다.

```
IndependentPublisher => Book
```

BookStall이나 MagazineStore는 단 하나의 메서드만 포함하기 때문에 별도의 클래스로 정의하지 않고 메서드로 정의해서 Customer에 전달하는 것이 가능하다.

```
class Customer {
  var book: Book = null

  def order(store: IndependentPublisher => Book): Unit = {
    book = store(new IndependentPublisher())
  }
}
```

이제 IndependentPublisher를 파라미터로 받고 Book을 반환하는 BookStall의 sell 메서드를 클래스 정의 없이 함수 리터럴을 통해 파라미터로 전달할 수 있다.

```
new Orderer().order((publisher: IndependentPublisher) => new Book(publisher))
```

이번 장의 내용을 충실히 읽었다면 자연스럽게 한 가지 의문이 떠오를 것이다. 이 메서드에 대한 타입을 정의할 수 있다면 함수 타입의 서브타입을 정의할 수 있을까? 그리고 객체의 서브타입이 슈퍼타입을 대체할 수 있는 것처럼 서브타입 메서드가 슈퍼타입 메서드를 대체할 수 있을까? 대답은 '그렇다'이다.

앞에서 파라미터 타입이 반공변성을 가지고 리턴 타입이 공변성을 가질 경우 메서드가 오버라이드 가능하다고 했던 것을 기억하라. 메서드가 오버라이드 가능하다는 것은 메서드가 대체 가능하며, 따라서 두 메서드 사이에 서브타이핑 관계가 존재한다는 것을 의미한다. 이제 여러분은 아래 코드가 정상적으로 실행되는 이유를 이해할 수 있을 것이다.

```
new Customer().order((publisher: Publisher) => new Magazine(publisher))
```

order 메서드로 전달되는 함수 리터럴은 Publisher => Magazine 타입이다. 여기서 파라미터인 Publisher는 IndependentPublisher의 슈퍼타입이다. 다시 말해 파라미터 타입은 반공변적이다. 반대로 반환하는 인스턴스의 타입은 Book의 서브타입인 Magazine이다. 다시 말해 리턴 타입은 공변적이다. 따라서 (publisher: Publisher) => new Magazine(publisher)의 타입인 Publisher => Magazine은 IndependentPublisher => Book 타입의 서브타입이다.

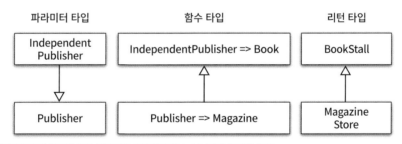

그림 A.12 파라미터 타입 반공변성과 리턴 타입 공변성과 함수 서브타입 사이의 관계

그림 A.12는 함수 타입과 파라미터 타입, 리턴 타입 간의 서브타입 관계를 정리한 것이다. 다시 한번 강조하지만 서브타입 관계를 구현하는 방식은 언어에 따라 다르다. 따라서 여러분이 사용하는 언어가 함수 타입에 관한 서브타입 관계를 준수하는지 확인하기 바란다.

이제 여러분은 계약에 의한 설계의 관점에서 리스코프 치환 원칙이 가지는 의미를 이해했을 것이다. 서브타입이 슈퍼타입을 치환할 수 있다는 것은 계약에 의한 설계에서 정의한 계약 규칙과 가변성 규칙을 준수한다는 것을 의미한다.

진정한 서브타이핑 관계를 만들고 싶다면 서브타입에 더 강력한 사전조건이나 더 완화된 사후조건을 정의해서는 안 되며 슈퍼타입의 불변식을 유지하기 위해 항상 노력해야 한다. 또한 서브타입에서 슈퍼타입에서 정의하지 않은 예외를 던져서는 안 된다.

여러분이 사용하는 언어가 메서드 파라미터에 대한 반공변성과 리턴 타입에 대한 공변성을 지원한다면 이를 서브타이핑의 관점에서 활용할 수 있는지 고민하기 바란다. 계약에 의한 설계를 지원하는 프레임워크를 사용하지 않더라도 치환 가능한 타입 계층을 구축하고 있는 경우라면 계약에 의한 설계가 들려주는 이야기에 귀 기울일 필요가 있을 것이다.

타입 계층의 구현

13장을 읽었다면 객체지향 프로그래밍에서 타입과 타입 계층의 의미를 대략적으로 이해했을 것이다. 많은 사람들이 갖고 있는 흔한 오해는 타입과 클래스가 동일한 개념이라는 것이다. 이것은 사실이 아니다. 타입은 개념의 분류를 의미하고 클래스는 타입을 구현하는 한 가지 방법일 뿐이다.

타입은 다양한 방법으로 구현할 수 있다. 사실 타입의 개념을 이해하는 데 가장 큰 걸림돌은 타입을 구현하는 방법이 다양하다는 점이다. 심지어 타입을 구현할 수 있는 독자적인 방법을 제공하는 언어도 있다.

타입 계층은 타입보다 상황이 더 복잡한데 다양한 방식으로 구현된 타입들을 하나의 타입 계층 안에 조합할 수 있기 때문이다. 예를 들어 자바에서는 인터페이스와 클래스를 이용해 개별 타입을 구현한 후 이 두 가지 종류의 타입 구현체를 함께 포함하도록 타입 계층을 구성할 수 있다.

이번 장을 읽을 때 다음의 두 가지 사항을 염두에 두기 바란다.

- 타입 계층은 동일한 메시지에 대한 행동 호환성을 전제로 하기 때문에 여기서 언급하는 모든 방법은 타입 계층을 구현하는 방법인 동시에 다형성을 구현하는 방법이기도 하다. 이번 장에서 설명하는 방법을 자세히 살펴보면 공통적으로 슈퍼타입에 대해 전송한 메시지를 서브타입별로 다르게 처리할 수 있는 방법을 제공한다는 사실을 알 수 있다. 이 방법들은 12장에서 설명한 동적 메서드 탐색과 유사한 방식을 이용해 적절한 메서드를 검색한다.

▪ 여기서 제시하는 방법을 이용해 타입과 타입 계층을 구현한다고 해서 서브타이핑 관계가 보장되는 것은 아니다. 13장에서 설명한 것처럼 올바른 타입 계층이 되기 위해서는 서브타입이 슈퍼타입을 대체할 수 있도록 리스코프 치환 원칙을 준수해야 한다. 리스코프 치환 원칙은 특정한 구현 방법에 의해 보장될 수 없기 때문에 클라이언트 관점에서 타입을 동일하게 다룰 수 있도록 의미적으로 행동 호환성을 보장하는 것은 전적으로 우리의 책임이다. 뒤에서 다루는 다양한 구현 방법을 이용할 때 타입 사이에 리스코프 치환 원칙을 준수하도록 만드는 책임은 우리 자신에게 있다는 사실을 기억하라.

지루한 이야기는 이 정도에서 마무리하고 이제부터 타입과 타입 계층을 구현할 수 있는 다양한 방법들을 살펴보자.

클래스를 이용한 타입 계층 구현

클래스 기반의 객체지향 언어를 사용하는 대부분의 사람들은 타입이라는 말에서 반사적으로 클래스라는 단어를 떠올린다. 타입은 객체의 퍼블릭 인터페이스를 가리키기 때문에 결과적으로 클래스는 객체의 타입과 구현을 동시에 정의하는 것과 '같다. 이것이 객체지향 언어에서 클래스를 **사용자 정의 타입**(user-defined data type)이라고 부르는 이유다.

10장에서 구현한 Phone 클래스를 살펴보자.

```
public class Phone {
  private Money amount;
  private Duration seconds;
  private List<Call> calls = new ArrayList<>();

  public Phone(Money amount, Duration seconds) {
    this.amount = amount;
    this.seconds = seconds;
  }

  public Money calculateFee() {
    Money result = Money.ZERO;

    for(Call call : calls) {
      result = result.plus(amount.times(call.getDuration().getSeconds() / seconds.getSeconds()));
    }

    return result;
  }
}
```

Phone의 인스턴스는 calculateFee 메시지를 수신할 수 있는 퍼블릭 메서드를 구현한다. 이 메서드는 결과적으로 Phone의 퍼블릭 인터페이스를 구성한다. 타입은 퍼블릭 인터페이스를 의미하기 때문에 Phone 클래스는 Phone 타입을 구현한다고 말할 수 있다. Phone은 calculateFee 메시지에 응답할 수 있는 타입을 선언하는 동시에 객체 구현을 정의하고 있는 것이다.

Phone의 경우처럼 타입을 구현할 수 있는 방법이 단 한 가지만 존재하는 경우에는 타입과 클래스를 동일하게 취급해도 무방하다. 여기서 '타입의 구현 방법이 단 한 가지'라는 말이 중요하다. 타입을 구현할 수 있는 다양한 방법이 존재하는 순간부터는 클래스와 타입은 갈라지기 시작한다.

Phone과 퍼블릭 인터페이스는 동일하지만 다른 방식으로 구현해야 하는 객체가 필요하다고 가정해보자. 다시 말해서 구현은 다르지만 Phone과 동일한 타입으로 분류되는 객체가 필요한 것이다. 퍼블릭 인터페이스는 유지하면서 새로운 구현을 가진 객체를 추가할 수 있는 가장 간단한 방법은 상속을 이용하는 것이다.

```java
public class NightlyDiscountPhone extends Phone {
  private static final int LATE_NIGHT_HOUR = 22;

  private Money nightlyAmount;

  public NightlyDiscountPhone(Money nightlyAmount, Money regularAmount, Duration seconds) {
    super(regularAmount, seconds);
    this.nightlyAmount = nightlyAmount;
  }

  @Override
  public Money calculateFee() {
    Money result = super.calculateFee();

    for(Call call : getCalls()) {
      if (call.getFrom().getHour() >= LATE_NIGHT_HOUR) {
        result = result.minus(getAmount().minus(nightlyAmount).times(
            call.getDuration().getSeconds() / getSeconds().getSeconds()));
      }
    }

    return result;
  }
}
```

상속을 이용하면 자식 클래스가 부모 클래스의 구현뿐만 아니라 퍼블릭 인터페이스도 물려받을 수 있기 때문에 타입 계층을 쉽게 구현할 수 있다. 하지만 10장에서 살펴본 것처럼 상속은 자식 클래스를 부모 클래스의 구현에 강하게 결합시키기 때문에 구체 클래스를 상속받는 것은 피해야 한다. 가급적 추상 클래스를 상속받거나 인터페이스를 구현하는 방법을 사용하기 바란다.

클래스는 타입을 구현할 수 있는 다양한 방법 중 하나일 뿐이다. 비교적 최근에 발표된 객체지향 언어들은 클래스를 사용하지 않고도 타입을 구현할 수 있는 방법을 제공한다. 대표적인 것이 자바와 C#의 인터페이스다.

인터페이스를 이용한 타입 계층 구현

간단한 게임을 개발하고 있다고 가정하자. 게임은 사용자와 상호작용할 수 있는 다양한 객체들로 구성된다. 수많은 객체들 중에서 실제로 플레이어의 게임 플레이에 영향을 미치는 객체들을 동일한 타입으로 분류하기를 원한다고 가정하자. 이 객체들의 타입을 GameObject라고 부를 것이다.

게임 안에는 GameObject 타입으로 분류될 수 있는 다양한 객체들이 존재한다. 화면 상에서 폭발 효과를 표현하는 Explosion과 사운드 효과를 표현하는 Sound가 GameObject 타입의 대표적인 예다. 이 중에서 Explosion과 Sound는 게임에 필요한 다양한 효과 중 하나이기 때문에 이들을 다시 Effect 타입으로 분류할 수 있다. 이 중에서 Explosion은 화면에 표시될 수 있기 때문에 Displayable 타입으로도 분류할 수 있다. 아마 Displayable 타입에는 적대적인 Monster와 플레이어가 직접 조작 가능한 Player 타입도 존재할 것이다.

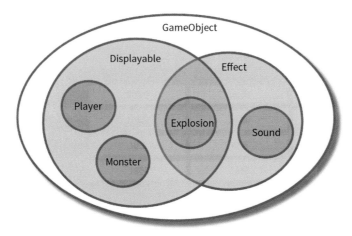

그림 B.1 GameObject 타입 계층

이제 클래스와 상속을 이용해 이 객체들을 구현하는 방법을 생각해보자. Sound 타입은 Effect 타입의 서브타입이기 때문에 Effect 클래스를 상속받아야 한다. Explosion 타입은 Effect 타입인 동시에 Displyable 타입이기 때문에 Effect 클래스와 Displayable 클래스를 동시에 상속받아야 한다.

문제는 대부분의 언어들이 다중 상속을 지원하지 않는다는 데 있다. 만약 자바를 사용하고 있다면 Explosion 클래스가 Effect 클래스와 Diplayable 클래스를 동시에 상속받을 수 있는 방법은 없다.

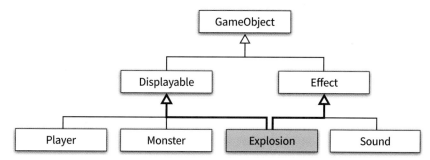

그림 B.2 다중 상속을 요구하는 다중 분류 타입인 Explosion

게다가 이 클래스들을 동일한 상속 계층 안에 구현하고 싶지도 않다. 클래스들을 상속 관계로 연결하면 자식 클래스가 부모 클래스와 클래스의 구현에 강하게 결합될 확률이 높다. 결과적으로 상속 계층 안의 클래스 하나를 변경했는데도 게임에 포함된 수많은 자식 클래스들이 영향을 받을 수 있다.

상속으로 인한 결합도 문제를 피하고 다중 상속이라는 구현 제약도 해결할 수 있는 방법은 클래스가 아닌 인터페이스를 사용하는 것이다.

```
public interface GameObject {
  String getName();
}
```

GameObject 타입은 좀 더 많은 행동을 가진 다른 타입에 의해 확장될 수 있다. 예를 들어, 게임의 많은 요소들은 화면에 표시될 필요가 있다. 이 객체들은 화면 표시라는 동일한 행동을 제공하기 때문에 별도의 타입으로 분류돼야 한다. 이들을 Displyable 타입으로 분류하는 것이 좋을 것 같다.

```
public interface Displayable extends GameObject {
  Point getPosition();
  void update(Graphics graphics);
}
```

Displayable 인터페이스가 GameObject를 확장한다는 사실에 주목하라. 위 코드는 Displayable 타입을 GameObject 타입의 서브타입으로 정의한다. 결과적으로 Displayable 타입의 모든 인스턴스는 GameObject 타입의 인스턴스 집합에도 포함된다. 이처럼 인터페이스가 다른 인터페이스를 확장하도록 만들면 슈퍼타입과 서브타입 간의 타입 계층을 구성할 수 있다.

화면에 표시될 수 있는 Displayable 타입의 인스턴스들 중에는 다른 요소들과의 충돌로 인해 이동에 제약을 받거나 피해를 입는 등의 처리가 필요한 객체들이 존재한다. 이런 객체들을 위해 Collidable 타입을 정의하고 충돌 체크를 위한 collideWith 오퍼레이션을 추가하자. 충돌을 체크하는 객체들은 모두 화면에 표시 가능해야 하기 때문에 Collidable 타입은 Displayable 타입의 서브타입이어야 한다. Displayable 타입은 GameObject의 서브타입이므로 Collidable 타입은 자동적으로 GameObject의 서브타입이 된다.

```
public interface Collidable extends Displayable {
  boolean collideWith(Collidable other);
}
```

화면에 표시되지 않더라도 게임에 다양한 효과를 부여할 수 있는 부가적인 요소들이 필요하다. 대표적인 것이 게임의 배경음악과 효과음이다. 이들은 특정한 조건에 따라 활성화돼야 하므로 이 행동을 제공하는 Effect라는 타입을 정의하자.

```
public interface Effect extends GameObject {
  void activate();
}
```

이제 타입에 속할 객체들을 구현하자. 여기서는 인터페이스로 정의한 타입을 구현하기 위해 클래스를 사용할 것이다. 자바와 C#에서는 인터페이스를 이용해 타입의 퍼블릭 인터페이스를 정의하고 클래스를 이용해 객체를 구현하는 것이 일반적인 패턴이다. 인터페이스와 클래스를 함께 조합하면 다중 상속의 딜레마에 빠지지 않을 수 있고 단일 상속 계층으로 인한 결합도 문제도 피할 수 있다.

가장 먼저 사용자의 분신이 되어줄 Player가 필요하다. Player는 화면에 표시돼야 할뿐만 아니라 화면상에 표현된 다른 객체들과의 충돌을 체크해야 한다. 따라서 Playable은 Collidable 타입의 인스턴스여야 한다. 클래스를 이용해 타입을 구현하자.

```java
public class Player implements Collidable {
  @Override
  public String getName() { ... }

  @Override
  public boolean collideWith(Collidable other) { ... }

  @Override
  public Point getPosition() { ...}

  @Override
  public void update(Graphics graphics) { ... }
}
```

플레이어를 공격할 Monster 역시 Collidable 타입이 정의한 행동을 제공해야 한다.

```java
public class Monster implements Collidable {
  @Override
  public String getName() { ... }

  @Override
  public boolean collideWith(Collidable other) { ... }

  @Override
  public Point getPosition() { ...}

  @Override
  public void update(Graphics graphics) { ... }
}
```

효과음은 화면에 표시될 필요도 없고 다른 요소와 충돌 여부를 체크할 필요도 없다. 하지만 플레이어 캐릭터가 몬스터 캐릭터가 충돌하는 경우처럼 특정 이벤트가 발생할 경우 활성화돼야 한다. 따라서 효과음을 구현한 Sound 클래스는 Effect 인터페이스를 구현해야 한다.

```java
public class Sound implements Effect {
  @Override
  public String getName() { ... }
```

```
    @Override
    public void activate() { ... }
  }
```

다양한 폭발 효과를 구현한 Explosion 객체는 화면에 표시될 수 있어야 하고 충돌 등의 특정 조건에 의해 활성화되는 Effect의 일종이다. Sound와 달리 다른 요소들과의 충돌 여부를 체크할 필요는 없기 때문에 Displayable과 Effect 인터페이스를 구현하면 된다.

```
public class Explosion implements Displayable, Effect {
    @Override
    public String getName() { ... }

    @Override
    public Point getPosition() { ... }

    @Override
    public void update(Graphics graphics) { ... }

    @Override
    public void activate() { ... }
  }
```

그림 B.3은 지금까지 살펴본 타입과 타입을 구현한 클래스 사이의 관계를 그림으로 표현한 것이다. 이 그림으로부터 다음과 같은 사실을 알 수 있다.

여러 클래스가 동일한 타입을 구현할 수 있다

Player와 Monster 클래스는 서로 다른 클래스지만 이 두 클래스의 인스턴스들은 Collidable 인터페이스를 구현하고 있기 때문에 동일한 메시지에 응답할 수 있다. 따라서 서로 다른 클래스를 이용해서 구현됐지만 타입은 동일하다.

하나의 클래스가 여러 타입을 구현할 수 있다.

Explosion의 인스턴스는 Displayable 인터페이스와 동시에 Effect 인터페이스도 구현한다. 따라서 Explosion의 인스턴스는 Displayable 타입인 동시에 Effect 타입이기도 하다.

중요한 것은 인터페이스를 이용해 타입을 정의하고 클래스를 이용해 객체를 구현하면 클래스 상속을 사용하지 않고도 타입 계층을 구현할 수 있다는 사실이다.

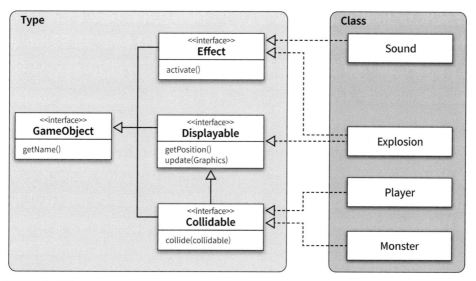

그림 B.3 타입과 클래스

클래스와 타입 간의 차이를 이해하는 것은 중요한 일이다.

객체의 클래스는 객체의 구현을 정의한다. 클래스는 객체의 내부 상태와 오퍼레이션 구현 방법을 정의하는 것이고 객체의 타입은 인터페이스만을 정의하는 것으로 객체가 반응할 수 있는 오퍼레이션의 집합을 정의한다. 하나의 객체가 여러 타입을 가질 수 있고 서로 다른 클래스의 객체들이 동일한 타입을 가질 수 있다. 즉, 객체의 구현은 다를지라도 인터페이스는 같을 수 있다는 의미다.

클래스와 타입 간에는 밀접한 관련이 있다. 클래스도 객체가 만족할 수 있는 오퍼레이션을 정의하고 있으므로 타입을 정의하는 것이기도 하다. 그래서 객체가 클래스의 인터페이스라고 말할 때 객체는 클래스가 정의하고 있는 인터페이스를 지원한다는 뜻을 내포한다[GOF94].

영화 예매 시스템에서도 영화의 할인 조건을 구현한 타입 계층을 구현하기 위해 자바의 인터페이스와 클래스를 사용했다.

```java
public interface DiscountCondition {
  boolean isSatisfiedBy(Screening screening);
}

public class SequenceCondition implements DiscountCondition {
```

```
    public boolean isSatisfiedBy(Screening screening) { ... }
}

public class PeriodCondition implements DiscountCondition {
    public boolean isSatisfiedBy(Screening screening) { ... }
}
```

이 예제에서는 할인 조건이라는 타입을 정의하기 위해 자바 인터페이스로 DiscountCondition을 정의했다. 클래스인 SequenceCondition과 PeriodCondition은 DiscountCondition 타입으로 분류될 객체들에 대한 구현을 담고 있다.

클래스와 타입의 차이점을 이해하는 것은 설계 관점에서 매우 중요하다. 타입은 동일한 퍼블릭 인터페이스를 가진 객체들의 범주다. 클래스는 타입에 속하는 객체들을 구현하기 위한 구현 메커니즘이다. 객체지향에서 중요한 것은 협력 안에서 객체가 제공하는 행동이라는 사실을 기억하라. 따라서 중요한 것은 클래스 자체가 아니라 타입이다. 타입이 식별된 후에 타입에 속하는 객체를 구현하기 위해 클래스를 사용하는 것이다.

이 예제는 클래스가 객체지향의 중심이 아니라는 사실을 잘 보여준다. 클래스가 아니라 타입에 집중하라. 중요한 것은 객체가 외부에 제공하는 행동, 즉 타입을 중심으로 객체들의 계층을 설계하는 것이다. 타입이 아니라 클래스를 강조하면 객체의 퍼블릭 인터페이스가 아닌 세부 구현에 결합된 협력 관계를 낳게 된다.

추상 클래스를 이용한 타입 계층 구현

클래스 상속을 이용해 구현을 공유하면서도 결합도로 인한 부작용을 피하는 방법도 있다. 바로 **추상 클래스**를 이용하는 방법이다. 영화 예매 시스템에서는 할인 정책을 구현하기 위한 DiscountPolicy가 추상 클래스에 해당한다.

```
public abstract class DiscountPolicy {
    private List<DiscountCondition> conditions = new ArrayList<>();

    public DiscountPolicy(DiscountCondition ... conditions) {
        this.conditions = Arrays.asList(conditions);
    }

    public Money calculateDiscountAmount(Screening screening) {
```

```
      for(DiscountCondition each : conditions) {
        if (each.isSatisfiedBy(screening)) {
          return getDiscountAmount(screening);
        }
      }

      return screening.getMovieFee();
    }

    abstract protected Money getDiscountAmount(Screening Screening);
  }
```

이제 추상 클래스인 DiscountPolicy를 상속받는 구체 클래스를 추가함으로써 타입 계층을 구현할 수
있다.

```
public class AmountDiscountPolicy extends DiscountPolicy {
  @Override
  protected Money getDiscountAmount(Screening screening) {
    return discountAmount;
  }
}

public class PercentDiscountPolicy extends DiscountPolicy {
  @Override
  protected Money getDiscountAmount(Screening screening) {
    return screening.getMovieFee().times(percent);
  }
}
```

구체 클래스로 타입을 정의해서 상속받는 방법과 추상 클래스로 타입을 정의해서 상속받는 방법 사
이에는 두 가지 중요한 차이점이 있다. 하나는 추상화의 정도이고 다른 하나는 상속을 사용하는 의
도다.

첫 번째로 의존하는 대상의 추상화 정도가 다르다. 앞에서 클래스를 이용해 타입 계층을 구현했던
Phone 클래스의 경우 자식 클래스인 NightlyDiscountPhone의 calculateFee 메서드가 부모 클래스인
Phone의 calculateFee 메서드의 구체적인 내부 구현에 강하게 결합된다. 따라서 Phone의 내부 구현이 변
경될 경우 자식 클래스인 NightlyDiscountPhone도 함께 변경될 가능성이 높다.

이에 비해 추상 클래스인 DiscountPolicy의 경우 자식 클래스인 AmountDiscountPolicy와 PercentDiscount
Policy가 DiscountPolicy의 내부 구현이 아닌 추상 메서드의 시그니처에만 의존한다. 이 경우 자식 클래스들은 DiscountPolicy가 어떤 식으로 구현돼 있는지는 알 필요가 없다. 단지 추상 메서드로 정의된 getDiscountAmount 메서드를 오버라이딩하면 된다는 사실에만 의존해도 무방하다.

여기서 부모 클래스와 자식 클래스 모두 추상 메서드인 getDiscountAmount에 의존한다는 사실이 중요하다. 이것은 의존성 역전 원칙의 변형이다. DiscountPolicy는 할인 조건을 판단하는 고차원의 모듈이다. 그에 비해 AmountDiscountPolicy와 PercentDiscountPolicy는 할인 금액을 계산하는 저차원 모듈이다. 고차원 모듈과 저차원 모듈 모두 추상 메서드인 getDiscountAmount에 의존한다.

또한 DiscountPolicy의 구체 메서드인 calculateDiscountAmount가 추상 메서드 getDiscountAmount를 호출하며 자식 클래스들은 모두 이 추상 메서드의 시그니처를 준수한다. 따라서 구체적인 메서드가 추상적인 메서드에 의존하기 때문에 의존성 역전 원칙을 따른다고 할 수 있다. 결과적으로 이 설계는 유연한 동시에 변화에 안정적이다.

한 가지 조언은 모든 구체 클래스의 부모 클래스를 항상 추상 클래스로 만들기 위해 노력하라는 것이다. 의존하는 대상이 더 추상적일수록 결합도는 낮아지고 결합도가 낮아질수록 변경으로 인한 영향도는 줄어든다. DiscountPolicy의 자식 클래스들은 구체적인 구현이 아닌 추상 메서드에 의존하고 있기 때문에 추상 메서드의 명세가 변경되지 않는 한 영향을 받지 않는다.

두 번째 차이점은 상속을 사용하는 의도다. Phone은 상속을 염두에 두고 설계된 것이 아니다. Phone의 설계자는 나중에 NightlyDiscountPhone이라는 개념이 추가될 것이라는 사실을 알지 못했다. 따라서 Phone에는 미래의 확장을 위한 어떤 준비도 돼 있지 않다. 사실 NightlyDiscountPhone의 개발자가 Phone의 코드를 재사용하기 위해 상속을 사용한 것은 트릭에 가깝다.

그에 반해 DiscountPolicy는 처음부터 상속을 염두에 두고 설계된 클래스다. DiscountPolicy는 추상 클래스이기 때문에 자신의 인스턴스를 직접 생성할 수 없다. DiscountPolicy의 유일한 목적은 자식 클래스를 추가하는 것이다. 이 클래스는 추상 메서드를 제공함으로써 상속 계층을 쉽게 확장할 수 있게 하고 결합도로 인한 부작용을 방지할 수 있는 안전망을 제공한다.

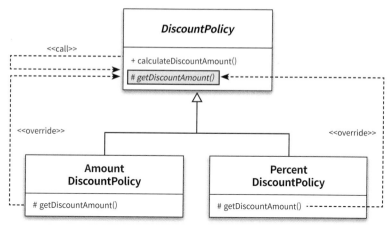

그림 B.4 구체적인 메서드들이 추상 메서드에 의존하는 DIP

추상 클래스와 인터페이스 결합하기

대부분의 객체지향 언어들은 하나의 부모 클래스만 가질 수 있도록 허용하는 단일 상속만 지원한다. 이 경우 여러 타입으로 분류되는 타입이 문제가 될 수 있는데 오직 클래스만을 이용해 타입을 구현할 경우 그림 B.2의 Explosion처럼 다중 상속을 이용해서 해결할 수밖에 없기 때문이다. 클래스와 단일 상속만으로 이 문제를 해결할 수는 없기 때문에 대부분의 경우에 해결 방법은 타입 계층을 오묘한 방식으로 비트는 것이다.

자바와 C#에서 제공하는 인터페이스를 이용해 타입을 정의하면 다중 상속 문제를 해결할 수 있다. 클래스가 구현할 수 있는 인터페이스의 수에는 제한이 없기 때문에 하나의 클래스가 하나 이상의 타입으로 분류 가능하도록 손쉽게 확장할 수 있다. 그림 B.3의 Explosion은 클래스의 다중 상속 문제를 인터페이스의 다중 구현으로 해결한 예다.

물론 인터페이스만을 사용하는 방법에도 단점은 있다. 자바 8 이전 버전이나 C#에서 제공하는 인터페이스에는 구현 코드를 포함시킬 수 없기 때문에 인터페이스만으로는 중복 코드를 제거하기 어렵다는 점이다. 따라서 효과적인 접근 방법은 인터페이스를 이용해 타입을 정의하고 특정 상속 계층에 국한된 코드를 공유할 필요가 있을 경우에는 추상 클래스를 이용해 코드 중복을 방지하는 것이다. 이런 형태로 추상 클래스를 사용하는 방식을 **골격 구현 추상 클래스**(skeletal implementation abstract class)라고 부른다.

인터페이스가 메서드 구현 부분(메서드 몸체)을 포함하지는 않지만 인터페이스를 사용해 타입을 정의한다고 해서 프로그래머가 구현을 하는 데 도움을 못 주는 것은 아니다. 외부에 공개한 각각의 중요한 인터페이스와 연관시킨 골격 구현 추상 클래스를 제공함으로써 인터페이스와 추상 클래스의 장점을 결합할 수 있다. 그렇게 함으로써 인터페이스는 여전히 타입을 정의하지만 골격 구현 클래스는 그것을 구현하는 모든 일을 맡는다 [Bloch08].

DiscountPolicy 타입은 추상 클래스를 이용해서 구현했기 때문에 DiscountPolicy 타입에 속하는 모든 객체들은 하나의 상속 계층 안에 묶여야 하는 제약을 가진다. 이제 상속 계층에 대한 제약을 완화시켜 DiscountPolicy 타입으로 분류될 수 있는 객체들이 구현 시에 서로 다른 상속 계층에 속할 수 있도록 만들고 싶다고 가정해보자. 가장 좋은 방법은 인터페이스와 추상 클래스를 결합하는 것이다. DiscountPolicy 타입을 추상 클래스에서 인터페이스로 변경하고 공통 코드를 담을 골격 구현 추상 클래스인 DefaultDiscountPolicy를 추가함으로써 상속 계층이라는 굴레를 벗어날 수 있다.

```java
public interface DiscountPolicy {
  Money calculateDiscountAmount(Screening screening);
}

public abstract class DefaultDiscountPolicy implements DiscountPolicy {
  private List<DiscountCondition> conditions = new ArrayList<>();

  public DefaultDiscountPolicy(DiscountCondition... conditions) {
    this.conditions = Arrays.asList(conditions);
  }

  @Override
  public Money calculateDiscountAmount(Screening screening) {
    for(DiscountCondition each : conditions) {
      if (each.isSatisfiedBy(screening)) {
        return getDiscountedFee(screening);
      }
    }

    return screening.getMovieFee();
  }

  abstract protected Money getDiscountAmount(Screening screening);
}
```

이제 AmountDiscountPolicy와 PercentDiscountPolicy의 부모 클래스를 DefaultDiscountPolicy로 변경하자.

```
public class AmountDiscountPolicy extends DefaultDiscountPolicy { ... }

public class PercentDiscountPolicy extends DefaultDiscountPolicy { ... }
```

그림 B.5는 인터페이스와 골격 구현 추상 클래스를 함께 사용해서 구현한 DiscountPolicy 타입 계층을 그림으로 표현한 것이다.

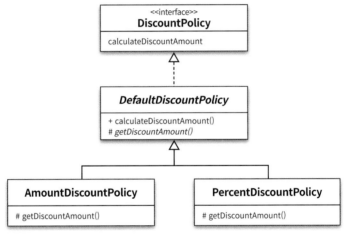

그림 B.5 인터페이스와 골격 구현 추상 클래스의 결합

인터페이스와 추상 클래스를 함께 사용하는 방법은 추상 클래스만 사용하는 방법에 비해 두 가지 장점이 있다.

* 다양한 구현 방법이 필요할 경우 새로운 추상 클래스를 추가해서 쉽게 해결할 수 있다. 예를 들어, 금액 할인 정책을 더 빠른 속도로 처리할 수 있는 방법과 메모리를 더 적게 차지하는 방법 모두를 구현해 놓고 상황에 따라 적절한 방법을 선택하게 할 수 있다.

* 이미 부모 클래스가 존재하는 클래스라고 하더라도 인터페이스를 추가함으로써 새로운 타입으로 쉽게 확장할 수 있다. DiscountPolicy 타입이 추상 클래스로 구현돼 있는 경우에 이 문제를 해결할 수 있는 유일한 방법은 상속 계층을 다시 조정하는 것뿐이다.

여러분의 설계가 상속 계층에 얽매이지 않는 타입 계층을 요구한다면 인터페이스로 타입을 정의하라. 추상 클래스로 기본 구현을 제공해서 중복 코드를 제거하라. 하지만 이런 복잡성이 필요하지 않다면 타입을 정의하기 위해 인터페이스나 추상 클래스 둘 중 하나만 사용하라. 타입의 구현 방법이 단 한 가지이거나 단일 상속 계층만으로도 타입 계층을 구현하는 데 무리가 없다면 클래스나 추상 클래스를 이용해 타입을 정의하는 것이 더 좋다. 그 외의 상황이라면 인터페이스를 이용하는 것을 고려하라.

덕 타이핑 사용하기

덕 타이핑은 주로 동적 타입 언어에서 사용하는 방법으로서 다음과 같은 **덕 테스트**(duck test)를 프로그래밍 언어에 적용한 것이다.

> 어떤 새가 오리처럼 걷고, 오리처럼 헤엄치며, 오리처럼 꽥꽥 소리를 낸다면 나는 이 새를 오리라고 부를 것이다.
>
> – 제임스 윗콤 릴리(James Whitcom Riley)

덕 테스트는 어떤 대상의 '행동'이 오리와 같다면 그것을 오리라는 타입으로 취급해도 무방하다는 것이다. 다시 말해 객체가 어떤 인터페이스에 정의된 행동을 수행할 수만 있다면 그 객체를 해당 타입으로 분류해도 문제가 없다.

안타깝게도 자바 같은 대부분의 정적 타입 언어에서는 덕 타이핑을 지원하지 않는다. 다음의 Employee, SalariedEmployee, HourlyEmployee 클래스를 보자.

```
public interface Employee {
  Money calculatePay(double taxRate);
}

public class SalariedEmployee {
  private String name;
  private Money basePay;

  public SalariedEmployee(String name, Money basePay) {
    this.name = name;
    this.basePay = basePay;
  }

  public Money calculatePay(double taxRate) {
    return basePay.minus(basePay.times(taxRate));
  }
}
```

```java
public class HourlyEmployee {
  private String name;
  private Money basePay;
  private int timeCard;

  public HourlyEmployee(String name, Money basePay, int timeCard) {
    this.name = name;
    this.basePay = basePay;
    this.timeCard = timeCard;
  }

  public Money calculatePay(double taxRate) {
    return basePay.times(timeCard).minus(basePay.times(timeCard).times(taxRate));
  }
}
```

SalariedEmployee와 HourlyEmployee 클래스는 Employee 인터페이스에 정의된 calculatePay 오퍼레이션과 동일한 시그니처를 가진 퍼블릭 메서드를 포함하고 있다. 따라서 SalariedEmployee와 HourlyEmployee 클래스가 동일한 퍼블릭 인터페이스를 공유하기 때문에 동일한 타입으로 취급할 수 있다고 예상할 것이다. 하지만 자바 같은 대부분의 정적 타입 언어에서는 두 클래스를 동일한 타입으로 취급하기 위해서는 코드 상의 타입이 동일하게 선언돼 있어야만 한다. 단순히 동일한 시그니처의 메서드를 포함한다고 해서 같은 타입으로 판단하지 않는다. 따라서 SalariedEmployee와 HourlyEmployee는 Employee 타입이 아니다. 만약 아래의 calculate 메서드의 첫 번째 인자로 SalariedEmployee나 HourlyEmployee 인스턴스를 전달한다면 컴파일 오류가 발생할 것이다.

```java
public Money calculate(Employee employee, double taxRate) {
  return employee.calculatePay(taxRate);
}
```

```java
calculate(new SalariedEmployee(...), 0.01);     // 컴파일 에러!
calculate(new HourlyEmployee(...), 0.01);       // 컴파일 에러!
```

이 메서드에 SalariedEmployee와 HourlyEmployee 인스턴스를 전달하기 위해서는 두 클래스가 Employee 인터페이스를 명시적으로 구현하게 해야 한다. 이처럼 정적 타입 언어에서는 객체의 퍼블릭 인터페이스만으로 타입을 추측하는 것이 불가능하며 모든 요소의 타입이 명시적으로 기술돼 있어야 한다.

```
public interface Employee {
  Money calculatePay(double taxRate);
}

public class SalariedEmployee implements Employee { ... }

public class HourlyEmployee implements Employee { ... }
```

반면 런타임에 타입을 결정하는 동적 타입 언어는 특정한 클래스를 상속받거나 인터페이스를 구현하지 않고도 객체가 수신할 수 있는 메시지의 집합으로 객체의 타입을 결정할 수 있다. 다음은 바로 전의 Employee 예제를 루비로 작성한 것이다.

```
class SalariedEmployee
  def initialize(name, basePay)
    @name = name
    @basePay = basePay
  end

  def calculatePay(taxRate)
    @basePay - (@basePay * taxRate)
  end
end

class HourlyEmployee < Employee
  def initialize(name, basePay, timeCard)
    @name = name
    @basePay = basePay
    @timeCard = timeCard
  end

  def calculatePay(taxRate)
    (@basePay * @timeCard) - (@basePay * @timeCard) * taxRate
  end
end
```

루비 같은 동적 타입 언어에서는 명시적으로 동일한 클래스를 상속받거나 동일한 인터페이스를 구현하지 않더라도 시그니처가 동일한 메서드를 가진 클래스는 같은 타입으로 취급할 수 있다. 위 예제에서 SalariedEmployee와 HourlyEmployee 클래스의 인스턴스는 calculatePay(taxRate)라는 동일한 시그니처를 가진 메서드를 구현하고 있기 때문에 동일한 타입으로 간주할 수 있다. 따라서 다음과 같은 메서드의 인자로 인스턴스를 전달해도 문제가 없다.

```
def calculate(employee, taxRate)
  employee.calculatePay(taxRate)
end

calculate(SalariedEmployee.new(...), 0.01)     // 성공!
calculate(HourlyEmployee.new(...), 0.01)       // 성공!
```

이것이 바로 덕 타이핑이다. calculatePay(taxRate)라는 행동을 수행할 수 있으면 이 객체를 Employee라고 부를 수 있는 것이다. 마치 꽥꽥거리는 모든 것을 오리라고 부르는 것처럼 말이다.

덕 타이핑은 타입이 행동에 대한 것이라는 사실을 강조한다. 두 객체가 동일하게 행동한다면 내부 구현이 어떤 방식이든 상관없다. 타입 관점에서 두 객체는 동일한 타입인 것이다.

8장에서 유연한 설계의 한 가지 조건으로 **컨텍스트 독립성**(context independence)이라는 개념을 설명했다. 인터페이스가 클래스보다 더 유연한 설계를 가능하게 해주는 이유는 클래스가 정의하는 구현이라는 컨텍스트에 독립적인 코드를 작성할 수 있게 해주기 때문이다. 덕 타이핑은 여기서 한 걸음 더 나아간다. 단지 메서드의 시그니처만 동일하면 명시적인 타입 선언이라는 컨텍스트를 제거할 수 있다. 덕 타이핑은 클래스나 인터페이스에 대한 의존성을 메시지에 대한 의존성으로 대체한다. 결과적으로 코드는 낮은 결합도를 유지하고 변경에 유연하게 대응할 수 있다.

> 객체지향 설계의 목표는 코드의 수정 비용을 줄이는 것이다. 우리는 애플리케이션 설계의 핵심은 메시지라는 점도 알고 있고 엄격하게 정의된 퍼블릭 인터페이스를 구축하는 과정이 왜 중요한지도 알고 있다. 이제 이 둘을 통합한 강력한 설계 기술을 연마하면 수정 비용을 줄일 수 있다.
>
> 이 기술의 이름은 덕 타이핑이다. 덕 타입은 특정 클래스에 종속되지 않은 퍼블릭 인터페이스다. 여러 클래스를 가로지르는 이런 인터페이스는 클래스에 대한 값비싼 의존을 메시지에 대한 부드러운 의존으로 대치시킨다. 그리고 애플리케이션을 굉장히 유연하게 만들어준다[Metz12].

덕 타이핑이 동적 타입 언어에서 널리 사용되는 기법이기는 하지만 정적 타입 언어 중에서도 부분적으로나마 덕 타이핑을 지원하는 언어들이 있다. 대표적인 언어가 C#으로, 닷넷 프레임워크 버전 4에 적용된 dynamic 키워드를 사용하면 덕 타이핑을 흉내 낼 수 있다[Hall14]. 다음은 SalariedEmployee와 HourlyEmployee를 C#으로 구현한 것이다.

```
public class SalariedEmployee
{
  private string name;
  private decimal basePay;

  public SalariedEmployee(String name, decimal basePay)
  {
    this.name = name;
    this.basePay = basePay;
  }

  public decimal CalculatePay(decimal taxRate)
  {
    return basePay - basePay * taxRate;
  }
}

public class HourlyEmployee
{
  private String name;
  private decimal basePay;
  private int timeCard;

  public HourlyEmployee(String name, decimal basePay, int timeCard)
  {
    this.name = name;
    this.basePay = basePay;
    this.timeCard = timeCard;
  }

  public decimal CalculatePay(decimal taxRate)
  {
    return (basePay * timeCard) - (basePay * timeCard) * taxRate;
  }
}
```

SalariedEmployee 클래스와 HourlyEmployee 클래스를 동일한 타입으로 묶어주는 어떤 선언도 존재하지 않는다는 것을 알 수 있다. 따라서 일반적인 상황이라면 두 클래스의 인스턴스는 별개의 타입으로 취급될 것이다. 하지만 아래와 같이 dynamic 키워드를 추가하면 CalculatePay 메시지에 응답할 수 있는 어떤 객체라도 파라미터로 전달하는 것이 가능해진다. 따라서 Calculate 메서드는 클래스나 인터페이스 수준의 결합도를 메시지 수준의 결합도로 낮춘다.

```csharp
public decimal Calculate(dynamic employee, decimal taxRate)
{
    return employee.CalculatePay(taxRate);
}

Calculate(new SalariedEmployee(...), 0.01);      // 성공!
Calculate(new HourlyEmployee(...), 0.01);        // 성공!
```

덕 타이핑을 사용하면 메시지 수준으로 결합도를 낮출 수 있기 때문에 유연한 설계를 얻을 수 있다. 하지만 밝은 면 뒤에는 어두운 면이 존재하기 마련이다. 덕 타이핑을 사용하면 컴파일 시점에 발견할 수 있는 오류를 실행 시점으로 미루게 되기 때문에 설계의 유연성을 얻는 대신 코드의 안전성을 약화시킬 수 있다는 점에 주의하라.

컴파일타임 체크를 통해 타입 안전성을 보장하는 언어도 있다. C++에서 제네릭 프로그래밍을 구현하는 템플릿(template)은 타입 안전성과 덕 타이핑이라는 두 가지 장점을 성공적으로 조합한다. SalariedEmployee와 HourlyEmployee 클래스를 C++로 구현해보자.

```cpp
class SalariedEmployee
{
private:
    string name;
    long base_pay;

public:
    SalariedEmployee(string name, long base_pay);
    long calculate_pay(double tax_rate);
};

SalariedEmployee::SalariedEmployee(string name, long base_pay)
{
    this->name = name;
    this->base_pay = base_pay;
}
```

```
long SalariedEmployee::calculate_pay(double tax_rate)
{
  return base_pay - (base_pay * tax_rate);
}

class HourlyEmployee
{
private:
  string name;
  long base_pay;
  int time_card;

public:
  HourlyEmployee(string name, long base_pay, int timeCard);
  long calculate_pay(double tax_rate);
};

HourlyEmployee::HourlyEmployee(string name, long base_pay, int time_card)
{
  this->name = name;
  this->base_pay = base_pay;
  this->time_card = time_card;
}

long HourlyEmployee::calculate_pay(double tax_rate)
{
  return (base_pay * time_card) - (base_pay * time_card) * tax_rate;
}
```

코드에서 볼 수 있는 것처럼 SalariedEmployee와 HourlyEmployee 클래스는 동일한 시그니처를 가지는 퍼블릭 메서드인 calculate_pay(double tax_rate)를 구현하고 있지만 두 클래스를 동일한 타입으로 묶어주는 어떤 명시적인 타입 선언도 존재하지 않는다. C++ 컴파일러의 관점에서 두 클래스는 별개의 타입인 것이다.

하지만 아래와 같이 템플릿을 사용하면 관계가 없는 두 클래스를 동일한 타입으로 취급하는 것이 가능하다.

```
template <typename T>
long calculate(T employee, double tax_rate)
{
  return employee.calculate_pay(tax_rate);
}
```

calculate 함수는 첫 번째 파라미터로 임의의 타입 T의 인스턴스를 취하는 함수 템플릿(function template)이다. calculate 함수가 타입 파라미터 T에게 요구하는 것은 단 한 가지다. 인자로 전달되는 객체의 클래스가 calculate_pay 메시지를 이해해야 한다는 것이다. 따라서 calculate 함수의 첫 번째 파라미터에 대해 덕 타이핑을 지원한다.

더 반가운 소식은 첫 번째 T 타입 인자로 전달되는 객체가 calculate_pay 함수를 구현하고 있는지를 런타임이 아닌 컴파일 시점에 체크할 수 있다는 것이다. 따라서 C++의 템플릿 시스템은 정적 타입 언어의 장점인 타입 안전성까지도 보장해준다.

하지만 이 경우에도 어두운 면이 존재한다. C++의 템플릿은 호출되는 각각의 타입에 대해 calculate 함수의 복사본을 만든다. 즉, SalariedEmployee와 HourlyEmployee 클래스의 인스턴스를 calculate(T employee, double tax_rate) 함수의 첫 번째 인자로 사용해서 호출하면 컴파일러가 calculate(SalariedEmployee employee, double tax_rate) 함수와 calculate(HourlyEmployee employee, double tax_rate) 함수라는 개별적인 두 개의 함수를 내부적으로 생성한다는 것이다. 따라서 C++의 템플릿을 사용해서 덕 타이핑의 타입 안전성을 보장하는 대가로 거대한 크기의 프로그램이라는 비효율성을 감수해야만 한다. 설계뿐만 아니라 프로그래밍 언어 역시 트레이드오프의 산물인 것이다.

믹스인과 타입 계층

믹스인(mixin)은 객체를 생성할 때 코드 일부를 섞어 넣을 수 있도록 만들어진 일종의 추상 서브클래스다. 언어마다 구현 방법에 차이는 있지만 믹스인을 사용하는 목적은 다양한 객체 구현 안에서 동일한 '행동'을 중복 코드 없이 재사용할 수 있게 만드는 것이다.

여기서 행동이라는 단어에 주목하라. 믹스인을 통해 코드를 재사용하는 객체들은 동일한 행동을 공유하게 된다. 다시 말해 공통의 행동이 믹스인된 객체들은 동일한 메시지를 수신할 수 있는 퍼블릭 인터페이스를 공유하게 되는 것이다. 타입은 퍼블릭 인터페이스와 관련이 있기 때문에 대부분의 믹스인을 구현하는 기법들은 타입을 정의하는 것으로 볼 수 있다.

이해를 돕기 위해 스칼라 언어에서 믹스인을 구현하기 위해 제공하는 **트레이트(trait)**를 살펴보자. 다양한 애플리케이션을 작성하다 보면 동일한 타입의 객체들을 비교해야 할 필요가 있다. 예상하겠지만 이럴 때마다 매번 모든 클래스에 비교 연산자를 추가하는 것은 고역스러울 수밖에 없다.

이 문제를 해결하기 위해 스칼라는 비교와 관련된 공통적인 구현을 믹스인해서 재사용할 수 있게 Ordered라는 트레이트를 제공한다. Ordered 트레이트는 내부적으로 추상 메서드 compare를 사용해 〈, 〉, 〈=, 〉= 연산자를 구현한다.

```scala
trait Ordered[A] extends Any with Comparable[A] {
  def compare(that: A): Int
  def <  (that: A): Boolean = (this compare that) <  0
  def >  (that: A): Boolean = (this compare that) >  0
  def <= (that: A): Boolean = (this compare that) <= 0
  def >= (that: A): Boolean = (this compare that) >= 0
  def compareTo(that: A): Int = compare(that)
}
```

이제 비교 연산자를 추가하고 싶은 클래스에 Ordered 트레이트를 믹스인하고 추상 메서드 compare를 오버라이딩하기만 하면 공짜로 〈, 〉, 〈=, 〉= 연산자를 퍼블릭 인터페이스에 추가할 수 있게 된다. 예를 들어, 금액을 표현하는 Money 클래스에 비교 연산자를 추가하고 싶다면 다음과 같이 Ordered 트레이트를 믹스인하면 된다.

```scala
case class Money(amount: Long) extends Ordered[Money] {
  def + (that: Money): Money = Money(this.amount + that.amount)
  def - (that: Money): Money = Money(this.amount - that.amount)
  def compare(that: Money): Int = (this.amount - that.amount).toInt
}
```

Ordered 트레이트는 구현뿐만 아니라 퍼블릭 메서드를 퍼블릭 인터페이스에 추가하기 때문에 이제 Money는 Ordered 트레이트를 요구하는 모든 위치에서 Ordered를 대체할 수 있다. 이것은 서브타입의 요건인 리스코프 치환 원칙을 만족시키기 때문에 Money는 Ordered 타입으로 분류될 수 있다.

Money 예제는 최근의 객체지향 언어에서 풍부한 인터페이스를 만들기 위해 믹스인을 사용하는 경향을 잘 보여준다. Ordered 트레이트를 믹스인하기 전의 Money는 + 연산자와 - 연산자만을 퍼블릭 인터페이스에 포함하고 있는 간결한 클래스였다. 하지만 Ordered 트레이트를 믹스인하고 추상 메서드 compare를 구현하는 순간 Money의 퍼블릭 인터페이스 안에는 〈, 〉, 〈=, 〉=라는 다수의 연산자가 자동으로 추가된다. 결과적으로 Money의 인터페이스는 더 많은 연산자로 인해 풍부해졌다.

믹스인은 간결한 인터페이스를 가진 클래스를 풍부한 인터페이스를 가진 클래스로 만들기 위해 사용될수 있다. 물론 풍부한 인터페이스를 정의한 트레이트의 서브타입으로 해당 클래스를 만드는 부수적인효과도 얻으면서 말이다.

> 트레이트의 주된 사용법 중 하나는 어떤 클래스에 그 클래스가 이미 갖고 있는 메서드를 기반으로 하는 새로운 메서드를 추가하는 것이다. 다시 말해서 간결한 인터페이스(thin interface)를 풍부한 인터페이스(rich interface)로 만들 때 트레이트를 사용할 수 있다. … 트레이트를 이용해 인터페이스를 풍성하게 만들고 싶다면 트레이트에 간결한 인터페이스 역할을 하는 추상 메서드를 구현하고 그런 추상 메서드를 활용해 풍부한 인터페이스 역할을 할 여러 메서드를 같은 트레이트 안에서 구현하면 된다. 풍성해진 트레이트를 클래스에 믹스인하고, 추상 메서드로 지정한 간결한 인터페이스만 구현하면 결국 풍부한 인터페이스의 구현을 모두 포함한 클래스를 완성할 수 있다[Odersky11].

스칼라의 트레이트와 유사하게 자바 8에 새롭게 추가된 **디폴트 메서드(default method)**는 인터페이스에 메서드의 기본 구현을 추가하는 것을 허용한다. 인터페이스에 디폴트 메서드가 구현돼 있다면 이인터페이스를 구현하는 클래스는 기본 구현을 가지고 있는 메서드를 구현할 필요가 없다. 디폴트 메서드를 사용하면 추상 클래스가 제공하는 코드 재사용성이라는 혜택을 그대로 누리면서도 특정한 상속계층에 얽매이지 않는 인터페이스의 장점을 유지할 수 있다.

자바의 경우에는 믹스인을 구현하기 위해 디폴트 메서드를 사용할 수 있으며, 이를 통해 간결한 인터페이스를 가진 클래스를 풍부한 인터페이스를 가진 클래스로 변경할 수 있다. 아래 코드와 같이 그림 B.5에서 DiscountPolicy 인터페이스의 calculateDiscountAmount 오퍼레이션을 디폴트 메서드로 구현하면더 이상 기본 구현을 제공하기 위해 인터페이스를 구현하는 추상 클래스를 만들 필요가 없을 것이다.

```java
public interface DiscountPolicy {
  default Money calculateDiscountAmount(Screening screening) {
    for(DiscountCondition each : getConditions()) {
      if (each.isSatisfiedBy(screening)) {
        return getDiscountAmount(screening);
      }
    }
```

```
    return screening.getMovieFee();
  }

  List<DiscountCondition> getConditions();
  Money getDiscountAmount(Screening screening);
}
```

가장 먼저 눈에 띄는 것은 default 키워드를 사용해서 calculateDiscountAmount 오퍼레이션의 기본 구현을 제공했다는 것이다. 이제 추상 클래스를 사용하지 않고 DiscountPolicy 인터페이스를 상속받는 것만으로도 쉽게 AmountDiscountPolicy와 PercentDiscountPolicy 클래스를 추가할 수 있을 것이다.

하지만 디폴트 메서드가 제공하는 혜택을 누리면서 설계를 견고하게 유지하기 위해서는 디폴트 메서드가 가지는 한계를 분명하게 인식하는 것이 중요하다. 다시 한번 DiscountPolicy 인터페이스를 살펴보기 바란다. 인터페이스와 추상 클래스를 혼합했던 방식에서는 보이지 않던 getConditions 오퍼레이션과 getDiscountAmount 오퍼레이션이 인터페이스에 추가된 것을 확인할 수 있다. 이것은 디폴트 메서드인 calculateDiscountAmount 메서드가 내부적으로 두 개의 메서드를 사용하기 때문에 이 인터페이스를 구현하는 모든 클래스들은 해당 메서드의 구현을 제공해야 한다는 것을 명시한 것이다. 이 방법은 앞에서 Ordered 트레이트에서 사용했던 방법과 정확하게 일치한다.

문제는 이 메서드들이 인터페이스에 정의돼 있기 때문에 클래스 안에서 퍼블릭 메서드로 구현돼야 한다는 것이다. 추상 클래스를 사용했던 경우에는 getDiscountAmount 메서드의 가시성이 protected였던 것을 기억하라. getDiscountAmount 메서드가 원래는 구현을 위해 추상 클래스 내부에서만 사용될 메서드였기 때문이었다.

하지만 이제 디폴트 메서드 안에서 사용된다는 이유만으로 public 메서드가 돼야 한다. 이것은 외부에 노출할 필요가 없는 메서드를 불필요하게 퍼블릭 인터페이스에 추가하는 결과를 낳게 된다.

getConditions 메서드의 경우에는 문제가 더 심각한데 클래스 내부에서 DiscountConditions의 목록을 관리한다는 사실을 외부에 공개할뿐만 아니라 public 메서드를 제공함으로써 이 목록에 접근할 수 있게 해준다. 이것은 설계의 제1원칙으로 강조해왔던 캡슐화를 약화시킨다.

금액 할인 정책을 구현한 AmountDiscountPolicy의 코드를 보면 문제를 이해할 수 있을 것이다. 불필요한 public 메서드인 getConditions의 구현이 필요한 이유는 인터페이스가 메서드 구현을 포함할 수는 있지만 인스턴스 변수를 포함할 수는 없기 때문이다. 내부 구현에 해당하는 getDiscountAmount 메서드가 public 메서드로 구현된 이유는 인터페이스에 포함된 디폴트 메서드가 해당 메서드를 호출하기 때문이다. 따라서 디폴트 메서드를 사용해 추상 클래스를 대체할 경우 인터페이스가 불필요하게 비대해지고 캡슐화가 약화될 수도 있다는 사실을 인지해야 한다.

```java
public class AmountDiscountPolicy implements DiscountPolicy {
  private Money discountAmount;
  private List<DiscountCondition> conditions = new ArrayList<>();

  public AmountDiscountPolicy(Money discountAmount, DiscountCondition... conditions) {
    this.discountAmount = discountAmount;
    this.conditions = Arrays.asList(conditions);
  }

  @Override
  public List<DiscountCondition> getConditions() {
    return conditions;
  }

  @Override
  public Money getDiscountAmount(Screening screening) {
    return discountAmount;
  }
}
```

게다가 이 방법은 AmountDiscountPolicy와 PercentDiscountPolicy 클래스 사이의 코드 중복을 완벽하게 제거해 주지도 못한다. 비율 할인 정책을 구현한 PercentDiscountPolicy의 코드를 살펴보면 두 클래스 사이에 코드가 얼마나 많이 중복되는지 잘 알 수 있을 것이다.

```java
public class PercentDiscountPolicy implements DiscountPolicy {
  private double percent;
  private List<DiscountCondition> conditions = new ArrayList<>();

  public PercentDiscountPolicy(double percent, DiscountCondition... conditions) {
    this.percent = percent;
    this.conditions = Arrays.asList(conditions);
  }

  @Override
  public List<DiscountCondition> getConditions() {
```

```
    return conditions;
  }

  @Override
  public Money getDiscountAmount(Screening screening) {
    return screening.getMovieFee().times(percent);
  }
}
```

이것은 자바 8에 디폴트 메서드를 추가한 이유가 인터페이스로 추상 클래스의 역할을 대체하려는 것이 아니기 때문이다. 디폴트 메서드가 추가된 이유는 기존에 널리 사용되고 있는 인터페이스에 새로운 오퍼레이션을 추가할 경우에 발생하는 하위 호환성 문제를 해결하기 위해서지 추상 클래스를 제거하기 위한 것이 아니다. 따라서 타입을 정의하기 위해 디폴트 메서드를 사용할 생각이라면 그 한계를 명확하게 알아두기 바란다.

> … 인터페이스에 새로운 메서드를 추가하는 등 인터페이스를 바꾸고 싶을 때는 문제가 발생한다. 인터페이스를 바꾸면 이전에 해당 인터페이스를 구현했던 모든 클래스의 구현도 고쳐야 하기 때문이다. … 자바 8에서는 기본 구현을 포함하는 인터페이스를 정의하는 두 가지 방법을 제공한다. 첫 번째는 인터페이스 내부에 정적 메서드를 사용하는 것이다. 두 번째는 인터페이스의 기본 구현을 제공할 수 있게 디폴트 메서드라는 기능을 사용하는 것이다. 즉, 자바 8에서는 메서드 구현을 포함하는 인터페이스를 정의할 수 있다. 결과적으로 기존 인터페이스를 구현하는 클래스는 자동으로 인터페이스에 추가된 새로운 메서드의 디폴트 메서드를 상속받게 된다[Urma14].

지금까지 꽤 많은 지면을 할애해서 타입과 타입 계층을 구현하는 방법을 살펴봤다. 타입을 정의하는 기준은 객체가 외부에 제공하는 퍼블릭 인터페이스이기 때문에 실제로 타입의 개념을 코드로 옮길 수 있는 다양한 방법이 존재하며 동시에 타입의 구현 방법만큼이나 다양한 방식으로 타입 계층을 구현할 수 있다.

여기서 중요한 것은 어떤 방법을 사용하더라도 타입 계층을 구현했다고 해서 그 안에 들어있는 모든 타입 구현체들이 서브타입과 슈퍼타입의 조건을 만족시키는 것은 아니라는 것이다. 어떤 타입이 다른 타입의 서브타입이 되기 위해서는 구현할 때 리스코프 치환 원칙을 준수해야 한다.

여기서 사용된 방법을 사용해 타입 계층을 구현한다고 하더라도 리스코프 치환 원칙을 준수하지 않는다면 올바른 타입 계층을 구현한 것이 아니다. 만약 그렇다면 코드 재사용과 서브타이핑을 혼동하고 있는 것은 아닌지 고민해 보기 바란다.

동적인 협력, 정적인 코드

협력을 구성하기 위해서는 살아 움직이는 객체가 필요하다. 객체는 태어나고, 협력하고, 책임을 다하고 나면 소멸한다. 객체의 상태는 지속적으로 변하고, 외부의 자극에 따라 다양한 방식으로 행동한다. 간단히 말해 객체는 동적이다. 살아 움직이는 존재인 것이다.

객체의 움직임과 변화를 표현하기 위해 우리는 객체지향 프로그래밍 언어를 사용한다. 문제는 프로그래밍을 위해 사용하는 텍스트라는 표현 도구가 정적이라는 것이다. 프로그램은 일단 작성되고 나면 프로그래머가 직접 손을 대기 전까지는 변하지 않는다.

객체는 동적이다. 프로그램은 정적이다. 객체는 시간에 따라 다른 객체와 협력하며 계속 변화한다. 프로그램은 고정된 텍스트라는 형식 안에 갇혀 있으면서도 객체의 모든 변화 가능성을 담아야 한다.

이것은 프로그래머가 객체지향 프로그램을 작성하기 위해서는 두 가지 모델을 동시에 마음속에 그려야 한다는 것을 의미한다. 하나는 프로그램 실행 구조를 표현하는 움직이는 모델이고 또 다른 하나는 코드의 구조를 담는 고정된 모델이다. 전자를 **동적 모델**(dynamic model)이라고 부르고 후자를 **정적 모델**(static model)이라고 부른다.

훌륭한 객체지향 프로그램을 작성하기 위해서는 동적 모델과 정적 모델을 조화롭게 버무릴 수 있는 능력이 필요하다. 객체지향의 세계에서 동적 모델은 **객체**와 **협력**으로 구성된다. 객체는 다른 객체와 협력하면서 애플리케이션의 기능을 수행한다. 객체지향의 세계에서 정적 모델은 **타입**과 **관계**로 구성된다. 타입은 객체를 분류하기 위한 틀로서 동일한 타입에 속하는 객체들이 수행할 수 있는 모든 행동들을 압축해서 표현한 것이다. 클래스 기반의 객체지향 언어에서 타입을 구현하는 가장 대표적인 방법은 클래스를 사용하는 것이므로 일반적으로 정적 모델이라고 하면 클래스로 구성된 모델을 의미한다.

그렇다면 두 가지 모델 중에 어떤 것을 우선해야 할까? 대부분의 사람들은 코드로 표현되는 정적 모델이 동적 모델보다 더 중요하다고 생각할 것이다. 프로그래머로서 우리가 대부분의 시간을 함께 보내는 것은 클래스다. 프로그램의 응집도와 결합도, 변경 가능성 등의 설계 품질은 클래스와 클래스 사이의 관계를 얼마나 잘 설계하느냐에 좌우되는 것이 사실이지 않는가?

하지만 대답은 '그렇지 않다'이다. 정적 모델은 동적 모델에 의해 주도돼야 하고 동적 모델이라는 토대 위에 세워져야 한다. 프로그램 코드 안에 담아지는 정적 모델은 객체 사이의 협력에 기반해야 한다. 이것이 핵심이다.

동적 모델을 기반으로 정적 모델을 구상할 때 고려해야 하는 중요한 요소는 변경이다. 설계가 필요한 이유는 변경을 수용할 수 있는 코드를 만들기 위해서다. 여기서 변경을 수용할 수 있는 코드란 단순하고, 결합도가 낮으며, 중복 코드가 없는 코드를 의미한다.

- 수정이 용이한 코드란 응집도가 높고, 결합도가 낮으며, 단순해서 쉽게 이해할 수 있는 코드다. 우리는 이미 4장과 5장에서 수정하기 쉬운 코드가 가지는 특징에 관해 살펴봤다.

- 유연한 코드란 동일한 코드를 이용해 다양한 컨텍스트에서 동작 가능한 협력을 만들 수 있는 코드다. 유연성의 관점에서 작성된 코드는 객체 사이의 다양한 조합을 지원해야 한다. 8장에서 의존성을 낮게 유지하면서 컨텍스트 독립성을 확보할 수 있는 다양한 기법에 관해 살펴봤다.

- 수정이 용이한 코드와 유연한 코드에 대한 욕구는 중복 코드를 제거하게 만드는 가장 큰 압력이다. 중복 코드가 많을수록 하나의 개념을 변경하기 위해 여러 곳의 코드를 한꺼번에 수정해야 한다. 코드를 수정하는 작업 자체의 괴로움은 둘째치고라도 버그가 발생할 수 있는 확률이 높아지기 때문에 중복 코드는 언제 터질지 모르는 시한폭탄과도 같다. 유연한 코드를 향해 나아가다 보면 서로 다른 컨텍스트 사이의 공통점을 하나의 코드로 모아야 하는 상황에 직면한다. 그리고 이런 필요성이 중복 코드를 제거하고 새로운 추상화를 도입하게 만든다. 10장에서는 중복 코드가 가지는 문제점과 이를 해결할 수 있는 전통적인 방법인 상속에 대해 살펴봤다. 또한 11장에서 합성과 믹스인이라는 방법을 통해 새로운 추상화를 도입할 수 있는 몇 가지 기법에 관해서도 살펴봤다.

이 목적을 달성하기 위해서는 코드가 아닌 협력에 초점을 맞춰야 한다. 좋은 설계는 객체 사이의 협력과 행동을 표현하는 동적 모델을 기반으로 해야 한다. 정적 모델은 동적 모델이 그려놓은 윤곽을 따라야 하는 것이다.

01 동적 모델과 정적 모델

행동이 코드를 결정한다

협력에 참여하는 객체의 행동이 객체의 정적 모델을 결정해야 한다. 행동이 코드의 구조에 영향을 미치는 대표적인 예가 바로 상속 계층을 구성하는 방식이다.

13장에서 서브타이핑을 설명하면서 살펴본 Bird와 Penguin의 계층을 다시 한번 살펴보자. 객체가 외부에 제공하는 행동을 제외한 채 개념 사이의 관계에 기반해 Bird와 Penguin의 정적 모델을 구상한다면 그림 C.1과 같이 Penguin을 Bird의 자식 클래스로 구현할 것이다.

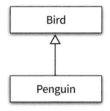

그림 C.1 행동을 고려하지 않은 정적 모델

하지만 13장에서 설명한 것처럼 객체가 외부에 fly라는 행동을 제공한다면 정적 모델의 구조는 그림 C.2와 같이 변경된다. 이것은 리스코프 치환 원칙에 따라 클라이언트의 관점에서 대체 가능성을 제공해야 하기 때문이다.

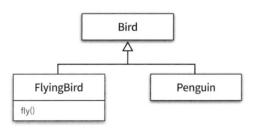

그림 C.2 행동을 고려한 정적 모델

이 간단한 예는 객체가 외부에 제공하는 행동이 코드 구조에 어떤 영향을 미치는지를 잘 설명해준다. 객체의 행동을 고려하지 않을 경우 날 수 있는 Penguin이 나타나거나, Bird의 인스턴스들이 예상과 다르게 행동하거나, 개방-폐쇄 원칙을 위반하는 코드가 양산될 수밖에 없다.

객체의 정적 모델은 동적 모델이라는 토대 없이는 완전해질 수 없다. 가장 중요한 것은 객체가 외부에 제공하는 행동이다. 정적 모델을 설계하는 이유는 단지 행동과 변경을 적절하게 수용할 수 있는 코드 구조를 찾는 것이어야 한다.

정적 모델을 미리 결정하고 객체의 행동을 정적 모델에 맞춰서는 안 된다. 동적 모델이 정적 모델을 결정해야 한다. 만약 정적 모델이 협력에 적합하지 않다면 정적 모델을 지속적으로 개선하라. 그 결과로 FlyingBird와 같은 이상한 이름의 클래스를 추가해야 한다고 해도 말이다.

변경을 고려하라

객체가 제공하는 행동의 측면에서 적절하게 정적 모델을 고려하더라도 변경을 고려하지 않는다면 유지 보수하기 어려운 코드가 만들어진다. 11장에서 살펴본 핸드폰 과금 시스템이 바로 변경을 고려하지 않을 경우에 발생하는 문제를 설명해 주는 대표적인 예다.

그림 C.3은 상속을 이용해 구현한 핸드폰 과금 시스템의 초기 모델이다. 이 설계는 상속 계층에 속한 객체들이 협력 안에서 다양한 정책에 따라 요금을 계산하는 책임을 수행해야 한다는 객체의 행동을 잘 표현한다. 하지만 변경이라는 측면에서는 좋은 설계가 아니다. 이 설계는 다양한 정책을 조합하면 조합할수록 중복 코드가 기하급수적으로 증가한다. 게다가 유연하지도 않다. Phone의 요금 정책을 변경하려면 인스턴스들 사이에 상태를 복사해야 하기 때문이다.

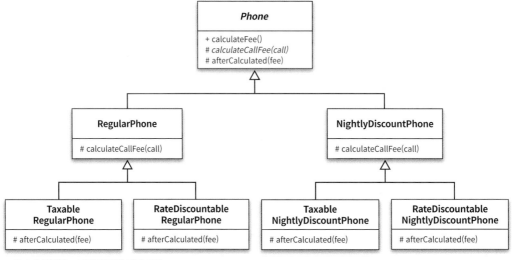

그림 C.3 변경을 고려하지 않은 정적 모델

그림 C.4의 모델은 그림 C.3의 상속 계층을 합성으로 변경한 것이다. 이 설계에서는 요금 정책을 다양하게 조합하더라도 중복 코드가 발생하지 않는다. 게다가 요금 정책을 변경하고 싶다면 Phone에 합성 관계로 연결하는 RatePolicy 인스턴스의 종류를 변경하기만 하면 된다.

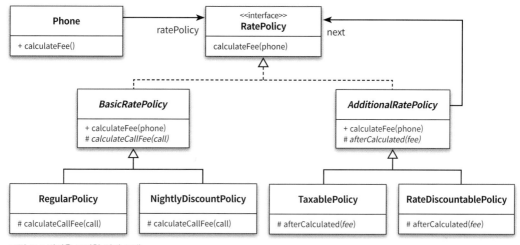

그림 C.4 변경을 고려한 정적 모델

외부에 동일한 행동을 제공하면서도 코드 변경에 더 유연하게 대응하기 때문에 그림 C.4의 설계가 그림 C.3의 설계보다 더 좋은 설계라고 평가할 수 있다. 동일한 행동을 제공하는 정적 모델이 있다면 항상 현재의 설계에서 요구되는 변경을 부드럽게 수용할 수 있는 설계를 선택하라.

이제 여러분에게는 한 가지 의문이 생길 것이다. 객체지향 설계와 관련된 다양한 서적을 살펴보면 도메인 모델을 먼저 만들고 도메인 모델을 기반으로 설계와 구현을 진행하라는 이야기를 볼 수 있다. 도메인 안의 개념과 관계를 담고 있는 도메인 모델은 정적 모델에 속하지 않는가? 그리고 이 정적 모델에 표현된 개념들을 기반으로 객체 사이의 협력을 설계하지 않았던가? 그렇다면 정적 모델이 동적 모델에 기반하는 것이 아니라 그 반대가 아닌가? 설명하겠다.

02 도메인 모델과 구현

도메인 모델에 관하여

도메인(domain)이란 사용자가 프로그램을 사용하는 대상 영역을 가리킨다. **모델(model)**이란 지식을 선택적으로 단순화하고 의식적으로 구조화한 형태다[Evans03]. **도메인 모델(domain model)**이란 사용자가 프로그램을 사용하는 대상 영역에 대한 지식을 선택적으로 단순화하고 의식적으로 구조화한 형태다.

객체지향 분석 설계에서 제안하는 지침 중 하나는 소프트웨어의 도메인에 대해 고민하고 도메인 모델을 기반으로 소프트웨어를 구축하라는 것이다. 이 지침을 따르면 개념과 소프트웨어 사이의 표현적 차이를 줄일 수 있기 때문에 이해하고 수정하기 쉬운 소프트웨어를 만들 수 있다[Larman01].

여기서 중요한 것은 도메인 모델을 작성하는 것이 목표가 아니라 출발점이라는 것이다. 우리가 소프트웨어를 만들기 위해 수행하는 모든 활동의 궁극적인 목적은 동작하는 소프트웨어를 만드는 것이다. 도메인 모델은 소프트웨어를 만드는 데 필요한 개념의 이름과 의미, 그리고 관계에 대한 힌트를 제공하는 역할로 끝나야 한다.

> 모델은 옳거나 틀린 것이 아니다. 모델은 유용하거나 유용하지 않은 정도의 차이만 있을 뿐이다[Fowler96].

불행은 도메인 안의 개념이 제공하는 틀에 맞춰서 소프트웨어를 구축해야 한다고 생각할 때부터 시작된다. 그리고 도메인 모델이 클래스 다이어그램과 같은 정적 모델에 기반해야 한다는 오해 역시 잘못된 코드 구조를 낳는 원인이 된다. 도메인 모델이 클래스 다이어그램과 같은 정적인 형태로 표현돼야 한다는 것 역시 오해다. 도메인 모델은 여러분의 도메인에 대한 지식을 표현하고 코드의 구조에 대한 힌트를 제공할 수 있다면 어떤 형태로 표현하더라도 상관이 없다. 사실 객체 사이의 협력을 도드라지게 보여주는 개념적인 표현 역시 도메인 모델이 될 수 있다.

우리에게 중요한 것은 소프트웨어의 기능과 객체의 책임이다. 코드의 구조를 이끄는 것은 도메인 안에 정립된 개념의 분류 체계가 아니라 객체들의 협력이다. 도메인 안의 개념들을 기반으로 출발하되 객체들의 협력이 도메인 모델에 맞지 않다면 필요한 몇 가지 개념만 남기고 도메인 모델을 과감히 수정하라.

중요한 것은 객체들의 협력을 지원하는 코드 구조를 만드는 것이다. 도메인의 개념을 충실히 따르는 코드가 목적이 아니다. 코드의 구조를 주도하는 것은 구조가 아니라 행동이라는 사실을 기억하라.

여기에 변경이라는 요소가 들어가면 문제는 더 복잡해진다. 도메인 모델에 지나치게 집착하거나 도메인 모델의 초기 구조를 맹목적으로 따르는 코드를 작성하고 있다면 변경하기 어려운 소프트웨어가 만들어질 확률이 높다.

> 의사소통 패턴은 객체들이 다른 객체와 상호작용하는 방법을 관장하는 각종 규칙으로 구성돼 있다. … 우리가 생각하기에 도메인 모델은 이러한 의사소통 패턴에 속한다. 의사소통 패턴은 객체 간에 있을 법한 관계에 의미를 부여하기 때문이다. 시스템을 그것이 지닌 역학 측면에서 생각해보면, 의사소통 구조는 객체라는 것을 처음 접할 때 배우는 정적인 분류에서 개념적으로 굉장히 발전한 단계에 해당한다. 도메인 모델은 명확하게 드러나지 않는데, 이는 의사소통 패턴이 우리가 사용하는 프로그래밍 언어로 명확하게 표현되지 않기 때문이다. … 정적인 분류와 동적인 의사소통 간의 불일치 탓에 … 객체에 대한 깔끔한 클래스 계층 구조를 생각해 내기란 어려울 것이다. 기껏해야 클래스 계층 구조는 1차원적인 애플리케이션을 나타내면서 객체 간의 구현 세부 사항을 공유하는 메커니즘만을 제공한다[Freeman09].

간단한 예제 한 가지를 살펴보자. 다음에 소개할 예제는《게임 프로그래밍 패턴》[Nystrom 2014]에서 발췌한 것으로, 변경에 유연하게 대응할 수 있는 타입의 구현 방법을 잘 보여준다.

몬스터 설계하기

주인공 캐릭터를 공격하는 다양한 종류의 몬스터가 등장하는 게임을 설계해야 한다고 해보자. 현재의 요구사항에 따르면 몬스터로는 용과 트롤만이 존재하지만 앞으로 어떤 종류의 몬스터가 더 추가될지 모른다고 한다. 다시 말해서 몬스터의 종류를 확장할 수 있어야 한다는 것이다.

설계자들은 용과 트롤이 몬스터의 일종이기 때문에 그림 C.5의 도메인 모델에서 출발하는 것이 적절하다고 결정했다.

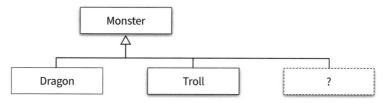

그림 C.5 몬스터 계층에 대한 초기 도메인 모델

이 도메인 모델은 코드를 작성할 수 있는 훌륭한 출발점을 제공한다. 게다가 모든 몬스터가 공격할 수 있다는 요구사항을 수용할 수 있으며 계층에 속하는 모든 클래스들이 서브타입 관계를 만족하도록 구현할 수도 있다. 결론적으로 이 도메인 모델을 기반으로 코드를 작성하면 원하는 협력을 지원할 수 있기 때문에 훌륭한 출발점이라고 판단된다.

먼저 Monster를 구현하자. 모든 몬스터는 공격을 수행할 수 있고 구체적인 공격 방법은 몬스터가 어떤 종류인지에 따라 달라질 수 있다. 따라서 Monster 클래스를 추상 메서드 getAttack을 선언한 추상 클래스로 구현하는 것이 적절해 보인다.

```java
public abstract class Monster {
  private int health;

  public Monster(int health) {
    this.health = health;
  }

  abstract public String getAttack();
}
```

Monster의 자식 클래스인 Dragon은 입에서 불을 내뿜어서 주인공을 공격할 수 있다.

```java
public class Dragon extends Monster {
  public Dragon() {
    super(230);
  }

  @Override
  public String getAttack() {
    return "용은 불을 내뿜는다";
  }
}
```

Troll은 곤봉으로 주인공을 내리칠 수 있다.

```java
public class Troll extends Monster {
  public Troll() {
    super(48);
  }

  @Override
  public String getAttack() {
    return "트롤은 곤봉으로 때린다";
  }
}
```

여기까지는 깔끔하다. 새로운 몬스터를 추가해 달라는 요청이 물밀듯이 들어올 때까지는 말이다. 몬스터별로 하나의 클래스를 추가하고 getAttack 메서드를 오버라이딩하는 일은 꽤나 지루한 작업일 것이다.

이제 어떤 변경이 필요한지 명확해졌다. 여러분의 게임은 새로운 몬스터를 쉽게 추가할 수 있어야 한다. 그리고 여러분의 설계는 이런 변경을 쉽게 지원할 수 있게 개선될 필요가 있다.

현재의 설계를 변경하기 어려운 이유는 새로운 몬스터가 필요할 때마다 새로운 클래스를 추가해야 하기 때문이다. 물론 현재의 설계는 기존 코드를 수정하지 않고도 새로운 몬스터를 추가할 수 있기 때문에 개방—폐쇄 원칙을 준수하는 좋은 설계라고 할 수 있다. 하지만 더 좋은 방법은 새로운 클래스를 추가하지 않고도 새로운 몬스터를 추가할 수 있는 방법일 것이다.

우리는 몬스터 종류별로 새로운 서브클래스를 추가하는 대신 몬스터가 품종을 가지도록 설계를 개선할 수 있다. 다시 말해서 하나의 Monster 클래스가 하나의 Breed 클래스를 합성 관계로 포함하는 설계로 개선할 수 있다.

Breed 클래스는 몬스터의 체력(health)과 공격 방식(attack)을 속성으로 포함하는 단순한 클래스다.

```java
public class Breed {
  private String name;
  private int health;
  private String attack;

  public Breed(String name, int health, String attack) {
    this.name = name;
    this.health = health;
    this.attack = attack;
  }

  public int getHealth() {
    return health;
  }

  public String getAttack() {
    return attack;
  }
}
```

각 몬스터 종류는 Breed 클래스의 인스턴스를 포함하는 Monster 클래스로 모델링할 수 있다.

```java
public class Monster {
  private int health;
  private Breed breed;

  public Monster(Breed breed) {
    this.health = breed.getHealth();
  }

  public String getAttack() {
    return breed.getAttack();
  }
}
```

이제 새로운 몬스터의 종류를 추가하는 것은 새로운 클래스를 추가하는 것이 아니라 새로운 Breed 인스턴스를 생성하고 Monster 인스턴스에 연결하는 작업으로 바뀐다.

```java
Monster dragon = new Monster(new Breed("용", 230, "용은 불을 내뿜는다"));
Monster troll = new Monster(new Breed("트롤", 48, "트롤은 곤봉으로 때린다"));
```

우리가 만들고 있는 게임 안에 수백 가지 종류의 몬스터가 존재한다고 가정해보라. 각 종류별로 매번 새로운 클래스를 만들고 수정하는 일은 끔찍할 정도로 지루한 반복 작업일 것이다.

우리는 두 개의 클래스만으로 이 문제를 수정했다. 하나는 시스템 안의 모든 몬스터가 수행해야 하는 행동을 정의한 Monster 클래스다. 다른 하나는 몬스터의 타입을 정의하는 Breed 클래스다.

그림 C.6 공통 행동을 제공하는 Monster와 타입을 제공하는 Breed

이것은 상속 대신 합성을 사용하라는 설계 지침을 따르는 또 다른 예다. 하지만 설계의 의도라는 측면에서 살펴본다면 중복을 제거하고, 유연성을 향상시키기 위해 합성을 사용했던 핸드폰 요금 시스템의 경우와는 약간 다르다. 여기서 합성을 사용한 이유는 Dragon이나 Troll과 같은 새로운 Monster 타입이 추가될 때마다 새로운 클래스를 추가하고 싶지 않기 때문이다.

이제 새로운 클래스를 추가하는 대신 Breed의 새로운 인스턴스를 생성하는 것으로 타입 추가 문제를 해결했다. 이것은 새로운 클래스를 추가해야 하는 작업을 인스턴스 생성으로 대체한 것과 동일하다.

부록 B에서 타입을 구현하는 다양한 방법을 살펴봤던 것을 기억하는가? 사실 지금 살펴본 방법은 타입을 구현할 수 있는 또 다른 방법이다. 이 경우 타입은 인터페이스나 클래스로 구현되지 않는다. 타입을 표현하는 클래스의 인스턴스로 구현된다. 다시 말해 어떤 객체의 타입을 표현하는 별도의 객체를 이용해 타입을 구현하는 것이다.

이처럼 어떤 인스턴스가 다른 인스턴스의 타입을 표현하는 방법을 TYPE OBJECT 패턴[Johnson97b, Nystrom14]이라고 부른다. 앞에서 살펴본 게임 예제에서 Breed의 인스턴스가 바로 Monster의 타입을 구현하는 TYPE OBJECT에 해당한다.

행동과 변경을 고려한 도메인 모델

우리는 도메인 모델을 먼저 만들고 만들어진 도메인 모델에 표현된 개념과 관계를 기반으로 협력에 필요한 객체의 후보를 도출하고 구현 클래스의 이름과 관계를 설계한다. 하지만 도메인 모델을 그대로 카피해서는 안 된다. 초기의 도메인 모델은 그저 작업을 시작하기 위한 거친 아이디어 덩어리일 뿐이다. 더 많은 지식이 쌓이고 요구사항이 분명해지면 초기의 아이디어에 대한 미련을 버리고 현명한 판단을 내려야 한다.

초기에 고안한 도메인 모델은 좋은 출발점이 될 수는 있지만 객체의 행동과 변경이라는 요소를 고려하면 빠르게 그 가치가 떨어진다. 구현하거나 변경하기 더 쉬운 모델이 떠올랐다면 과감하게 초기 아이디어를 버려라. 객체지향의 핵심은 객체 사이의 협력이며 설계는 변경을 위한 것이다. 따라서 행동과 변경을 고려하지 않은 채 도메인 모델을 그대로 따르는 설계는 코드의 유지보수를 방해할 뿐이다.

그림 C.5를 도메인 모델로 간주한다면 실제 코드와 도메인 모델은 서서히 멀어질 것이고 어떤 누구도 도메인 모델에 대해 고민하지 않을 것이다. 하지만 그림 C.6을 도메인 모델로 생각하는 경우에는 이야기가 다르다. 이 구조는 실제로 다양한 종류의 몬스터의 구조를 구현하기 위해 사용된 코드의 구조와 일치한다. 따라서 그림 C.6이 그림 C.5보다 더 유용한 도메인 모델이다.

여기서 멈추지 않고 한 걸음 더 나아갈 수 있다. 게임의 도메인 안에는 용과 트롤이 존재하지만 그림 C.6 안에는 그런 지식들이 녹아 있지 않다. 다음과 같이 몬스터의 종류를 JSON 형식으로 서술한다면 그림 C.6의 도메인 모델뿐만 아니라 도메인 전체에 대해 이해하기가 더 쉬워질 것이다. 결과적으로 JSON 데이터와 그림 C.6의 조합이 바로 우리 게임 안에서의 도메인 모델이 되는 것이다.

```
{ "breeds" :
  [
    { "name" : "용" , "health" : 230, "attack" : "용은 불을 내뿜는다" },
    { "name" : "트롤", "health" : 48, "attack" : "트롤은 곤봉으로 때린다" }
  ]
}
```

도메인 모델은 단순히 클래스 다이어그램이 아니다. 도메인의 핵심을 간략하게 단순화해서 표현할 수 있는 모든 것이 도메인 모델이다. 그리고 그렇게 작성된 개념이 여러분의 코드에 대한 구조와 행동을 드러낸다면 그것은 더없이 훌륭한 도메인 모델이다. 형식은 중요하지 않다. 중요한 것은 전달하려는 의미다.

여담이지만 간단한 JSON 역직렬화기(deserializer)를 구현하면 우리가 정리한 JSON 데이터를 실제 애플리케이션에서 사용할 수 있다. 새로운 몬스터를 추가하기 위해 Breed의 인스턴스를 생성하는 코드를 작성할 필요조차 없다. 단지 JSON에 새로운 종류를 표현하는 데이터를 한 줄 더 추가하기만 하면 된다. 이 예는 도메인 모델과 여러분의 코드가 별개의 것이 아닐 수 있으며, 그 간격이 좁을수록 좋다는 사실을 잘 보여준다.

또 다른 예로 11장에서 살펴본 핸드폰 과금 시스템의 기본 정책과 부가 정책을 들 수 있다. 이 시스템에서 가장 중요한 규칙은 핸드폰 요금제가 기본 정책과 부가 정책으로 구성돼 있다는 것이며 기본 정책과 부가 정책을 특정한 순서에 따라 조합할 수 있다는 것이다. 아마 이 요금제에 대해 잘 모르는 사람이라면 코드를 읽더라도 이해하는 데는 한계가 있을 것이다. 따라서 핸드폰 과금 시스템의 도메인 모델은 기본 정책과 부가 정책의 조합 방식을 설명한 모델이어야 한다. 그리고 우리는 이미 11장에서 이 모델의 모습을 살펴봤다. 그림 C.7이 바로 그것이다.

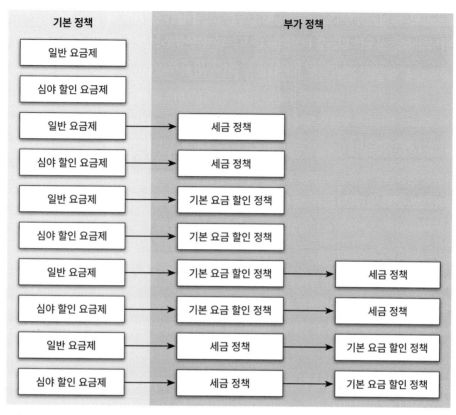

그림 C.7 기본 정책과 부가 정책 사이의 관계를 표현한 도메인 모델

그림 C.7은 개념들의 분류 체계를 표현한 것이 아니라는 사실에 주목하라. 이 그림은 요금제를 구성하는 각 요소들이 실제로 요금을 계산할 때 어떤 순서로 처리돼야 하는지를 표현한 것이다. 다시 말해서 요금을 계산하는 실행 시점의 모습을 표현한 동적 모델이다. 그리고 우리는 이 동적 모델을 가장 잘 표현할 수 있는 구조로 코드를 작성하려고 노력했고 그 결과물이 바로 그림 C.4의 정적 모델인 것이다.

여기서 말하고자 하는 요점은 도메인 모델이 단순히 정적 모델의 형태를 띨 필요가 없으며 도메인 모델의 구조가 코드와 다를 필요가 없다는 것이다. 도메인 모델은 코드를 위한 것이다. 도메인 모델은 도메인 안에 존재하는 개념과 관계를 표현해야 하지만 최종 모습은 객체의 행동과 변경에 기반해야 하며 코드의 구조를 반영해야 한다. 중요한 것은 도메인 모델을 봤을 때 도메인의 개념뿐만 아니라 코드도 함께 이해될 수 있는 구조를 찾는 것이다.

분석 모델, 설계 모델, 그리고 구현 모델

아마 여러분은 분석 모델과 설계 모델, 구현 모델이라는 용어를 들어봤을 것이다. 이론적으로 분석 모델은 해결 방법에 대한 언급 없이 문제 도메인을 설명하는 모델이다. 분석 모델은 순수하게 문제 도메인에 초점을 맞춰야 하며 기술적인 해결 방법을 언급해서는 안 된다. 분석 모델이 완성되면 이를 바탕으로 기술적인 관점에서 솔루션을 서술하는 설계 모델이 만들어진다. 프로그래머는 이렇게 만들어진 청사진을 기반으로 구현 모델을 만들고 프로그래밍 언어를 사용해 컴퓨터가 이해할 수 있는 명령어로 변환한다. 그러나 분석 모델, 설계 모델, 구현 모델을 명확하게 구분하는 것은 가능하지도 않을뿐더러 오히려 소프트웨어의 품질에 악영향을 미친다. 우리가 원하는 것은 분석과 설계와 구현 동안 동일한 모델을 유지하는 것이다.

앞에서 설명한 것처럼 도메인 모델이 코드와 동일한 형태를 가진다는 것은 분석, 설계, 구현에 걸쳐 동일한 모델을 사용한다는 것을 의미한다. 사실 객체지향 패러다임이 과거의 다른 패러다임과 구별되는 가장 큰 차이점은 소프트웨어를 개발하기 위한 전체 주기 동안 동일한 설계 기법과 모델링 방법을 사용할 수 있다는 것이다. 그리고 이것이 우리가 객체지향 패러다임을 사랑하는 가장 큰 이유다.

> 필자의 개인적인 견해로는 분석 모델이 사용할 구현 기술을 지향하는 것은 매우 합리적이며 그 결과 모델은 작업해야 할 문제를 이해하는 데 더 유용해진다는 것이다. 분석과 설계의 근본적인 차이는 분석이란 도메인을 이해하는 것인 반면, 설계는 도메인을 지원하는 소프트웨어를 이해하는 것이라는 점이다. 명확하게 이 두 가지는 밀접하게 연결돼 있으며 둘 사이의 경계가 매우 모호해질 때가 많다. 그러나 경계가 뚜렷할 필요는 없다. 유용성보다 순수성을 강조해서는 안 된다. 이론적으로는 분석인 동시에 설계의 특성을 가지는 하이브리드 모델이 절대로 좋은 것이 아니지만 이런 하이브리드한 특징이 가장 좋은 모델을 만든다고 믿는다[Fowler99b].

분석 모델과 설계 모델의 하이브리드한 특징이 가장 좋은 모델을 낳는 토양이라면 프로그래밍 언어를 사용해서 구현한 코드가 이 모델을 최대한 반영하는 것이 가장 이상적일 것이다. 만약 설계 모델의 일부가 적용 기술 내에서 구현 불가능하다면 설계 모델을 변경해야 한다. 프로그래밍 작업 동안 설계의 실현 가능성과 정확성이 검증되고 테스트되고, 그 결과로 잘못된 설계가 수정되거나 새로운 설계로 대체된다. 따라서 프로그래밍은 설계의 한 과정이며 설계는 프로그래밍을 통해 개선된다.

따라서 분석과 설계와 구현 간의 구분이 방법론과 프로젝트 관리를 위해 필요한 중요 요소라고 하더라도 모델과 코드 간의 관계에 이를 강요해서는 안 된다. 모델링 툴에 저장된 다이어그램이 코드와 상관이 없다면 당장 다이어그램을 파기하고 모델링 툴을 쓰레기통에 집어 던진 후 프로젝트 관리자에게 라이선스 비용이 더 이상 필요하지 않다는 희소식을 전하자. 프로젝트 내에서 분석 모델을 설계 모델로 변환하는 작업에 많은 시간을 소비하고 있다면 설계 모델을 도메인을 반영하도록 수정하고 분석 모델을 폐기처분하자. 이런 프로젝트는 소프트웨어 자체가 아니라 프로세스를 위한 맹목적인 작업에 개발자들의 소중한 시간과 체력을 낭비하고 있을 뿐이다.

코드와 모델의 차이를 줄이기 위해서는 도메인과 코드 간의 차이가 적어야 한다. 현재 프로그래밍 패러다임을 주도하고 있는 객체지향의 가장 큰 힘은 도메인을 표현하는 방법과 프로그램 코드를 표현하는 방법이 동일하다는 것이다. 만약 객체지향 언어를 사용하고 있다면 프로그램 코드를 설계 문서로 간주할 수 있는 기반은 갖춰진 셈이다.

분석 모델과 설계 모델과 구현 모델이 다르다는 생각을 버려라. 그리고 분석과 설계와 구현이 별개의 활동이라는 생각 역시 버려라. 여러분의 손에 쥐어진 객체지향 프로그래밍 언어는 도메인을 바라보는 관점을 소프트웨어에 투영할 수 있는 다양한 기법들을 제공한다. 도메인의 개념과 객체 사이의 협력을 잘 버무려 코드에 반영하기 위해 고민하고 프로그래밍하는 동안 분석과 설계와 구현에 대해 동시에 고민하고 있는 것이다.

> 설계 혹은 설계의 주된 부분이 도메인 모델과 대응하지 않는다면 그 모델은 그다지 가치가 없으며 소프트웨어의 정확성도 의심스러워진다. 동시에 모델과 설계 기능 사이의 복잡한 대응은 이해하기 힘들고, 실제로 설계가 변경되면 유지보수가 불가능해진다. 분석과 설계가 치명적으로 동떨어지고, 그에 따라 각자의 활동에서 얻은 통찰력이 서로에게 전해지지 않는다. … 모델이 구현에 대해 비현실적으로 보인다면 새로운 모델을 찾아내야만 한다. 모델이 도메인의 핵심 개념을 충실하게 표현하지 않을 때도 새로운 모델을 찾아내야만 한다. 그래야만 모델링과 설계 프로세스가 단 하나의 반복 고리를 형성할 수 있다[Evans03].

이번 장에서 설명했던 내용을 종합하면 다음과 같다. 여러분의 코드는 도메인의 개념적인 분류 체계가 아니라 객체의 행동과 변경에 영향을 받는다. 그리고 객체지향 패러다임에 대한 흔한 오해와는 다르게 분석 모델과 설계 모델, 구현 모델 사이에 어떤 차이점도 존재하지 않는다. 이것들은 모두 행동과 변경이라는 요소에 영향을 받으며 전체 개발 주기 동안 동일한 모양을 지녀야 한다.

객체지향 패러다임이 강력한 이유는 전체 개발 주기에 걸쳐 동일한 기법과 표현력을 유지할 수 있다는 점이다. 분석, 설계, 구현 단계 사이에 세부적인 내용은 다를 수 있겠지만 설계의 초점은 동일하다. 결론은 모든 단계에 걸쳐 행동과 변경에 초점을 맞추라는 것이다.

APPENDIX

D

참고문헌

[Alur03]	코어 J2EE 패턴(2판), 피어슨에듀케이션코리아, 2004 Deepak Alur, Dan Malks, John Crupi, "Core J2EE Patterns: Best Practices and Design Strategies (2nd Edition)", Prentice Hall, 2003
[Bain08]	Scott L. Bain, "Emergent Design: The Evolutionary Nature of Professional Software Development", Addison-Wesley Professional, 2008
[Beck89]	Kent Beck, Ward Cunningham, "A Laboratory For Teaching Object-Oriented Thinking", OOPSLA '89 Conference Proceedings, pp. 1-6, 1989
[Beck96]	Kent Beck, "Smalltalk Best Practice Patterns", Prentice Hall, 1996
[Beck07]	켄트 벡의 구현 패턴: 읽기 쉬운 코드를 작성하는 77가지 자바 코딩 비법, 에이콘출판사, 2008 Kent Beck, "Implementation Patterns", Addison-Wesley Professional, 2007
[Bloch08]	이펙티브 자바(2판), 인사이트, 2014 Joshua Bloch, "Effective Java (2nd Edition)", Addison-Wesley, 2008
[Brach90]	Gilad Bracha, William Cook, "Mixin-based inheritance", In Proceedings of ACM Symposium on Object-Oriented Programming: Systems, Languages and Applications, pages 303 – 311, ACM Press, 1990
[Brooks95]	맨먼스 미신, 인사이트, 2015 Frederick P. Brooks Jr., "The Mythical Man-Month: Essays on Software Engineering, Anniversary Edition (2nd Edition)", Addison-Wesley Professional, 1995
[Budd01]	Timothy Budd, "An Introduction to Object-Oriented Programming (3rd Edition)", Addison-Wesley, 2001

[Buschman96]	패턴 지향 소프트웨어 아키텍처 Volume 1, 지앤선, 2008 Frank Buschmann, Regine Meunier, Hans Rohnert, Peter Sommerlad, Michael Stal, Michael Stal, "Pattern-Oriented Software Architecture Volume 1: A System of Patterns", Wiley, 1996
[Cockburn01]	Agile 소프트웨어 개발, 피어슨에듀케이션코리아, 2002 Alistair Cockburn, "Agile Software Development", Addison-Wesley Professional, 2001
[Cook90]	William R. Cook, "Object-Oriented Programming Versus Abstract Data Types", Proceedings of the REX School/Workshop on Foundations of Object-Oriented Languages, pp. 151–178, 1990
[Coplien10]	James O. Coplien, Gertrud Bjørnvig, "Lean Architecture: for Agile Software Development", Wiley, 2010
[Czarnecki00]	Krysztof Czarnecki, Ulrich Eisenecker, "Generative Programming: Methods, Tools, and Applications 1st Edition", Addison-Wesley Professional, 2000
[Dijkstra68]	Edsger W. Dijkstra, "Go to statement considered harmful." Commun. ACM 11, 3, pp. 147–148, 1968
[Eckel02]	Thinking in Java(3판), 대웅미디어, 2003 Bruce Eckel, "Thinking in Java(3rd Edition)", Prentice Hall PTR, 2002
[Eckel03]	Bruce Eckel, Chuck Allison, "Thinking in C++", Pearson, 2003
[Eckel06]	Thinking in Java(4판), 대웅미디어, 2007 Bruce Eckel, "Thinking in Java(4th Edition)", Prentice Hall, 2006
[Evans03]	도메인 주도 설계: 소프트웨어의 복잡성을 다루는 지혜, 위키북스, 2011 Eric Evans, "Domain-Driven Design: Tackling Complexity in the Heart of Software", Addison-Wesley Professional, 2003
[Evers09]	Marc Evers, Rob Westgeest, "Responsibility Driven Design with Mock Objects", http://www.methodsandtools.com/archive/archive.php?id=90, 2009
[Feathers04]	레거시 코드 활용 전략: 손대기 두려운 낡은 코드, 안전한 변경과 테스트 기법, 에이콘출판사, 2018 Michael Feathers, "Working Effectively with Legacy Code", Prentice Hall, 2004
[Flatt98]	Matthew Flatt, Shriram Krishnamurthi, Matthias Felleisen, "Classes and mixins", Proceedings of the 25th ACM SIGPLAN-SIGACT symposium on Principles of programming languages, Pages 171–183, 1998
[Floyd79]	Robert W. Floyd, "The paradigms of programming", Communications of the ACM Vol. 22, pp. 455–460 1979
[Fowler96]	Martin Fowler, "Analysis Patterns: Reusable Object Models", Addison-Wesley Professional, 1996

[Fowler99a]	리팩토링: 코드 품질을 개선하는 객체지향 사고법, 한빛미디어, 2012 Martin Fowler, "Refactoring: Improving the Design of Existing Code", Addison-Wesley Professional, 1999
[Fowler99b]	Martin Fowler, "Is There Such a thing as Object-Oriented Analysis?", https://martinfowler.com/distributedComputing/analysis.pdf, 1999
[Fowler02]	엔터프라이즈 애플리케이션 아키텍처 패턴: 엔터프라이즈 애플리케이션 구축을 위한 객체지향 설계의 원리와 기법, 위키북스, 2015 Martin Fowler, "Patterns of Enterprise Application Architecture", Addison-Wesley Professional, 2002
[Fowler03a]	UML DISTILLED: 표준 객체 모델링 언어 입문(3판), 홍릉과학출판사, 2005 Martin Fowler, "UML Distilled: A Brief Guide to the Standard Object Modeling Language (3rd Edition)", Addison-Wesley Professional, 2003
[Fowler03b]	Martin Fowler, "Who Needs an Architect?", IEEE Software, Vol. 20 , Issue 5, pp. 11-13, 2003
[Fowler04]	Martin Fowler, "Inversion of Control Containers and the Dependency Injection pattern", http://martinfowler.com/articles/injection.html, 2004
[Fowler10]	DSL: 고객과 함께 하는 도메인 특화 언어, 인사이트, 2012 Martin Fowler, "Domain-Specific Languages", Addison-Wesley Professional, 2010
[Freeman04]	Head First Design Patterns 스토리가 있는 패턴 학습법, 한빛미디어, 2005 Eric Freeman, Bert Bates, Kathy Sierra, Elisabeth Robson, "Head First Design Patterns: A Brain-Friendly Guide", O'Reilly Media, 2004
[Freeman09]	테스트 주도 개발로 배우는 객체 지향 설계의 실천, 인사이트, 2013 Steve Freeman, Nat Pryce, "Growing Object-Oriented Software, Guided by Tests", Addison-Wesley Professional , 2009
[Glass02]	소프트웨어 공학의 사실과 오해, 인사이트, 2004 Robert L. Glass, Facts and Fallacies of Software Engineering, Addison-Wesley Professional, 2002
[Glass06a]	소프트웨어 크리에이티비티 2.0, 위키북스, 2009 Robert L. Glass, Tom DeMarco, "Software Creativity 2.0", developer.* Books, 2006
[Glass06b]	소프트웨어 컨플릭트 2.0, 위키북스, 2007 Robert L. Glass, "Software Conflict 2.0: The Art and Science of Software Engineering", developer.* Books, 2006
[GOF94]	GoF의 디자인 패턴: 재사용성을 지닌 객체지향 소프트웨어의 핵심요소, 프로텍미디어, 2015 Erich Gamma, Richard Helm, Ralph Johnson, John Vlissides, "Design Patterns: Elements of Reusable Object-Oriented Software", Addison-Wesley Professional, 1994

[Hall14]	C#으로 배우는 적응형 코드: 디자인 패턴과 SOLID 원칙 기반의 애자일 코딩, 제이펍, 2015 Gary McLean Hall, "Adaptive Code via C#: Class and Interface Design, Design Patterns, and SOLID Principles", Microsoft Press, 2014
[Holub04]	실전 코드로 배우는 실용주의 디자인 패턴, 지앤선, 2006 Allen Holub, "Holub on Patterns: Learning Design Patterns by Looking at Code", Apress, 2004
[Hunt99]	실용주의 프로그래머, 인사이트, 2005 Andrew Hunt, David Thomas, "The Pragmatic Programmer: From Journeyman to 1Master", ddison–Wesley Professional, 1999
[Jackson83]	Michael Jackson, "System Development", Prentice–Hall, 1983
[Jacobson92]	Ivar Jacobson, "Object–Oriented Software Engineering – A Use Case Driven Approach", Wesley Professional, 1992
[Johnson97a]	Ralph E. Johnson, "FRAMEWORKS=(COMPONENTS+PATTERNS)", Communications of the ACM, Vol. 40, PP. 39–42, 1997
[Johnson97b]	Ralph E. Johnson, Bobby Woolf, "The Type Object Pattern", Pattern languages of program design 3, pp 47 – 64, 1997
[Kerievsky04]	패턴을 활용한 리팩터링, 인사이트, 2011 Joshua Kerievsky, "Refactoring to Patterns", Addison–Wesley Professional, 2004
[Kramer07]	Jeff Kramer, "Is abstraction the key to computing?", Communications of the ACM, Vol. 50, pp. 36–42, 2007
[Kuhn12]	과학혁명의 구조, 까치, 2013 Thomas S. Kuhn, "The Structure of Scientific Revolutions: 50th Anniversary Edition", University of Chicago Press, 2012
[Kuhne99]	Thomas Kuhne , "A functional pattern system for object–oriented design", Kovac, 1999
[Larman01]	UML과 패턴의 적용(2판), 홍릉과학출판사, 2003 Craig Larman, "Applying UML and Patterns: An Introduction to Object–Oriented Analysis and Design and the Unified Process (2nd Edition)", Prentice Hall, 2001
[Larman04]	UML과 패턴의 적용(3판), 홍릉과학출판사, 2005 Craig Larman, "Applying UML and Patterns: An Introduction to Object–Oriented Analysis and Design and Iterative Development (3rd Edition)", Prentice Hall, 2004
[Lieberherr88]	K. Lieberherr, I. Ilolland, A. Riel, "Object–Oriented Programming: An Objective Sense of Style", OOPSLA '88 Conference proceedings, pp. 323–334, 1988
[Lieberman96]	Henry Lieberman, "Using Prototypical Objects to Implement Shared Behavior in Object Oriented Systems," OOPSLA '96 Conference Proceedings, pp. 214–223, 1996

[Liskov74]	Barbara Liskov, Stephen Zilles, "Programming with Abstract Data Types", in Proceedings of the ACM SIGPLAN Symposium on Very High Level Languages, pp. 50–59, 1974
[Liskov88]	Barbara Liskov, "Data Abstraction and Hierarchy", ACM SIGPLAN Notices, 23(5) pp. 17–34, 1988
[Martin98]	James Martin, James J. Odell, "Object-Oriented Methods: A Foundation, UML Edition (2nd Edition)", Prentice Hall, 1998
[Martin02]	클린 소프트웨어: 애자일 원칙과 패턴, 그리고 실천 방법, 제이펍, 2017 Robert C. Martin, "Agile Software Development, Principles, Patterns, and Practices", Prentice Hall, 2002
[Martin08]	클린 코드: 애자일 소프트웨어 장인 정신, 인사이트, 2013 Robert C. Martin, "Clean Code: A Handbook of Agile Software Craftsmanship", Prentice Hall, 2008
[Meszaros07]	xUnit 테스트 패턴: 68가지 단위 테스트 패턴을 통한 테스트 코드 리팩토링 기법, 에이콘출판사, 2010 Gerard Meszaros, "xUnit Test Patterns: Refactoring Test Code", Addison-Wesley, 2007
[Metz12]	루비로 배우는 객체지향 디자인, 인사이트, 2014 Sandi Metz, "Practical Object-Oriented Design in Ruby - An Agile Primer", Addison-Wesley Professional, 2012
[Meyer00]	Bertrand Meyer, "Object-Oriented Software Construction (2nd Edition)", Prentice Hall, 2000
[Meyers05]	이펙티브 C++(3판), 프로텍미디어, 2015년 Scott Meyers, "Effective C++: 55 Specific Ways to Improve Your Programs and Designs (3rd Edition)", Addison-Wesley Professional, 2005
[Nierstrasz09]	Oscar Nierstrasz, Stéphane Ducasse, Damien Pollet, "Squeak by Example", Square Bracket Associates, 2009
[Nystrom14]	게임 프로그래밍 패턴: 더 빠르고 깔끔한 게임 코드를 구현하는 13가지 디자인 패턴, 한빛미디어, 2016 Robert Nystrom, "Game Programming Patterns", Genever Benning, 2014
[Odersky11]	Programming in Scala(2판), 에이콘출판사, 2014 Martin Odersky, Lex Spoon, Bill Venners, "Programming in Scala: A Comprehensive Step-by-Step Guide, 2nd Edition", Artima Inc, 2011
[Parnas72]	David Parnas, "On the Criteria to be used in Decomposing Systems into Modules", Communications of the ACM, Vol. 15, pp. 1053-1058, 1972
[Reenskaug95]	Trygve Reenskaug, P. Wold, O. A. Lehne, "Working with Objects: The Ooram Software Engineering Method", Manning Pubns Co, 1995

[Reenskaug07]	Trygve Reenskaug, Roles and Classes in Object Oriented Programming, Roles'07 Proceedings, pp. 54–62, 2007
[Riel96]	Arthur J. Riel, "Object–Oriented Design Heuristics", Addison–Wesley Professional, 1996
[Scott05]	새로 보는 프로그래밍 언어: 개발자의 가치를 높이는 프로그래밍 언어 대백과, 에이콘출판사, 2008 Scott, Michael L, "Programming Language Pragmatics, 2nd Edition", Morgan Kaufmann, 2005
[Shalloway01]	알기 쉬운 디자인 패턴, 피어슨에듀케이션코리아, 2003 Alan Shalloway, James Trott, "Design Patterns Explained: A New Perspective on Object–Oriented Design", Addison–Wesley Professional, 2001
[Sharp00]	Sharp, A. "Smalltalk By Example" McGraw–Hill, 1997
[Snyder86]	Alan Snyder, "Encapsulation and Inheritance in Object–Oriented Programming Languages," SIGPLAN Notices, Volume 21, Issue 11, pp. 38–45, 1986
[Smaragdakis98]	Yannis Smaragdakis, Don S. Batory, "Implementing Layered Designs with Mixin Layers", ECCOP '98 Proceedings of the 12th European Conference on Object–Oriented Programming, Pages 550–570, 1998
[Taivalsaari96]	Antero Taivalsaari, "On the notion of inheritance", ACM Computing Surveys, Vol. 28(3), pp. 438 – 479, 1996
[Urma14]	자바 8 인 액션: 람다, 스트림, 함수형 프로그래밍으로 새로워진 자바 마스터하기, 한빛미디어, 2015 Raoul–Gabriel Urma, Mario Fusco, Alan Mycroft, "Java 8 in Action: Lambdas, Streams, and functional–style programming", Manning Publications, 2014
[Vanhilst96]	Michael Vanhilst, David Notkin, "Using role components to implement collaboration–based design", OOPSLA '96 Conference Proceedings, pp. 359–369, 1996
[Weisfeld08]	객체지향적으로 생각하라!, 정보문화사, 2009 Matt Weisfeld, "The Object–Oriented Thought Process, 3rd Edition", Addison–Wesley Professional, 2008
[Wirfs–Brock89]	Rebecca Wirfs–Brock, Brian Wilkerson, "Object–oriented design: a responsibility–driven approach", OOPSLA '89 Conference Proceedings, pp. 1–6, 1989
[Wirfs–Brock90]	Rebecca Wirfs–Brock, Brian Wilkerson, Lauren Wiener, "Designing Object–Oriented Software", Prentice Hall, 1990
[Wirfs–Brock00]	Rebecca Wirfs–Brock, "What Every Java Developer Should Know about Roles, Responsibilities, and Collaborative Contracts", Presented at JAOO 2000, 2000
[Wirfs–Brock03]	오브젝트 디자인: 소프트웨어 개발의 성공 열쇠, 인포북, 2004 Rebecca Wirfs–Brock, Alan Mckean, "Object Design: Roles, Responsibilities, and Collaborations", Addison–Wesley Professional, 2003